地下建筑结构设计优化及案例分析

李文平 编著

中国建筑工业出版社

图书在版编目（CIP）数据

地下建筑结构设计优化及案例分析/李文平编著. —
北京：中国建筑工业出版社，2019.4（2024.1重印）
ISBN 978-7-112-23142-3

Ⅰ.①地… Ⅱ.①李… Ⅲ.①地下工程-结构设计
Ⅳ.①TU9

中国版本图书馆 CIP 数据核字（2018）第 297966 号

本书从宇观、宏观、微观三个层次系统阐述了地下建筑结构的优化方法：宇观层次即地下空间综合利用方面的设计优化，主要是对地下空间的布局与范围的优化、根据岩土地质与水文地质情况调整竖向设计的优化及地下车库柱网的设计优化；宏观层次的优化主要体现在岩土与地基基础方案的优化及地下主体结构的设计优化，其中地基基础方案的比选与优化、桩基方案的比选与优化、基础底板结构选型与优化、结构抗浮设计优化、抗拔桩与抗拔锚杆的比选与优化、地下车库楼屋盖优化及无梁楼盖优化设计专篇都是堪称干货的内容；微观层次则提出了很多构件设计、软件操作等方面的精细化措施；三个层面大多提供了相应的数据对比或案例分析。

本书的主要受众群体为岩土与建筑结构设计单位、房地产开发企业的设计管理部门技术人员，也可供工程、成本、项目管理、投资决策人员参考，还可作为建筑结构设计优化的培训教材以及高等学校相关专业师生的辅助教材使用。

责任编辑：武晓涛
责任校对：姜小莲

地下建筑结构设计优化及案例分析

李文平　编著

*

中国建筑工业出版社出版、发行（北京海淀三里河路 9 号）
各地新华书店、建筑书店经销
霸州市顺浩图文科技发展有限公司制版
建工社（河北）印刷有限公司印刷

*

开本：787×1092 毫米　1/16　印张：29¾　字数：721 千字
2019 年 4 月第一版　2024 年 1 月第五次印刷
定价：**88.00** 元
ISBN 978-7-112-23142-3
（33228）

前言

    设计优化有三个层次，其一是建筑结构总体方案的优化，可称之为宇观层次的设计优化，有关总平面与竖向设计优化，地下空间布局与范围的设计优化，建筑物总高、埋深与层高的设计优化，平面体型立面规则性的设计优化，竖向结构构件类型与布置方式的优化大都属于这一层次；其二是岩土及结构设计方案的优化，可称之为宏观层次的优化，有关地基处理方案的优选、地基基础方案的优选、桩基方案的优选、抗浮设计方案的优选、结构体系与结构布置方案的优选大都属于这一宏观层次；其三是构件层次的优化，可称之为微观层次的优化，是单纯从一个个结构构件下手而进行的优化，所谓的精细化设计也主要是从结构构件入手。

    宇观层次的优化可以称之为全过程、全专业的设计优化，是咨询优化公司在地产公司获取土地之后就需参与的设计优化；宏观层次的优化是岩土与结构两个专业（也可称为大结构专业）参与的半过程设计优化，是咨询优化公司在方案设计后期、初步设计前期就需参与的设计优化；微观层次的结构优化则是典型的单专业结果优化，结构优化公司基本不参与建筑结构与岩土工程设计的过程。

    就优化所产生的价值而言，是依宇观-宏观-微观的顺序递减的，而且递减的程度往往是数量级的递减。根据我们针对数十个咨询优化项目的实践经验，宇观层次的优化价值大都在千万元级，宏观层次的优化可达百万元级，而微观层次的优化基本就是在十万元级。

    就优化的阻力与代价而言，则是依微观-宏观-宇观的顺序而递减的，即咨询优化工作越是前置，则优化的阻力越小、代价越低。

    目前设计优化市场上基于施工图设计成果的结构优化，基本不具备宇观层次优化的可能，而宏观层次的优化对结构设计的修改也基本上是颠覆性的，故优化的可能性也仅存在理论层面，因此基于施工图设计成果的结构优化基本局限于微观层面，也即对结构构件的优化。

    设计院同行对结构优化的抵触或抗性，除自身主观认知因素外，也和结构优化代价相对较大而价值相对较低有关。

    因此我们积极倡导全过程、全专业的设计优化（我们更喜欢用设计咨询一词），可收到一本万利、事半功倍的效果。

    目前中国铁建地产集团已经将全过程全专业的设计咨询作为房地产开发项目的标准流程，在数十个房地产开发项目中，累计为集团公司在降本与增效两个方面创造了近 10 亿元的账面价值。

    无论哪个层次的设计优化，地下部分相较地上部分而言都具有更大的优化空间，也往往具有更大的优化价值。而且由于地下部分的设计受到场地条件、岩土地质、水文地质及相邻建筑物等诸多因素的影响与制约，且这些因素又千变万化难以事先全面掌握，是最具个性化、最难标准化的设计。因此，相较地上部分而言，地下部分的设计本身就富于变化，也就给优化设计提供了更多的可能性和优化空间。地下部分的优化是设计优化的重头戏，是甲方、设计单位及咨询公司都应该重点关注的地方。

本书宇观层次的优化主要体现在三个方面，即地下空间综合利用方面的设计优化，主要是对地下空间的布局与范围的优化；根据岩土地质与水文地质情况调整竖向设计的优化，主要体现在减小地下结构层高与埋深方面，特殊情况下也有增加埋深的优化；地下车库柱网的设计优化。

在地下空间综合利用方面的设计优化，主要是根据岩土地质、水文地质及相邻地下建筑物在水平与竖向的关系而对建筑方案进行修改的优化，涉及地下空间的轮廓范围、地下空间各部分的层数埋深等。这是涉及多专业的综合性设计优化。在决策层面，本书建议一定要遵循具体情况具体分析，避免经验主义错误的主导原则。在执行层面，本书则建议进行全面客观的多方案技术经济比较，避免丢项漏项所导致的比选结论偏差。

有关经验主义错误的生动案例可参见微信公众号"铁建地产营造社"发布的"《三体》的启示——经验主义之伤"一文。该文章出自本人之手，欢迎读者造访并批评指正。

在降低地下室层高与埋深的措施方面，本书除系统介绍了降低结构梁高及设备管线高度等常用手段外，还系统介绍了减小车库顶板覆土厚度、优化并减小车库楼地面面层做法与厚度以及优化或取消车库顶板找坡与蓄水（排水）层等非常规措施的可行性与经济意义；在减小车库底板面层厚度方面，又系统分析了覆土垫层、滤水层、地面找坡及排水沟的必要性及利弊，并给出车库面层做法的建议优化方法。

在地下车库柱网优化方面，本书从建筑专业角度对地下车库的三种柱网形式进行了系统的介绍，并根据小型车的国标车位尺寸针对三种柱网形式给出极限状态下的最经济柱网尺寸，同时给出各种柱网形式的基本单元模块及具体工程实例，并结合建筑功能、车位效率、品质观感及材料用量等给出综合建议。

本书宏观层次的优化主要体现在岩土与地基基础方案的优化及地下主体结构的设计优化。前者又分为地基基础方案优化、地基处理方案优化、桩基方案优化、基础底板结构选型优化及结构抗浮设计优化等内容。后者则主要是地下结构几大组成部分的设计优化，包括基础底板、地下车库楼屋盖及地下结构外墙等，但基本聚焦在荷载取值与分布、地基承载力的深宽修整、结构体系与布置、结构计算模型的合理化与精细化等宏观方面，个别构件如地下室外墙等也深入到配筋方式方面。

本书在岩土与地基基础选型以及桩基方案选型方面给出更多实际工程案例，涉及岩层埋深较浅的土层、深厚细颗粒土层（淤泥或淤泥质土）、具有一定厚度的卵石层、湿陷性黄土地层、桩端可入岩的地层等几种有代表性的岩土与工程地质情况，以图文并茂的方式提供了岩土地质与桩基设计信息，可供读者在相似地质情况下进行地基基础选型与桩基方案选型时参考。

基础底板结构选型章节主要介绍了基础底板结构选型原则、常用的基础底板形式以及常用主体结构形式所适用的基础底板形式，以及构成基础底板的各组成部分在竖向的位置关系（底平、顶平或上下凸出等）。

结构抗浮设计优化章节对建筑物整体或局部抗漂浮稳定与基础底板抗浮结构计算这两类抗浮问题重新进行了梳理和阐释，体现了更好的系统性与逻辑性，强调了主裙楼连体结构在水浮力工况下的变形协调问题，系统详细地介绍了抗漂浮稳定的技术措施，重点介绍了抗拔桩与抗拔锚杆的设计优化，并提供二者横向比较与选择的具体原则和方法。

地下主体结构设计优化，主要聚焦在地下结构层高、荷载、基础底板、楼屋盖与地下结构外墙等方面。

对于覆土较厚、活荷载较大的地下车库顶板，给出了荷载取值、活荷载折减、消防车荷载布置及与荷载相关的优化控制原则；对于基础底板的设计优化，重点介绍了分离式浅基础（柱下独基、墙下条基）几何尺寸的优化及与之相关的地基承载力深宽修正问题，系统介绍了各种可能情况下的深度修正原则，尤其是对于主裙楼连体建筑物，对主裙楼各自的地基承载力深度修正问题给出了全新的理解、阐释及解决方案。

对独立基础加防水板体系中的防水板设计，本书按有无水浮力两种不同受力模式分别进行了系统地阐述，其中有水浮力模式又分为向上（水浮力控制的工况）及向下（恒活荷载控制的工况）两种不同的工况，并对两种工况的荷载、几何模型与边界条件给出具体的优化建议；而针对无水浮力的受力模式，则分为"零内力状态"、"相对于基础向下挠曲的受力状态"以及"相对于基础向上挠曲的受力状态"分别给出具体的优化设计建议，具有较强的系统性及一定程度的独创性。

筏形基础优化章节的亮点在于以图文并茂的方式阐明了基床反力系数的物理意义及实际作用，可对饱受该系数困扰的岩土与结构工程师起到立竿见影的解惑作用。

本书最大的亮点与成就在于地下车库大中小三种柱网形式在不同荷载条件下（有覆土的车库顶板、非人防车库顶板及人防车库顶板）各种常见楼屋盖结构形式的材料用量统计，以及大柱网车库顶板在不同覆土厚度下各种常见楼屋盖结构形式的材料用量统计，最大限度地方便所有专业与非专业人士参阅。此外，本书也介绍了大跨度钢筋混凝土楼屋盖的几种结构布置形式，并给出了几种结构布置方式下的材料用量对比。

本书也针对当前处于风口浪尖的无梁楼盖给出了优化设计专篇，给出了全面而系统的结构设计保证措施，并结合美国混凝土结构规范（ACI318-14）给出托板最小尺寸与结构整体性钢筋的配置建议。同时对设计管理、施工管理及物业管理等方面给出科学合理且切实可行的技术与安全措施。

不可否认的是，本书与《建筑结构优化设计方法及案例分析》一书有部分内容重叠之处，但既然是姊妹篇，为了保证每本书各自的系统性与完整性，思来想去也只好如此，希望读者能理解。且本书在内容重叠之处，已对有关内容进行重新编排与优化重组，使其系统性、逻辑性更强。

本书在写作及整理过程中，得到了有关领导、同事、合作伙伴及家人的大力支持，在此一并致谢。

由于作者理论水平与实践经验有限，书中难免有不当之处，恳请读者批评指正。作者邮箱：1244935042@qq.com，276256527@qq.com。

目录

第一章 建筑结构整体方案的设计优化

第一节 地下空间综合利用与设计优化

一、地下空间利用的时点分析

1. 项目开发决策阶段的地下空间利用问题

地下空间的开发成本高、收益低、资金占用较多且资金回收周期长，故对于地下空间的开发利用问题，在项目开发决策阶段就应该予以考虑。

对于土地价格相对便宜的三四线城市，地下空间的利用价值不高，除了满足必要的人防配建要求与地下车位的配比要求之外，不建议人为加大地下空间的开发规模，基本上是以不做或少做为宜。

但对于土地资源稀缺、土地价格极高的一线城市，地下空间的开发利用就是一个值得深入研究的课题，开发利用得当，也可以获得丰厚的回报。尤其是热点城市的土地市场在限房价、竞地价的游戏规则下，房价在竞拍土地时就已经限死，楼面地价无限接近政府对商品房的限价，利润空间被压缩得比三四线城市还窄，靠增加赠送、提高品质等增加产品溢价的传统玩法已经全部失灵，投入越多可能亏损越大，但投入过少则必然导致品质降低、客户流失。在这种特殊的房地产时代背景下，开发不占用容积率的地下空间，就成为开发商在夹缝中生存继而获利的唯一途径。于是买廉价楼房搭售高价车位或高价仓储，就成为众多已经上套开发商的开发与销售策略。

因此在项目开发决策阶段主要是确定地下空间开发的规模或者强度，也即对是否利用地下空间及地下空间体量进行决策。

2. 总平面与竖向设计阶段的地下空间利用问题

地下空间的开发规模或强度一经确定，地下空间利用问题就转移到技术层面。在总平面与竖向设计阶段，地下空间利用的问题主要是确定地下空间的形态，也即地下空间在平面上的轮廓、面积和在竖向的层数、层高与埋深等，以及在既定配置量的前提下，如何尽可能充分利用岩土结构原因而必然存在的地下空间、人防建设所要求的地下空间，并处理好其与主体建筑、景观、道路、管线等错综复杂的关系，从而采取综合经济效益最好的地下空间形式。

地下空间综合利用既是总平竖向设计阶段需要考虑的问题，也可能是进入技术设计阶段后需要进一步进行技术经济比较从而进行决策的问题。但即便是技术设计阶段才能决策的问题，在总图设计阶段，提前对各种可能的情况进行预估和预判，同时做好一定的预留和预设条件，也可为技术设计阶段突然出现或面对的情况有所准备，从而从容应对，不致慌乱，以便更快更好地做出技术经济分析，从而更迅速更准确地做出决策。

地下空间在平面方向的尺度与在竖向的层数往往是对立统一、此消彼长的关系，这也是经常困扰设计师的一个问题。具体来说，就是在地下室面积一定的情况下有关地下室层数的讨论，笔者由此想到了某结构论坛上网友发布的一个求助帖子，求助内容如下：

"一万方的地下室，上面有两栋33层的住宅楼和两栋19层的商务楼，目前处在方案阶段，一种方案为一层地下室，一种方案为两层地下室，请教各位专家能不能帮我分析一下哪一种造价高呢？（包括基坑支护费用）"

有不少专业人士跟帖回复，大多数回复不能说错，但多不够全面和严谨。

其实，这个求助帖子所提的问题本身就不够严谨，没有说明岩土地质情况及地下水的情况，也没能明确主楼地下与地下车库是否相连，因此算是提出了一个很泛泛的问题。很泛泛的问题往往答案也是泛泛的。因为这个问题的本身就是一个多元复合函数，其解受多个变量的影响，而且变量之间可能还互相影响，因此在诸多变量不能确定的情况下，该函数是没有定解的。

即便是知名的品牌开发商，对这个问题的结论也不尽相同。某以成本控制见长的开发商认为做两层普通地下室的单方造价低于一层普通地下室，而另一以设计研发见长的开发商则认为两层普通地下室的单方造价要高出一层普通地下室大约 $400 \sim 600$ 元/m²。

不同的结论是因为不同变量的限定，换句话说是在不同限定条件下的结论。千万不要迷信任何权威人士或权威机构的任何固定或终极的结论，一定要分析该结论所依据的限定条件。在这些问题上一定是法无定法，一定要具体情况具体分析，否则就犯了教条主义与经验主义错误。

影响前述对比结论的变量或影响因素主要有地形地貌、岩土地质、水文地质、场地限制条件、人防配建指标、车位配比指标、车库与主楼在水平与竖向的关系以及项目所在地的一些特殊规定等。以上因素既是竖向设计需要考虑的内容，同时竖向设计的结果又会进一步影响地下空间利用的经济性。具体到地下空间的形态，也即地下空间向水平方向扩展还是向深度方向扩展的问题，需考虑以下因素：

1) 一层变到两层是否会引起地基基础形式的改变。如果一层地下室的地基持力层较差需要进行地基处理或者采用桩基，而二层地下室的持力层较好能满足天然地基要求时，做二层地下室会降低单方造价；或者一层地下室天然地基方案难以满足地基承载力或沉降控制要求，通过加大埋深就可解决承载力与变形要求的情况（增加一层地下室可通过更多的承载力深度修正，提高承载力设计值，同时增加一层地下室可有效降低基底附加压力，减小地基变形）；

2) 一层变到两层是否影响土方开挖与支护方式的改变。受土质情况影响，当从地下一层变到地下二层需要改变土方开挖及支护方式时，如从放坡开挖到土钉墙支护，或从土钉墙支护到护坡桩支护，都会导致单方造价大幅增加；

3) 在天津、上海等以淤泥质土为主的地区，即便土层沿竖向比较均匀，两层地下室的支护造价也会较一层地下室大大提高；

4) 在山地丘陵等岩层较浅地区，如果建二层地下室的开挖难度较大，就不要轻易采用二层地下室；

5) 一般来说，在平原腹地既不近山也不临海的地区，地层比较均匀稳定，无论沿水平方向还是竖直方向，地质情况都没有太大的变化，且土质情况不是很好、也不是很差。有放坡开挖条件时可以放坡开挖，放坡开挖条件稍差时，可以做简单的土钉墙支护，在不受地下水影响的情况下，两层地下室的单方造价会比一层地下室稍低一些；

6）当主楼与地下车库连体时，一般单层地下车库的基础埋深与主楼下双层地下室的基础埋深大致相当，这种基础底平的设计还是比较经济的，但若再增加一层地下车库，就可能造成车库基础深于主楼基础，不但对主楼结构的安全不利，而且变埋深处在施工期间的临时措施以及结构永久构造措施均会增加额外的造价，因此在这种情况下不宜增加地下车库层数；

7）当项目有较高比例的实土绿化要求时，比如北京要求实土绿化的比例不低于项目总体绿化率的 50%，则类似其他地区在整个场地满铺地下车库的做法就行不通，在当前车位配比要求下，单层地下车库基本无法满足要求，因此需要比较的就不是单层地下车库与双层地下车库的问题，而是双层地下车库与三层地下车库的问题。

综上所述，对于房地产开发项目必不可少的地下车库，当增加一层地下室可能会使开挖难度大大增加，或基坑支护的造价大大增加，或导致车库基础深于主楼基础时，尽量采用在平面上展开而在竖向压缩的地下空间形态。比如一层地下车库能解决的就不要采用两层地下车库，两层地下车库能解决的就不要采用三层地下车库，依此类推。

当增加一层地下室会使基础落在更好的持力层上从而可采用更为经济的地基基础形式时，或者地下车库加层后仍然可以采用自然放坡或土钉墙等简单支护结构的工程，采用向深度扩展的加层方案会更加经济。

前述的分析比较结论是在地下车库总量不变前提下的比较，但在某些情况下，即便采用双层地下车库后导致地下车库的总面积有所增加，但所增加的造价也能在其他方面找补回来，虽不能降本，但能显著增效，也能获得不错的综合经济效益。

比如场地低洼，需要较高填方的场地，虽然增加一层地下车库会使工程造价有较大幅度的增加，但增加地下车库层数不但可以大幅减少填方数量，还可以降低在填土地基上建造的难度及对填土地基的处理费用，因此可使增加地下室的增量成本大大降低。

再比如表层土质情况很差，但增加一层地下车库后的地基持力层却非常好的场地地质情况，虽然增加一层地下车库会使工程造价有较大幅度的增加，但可以省去可观的地基处理或桩基的费用，同样可使增加地下室的增量成本降低，利弊得失权衡之下，增加一层地下车库有可能会是一种不错的选择。

地下空间利用不仅仅是总图设计必须要考虑的问题，而且是总平面与竖向设计中一个非常关键的影响因素。这种影响有技术层面的，也有经济层面的。从技术层面，地下空间利用不仅仅是规划、总图和建筑专业需要重点考虑的问题，还会牵涉岩土结构、小区道路、综合管网及环境景观等多方面因素，是牵一发而动全身的影响因素，因此必须在总图设计阶段就进行谋划。在经济层面，地下空间利用与否、利用的好与坏，对成本造价的影响往往数以千万计。大量地下空间的存在也会对工程施工产生制约，如果项目分期或施工顺序安排不当，可能对项目工期及交房带来拖累。

3. 设计实施阶段的地下空间利用问题

在地下空间的开发规模与空间形态基本确定之后，在接下来的技术设计阶段（方案设计到施工图设计）主要是围绕地下空间的利用效率来进行，具体体现在以下四个方面：

1) 在满足使用功能的前提下尽量实现地下空间的紧凑布局，使各功能区在满足必要功能前提下的空间占用最小化。

比如影响地下停车库的单车位建筑面积指标的主要因素中，单车位平面尺寸以及地下车库的柱网尺寸，均可在满足规范要求的前提下通过压缩平面尺寸及进行紧凑布局来降低车均面积。

2) 根据不同功能区的价值高低进行空间布局的优化调整，使同等规模地下空间的价值最大化。

比如占据车道两侧黄金位置的设备用房，就可以置换到主楼下从而让出相应的位置用于布置车位；而车库地面与室外地面等高的一侧可以将车位划分给商铺等。总之，在条件具备时，尽量向价值高的一侧倾斜。

3) 剔除不必要的冗余空间，在满足必要功能的前提下缩减建设规模。

比如地下车库边角处没有任何功能的面积，完全可以将车库轮廓内收从而将这些无效面积剔除出去。

4) 最大限度地挖掘那些可以利用的空间，追求成本效益的最大化。

比如局部层高较高或覆土较厚的部分可以做夹层等。

二、地下空间利用的利弊分析

地下建筑相比地上建筑而言，因在建造环节多出土方开挖、边坡支护、基坑降水、地下室防水及肥槽回填等，故建造地下空间的成本要大大高于地上空间。

以地下车库为例，普通地下一层地下车库建安成本约 1600 元/m²，人防地下室约 2300 元/m²，地下一层加地下二层普通地下车库建安成本约 2000～2200 元/m²，地下一层普通地下车库、地下二层人防地下室的建安成本约 2000～2500 元/m²。与地上建筑 900～1000 元/m² 建安成本相比还是很高的。

地下空间又存在阴暗潮湿、采光通风不好、环境友好性差等先天不足，而且存在漏水灌雨等隐患，对消防的要求较高等，故利用地下空间的综合效益大多不佳，尤其是三四线城市的地下车库大多滞销且赔钱，严重影响资金周转与项目利润，因此原则上以少建为宜、不建最好。

但很多事是不以人的主观意志为转移的，不是开发商想不建就不建的，比如配建的人防工程，必须是全埋地下室；高层建筑为保证结构嵌固深度（桩基为结构高度的 1/18，其他地基基础形式为结构高度的 1/15），也必须有足够的基础埋深，不利用的代价可能比加以利用的代价更高；还有中高密度住宅以及商业办公项目的车位配比，光靠地面停车是无法满足车位配比要求的，有的地区甚至不承认地面停车位，因此地下车库的建造也不可避免。

在有些情况下，建造地下空间也能获得较好的效益，如住宅首层的下跃以及大地下车库内的私属封闭车库（带储藏空间），都能获得较好的回报。而且地下空间大多不计入容积率，因此对于没有地下建筑面积限制及总建筑面积限制的项目，即可利用地下空间建造增值功能区并将其建造成本转移到产品溢价上去，不但客户与开发商双双得利，政府也没有什么损失，皆大欢喜。至于一线城市核心区的地下空间，更是寸土寸金，无论是什么功能定位，都能获得高于建造成本的回报。对于时下热点城市的"限房价、竞地价"项目，开发商也是采用廉价商品房搭售高价地下储藏室与高价地下停车位的盈利模式。

三、地下空间利用的客观要求

客观要求是一种被动的选择，是不以开发商的意志为转移的，开发商可以决定该部分地下空间的形态，但不可以不做。

被动选择是出于无奈，比如建筑物嵌固深度的要求，必须保证基础有一定的埋置深度；比如人防工程的要求，也必须要建全埋的地下室；比如车位配比要求，当地上停车无法满足要求，或者当地对地上车位的占比有限制性规定时，必须建地下停车库；还有在特定地质条件下，不建地下室可能需要更多的地基处理费用等情况。如在地势低洼地区、河湖防洪堤岸附近地区、厚填土地区、浅层土质很差不适宜做地基持力层的地区及某些特殊情况下利用地下空间更有效益的时候，都可以利用地下空间以减少土方回填及地基处理费用。当天然地基承载力不满足要求时，应考虑增加基础埋深与地下空间应用的综合经济效益。如果地下空间有开发利用价值，且增加基础埋深或设地下室后能避免地基处理或桩基，不妨采取增设地下室或增加地下室层数的方案。

四、地下空间利用的主观需求

主动选择是出于效益或减损的目的，比如一二线城市中心区域，尤其是地铁上盖物业，无论建地下商业还是地下停车场，都能获得较好的收益；尤其是城市地下铁道的建造给城市中心区域及沿线站点的房产带来了增值，因此综合性写字楼的开发商都希望建造地下室并将地下室的地下商场与地铁车站连通，通过便捷的流通来增加商业机会以及加速房产的升值和销售。

再比如低密度的住宅产品，可以利用不计建筑面积的半地下室来打造一个下跃式的空间赠送给首层客户，这样的半地下室与全埋地下室相比，既可大幅降低建造成本，又能实现自然通风与采光，同时可以给客户带来实惠及不同的居住体验，也能获得丰厚的市场回报；在高品质的小区，将小区停车及车流全部引入地下，可实现人车分流，甚至从地下车库直接入户，可有效提高小区品质，促进产品溢价。

在城市土地资源日益稀缺，大城市土地市场竞争日益白热化以及地方调控政策日趋收紧的大背景下，货值来源及利润贡献也逐渐向地下空间倾斜。比如北京土地市场近期施行的竞地价、限房价的招拍挂政策，楼面地价已经飙升至接近楼面限价的程度，可售物业的利润微薄甚至可能亏损，成就了一批"无私奉献"的开发商，逼迫开发商不得不去开发不占容积率的地下空间，以寻求新的利润来源来弥补亏空。再比如北京土地市场上的限地价、竞自持比例项目，也成就了一批商品房住宅100%自持的开发商，仅配套商业及产权车位可售。但配套商业受千人指标的限制而不能随意增加配比，因此销售回款的目标也自然落到地下空间（含地下车位）的开发利用方面。

因此对于这类奇葩项目，地下空间开发利用问题就不仅仅是前述的技术与经济层面的问题，而是关乎企业生存的开发决策问题，需要前置到可研与策划阶段。图1-1-1即为北京门头沟某住宅利用坡地深度挖掘地下空间加以利用的典型案例，图中地下一层至地下四层均可实现单侧采光，也可通过另一侧的通风井实现双侧通风，卖相还是相当不错的。当然这个方案最终未能获得有关政府部门的通过，认为仓储面积过多，这也是采取地下空间积极开发策略项目的政策风险所在。

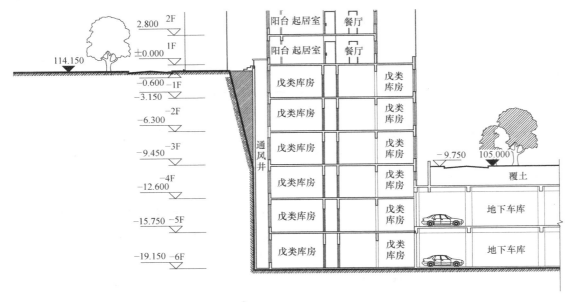

图 1-1-1 北京门头沟某项目地下空间利用

五、地下空间利用问题的主要考虑因素

在决定地下空间的开发规模以及空间形态时，主要的影响因素或者是需考虑的因素归纳如下：

1. 项目本身对地下空间的需求情况，也即必要性

比如停车位无法满足指标要求而必须建地下二层停车库的情况；比如基础嵌固深度的要求，如 33 层高的住宅楼，其嵌固深度就需要 5.5～6.6m，再考虑室内外高差，已足够建两层地下室的高度，不做两层地下室难道要建一层 5m 多高的地下室？不过还真有主楼地下 5.6m 层高单层地下室的案例，有关方面的说辞是："5.6m 层高是为了主楼基础与车库基础取齐，不通过加板改两层地下室是为了降低造价，且增加一层的地下空间也不易售出"。但经过相对精确的造价对比分析，在主楼埋深不变的前提下，加层与不加层的综合造价基本持平，但加层后却可以白白获得一层面积。此外，项目所需配建的人防工程，也需要全埋的人防地下室。

2. 开发地下空间的综合效益

在寸土寸金的城市核心区，尤其是一二线城市的中心城区，建造成本相比土地成本及所带来的效益微不足道，即便建地下二层停车库都赚钱，也就不会计较地下一层与地下二层的问题。但同样不能教条，超过一定深度后可能会产生抗浮问题及施工降水费用，基坑支护也可能由量变发展到质变，从而改变基坑支护结构形式，由此基坑支护费用可能会有较大幅度的增加。

也有一些地下空间，不加以利用就浪费了，而且实施成本也很高，但若加以利用，增加不多的成本就可以实施，属于那种性价比很高、不用白不用的地下空间。也即对有利用价值的空间进行挖掘，以实现成本效益的最大化。

比如客观条件造成局部覆土厚度过厚的情况，可以考虑在覆土深度内增设一夹层并将覆土厚度减薄，如下文邢台某项目的案例；或者局部层高较高时，也可以通过局部加层增加一部分面积，无论是售、是租抑或赠送都会产生效益。

3. 地形地貌情况

场地低洼，或者根本就是坑沟，正负零及室外地坪相比自然地面需要大幅抬高，假设回填深度刚好是两层地下室的深度，则做两层地下室反倒可以节省土方回填及地基处理的费用。

高碑店香邑溪墅玫瑰园项目，场地内有深达17m多的大坑且大坑平面很不规则，有经验的甲方及设计单位在规划及建筑方案阶段就应充分考虑场地地形地貌的特殊性、差异性。遗憾的是，虽然甲方结构工程师及工程管理人员多次呼吁，但规划与方案设计仍然没有考虑大坑的影响，仍然假定这是一块平地去做规划设计，尤其场地西侧的大坑距场地边界及边界外的现存建筑物非常近，给地基处理带来较大难度。

4. 岩土地质情况

前文针对场地及其周边的地形地貌，得出了正负零及室外地坪需抬高从而利用地下空间具有合理性的结论。这是地面以上能够看得到的现状对项目决策的影响，地面以下看不到的部分，对项目决策的影响也不容忽视。因此在决定地下空间的开发规模以及空间形态时，必须考虑岩土地质情况的影响。但目前的房地产开发流程中，总平面与竖向设计的方案大多在概念方案阶段由方案设计单位来完成，基本不具备结合岩土地质情况进行综合考虑的条件。其一是因为在概念方案设计阶段还没有地质勘察资料可供参考；其二，绝大多数方案设计单位的结构设计能力偏弱，岩土工程的设计能力更弱，甲方的设计管理部门一般也不具备结合岩土地质情况对地下空间利用问题进行思考与评价的能力。

在目前建筑行业的运行规则下，结合岩土工程进行规划设计是地下空间开发利用问题的短板，且在相当长的时间内无法解决。如果EPC总承包模式结合全过程工程咨询能够推广开来，在具备策划、规划、建筑、结构、岩土、施工、造价、营销等综合咨询能力的咨询公司的主导下，这一短板才有可能补齐。

5. 各单体建筑地下部分的关系

如果各单体建筑的地下部分彼此独立，如主楼与车库脱开的情况。当双层地下室与单层地下室的基础持力层仍为同一土层时，因双层地下室较单层地下室的埋深大，故深度修正用基础埋深也较大，修正后的地基承载力也较高，基础平面尺寸与配筋均可降低；当双层地下室的基础持力层比单层地下室基础持力层更好时，则双层地下室的经济性效果更佳。

如果各单体建筑的地下部分无法脱开，如主楼与地下车库直接相连的情况。如果主楼与车库的层数及层高均根据实际需要确定（即不刻意增加层数或层高），则主楼与车库的基础埋深一般很难统一在一个标高，大多数情况是车库的埋深大于主楼的埋深。尤其对于18层以下的住宅，按最小嵌固深度只需设一层地下室，基础埋深采用3600mm即可满足嵌固深度的要求，最大不超过4000mm。但车库即便采用无梁楼盖时的最小层高也要3300mm，而车库顶板一般均有覆土绿化及敷设市政管线的要求，现在的设计院，尤其是北方的设计院，随意加大覆土厚度，仅仅为覆土内综合布线的方便，动辄就要求1500～2000mm厚的覆土（某些城市的绿地率计算对覆土厚度有特殊要求的除外），假设覆土厚度以 1500mm 计算，再加上基础自身的高度，一层普通地下车库的埋深一般要在 5500mm 以上，也就是说与具有单层地下室的主楼相比至少有 1500mm 的高差。而当车库顶板采用梁板式结构时，普通地下车库的埋深一般在 6000mm 左右，与主楼的高差一般在 2000mm 左右。当为小高层或多层洋房时，主楼的理论基础埋深与车库埋深相比相差更多。

针对主楼与车库实际需要的埋深可能不同的情况，概括起来，有如下三种解决方案：

方案一：主楼与车库脱开的方案。如廊坊香邑廊桥项目及保定紫郡项目均采用此种方案，因主楼与车库脱开一定距离，无论施工阶段的放坡开挖还是使用阶段的工作状态，主楼与车库都是彼此独立的结构单元，互不影响，既可以同期施工，也可以分期施工。但该方案仅适合于车位配比要求不高的项目，且总平面布局为围合式的建筑群落。由于主楼与车库脱开的方案的脱开距离需满足一定的要求（视土质情况及埋深差异大小而定，土质情况好、埋深差异小，则二者脱开的距离也小，反之则脱开距离大），当车位配比要求较高时，受地下车库与主楼脱开部分占地的影响，可用于建造地下车库的土地面积有限，非常有可能出现单层地下车库无法满足车位配比要求的情况。如果被迫采用双层地下车库方案，导致主楼与车库埋深差异进一步增大，则脱开距离需要进一步增大，可用于建造车库的土地面积又会进一步被压缩。当总平面的建筑群落未采用围合式布局时，则意味着必有住宅主楼处于地下车库的中间，对于这些处于地下车库中间的主楼，也很难实现与地下车库脱开的设计。该方案也比较难于实现停车入户要求。如果一定要实现停车入户的要求，则需要在主楼与车库间增设人行通道，但因通道连接的主楼与车库的标高不同，还需要设坡道或台阶（楼梯），或者将主楼的楼电梯间局部下沉到车库标高处，由此增加的造价也相当可观。

方案二：主楼与车库基础做平的方案，即主楼与车库的埋深大致在同一高度，一般是将室内地面取平。这种方案又分三种情况：

方案二 A：主楼地下室层高加大的方案，如图 1-1-2 所示。

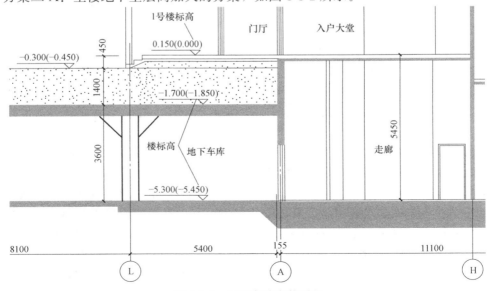

图 1-1-2　河北高碑店某项目

该方案主楼地下室层高较高，除了设地下大堂的大堂区域，大部分功能区域的层高均超出所需较多，本质上也属于功能过剩。在结构方面，虽然可使基础埋深大致相当，省去了变埋深设计的构造措施费用，但层高加大也带来两方面不利影响：其一是地下室挡土外墙和人防墙的计算高度加大，从而这些墙体的内力加大，进而导致墙厚与配筋的加大；其二是层高加大导致楼层侧向刚度的降低，最直接的结果是结构嵌固端的下移，从而导致底部加强部位（底部加强部位宜延伸到计算嵌固端）及约束边缘构件（底部加强部位及相邻的上一层）设置范围的加大，对于多层地下室的情况，嵌固端的下移还会影响到地下二层及以下抗震等级的逐层降低（当地下室顶层作为上部结构的嵌固端时，地下一层相关范围的抗震等级应按上部结构采用，地下一层以下抗震构造措施的抗震等级可逐层降低一级，但不应低于四级）。

方案二 B：主楼地下室回填至所需层高的方案，如图 1-1-3 所示。

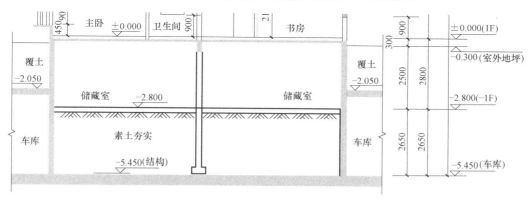

图 1-1-3 河北高碑店某项目

该方案本质上与主楼地下室层高加大的方案二 A 并无二致，唯一区别就是通过主楼室内回填的方式将建筑层高降低到一个比较合适的高度，但结构层高没有变化，上述方案二 A 的缺点均存在，而且徒增室内回填土的费用。又由于较厚回填土的存在，为防止建筑地面沉降开裂，可能还需要配筋混凝土面层，又是一笔额外的费用。该处理方案可能是所有解决方案中最费力不讨好的方案。

方案二 C：主楼地下室做成两层的方案，如图 1-1-4 所示。

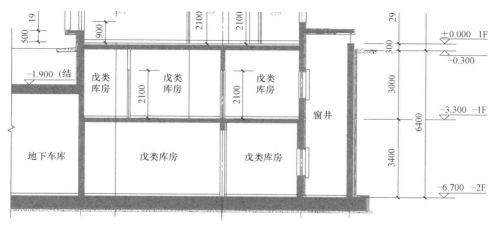

图 1-1-4 河北保定某项目

该方案与方案二 A 的唯一区别就是在主楼通高地下室的中部加一层板，从而将一层通高地下室一分为二变成两层地下室。表面上增加一层板后地下室面积会成倍增加，很多人云亦云、一知半解、似是而非的人会认为地下室造价也几乎是成倍增加，其实不然。与方案二 A 相比，虽然增加一层板后的该层梁板的混凝土与钢筋用量会凭空多出，但同时也可使地下室挡土外墙以及人防墙等侧向受弯构件的计算跨度大幅降低，弯矩降低的同时必然带来墙厚的减薄及计算配筋的降低，墙厚减薄后的墙身分布钢筋还可降低。同时地下室加板后可使地下一层的侧向刚度大幅提高，有可能使结构嵌固端提高到地下一层顶板，则底部加强部位及约束边缘构件的设置范围均可缩小，地下二层及以下的抗震等级也可能降低，使得边缘构件的纵筋与箍筋均可降低。因此方案二 C 的造价与方案二 A 相比有增有减且增减相当，大致持平。但对于开发商而言，却可以多出一层不占容积率的使用面积，这部分使用面积不但没有土地成本，而且建安成本的增量也几乎为零，也就是几乎不需要任何代价就可以获得一层使用面积。或单独出售出租，或搭售赠送，或开发商自用，只要能派上用场就不亏，这部分使用面积的性价比还是超高的。但当项目本身对地下建筑面积或总建筑面积有上限要求时，则需按地下建筑空间价值最大化的原则进行平衡取舍，不要因为地下室加层所增加的面积而牺牲掉价值更大的地下空间。

方案三：主楼与车库的埋深各取所需，通过结构手段解决高低差的问题，如图 1-1-5 所示。

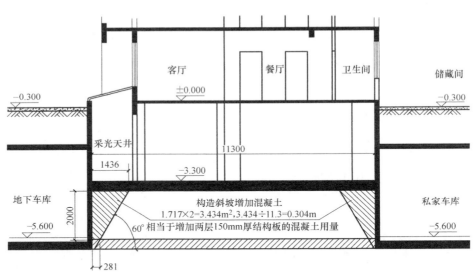

图 1-1-5　吉林长春某项目

该方案表面上看可以通过减少地下空间规模从而降低成本，比较契合有限开发策略的理念，也比较迎合某些一知半解或以偏概全或经验主义的半专业人士的固有观念。但实际上，持有这种观念的人可能只注意到该方案节省了一层楼板及主楼下方土方开挖量的降低，却忽略了变埋深处挡土墙及必要的结构构造措施的增加，作为挡土墙必须是连续而封闭的，比从主楼地下一层向下延伸到基础底板的剪力墙材料用量要多得多，而变埋深处的构造斜坡，即便按 60° 考虑，其混凝土用量也是中间层楼板的 2～3 倍。如果如图 1-1-5 中在虚线位置加上基础底板（相当于把单层地下室的基础底板下移，并在合适标高处增加一个中间层楼板,则方案三即变为方案二C),则变埋深处的连续挡土外墙即可取消,代之以主楼地下二层的竖向构件,变埋深处的结构构造斜坡也可以取消,代之以一层中间层楼板。经过我们对长春某项目(图1-1-5)全面客观的对比分析,方案三这种减小地下空间规模的做法不但不能省钱,反而每平方米增加造价411元,这确实颠覆了很多人的固有观念。

概括起来,方案一、二均属建筑解决方案,或者说建筑结构整体解决方案,而方案三则为结构解决方案。无论采用哪个方案,都需要在建筑方案阶段进行比选和决策。尤其是方案一,对总平面及竖向设计的影响都很大,因此其他专业的介入及方案比选工作必须前置,需要从建筑功能及营销需要、实施成本及施工便利等多个方面综合对比分析,从中选取既满足功能需要且综合造价又最低的方案。既要避免功能不足,比如方案一主楼车库脱开的方案会减少地下停车数量,能否满足地下停车配比需求是需要重点考虑的内容;也要避免功能过剩,比如增加一层地下室变成储藏间的销售问题,若产品滞销或收不回成本,就属功能过剩;同时还要考虑施工的可实施性及便利性等问题。

有些开发商也组织成本及设计部门进行测算,或责成设计院进行工程量对比,甚至委托专业造价公司进行造价分析对比,但这些分析往往有意无意忽略或遗漏某些本不应被忽略和遗漏的影响因素,或夸大某一方案某些方面有利(或不利)的影响因素而低估另一方案某些方面有利(或不利)的影响因素,因此对比结果的可信度也就大打折扣,甚至可能得到相反的结论。实际上,这是一个需要重点进行评估和决策的阶段,需要建筑、结构、施工、成本、营销等的及早介入及深度参与,从而得出一个全面、公正、客观的对比测算结果,并据此做出正确的决策。而方案一旦确定,就不宜再轻易更改,否则更改的代价可能会更大。

6. 场地限制条件

如果受场地大小或周边道路管线所限,从地下一层到地下二层需要改变土方开挖及支护方式,如从放坡开挖到土钉墙支护,或从土钉墙支护到护坡桩支护,都会导致单方造价大幅增加。

7. 地下水的情况

如果地下水位较高,则地下二层的降水费用会大大提高,底板与地下室侧壁的水压力都会随深度线性提高,导致结构成本提高;如果是地下车库或建筑物层数较少,当抗浮设计水位较高时,一层变两层后还存在抗浮稳定问题,如果被迫采用抗浮桩或抗浮锚杆等措施,则费用会大大增加。

8. 人防配建指标的问题

对于9层及以下的民用建筑,绝大多数省市都有一个埋深3.0m的界限值,在这个界限值上下,人防配建面积会有一个较大的突变。以河北省的规定为例,2012年3月1日起施行的《河北省结合民用建筑修建防空地下室管理规定》中有如下规定:

第八条 城市规划区内的新建民用建筑(工业生产厂房及配套设施除外),按下列标准修建防空地下室:

(一)十层以上或者基础埋深3m以上的民用建筑及人民防空重点城市的居民住宅楼,按地面首层建筑面积修建;

(二)除本条第(一)项规定以外的民用建筑,地面建筑面积在二千平方米以上的,按以下比例修建：一类国家人民防空重点城市为百分之五，二类国家人民防空重点城市为百分之四，三类国家人民防空重点城市为百分之三，其他城市为百分之二；

规则是死的，作为开发商和设计单位，既不能制定规则，也无法改变规则，但却可以改变设计去适应规则或者利用规则。

对于9层及以下的建筑，如果将基础埋深控制在3.0m以内，可大幅减少人防配建面积。

综上所述，影响地下空间开发决策的因素，或者说影响地下空间经济性的因素很多，不能以偏概全地妄下结论，必须综合评估上述影响因素后，才能得出最终结论。而且一定要用可靠数据说话，不能想当然，也不能人云亦云，所用数据也必须全面、客观、真实，尽可能少加入主观数据，做到有理有据，才能平息争议，并经得起实践的检验。

六、地下空间利用问题的管控思路

管控的切入点关键在于开发决策及设计控制。开发决策主要是甲方决策层及其所聘顾问咨询公司的主要职能，而设计控制则是甲方设计管理团队及其顾问咨询团与诸多勘察设计团队良性互动的过程和结果。

开发决策：首先需根据城市类型、土地属性进行地下空间开发取向的决策，即采取积极开发策略还是有限开发策略。对于一线城市及强二线城市的核心区，特别是一线城市的核心区，应采取积极开发的策略，但对于三四线城市，则应采取有限开发策略。其次，在既定开发取向的情况下，关键是要确定地下空间开发的体量或规模。当项目本身适用于积极开发策略时，应在效益增量大于成本增量的前提下将地下空间开发规模最大化；而对于适用于有限开发策略的项目，则应该在满足最基本需求的前提下将地下空间开发规模最小化。最后，在既定地下空间开发规模的前提下确定地下空间的形态，即地下空间是在水平方向摊开的模式，还是在水平方向收缩而向深度方向拓展的模式，包括地下空间的大致轮廓与组合方式等，即条块分割或连成整体的问题，以及各部分地下空间的大致轮廓与规模等问题，以期在既定地下空间量的前提下尽可能获得最经济的地下空间形式。

设计控制：首先是对开发决策的落实，即不折不扣地执行既定开发策略，在开发规模与空间形态上积极与既定开发策略靠拢。如果说开发决策确定了基本的航向，则设计控制的首要任务是确保不偏航；其次，随着设计的深入及更多设计条件的输入，需要结合嵌固深度、地形地貌、岩土地质、车位配比、人防指标、功能需求等信息进一步核实确定地下空间的规模与形态，分析各种地下空间形式的经济性等级，尽可能利用岩土结构需要而必然存在的地下空间以及开发成本较低的地下空间，排除相对较不经济的地下空间形式，对地下空间所涉及的多个方面进行仔细严格的权衡，从而对地下空间的轮廓、层数、层高以及空间组合方式等进行确认；最后是对地下空间功能的优化以及经济性的优化，如在既定地下空间规模的前提下增加地下车位的优化，也即提高停车位效率的优化，以及剔除无效冗余面积的优化等，也就是在满足既定规模、既定功能的前提下，如何最大限度地降低成本与增加效益。

无论是开发决策还是设计控制，咨询顾问团队都发挥着整合、加工、处理各方资源信息并为甲方提供决策依据与管控思路的巨大作用，既是甲方的外脑，也是甲方的神经网络。

在网上看到一篇文章，出处与作者不详，在考虑资金成本的情况下，对地下设置一层地下室至六层地下室做了比较全面的技术经济比较，甚至考虑了管理费用与财务费用以及工期增加等因素，具有一定的启发性，可供读者参考，并对原作者及出版机构表示敬谢之意。见下文案例部分：

【案例】 某网络案例

某工程，在限定的容积率 6.5 以及批租地价 600 美元/m²（折合人民币 5000 元/m²）的基础上开发不同深度的地下室来分析其投资效益，考虑到整个投资资金的运作周转，按总投资的一半来考虑其因开发地下室所带来的工期增加而需支付银行的利息（每天贷款利率按 0.4‰考虑）。地面可开发面积 65000m²，其单位成本为：地价 5000 元/m²+综合造价 7000 元/m²+配套、管理及利息等 3000 元/m²=15000 元/m²，不考虑地下室的总投资为 9.75 亿元。根据以上数据我们来探讨其开发不同深度（层数）地下室的单位成本，见表 1-1-1。

开发地下室的单位成本   表 1-1-1

项目	开发深度					
	地下一层 开挖 7m	地下二层 开挖 12m	地下三层 开挖 16m	地下四层 开挖 20m	地下五层 开挖 23m	地下六层 开挖 27m
增加建筑单位（m²）	10000	20000	30000	40000	50000	60000
合计地下室土建费用（元/m²）	2930	3125	3368	3547	3848	4135
地下室综合造价（包括机电、设备及装修）（元/m²）	5930	6125	6368	6547	6848	7135
增加工期（天）	150	225	300	390	490	600
增加工期的银行利息摊入地下地下室的成本（元/m²）	2925	2193	1950	1901	1911	1950
管理费用等	1000	1000	1000	1000	1000	1000
地下室单位成本（元/m²）	9855	9318	9318	9448	9759	10085

七、地下空间开发利用问题的有关案例

【案例】 承德双滦区某项目地下空间利用

承德双滦区某项目，场地较为平坦，东高西低，场地西侧沿河一带比沿河公路低 3～5m。综合考虑小区内道路与市政道路交汇、雨污管线接驳及首层用户视野不被沿河公路遮挡等因素，将正负零标高抬高至不低于沿河公路的高度（约 361.5m 左右），相应室外地坪设计标高在 361.0m 左右，意味着室外地坪设计标高要高出自然地面标高 3～5m。

1）地形地貌的影响

如果不利用地下空间，意味着场地要回填 3～5m，在有建筑物的地方还要进行地基处理。但如果利用此回填高度建造地下空间，如地下车库、住宅首层下跃或地下储藏室等，不但可以省去土方回填及地基处理的费用，还可以获得销售收入。即便利用地下空间布置设备用房、社区配套用房等，也可少占地上计容建筑面积（或单建时的建筑密度）。在此情况下，利用地下空间就是比较明智的选择。见图 1-1-6。

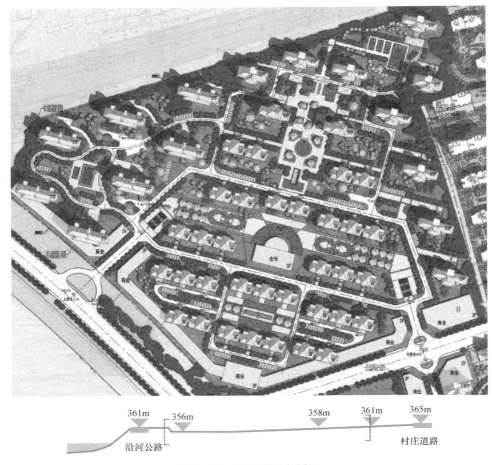

图 1-1-6　场地东西向剖面

进一步，需要确定地下空间的开发规模，结合车位配置要求及总平业态分布划定地下车库在总平面上的区位、范围及面积层数等参数，期间需考虑地下车库与主楼结合或脱开的问题，并结合人防配建要求、地质情况、主楼车库间的高度差异、各种可能方案间的成本对比及营销方面能否获得市场的支持与回报等进行综合比较与评估，选择最契合项目经营目标的方案作为最终的方案。

2）人防配建指标的影响

对于本案及大多数多层建筑来说，在人防配建指标方面有两个技术关键点，或者说是两个关键限值需要熟练掌握并运用。其一是 3.0m 埋深限值，其二是 2000m² 地上建筑面积限值。但对于房地产开发项目而言，单个项目开发面积动辄几万平方米、几十万平方米，地上建筑面积在 2000m² 以下的毕竟是少数，因此这一条基本可忽略。因此需要重点控制埋深 3.0m 的限值。若能将基础埋深限制在 3.0m 以内，则人防配建面积最多只需地上建筑面积的 5%，对于层数为 6 层的建筑，相当于只建 0.3 层的人防面积，人防配建面积可减小 70%。

就本案而言，地下车库无需多言，埋深肯定超过 3.0m，配建人防是肯定的，配建比例也比较明确；11 层与 17 层住宅必须按首层建筑面积配建人防，也无争议。最纠结的是 6 层花园洋房，要么不建地下室，要么将地下室埋深限制在 3.0m 以内，否则配建人防面积按首层建筑面积约为16.7%（1/6），比一类防空重点城市的5%还要高三倍左右。

　　如图1-1-7所示的建筑剖面图，即便主楼筏板按400mm考虑，基础埋深也为3.3－0.6＋0.4＝3.1m，刚好超过3.0m限值。如果想减少人防配建面积，则地下室层高以3.1m为宜，如此则基础埋深为2.9m，可大幅减少人防配建面积。如果只做一层地下室，则原设计3.3m的层高不可取。

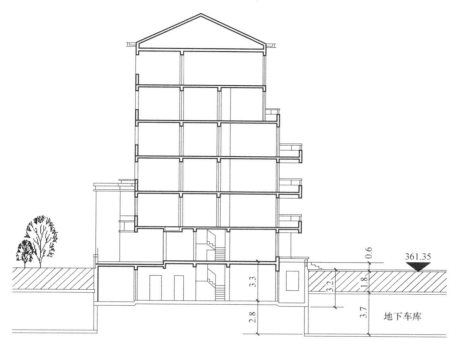

图1-1-7　主楼与车库剖面关系图

　　就本案而言，6层花园洋房每个单元的首层建筑面积为441.1m²，单元总建筑面积为1987.62m²，南北两区共有67个单元，则首层总建筑面积为29553.7m²，地上总建筑面积为133170.54m²。当埋深小于3m时，即便按5%的最高标准配建人防面积，人防配建总面积也只有6658.5m²，而埋深达到3m按首层面积配建人防的人防面积总数为29553.7m²，是前者的4.44倍。

　　为便于比较，在假定地下空间总量不变的前提下，将配建人防集中设置在地下车库内，建成平战结合的人防地下车库，仅就人防地下车库与非人防地下车库进行比较，前者单方造价一般为2300～2500元/m²，后者一般为1600～1800元/m²，相差700～900元/m²左右，则整个花园洋房的人防方案对造价的影响可达数百万元乃至数千万元。详见表1-1-2。

不同人防配建方案对成本造价的影响　　　　　　　　　　表1-1-2

埋深(m)	人防配建标准	单元首层建筑面积(m²)	单元地上总建筑面积(m²)	单元总数	人防配建面积(m²)	与非人防的单方价差(元/m²)	与非人防的总价差(万元)
≥3.0	首层建筑面积	441.1	1987.62	67	29553.7	700～900	2069～2660
<3.0	≤5%地上建筑面积			67	6658.5		466～599

3）岩土地质条件的影响

从图 1-1-7 的剖面图中可看出，室外地坪设计标高为 361.35m，室内外高差 0.6m，可推算出正负零绝对标高为 361.95m。若主楼如剖面图所示设一层地下室，层高 3.3m，筏板厚度取 400mm，则主楼基底标高为 358.25m。同理假定地下车库独立柱基高度为 800mm，可推出地下车库基底标高为 355.05m。对照图 1-1-8 的勘察钻孔柱状图可发现：车库基础底面标高与回填土底面标高接近，意味着车库基础基本可落在第二层细砂层上，该层承载力特征值可达 120kPa，可直接采用天然地基；但主楼基底标高高于回填土底面标高，甚至高于自然地面标高达 2.69m，意味着不但要回填 2.69m，连原状的回填土层也需要挖除或进行处理，总的处理深度达 3.19m，刚好相当于一层的高度。

孔口高程	355.56m	坐	$x = 34066.00m$
孔口直径	127.00mm	标	$y = 66773.00m$

地层编号	时代成因	层底高程 (m)	层底深度 (m)	分层厚度 (m)	柱状图
					1:100
①	Q_4^{ml}	355.06	0.50	0.50	
②					
		352.86	2.70	2.20	

图 1-1-8　地勘钻孔柱状图

根据建筑方案设计意图，主楼地下一层被设计为首层下跃，布置了健身房、家庭室、洗衣房等功能房间（见图 1-1-9），为首层用户所独享，没有地下储藏间可供上层客户分配。在河北诸城市流行将地下室分隔成若干储藏间出售的大形势下，没有地下储藏间对客户而言多少会有些遗憾。如果增加一层地下室，地下一层仍然作为首层下跃，地下二层分隔成若干储藏间销售给上层的客户，地下一层层高仍为 3.3m，地下二层层高定为 2.9m，筏板加面层厚度按 500mm 考虑，则主楼基底标高为 355.25m，再减去垫层及防水保护层的厚度，也基本可落在第二层细砂层上。还可实现与车库基础埋深大致相同，省去护坡或支护的费用。

4）全面客观地进行分析取舍

分析到此，情况变得复杂而精彩。其复杂之处在于，在各种可能方案中，没有哪一个方案具有压倒性优势，可以轻松做出决策；精彩之处在于，完美的决策需要建筑、结构、市场、营销、成本、工程等多个专业的完美配合，是专业能力与跨专业协作能力的精彩呈现。

就本案而言，从减少人防配建面积角度分析，以做一层地下室且将基础埋深限定在

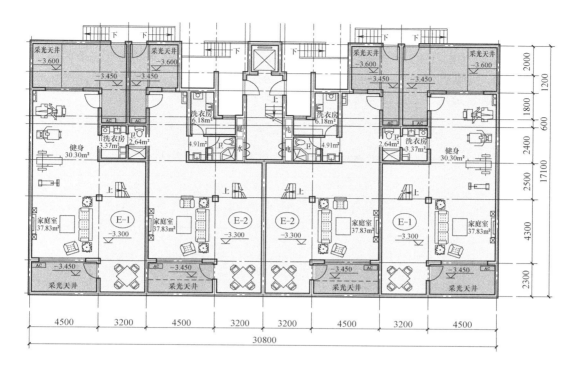

图 1-1-9　原方案地下一层平面图

3.0m 以内为优，这一点不难实现，只要将原地下一层层高从 3.3m 降低到 2.9m 就可实现。但从地形与地质方面分析，则做两层地下室为宜，既可省去回填及地基处理的费用，还可实现与车库埋深大致相同，省掉了护坡与支护费用，降低施工难度。同时增加的地下二层可分隔成储藏间销售给上层的客户，只要地下室加层的销售收益大于成本支出（含投资增加的财务费用），就可以考虑地下室加层方案。洋房增设地下二层之后，可将洋房电梯直接下到地下车库层，可轻松实现地下停车直接入户的需求，功能性与品质感获得大幅提升。

【案例】　洋房地下室加层

廊坊科技谷某项目，中心洋房区原定采用一层地下室，由于与地下车库存在将近 4m 的高差，故地下车库按与主楼脱开设计且需采取支护措施。

进入施工图设计阶段，当按一层地下室设计时，虽然采用天然地基可满足地基承载力要求，但沉降计算值在 200mm 以上，超过规范允许限值，因此需采用 CFG 桩复合地基；但按两层地下室计算，采用天然地基的沉降值大大降低，仅 80mm 左右。经规划设计部门与营销部门沟通，增加的地下二层可按储藏间出售。经过经济技术比较，如果地下二层的储藏间能按 570 元/m² 出售，就可与一层地下室方案持平。而根据区域销售经验，地下储藏间的售价至少在 1300 元/m² 以上。故采用二层地下室方案综合效益占优，并依此做出决策，改为地下二层方案。再通过优化地下车库覆土厚度及层高，实现主楼与车库的埋深大致相同。

【案例】　挖掘值得利用的地下空间

河北邢台某综合体项目，主商业的地下二层在南、北、西三侧均比首层及地下一层向外扩出，扩出部分原定为 4.95m 厚覆土。优化建议将 4.95m 的覆土改为 1.5m 的覆土，并将剩下 3.45m 的空间加以利用，作为仓库卖给商户，增加的投入不多，但经济效益显著。

图 1-1-10～图 1-1-12 为 A 轴以南原方案地下二层、地下一层及首层局部平面图，从图中可看出，除从首层地面下到地下一层的自动扶梯外，地下一层相比地下二层是收进的，故该收进区域地下二层顶板有 4.95m 厚的覆土，见图 1-1-13 的剖面图。

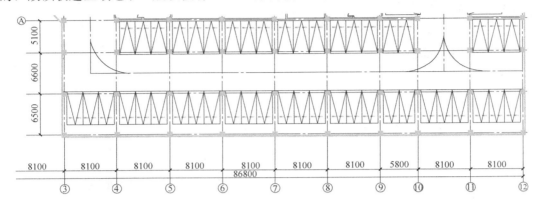

图 1-1-10　原地下二层局部平面图

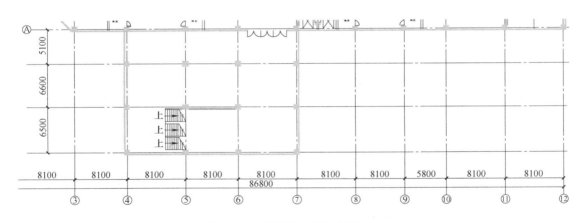

图 1-1-11　原地下一层局部平面图

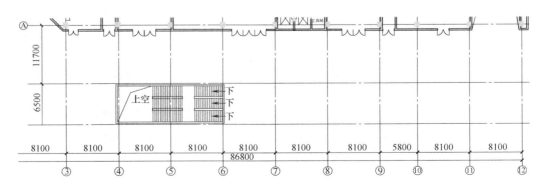

图 1-1-12　原首层局部平面图

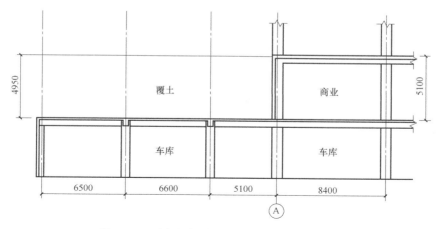

图 1-1-13 原地下一层 4.95m 覆土方案剖面图

优化建议认为 4.95m 厚的覆土不但导致地下空间严重浪费,而且附加荷载太大,结构成本会大幅上升,且较大的梁高会进一步导致地下二层车库层高的加大。因此建议将 4.95m 厚的覆土空间加以利用,将 4.95m 厚覆土减薄至 1.5m 并增加地下一层,见图1-1-14。

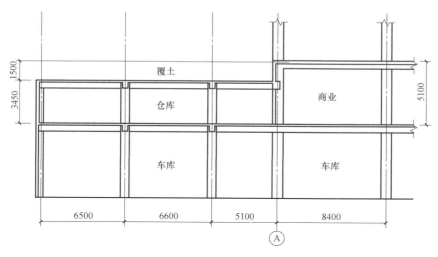

图 1-1-14 优化后地下二层 1.50m 覆土方案剖面图

通过对 A 轴以南部分进行加层前后的结构计算与对比分析(为简化结构建模及使工程量对比更简单直观,忽略了此处的自动扶梯),并通过 PKPM 系列软件 STAT-S 施工图算量软件进行自动配筋及算量,在相同设计参数、相同配筋参数及相同算量参数的前提下,加层方案的总用钢量为 118t,仅比原 4.95m 覆土方案 110t 增加 8t,单位面积用钢量则大幅降低,地下一层含钢量为 57.42kg/m²,地下二层含钢量为 32.19kg/m²,两层相加也仅比原方案的 83.78kg/m² 多出 5.83kg/m²,但使用面积却增加了 1328m²。

因板跨不大,故对新旧方案的结构顶板均采用主梁加大板结构,图 1-1-15 为结构平面布置图,计算结果对比见表 1-1-3 及表 1-1-4。图 1-1-16 为新增地下空间的平面位置示意。

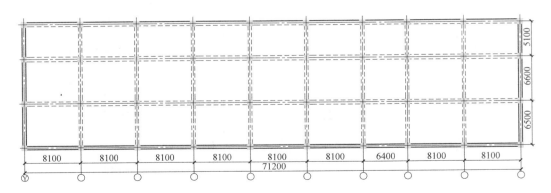

图 1-1-15　用于工程量比较的结构几何模型

原地下一层 4.95m 覆土方案钢筋用量　　　　　　　　　表 1-1-3

层别	构件类型	钢筋总量(kg)	单位面积用量(kg/m²)
地下二层	梁	55017.47	41.76
	板	55354.43	42.02
	合计	110371.90	83.78
地下一层	梁	0	0
	板	0	0
	合计	0.00	0.00
梁板总计		110371.90	83.78

优化后地下二层 1.50m 覆土方案钢筋用量　　　　　　　　表 1-1-4

层别	构件类型	钢筋总量(kg)	单位面积用量(kg/m²)
地下二层	梁	10277.99	7.80
	板	32136.23	24.39
	合计	42414.22	32.19
地下一层	梁	24986.78	18.97
	板	50658.34	38.45
	合计	75645.12	57.42
梁板总计		118059.34	89.61

在施工图设计阶段，施工图设计团队对建筑方案进一步优化，将覆土厚度由优化意见中的 1.5m 降为 1.25m，因此荷载进一步降低，结构实施成本也随之进一步降低，同时新增地下空间的层高相应增加 250mm，达到了 3.84m，这样就更好用了，作为商业用途都可以。见图 1-1-17。

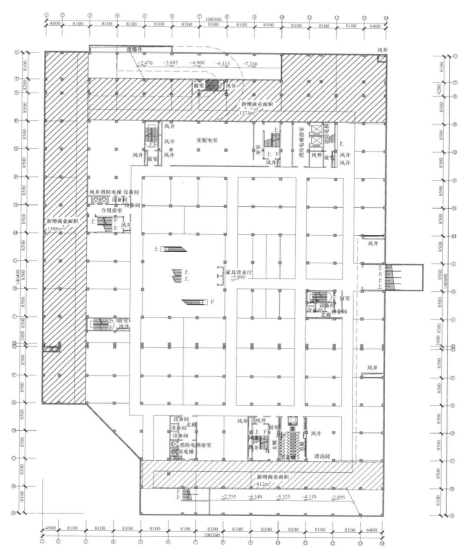

图 1-1-16　新增地下空间的平面位置示意（总计 1554.6＋1101.6＋551.7＝3207.9m²）

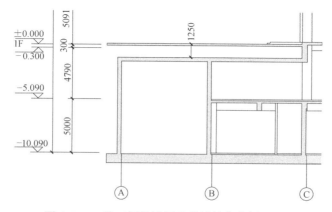

图 1-1-17　施工图设计团队的继续优化剖面图

第二节　减小层高与埋深的竖向设计优化

层高有建筑层高与结构层高之分，建筑层高即为各楼层地面装修后完成面之间的高度，而结构层高则为各楼层结构完成面之间的高度。建筑层高与结构层高的差别主要体现在结构面以上建筑面层的厚度，当各楼层的建筑面层厚度均相同时，建筑层高即与结构层高相等。对于标准楼层，建筑层高与结构层高均比较容易确定，但对于地下室的底层，由于基础底板形式各异，虽然建筑层高比较容易确定，但结构层高会因基础底板形式及面层（含垫层）构造做法而有较大不同。通常所说的层高均指建筑层高，但对于结构工程师而言，更应该关注的是结构层高。结构层高直接影响了侧向受力构件的计算跨度，也直接影响了基础埋深。建筑层高与结构层高的关系见图 1-2-1。

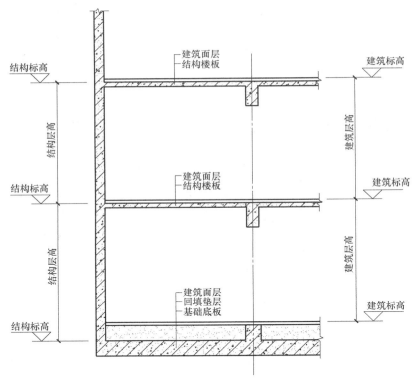

图 1-2-1　建筑层高与结构层高的关系

减小层高与降低埋深均具有多重经济效益，但二者本身又存在因果关系，减小层高是因，降低埋深是果，在地下建筑层数不变的情况下，减小层高就意味着减小埋深。但对于降低埋深来说，减小层高仅仅是降低埋深的一种手段，在层高不变的情况下，减小面层（含垫层）厚度也能有效降低埋深。

除了建筑层高与结构层高，还有一个室内净高的概念。根据《民用建筑设计通则》GB 50352—2005，室内净高是指"从楼、地面面层（完成面）至吊顶或楼盖、屋盖底面之间的有效使用空间的垂直距离"，当有梁而无吊顶时，是指梁底至楼、地面面层（完成面）的垂直距离。《车库建筑设计规范》JGJ 100—2015第4.2.5条表下的注释，对于净高规定则更为具体明确："净高指从楼地面面层（完成面）至吊顶、设备管道、梁或其他构件底面之间的有效使用空间的垂直高度"。

对于普通用户来说，不知道也不关心结构层高，建筑层高也仅仅是一个抽象的概念，但这个室内净高却是实实在在的，净高不但直接影响到空间的感受，而且也很容易测量。因此为了确保建筑功能不受影响，大多数的规范都根据房间功能规定了最小净高的要求。如《车库建筑设计规范》JGJ 100—2015即规定了各类车型的最小净高，而没有对层高的要求，见表1-2-1（规范表4.2.5）。层高则需要根据净高要求，再结合楼盖结构体系（无梁楼盖或梁板式楼盖）、梁高（无梁楼盖主要是板厚）、设备管线所占高度及面层厚度等因素来综合确定。

车辆出入口及坡道的最小净高（规范表 4.2.5）　　　　　表 1-2-1

车型	最小净高（m）	车型	最小净高（m）
微型车、小型车	2.20	中型、大型客车	3.70
轻型车	2.95	中型、大型货车	4.20

注：净高指从楼地面面层（完成面）至吊顶、设备管道、梁或其他构件底面之间的有效使用空间的垂直高度

鉴于规范及使用者关注的都是净高而非层高，而降低层高又具有多重经济效益，因此在进行建筑与结构设计时就应在确保净高的前提下尽量压缩层高，或在层高一定的情况下尽量争取更大的净高。这也是进行层高优化的总原则。

一、减小地下结构层高与减小埋深的经济意义

降低地下室层高对降低整体造价的效果显著，应严格控制地下室层高。现将降低层高的经济意义汇总如下：

结构成本：

（1）减少所有结构柱、剪力墙等竖向构件的长度和体积；

（2）缩短入口坡道及楼梯的长度；

（3）降低建筑物自重，减小基底总压力与附加压力，间接降低地基基础的成本；

（4）可直接降低基础埋深，减少土方开挖、回填及运输的总量；

（5）可降低基坑支护的深度、面积及基坑支护的单价；

（6）可减小地下室外墙、人防墙体的计算跨度及地下室外墙的水土压力，从而减小地下室外墙与人防墙体的截面及配筋；

（7）可减小作用于地下结构的设计水头及净水浮力，降低抗拔桩、抗拔锚杆的费用；

（8）可降低基坑降水的工程量及费用。

其他建安成本：

（1）减少所有外维护砖墙、内分隔墙、装饰隔断的工程量；

（2）减少粉刷、涂料、瓷砖、石材、防水材料等工程量；

（3）减小采暖、卫生、空调、电气垂直管道长度及管径。

施工成本：

（1）墙体脚手架及水、暖、电、空调安装脚手架的降低；

（2）墙、柱等竖向构件的模板工程量的减少；

（3）有助于缩短工期。

设备及运营成本：

（1）可更好地满足节能规范的要求；

（2）可降低空间体积从而减少供暖、空调等设备的负荷量；

（3）减少后期设备的运营成本。

二、影响层高的主要因素

1. 规范及使用要求的净高 h_0

《车库建筑设计规范》JGJ 100—2015

4.2.5　车辆出入口及坡道的最小净高应符合表4.2.5的规定。

4.3.6　停车区域净高不应小于本规范第4.2.5条规定的出入口及坡道处净高要求。

6.3.4　非机动车库的停车区域净高不应小于2.0m。

图 1-2-2　风机房管线出口处净高

不要片面认为车库净高2.2m是指最不利空间的净高。其实在设计中，只要能保证"车道处以及大部分的停车位处"有2.2m的净高即可，车道及停车位以外的其他区域可以适当放松要求。尤其是风管刚从机房接出来的一段，往往由于管道截面大、接驳位置低等原因而导致净高被压缩；若此处无停车位，可以考虑将此处净高适当降低；若此处有停车位，可考虑优先布置微型车位，但一般情况下还是要尽量满足净高2.0m的要求。图1-2-2为北京某住宅小区地下车库排烟（兼排风）机房风管出口处实际净高情况，目测净高不大于1.80m，该处虽然没有施画车位，但实际总有车辆在此停放。

2. 顶板结构总高 h_1

梁板体系为梁截面总高（包括板厚），无梁楼盖为柱帽截面总高（包括板厚），但因柱帽仅在柱上方的局部区域才有，设备管线可避开柱帽自由穿行，故柱帽可与设备管线共同占用一定的高度。

为降低层高，梁截面高度一般不取结构意义上最经济的梁高，而是结合配筋数量（避免三排配筋）取一个综合经济效果更佳的梁高，初步设计时一般可按表1-2-2估算梁高。

顶板覆土厚度与估算梁高　　　　　　　　　　　　　　表 1-2-2

顶板类型	顶板梁高	备注
覆土≤500	≈1/11～1/12 的跨度	
500＜覆土≤1000	≈1/10～1/11 的跨度	
1000＜覆土≤1500	≈1/9～1/10 的跨度	仅供估算用，实际应以计算为准
1500＜覆土≤1800	≈1/8～1/9 的跨度	
1200＜覆土≤1800 的人防顶板	≈1/7～1/8 的跨度	

影响梁高的主要因素是跨度（柱距）及荷载（有无人防及人防等级、有无消防车荷载、覆土厚度等）。

3. 设备管线所占的总高 h_2

《汽车库、修车库、停车场设计防火规范》GB 50067—2014

7.2.1　除敞开式汽车库、屋面停车场外，下列汽车库、修车库应设置自动喷水灭火系统：

1　Ⅰ、Ⅱ、Ⅲ类地上汽车库；

2　停车数大于 10 辆的地下、半地下汽车库；

3　机械式汽车库。

8.2.1　除敞开式汽车库、建筑面积小于 2000m² 的地下一层汽车库和修车库外，汽车库和修车库应设置排烟系统，并应划分防烟分区。

8.2.10　汽车库内无直接通向室外的汽车疏散出口的防火分区，当设置机械排烟系统时，应同时设置补风系统，且补风量不宜小于排烟量的 50％。

除双拼、独栋别墅类的地下车库可各栋之间相互独立外，一般的集中地下车库均会超过 2000m² 及 10 辆车的要求，故机械排烟与喷淋系统是必须要考虑的设备管线。此外，地下车库少不了强弱电管线，因此强弱电桥架也是必须要考虑的因素。

4. 底板面层做法的总高 h_3

底板面层厚度一般由地下室覆土垫层厚度及建筑面层厚度构成，覆土垫层仅当需要配重抗浮的情况下才具有存在的合理性，其厚度由抗浮设计水位及上部建筑自重决定。建筑面层的厚度一般为 50～100mm，但国外早已采用无建筑面层的地下车库地面做法，国内在结构底板上直接做耐磨地面的做法也逐渐增多，随着混凝土压实抛光工艺设备的不断发展进步，取消建筑面层、直接在结构混凝土表面压实抛光并做耐磨地面的做法会越来越多。

5. 车库结构层高计算方法

H（车库结构层高）＝ A（车库底板覆土垫层厚度）＋B（建筑面层厚度）＋C（停车库净高 2.2m）＋D（电桥架）＋E（消防喷淋高度）＋F（机械烟道高度）＋J（顶板梁高）。

需要强调的是，上述 D（电桥架）、E（消防喷淋高度）、F（机械烟道高度）并非简单相加的关系，而是三者可共同占有同一高度空间，其中 F（机械烟道高度）的尺度最大，起控制作用，D（电桥架）、E（消防喷淋高度）可与 F（机械烟道高度）并行设置并尽量避免交叉，当必须交叉时，应避免在主梁下交叉，而应尽量将交叉点放在次梁或板下，或者将交叉点放在对净高要求不高处，且 D（电桥架）、E（消防喷淋高度）需从 F（机械烟道高度）上方绕过。各类设备管线的估算高度见表 1-2-3。

各类设备管线的估算高度　　　　　　　　　　　　　　　　　　　表 1-2-3

管线内容	最小计算高度(mm)	备　　注
通风道	300～350	其中含 50 的安装支架高度
喷淋	200	按 ϕ150mm 干管加 50mm 安装高度及 50mm 支管加 100mm 喷头高度加 50mm 间隙考虑，尽量与风管平行布置、避免交叉
电桥架	100	尽量与风管平行布置、避免交叉

在确定层高时，精确计算设备管线预留高度以及结构梁高，并且要求设计院做好管线综合。

6. 机械停车库的层高确定

机械停车库主要是通过停车方式的立体化实现减少占地面积的目的，其主要优势是节省造价，不过在实际使用时不如普通自走式停车库方便，一般在停车位配比要求比实际停车需求大很多时采用。在设计机械停车库时，单车位或车架的平面尺寸对停车效率影响很大，车架长宽尺寸每多出100mm，就意味着柱网尺寸也要多出100mm，故在委托专业厂家设计时，对车架长宽尺寸要严格控制，不可放任自流或听之任之。

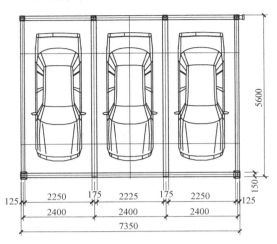

图 1-2-3　紧凑型机械车架尺寸

笔者审过的图纸中，三辆一组7350mm×5600mm外缘尺寸的机械车架是比较经济合理的车架尺寸（图1-2-3），下文的柱网结构均以该车架尺寸作为基本单元。

双层升降横移式机械停车库，因车道处及非机械停车部位的净高都很高，风管、主喷淋管等设备管线均可沿车道布置，必须跨越车位时，可选择在普通停车位上方跨越，如此便不会与升降横移车架争层高，故在计算层高时不必考虑设备管线空间。如图1-2-4左上角的风井紧邻车道，其出管处及管线布置完全是在车道上方，不与机械车位争高度；右

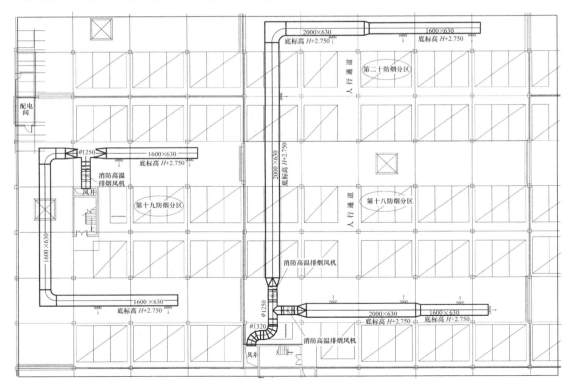

图 1-2-4　河北保定某项目车库机械排风

侧的风井出管处是普通停车位，不影响层高，至车道上方后一分为二，向右的分支一直沿车道布置，也不影响层高，但与其垂直的分支则跨越了机械停车位，对层高会产生叠加效应，其实只需向右移动 4 个车位，从未布车位的人行通道上方跨越即可避免。

在进行升降横移式机械停车库的竖向设计时，地面层车架高度可取 1900mm，每向上增加一层车架需增加 1700mm 的车身高度，向下加一层（地坑式车位）车架需增加高度 2000mm。《车库建筑设计规范》JGJ 100—2015 表 5.3.3（本书表 1-2-4）给出的设备高度偏高，可能是考虑了停放高档 SUV 及轻型车的要求，但对于只停放小型车与微型车的机械车库，可参照国标图集《机械式汽车库建筑构造》08J927-2 表 1（本书表 1-2-5），该表与前述二层及以上各层增加 1700mm 的说法基本一致。但需注意的是，不同供应商的车架高度可能会不相同，具体尺寸应根据不同供应商的要求确定，因此在选择设备供应商时，不光要比价格，还要比其设备尺寸，使其尽量与柱网尺寸及停放的车型最大限度地匹配，在此前提下尽量选用能够节省建筑层高的设备供应商。

升降横移类停车设备高度尺寸（《车库建筑设计规范》表 5.3.3） 表 1-2-4

形式	停车设备层数	设备装置高度（m）
出车面以上	二层停车设备	3.50～3.65
	二层停车设备	5.65～5.90
	二层停车设备	7.45～7.70
	二层停车设备	9.03～9.55
	二层停车设备	11.15～11.40
出车面以下	底坑一层停车设备	1.90～2.10

停车空间尺寸表（《机械式汽车库建筑构造》08J927-2 表 1） 表 1-2-5

车位宽度 W（mm）		$2350～2500$
车位长度 L（mm）		$5500～6000$
设备净高度	二层（mm）	$\geqslant 3600$
	三层（mm）	$\geqslant 5300$
	四层（mm）	$\geqslant 7000$
	五层（mm）	$\geqslant 8700$
	地坑（mm）	$\geqslant 2000$

具体项目中应将设备供应商车架的有关参数与地库结构相结合进行优化设计，二者匹配得好，优化节省 300mm 左右层高是完全可能的。

比如保定某项目，多跨联动双层机械停车库的层高做到 5200mm，但经过优化，降到 4600mm 是完全可行的，降幅达 600mm。根据行业标杆企业的测算，地下车库层高每增加 100mm，综合造价增加 18 元/m²，15685m² 的地下车库，因层高降低 600mm 即可实现节约综合造价 170 万元。

机械停车库的形式多种多样，但在房地产开发项目的配套停车库建设中，应用最多的还是升降横移式。在升降横移式中，又有左右升降横移、前后升降横移以及前后左右升降横移等多种形式，因前后横移后排车的存取时间偏长，故笔者所见的地下机械停车库中大多以左右升降横移式为主。左右升降横移中又有单跨升降横移与多跨升降横移两种形式。

单跨升降横移：车辆在一个柱跨内侧向循环。每一个柱跨内双层车位上层3辆下层2辆。可有两种柱网形式：

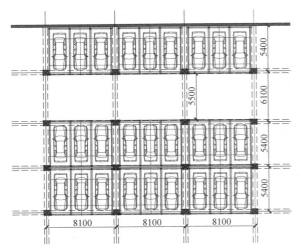

图 1-2-5　单跨升降横移 8100mm×5400mm 小柱网

其一，采用 8100mm×5400mm 的小柱网（图 1-2-5），车架柱外缘与框架柱外缘平齐，可实现紧凑布置，不浪费面积，但由于柱的阻隔，车辆只能限定在一个柱跨内循环。因为车辆仅在本跨内横移，故纵向梁高对层高对影响，横向梁因为是在车头车尾的斜外上方，且该处车身较矮，也不影响上层车的水平横移，故影响层高的主要因素是次梁的高度。若采用无次梁的主梁大板结构，则板下仅需考虑喷淋支管管径（不超 50mm）加喷淋头高度（不超 50mm）及喷淋头与板底的净距（可取 50mm），则层高采用 1900＋

1700＋250＋150＝4000mm 可满足要求；若采用主次梁结构，当次梁梁高不超 700mm 时，考虑喷淋支管管径及 50mm 固定件高度（顶喷喷头布置在次梁的梁格间，不与次梁争高度），层高 4400mm 可满足要求。

其二，像普通停车库一样采用 8100mm×8300mm 的标准柱距，靠墙的两跨采用小柱距（图 1-2-6），并可实现紧凑的车位排布；虽然车辆横移时无需跨越纵向主梁，但由于车

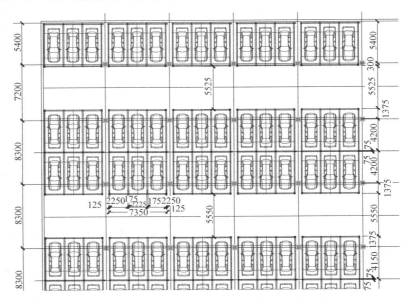

图 1-2-6　单跨升降横移 8100mm×8300mm 大柱网

位上方有横向主梁，故计算层高时需考虑主梁高度。由于喷淋管可从框架柱与机械车架柱之间的间隙（75mm）通过，故考虑主梁高度后可不必再考虑喷淋系统的高度。若主梁高度按 1000mm 考虑，则层高 4600mm 可满足要求。

多跨升降横移：车辆可在一个或多个柱跨内侧向循环。当为 n 跨联动循环时，上层可停放 $3n$ 辆车，下层可停放 $3n-1$ 辆车（图1-2-7）。其主要优点是减少出车空位，进而提高停车效率。同时，由于车辆完全布置于两横向主梁之间，横向主梁对层高不构成影响，而纵向主梁跨度较小，截面高度也可较小，尤其当次梁平行于纵向主梁布置时，纵向主梁截面高度会更小，可做到与次梁等高，因此可有效降低层高。当纵向主梁梁高按800mm 考虑时，层高可控制在 4400mm 以内。但因车位收缩到两柱之间，纵向柱网浪费了一个柱的宽度，会在平面上多出一定的无效面积。

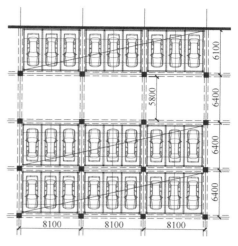

图 1-2-7　多跨升降横移
8100mm×6400mm 小柱网

三、减小地下结构层高与埋深的主要方法

1. 降低结构所占高度

降低覆土厚度。覆土厚度对梁高及含钢量影响都很大。覆土厚度在 500mm 以内的车库顶板，其梁高约为跨度的 $1/10 \sim 1/12$，对于 8100mm 的柱距，梁高取 $700 \sim 800$mm 即可；但当覆土厚度在 $1500 \sim 1800$mm 时，梁高需做到 $1/7 \sim 1/9$ 的跨度，相应于 8100mm 柱距，梁高在 $900 \sim 1150$mm 之间。因此从控制层高的角度也应尽量控制覆土厚度。结构顶板覆种植土，应尽量考虑轻质营养土；大型树木的种植，应尽量与结构柱位对位，而且尽量采用局部覆土增厚的微地形来解决。

柱距（梁跨）要合理均匀，切忌大小不均的柱网结构。边跨柱距应结合停车布置合理降低，边跨采用同中间跨一样的标准柱距将会造成无效面积，且相同跨度的连续梁边跨内力最大，边跨梁高决定整个连续梁的梁高，适当降低边跨跨度可使连续梁内力分布更加均匀，有助于压缩整体梁高。当建筑平面布置确需个别区域的柱距（梁跨）较大时，应调整结构布置方式使梁高不超标准梁高，必要时可采用宽扁梁或预应力梁以降低梁高。

常规梁板体系的次梁布置方案对结构梁高有微妙的影响。井字梁的主梁梁高较单次梁、双平行次梁及十字交叉次梁的高度都要小些，单次梁的主梁高度最大，双平行次梁与十字交叉次梁次之。对于人防楼盖及有较厚覆土的车库楼盖，可考虑井字梁楼盖，其经济性与双平行次梁相比没有优势，但可将梁高略降一些（$50 \sim 100$mm）。有梁体系的楼盖梁高，应结合配筋量大小尽量压缩，以梁截面宽度不宽于（柱截面－50mm）且三级钢配筋不超过两排为宜，必要时可采用更高强度的钢筋（如 HRB500）。比如 600mm×600mm 的框架柱，则梁截面宽度可做到 550mm，如果经试算按 550mm×950mm 计算的配筋刚好不超过 3 排（减到 900mm 高就需 3 排），则即可将梁截面高度定为 950mm。该方法不要绝对化，比如采用某一截面尺寸后，仅有一少部分梁的配筋超过 2 排，就不要因此而加大梁高。故设计师在实际的设计工作中要综合把握、整体平衡。

宽扁梁体系也是值得考虑的选择。宽扁梁体系的钢筋与混凝土用量较正常梁板体系要高，但若能使整个地下室层高真正降下来，也会有较好的综合经济效益，最忌采用了降低层高的结构体系却没能将层高降下来。宽扁梁体系在国外的公共建筑里应用较多，很多时候梁宽甚至做到跨度的 1/3，比如 8400mm 的柱距，宽扁梁的梁宽会做到 2800mm，梁与梁间的净距只有 5600mm，可有效降低板的跨度，并省去了次梁。当宽扁梁体系采用预应力梁板时，材料用量也可大幅降低。但宽扁梁体系在内力分析与截面配筋方面，计算模型很关键。若不能准确模拟板的计算跨度及边界条件，计算跨度仍按梁中心线间距离取用，即便配筋时采用梁边处弯矩进行配筋可有效降低板的负弯矩筋，但跨中弯矩及计算所需下部钢筋仍然很大，且计算挠度会严重偏大。国内现有的结构设计软件，除有限元法外，还不能很好地解决这个问题。

无梁楼盖也能有效降低结构所占高度从而降低层高，采用无梁楼盖体系一般可以使层高降低 300～400mm。且不设构造暗梁的钢筋用量也可较常规梁板结构有比较显著的降低，尤其是有覆土的车库顶板，随着覆土厚度的增加，含钢量降低的优势更加明显，但混凝土用量会比常规梁板结构偏高，此外，无梁楼盖的模板工程量及施工难度也大大降低，故综合经济效益较常规梁板体系要高。但很多时候，采用无梁楼盖的主要目的是为了降低层高，如果采用了无梁楼盖但却沿用了有梁体系的层高，就失去了无梁楼盖降低层高的经济意义。非常有意思的是，现在很多设计院在大底盘地下车库的楼盖体系中采用了梁板式与无梁楼盖混搭的结构形式（见图 1-2-8），人为将楼盖体系复杂化但却未能将层高降下来，失去了采用无梁楼盖的核心意图。

无梁楼盖还存在冲切破坏的问题，不但柱（或柱帽）对托板的冲切需要重点关注，托板边缘对板的冲切也不能忽视，否则会带来极大的安全隐患。冲切破坏具有脆性破坏的属性，破坏前无前兆，具有突发性，不易防范，危害较大。因此，当选用无梁楼盖时，必须进行柱（或柱帽）对托板的冲切及托板边缘对楼板的冲切两项关键验算，而且在进行抗冲切验算时，抵抗冲切破坏的承载力应该全部由混凝土来提供，即不考虑增加抗冲切钢筋来解决混凝土抗冲切不足的问题。当柱对托板的冲切不满足要求时，优先考虑增加柱帽的措施，其次才是增加托板厚度；当托板边缘对板的冲切不满足要求时，应该优先考虑增加托板的平面尺寸，其次才是增加楼板的厚度。但若板的厚度偏薄而导致板的配筋率很高时，则优先考虑增加板厚。总之是要根据具体情况采用更高效率和更好效果的解决方式。

现浇混凝土空心楼盖也可有效降低结构高度。还具有节约建筑材料，减轻楼盖自重，优良的保温与隔声效果，真正意义上的平板，无须吊顶，管线布设方便等优点。但其对板块的规则性有要求，对于异形板及开洞板的适应性较差。因空心楼盖的设计与施工具有一定的专业性，因此招投标环节的成本控制比较关键，必须在设计前就做好空心楼盖设计与施工的商务谈判，控制得好，经济性方面与普通梁板体系可基本持平或略高一些。

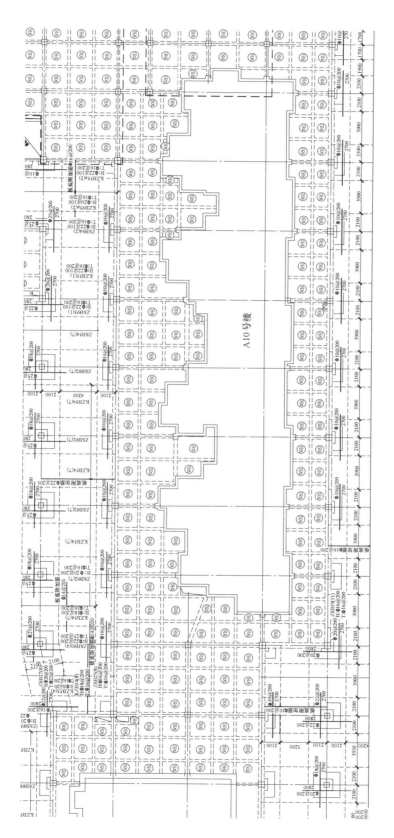

图 1-2-8　保定某项目混合式楼盖

31

采用预应力钢筋混凝土楼盖也可降低结构高度。预应力筋的高强度及预应力的影响，往往在材料用量方面也较常规梁板结构具有优势。预应力混凝土施工同样具有一定的专业性，故其综合经济效益主要看预应力混凝土施工的招投标环节，也应在设计前就做好预应力部分设计与施工的商务谈判，招标环节控制得好，可收到非常好的经济效果。比如富力集团，因为对预应力楼盖的应用已很娴熟，且与预应力混凝土承包商有着长期密切的合作，因此其地下车库楼盖大多采用预应力钢筋混凝土楼盖。

此外，还可以采用变截面梁，在机电管线通过处，减少梁截面高度；或在梁中预埋管或预留洞口，使管线穿过；或使结构梁的布置与机电管线布置保持一致，使结构梁与机电管线尽量占用同一高度等（如双平行次梁楼盖的次梁及与次梁平行的主梁高度较垂直方向主梁的高度矮，可利用此高度差走设备管线）。

2. 降低设备管线所占高度

压缩机电管线本身的高度：机械排烟管道高度一般为 300～400mm，其中含 50mm 的安装支架高度；喷淋最小计算高度可取 200mm；电桥架高度可取 100mm。

为降低设备管线所占高度，一般应将三种设备管线沿水平向平行布置（图 1-2-9），并尽量避免交叉，不要沿竖向叠放。因此在大多数情况下，设备管线所占的高度由体量最大的机械排烟管道决定。为降低设备管线高度，在过流断面不变的情况下，一般将风管沿竖向压扁、横向加宽，但当风道宽度大于 1200mm 时，按规范要求需在风道下面设喷淋（图 1-2-10、图 1-2-11），会使设备管线占用的高度增加，故在设计时应尽量控制风道宽度不超过 1200mm。

图 1-2-9 喷淋管、电桥架与风管
沿水平向平行布置

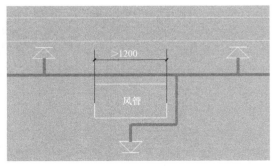

图 1-2-10 风管宽度超过 1200mm
需在管下设喷淋

图 1-2-11 超宽风管增设底喷喷淋管构造

当车库设有喷淋、通风及电桥架等设备管线时，管线高度计算得不够精确；或者风道、喷淋等设备管线布置没有尽量避开主车道；或者设备管线交叉点也未避开主车道，都会导致车库高度人为增高，造成不必要的浪费。应尽量使"主风道"靠近车道边侧（车头上方）设置（图1-2-12）。

图1-2-12 "主风道"避开主车道在车位上方设置

上述将各类设备管线沿水平方向平行布置、避免交叉只是理想状况，事实上，在设计院里，风管、喷淋、电桥架是分属暖通、给水排水与电气三个专业的，是由三个专业的工程师分别完成设计的。自然的状态就是各说各话、各做各事，彼此之间鲜有交集，因此管线间交叉、重叠是不可避免的，只有通过管线综合才能实现或接近这一目标。

当地库中各种管线本身的高度已无压缩余地时，降低整个设备管线高度的方法只有通过管线综合将管线错开或合理交叉（图1-2-13）。尤其是机械排风管道与其他管线的交叉应尽量避免（其他管线之间的交叉对高度影响较小），实在无法避免时，应选择在梁间的板下进行交叉，或在高度相对较矮的梁（次梁）下交叉，且应将喷淋管和电桥架从风管上方绕过。

图1-2-13 管线综合，可有效降低设备管线所占高度

尤其应该重视排风机房出管处的局部管线综合，因为该部位的风管截面最大（图1-2-14），一旦此部分解决，则整个设备管线所占高度及地下车库层高即可得到优化。

在某些情况下，设计师若能熟谙规范，且不墨守成规，可以做出一些"有心"的设计，不但可以减少设备投资，还可降低土建成本。比如车库能实现自然通风时，则可省去

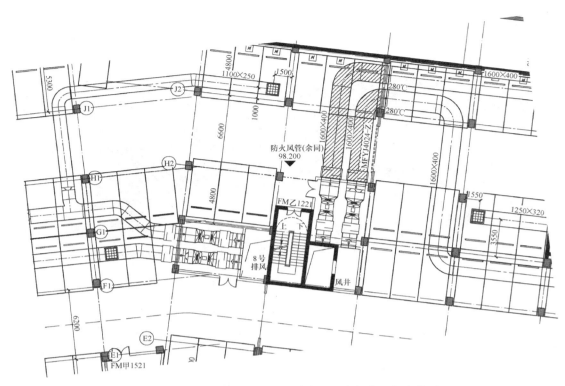

图 1-2-14　排风机房出管处是管线综合的重点部位（保定某项目）

机械排烟设施，直接经济效益非常显著，且降低层高的间接经济效果也比较可观。

采用自然通风，不做机械排风排烟系统的优势：

1）至少节约 400mm 左右层高，结构成本减少 30～40 元/m²，约占车库土建成本 2.5%；

2）节省机械排风排烟系统，设备成本减少约 12 元/m²，约占车库土建成本 0.8%；且节约了后期设备运行维护费用；

3）减小住宅地下室和地下车库之间的高差，优化室内空间。

3. 将筏板或防水板改为与基础梁、柱墩、基础或承台顶平的方式

虽然这种手段既不能减小地下车库的建筑层高，也不能直接增大地下车库的净高，但却可以降低结构层高从而降低一部分竖向构件的高度，尤其是直接生根于底板的地下室外墙与人防墙等，不但可以直接降低墙的高度，而且可以减小侧向力作用下的计算跨度，竖向受力钢筋的计算配筋量也可相应降低。

基础底板可有多种结构体系与方案，可以是梁板式或平板式筏形基础，也可以是独立基础或桩基承台加防水板。无论何种体系与方案，都存在板（筏板或防水板）与基础（或柱墩、承台、基础梁）在竖向的位置关系问题，或板与基础顶平（下返式），或板与基础底平（上返式），特殊情况板也可能居中设置。

大多数的设计院都习惯采用板与基础底平的下返式，其最大的优点是可利用梁格（或上返基础）间的回填土布置排水设施（集水井、排水沟）及排水找坡，可有效减少结构坑沟的数量（一些坑深小于覆土厚度的小坑可在覆土深度内做建筑坑，不做结构坑）及深度，底板垫层与防水施工也更加方便。

但其劣势也非常明显。

首先就是增加了地下室外墙及人防墙的计算跨度及室内其他结构墙的竖向高度（墙下不设地梁的情况）。因为在确定地下室外墙及人防墙几何模型与边界条件时，墙体是以基础底板作为墙底的有效约束，而不是以基础（或柱墩、承台、基础梁）作为有效约束，因此势必会使计算跨度增加。

其次，结构板上覆土的存在，不但增加房心回填的材料与人工成本，还必须考虑防止回填土沉降的面层抗裂措施，设计院习惯采用200mm厚C20细石混凝土配 $\phi6@200$ 钢筋网的做法，既增加了面层厚度压缩了室内净高，又增加了抗裂面层的材料与人工成本。

从施工工序的安排方面，一般结构底板浇筑完毕，都会尽快施工结构墙柱以争取尽早出地面，而房心回填与地面面层的施工无疑会影响下道工序的施工，占用关键线路的工期。但如果车库结构封顶后再进行房心回填，则土方运输就只能通过楼梯、坡道、吊装孔等处进行，人工成本与工期又会拉长。

有些精明的承包商，为了降低结构封顶后土方的运输成本，在结构封顶前突击抢工将回填土方提前运到车库内，但却没有土方分层回填的时间，因此运入的土方只能在那里堆着。这样做的风险极大，一旦地下水渗入、地表水流入或雨水灌入，则所有运入的土方就会和成稀泥，全部废掉，必须挖出运走再运入适合回填的土方，将为此付出双倍的代价。

如果将基础底板抬升至与基础顶平：1）地下室墙柱高度缩短，可减少混凝土量、钢筋量与模板工程量；2）承受侧向荷载的地下室外墙及人防墙体的计算跨度相应减小，水土压力随之降低，可降低由计算控制的钢筋用量；3）降低基坑开挖深度，相应减少基坑开挖土方量及肥槽回填土方量；4）可取消底板顶面以上房心回填土，消除回填土质量因素所产生的车库地面质量问题；5）有条件取消车库地面的排水找坡垫层及配筋混凝土耐磨面层，可直接在结构层上做耐磨地面，效果更佳（结构混凝土强度大大高于耐磨地面面层混凝土的强度C20）；6）地下室外墙外防水工程量降低。

当然，顶平下返式的基础底板也存在如下弊端：1）垫层及防水工程量增加，施工略为复杂；2）基础底板上所有的设备坑都必须做结构坑，且集水坑、电梯基坑等所增加的混凝土与钢筋用量会比较多；3）当存在抗浮问题时，无法利用覆土压重平衡水浮力。但如果没有抗浮问题，其综合经济效益明显高于底平上返式的基础底板形式。

4. 减小楼地面建筑面层厚度

1）覆土垫层的必要性及利弊分析

地下车库地面面层在北方早年的常规做法是在车库底板上设覆土垫层兼找坡，其上做建筑面层。

根据多年大量的工程实践经验，尤其是施工及使用方面的经验，覆土垫层的存在除了方便建筑与设备专业布置集水坑及用于抗浮配重之外，基本是有百害而无一利，不但增加覆土垫层及面层本身的材料与人工成本，而且增加了结构荷载，而更重要的是加大了结构层高与基础埋深，导致挖填土方量、基坑支护与降水、地下室墙柱混凝土、钢筋材料用量及模板工程量、防水材料用量、地下室抗侧力构件的计算高度与水土压力等均随之增加；此外覆土材料的倒运及分层夯填也非常麻烦，若在顶板封闭前用机械运到地下，则存在下雨和泥的风险，但若顶板封闭后再运输，就需要人工倒运，人工成本会进一步增加；覆土垫层的压实工艺也只能用小型机械，而无法采用高效率的机械碾压，因此人工成本、工期等均会有影响。此外，由于覆土垫层的存在，非常容易导致建筑地面开裂，因此还须在其上再做一层建筑面层，而且一般需采取抗裂措施，如配钢筋网等，成本会进一步上升。

根据标杆房企的测算，建筑垫层厚度每增加 100mm，直接成本会增加约 10 元/m²，垫层增厚 100mm 的同时，结构层高也会增加 100mm，相应埋深也会加大 100mm，综合起来每增加 100mm 垫层可使成本增加约 28 元/m²，500mm 的垫层就可使成本增加 140 元/m²，一个 50000m²（不算大）的地下车库因 500mm 厚垫层所增加的综合造价就高达 700 万元，是非常可观的。

因此，这种在覆土垫层上做建筑面层的做法已经越来越少，但还没有绝迹。

比如河北保定地区的某项目，采用的是独立基础与防水板底平的方案，基础与防水板顶至建筑地面之间的部分即采用素土夯填再做建筑面层的做法，见图 1-2-15。

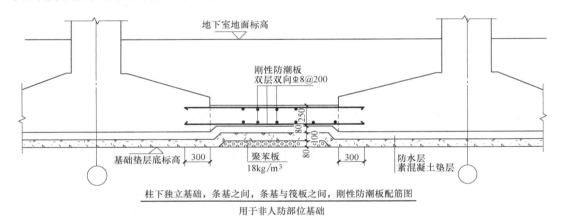

图 1-2-15　河北保定某项目基础与防水板上回填土加建筑地面的做法

北京顺义某项目，则采用梁板式筏形基础底平的方案，在梁格之间也是采用 600mm 厚的素土回填，其上再做 200mm 厚 $\phi6@200$ 配筋面层，见图 1-2-16。仅建筑做法本身的工程造价就达 140 元/m²，还不算埋深增加的挖填土方量增加以及竖向构件长度增加的直接与间接造价增加。

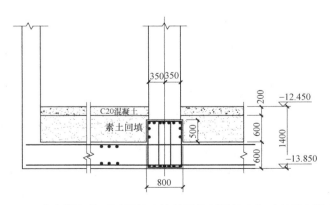

图 1-2-16　北京顺义某项目梁板式筏基梁格间回填土加建筑地面的做法

2）滤水层的必要性及利弊分析

滤水层为何而设置，有什么样的设置要求，笔者未能在国家正式出版的有关规范、图集、参考书中查到。但在网络某论坛中，笔者查到有"当项目地下水位较低，地下室底板防水混凝土厚度大于500mm，且当地政府对底板外防水没有强制要求时，可在底板上部设置滤水层、取消底板下部外防水"的说法，且给出如下节点做法，见图1-2-17。

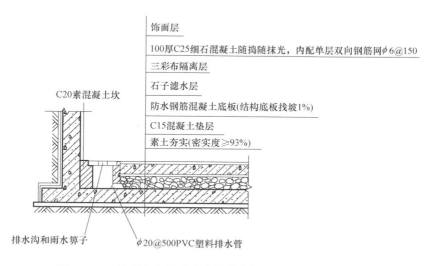

饰面层

100厚C25细石混凝土随捣随抹光，内配单层双向钢筋网ϕ6@150

三彩布隔离层

石子滤水层

防水钢筋混凝土底板(结构底板找坡1%)

C15混凝土垫层

素土夯实(密实度≥93%)

C20素混凝土坎

排水沟和雨水箅子

ϕ20@500PVC塑料排水管

图1-2-17　地下室底板及滤水层节点做法（摘自网络某论坛）

笔者不是在此推荐该种做法，而恰恰是想质疑这种做法的必要性与合理性。

顾名思义，滤水层是一种排水措施，而置于地下车库结构底板之上的滤水层，自然应该是一种排除地下车库内积水的排水措施。但问题是：地下车库的积水从何而来？如果根据前述"板上滤水层"取代"板下防水层"的说法，显然积水是由地下水穿透结构底板所致，先不说500mm厚钢筋混凝土底板是否能被地下水穿（渗）透的问题，假如地下水真能穿（渗）透基础底板而进入室内，那这个水量会有多大？不可能喷发如泉涌，也不可能产生涓涓细流，最可能的就是局部的水斑水渍或水注，即便在有一定坡度的自由表面，这样的水量都难以流动起来形成水流，在滤水层中流动的可能性更低。因此利用滤水层来排除穿透底板而进入室内的地下水无异于杞人忧天，是不切实际的想当然，过于理想化而不切实际。假如真有如此大的水量，能够在滤水层中形成水流而顺利排至排水沟，则足以说明车库结构底板的施工质量已经到了不可救药的程度，这样的施工质量是绝不被允许的。

无独有偶，笔者在网上也看到一篇名为"地下车库设计六大失误汇编（万科总结）"的帖子，其中"车库排水设计失误"作为六大失误之一赫然在列，以下为该帖子给出的问题描述、产生原因及解决措施：

问题描述：地下车库，以及地下水位较高的开敞式集中停车库未考虑明沟排水；个别项目，由室外进入室内的坡道起始点和结束端，未设排水明沟。

产生原因：一是有的项目地下车库底层层高未考虑250（最薄处）～350厚的滤水层的厚度，导致地下室层高不够不能设滤水层及排水明沟。二是对明沟设置原则，不是很明确，从而遗漏。

解决措施：在进行集中车库设计时，明沟的设置应遵循如下原则：（省略）

很明显，帖文作者非常用心地进行了比较系统的总结、归纳与整理工作，值得尊敬。但真理是客观存在的，不以人的好恶为转移，而且真理往往是越辩越明。笔者正好借此探讨一下有关排水沟与滤水层的问题。

根据上文作者分析，"地下车库底层层高未考虑250（最薄处）～350厚的滤水层的厚度"是因，而"地下室层高不够不能设滤水层及排水明沟"为果，而且帖文作者也未曾给出滤水层的其他作用。那么就可以理解为滤水层是为了设置排水沟而存在，如果这个排水沟不存在了，滤水层也就失去了存在的价值及必要性。

诚然，对于敞开式的车库，因为有雨水的落入，很容易形成大范围积水继而发展为水流，也就是说有明确的水源及积水原因，也很容易流动起来，在这种情况下采取包括地面找坡、排水沟、集水井等排水措施是能够发挥作用的，而只要能发挥作用，就有存在的价值及必要性。对此《车库建筑设计规范》JGJ 100—2015 在第 7.2.4 条中予以明确，即"敞开式车库排水设施应满足排放雨水的要求"。鉴于雨水的水量足够大且具有持续性，因此雨水排放系统采用地面找坡、排水沟等排水措施是合理而有效的。

但对于封闭的地下车库，无论是底层还是中间各层，雨水不能直接落入室内，而且在建筑设计上也不允许雨水经由坡道、楼梯等车库入口涌入室内，因此同样提出了"车库内积水从哪里来"以及"水量有多大"的问题。如果没有明确的水源，可以预见的积水也不足以形成水流，就没有进行地面找坡以及设置排水沟的必要，没有了排水沟，按照帖文作者的逻辑，也就没有设置滤水层的必要。

至于贴文中所引用的插图，经查为《地下工程防水》08BJ6-1 第 132 页的明沟排水做法，见图 1-2-18，但该图集中的找坡材料是 C15 现浇混凝土，而不是贴文作者所说的滤水层。

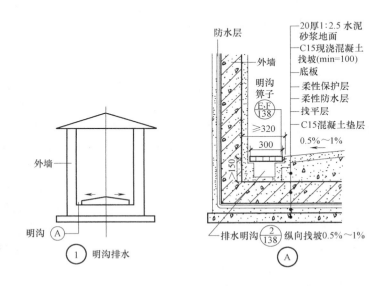

图 1-2-18 《地下工程防水》08BJ6-1 的明沟排水做法

以上是从理论上进行分析，下面再从设置滤水层的代价来分析：

根据贴文作者对滤水层的设置要求，滤水层厚度为 250～350mm，滤水层上面一般还要设隔离层及 100mm 厚配筋混凝土面层，如此则结构底板以上的建筑面层厚度高达 350～450mm，不但这 350～450mm 厚构造做法的直接成本不容忽视，也意味着建筑层高及基础埋深都要因此而加大 350～450mm，代价相当大。根据万科的估算，地面垫层厚度每增加 100mm，造价增加 28 元/m²，则 350～450mm 的面层厚度意味着造价增加 98～126 元/m²，对于一个 5 万 m² 的地下车库，仅此一项即增加造价 490～630 万元，相当可观。而且车库底板之上有松散材料构成的滤水层，也意味着建筑面层可能需要加强，甚至可能需要配筋混凝土面层，则实际的造价可能会更高。图 1-2-19 为某施工组织设计中基础底板上滤水层与建筑面层构造做法，不知道该工程的业主要为此多花多少冤枉钱。

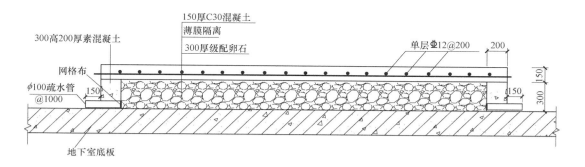

图 1-2-19 某施工组织设计中基础底板上滤水层与建筑面层构造做法

3）地面找坡的必要性及利弊分析

首先要分析地面找坡的目的与作用是什么？可能最简单最直接的回答是为了"排水"，那么同样会提出"水从哪里来？"及"水量有多大？"的问题。

先说第一个问题，即"水从哪里来？"。对于敞开式车库，有雨水这个明确的水源，需要解决雨水排放问题；对于设置有洗车区域的地下车库，在洗车区域内，水源是明确的，也需要解决洗车废水的排放问题。但对于不设洗车区域的地下车库以及虽有洗车区域但在洗车区域以外的地下车库，则没有明确的水源，也就是说都不知道车库内的积水来自哪里，为什么需要排水？哪来的水？

对此，《车库建筑设计规范》JGJ 100—2015 在第 4.4.3 条及其条文说明中给出了非常明确的解答，即"考虑到 1‰ 的坡度在机动车库内实施有一定难度，并且机动车库在实际使用中地面有水的情况非经常出现，故一般车库不做排水坡度的硬性规定。但在敞开式车库、洗车区域等有排水要求的情况下，停车区域应满足排水坡度的规定"。

再说第二个问题，"水量有多大"，如果地下车库的积水仅仅是渗漏所形成的水渍或水洼，或者是下雨天由车辆带进来的雨水，则这种水量不足以形成水流。形不成水流的水量，一则无法通过地面的坡度自行排走，二则完全可以借助拖布、扫把等工具进行人工清扫，没必要设置地面找坡。

退一步来说，如果水量真的大到足以流动起来，也是持续存在的水流才有设置找坡加速排放的必要，而且当积水量大到一定程度、积水漫过整个地下车库地面而有一定积水深度时，地面找坡也同样失去了作用。

比如消防喷淋启动时的地面积水，短时间内虽然水量较大，但当积水蔓延开来将地下车库地面摊平以后，则地面找坡及排水沟又失去了作用。而此时排水沟与集水坑内也自然充满了积水，设置于集水坑内的潜水泵会自动触发启动装置进行机械抽排，水面随之降低，当积水量降低到一定程度时，地面找坡及排水沟才能再次发挥加速远处积水向集水坑流动的目的。

也就是说，这种建筑找坡对于较小或较大的水量都不起作用，对非持续性的水流也作用不大。

这里举消防喷淋水的例子只是想说明水量大小及持续性对地面找坡与排水沟设置必要性的影响，而不是说车库地面排水系统的设置是为了排放消防喷淋用水。

事实上，车库地面排水系统不是为消防喷淋水的排放而设置的，就和地上公共建筑均有自动喷水灭火系统但地面均没有设集水坑的道理一样。在关乎生命财产安全的火灾面前，没人会关注和在意地面积水问题，相反，地面积水的存在还有可能起到减轻生命财产损失的作用。因此车库地面排水系统的设置不要拿消防喷淋用水说事，规范里也没有这样的规定或要求。但柴油发电机房与消防电梯基坑是例外，应该确保不发生遭水淹导致的设备故障。

综上所述，地下车库设置地面找坡实属画蛇添足之举，属于功能过剩的过度设计，从价值工程角度属于非常低效的成本，难以起到理想中的作用。但其副作用却很多，不但要多出找坡层本身的成本，而且会导致结构荷载的增加、建筑层高的增加乃至基础埋深的增加，所带来的成本增加要远大于找坡层本身的成本。利之微、弊之大，是不建议采用的。

以下为在网上某论坛上看到的一篇帖子，笔者认为分析的还是比较到位的，现摘抄如下，供读者参考，并向该帖文的作者表示感谢。以下为该帖文作者的部分内容：

"在具体的设计及施工中，很多工程虽然设计中采用了排水找坡，但甲方、施工单位与监理单位很多时候都能达成共识，在具体施工中直接取消，实际上不是恶意的偷工减料，而是规范已不合时宜，包括设计在内，大家不过心照不宣罢了。在实际使用中并没有发现什么问题。"

"现在由于城市道路的卫生条件改善了，地下车库也不会太脏，很少有物业管理公司用水清洗地下车库的情况，即使清洗，不过一年一次或数次，可采用人工扫水，加自然风干，地下车库几乎不会积水（除非底板漏水，那是要做防水补救了，不能靠坡度排水）。在一些高档的环氧树脂地面车库，只是拖地，不会用水清洗。因此地下车库排水坡度的设置已经不合时宜了，事实上在本人的实际工程中，有些项目的地下车库不设置坡度，运行的效果还是很好的，节约了找坡材料，降低了层高，增加了车库的安全性。就好像以前规范要求的厨房设置地漏和找坡，在卫生条件和材料改善后也可以不设了。但汽车库的集水井还是建议设置，但可减少数量，主要是收集消防喷淋水、地下室漏水或截水沟不能发挥作用后涌入的雨水等，在集水井周围2m设置一定的集水坡度即可。"

4）排水沟的必要性及利弊分析

对于排水沟的必要性，其实在前文已经结合滤水层的必要性进行了总体分析，本文在此单独针对排水沟的必要性进行分析。

对于一般建筑做法常设的排水明沟，要么会增加建筑面层的厚度，要么会削弱结构截面尺寸。因此最新最经济做法是，取消地下室建筑、结构找坡，仅在结构底板中预埋排水管，接入分区的集水井，多设些地漏即可。很多开发商已经在用此种做法。

根据《车库建筑设计规范》JGJ 100—2015第4.4.3条，通过在地下车库内设置一定数量的集水坑，并在集水坑盖板上设置地漏，已可满足"应在各楼层设置地漏或排水沟等排水设施"的规范要求，不必选择劳民伤财、副作用很大的排水沟。以下为规范原文：

4.4.3 机动车库的楼地面应采用强度高、具有耐磨防滑性能不燃材料，并应在各楼层设置地漏或排水沟等排水设施。地漏（或集水坑）的中距不宜大于40m。敞开式车库和有排水要求的停车区域应设不小于0.5%的排水坡度和相应的排水系统。

【案例】 北京某项目的地下车库

面层厚度200mm，优化意见建议取消200mm厚建筑面层，代之以基础底板顶面压实赶光后做4～5mm环氧砂浆自流平耐磨地面。

设计院的回复很简单：地库面层考虑排水沟深度，必须200mm高。

咨询公司的回复如下：

根据《车库建筑设计规范》JGJ 100—2015第4.4.3条，通过在地下车库内设置一定数量的集水坑，并在集水坑盖板上设置地漏，已可满足"应在各楼层设置地漏或排水沟等排水设施"的规范要求；

鉴于地下车库在日常使用中无地面大范围积水的情况，也难以形成水流，故小范围积水时一般均由物业人员用墩布拖干或扫水至集水坑，因此在"地漏"及"排水沟"二选一的情况下，优先选择在集水坑盖板上设地漏的排水设施；

鉴于以上规范要求及实际使用期间都不必要设置排水沟，因此为了这个不必要的排水沟而增设150～195mm厚的面层厚度就非常不值，不但这150～195mm厚面层的直接成本达75～100元/m²，而且意味着地下三层（以及地下二层的车库部分）的层高因此要增加150～195mm（层高被面层厚度白白占用了150～195mm），基础埋深也要相应加深150～195mm，土方量、内外墙柱混凝土与钢筋用量、模板工程量及防水工程量都会相应增加，基坑支护的造价也会增加，影响是非常广泛和深远的。希望甲方和设计院高度重视此事。

最终经三方会谈将面层厚度减薄至50mm，并取消了排水沟。但设计院提出，减薄地面并在取消排水沟后采用集水坑的方式进行排水，有可能会增加集水坑的数量，从而增加造价。

咨询公司的回复如下：

根据《车库建筑设计规范》JGJ 100—2015第4.4.3及第7.2.5条的要求，"地漏（或集水坑）的中距不宜大于40m"，与是否设排水沟没有关系，因此取消（或减薄）地面面层及排水沟并不会导致地漏（或集水坑）数量的增加，不存在增加造价的问题。但面层减薄的直接经济影响是客观存在的，而且间接经济影响也是很广泛和深远的。因此本条咨询意见在造价方面是只减不增的一项优化措施，没有经济测算的必要。

近期投入使用的一些大型地下停车库的地面构造，如京西的金融街（长安）中心地下车库、亦庄的国锐广场地下车库，地下车库面积均在10万m²以上，均没有排水沟及建筑找坡等建筑构造。

5）车库面层做法的优化

地下车库做建筑面层的做法由来已久，在20世纪，国内外比较普遍的做法是水泥砂浆面层，但人们发现那个年代的水泥砂浆面层空鼓、开裂、起砂的现象比比皆是。后来聪明的中国人终于意识到，可能是水泥砂浆的强度与硬度（与耐磨性有关）较低的原因，于是将水泥砂浆改为素混凝土或细石混凝土，有些图集甚至采用配筋混凝土面层，一些高档楼盘和一些不差钱的开发商，甚至会采用环氧砂浆、环氧地坪漆、水泥基自流平等耐磨地面。而在同期，国外的设计同行却在思考车库建筑面层的必要性问题，得出的结论是，地下车库地面根本不需要建筑面层，采用强度更高、耐磨性更好的结构基层直接作为地面的面层似乎效果更好，既无空鼓开裂等现象，也无起砂之忧，耐磨性也似乎更好，只要结构面层处理的足够光滑平整，则整体观感也不错，可谓省钱省事又省心的一种做法。因此笔者在 2000 年初到新加坡工作时，先后被来自法国承包商的菲律宾籍资深工程师以及在新加坡本地工作的马来西亚籍资深工程师当面告诫及指导：Carpark no finishes（地下车库没有面层）。并在以后 5 年的设计实践中一直践行无建筑面层的地下车库设计，逐渐加深认识。

2005 年回国后重拾国内的建筑结构设计，惊奇地发现，我们国内的地下车库，不但要设计一个现浇混凝土的建筑面层。在这个面层与基础结构底板之间还有一层厚厚的覆土。覆土的存在还不是为了配重抗浮，美其名曰是为了方便建筑与设备专业的排水沟及各类设备基坑可以比较灵活地布置，以及方便结构专业基础底板的施工。当时非常感叹国内设计理念的落后，各种不理解却又无可奈何，只能听之任之。

如今十余年的时间已经过去，国内的地下车库设计没有太大的改进。地面仍然覆盖着一层厚厚的面层，不光有面层，还要进行建筑找坡，不光有找坡，甚至还要有覆土垫层。本来 3700~3800mm 的结构层高（也是挡土外墙与人防墙等压弯构件的计算跨度），由于面层及找坡层的原因可能加大到 4000~4100mm，如果基础筏板或防水板上面再有覆土垫层，则结构层高甚至加大到 4700~4800mm 左右，意味着不但墙柱等竖向构件的长度要增加、墙柱等模板工程量及外墙防水工程量要增加，而且基础埋深也要相应增加，带来挖填土方量及基坑支护等造价均要增加。此外，由于挡土外墙、人防墙等压弯构件计算跨度的增加，会带来墙厚、计算配筋乃至构造配筋的增加，对造价的影响广泛而深远，而这一切都拜垫层与面层厚度所赐。如此多花钱、少办事、费力不讨好的事情，稍加动脑分析就可得出非常愚蠢的结论，然而长期以来我们就这样一直愚蠢着而不自知，我们的设计师是否有不思进取、故步自封、墨守成规、盲从盲信之嫌呢？我们是否应该多一些思考，知其然而又能知其所以然呢？

有关覆土垫层的问题，前文已有专题讨论，在此不再重复。本文在此还是重点聚焦在车库地面面层上。

如前文所述，国外的地下车库早已采用无面层地面，那么我们国家是否可以借鉴呢？答案当然是肯定的。而且建筑科技发展到今天，混凝土表面压实赶光等设备和工艺早已今非昔比，混凝土的和易性也在外加剂的作用下得到极大的改善，因此即便如图 1-2-20 中的 C15 混凝土垫层，也能压实赶光到非常平整光滑的程度，即便作为地下车库的地面面层都可满足观感需求。而对于不低于 C30 等级的基础底板混凝土，只要对总包提出结构表面平整度、光洁度等感官质量要求，在施工工艺上是不难达到的，只是在成品保护上需要多一些投入，而对于没有表面感官质量要求的结构板面，一般对于成品保护是不需要特别投入的。

有的人提出结构底板需要面层保护，这是无稽之谈，好像哪一本规范、图集、参考

图 1-2-20 河北保定某项目混凝土垫层的抹平压光效果

书都没有这种说法，我们所有的建筑饰面（包括车库面层），从来都是为了满足美观和实用的需求，从来没有说这些饰面是为了保护结构的，而且结构也不需要建筑饰面的保护。

也有人担心没有面层结构板会被磨薄，这虽然不能说是无稽之谈，但也是杞人忧天，就好比有人担心走的路多了会把地壳磨薄从而引发火山喷发一样，这种担心显然是多余的。我们无法计算出汽车轮胎在 50 年设计使用年限内会将车库结构板磨薄多少，但我想至多也就是将保护层磨掉漏出钢筋，这点截面损失对于相对较厚的地下车库结构板似乎不至于构成多大危害，此时只要采用环氧砂浆进行修复即可，施工厚度采用 3～10mm 即可，可立刻升级为既平整又光洁的耐磨地面，质量与观感效果均佳。

关于是否要做耐磨地面以及做何种耐磨地面，首先是一个项目档次定位与品质感的问题，其次才是技术与经济问题。

项目档次定位高的可采用环氧树脂地坪漆耐磨地面，其次可采用金刚砂耐磨地面，对于三四线城市的地下车库，因车位的销售压力与成本压力均很大，直接用结构混凝土压实赶光也可达到耐磨地面要求，非要做耐磨面层时也可直接在结构混凝土上做耐磨面层，切忌在结构混凝土上再单独做细石混凝土耐磨地面。

若抛开项目档次定位单纯从技术与经济角度而论，因基础底板或车库楼板的混凝土强度等级都比较高（一般不小于 C30），只要浇捣及表面处理得当（压实赶光）并养护良好，其表面强度及硬度（耐磨性指标）并不亚于沥青混凝土或水泥混凝土路面，完全可满足车库的耐磨性要求。

至于说车库地面起砂、起尘等质量问题，原因大概有两个：

其一，早期的车库面层习惯采用水泥砂浆面层兼找坡，因水泥砂浆的强度及表面硬度远不及结构混凝土，且没有粗骨料，故其耐磨性的确有限，如果养护不好，不但很容易起砂、起尘，而且空鼓开裂等情况也经常发生，因此近年来已很少采用水泥砂浆面层；

其二，是面层混凝土的强度与养护问题。对于有覆土垫层的地下车库底板，需要在覆土垫层之上再做一个建筑面层，设计院大多会采用细石混凝土面层。由于属于非结构用混凝土，故设计要求较低，一般也只要求到 C20，施工与监理单位对施工质量的控制也不如结构混凝土重视，原材料、配合比、浇捣与养护环节往往不到位，尤其是压实赶光与养护环节，如果没有做好，即便内掺金刚砂耐磨骨料并配了耐磨钢筋网，也照样会起砂、起尘。

现在的施工设备与工艺，对结构混凝土进行压实、磨光等表面处理技术已经很成熟，利用结构混凝土在其初凝后终凝前进行表面硬化处理（撒布耐磨骨料或硬化剂并压实磨光等工艺）的技术也比较完善，其本身不存在技术障碍，但其成品保护倒是一个值得思考的问题。

对于档次和品质要求不高的普通地下车库，建议直接以结构混凝土压实磨光作为耐磨地面，是最简单实用的耐磨地面，具体工艺见耐磨地面推荐方案一。

耐磨地面推荐方案一：直接以结构混凝土压实磨光作为耐磨地面

具体工艺如下：

1）混凝土振捣：用插入式振捣棒仔细振捣，快插慢拔直到水泥混凝土表面不再冒泡、出现乳浆、停止下沉为止。振捣过程中人工协助整平，呈现出有乳浆又大致平整的表面。

2）粗刮：每条水泥混凝土振捣完毕，用槽钢刮杠来回往返 4～5 次，达到上表面整平，布满原浆且粗骨料被挤压沉实到水泥混凝土中下部为止。

3）表面揉浆：为确保上表面原浆厚度均匀，特用 $\phi75mm$ 无缝钢管（内灌细砂）沿混凝土浇筑方向来回滚动，反复揉浆，作为整平工序的补充。

4）细刮：每条水泥混凝土揉浆完毕后，用铝合金刮杠来人工仔细刮平，达到上表面整平，有光泽。

5）机械压光：在混凝土地面初凝后且未到终凝时采用叶片式混凝土压光机对混凝土进行表面压光，在混凝土终凝结束后再用磨光机二次磨光。

6）养护：混凝土浇筑 24h 后进行养护，采用塑料薄膜覆盖的方法来控制混凝土自身水化热蒸发的水分不流失，从而达到养护的目的。

7）割缝：为克服温度变化产生裂缝，需在已浇筑好的混凝土地面上垂直于混凝土浇筑方向用切割机切缝。切缝时间应从严掌握，过早切缝会使石子松动损坏缝缘；过晚切缝困难，且缝两端易产生不规则开裂。适宜的时间为混凝土抗压强度达到 6～10MPa。

经上述工艺处理后，表面平整度可达到规范要求的平整度要求，硬度可完全满足耐磨地面要求，且不会起砂、起尘。

对于档次稍高且有耐磨要求的地下车库，可在结构混凝土初凝后终凝前进行表面硬化处理后作为耐磨地面，见耐磨地面推荐方案二。

耐磨地面推荐方案二：利用结构混凝土在其初凝后终凝前进行表面硬化处理

具体工艺如下：

1）混凝土振捣：用插入式振捣棒仔细振捣，快插慢拔直到水泥混凝土表面不再冒泡、出现乳浆、停止下沉为止。振捣过程中人工协助整平，呈现出有乳浆又大致平整的表面。

2）粗刮：每条水泥混凝土振捣完毕，用槽钢刮杠来回往返 4～5 次，达到上表面整平，布满原浆且粗骨料被挤压沉实到水泥混凝土中下部为止。

3）表面揉浆：为确保上表面原浆厚度均匀，特用 $\phi75mm$ 无缝钢管（内灌细砂）沿混凝土浇筑方向来回滚动，反复揉浆，作为整平工序的补充。

4）细刮：每条水泥混凝土揉浆完毕后，用铝合金刮杠来人工仔细刮平，达到上表面整平，有光泽。

5）机械压光：在混凝土地面初凝后且未到终凝时采用叶片式混凝土压光机对混凝土进行表面压光。

6）撒布硬化剂：在混凝土初凝后，终凝前开始撒播硬化剂，同时使用抹光机加圆盘压实抹平，约1～2h后，再重复一次撒播及压实的操作。

7）抛光密封：用抹光机加刀片进行抛光密封，同时手工修补边角部分。

8）养护：最后喷洒养护剂或覆盖薄膜，防止水分快速挥发引起开裂。从混凝土整平到覆盖养护，所有操作过程保持在24h内完成。

9）割缝：施工完成2～3d后可开放行走，并在完成面割缝，防止出现冷裂缝。

对于档次更高的地下车库，可在压实赶光的结构混凝土表面（即在耐磨地面推荐方案一的基础上）后做环氧树脂地坪漆或环氧砂浆面层，见耐磨地面推荐方案三。

耐磨地面推荐方案三：

环氧树脂地坪漆耐磨地面：在压实赶光的结构混凝土表面（即在耐磨地面推荐方案一的基础上）刷防尘耐磨高级地坪漆。

环氧砂浆自流平耐磨地面：在压实赶光的结构混凝土表面（即在耐磨地面推荐方案一的基础上）刷环氧底料一道，再做4～5mm厚环氧砂浆自流平面层。

综上所述，直接以结构混凝土做耐磨地面或直接在结构混凝土上做耐磨面层在施工技术与工艺方面已没有任何问题，而且由于结构混凝土强度（至少C30）大大高于后做混凝土面层的混凝土的强度（最多C20），直接在结构层上做耐磨面层效果更佳。而且结构板内配有钢筋，表面抗裂性能也比素混凝土面层要好。但由于设计要求地面一次成型后方可进行上部结构的施工，故上部结构施工过程中对已成型地面破坏的可能性很大，尤其是梁板墙柱在支模与拆模的过程中很容易破坏已成型的地面，故在成品保护方面需加强技术与管理的投入。

笔者在写下以上关于"耐磨地面推荐方案"的文字后，大概在2017年11月份，在微信公众号：地产圈杂货铺（ID：dichanquan365）看到一篇标题为"地坪创新工艺技术与成本小结-地下室结构底板随捣随抹光施工技术"，署名为傅浪波的文章，与本人主张的地下车库耐磨面层做法有异曲同工之处，只不过微信公众号上的这篇文章阐述得更为详细、更为系统，表达方式上也更为丰富、直观。感兴趣的读者可自行搜索阅读。

5. 车库顶板找坡与蓄水（排水）层的作用与必要性

地下车库顶板构造做法也就是地下车库的屋面做法。目前的有关规范和标准图集关于地下车库的屋面构造做法中，几乎都有一个找坡层。找坡的目的是为了排水，是为加快水在屋面的流动、避免滞留下渗的一种构造做法，对于正常的地上建筑的平屋面来说，找坡的作用是直接而有效的，因而是不可或缺的，如图1-2-21的屋面找坡。但对于地下车库的屋面来说，如图1-2-22及图1-2-23的屋面找坡，找坡层是位于结构顶板之上、覆土及防水层之下的一层构造，如果想让这个找坡层发生实质作用，意味着地表水必须要首先渗入到防水层顶面的蓄水（排水）层中，然后渗入的水才能在有一定坡度的蓄水（排水）层中在重力作用下由高到低流动。这个渗排水模型在理论上似乎是成立，但若能实质发挥作用还必须满足一些条件，否则就是无用的摆设，只存在于理论之中。

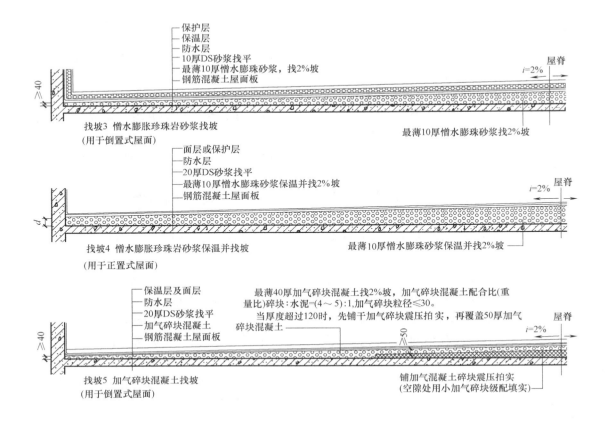

图 1-2-21 《12BJ1-1》E5 页的"屋面找坡"构造做法

种屋 1 (塑料凸片 排水板)	种任意树种	1. D 厚种植土,厚度按工程设计 $D=910 \sim 1500$; 2. 过滤布(土工布); 3. 30~60 高塑料(或橡胶)排水凸片,凸点向上;
一般适用 于地下室 顶板上的 种植屋面	土层厚 910~1500	4. 防水层:种防 1~种防 9 中任选一种; 5. 20 厚 DS 砂浆找平层; 6. 最薄 40 厚加气碎块混凝土找 2‰坡,厚度超过 120 时,先铺干加气碎块震压拍实,再覆 50 厚加气碎块混凝土;
本种植屋 面做法用 于种任何 树种	屋面传热系数 ≤0.44W/(m²·K)	7. 钢筋混凝土屋面板

图 1-2-22 《12BJ1-1》E50 页的"种屋 1"构造做法

(一般适用于地下室顶板的种植屋面)

第一个条件：地表水必须渗透覆土层进入到蓄水（排水）层中，且渗入量足以在蓄水（排水）层中流动。

"满溢渗透"理论认为，当有降水发生时，除去植被截留，有效降水量首先浸润表层，并使其达到饱和，然后逐层向下渗透。在土壤剖面上，饱和层以下为增湿层，其增湿程度向下逐渐变小，直到为0，称之为湿峰。随着越来越多的水分入渗，饱和层不断向下发展，湿润层和湿峰也不断下移。

地表水在土壤中的入渗量、入渗速度及入渗深度与多种因素有关，既与降水强度与持续时间有关，也与覆土表面径流条件（是否会产生积水）有关，还与种植土的性质及覆土厚度直接相关，此外还与初始土壤湿度及植被有关。

入渗深度与降水量之间有着很好的线性关系，随着降水量的增大，渗透深度也随之加深。初始土壤湿度越大，入渗率越小。但随着时间的延续，土壤湿度对入渗的影响逐渐变小，最终可以忽略。土壤性质主要包括土壤质地和土壤容重。土壤质地是指土壤颗粒的大小。质地粗，透水性强，渗透快；质地细，透水性差，渗透慢。在相同时间内，砂土、粉土、黏土的入渗量依次减小。土壤重度是土壤密实度与孔隙大小的反映。对土壤的透气性、持水性和入渗能力有较大影响。重度越大，孔隙率越低，渗透性越差；重度越小，孔隙率越高，渗透性越强。相同时间内，累计入渗量随土壤重度的增大而减小。表 1-2-6 为郑州、安阳、南阳及驻马店不同土壤类型的渗透深度。可以看出，砂壤土渗透较深，为 583mm，偏黏的土壤渗透较浅，从 368mm 到 445mm 不等。而降水量则从 42.4mm 到 48.0mm 不等，均相当于大雨～暴雨级别。

从表 1-2-6 还可以看出，即便是大雨～暴雨级别的降水，在砂壤土土中的入渗深度也只有 583mm，而且这个入渗深度也仅仅是湿峰的深度，而不是饱和土的深度。若想使雨水透过覆土层入渗到覆土层下面的蓄水（排水）层中，意味着整个覆土层从上到下必须全部饱和才有可能。地下车库顶板的覆土厚度大多都在 1200mm 以上，全部渗透并达到饱和几乎不太可能。而且除了上述影响渗透深度的因素之外，植被及表面径流条件对渗透深度的影响也比较大。植被可通过截留降水从而减少降水在土壤中的入渗。地表径流条件好的地形，更可以通过地表径流将大部分降水带走，从而减少入渗量及入渗深度。只要在场地竖向设计中考虑了雨水排放问题，入渗量及入渗深度也会限定在有限范围内，想渗透 1200mm 以上的覆土并在蓄水（排水）层中积蓄足以产生流动的雨水还是很难的。可以这样说，在覆土层下找坡排水的做法对于地上建筑屋面上覆土厚度不大于 600mm 的简单式种植屋面或许有用，但对于地下车库顶板上覆土厚度在 1000mm 以上的花园式种植屋面来说，在覆土层下找坡排水的做法基本就是一个摆设，发挥不了应有的作用。

不同土壤类型的渗透深度

表 1-2-6

地点	降水日期 （Y-M-D）	降水量 （mm）	平均初始湿度 （%）	入渗深度（mm）	土壤类型
郑州	2008-08-13	46.3	14.6	58.3	砂壤土
安阳	2009-07-24	44.9	14.2	44.5	壤土、黏土
南阳	2007-05-30～31	48.0	14.5	43.2	壤土、黏土
驻马店	2008-04-08	42.4	16.7	36.8	黏土、壤土

第二个条件：就是蓄水（排水）层必须形成一个比较通畅的排水通道，以便渗入到疏水（蓄水）层中的水能够通过找坡作用顺利排走。否则排水层就成为蓄水层，雨水长期滞留在蓄水层中反而更加不利。对于图 1-2-23 中的构造，过滤布（土工布）与塑料凸片排水层的搭配关系非常重要，塑料凸片排水层的凸面必须向上，然后在凸面之上铺设土工布，此时土工布的作用首先是要架越在凸片之间，从而在土工布与塑料凸片之间形成一个蓄水与排水的空间，其次是过滤泥沙，将泥沙挡在土工布之上，只允许雨水透过。因此就要求土工布必须具有足够的强度和张力，确保土工布不至于在覆土重力作用下塌陷，从而阻塞排水通道。

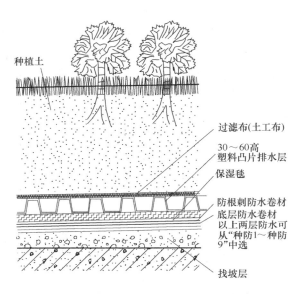

图 1-2-23 《12BJ1-1》E50 页的"种屋 1"剖面示意
（一般适用于地下室顶板的种植屋面）

第三个条件：就是通过地库顶板以上蓄水（排水）层中排走的雨水，在流动到地库边缘后，是否能接入排水系统中接力排走的问题，也就是需要有排放入渗水的配套排放措施。如果没有解决这个问题，则蓄水（排水）层仍然是一个蓄水层而非排水层，雨水也只能积蓄在地库顶板以上的蓄水（排水）层中。就与设置找坡、疏水板、土工布等快速排水疏干的初衷相违，不但无益，反而有害。如果想实质解决地库顶板以上入渗水的排放问题，必须将车库顶板蓄水（排水）层中的水接入地库边缘的盲沟，然后再将盲沟接入雨水排水系统（雨水井）中，并要有防止倒灌的措施，避免盲沟中的水逆向流入车库顶板的蓄水（排水）层中。但非常遗憾的是，目前大多数设计院均只考虑了车库顶板以上的排水问题，几乎没有考虑在地库周围设置盲沟排水的。有关图集中也没有考虑地库顶板入渗水流动到地库周边后的排放问题，如图 1-2-24《12BJ1-1》F18 的做法只是一个完整排水系统的一部分，积蓄到蓄水（排水）层中的雨水不但不能排走，而且会成为一个吸水、蓄水的场所，导致雨水长期在那里积蓄，事与愿违，有害无益。

除了以上三个条件，还需要思考一个问题，就是在没有疏水板、土工布，也没有找坡的情况下，当种植土直接与耐根穿刺防水层的保护层直接接触时，在种植覆土层全部被渗

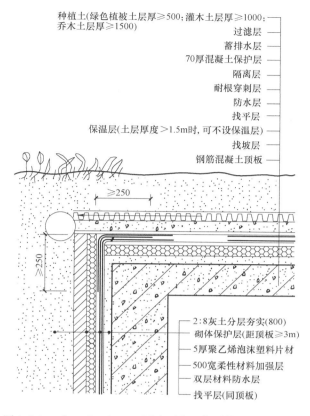

种植土(绿色植被土层厚≥500;灌木土层厚≥1000;
乔木土层厚≥1500)
过滤层
蓄排水层
70厚混凝土保护层
隔离层
耐根穿刺层
防水层
找平层
保温层(土层厚度>1.5m时,可不设保温层)
找坡层
钢筋混凝土顶板

≥250
≥250

2:8灰土分层夯实(800)
砌体保护层(距顶板≥3m)
5厚聚乙烯泡沫塑料片材
500宽柔性材料加强层
双层材料防水层
找平层(同顶板)

图 1-2-24 《12BJ1-1》F18 页地下室上部种植顶板构造做法

透的情况下,车库顶板渗漏的风险有多大。

在自然条件下,土中总是含有水分的。充填在土孔隙间的水对土体的工程性质影响较大,尤其是水的量值和类型影响着土体的状态和性质。土中水的类型划分见图 1-2-25。

其中对土的物理力学性质影响最大的是弱结合水与重力水(自由水)。结合水主要存在于细粒土中,强结合水具有固体的特性,可归属于固相,弱结合水是一种黏滞水膜,是在强结合水以外、电场作用范围以内的水,具有黏滞性、弹性和抗剪强度,弱结合水膜能发生变形,但不因重力作用而流动,是黏性土在某一含水量范围内表现出可塑性的原因。弱结合水厚度的变化是影响细粒土物理力学性质的重要因素之一。重力水(自由水)是在自由水

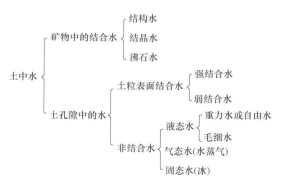

图 1-2-25 土中水的组成

面以下、土颗粒电分子以外(结合水以外)的水,仅在本身重力作用下运动,一般存在于较粗大的孔隙中,在细粒土(黏性土)中只有接近饱和时才会出现重力水,重力水能传递静水压力。

黏性土的物理状态特征明显不同于无黏性土，随着含水量的变化，黏性土表现出不同的物理状态。当含水量很低时，土中水被颗粒表面的电荷紧紧吸附于其表面，成为强结合水膜。当含水量继续增加时，土中水以弱结合水的形式附着于土颗粒的表面，此时的黏性土在外力作用下可任意改变形状而不开裂，外力撤去后仍能保持改变后的形态，这种状态称为塑态。土处于可塑状态的含水量变化范围，大致相当于土粒所能吸附的弱结合水的含量。这一含量的大小主要取决于土的比表面积和矿物成分。颗粒越细、黏性越大和亲水能力强的土，能吸附更多的结合水，这类土的塑态含水量的变化范围就比较大。当含水量继续增大，土中除结合水外，开始出现一定数量的自由水，土粒之间被自由水隔开，相互间引力减小，此时土体不具有任何抗剪强度，而呈流动的液态。可见黏性土的典型物理状态与含水量的大小密切关联。图 1-2-26 为黏性土含水量与体积的关系曲线，其中包含土的物理状态与 3 个稠度界限的关系。

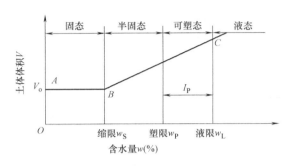

图 1-2-26　黏性土状态与含水量的关系

土的颗粒越细小，其比表面积越大，吸附结合水的能力就越强。因此含水量相同而比表面积不同的土，有可能处于不同的物理状态：黏性高的土，水的形态可能完全是结合水，处于塑态；而黏性低的土，则可能大部分已经是自由水了，有可能处于液态。对于饱和黏性土，土的黏性越高，结合水所占比例越高，相应自由水所占比例越低。结合水不能流动，只有自由水才能在重力下流动，因此土的黏性越高，土中可流动的水越少。这是高黏性土难以渗透的原因之一；黏性土的颗粒比较细，土中的孔隙通道比粗粒土小，而且黏粒表面结合水膜的厚度一般较大，进一步挤压土粒间的孔隙通道，这是高黏性土渗透性小的另一重要原因。一些常见土的渗透系数见表 1-2-7（摘自《工程地质手册》）。

土的渗透系数　　　　　　　　　　　　　　　　表 1-2-7

土类	K(cm/s)	土类	K(cm/s)
黏土	$<1.2\times10^{-6}$	中砂	$6.0\times10^{-3}\sim2.4\times10^{-2}$
粉质黏土	$1.2\times10^{-6}\sim6.0\times10^{-5}$	粗砂	$2.4\times10^{-2}\sim6.0\times10^{-2}$
粉土	$6.0\times10^{-5}\sim6.0\times10^{-4}$	砾砂、砾石	$6.0\times10^{-2}\sim1.8\times10^{-1}$
粉砂	$6.0\times10^{-4}\sim1.2\times10^{-3}$	卵石	$1.2\times10^{-1}\sim6.0\times10^{-1}$
细砂	$1.2\times10^{-3}\sim6.0\times10^{-3}$	漂石	$6.0\times10^{-1}\sim1.2\times10^{0}$

回到地下车库顶板的种植覆土，因粗颗粒土大多不适合植物生长，故地下车库顶板的种植覆土大多采用黏性土，或以黏性土为主体并掺加一定比例有机质土的改良土。这种土中的孔隙水大多以结合水的形式存在，自由水的含量较低，渗透性小，自由水渗透到底的可能性非常低。即便能渗透到底，与防水保护层接触的种植土已经达到饱和状态，其作用也不过是像在防水保护层上面铺一道浸透水的湿毛巾，防水保护层只

是被湿毛巾给润湿了，防水保护层下面还有两道柔性防水层及一道刚性结构自防水层，车库顶板的渗漏风险并不高。但如果在防水保护层上设置了一个蓄水（排水）层而又无法正常发挥排水作用时，就相当于防水保护层直接浸泡在水里，渗漏风险会大大增加，则蓄水（排水）层的设置有害而无益，找坡层也沦为摆设，成本效益为零。

6. 减小顶板覆土厚度

顶板覆土厚度对层高的影响比较间接，只能通过影响梁高（对于无梁楼盖是板厚）来影响层高，但顶板覆土厚度对埋深的影响则是直接的，覆土厚度的降低直接导致埋深降低，埋深的降低值与覆土厚度的降低值是相同的。

覆土厚度没有国家层面具体限值要求，但个别地区可能会有具体限值要求。除了个别地区地方政府有关部门的强制规定之外，在确定具体项目的覆土厚度时，主要需要考虑以下三方面的要求，即种植要求、管线敷设要求及当地政府关于绿地率的计算规定。在主观上应尽可能减少。

1）种植要求

采用覆土种植，覆土厚度可如下考虑：草坪 300～400mm，灌木 600mm，普通乔木 1000～1200mm，大型乔木局部覆土 1500mm。《种植屋面工程技术规程》JGJ 155—2013 规定的种植土厚度下限更低，其中大型乔木的覆土厚度下限仅为 900mm，见该规范表 5.7.1（表 1-2-8）。

种植土厚度（《种植屋面工程技术规程》表 5.7.1）　　　　　表 1-2-8

植物种类	种植土厚度(mm)				
	草坪、地被	小灌木	大灌木	小乔木	大乔木
种植土厚度	≥100	≥300	≥500	≥600	≥900

《12BJ1-1》E48 页也给出种植土的基本要求及覆土厚度参考值，见表 1-2-9。

种植土一般采用改良土，湿密度在 780～1300kg/m³ 之间，除田园土、腐叶土、腐殖土外掺入轻质骨料、蛭石、砂土、草炭、松针土、珍珠岩等改善土壤性能。超轻基质采用无机介质，湿密度为 450～650kg/m³ 之间。

覆土厚度参考值（摘自《12BJ1-1》）　　　　　表 1-2-9

物类型	植物规格（高度）(m)	土层厚度(mm)
小型乔木	2.0～2.5	≥600
大灌木	1.5～2.0	500～600
小灌木	1.0～1.5	300～500
草本、地被植物	0.2～1.0	100～300

覆土厚度应结合景观进行精细化设计，不同种植区域覆土厚度应有所不同。对于高大乔木，可采用树池类景观小品（图 1-2-27），或局部堆土等景观微地形（图 1-2-28）来保证种植土深，并且高大乔木尽量对准结构柱位。景观设计最好与结构设计密切配合，互提条件，这就需要将景观设计尽量前置，在车库结构施工图设计之前就应将覆土厚度、微地形及高大乔木种植区等关键设计条件确定下来，为车库施工图设计铺平道路。

图 1-2-27　圆形树池内种植大树　　　　　　图 1-2-28　局部堆土种植大树

车库顶板的平均覆土厚度以 1000～1200mm 为宜,当顶板覆土厚度超过 1.5m 时,1.0m 以下的覆土应尽量考虑轻质营养土,或采用底部架空、填充轻质材料等减荷措施。

2) 管线敷设要求

车库顶板覆土不仅仅承载着绿化种植的功能,同时也承载着敷设各类市政管线的功能。需要在覆土中敷设的市政管线主要是雨水管线与污水管线等重力流管线。雨污管线均为无压管线,管道内液体只能在重力下流动,故管线敷设需要有一定的坡度,根据《室外排水设计规范》GB 50014—2006,300mm 直径的塑料雨污管线的最小设计坡度为 2‰ (见规范表 4.2.10),这个管线起坡对覆土厚度就有一定的要求;其次这类管线的管径一般较大,最小管径也需要 300mm,对覆土厚度又有一项要求;此外对于冻土区域的污水管线的最小埋置深度有不小于冻土深度的要求,以及消防车道下管线埋置深度不小于700mm 的要求等。这些要求要想都得到满足,就需要有足够的覆土深度。

《室外排水设计规范》GB 50014—2006 (2016 修订版)

4.2.10　排水管道的最小管径与相应最小设计坡度,宜按表 4.2.10 的规定取值(表1-2-10)。

最小管径与相应最小设计坡度(规范表 4.2.10)　　　　　　表 1-2-10

管道类别	最小管径(mm)	相应最小设计坡度
污水管	300	塑料管 0.002,其他管 0.003
雨水管和管	300	塑料管 0.002,其他管 0.003
雨水口连接管	200	0.01
压力输泥管	150	—
重力输泥管	200	0.01

当采用非满流钢筋混凝土管时，可按该条文说明表 7（表 1-2-11）采用。

条文说明 4.2.10 常用管径的最小设计坡度，可按设计充满度下不淤流速控制，当管道坡度不能满足不淤流速要求时，应有防淤、清淤措施。通常管径的最小设计坡度见表 7（表 1-2-11）。

常用管径的最小设计坡度（钢筋混凝土管非满流） 表 1-2-11

管径(mm)	最小设计坡度	管径(mm)	最小设计坡度
400	0.0015	1000	0.0006
500	0.0012	1200	0.0006
600	0.0010	1400	0.0005
800	0.0008	1500	0.0005

4.3.7 管顶最小覆土深度，应根据管材强度、外部荷载、土壤冰冻深度和土壤性质等条件，结合当地埋管经验确定。管顶最小覆土深度宜为：人行道下 0.6m，车行道下 0.7m。

4.3.8 一般情况下，排水管道宜埋设在冰冻线以下。当该地区或条件相似地区有浅埋经验或采取相应措施时，也可埋设在冰冻线以上，其浅埋数值应根据该地区经验确定，但应保证排水管道安全运行。

目前室外雨污管线大多采用"室外用高密度聚乙烯双壁波纹管"，管径大多在 De250～De500 之间，平均坡度取 2‰ 一般可满足要求。因此根据管线布设要求确定的覆土厚度可按如下两个公式计算，并取二者较大值：

覆土厚度 1＝管顶最小覆土深度＋管线最高点处管道外径＋管线起点至终点的起坡高度(管线长度×2‰)＋管线最低点处管底至车库顶板的距离

覆土厚度 2＝管顶最小覆土深度＋管线最低点处管道外径＋管线最低点处管底至车库顶板的距离

管顶最小覆土深度需考虑当地的气候条件，尽量布置在冰冻线以下（北京城区最大冻土深度为 800mm）。但不意味着整个管径全都必须在冰冻线以下，尤其是雨水管在冰冻期间里面并没有水，不怕冻，只要有一半以上管径在冰冻线以下即可免除周围土体冻胀对管线的危害。因此规范 4.3.8 条也对此适当放松了要求，由设计者去综合把握。

同时在布设雨污管线时应避开车行道，当需穿越车行道时，可对管道采取适当的局部加固措施。因此管顶最小覆土深度也可不拘泥于 4.3.7 条的要求。对于北京地区，结合当地冻土深度，将管顶最小覆土深度控制在 600mm 是可接受的。假设管线最低点外径 500mm，最高点外径 250mm，管线最低点处管底至车库顶板的距离为 50mm，管线直线长度为 200m，则管线起坡高度为 300mm，代入以上二式得：

覆土厚度 1＝600＋300＋250＋50＝1200mm

覆土厚度 2＝600＋500＋50＝1150mm

一般来说，单向排水的管线长度超过 200m 的情况并不多见，因此 1200mm 厚的覆土可满足寒冷地区绝大多数车库顶板覆土层走雨污重力流管线的要求。特殊情况下，可以适当降低管顶覆土深度、管线坡度及管道最大直径，以使覆土不因设备管线敷设原因太厚。

3）绿地率的要求（各地政府的绿地率计算规则各异）

绿地率＝绿化面积/小区规划面积，其中绿化面积又分为覆土绿化和实土绿化。

对于绿地率指标，国家层面有统一标准，而且是强制性要求。

《城市居住区规划设计标准》GB 50180—2018 表 4.0.2 及表 4.0.3 按建筑气候区划及住宅建筑平均层数给出明确的绿地率标准，可参照执行。

但根据笔者的经验，各地规划行政主管部门在执行时也并不严格，笔者就见过棚户区改造项目中 20％绿地率的规划条件。关于绿地率指标，各个城市的规定不尽相同，就是同一城市的不同项目，甚至同一项目的不同地块之间都有可能不同，因此基本上是以规划行政主管部门下发的规划条件为准。在有些城市，如果个别项目的绿地率指标实施起来有难度，还可以去进行沟通，因此具有一定的弹性。但有些城市的要求就很严，所以在规划设计时一定要全面了解当地的规定及对指标控制的松紧尺度。

绿地率所指的"居住区用地范围内各类绿地"主要包括公共绿地、宅旁绿地等。其中，公共绿地，又包括居住区公园、小游园、组团绿地及其他的一些块状、带状化公共绿地。计算绿地率时，小园路不用扣除。

在计算绿地率时，对计入绿地率的绿化面积的要求非常严格，并不是长草的地方都可以 100％计入绿地率。距建筑外墙 1.5m 的土地不计入绿地率；对于院落式组团绿地面积及其他块状、带状公共绿地面积，距宅间路、组团路和小区路路边线 1m 以内的范围不计入绿地率；但当小区路有人行便道时，可算到人行便道边；对于宅旁（宅间）绿地及开敞型院落组团绿地，绿地面积则允许算至宅间路、组团路和小区路的路边；但当小区路有人行便道时，可算到人行便道边。故小区路有人行便道的绿地面积算法相同，但小区路无人行便道的算法不同，应引起注意。

在有些地区，地下建筑物顶板覆土达不到 3m 深度的土地，即便绿树成荫，也不能 100％计入绿地面积。如北京规定：覆土厚度大于 3m 时，绿地面积为覆土面积的 100％；大于 1.5m 时绿地面积为覆土面积的 50％；小于 1.5m 时，不算成绿地面积。且实土绿化的面积应占小区全部绿化的 50％以上，并且覆土绿化区不被建（构）筑物围合（其开放边长应不小于总边长的 1/3），覆土断面与实土相接，并具备光照、通风等植物生长的必要条件等，所种树种应以乔木为主。

屋顶绿化等装饰性绿化地，在满足一定条件时也算正式绿地，但并不是 100％计入。北京的规定是 18m 以下的屋顶绿化，按其面积的 20％计入绿化面积。前提条件也是小区内实土绿化面积需占 50％以上。

有些城市允许嵌草地坪砖铺砌的停车位在满足一定条件下可计入绿地率。有些城市规定种植乔木间距满足一定条件的机动车停车场也可算做绿地，如北京的规定是 6m×6m以下的乔木树阵，有些城市则要求乔木柱距小于等于 4m 且非单排种植。

对于建筑密度较大但规划条件对绿地率要求较高的项目，绿地率有时会成为规划布局与总平面设计的控制条件，此时应结合国家与地方的有关规定，因地制宜地采取相应措施。优先考虑嵌草地坪砖地面停车位或乔木树阵地面停车场；其次考虑地下车库覆土绿化，若 1.5m 覆土厚度可满足绿地率指标，就不要轻易加大覆土厚度到 3.0m；至于屋顶绿化更要慎用。

另需注意：绿地率和绿化覆盖率是两个不同概念的用语，绿地率与绿化覆盖率都是衡量居住区绿化状况的经济技术指标，但绿地率不等同于绿化覆盖率。绿地率是规划指标，描述的是居住区用地范围内各类绿地的总和与居住区用地的比率（％）。绿化覆盖率是绿化垂直投影面积之和与占地面积的百分比，比如一棵树的影子很大，但它的占地面积是很小的，两者的具体技术指标是不相同的。

据笔者所知，北京的绿地率计算标准是全国最严的，不但有覆土厚度3.0m才100%计入绿地率的要求，而且还有实土绿地的比例要求，很多项目为了满足最小绿地率的要求，不得不将地下车库顶板的覆土厚度做到3.0m，为了获得实土绿地的比例，还必须将地下车库进行条块分割并减小地下车库的占地面积，因此为了满足停车配比要求就必须向纵深扩展，导致地下车库的建造成本成倍增加。客观上与鼓励开发地下空间的宗旨相矛盾，有关标准制定单位应该反思。

重庆的绿地率计算规则比较宽松，只要覆土厚度达到1.0m，就可100%计入绿地率，见表1-2-12。

重庆地区的绿地率计算规则 表1-2-12

绿化类型	要 求		折算系数
地下车库、地下建筑物的屋顶绿化	高度≤1m	平均覆土厚度≥1m	100%
		0.6m≤平均覆土厚度<1m	80%

注：表中的高度指地下车库、地下建筑物覆土顶面相对设计室外地坪的标高。

很多其他城市如上海、杭州等也大都认定覆土厚度达到1.5m才能计算绿化率，并且1.5m的厚度大都能够满足室外管线的埋设深度，因此在初步确定地下车库覆土厚度时可按1.5m考虑。随着设计的不断深化再对覆土厚度进行优化。

4）微地形塑造的要求

为了增加园林景观层次感与趣味性，覆土种植区的景观设计经常采用微地形的方法，这种微地形没有上述种植与敷设管线的功能需求，对绿地率的计算也不构成影响，这种微地形的存在完全是美学与感观方面的需求。微地形隆起之处的覆土厚度甚至达到一般区域覆土厚度的二倍以上，有的甚至塑造成土山的形象，如图1-2-29所示。

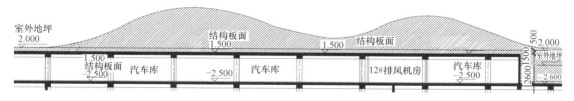

图 1-2-29 北京某项目的大尺度微地形（土山）

如果这种微地形或土山的塑造采用实实在在的覆土，势必导致车库结构顶板承受极大的覆土附加恒载，在结构设计方面是非常不经济且没有必要的，对此在结构与景观设计中常采用底部架空或填充轻质材料的做法。图1-2-30为砖墙与预制钢筋混凝土盖板搭配使用的底部架空法，要求架空层以上的最大覆土厚度不大于1000mm，当土山或微地形隆起之处的覆土厚度比较大时，减荷效果是非常明显的，适用于局部微地形覆土厚度加厚较多的情况；图1-2-31为微地形底部填充轻质材料的做法，比较适用于局部覆土厚度增厚不太多的情况，且消防车道下不宜采用。

需要注意的是，无论采用哪种减荷方式，都需要结构设计与景观设计的密切沟通与配合，需要一个互提条件并相互确认的交互式设计过程，确保景观设计与结构设计高度吻合，对设计管理工作要求较高。此外施工环节也需要特别注意，确保按图施工，否则必然

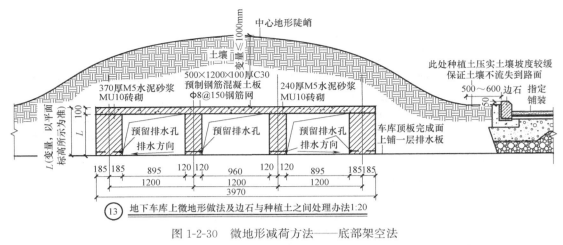

图 1-2-30　微地形减荷方法——底部架空法

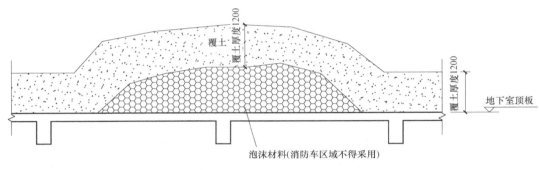

图 1-2-31　微地形减荷方法——轻质材料填充法

导致严重超载。

7. 地下室空间个别设备用房对层高要求较高的处理方法

个别设备用房层高不够时，可采用局部地面下沉（加大埋深）或局部顶板上抬（减薄覆土）的方式，不可以借此加高整个地下室的层高，也不应做两层通高的设备用房。

目前许多项目的变电站都设置在地下，而变电站的净高要求在 4.2m 以上，顶部凸出地库顶板，导致变电站顶的覆土厚度在 0.6～1.0m，对上部的景观种植有影响。建议在景观设计时可通过微地形塑造在变电站上部做一些堆坡，以保证在变电站上部有 1.0m 以上的覆土。

第三节　地下车库柱网的设计优化

地下车库的柱网尺寸应该与停车位尺寸、车道宽度及柱截面尺寸高度协调，通过紧凑布局从而实现停车效率的最大化。同时应该使柱网尺寸尽量标准，不出现过大或过小的柱距。

一、柱网结合车位的排布形式

1. 三车两排式柱网（大柱网）

即背靠背停车区域一个方向的柱间并排停放 3 辆车，另一个方向设 2 排柱的柱网形

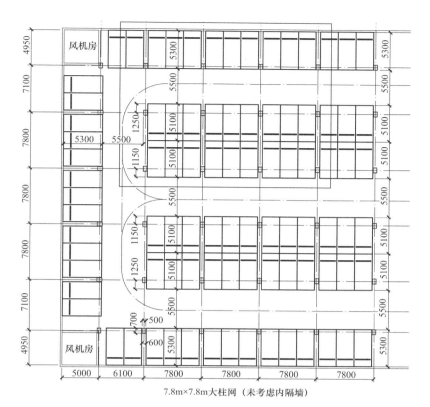

图 1-3-1　大柱网基本单元模块

式，柱网尺寸一般从 7.8m×7.8m 到 8.4m×8.4m 不等，见图 1-3-1，这种柱网可实现两个方向的柱距相等或尽量相近，而且可使整个地下车库的柱网基本做到整齐划一。这种柱网与车位的阵列方式可使车头从柱列探出约 1.0m 左右，不但可以使柱子避开车门开启区域，而且可方便车辆进出车位，还可方便在柱前侧布置消火栓。这种柱网就是俗称的大柱网。

根据小型车 5300（长）×2400（宽）mm 的停车位尺寸，停 3 辆车的柱间净宽应为 7200mm，若采用 600mm×600mm 的柱子，则停 3 辆车的柱网轴线间宽度至少为 7800mm，若一边有墙则为 8100mm。停两辆车的柱间净宽应为 4800mm，若采用 600mm×600mm 截面的柱子，柱轴距为 5400mm。

图 1-3-2 为 7800mm×7800mm 的柱网尺寸，是双排背靠背停车、每柱距停 3 辆车的最小柱网尺寸，可以说是将空间利用率发挥到了极致。

2. 三车三排式柱网（中柱网）

即背靠背停车区域一个方向的柱间并排停放 3 辆车，另一个方向设 3 排柱的柱网形式（图 1-3-3），柱网尺寸在车位处一般为 7.8～8.4m×4.9～5.1m，在车道处一般为 7.8～8.4m×6.1～6.2m。因该柱网形式一个方向柱距较大而在另一个方向柱距减小，为介于大柱网与小柱网之间的矩形柱网，我们在这里称为"中柱网"。

这类中柱网在车道与车位处的柱距不同，不像大柱网那样规矩。这种柱网形式会导致地下车库的柱子偏多，但对停车效率的影响不大，只是车头与柱子平齐，车辆进出车位的方便性降低。

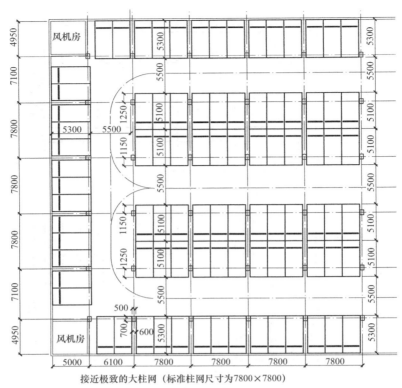

接近极致的大柱网（标准柱网尺寸为7800×7800）

图 1-3-2　接近极致的大柱网

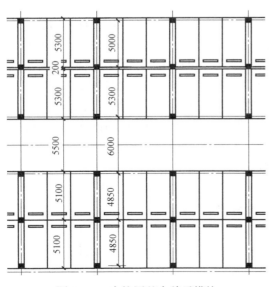

图 1-3-3　中柱网基本单元模块

从结构设计角度，这种柱网形式的竖向构件及基础数量增多，但车库楼盖在一个方向的梁跨度大大降低，不但可使梁高略有降低，楼盖梁板的材料用量也可降低。因此从结构设计角度，这种中柱网可使楼盖水平构件的材料用量降低，但会使竖向构件及基础的数量与材料用量增加，而且在水浮力对基础底板起控制作用的情况下，柱网尺寸对基础底板的材料用量也有影响。究竟何者在结构设计方面更经济，必须综合楼盖结构、竖向墙柱、基础底板乃至层高调整等因素进行全面对比分析，不能仅凭楼盖结构进行分析判断。图 1-3-4 为合肥某项目的中柱网地下车库

3. 两车三排式柱网（小柱网）

即背靠背停车区域一个方向的柱间并排停放 2 辆车，另一个方向设 3 排柱的柱网形式（图 1-3-5），柱网尺寸在车位处一般为 5.4～5.6m×4.8～5.0m，在车道处一般为 5.4～5.6m×6.1～6.2m，这是真正意义的小柱网。由于该种柱网形式两个方向的柱距均可大幅度减小，故在相同荷载条件下楼面梁的

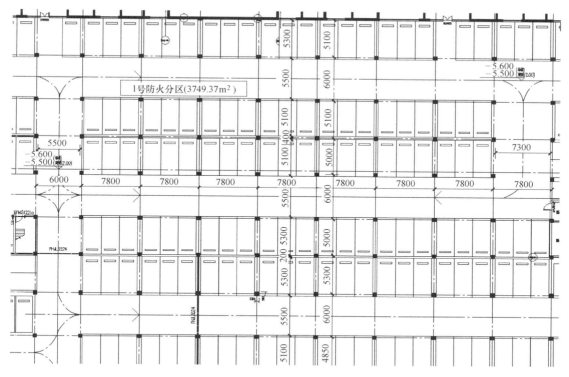

图 1-3-4　合肥某项目地下车库中柱网

钢筋与混凝土用量可以大大减少,结构梁高也可有较大幅度的降低,因而地下车库层高也可相应降低,而层高降低的影响更为复杂和深远。对于杭州、宁波等对停车位尺寸要求较高的城市,可以尝试这种柱网形式。

图 1-3-6 为成都某项目的小柱网地下车库,图 1-3-7 为山东济宁某项目的小柱网地下车库。

概括起来,此类小柱网的优势如下:

1)柱距(梁跨)减小后楼面梁的钢筋与混凝土用量会有显著降低;

2)柱距(梁跨)减小后楼面梁的梁高可有较大幅度的降低,因而地下车库层高也可相应降低,一般来说可将层高降低 200～300mm;

3)层高降低可使竖向结构构件的高度直接减小,材料与模板工程量均可相应降低;

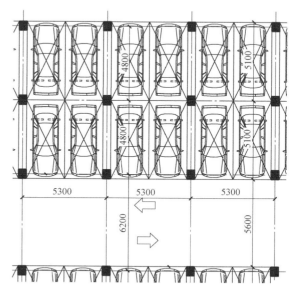

图 1-3-5　小柱网基本单元模块

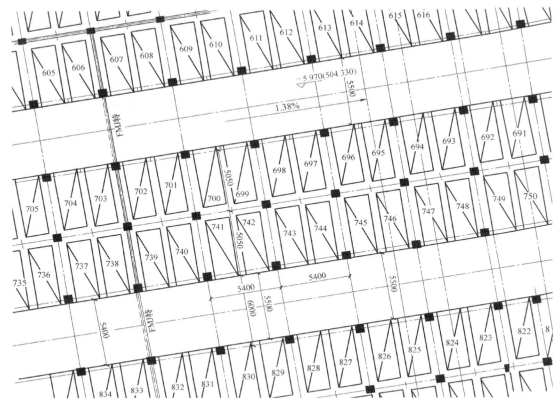

图 1-3-6　成都某项目地下车库小柱网

4）层高降低可使地下车库挡土外墙以及人防墙等受弯构件的计算跨度减小，因而计算配筋也可相应减少；

5）层高降低可使地下车库埋深降低，在地质情况复杂、水位较高且对基坑支护要求较高的项目中，可以节省土方量和基坑支护费用，成本节约显著；

6）小柱网可使柱子受力更加分散，单根柱子受力降低，因而柱子截面尺寸也可相应降低，因此在单车位尺寸不变的情况下，可使一个方向的柱距进一步降低。

当然这种小柱网也有如下劣势：

1）地下车库的柱子过多，相比三车两排式柱网增加近 50％，品质感可能会受到一定影响；

2）会在一定程度上降低停车效率，较三车两排式柱网的单车面积上升 1.5m² 左右；

3）柱及基础的数量增多，但立柱对总成本影响甚微，在经济性方面不起决定作用，而基础数量增多的经济性不定；

4）小柱网在车道与车位处的柱距不同，不像大柱网那样规矩。而且必须控制好非标准柱网区域的柱距，避免局部个别区域柱距过大导致梁高加大从而被迫增大层高或压低净高的情况发生。一旦发生这种情况，小柱网在降低层高方面的最大优势将不复存在，所做的努力就将前功尽弃。

总体来说，这种小柱网的实际应用并不多，因此需慎重选用，需在营销策划认可的情况下并经多种柱网方案的技术经济性比较后方可采用。

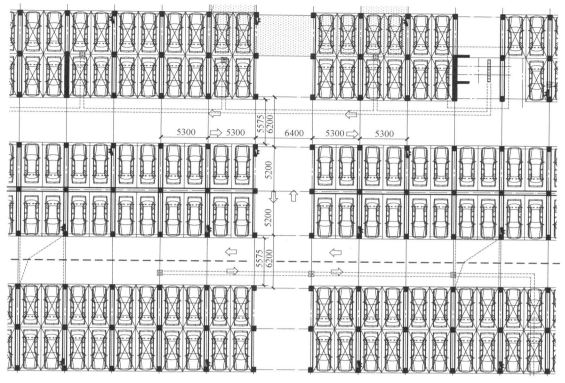

图 1-3-7　济宁某项目地下车库小柱网

二、控制柱网尺寸的经济意义

1. 建筑专业：控制柱网尺寸可降低车均面积

柱网及布车方式不科学，造成停车效率低，产生隐形无效面积，这种无效面积往往比直接的无效面积还要大。

柱距每小 100mm，面积要差 1.6m²，以每个柱距间放 3 辆车来分析，每辆车因柱距相差 100mm 则至少要差 0.5m² 的面积，见表 1-3-1。因此尽量不要随意增加经济柱网的尺寸。

不同柱网的面积关系　　　　　　　　　　　　表 1-3-1

序号	柱网尺寸 （m×m）	单柱网面积（m²）	每增加 0.1m 的绝对差值（m²）	每增加 0.1m 的相对差值
1	7.8×7.8	60.84	0.00	0.0%
2	7.9×7.9	62.41	1.57	2.6%
3	8.0×8.0	64.00	1.59	2.5%
4	8.1×8.1	65.61	1.61	2.5%
5	8.2×8.2	67.24	1.63	2.5%
6	8.3×8.3	68.89	1.65	2.5%
7	8.4×8.4	70.56	1.67	2.4%

其中柱网尺寸从 7.8m×7.8m 变为 8.1m×8.1m，单个柱网面积增加了 4.77m²，增幅为 7.84%；柱网尺寸从 8.1m×8.1m 变为 8.4m×8.4m，单个柱网面积增加了 4.95m²，增幅为 7.54%。

同是一个柱网并排 3 辆车，面积却因柱网尺寸相差了近 5m²，对于一个上百个标准柱网的地下车库，因为柱网尺寸造成的隐形无效面积就达 500m²，因此柱网尺寸的确定绝非儿戏，必须精打细算，不要轻易放大。尤其不要让柱距轻易突破 8.20m，否则不但停车效率降低，梁截面高度也不易控制，致使层高加大，则停车率与混凝土钢筋等用钢量指标更难于实现。

因此，标准柱距在两个方向均应按停车位及行车道尺寸的模数进行调整并紧凑布置，标准柱距不符合停车模数将造成极大浪费。除标准柱距外，靠墙端部两跨的柱距也必须进行调整实现紧凑布置，不可采用标准柱距，否则也将造成极大的面积浪费。如端跨的 5100mm 柱距及端部第二跨的 7150mm 柱距，以及支线车道尽端的 7800mm 柱距、循环车道尽端的 5100mm 与 6200mm 柱距都是实现紧凑布置的非标准柱距，若与其他柱网一样采用 8100mm 的标准柱距，停车位不能增加但面积却增大很多，势必造成很大的面积浪费。见图 1-3-8。

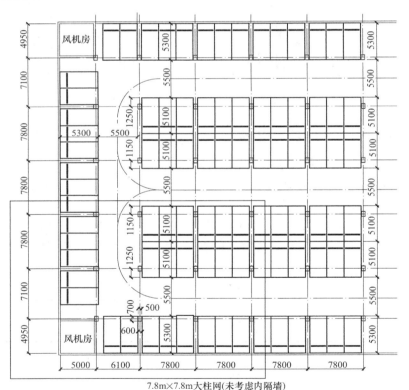

7.8m×7.8m大柱网(未考虑内隔墙)

图 1-3-8　大柱网车库边角部位柱网尺寸

从经济性角度出发，在柱间车位数量不变的前提下，应尽量减小柱距。但对于中高档项目，从舒适度与品质感方面出发，可适当放大柱网尺寸，但一定要适度。笔者认为 8100mm×8100mm 的标准柱网尺寸对中高档项目也已足够，可满足车长 5100mm、车宽

1900mm 高档轿车的停车要求，当柱截面尺寸超过 600mm 时，可设计成宽度不大于 600mm 的扁长柱，也比增大柱网尺寸的综合经济效益更佳，采用 8200mm 及以上的标准柱网尺寸就太大了。

但需要特别注意的是，虽然有国家统一规范要求，但各省、市、自治区甚至其辖区内不同的城市也都有各自的土政策，而这些土政策往往是严于国家标准的。比如车位尺寸及行车道宽度，各地的具体规定就有差别，如浙江省就要求标准车位按照 2500mm×5500mm 进行设计。再比如标准柱网尺寸，杭州要求停 3 辆车的柱轴线尺寸不小于 8400mm。因此设计师必须熟悉项目所在城市的具体规定，并在其规定框架内依当地情况，争取可行的最小尺寸。

2. 结构专业：控制柱网尺寸可降低材料用量及梁高，从而降低建筑层高

一般来说，柱距越小，水平构件的材料用量越少，但竖向构件及基础的数量以及材料用量就会越高，二者存在此消彼长的关系。但一般来说，竖向构件材料用量的增加程度不如水平构件材料用量减少的程度明显，因此仅仅从结构的经济性出发，小柱网比大柱网具有经济优势，而且小柱网还可以降低结构梁高从而可降低层高，这方面的经济效益可能更大。

从结构设计角度，柱网尺寸的减小意味着主梁跨度的减小，在同等荷载水平的情况下，跨度降低对内力的降低明显，如跨度从 8.4m 降低到 8.1m 时，弯矩可相应降低 7%，而如果进一步降低到 7.8m，则弯矩可累计降低 14%，意味着计算配筋水平可相应降低 14%。这还仅仅是从跨度方面进行分析比较，实际上，当垂直方向的梁跨也相应减小时，作用于梁上的荷载也会相应减少，因而弯矩及计算配筋还会进一步降低。

尽管小柱网在结构设计方面具有优势，但结构毕竟是为实现建筑使用功能而存在的，是为建筑功能服务的。小柱网地下车库不但柱子多而密，降低停车效率、观感不佳、品质感差，而且可能会带来使用的不便，如在车道拐弯、转角等处的柱子就有可能影响车辆的转弯半径，但如果不布柱子，则又会出现局部大跨的现象，使小柱网降低梁高与层高的作用落空。

三、控制最大柱距（梁跨）

众所周知，柱距影响结构梁高，而结构梁高影响层高，但标准柱距控制得好只是控制梁高的必要条件，而控制住最大柱距才是控制梁高的充分条件。在现实中有很多例子，标准柱网区域的梁高控制得很好，但就是那么几处柱距较大的区域，梁高一下子增加了很多，从而使整个地库层高降不下来。既然层高因这几处大跨梁的高度而降不下来，那控制标准柱网区域的梁高也就失去了意义。

还有的项目采用了无梁楼盖，本来层高可以降低下来，从而实现无梁楼盖降低层高的经济效益，但设计院却又在靠近主楼的两跨采用梁板式结构，结果整个地下车库层高因受梁板式结构梁高的控制而不能降低，不但层高没能降下来，材料用量还上去了，得不偿失。

因此对于一个动辄上万平方米的地下车库，单单从控制层高的角度控制标准柱距不是关键，控制住整个地下车库的最大柱距才是关键。

四、控制柱截面尺寸

柱截面尺寸对柱网尺寸至关重要，是一个举足轻重的变量。之所以没有强调，是因为对于两三层地下车库的框架柱而言，一般可将柱截面尺寸控制在 600mm×600mm 以内。此前关于标准柱网尺寸的分析，也均基于柱截面尺寸为 600mm×600mm 这个前提。

但对于有地上建筑物因而地下车库框架柱还继续向上延续的建筑类型，比如多层框架结构的商业、办公类项目的地下车库，由于底层车库框架柱的轴力已然很大，若想将车库柱截面尺寸控制在 600mm×600mm 以内就有一定难度，对此可以采取如下对策：

1）采用高强混凝土，一般来说 C55 强度等级的商品混凝土在供应及质量保证上均不成问题，必要时也可采用更高强度等级的混凝土，但必须确保当地有供应。

2）将正方形柱改为矩形柱，柱长边平行于车长方向，比如将 700mm×700mm 柱改为 600mm×800mm 柱，则仍可维持基于 600mm×600mm 柱截面尺寸的柱距。虽然从结构设计角度，正方形柱最为经济，但从减小柱距尺寸的大局出发，改为矩形柱对减小柱距的经济效益还是远大于正方形柱的。笔者在新加坡工作期间，许多地下车库柱网尺寸就定为 7800mm×7800mm，并将柱子设计为矩形柱；但矩形柱的短边尺寸不宜小于 500mm，不应小于 400mm，否则容易形成强柱弱梁，且会使柱长边尺寸加大较多从而可能影响车门开启。

3）对个别轴力较大、截面尺寸不易控制的普通钢筋混凝土柱改为加型钢的劲性柱。虽然劲性柱会增加造价且施工复杂，但毕竟只是为数不多的柱子，还是比普遍加大柱网尺寸要更经济。

第二章　岩土与地基基础方案的选择与设计优化

第一节　地基基础选型与设计优化

　　地基与基础是两个不同的概念。地基是支承基础的土体或岩体，而基础则是将结构所承受的各种作用传递到地基上的结构组成部分。建筑物的全部荷载均由其下的地层来承担。受建筑物影响的那一部分地层称为地基；建筑物向地基传递荷载的下部结构称为基础。

　　建筑物分上部结构、基础和地基三部分，各自功能不同，研究方法各异，所以作为工程师必须对三者有清晰的概念，不能混淆。但它们又是建筑物的有机组成部分，缺一不可，既彼此联系，又相互制约，很难将地基与基础割裂开来去单独研究，所以本文在此采用地基基础选型而不是基础选型或地基选型。

　　如前文所述，不同的地基基础形式，其造价差别可能在成百上千万的级别，优化空间远比上部结构大。因此岩土结构优化的首要目标和任务就是要做好地基基础的选型。而这一点恰是许多结构优化大师所漠视和忽略的，反倒是建研院地基所在这方面拥有相当多的成功经验，尤其是其灌注桩后注浆工艺及伴随长螺旋钻孔灌注桩工艺而诞生的 CFG 桩复合地基处理方式，可为甲方节省成百上千万的工程造价，有关工程案例比比皆是。

一、地基基础选型必须坚持因地制宜、具体情况具体分析的原则

　　岩土工程具有高度的复杂性及不确定性，必须坚持"因地制宜"、"具体情况具体分析"的原则，在岩土工程设计中工程经验显得尤为重要，但同样不能形成思维定式，不加分析的照搬以往经验。在确定岩土工程设计方案时，必须坚持多方案技术经济比较，从中选择结构可靠、经济合理、施工方便的岩土设计方案。

　　在地基基础选型中，大体可按天然地基-换填、强夯等地基处理-复合地基-桩基础顺序优先选择。并综合考虑加大埋深后的地下空间利用及与地基处理、桩基方案的技术经济比较，从中选择适合特定项目的最优方案。但同样不可将此教条化，同样需遵循"因地制宜"及"具体情况具体分析"的原则。

　　【案例】　吉林长春某项目

　　根据高层住宅桩图的桩顶标高及地质剖面图，高层住宅基础底板的持力层为第2层粉质黏土，天然地基承载力特征值为 140kPa，对于地上 18 层、地下 2 层的高层住宅，基础不外扩情况下的基底平均压力估算值为 $15×18+20×2=310kPa$。据此提供三种优化设计方案供选择：

　　CFG 桩复合地基方案：采用有效桩长 11m、直径 400mm 的 CFG 桩，按桩距

1700mm 等间距正方形布桩的复合地基承载力可满足要求;

预应力管桩复合地基方案:采用有效桩长 10m、直径 300mm 的预应力管桩,按桩距 1800mm 等间距正方形布桩的复合地基承载力可满足要求;

预应力管桩常规桩基方案:高层住宅的常规桩基应优先采用 PHC400AB 型管桩,建议适当加长桩长并将单桩承载力特征值控制在 1500kN,则多数承台可不必合并,且可减少桩数。

在上述三个方案中,经济性最好的是预应力管桩复合地基方案,其次是 CFG 桩复合地基方案,如果是在北京或河北等地,一定会优先选择 CFG 桩复合地基。但在长春地区,预应力管桩应用广泛,而复合地基很少采用,因此即便作为复合地基竖向增强体的管桩与作为常规桩基的管桩在单桩承载力计算乃至沉桩工艺方面均完全一样,只不过桩头钢筋不锚入基础及增加一个褥垫层,但仍不能被当地设计院及甲方接受。设计院以"长春地区极少采用复合地基,存在施工经验不足、造价高、工期长的问题,而管桩被大量采用,市场竞争极为充分,有施工经验丰富、造价低、工期相对缩短的优点。"作为回复,甲方也认可设计院的意见,最后采用了第三方案,即预应力管桩。没有复合地基的设计与施工经验因而不采用这项技术,这也算是因地制宜吧。

因地制宜的另一个重要考虑因素就是地质条件的特殊性,这种特殊性既有不同地域差别的特殊性,也有同一地域内不同场地、甚至不同楼栋下地质条件的差异性,同样不能一概而论。

针对较复杂的地形,可在详勘及上部荷载计算出来后进行基础形式论证。基础论证要综合考虑地基处理及基础承台或筏板的总费用。一般来说,强夯地基较便宜,但由于承载力低,基础体积较大;预制桩稍贵,承载力稍高,基础承台体积减小;挖孔桩最贵,承载力却数倍于预制桩,基础承台体积有时能显著小于前两者。因此,需要根据地基承载力及上部荷载情况进行具体计算,才能得出最优化的方案。

比如地下车库基底下一定深度范围内(比如 5m)的土质较差,但较差土层下面的土质又非常好,或者基岩埋藏比较浅,且地下水位较低可采用构造防水板时,采用天然地基的基础尺寸会比较大,采用地基处理也不太经济,此时采用预应力管桩,不但单桩承载力会比较高,而且桩长也比较短,采用一柱一桩加单桩小承台,综合造价有可能低于独立基础方案。

二、建筑高度(或层数)以及有无地下室对地基基础选型的影响

鉴于岩土工程的复杂性、不确定性及地域的差异性,很难为各类建筑制定一套通用的地基基础方案,这就为岩土工程设计的标准化带来很大障碍。但同一地域的工程地质条件往往具有一定的类似性,这或许能为标准化工作提供一些思考,并为类似工程提供借鉴。但需注意的是,同一地域的工程地质条件虽然具有广义上的共性,但个体区域间的差异性还是普遍存在,在某些情况下甚至差异很大。因此关于岩土工程标准化的任何结论都只是经验之谈,只能作为有限的参考而不能忽视个体差异来照抄照办。处理岩土工程问题的基本原则只能是"因地制宜"、"具体情况具体分析"。但通过笔者多年来的理论与实践经验,还是可以总结出一些规律性的东西供大家探讨。

以下将结合北京地区有代表性的工程地质与水文地质条件对各类建筑(主要是不同层

数或高度）的地基基础方案进行总结和梳理，也仅仅是抛砖引玉。换做100多公里以外的天津，下述规律或原则可能就不再适用，读者必须辩证地看待该部分内容。

北京地区的地下水位较低，各地层承载力相对较高，属中、低压缩性土，且地基承载力基本呈随深度增长的态势，基本无软弱下卧层，因此地质条件对建筑工程比较有利。因整体建筑结构方案对地基基础方案影响很大，故本文只针对不与裙房或地下车库相连的单体建筑作为研究对象。对于与裙房或地下车库连为整体的大底盘建筑的地基基础方案，因情况复杂多变，无规律可循，故不在本章节的研究范围之内。

1. 三层及以下的别墅类建筑

三层及以下的别墅类建筑，属于低层住宅的范畴。从适用高度及造价考虑，本应是砌体结构的适用范围，但因别墅类产品往往追求新、奇、特，体型、立面及平面布局灵活多变，砌体结构有时难以适应，故往往采用钢筋混凝土结构。当然，也不乏有较为规则的砌体结构别墅类建筑。

对于1~3层的低层住宅，基底总压力较小，对持力层土质的要求一般不高。除基础埋深范围内为淤泥、淤泥质土或回填土等软弱土层外，大多数别墅类建筑均可采用天然地基。是否设地下室对基础形式影响较大，现分别讨论。

1）不设地下室

一般来说采用墙下条基/柱下独基均可满足天然地基承载力要求，无非是基础宽度与埋深大小的问题。当地基承载力高时可减小基础宽度或埋深，而当地基承载力低时则需增加基础宽度或埋深。总之均可通过调整基础埋置深度及基础宽度而采用天然地基。当然，也可通过增加基础埋深来减小基础宽度，反之亦然。当持力层土质较好时，基础宜尽量浅埋。

2）设地下室

当建筑设计要求设地下室时，基础形式一般有两类，即整体式筏基方案及独立柱基/条基加防水板方案。

当采用整体式筏基方案时，理论上任何土质均可满足承载力要求，但当持力层土层为淤泥、淤泥质土或回填土等软弱土层时，除需满足承载力要求外，尚需考虑地基变形与差异变形的影响；

当采用独立柱基/条基加防水板方案时，若持力层承载力较高（不小于130kPa），采用基础与防水板顶部平齐的方法可基本满足天然地基承载力的要求；但若持力层承载力不高（不大于110kPa）时，可能需采取特殊措施（如增加基础高度或将基础下沉与防水板分开设置）才可满足天然地基承载力要求。

小结：对于2~3层的别墅类建筑，不设地下室而采用天然地基最为经济，设地下室而采用整体式筏基最不经济。但当建筑设计要求设地下室而独立柱基/条基加防水板方案实施起来又比较困难时（主要是持力层承载力很低时），与采用地基处理方案相比，整体式筏基仍然是比较经济的选择。

2. 4~6层的多层建筑

4~6层的多层建筑，因基本在砌体结构的适用高度范围之内，且砌体结构较钢筋混凝土结构有明显的成本优势，故4~6层的多层建筑的上部结构多以砌体结构为主。但对于高档多层花园洋房，出于产品创新等营销方面的考虑，体型、立面、平面布局往往较为复杂，砌体结构有时难以应付，故而采用钢筋混凝土结构。

因多层住宅的总基底压力不大，故应优先考虑天然地基。当持力层为砂质土层且承载力较高（不小于 150kPa）时，可不设地下室，直接在天然地基上做柱下独基/墙下条基即可满足承载力要求，且砂质土层颗粒越粗所需基础埋深或基础宽度越小，但最小基础埋深应大于嵌固深度及冻结深度。

当天然地基承载力不满足要求时，也不必急于考虑地基处理或桩基方案，此时应综合考虑增加基础埋深与地下空间应用的综合经济效益。如果地下空间有开发利用价值，且增加基础埋深或设地下室后能避免地基处理或桩基，不妨采取增设地下室或增加地下室层数的方案。

从结构工程角度，增加基础埋深对地基承载力的贡献有二：其一，可能使基础落在更好的持力土层上；其二，可增大天然地基承载力的深度修正值。对变形控制而言，增加基础埋深可降低基底附加压力（准永久组合下的基底总压力减去原状土的自重应力），从而减小地基变形。

但建筑场地狭窄或周边建筑物、市政管线距离较近时则要慎重采用，因为支护结构的费用及风险可能会因此大幅增加。

小结：对于 6 层及以下的多层建筑，当持力层土质较好时尽量不设地下室，直接在天然地基上做柱下独基或墙下条基；当持力层土质不足以满足柱下独基/墙下条基下的天然地基承载力要求时，宜结合建筑使用功能而增设地下室。虽然增设地下室的成本会有较大幅度上升，但因可以省去地基处理或桩基的费用，如果增加的地下室空间能够得到比较充分的应用，其综合经济效益还是比较高的。

3. 7～9 层的小高层建筑

在此高度范围内的小高层建筑，如果持力层土层为承载力特征值在 180kPa 以上的中砂、粗砂、砾砂或碎石土，则仍可不做地下室，直接在天然地基上做独立柱基/条基即可满足承载力的要求。

当不满足上述条件时，如果持力层为非软弱土层且承载力特征值在 100kPa 以上，通过设单层地下室并采用整体式筏基也可满足天然地基承载力要求。或不设地下室而采用柱下独基/墙下条基下局部地基处理的方案。二者需要结合项目实际情况及地下空间的有效利用进行综合的技术经济比较来确定适合特定项目的最优方案。

如果持力层土质较差（如淤泥、淤泥质土、人工填土、e 或 I_L 大于等于 0.85 的黏性土），通过设单层地下室也无法满足天然地基承载力要求时，可考虑三种解决方案：一是单层地下室下采用人工地基，二是设双层地下室将基础置于更好的土层上，需结合项目实际情况及地下空间的有效利用对上述三方案进行综合的技术经济对比，三是不设地下室而采用桩基。从中选择最优方案。

以 7 层划界的主要依据是 7 层及以上住宅或住户入口层楼面距室外设计地面的高度超过 16m 以上的住宅必须设置电梯，且无障碍设计方面的要求也较高。

从结构设计角度，对于框架结构、框架-剪力墙结构及剪力墙结构，存在 24m 的界限高度，超过界限高度，框架与剪力墙的抗震等级可能会提高一级，对结构成本影响较大。而 24m 的房屋高度，一般对应的是 7～8 层的建筑，因此在设计 7～8 层的建筑，尤其是 8 层的建筑时，一定要控制好层高与室内外高差，使房屋总高尽量不超 24m。这里的房屋高度是指室外地面到主要屋面板板顶的高度（不包括局部凸出屋顶部分）。

小结：对于 7～11 层的小高层建筑，若建筑设计原本就有地下室，除持力层为软弱土层外，采用整体式筏基大多可满足天然地基承载力要求。如果持力层土质为中砂以上粒径的砂质土层且承载力特征值不小于 200kPa 时，可不做地下室而直接采用天然地基上的柱下独基/墙下条基的地基基础方案。但当持力层土质为软弱土层时，需要进行综合技术经济比较来确定是采用地基处理、桩基或地下室加层方案。

4. 10～11 层的高层建筑

住宅层数达到 10 层后，根据有关建筑及结构规范均已列入高层建筑范畴，需执行更严格的标准如《高层民用建筑设计防火规范》（2014 年整合编入《建筑设计防火规范》GB 50016—2014）及《高层建筑混凝土结构技术规程》，其他仍然适用的标准也在很多方面针对高层建筑提出更高的要求。如抗震等级、耐火等级、防火间距、安全出口、消防供电、公共区应急照明、消防车道，甚至建筑功能布局及建筑构造等方面都较 10 层以下住宅建筑有较高或较新的要求。

有关地基基础方案与 7～9 层住宅建筑类似，但采用天然地基时对有关持力层的承载力要求会稍高一些。即持力层土层为承载力特征值在 200kPa 以上的中砂、粗砂、砾砂或碎石土，可不做地下室，直接在天然地基上做独立柱基/条基；承载力特征值在 120kPa 以上的其他非软弱土层，通过设单层地下室并采用整体式筏基方可满足天然地基承载力要求。

5. 12～18 层的高层建筑

对于 12～18 层的高层建筑，不设地下室而采用天然地基的方案几乎不可能。而建筑物达到这个高度后，规范规定的最小嵌固深度也差不多 3.0m 左右，因此做单层地下室可能会是综合技术经济效果较高的选择。在此前提下，如果持力层土质为砂质土层且承载力特征值不小于 100kPa，则天然地基上的整体式筏基方案可满足承载力要求，不必考虑地基处理，但有软弱下卧层或地基主要受力范围内存在中高压缩性土时，需验算地基变形是否满足要求。如果持力层土质为黏性土，即便承载力较高，单层地下室方案也很难满足天然地基承载力要求，需要考虑地基处理或地下室加层的方案。最终选取何种方案，应该通过综合的技术经济比较后决定。

以 12 层划界的主要依据是规范规定住宅建筑达到 12 层后需设置消防电梯，且每栋楼设置电梯的台数不得少于 2 台，对建筑平面布局及成本影响较大。

小结：对于 12～18 层的高层建筑一般均宜设地下室，若持力层为砂质土层，采用整体式筏基基本可满足天然地基承载力要求但需验算地基变形；但如果持力层为黏性土，即便承载力较高也难以满足天然地基承载力要求，需考虑地基处理或地下室加层，必要时也可采用桩基。

6. 19～34 层的高层建筑

对于 19～34 层的高层建筑，规范规定的最小嵌固深度约为 3.6～6.5m 左右，设地下室是必然的，甚至可能需要设置双层地下室。

在这个高度范围内，除非持力层土质为中砂以上粒径的粗颗粒土层，且承载力特征值在 200kPa 以上，或持力层土质为粉砂以上粒径的砂质土层、承载力特征值在 170kPa 以上且采用双层地下室外（这两种情况仍可采用整体式筏基下的天然地基），其他情况均无法满足天然地基承载力的要求，而需采用地基处理或桩基方案。但采用天然地基时需验算地基变形是否满足要求。

当天然地基无法满足承载力要求时，应优先考虑地基处理，地基处理的方式较多，北京地区最常用为 CFG 桩复合地基。当基底持力层土质较差或长螺旋钻成孔比较困难时，可考虑桩基。

以 19 层划界主要是因为超过 18 层后，住宅建筑的耐火等级及安全出口都有较高要求。

从结构设计角度，在这个房屋高度范围内，对于框架-剪力墙结构存在 60m 的界限高度，而对剪力墙结构则存在 80m 的界限高度。超过界限高度，框架与剪力墙的抗震等级可能会提高一级，结构成本会产生突变。60m 的房屋高度，一般对应的是 19～20 层的建筑，而对于 80m 的房屋高度，一般对应的是 26～27 层的建筑。

7. 35 层、100m 以上的超高层建筑

高层住宅建筑基本均为剪力墙结构，在北京这样的 8 度设防区，剪力墙结构 A 级高度的最大适用高度即为 100m，而根据《民用建筑设计通则》，建筑高度超过 100m 的超高层民用建筑，应设置避难层（间）。同时根据《住宅建筑规范》GB 50368—2005 的要求，35 层及以上的住宅建筑需设置自动喷水灭火系统及火灾自动报警系统。以上因素均导致建造成本的较大增加，故住宅建筑较少建造超高层建筑。

对于超高层建筑，天然地基与地基处理一般都难以满足承载力与变形要求，故北京的超高层建筑基本都采用桩基。超高层建筑因对承载力与变形要求更高，采用后注浆技术可在桩长不变的情况下大幅提高单桩承载力，从而起到减少桩数、加大桩距、减小群桩效应等综合效应，且对变形控制非常有利。因此北京的高层、超高层建筑当采用桩基方案时大多采用后注浆技术，就北京的地质情况而言，后注浆技术可将单桩承载力提高 50%～100%，由此增加的费用不到 10%，技术经济效果比较显著。

三、不同业态、不同结构体系的建筑对地基基础选型的影响

1. 以剪力墙结构为主的多高层住宅建筑的地基基础选型优化原则

住宅、公寓及酒店等类型建筑，由于内部分隔墙较多且开间一般较小，故在结构设计时多采用剪力墙结构，而且由于建筑物内部分隔墙较多，客观上允许布置较多剪力墙，而且剪力墙分布可大体做到均匀，因此建筑物的整体性与刚度都比较好，基底压力的分布也比较均匀。

对于这类多高层建筑，当修正后天然地基承载力能满足要求时应优先考虑天然地基，其次考虑地基处理，地基处理应优先选择换填与强夯等简单经济的地基处理方案，当采用天然地基或复合地基时，大多采用整体式筏形基础，筏形基础又有梁板式筏基与平板式筏基两种选择。当地基处理仍然无法满足承载力或沉降要求时，可考虑桩基础。采用桩基础时，桩基选型至关重要。应根据规范规定、建构筑物结构特点、地质情况、工期要求、成本分析及现场条件等，用科学的方法来选择桩型、设备和成桩工艺，用最佳的设备、工艺、在保证质量、工期、安全的情况下产出最佳的效益。

当采用桩基础且可实现墙下单排布桩时，采用墙下承台梁加防水板的基础底板形式更为经济。当地下水位埋藏较深，防水板为构造设置时，防水板厚度可取 250mm。当墙下布桩方式无法实现时，可考虑桩筏基础。桩筏基础的筏板也有梁板式与平板式两种形式，

梁板式筏基的筏板厚度以满足抗冲切要求进行控制，平板式筏基的筏板厚度应结合结构抗弯配筋量大小及抗冲切要求综合确定，当荷载较大时应增设柱墩以解决抗冲切的问题，不应单纯采取加厚筏板的方式去解决冲切问题。高层建筑采用筏板基础时，尽量采用平板式筏基，不设地梁，采用筏板有限元法进行计算。

【案例】 合肥某住宅项目

总建筑面积 195059.62m²，其中地上建筑面积 142337.49m²，地下建筑面积 52722.13m²。由 8 栋 11 层洋房、3 栋 17 层洋房、2 栋 24 层高层住宅、5 栋 28 层高层住宅、地下车库及配套用房等组成。±0.000 相当于地质报告中的标高值 57.500m（吴淞高程）。图 2-1-1 为该项目南北方向的地质剖面图，各层地基土承载力特征值为：

② 层粉质黏土：$f_{ak}=150$kPa；

③ 层黏土：$f_{ak}=280$kPa；

④ 层粉质黏土：$f_{ak}=260$kPa；

⑤ 层强风化泥质砂岩：$f_{ak}=350$kPa；

⑥ 层中风化泥质砂岩：$f_{ak}=700$kPa。

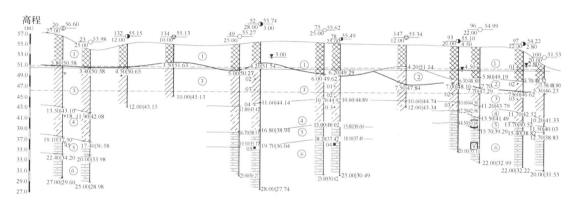

图 2-1-1　合肥某项目地质剖面图

结合地质剖面图可以看出以下重要信息：1）③层黏土及以下的土质情况非常好，鉴于②层粉质黏土在场地内仅局部分布，故③层黏土是比较理想的地基持力层；2）③层黏土层虽然较厚，但该层层顶存在较大起伏，且总体呈北高南低态势（图中 51.0 附近波浪样条曲线），从地质剖面图中可看出，该地层层顶的标高差接近 4.500m（图中 51.0 与 47.0 附近虚线为该地层层顶最大高差）；3）该场地基岩埋藏较浅，强风化岩埋深 12～19m，中风化岩埋深 14.5～22.4m。

根据上述地质特点，在地下室层数与层高不变的前提下，如果在场地总平面与竖向设计时能够将正负零标高统一降低或结合场地自然地坪标高及周边道路标高由北向南分阶降低正负零标高，以使各主楼与车库的基础底板均落在第③层黏土上，则 11 层洋房及地下车库均可采用天然地基，17 层洋房也存在采用天然地基的可能性，而 24 层与 28 层高层住宅则均可采用管桩复合地基。但可惜的是，该项目竖向设计采用的是同一正负零标高，基础埋深也基本相同，而且因为场地西北角的市政道路标高较高，故统一的正负零标高也定的比较高，为吴淞高程 57.500m，以致场地中南部位的正负零标高高出自然地面 2.0m

71

左右，中南部各建筑物（含地下车库）的基础底面也没有落在第③层黏土层上（见图中51.0附近直线）。不过场地西北部的部分建筑物及地下车库的基底基本能落在第③层黏土层上。

针对这种特殊情况，本项目的地基基础选型就无法做到统一，而需要根据各个主楼的荷载水平（层数）与基底标高结合该楼范围内的地质情况因楼而异进行地基基础选型。

18号（层）楼，基底均可落在③层黏土层上，天然地基承载力可满足要求（承载力特征值 $f_{ak}=280kPa$），故采用天然地基上的平板式筏形基础。

3号（11层）与8号（11层）楼，基底绝大部分可落在③层黏土层上，天然地基承载力可满足要求（承载力特征值 $f_{ak}=280kPa$），只需进行小范围换填处理（3号楼最深换填2.3m，8号楼最深换填1.2m），因此可选用天然地基。原设计高层住宅采用预应力管桩桩筏基础，筏板厚度800mm，局部加厚处1300mm，基础筏板顶标高均为—5.600m，故基底绝对标高分别为50.600m（800mm厚筏板处）及50.100m（1300mm厚筏板处），基础底板下的持力层基本位于第③层黏土，故优化建议改桩基础为天然地基（局部换填）上的平板式筏形基础。

9号（17层）、12号（24层）、13号（28层）、15号（28层）、16号（24层）、17号（28层）楼，建筑物基底大部分可均落在③层黏土层，鉴于③层黏土层承载力特征值高达280kPa，为充分发挥地基土的承载力，建议优先采用复合地基，局部基底未达③层黏土层的部分，可以采用局部级配砂石换填的方式，也即采用带有局部换填的复合地基。而且由于基岩埋藏较浅，预应力管桩的承载力与质量保证率均较高，故复合地基的竖向增强体优先考虑预应力管桩，即优先采用预应力管桩复合地基。当然CFG桩复合地基也是很好的选项，在该地质条件下同样具有承载力高与质量保证率高的特点，但其单桩承载力还是比同直径同长度的预应力管桩要低得多，故CFG桩复合地基的经济性不如管桩复合地基，但经济性肯定好于预应力管桩桩基方案。经核算，如采用预应力管桩复合地基，管桩的数量可以减少25%左右。但如果局部换填范围较大或局部换填深度较深时，则不宜采用复合地基，而应优先采用预应力管桩桩基方案。

1号、2号、4号、5号、6号、7号楼，虽然均为11层洋房，但因建筑物基底绝大部分在①杂填土层（局部在②层粉质黏土），且距离③层黏土层顶面较远（3.0m以上），故只能采用预应力管桩桩基方案。设计采用了预应力管桩承台桩加防水板方案。

10号（18层）、11号（18层）与14号（28层）楼，同样因为建筑物基底绝大部分在①杂填土层且距离③层黏土层顶面较远，故原设计采用桩筏基础，优化建议采用单桩承台梁＋抗水板的基础形式，则基础底板厚度可分别由750mm（18层）及800mm（28层）降到300mm（18层）及400mm（28层），则基础底板钢筋可分别由双层双向 $\phi16@180$（18层）及 $\phi16@150$（28层）降为双层双向 $\phi12@250mm$（18层）及 $\phi12@180$（28层），可大大地降低工程成本，经核算，14号（28层）楼优化后可节省造价17.4万元。

2. 以框架（框剪）结构为主的大型购物广场、商业中心的地基基础选型优化原则

大型购物广场、商业中心属于公共建筑，就其规模体量而言，以3～6层居多，且对层高要求较高。从建筑防火与结构设计角度，存在一个24m的高度限值，当建筑高度大于24m时，都将列入高层建筑的范围，适用于更严格的规范规定，必然导致造价的增加。因此对于地上6层的大型商场，建筑高度突破24m一般没有悬念。但对于地上5层的大型商场，一般可将建筑高度控制在24m以内，但稍有不慎，就可能突破24m的界限高度，从性价比方面很可能得不偿失。

从大型商场的功能出发，一般要求具有大空间与灵活分割的特点，且地下一般会配建地下车库，因此在结构体系方面大多采用框架结构。或具有少量剪力墙的框架结构。高地震烈度地区且商场层数较多时，也可能采用框架剪力墙结构体系，但剪力墙的布置不能影响商业经营对大空间的要求，也不能影响地下停车位的布置。

大型商场的地基基础形式与工程地质及水文地质情况关系巨大，不拘一格、难有定数，天然地基、复合地基及桩基等可能的地基基础形式都有可能出现，独立基础（加防水板）、平板式筏基及梁板式筏基等基础底板形式也均成为选项之一。因此只能根据地质勘查报告提供的信息进行具体情况具体分析，并因时因地制宜的采用最合适的地基与基础形式，不能一概而论。

当建筑场地的地质情况较好，能满足持力层与下卧层承载力要求，且地下水浮力对基础底板结构设计不起控制作用时，应优先考虑天然地基上独立基础加防水板的地基与基础方案。当柱下独立基础的天然地基承载力不足时，优先考虑在柱下独立基础范围进行局部处理的地基基础方案。除非水浮力工况对底板结构设计起控制作用，否则不建议采用整体式筏基方案。当确因水浮力工况起控制作用而需采用整体式筏形基础方案时，也应优先考虑平板式筏基带下柱墩的方案，不建议采用梁板式筏基方案或平板式筏基带上柱墩的方案。

当基础底板下的持力层土质情况较差，即便经过地基处理也不能作为地基持力层时（比如淤泥及淤泥质土），则要考虑承台式桩基。此时可优先考虑高强预应力管桩，但必须满足当地对于预应力管桩适用范围的规定。当采用承台式桩基时，不论地下水浮力对基础底板结构设计是否起控制作用，均应优先考虑桩基承台加防水板的地基与基础方案，并根据水浮力大小动态调整防水板厚度与承台平面尺寸。

从地基基础总体方案而言，总的规律是"柱下天然地基"优于"柱下局部复合地基"优于"承台式桩基"优于"整体桩筏基础"。

哈尔滨华鸿国际中心，裙房基础原设计采用柱下承台加钢筋混凝土灌注桩，优化方案采用柱下独立基础并在独立基础范围做CFG桩复合地基的方案。省去了灌注桩的全部钢筋，混凝土用量大幅降低，混凝土强度等级也由C35降到C25。独立基础比桩承台也可节省大量钢筋与混凝土。仅材料综合造价即可节省600万元。

地下水位埋藏较深时，无水浮力或水浮力影响较小时，独立基础加防水板体系优于整体筏基方案。唐山香木林二期，将原设计梁板式筏基改为独立基础加防水板方案后，基础底板钢筋含量由124kg/m²降到62.4kg/m²，降幅达50%，综合造价节省1300万元。

当采用独立柱基加防水板体系时，防水板应与基础顶平。

当主楼基础埋深较深，且周边有贴建裙房时，裙房基础应落在原状土层上，并应与主楼基础同期施工。避免二次开挖、二次回填。特殊情况当经过成本测算有更为经济的解决方案时，择优选用。

【案例】 河北唐山某商业综合体（图2-1-2）基础底板形式分析比较

总建筑面积约25.1万m²，其中地上18.33万m²，地下约6.7万m²。建筑地上六层、地下二层，总高度33.2m。拟建场地地形平坦，无不良地质作用。地下水埋深及水位变化均在拟建建筑物基础以下，可不考虑地下水对建筑、结构的影响。主体结构采用钢筋混凝土框架-剪力墙结构，框架抗震等级为二级，剪力墙抗震等级为一级。采用天然地基，地基持力层为第③层粉细砂，承载力特征值 $f_{ak}=260kPa$。基础形式尚存争议，需重新论证。

图 2-1-2　河北唐山某商业项目

最早的基础底板方案为 1000mm 厚平板式筏形基础，另一家设计院接手后将平板式筏形基础改为梁板式筏形基础，筏板厚度为 600mm，弹性地基梁截面宽度 1200mm，截面高度 1600mm。地基梁梁底与板底齐平，故地基梁为上反梁，在梁与梁之间围成 1000mm 深的区格，区格内回填土或其他填充材料。反梁顶至建筑面层标高之间有 300mm 厚面层，原梁板式筏基方案见图 2-1-3 。

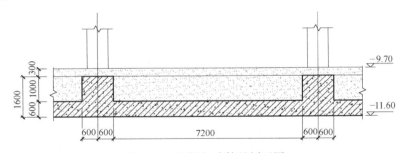

图 2-1-3　原梁板式筏基剖面图

原方案虽然是结构设计中经常采用的方案，对比之前 1000mm 厚的平板式筏基方案也是一个很大的改进，从技术角度不存在任何问题，但从成本控制及方便施工的角度，则存在比较突出的材料用量多、施工不方便且质量保障率不高等问题。鉴于本项目地基持力层为第③层粉细砂，承载力特征值高达 $f_{ak}=260kPa$，故采用独立柱基加防水板的新方案更有优势。

独立柱基加防水板的方案：独立柱基高度取 1600mm，与原方案地基梁高度相同，独立柱基平面尺寸取 5400mm×5400mm，经深宽修正后的承载力可满足设计要求，配筋不超过 Φ 25@150。防水板板顶与独立柱基顶面齐平，防水板厚度可取 250～300mm，可按构造配筋。结构与建筑间 300mm 厚面层不变。优化后基础底板方案见图 2-1-4。

为简化计算及便于比较，新旧方案工程量计算均以 8400mm×8400mm（一个柱距范

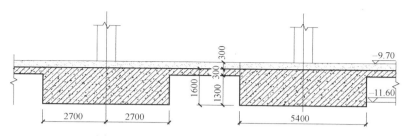

图 2-1-4　优化后的独立柱基加防水板剖面图

围）的正方形区域为一个计算单元。图 2-1-5 为原方案基础梁配筋图，图中阴影区域即为前述的工程量计算单元。

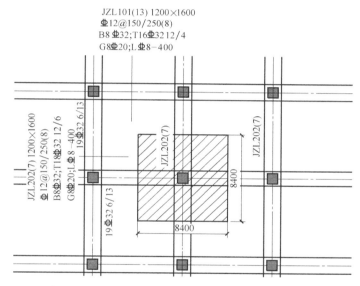

JZL101(13) 1200×1600
Φ12@150/250(8)
B8Φ32;T16Φ32 12/4
G8Φ20;LΦ8−400

图 2-1-5　原弹性地基梁配筋图及工程量计算单元示意

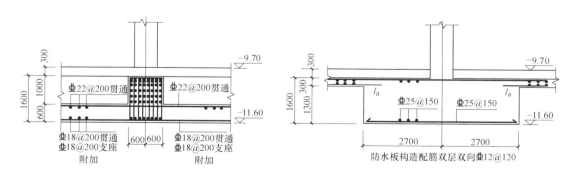

图 2-1-6　原方案与新方案配筋示意

　　图 2-1-6 为原方案与新方案的配筋示意。图中新方案防水板按构造配筋，下铁深入基础一个锚固长度后可断开，但计算钢筋量时并没有扣除断开部分。防水板厚度取 250mm 即可，但为了让设计人员能够安心和乐于接受，故加厚至 300mm。新方案中也考虑了

500mm×1400mm 的基础拉梁（此基础拉梁为纯拉梁，可按构造配筋，与原方案的弹性地基梁完全不同），上下铁各配置了 6Φ20，配筋率达 0.27%，大于构造配筋率，拉梁混凝土用量与钢筋用量已计入新方案工程量。

表 2-1-1 为新旧方案工程量对比，因二者混凝土用量非常接近，故不再列入表中。表中数值均为理论用量，未考虑弯钩、搭接、损耗等因素。

原方案与新方案工程量对比表 表 2-1-1

	钢筋用量			一10m 以下土方挖运		梁区格内土方回填	
	计算单元量 （kg）	单位面积量 （kg/m²）	总量 （t）	计算单元量 （m³）	总量 （m³）	计算单元量 （m³）	总量 （m³）
原方案	8749	124	4034	113	52048	51.84	23900
新方案	4396	62.3	2027	68	31335	0	0
节省	4353	61.7	2007	45	20713	51.84	23900

以 2012 年 2 月 22 日唐钢三级螺纹钢出厂价 4420 元/t 及工程量清单计价方式中钢筋工程的综合单价 6630 元/t 计算，则钢筋材料费用可节省 887 万元，钢筋工程综合造价可节省 1331 万元；土方挖运与回填亦可节省 100 多万元；总计可节省 1431 万元。

从施工方面考虑，原方案上反梁模板需在筏板混凝土浇筑完毕达到上人条件后再支梁模，故整个梁板式筏基无法一次浇筑完毕。但新方案可在砌完基础砖胎模后一起打垫层、一起绑钢筋、一次性连续浇筑混凝土，施工过程更加流畅。

此外，上反梁区格内的回填物会增加建筑物荷重，在无需结构抗浮的情况下，也使设计偏于不经济。梁格内回填也使回填难度增加、工期加长，回填质量不好还容易导致建筑地面的质量问题。而新方案因板顶已无覆土，故 300mm 原建筑面层可减薄甚至完全取消。

从本案例可以看出，设计是存在优劣之分的，因此也就存在优化的必要。设计单位也应该能够超越自身的思维局限，不能只顾自己的时间成本而置建设单位的利益于不顾，应该从社会责任出发，从建设单位的切身利益出发，既要坚持自身的优化，也要接受别人的优化，将设计做精、做细，以其达到既满足规范要求，又节约成本，既保证结构安全，又能方便施工的目的，这才是匠人的水平与风格。

3. 以框架结构为主（含少量剪力墙）的地下停车库地基基础选型

地下停车库大多为框架结构，同大型购物广场、商业中心的情况类似。当建筑场地的地质情况较好，能满足持力层与下卧层承载力要求，且地下水浮力对基础底板结构设计不起控制作用时，应优先考虑天然地基上独立基础加防水板的地基与基础方案。当柱下独立基础的天然地基承载力不足时，优先考虑在柱下独立基础范围进行局部处理的地基基础方案。除非水浮力工况对底板结构设计起控制作用，否则不建议采用整体式筏基方案。当确因水浮力工况起控制作用而需采用整体式筏形基础方案时，也应优先考虑平板式筏基带下柱墩的方案，不建议采用梁板式筏基方案或平板式筏基带上柱墩的方案。

当基础底板下的持力层土质情况较差，即便经过地基处理也不能作为地基持力层时（比如淤泥及淤泥质土），则要考虑承台式桩基。此时可优先考虑高强预应力管桩，但必须满足当地对于预应力管桩适用范围的规定。当采用承台式桩基时，不论地下水浮力对基础底板结构设计是否起控制作用，均应优先考虑桩基承台加防水板的地基与基础方案，并根据水浮力大小动态调整防水板厚度与承台平面尺寸。

对于地下车库来说，比较重大而且非常有可能出现的影响因素是整体抗漂浮问题。如果整体抗浮稳定不满足要求，则需要设置抗浮构件，就存在抗浮构件与各类地基基础形式互相组合的问题。这种情况可能更复杂一些。但一般来说，如果竖向承载没有采用桩基，则优先考虑抗拔锚杆，但如果已经采用了桩基，则抗拔构件也应选择抗拔桩，而且尽量使抗压桩兼做部分抗拔桩。但也不能过于绝对化。

【案例】 成都某项目

本项目两层地下车库，层高分别为3.9m与3.7m，采用8.1m×8.1m标准柱网，覆土厚度1.2～1.5m。车库基础底面绝大部分落在可塑状含卵石粉质黏土层上，该层天然地基承载力特征值为160kPa，压缩模量为4MPa，局部可落在含粉质黏土卵石层上，该卵石层根据密实情况天然地基承载力特征值从180kPa到550kPa不等。典型地质剖面见图2-1-7，地质分层及各层土特性参数见表2-1-2。

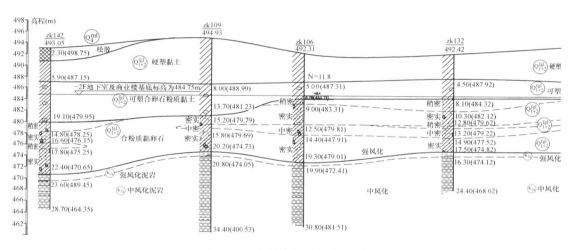

图 2-1-7　成都某项目地质剖面图

各层土物理力学参数统计表　　　　　　　　　　　　　　表 2-1-2

指标 土名	重度	黏聚力 标准值	内摩擦角 标准值	压缩模量	变形模量	承载力 特征值	天然单轴 抗压强度
	γ	C_k	φ_k	E_s	E_o	f_{ak}	f_{rk}
	kN/m³	kPa	°	MPa	MPa	kPa	MPa
素填土	18.5						
黏土（硬）	20.0	35	11	9		220	
含卵石粉质黏土（可）	19.0	20	13	4		160	
松散含粉质黏土卵石	19.5	10	20	12	12	180	
稍密含粉质黏土卵石	20.0	10	25	22	18	280	
中密含粉质黏土卵石	21.0	10	30	35	25	450	
密实含粉质黏土卵石	21.5	10	35	50	40	550	
强风化泥岩	22.0	80	25	15		300	
中风化泥岩	23.0	300	40			700	5.0

原设计采用旋挖成孔嵌岩灌注桩，并按一柱一桩布置，桩径为 1.0m，扩大头直径 1.4m，桩长按嵌入中风化岩层不小于扩大头直径进行控制，按此要求核对各勘探孔的中风化岩顶面标高，算得桩长从 11m 到 17m 不等。

经优化后采用独立基础加防水板体系，标准柱网处的独立基础平面尺寸为 5.4m× 5.4m，防水板厚度 250mm。

与一柱一桩的嵌岩桩方案相比，独立基础加防水板方案在成本与工期方面的优越性是不言自明的，但设计院坚称优化方案不省，后来在各方对比结论均一致表明独立基础加防水板方案具有明显优势时，设计院才终于接受了独立基础加防水板方案。但设计院坚持将与主楼相连的车库边跨柱下的嵌岩桩保留，主要理由是当后浇带在车库第二跨时，后浇带主楼一侧的基础形式均为桩基础，而后浇带车库一侧的基础形式为天然地基上的独立基础，于是便有了图 2-1-8 那样的基础形式。

但客观而言，设计院的这种做法可能过多关注于表面形式，感性的成分居多，或者说只是感觉这样比较好，而没有向深层次挖掘本质的东西，也即变刚度调平设计中的差异沉降控制问题。

根据变刚度调平理论，主楼的荷载大、基底压力高，故可采用对沉降控制更有效的桩基础来减小基础的沉降，车库荷载小，基底压力低，基底附加压力甚至为负值，故应该采用天然地基、独立基础等能增大车库基础沉降的措施，这样才能使主楼与车库的绝对沉降量尽可能接近，从而减小主楼与车库交界处的沉降差。但如果如图 2-1-8 那样的设计，则介于主楼桩基础与车库独立基础之间的车库桩基础的沉降量比主楼桩基础与车库独立基础的沉降量都小（绝对沉降接近零），不但不能减小主楼与车库之间的沉降差，反倒增加了主楼与车库之间的沉降差，对控制主楼与车库间的沉降差显然是不利的，客观上产生了事

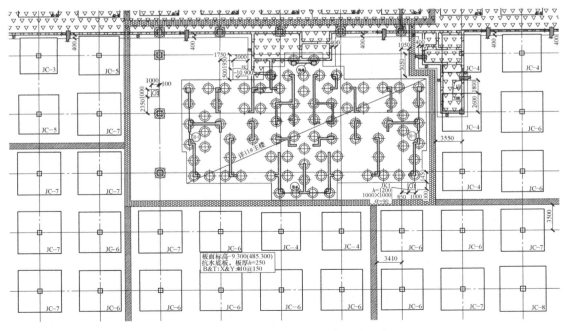

图 2-1-8　成都某项目地下车库基础形式

与愿违的反作用。

四、滨海（河、湖）软土地基上建筑物的地基基础选型

以上是针对北京地区比较有代表性的岩土地质情况所做的概括分析。对于岩土地质情况较差的地区，思考方法又有所不同。

天津属于比较典型的沿海地区软弱地基，地下水位相对较高。因此，天津地区的地基基础形式以天然地基、减沉复合疏桩基础及桩基为主。由于土质较差，尤其是浅层土的地基承载力不高，持力层土层桩间土的承载力对复合地基的总承载力贡献有限，故在北京广泛应用的 CFG 桩复合地基在天津地区则较为少见（但也并不绝对，位于天津空港物流加工区的某门窗公司的厂房地基即采用 CFG 桩复合地基，虽然复合地基检测时承载力与变形都满足要求，但其长期沉降是否满足要求则有待于观察）。

一般单层、低层、多层建筑，当建筑结构对整体沉降要求不严、对差异沉降不敏感时，且基础埋置深度附近有较理想的持力土层且无软弱下卧层时，可考虑采用天然地基。

当承载力基本能满足要求、或虽不满足要求但相差不多，而地基变形不满足要求时，可采用减沉复合疏桩基础。此时疏桩的作用以控制建筑变形为主，以提高承载力为辅。天津某工业园有一车间即采用减沉复合疏桩基础，试桩检测及建筑沉降观测结果都满足要求。

当天然地基及减沉复合疏桩基础都无法满足地基承载力或变形要求时基本是采用桩基，这也是天津地区应用最广的基础形式。包括天津在内的很多滨海（河、湖）软土地区，预应力管桩都是或者曾经是最常用的桩型，但由于种种原因，很多地区出台了一些限制预应力管桩应用范围的地方规定。比如天津地标《预应力混凝土管桩技术规程》DB29—110—2010 第 3.1.4 条第 3）款规定："厚层软土地区抗震设防烈度为 8 度时，不宜采用预应力管桩"。本条规定在 2016 年《建筑抗震设计规范》局部修编前影响还不大，因为那时整个天津辖区只有汉沽为 8 度地震区，但 2016 年局部修编以后，天津 16 个区县中仅西青、静海、蓟县仍然为 7 度（0.15g），其他 13 个区县均提高到 8 度（0.2g），因此预应力管桩在天津的应用前景还有待于观察。

除了预应力管桩之外，长螺旋钻孔灌注桩也比较适用，但由于软土地基的桩基施工多在基坑开挖之前进行，故成孔深度有相当一部分是无效部分，而且软土地区的桩长一般均较长，长螺旋钻孔灌注桩受制于其机架高度及成孔深度，一般难以满足设计桩长的要求。因此一般只能满足单层、少层或多层建筑的桩长要求，而这类建筑恰恰也是预应力管桩的适用范围，长螺旋钻孔灌注桩的竞争力不足，因此长螺旋钻孔灌注桩在软土地基区域应用不多。

在软土地基区域，当预应力管桩的应用受到限制，或者对承载力要求较高而预应力管桩难以达到时，应用最多的就是潜水钻机或回转钻机成孔的泥浆护壁钻孔灌注桩工艺，且均可完成大直径、大桩长的钻孔灌注桩，尤其是反循环钻成孔工艺，最大桩径可达 4m，最大桩长可达 120m。而且这两种成桩工艺均可采用后注浆辅助工艺，对提高承载力与控制变形非常有效，具有质量与经济的双重效益。具体内容在《建筑结构优化设计方法及案例分析》一书中有比较详细的论述，在此不再赘述。

同样道理，采用桩基的基础底板方案也同样有承台桩与非承台桩两种形式。对于承台

桩应优先考虑桩基承台加防水板的基础底板形式，并根据水浮力对底板结构计算的控制情况而动态调整防水板厚度及桩承台的平面尺寸；而对于非承台桩，则基本是桩筏基础底板，桩筏基础底板同样存在梁板式与平板式的区别，笔者建议优先采用平板式桩筏基础。

第二节　地基处理方案的选择与设计优化

一、地基处理方案选择的基本原则与方法

当天然地基难以满足承载力或变形控制要求时，则需要考虑地基处理甚至桩基方案。一般来说，地基处理较桩基要经济，但也不能绝对化，在某些情况下，当预应力管桩采用墙下单排布桩或柱下承台桩加构造防水板时，能收到比地基处理加筏板基础更好的经济效果。

地基处理方法的正确选择至关重要，必须做到安全适用、技术先进、经济合理、确保质量，且须做到因地制宜、就地取材、保护环境和节约资源。从设计优化的角度，就是在保证安全适用的前提下最大限度地降低工程造价。

选择地基处理方案，必须进行多方案的技术经济比较，并结合质量控制及工期要求优选最佳方案。需结合上部结构与基础形式、基底压力与分布情况、地基主要受力层的土质及其承载力与变形参数情况、地下水位的高低及其埋藏情况、场地的地形、地貌及其地上附着物的情况、场地周边建筑与市政管线的情况、项目工期的要求等进行综合的技术经济比较与分析，且必须坚持因时因地制宜的原则。

地基处理的方法很多，《建筑地基处理技术规范》JGJ 79—2012 给出了换填垫层、预压地基、压实地基和夯实地基、复合地基、注浆加固及微型桩加固共六大类地基处理方法，而《地基处理技术发展与展望》则列出了 8 大类共 45 种地基处理方法，往往令岩土/结构工程师眼花缭乱、无所适从。但如果从各种地基处理方法的适宜性（最适宜与最不适宜）及经济性出发，可以迅速地进行排除和优选。比如预压法耗时长且处理后的承载力有限，故工期紧不能用，对承载力要求高时不能用，如房地产开发类项目由于工期紧且一般对地基承载力要求较高，很少采用预压法。预压法其最适合大范围地面荷载下的地基处理，如堆场、仓库地面、机场、码头、路基、储油罐等。又比如强夯法最适合处理地下水位以上的深厚杂填土地基，对于较为松散的碎石土、砂土、低饱和度的粉土与黏性土、湿陷性黄土及素填土也比较适合。但对于饱和度较高的粉土和黏性土因处理效果不佳而不适合，对于浅层土质较差的地基则因经济性不佳而不适合，当周围环境对振动或噪声比较敏感且距离场地较近时，强夯法也不适合。

因此地基处理的核心问题不是具体某种地基处理方法自身的问题，而是如何选择最佳地基处理方式的问题，重在过程而不是结果。处理方法一经确定，有关造价、工期等开发商、投资商最关心的指标及对质量、安全的控制程度也基本确定，不会有大的变化。在选择时，需要综合考虑如下各种影响因素：

1）建筑物的体型、结构受力体系、建筑材料的使用要求，负荷承载的大小、布局和深度，基底压力、天然地基承载力、稳定安全系数、变形容许值；

2）地基土的类别、加固深度、上部结构要求、周围环境条件、材料来源、施工工期、施工队伍技术素质与施工技术条件、设备状况和经济指标。

3）对地基条件复杂、需要应用多种处理方法的重大项目还要详细调查施工区内地形及地质成因、地基成层状况、软弱土层厚度、不均匀性和分布范围、持力层位置及状况、地下水情况及地基土的物理和力学性质。

4）施工中需考虑对场地及邻近建筑物可能产生的影响、占地大小、工期及用料等。

地基处理方法选择的基本步骤：

1）做好详细资料收集与分析整理工作

收集并了解地方标准、地方性法规、地方政府规章对某些地基处理方法、工艺或材料的否定性、限制性要求；搜集详细的岩土工程勘察资料、上部结构及基础设计资料等；根据工程的要求和采用天然地基存在的主要问题，确定地基处理的目的、处理范围和处理后要求达到的各项技术经济指标等；结合工程情况，了解当地地基处理经验和施工条件，对于有特殊要求的工程，尚应了解其他地区相似场地上同类工程的地基处理经验和使用情况；调查邻近建筑、地下工程和有关管线等情况；了解建筑场地的周边环境情况。

2）从适宜性出发初选几种可行方案

应根据建筑的结构类型、荷载大小及建筑的使用要求，结合地形地貌、地层结构、土质条件、地下水特征、环境情况和对邻近建筑物的影响等因素进行综合分析，初步选出几种可供考虑的地基处理方案，包括两种或多种地基处理措施组成的综合处理方案。尤其是当岩土工程条件较为复杂或建筑物对地基要求较高时，采用单一的地基处理方法往往满足不了设计要求，或造价较高时，两种或多种地基处理措施组成的综合处理方法有可能会是最佳选择。

3）对初选方案进行综合的技术经济比较以确定最终方案

对初步成型的各种地基处理方案，分别从加固原理、适用范围、预期处理效果、耗用材料、施工方式、工期要求和对环境的影响等方面进行技术经济分析和对比，选择最佳的地基处理方法。

4）测试方案

对已选定的地基处理方法，需按建筑物地基基础设计等级和场地复杂程度，在有代表性的场地上进行相应的现场试验或试验性施工，并进行必要的测试，以检验设计参数和处理效果。如达不到设计要求时，应查明原因，修改设计参数或调整地基处理方法。

二、几种常用地基处理方法的适宜性与经济性分析

1. 换填垫层法（独立柱基下局部换填）

换填垫层法适用于浅层软弱土层或不均匀土层的地基处理，换填厚度不宜超过 3.0m，否则就不经济。而且换填垫层的地基承载力有限，采用碎石、卵石及矿渣等优质换填材料时，其承载力特征值最大不超过 300kPa，而且如果没有现场载荷试验作为支撑，一般的勘察设计单位不敢采用 300kPa 的上限值，某些城市的质监部门有时也会进行干预。虽然规范对换填垫层法也允许进行深度修正，但规定宽度修正系数取 0，深度修正系数取 1.0，且一般的勘察设计单位都不敢或不愿进行深度修正。综上所述，当换填深度大于 3.0m 或基底压力大于 250kPa 时，就要慎用换填垫层法。

对于较深厚的软弱土层，当仅用垫层置换基底以下一定深度的软弱土层时，下卧软弱土层在附加压力作用下的长期变形可能依然很大。尤其是对于淤泥、淤泥质土、泥炭、泥炭质土等饱和软黏土，虽然采用垫层置换上层软土后可解决承载力的问题，但不能解决长期变形过大的问题。尤其当建筑物体型复杂、整体刚度差、荷载分布不均及对差异变形敏感的建筑，均不能采用浅层局部换填的处理方法。

一般而言，当浅层地基存在素填土、杂填土而需要处理，或局部土质情况有异存在薄弱层时，若建筑物对地基承载力要求不高、采用浅层换填可满足地基持力层与下卧层承载力要求时，可优先选用换填法；或者建筑物基底范围内存在松软填土、暗沟、暗塘、古井、古墓或其他坑穴时，可优先选用换填法。

换填材料可选用砂石、灰土、矿渣、粉煤灰甚至粉质黏土。当本场地存在适宜作为换填材料的岩土层时，应优先考虑就地取材，以节省换填材料外购及运输成本。

【案例】 河北邯郸某项目

本项目均为三层别墅带一层地下室，基底标高-4.44m，基底压力约为70kPa，设计拟定基础持力层为第②层粉土层，承载力特征值为100kPa。由于该项目存在较厚的杂填土层，多数别墅开挖至基底未到持力层，故原设计的换填措施是："将基底杂填土全部挖出，基础垫层下设600mm 3:7灰土，以下为1:9灰土，压实系数为0.97"。由于集中车库防水板埋深比主楼筏板底深1.50m、独立柱基处比主楼筏板深2.10m，故车库基槽开挖时挖出大量的第②层粉土。

因别墅对地基承载力的要求并不高，只要能将压实系数控制在0.97以上，粉质黏土换填垫层也可达到130~180kPa的承载力。故车库挖出的第②层粉土层（塑性指数I_p=9.7，接近粉质黏土，天然含水率为26.8%）很适合作为别墅主楼的换填材料，且可实现车库基坑弃土就地消纳。

故优化设计便将换填材料由3:7灰土（600mm以内）及1:9灰土（超出600mm深的部分）改为粉土或粉质黏土，仅此一项即节约造价数百万元。

换填垫层的地基承载力与回填材料及压实系数直接相关，各种换填材料的压实系数要求见表2-2-1，相应的承载力特征值与压缩模量分别见表2-2-2、表2-2-3。

各种垫层的压实标准（《建筑地基处理技术规范》表4.2.4）　　　表2-2-1

施工方法	换填材料名称	压实系数
碾压振密或夯实	碎石、卵石	0.94~0.97
	砂夹石（其中碎石、卵石占全重的30%~50%）	
	土夹石（其中碎石、卵石占全重的30%~50%）	
	中砂、粗砂、砾砂、角砾、圆砾、石屑	
	粉质黏土	
	灰土	0.95
	粉煤灰	0.90~0.95

注：1. 压实系数λ_c为土的控制干密度ρ_d与最大干密度ρ_{dmax}的比值；土的最大干密度宜采用击实试验确定；碎石或卵石的最大干密度可取2.1t/m³~2.2 t/m³；

2. 表中压实系数λ_c系使用轻型击实试验测定土的最大干密度ρ_{dmax}时给出的压实控制标准，采用重型击实试验时，对粉质黏土、灰土、粉煤灰及其他材料压实标准应为压实系数$\lambda_c \geqslant 0.94$。

垫层的承载力（《建筑地基处理技术规范》条文说明表6）　　表 2-2-2

换填材料	承载力特征值 f_{ak}(kPa)
碎石、卵石	200～300
砂夹石(其中碎石、卵石占全重的30%～50%)	200～250
土夹石(其中碎石、卵石占全重的30%～50%)	150～200
中砂、粗砂、砾砂、圆砾、角砾	150～200
粉质黏土	130～180
石屑	120～150
灰土	200～250
粉煤灰	120～150
矿渣	200～300

垫层模量（《建筑地基处理技术规范》条文说明表7）　　表 2-2-3

垫层材料 ＼ 模量	压缩模量	变形模量
粉煤灰	8～20	
砂	20～30	
碎石、卵石	30～50	
矿渣		35～70

注：压实矿渣的 E_0/E_s 比值可按 1.5～3.0 取用。

2. 强夯法

略，可参照《建筑结构优化设计方法及案例分析》。

3. 预压地基

略，可参照《建筑结构优化设计方法及案例分析》。

4. 复合地基

复合地基、浅基础和桩基础是土木工程中常用的三种地基基础形式。复合地基是介于浅基础和桩基础之间的一种基础型式，它既有别于浅基础和桩基础，又与它们有着联系。从受力性能上看，复合地基与天然地基相比，具有承载力高、沉降和差异沉降小等优点，与桩基等深基础相比，可节省费用。从适用范围上看，复合地基适用范围大，可根据土性、地下水位、承载力要求、地方材料和工业废料供应条件、施工环境等，选择不同类型、不同桩体强度的复合地基处理方法。由于复合地基的上述特点，因此受到学术界和工程界的广泛关注。

复合地基是通过对部分土体的增强与置换作用，形成由地基的土和竖向增强体共同承担荷载的人工地基。根据竖向增强体组成材料的不同，又可进一步分为散体材料桩复合地基及有粘结材料桩复合地基。

散体材料桩复合地基的桩体是由散体材料组成的，桩身材料没有粘结强度，单独不能形成桩体，只有依靠周围土体的围箍作用才能形成桩体，如碎石桩复合地基、砂桩复合地基等。散体材料桩在荷载作用下，桩体较易发生鼓胀变形，靠桩周土提供的被动土压力维持桩体平衡，承受上部荷载的作用。

有粘结材料桩在荷载作用下靠桩周摩擦力和桩端端阻力把作用在桩体上的荷载传递给

地基土体。有粘结材料桩又可进一步分为柔性桩和刚性桩。柔性桩的桩体刚度较小，在外荷载作用下桩体会产生一定的变形，如水泥土搅拌桩；刚性桩的桩体刚度较大，在荷载作用下桩体变形很小，通常是通过桩体向上刺入垫层或向下刺入下卧层达到桩土共同承担外部荷载作用，如 CFG 桩、素混凝土桩等。

1）振冲碎石桩法

振冲碎石桩法是旧版《建筑地基处理技术规范》JGJ 79—2002 中振冲法与砂石桩法（旧版规范分列为两种不同工法）的合一，在新版《建筑地基处理技术规范》JGJ 79—2012 中则将振冲法与砂石桩法两种工法合并为振冲碎石桩法，并与沉管砂石桩并列一节。

振冲碎石桩法适用于处理松散砂土、粉土、粉质黏土、素填土、杂填土等地基，以及用于处理可液化地基。对不同性质的土层分别具有置换、挤密和振密等作用。对黏性土主要起到置换作用，对砂土和粉土除置换作用外还有振实及挤密作用。通过在振冲孔内加填碎石回填料，制成密实的振冲桩，而桩间土则受到不同程度的挤密和振密。桩和桩间土构成复合地基，使地基承载力提高，变形减少，并可消除土层的液化。

振冲碎石桩最适宜处理松散砂土、粉土地基，具有置换、振动加密及振动挤密等多重作用，且广泛用于处理可液化地基。因此当场地存在较为深厚的松散的液化砂土层或粉土层时，应首选振冲碎石桩。

振冲碎石桩加固砂土地基的效果非常显著。一般情况下复合地基承载力可比天然状态提高 1.5～3.5 倍，沉降减少 30%～70%。一般来说，土的黏粒（粒径小于 0.005mm）含量越高，振动加密的效果越低，当黏粒含量超过 30% 时，振动加密效果显著降低，主要靠置换及振动挤密作用；当粒径大于 0.075mm 的颗粒质量不超过总质量的 50% 且塑性指数 I_p 等于或小于 10 时（粉土），振动挤密效果也显著降低；当为黏性土时，则主要靠置换作用；当为软黏土时，由于含水量高、透水率差，很难发挥挤密作用，其主要作用是通过置换与软黏土形成复合地基，同时形成排水通道减速软土的排水固结。但由于软黏土的抗剪强度低，且在成桩过程中桩周土体产生的超孔隙水压力不能迅速消散，天然结构受到扰动将导致其抗剪强度进一步降低，故碎石桩的单桩承载力较低，如果置换率不高，其提高的承载力幅度较小，很难获得可靠的处理效果。如不经过预压，处理后的地基仍将发生较大的沉降，难以满足建（构）筑物的沉降控制要求。故对饱和黏性土和饱和黄土地基要慎用，仅当变形控制不严格时才可应用。

大量工程实践表明，在塑性指数较大、挤密效果不明显的黏性土中，采用碎石桩加固，承载力提高幅度不大。可通过式（2-2-1）及各参数的经验值范围得出砂石桩复合地基在黏性土中的承载力提高幅度：

$$f_{spk} = [1 + m(n-1)]\alpha f_{ak} = \xi f_{ak} \qquad (式\ 2\text{-}2\text{-}1)$$

式中 m 为面积置换率，黏性土一般取 $m = 0.07～0.25$；n 为桩土应力比，黏性土一般取 $n = 1.4～3.8$；α 为桩间土强度提高系数，黏性土一般取 $\alpha = 0.6～1.2$；f_{ak} 为天然地基承载力特征值。代入上式得 $\xi = 1.2～1.6$，也就是说，对黏性土承载力提高一般为 20%～60%。

砂石桩系散体材料，本身没有粘结强度，主要靠周围土的约束传递基础传来的竖向荷载。土越软，对桩的约束作用越差，传递竖向荷载的能力越弱。

通常距桩顶 2～3 倍桩径范围为高应力区，当深度大于 6～10 倍桩径后轴向力的传递收敛很快，当桩长大于 2.5 倍基础宽度后，即使桩端落在好的土层上，桩的端阻作用也很小。碎石桩作为散体材料，置换作用很弱。

振冲碎石桩桩径一般取 800～1200mm，振密深度及桩间距根据振冲器功率而定，对于 75kW 振冲器振密深度一般可达 15～20m、桩间距可采用 1.5～3.0m。加固砂土地基时振冲器激振频率以 1500 次/min 效果最佳，最佳留振时间 60～120s。

振冲碎石桩复合地基承载力特征值在初步设计时可按式（2-2-2）计算

$$f_{apk} = [1 + m(n-1)]f_{ak} \qquad （式 2-2-2）$$

从式（2-2-2）可看出，有三个参数影响复合地基承载力，其中 $m = A_p/A_e$ 为面积置换率，与桩径及桩间距有关，是振冲碎石桩复合地基设计的重要变量；处理后桩间土承载力特征值 f_{sk} 对于特定工程的特定土层是个常量，但其取值对计算结果影响巨大，尤其对于砂类土地基，由于振冲工艺对桩间土有振密及挤密作用，处理后的桩间土承载力较天然状态的承载力特征值 f_{ak} 有较大提高，若仍然像 CFG 桩复合地基那样取 $f_{sk} = f_{ak}$，会使计算结果严重偏低；桩土应力比 n 是一个依据若干项目实测桩土应力比统计出来的经验参数，多数为 2～5，2002 版地基处理技术规范的建议值为 2～4，2012 版新规范未给建议值，可按地区经验确定。

从式（2-2-2）还可看出，振冲碎石桩复合地基承载力与振冲碎石桩的桩长没有直接关系，故无法像 CFG 桩或素混凝土桩那样通过加大桩长来提高单桩承载力及复合地基承载力。因此桩长主要依据地基处理深度来定，当相对硬土层埋深较浅时，桩长可取硬土层埋深；当相对硬土层埋深较深时，桩长应以建筑物的地基变形不超允许值为原则；对于消除液化的地基处理，桩长应按要求处理液化的深度确定。

此外需注意的是，虽然在承载力要求不高时，振冲碎石桩复合地基较刚性桩复合地基有较大的成本优势，且具有消除液化的特殊优势，但即便在砂土地基中，碎石桩的单桩承载力较 CFG 桩或素混凝土桩仍然低得多，如果置换率不高，其处理后的复合地基承载力仍然有限，难以满足高层建筑对高承载力的要求。

【案例】 北京通州区某项目

本项目总共有 10 栋 6～11 层的多高层居住类建筑，设计要求的承载力对应不同层数区间分别为 180kPa、200kPa 和 220kPa。

持力层为第②层砂质粉土，天然地基承载力特征值为 80kPa，不满足设计要求。拟建场区的地震基本烈度为 8 度，场区 15m 深度范围内存在液化土，液化指数为 11.43～44.52，液化等级属中等～严重。稳定地下水位埋深为 4.60～6.10m，埋藏较浅，年变化幅度一般为 1～2m，近 3～5 年最高水位接近自然地面。

从地质勘察报告可知，该场地以新近沉积（①～⑤层）和一般第四纪沉积（⑥～⑬）的砂类土为主，尤其是新近沉积的砂类土，其物理力学性质相对较差，且为严重液化土层，对于多层和高层建筑，不宜直接作为持力层。一般第四纪沉积的⑥层砂层，密实度大，标贯锤击数较高，可以作为地基持力层，但埋深较大，至少需要做三层地下室，也不现实。

概括起来，该工程地基处理有如下特点：

（1）第①～⑤层为新近沉积层，不仅其物理力学性质及强度相对较差，且为严重液化土层；

（2）需要处理液化土层深度较深，最深处达地面下 15m；

（3）需要处理的面积大，2 万余平方米；

（4）需要处理液化土层主要为十几米厚的粉细砂，地基处理的方法和使用的设备受到限制；

（5）地下水埋藏较浅。

因此，地基处理既要满足消除砂土液化，又要满足地基承载力的要求。地基处理工艺则需考虑松散的新近沉积砂层及高地下水位的不利影响。振冲碎石桩方案就成为最理想的选择。

振冲桩桩径为 1.0m，桩间距取 3.0m，等边三角形布置。桩间土（粉细砂）挤密后的地基承载力按 165kPa 考虑；初步估算的处理后复合地基承载力特征值为 193.7kPa，仍然无法满足 8 层以上建筑物的承载力要求。

确定地基处理方案的核心原则是在保证结构安全情况下，尽可能地节省地基处理的造价。没有必要为了提高地基承载力，通过缩小碎石桩的桩间距，增加桩的数量来达到设计要求。故优化设计单位没有按惯常的设计思路采取加密桩距、增加桩数的做法，而是另辟蹊径，采取用重锤夯实的方法进行二次处理（比碾压造价低，对环境影响较小），使基底下 3~5m 范围内经振冲碎石桩处理后地基土承载力提高到 200kPa~220kPa。而且一般碎石桩顶部 1~2m 范围内，由于该处地基土的上覆压力小，施工时桩体的密实程度很难达到设计要求，也须另行处理。因此该工程地基处理采用了振冲碎石桩加重锤夯实的复合处理方案。即采用间隔法施工，按碎石桩布桩形式，采用夯级能≤1000kN·m 的低能量强夯工艺夯击碎石桩桩顶，每桩夯级 3~4 击。经复合地基静载试验，复合处理方案的复合地基承载力全部满足设计要求。

2）水泥土搅拌桩法

水泥土搅拌法是适用于加固饱和黏性土和粉土等地基土的一种方法。它是利用水泥（或石灰）等材料作为固化剂通过特制的搅拌机械，就地将软土和固化剂（浆液或粉体）强制搅拌，使软土硬结成具有整体性、水稳性和一定强度的水泥加固土，从而提高地基土强度和增大变形模量。根据固化剂掺入状态的不同，它可分为浆液搅拌和粉体喷射搅拌两种。前者是用浆液和地基土搅拌，后者是用粉体和地基土搅拌。

水泥土搅拌法加固软土技术具有其独特优点：（1）最大限度地利用了原土；（2）搅拌时无振动、无噪声、无污染，可在密集建筑群中进行施工，对周围原有建筑物及地下沟管影响很小；（3）根据上部结构的需要，可灵活地采用柱状、壁状、格栅状和块状等加固形式；（4）与钢筋混凝土桩基相比，可节约钢材并降低造价。

水泥固化剂一般适用于正常固结的淤泥与淤泥质土（避免产生负摩擦力）、黏性土、粉土、素填土（包括冲填土）、饱和黄土、粉砂以及中粗砂、砂砾（当加固粗粒土时，应注意有无明显的流动地下水，以防固化剂尚未硬结而遭地下水冲洗掉）等地基加固。

根据室内试验，一般认为用水泥作加固料，对含有高岭石、多水高岭石、蒙脱石等黏土矿物的软土加固效果较好；而对含有伊利石、氯化物和水铝石英等矿物的黏性土以及有机质含量高，pH 值较低的黏性土加固效果较差。

在黏粒含量不足的情况下，可以添加粉煤灰。而当黏土的塑性指数 I_p 大于 25 时，容易在搅拌头叶片上形成泥团，无法完成水泥土的拌合。当 pH 值小于 4 时，掺入百分之几的石灰，通常 pH 值就会大于 12。当地基土的天然含水量小于 30％时，由于不能保证水泥充分水化，故不宜采用干法。

在某些地区的地下水中含有大量硫酸盐（海水渗入地区），因硫酸盐与水泥发生反应时，对水泥土具有结晶性侵蚀，会出现开裂、崩解而丧失强度。为此应选用抗硫酸盐水泥，使水泥土中产生的结晶膨胀物质控制在一定的数量范围内，借以提高水泥土的抗侵蚀性能。

在我国北纬 40°以南的冬季负温条件下，冰冻对水泥土的结构损害甚微。在负温时，由于水泥与黏土矿物的各种反应减弱，水泥土的强度增长缓慢（甚至停止）；但正温后，随着水泥水化等反应的继续深入，水泥土的强度可接近标准强度。

水泥土搅拌法的设计，主要是确定搅拌桩的置换率和长度。竖向承载搅拌桩的长度应根据上部结构对承载力和变形的要求确定，并宜穿透软弱土层到达承载力相对较高的土层；为提高抗滑稳定性而设置的搅拌桩，其桩长应超过危险滑弧以下 2m。湿法的加固深度不宜大于 20m；干法不宜大于 15m。水泥土搅拌桩的桩径不应小于 500mm。

水泥土桩是介于刚性桩与柔性桩间具有一定压缩性的半刚性桩，桩身强度越高，其特性越接近刚性桩；反之则接近柔性桩。桩越长，则对桩身强度要求越高。但过高的桩身强度对复合地基承载力的提高及桩间土承载力的发挥是不利的。为了充分发挥桩间土的承载力和复合地基的潜力，应使土对桩的支承力与桩身强度所确定的单桩承载力接近。通常使后者略大于前者较为安全和经济。

对软土地区，地基处理的任务主要是解决地基的变形问题，即地基是在满足强度的基础上以变形进行控制的，因此水泥土搅拌桩的桩长应通过变形计算来确定。对于变形来说，增加桩长，对减小沉降是有利的。实践证明，若水泥土搅拌桩能穿透软弱土层到达强度相对较高的持力层，则沉降量是很小的。

对某一地区的水泥土桩，其桩身强度是有一定限制的，也就是说，水泥土桩从承载力角度，存在一"有效桩长"或曰"临界桩长"，超过"临界桩长"，单桩承载力在一定程度上并不随桩长的增加而增大。但当软弱土层较厚，从减小地基的变形量方面考虑，桩应设计较长，原则上，桩长应穿透软弱土层到达下卧强度较高之土层，尽量在深厚软土层中避免采用"悬浮"桩型。从承载力角度，当桩长接近或超过临界桩长时，提高置换率比增加桩长的效果更好。

为了探讨置换率及桩长（搅拌桩截面面积的总和与承台面积之比）对复合地基承载力的影响，做了 240mm×240mm 方形承台下 4 桩与 6 桩不同桩长及置换率下的对比试验，桩径均为 40mm，桩长分别为 240mm 与 400mm，置换率分别为 8.7％及 13.1％。

由表 2-2-4 可见，在桩长不变的情况下，置换率从 8.7％提高到 13.1％，置换率增加了 50.6％，复合地基承载力则增加了 15.4％（240mm 桩长）及 10.8％（400mm 桩长），同时单位桩长所提供的承载力略有下降；当置换率不变而将桩长从 240mm 增加到 400mm（增加了 66.7％）时，复合地基承载力分别增加了 25％（4 桩承台，对应 8.7％置换率）及 20％（6 桩承台，对应 13.1％置换率），同时单位桩长所提供的承载力有较大幅度的提高（分别提高了 55.2％及 51.4％）。

承台面积（cm²）	24×24	24×24	24×24	24×24
桩数（根）	4	6	4	6
桩长（cm）	24	24	40	40
复合地基极限承载力（kN）	13.00	15.00	16.25	18.00
复合地基平均压力（kPa）	225.7	260.4	282.1	312.5
单桩承载力（kN）	0.512	0.500	1.324	1.262
单位桩长的承载力（kN/cm）	0.02133	0.02084	0.03311	0.03155
置换率	8.7%	13.1%	8.7%	13.1%

由此可以得出结论：对于水泥土搅拌桩复合地基，当桩长小于临界桩长时，增加置换率可以有效提高复合地基的承载力，但效果不如增加桩长明显，且会导致单位桩长所能提供的承载力降低；而随着桩长的增加，复合地基的承载力有较为明显的增加，尤其是单位桩长所能提供的承载力明显增加。所以就提高复合地基承载力而言，增加桩长要比提高置换率的经济效果好。

但正如前文所提及的，水泥土搅拌桩从应力传递的角度存在"临界桩长"，也就是在桩顶荷载作用下，桩身应力向下传递，由于桩侧摩阻力的作用，桩身应力逐渐降低，在桩身一定深度处，桩身应力为零。桩顶到该深度处的桩长称为临界桩长。超过该长度的桩对承载力的增加没有贡献。对于直径 0.5～0.7m 的搅拌桩，临界桩长约 8～10m。当软土层的厚度超过临界桩长时，以往有些工程设计从承载力及经济性角度出发，而忽略了变形控制要求，未能将搅拌桩穿透软土层，形成"悬浮桩"，导致一些工程因沉降或差异沉降过大而失败。

对于此类穿透软土层而超越临界桩长的工程，因超出临界桩长部分仅仅是变形控制要求而对承载力没有贡献，自然会导致水泥土搅拌桩复合地基经济性的降低。尤其当桩长增加较多时，水泥土搅拌桩复合地基可能就不再是最优方案。此时采用直径更细、桩长更长、桩身强度更高的 CFG 桩（或素混凝土桩）复合地基可能会收到更经济的效果。

竖向承载搅拌桩复合地基应在基础和桩之间设置褥垫层。褥垫层厚度可取 200～300mm。其材料可选用中砂、粗砂、级配砂石等，最大粒径不宜大于 20mm。在刚性基础和桩之间设置一定厚度的褥垫层后，可以保证基础始终通过褥垫层把一部分荷载传到桩间土上，调整桩和土荷载的分担作用。特别是当桩身强度较大时，在基础下设置褥垫层可以减小桩土应力比，充分发挥桩间土的作用，即可增大 β 值，减小基础底面的应力集中。

竖向承载搅拌桩复合地基中的桩长超过 10m 时，可采用变掺量设计。在全桩水泥总掺量不变的前提下，桩身上部三分之一桩长范围内可适当增加水泥掺量及搅拌次数；桩身下部三分之一桩长范围内可适当减少水泥掺量。设计者往往将水泥土桩理解为桩基，因此要求其像刚性桩那样，在桩长范围内强度一致，而且桩强度越高越好。这是违反复合地基基本假定的。根据室内模型试验和水泥土桩的加固机理分析，其桩身轴向应力自上而下逐渐减小，其最大轴力位于桩顶 3 倍桩径范围内。因此，在水泥土单桩设计中，为节省固化剂材料和提高施工效率，设计时可采用变掺量的施工工艺。现有工程实践证明，这种变强度的设计方法能获得良好的技术经济效果。

桩身强度亦不宜太高。应使桩身有一定的变形量，这样才能促使桩间土强度的发挥。否则就不存在复合地基，而成为桩基了。

固化剂与土的搅拌均匀程度对加固体的强度有较大的影响。实践证明采取复搅工艺对提高桩体强度有较好效果。

目前搅拌桩常用于下列深层软土的加固工程中：

（1）组成水泥土桩复合地基，提高地基承载力、增大变形模量、减小沉降量。水泥与软土经充分搅拌后形成水泥土，其抗压强度、变形模量比天然软土提高几十倍至数百倍。因此由水泥土桩和周围天然土层组成的复合地基能较大程度地提高承载力、减小沉降量，所以可应用于：1）建（构）筑物的地基加固：如 6～12 层的多高层住宅，办公楼、单层或多层工业厂房，水池储罐基础等；2）高速公路、铁道、机场道以及高填方堤基等；3）大面积堆场地基，包括室内和露天。

（2）形成水泥土支挡结构物：软土层中的基坑开挖、管沟开挖或河道开挖的边坡支护和防止底部管涌、隆起。当采用多排水泥土桩形成挡墙时，常采用格栅状的布桩形式。

（3）形成防渗止水帷幕：由于水泥土结构致密，其渗透系数可小于 $1 \times 10^{-9} \sim 1 \times 10^{-11} \mathrm{cm/s}$，因此可用于软土地区基坑开挖和其他工程的防渗止水帷幕。当基坑为封闭状且地下水位较高需要采取止水防渗措施时，常将支挡与止水功能合一做成连续的壁状重力式挡墙兼止水帷幕。

（4）其他应用：对桩侧或板桩背后软土的加固以增加侧向承载能力；对于较深的基坑开挖还可将钢筋混凝土桩与水泥土桩构成复合壁体共同承受水土压力并发挥止水帷幕作用。见图 2-2-1。

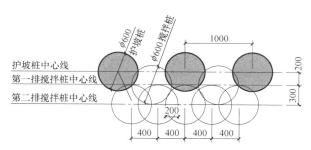

图 2-2-1　护坡桩与搅拌桩止水帷幕

由于水泥土搅拌桩复合地基的承载力水平仍然有限，一般处理后的地基特征值难以达到 250kPa（《建筑地基处理技术规范》JGJ 79—2012 条文说明 7.3.3-3 要求"当桩中心距为 1m 时，其特征值不宜超过 200kPa，否则需要加大置换率，不一定经济合理"），无法适用于有更高承载力要求项目的地基处理，且其造价水平一般与振冲碎石桩相当，略高于砂石垫层换填（取决于换填厚度），故水泥土搅拌桩用于复合地基的项目数量虽然不少，但占比不多。其应用最广之处是基坑工程，广泛应用于重力式挡墙、止水帷幕或二者兼而有之，以及支护结构被动土压力区加固及基底防突涌加固等。

3）夯实水泥土桩

夯实水泥土桩复合地基工法伴随旧城区危房改造而产生，是顺应特殊场地条件下地基处理的需要而开发出来的。旧城区危房改造工程往往涉及地基处理，但由于场地条件中有时不具备动力电源和充足的水源供应；场地施工条件复杂，不具备大型设备进出场条件，场地土层在某些情况下不能适合水泥土搅拌桩的施工；城区内施工对噪声、污染的控制较严等，需开发一种工效高、造价低、占地小、设备轻便、工艺简单、质量容易控制、施工文明的地基处理方法。夯实水泥土桩复合地基工法应运而生，并取得了很好的社会效益和经济效益。仅在北京、河北等地便有近1200多项工程应用此工法，为建设单位节省了大量建设资金。

目前，由于施工机械的限制，夯实水泥土桩法适用于地下水位以上的粉土、素填土、杂填土、黏性土等地基。

夯实水泥土桩处理地基的深度，应根据土质情况、工程要求和成孔设备等因素确定。处理深度不宜超过10m。当采用洛阳铲成孔时，处理深度宜小于6m，大于6m时，效率太低，不宜采用。

桩长的确定：当相对硬层的埋藏深度不大时，应按相对硬层埋藏深度确定；当相对硬层埋藏深度较大时，应按建筑物地基的变形允许值确定。对于采用夯实水泥土桩法处理的地基，如存在软弱下卧层时，应验算其变形，按允许变形控制设计。

夯实水泥土桩是将水泥和土料在孔外充分拌合，其桩体在桩长范围内基本是均匀的。夯实水泥土桩的现场强度和相同水泥掺量的室内试验强度，在夯实密度相同条件下是相等的。

由于成桩是将孔外拌合均匀的水泥土混合料回填孔内并强力夯实，桩体强度与天然土体强度相比有一个很大的增量，这一增量既有水泥的胶结强度，又有水泥土密度增加产生的密实强度。

因此相同水泥掺量的夯实水泥土桩的桩头强度是水泥土搅拌桩桩体的2～10倍。由于桩体强度较高，可以将荷载通过桩体传至下卧较好土层，且夯实水泥土桩复合地基的均匀性好，地基承载力提高幅度较大，一般可满足多层及小高层房屋的地基承载力要求。

夯实水泥土桩确保质量的关键工序是水泥土的制备及夯填成桩。制备水泥土的水泥一般可用42.5级普通硅酸盐水泥或矿渣水泥，土料可就地取材，基坑内挖出的粉细砂、粉土、粉质黏土等均可做水泥土的原料。淤泥、淤泥质土、耕土、冻土、膨胀土及有机质含量超过5%的土不能使用。

水泥与土的体积配合比宜为1：5～1：8，土料需控制含水量，当含水量过多或不足时，应晾晒或洒水湿润。一般以手握成团、两指轻弹即碎为宜（基本接近最优含水量）。设计前必须进行配比试验，针对现场地基土的性质，选择合适的水泥品种，为设计提供各种配比的强度参数。夯实水泥土桩体强度宜取28d龄期试块的立方体抗压强度平均值。

夯实水泥土桩可只在基础范围内布置，基础平面外的护桩对竖向荷载的传递并无大的帮助。桩孔直径宜为300～600mm，可根据设计及所选用的成孔方法确定。桩距宜为2～4倍桩径。

夯实水泥土的变形模量远大于土的变形模量，故需在桩顶面铺设100～300mm厚的褥垫层，以调整基底压力分布，使荷载通过垫层传到桩和桩间土上，保证桩间土承载力的发挥。垫层材料可采用中砂、粗砂或碎石等，最大粒径不宜大于20mm。

【案例】 北京方庄某多层住宅楼地基处理

该项目为6.5层砖砌体结构，采用墙下条形基础，要求处理后的地基承载力标准值

$f_k \geqslant 180\text{kPa}$。场地地层由人工堆积及第四纪沉积土组成，人工堆积杂填土及素填土厚度达 $3.5 \sim 6.0\text{m}$。地基处理采用夯实水泥土桩复合地基方案，有效桩长 5.0m，桩径 350mm，桩端在②层粉质黏土层上。混合料配合比 1：5（质量比）。施工工艺采用螺旋钻机成孔，人工洛阳铲清孔，人工夯实施工方案，控制混合料压实系数不小于 0.93。施工结束后 10 天，进行单桩复合地基静载荷试验，确定处理后复合地基承载力 $f_k \geqslant 180\text{kPa}$。

4) CFG 桩（素混凝土桩）复合地基

水泥粉煤灰碎石桩是由水泥、粉煤灰、碎石、石屑或砂加水拌合形成的高粘结强度桩（简称 CFG 桩），桩、桩间土和褥垫层一起构成复合地基。CFG 桩与素混凝土桩的区别仅在于桩体材料的构成不同，而在其受力与变形特性方面没有什么区别，故本文的 CFG 桩亦同时适用于素混凝土桩。

（1）CFG 桩复合地基承载力提高幅度大。刚性桩与前文所述的散体材料桩（振冲碎石桩）及柔性桩（水泥土搅拌桩）不同，一般情况下不仅可以全桩长发挥桩的侧阻，当桩端落在好土层时也能很好地发挥端阻作用。因此具有承载力提高幅度大、地基变形小等鲜明特点。如哈尔滨某城市综合体项目，地下三层，埋深接近 20m，地基持力层为粉细砂，修正前的天然地基承载力特征值为 280kPa，采用柱下独立基础下的 CFG 桩复合地基处理方案，处理后的复合地基承载力特征值为 935kPa，承载力提高 3.34 倍，桩承担的荷载占总荷载的比例为 70%。

（2）CFG 桩复合地基的可调性强。CFG 桩桩长可从几米到 20 多米，目前的设备能力可施工 40m 孔深的 CFG 桩，桩承担的荷载占总荷载的比例一般在 40% ～ 75% 之间变化。故 CFG 桩复合地基在设计上具有很大的可调性。当地基承载力较高但荷载水平不高时，可将桩长设计得短一些；反之则可将桩长设计得长一些。特别是天然地基承载力较低而设计要求的承载力较高时，用柔性桩复合地基一般难以满足设计要求，CFG 桩复合地基则比较容易实现。

（3）CFG 桩复合地基具有更大的适用范围。就基础形式而言，既可适用于条基、独立基础，也可适用于箱基、筏基；既有工业厂房，也有民用建筑。就土性而言，适用于处理黏土、粉土、砂土和正常固结的素填土等地基。既可用于挤密效果好的土，又可用于挤密效果差的土。当 CFG 桩用于挤密效果好的土时，承载力的提高既有挤密分量，又有置换分量；当 CFG 桩用于不可挤密土时，承载力的提高只有置换作用。

对淤泥质土及承载力标准值 $f_k \leqslant 50\text{kPa}$ 的土应慎用，应通过现场试验确定其适用性。但如果是挤密效果良好的砂土、粉土时，采用振动挤土成桩法可使土挤密，桩间土承载力可有较大幅度提高，CFG 桩复合地基仍具有适用性，可不受 50kPa 的限制。

【案例】 河北唐山某酒店工程

天然地基承载力标准值 $f_k \leqslant 50\text{kPa}$，地表下 8m 又有较好的持力层，采用振动沉管机成桩，仅振动挤密分量就有 $70 \sim 80\text{kPa}$，加固后桩间土承载力可达 $120 \sim 130\text{kPa}$。

对于塑性指数高的饱和软黏土，成桩时土的挤密分量为零。承载力提高的唯一途径是桩的置换作用。由于桩间土承载力太小，土的荷载分担比太低，而且饱和软黏土一旦失水后会产生很大的固结沉降变形，不但桩间土承担的荷载会全部转移到桩上，而且过大的沉降变形还会对桩产生下拉作用，因此不宜再做复合地基。此时可采用预压法进行大范围预处理，消除大部分的主固结变形并将地基承载力提高到一定水平后（80kPa 左右），再在承载力要求较高的建筑物下采用 CFG 桩复合地基进行二次处理。其综合经济效益一般仍大于直接采用桩基的方案。

（4）CFG 桩刚性桩的性状明显。对于柔性桩，特别是散体材料桩，如碎石桩、砂石桩等，主要是通过有限的桩长（一般 $6d\sim10d$）来传递竖向荷载。当桩长大于某一数值后，桩传递荷载的作用已显著缩小。CFG 桩像刚性桩一样，可全桩长发挥侧阻，当桩端落在好的土层上时，具有明显的端承作用。对于上部软下部硬的地质条件，碎石桩将荷载向深层传递非常困难。而 CFG 桩因具有刚性桩的性状，很容易将荷载向深层传递，这也是其重要的工程特性。

【案例】 河北邯郸某工业厂房

建筑物基底在一层 $2.4\sim4.8m$ 厚的粉质黏土层上，天然地基承载力标准值 $f_k=90\sim100kPa$，设计要求承载力不低于 $150kPa$。原设计为碎石桩复合地基，桩长 $6.0m$，桩径 $400mm$，桩距 $1.0m$。施工后经检测承载力只有 $130kPa$，不满足设计要求。后改为 CFG 桩复合地基方案，桩径 $360mm$，桩距 $1.30\sim1.45m$，桩长 $7.5\sim8.0m$，桩端落在坚硬的土层上，经检测，复合地基承载力大于 $180kPa$。

（5）CFG 桩复合地基变形小。复合地基的复合模量大，建筑物沉降量小也是其主要优点。建筑物沉降量一般可控制在 $20\sim40mm$。CFG 桩复合地基不仅用于承载力较低的土，对承载力较高（如承载力 $f_{ak}=200kPa$）但变形不能满足要求的地基，也可采用水泥粉煤灰碎石桩以减少地基变形。对于上部和中间有软弱土层的地基，用 CFG 桩加固，将桩端穿越软土层置于较好的土层之中，可以获得模量很高的复合地基，建筑物的沉降都不大。

目前已积累的工程实例，用水泥粉煤灰碎石桩处理承载力较低的地基多用于多层住宅和工业厂房。比如南京浦镇车辆厂厂南生活区 24 幢 6 层住宅楼，原地基土承载力特征值为 $60kPa$ 的淤泥质土，经处理后复合地基承载力特征值达 $240kPa$，基础形式为条基，建筑物最终沉降多在 $4cm$ 左右。

【案例】 北京航天部某住宅

本项目为 6 层砖混结构住宅楼工程，基础下面有 $0.7\sim1.0m$ 厚度的素填土，其下是 $0.6\sim4.3m$ 厚的碳化粉土及 $0.5\sim2.3m$ 厚的粉质黏土，承载力均只有 $60kPa$，再下面是承载力为 $180kPa$ 的粉质黏土及承载力为 $200kPa$ 的粉土。原设计采用 $8m$ 长 $35cm\times35cm$ 预制方桩基础，为节省投资改为桩长 $8m$ 直径 $400mm$CFG 桩复合地基，桩端落在下面的好土层上，承载力特征值为 $180kPa$，沉降观测的平均值为 $19mm$，节省投资 14 万元。

（6）CFG 桩的排水、挤密与时间效应。CFG 桩在饱和粉土或饱和砂土中施工时，由于沉管、拔管或螺旋钻成孔及泵压混凝土时的振动挤压，会使土体产生超孔隙水压力。当含水层上覆不透水或弱透水层时，刚刚施工完毕的 CFG 桩会是一个良好的排水通道，孔隙水将沿着桩体向上排出，直到 CFG 桩体结硬为止，一般要延续数小时。这种排水作用经解剖检验及静载试验并没有明显削弱桩体的强度，但对桩间土的密实度大为有利。

当 CFG 桩用于挤密效果好的土时，承载力的提高既有挤密分量，又有置换分量。如果是挤密效果良好的砂土、粉土时，采用振动挤土成桩法可使土挤密，桩间土承载力可有较大幅度提高。对于松散砂土、松散粉土，当采用挤土成桩工艺时，处理后桩间土承载力特征值可取天然地基承载力特征值的 $1.2\sim1.5$ 倍。目前 CFG 桩成桩最常用的长螺旋钻孔压灌桩工艺，属于部分挤土成桩工艺，取下限 1.2 倍应该是有保障的。

现在很多岩土工程师在做 CFG 桩复合地基设计时，思维过于保守僵化，不但单桩与桩间土承载力发挥系数（λ、β）取值过低，所用的单桩承载力特征值往往也要打一个折扣，更不会考虑成桩工艺对桩间土承载力提高的有利影响，即便对于砂质土中的挤土成桩工艺，处理后的桩间土承载力仍取天然地基承载力，如此计算出来的复合地基承载力，不但不考虑深度修正的提高，而且往往会再乘以一个折减系数。笔者作为一名岩土结构工程师，很不理解这些设计人员为何还要在规范规定的基础上层层打折。是对自己的设计没有自信？还是对勘察报告没有信心？须知岩土工程师的质量安全责任固然重要，但也有杜绝浪费的社会责任，毕竟对于投资主体来说，超出结构安全的岩土与结构成本都是沉没成本，是无法发挥价值的。

无论是振动沉管机施工还是长螺旋钻孔压灌桩工艺，都会不同程度对桩周土产生扰动，特别是灵敏度较高的土，会破坏桩周土自身的结构性，导致强度降低。施工结束后，会有一定的恢复期，结构强度会缓慢增长，之后会恢复到甚至超过原来的强度。有资料显示，南京某工业项目，地基持力层为淤泥质粉质黏土，天然地基承载力为 87kPa，施工后 14 天测得桩间土承载力为 49kPa，降低了 43.8%，32 天后承载力增长至 92kPa，较天然地基承载力增长了 5.5%，至第 53 天增长至 105kPa，较天然地基承载力增长了 20.4%。

对一般黏性土、粉土或砂土，桩端具有好的持力层，经水泥粉煤灰碎石桩处理后可作为高层或超高层建筑地基，如北京华亭嘉园 35 层住宅楼，天然地基承载力特征值为 $f_{ak}=200kPa$，采用水泥粉煤灰碎石桩处理后建筑物沉降 3～4cm。对可液化地基，可采用碎石桩和水泥粉煤灰碎石桩多桩型复合地基，一般先施工碎石桩，然后在碎石桩中间打沉管水泥粉煤灰碎石桩，既可消除地基土的液化，又可获取很高的复合地基承载力。

水泥粉煤灰碎石桩具有较强的置换作用，其他参数相同，桩越长、桩的荷载分担比（桩承担的荷载占总荷载的百分比）越高。设计时须将桩端落在相对好的土层上，这样可以很好地发挥桩的端阻力，也可避免场地岩性变化大可能造成建筑物沉降的不均匀。

水泥粉煤灰碎石桩系高粘结强度桩，需在基础和桩顶之间设置一定厚度的褥垫层，保证桩、土共同承担荷载形成复合地基。褥垫层厚度一般取 150～300mm，褥垫层越薄，桩负担的荷载占比越高，褥垫层越厚，则土分担的荷载占比越高。因此褥垫层厚度取值要适当，绝非越厚越好，一般可取桩径的 40%～60%，桩距大时可适当加厚，桩距小时可适当减薄，对于常用的直径为 400mm 的 CFG 桩，当桩距在 1200～2000mm 之间时，均可取 200mm。

三、CFG 桩复合地基设计优化

1. 桩长/桩径/桩间距设计优化

由于 CFG 桩的适应性及可调性强，在满足承载力要求方面就存在调整桩长、改变桩径或调整桩间距等多种选择。虽然增加桩长、增大桩径与减小桩间距都可以提高承载力，但在具体工程中的技术经济效果却有可能存在很大差别。岩土工程的困难之处就在于很多时候没有标准答案，也没有唯一解，而必须因地制宜，具体情况具体分析。但这也正是体现岩土工程师学识、水平、经验及自身价值之处，也是岩土工程优化设计的魅力所在。

1）桩长

确定桩长必须考虑承载力与变形控制要求，涉及所穿越的土层的性状及桩端持力层的选择，以及施工作业条件与施工设备能力等问题。

确定桩长考虑的首要因素是承载力水平。如前文所述河北邯郸某棉纺厂及北京航天部某所的案例，地基承载力只要求 180kPa，8.0m 桩长即可满足承载力要求，就没有必要加大桩长。一般来说，需结合设计要求的承载力、持力层天然地基承载力并按 400mm 桩径 3～5 倍桩间距来估算一下所需单桩承载力的水平，再根据桩侧摩阻力推算大致桩长范围，然后对照勘察报告的地质剖面图或柱状图，在这个大致桩长范围内确定一个相对较好的桩端持力层，持力层一定则桩长基本确定。也可以根据勘察报告直接锁定某一较好的桩端持力层，然后计算单桩承载力，再通过调整桩间距来得到设计要求的承载力，但这样直接确定的桩长有可能导致算得的桩间距过小或过大。

确定桩长还必须考虑沉降控制问题。尤其是对于上硬下软或中间存在较厚软夹层的地层，由于持力层土质较好，桩间土的贡献较大，较短的桩长就可能满足承载力的要求，但由于下卧土层土质较差，此时不能仅以承载力来确定桩长，而需考虑变形控制要求而加大桩长，尽量将桩穿越软弱土层进入相对较好土层，或者桩长能满足沉降控制要求为止。

确定桩长要选择一个相对较好的桩端持力层。CFG 桩的刚性桩性状明显，可全长发挥侧阻，且桩端落在好土层时有明显的端承作用。要选择承载力与压缩模量相对较高的土层作为桩端持力层，可以很好地发挥端阻力，也可避免场地岩性变化大可能造成建筑物的不均匀沉降。桩端持力层承载力和压缩模量越高，建筑物沉降稳定越快。

确定桩长要考虑施工机械的最大成孔深度及施工作业条件。施工作业条件主要需明确是开槽后在槽底成桩还是开槽前在地面成桩，前者成孔深度与有效桩长仅相差保护土层、褥垫层、混凝土垫层、防水层与防水保护层的厚度，一般不超过 1.0m；后者成孔深度与有效桩长之间相差一个基础埋深，对于有多层地下室的建筑，相差可能达 10m 以上，对于有效桩长较长的桩来说是对设备能力的严峻考验。目前国产长螺旋钻机的最大成孔深度已达 40m，但市场比较多的还是成孔深度 30m 以内的钻机。在使用成孔深度超过 30m 的长螺旋钻机时，必须进行市场调查。而且一般来说设备越大，施工的单方造价也会越高。

确定桩长要结合单桩承载力特征值及混凝土强度等级。较长桩长对应较高的单桩承载力，设计时应充分利用桩体部分的承载力，高值低用必然导致浪费。但较高的单桩承载力必然要求较高的混凝土强度等级，混凝土每提高一个等级，单方造价增加 15～30 元（因地区差异及混凝土强度等级高低而定）。《建筑地基处理技术规范》JGJ 79—2012 进一步提高了 CFG 桩桩身强度的安全储备，当单桩承载力发挥系数 λ 取 0.9 时，对 400mm 直径桩，单桩承载力特征值 R_a 不超过 695kN 时，桩身混凝土强度等级可采用 C20；超过 870kN 时，需要提高到 C25，混凝土提高一个等级，单桩承载力提高了 25.2%；超过 1045kN 就需要 C30，混凝土提高一个等级，单桩承载力提高了 20.1%；超过 1215kN 就需要 C35，混凝土提高一个等级，单桩承载力提高了 16.3%。基本上单桩承载力特征值每提高 170kN，混凝土强度等级就需要提高一级。从另一方面，由于长螺旋成孔 CFG 桩工艺需要采用泵送混凝土工艺，低强度混凝土（C10、C15）由于胶凝材料（水泥）用量少，水泥浆在填充骨料间隙后很难再起到润滑甬管的作用，故长期以来人们一直认为低强度混凝土的可泵性较差，用于长螺旋钻孔成桩工艺时容易堵管。但并不绝对，采用 C15 混凝土如果配比得当，比如采用低强度等级水泥、适当提高砂率及粉煤灰用量，也能实现较好的可泵性，用于 CFG 桩是没有问题的。这样一来，对于单桩承载力特征值不超过 520kN 的桩就可以采用 C15 的混凝土，可充分发挥桩身材料的利用效率。

2）桩径

桩径选择则要考虑施工工艺、桩距、长径比及材料利用效率（单位材料用量的承载力贡献）等问题。由于大直径桩的比表面积小，单位体积材料所提供的承载力小，且大直径桩的桩间距较大，独立基础或条形基础下布桩时的基础尺寸变大，相应计算配筋也大；满堂布桩时则有可能发生桩布不下的问题。因此除非成桩工艺所限无法减小桩径，或加长桩长后的长径比过大，或受桩间距所限已无法再减小桩距，否则不宜采用增大桩径的方法来提高复合地基的承载力。对于长螺旋钻孔和振动沉管工艺，一般以 350mm、400mm 桩径最为经济。承载力水平较低（低于 200kPa）可取 350mm，其他情况取 400mm。当采用 400mm 桩径仍长径比过大或桩距过密时，再考虑增大桩径的方案。

3）桩间距

桩间距需综合考虑桩长、桩径、承载力要求及布桩方式而定。桩间距在规范建议的桩间距范围内（3～5 倍桩径）宜大不宜小。当不同桩长的桩端处于同一土层中时，增加桩长与减小桩间距在满足相同承载力要求的情况下的桩身材料用量相同，但增加桩长比减小桩间距对沉降控制更为有利。从施工角度，增加桩长可减少桩数，相应减少移机次数，整体工效更高；因桩间距较大，挤土效应、窜孔概率也会降低。当增加桩长可将桩端置于更好土层时，由于更好土层的承载力与压缩模量都较高，且能更好地发挥 CFG 桩的端阻作用，故综合技术经济效益要比减小桩间距大得多，此时宜在设备成孔深度允许范围内尽量加大桩长，同时相应加大桩间距。

2. CFG 桩复合地基的布桩优化

CFG 桩复合地基既可以采用整体筏基、箱基下的满堂布桩，也可以仅在独立基础或条形基础下布桩。现在很多岩土工程师，不论建筑类型如何，也不论天然地基承载力多高，一律采用筏板基础、满堂布桩，往往造成桩长过短或桩间距过稀，或者在桩长不能再短、桩间距不能再大情况下存在很大的安全储备。

当荷载水平不高或计算所需的 CFG 桩数量不足以在基础底板下满布时，无论是对框架结构、框剪结构还是剪力墙结构，均可采用柱下布桩或墙下布桩的布桩方式，并根据墙柱传给基础的内力大小采取数量多少或疏密有致的差别化布桩方式，既符合规范"变刚度调平"的设计原则，也能实现较好的经济效益。如图 2-2-2 即采用在柱下独立基础范围内局部布桩的方式。

采用柱下和墙下布桩时，处理后的地基承载力特征值与基础平面尺寸是一对变量，且存在此消彼长的关系。从减小基础尺寸与配筋的角度，桩径与桩间距均不宜过大，在保持最小桩间距不变的情况下增加桩长是比较经济的选择，可通过提高处理后的承载力水平进一步减小基础尺寸及配筋。

【案例】 某大型商业建筑

本项目地上 5 层地下 3 层，框架结构，框架柱下拟采用柱下独立基础，并在基础下采用 CFG 桩复合地基进行局部处理，上部结构传至基础顶面的竖向力标准值为 9200kN，基础持力层为中密细砂层，天然地基承载力为 150kPa，桩端持力层为 13m 厚的粗砂层，承载力与压缩模量均较高，是比较理想的桩端持力层。局部地基处理见图 2-2-2。

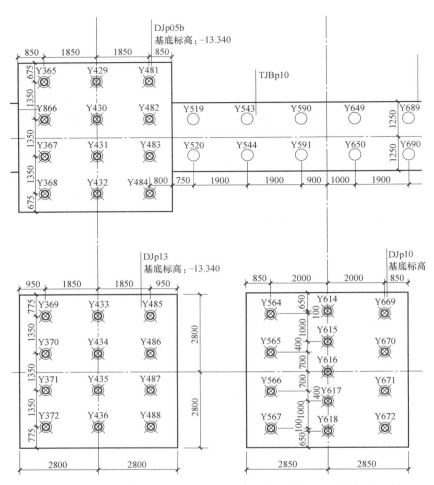

图 2-2-2　邢台某项目在独立柱基/墙下条基范围采用 CFG 桩复合地基

　　CFG 桩直径采用 400mm，因桩端持力层土质好且较厚，桩长的可调性大，故采用固定桩间距并反推桩长的设计手法。桩间距分别采用 4d 桩间距与 3d 桩间距两种方案，并结合独立基础进行了全面的技术经济比较。根据基础下布桩相同置换率的原则，桩边距均取桩间距的一半，故 4d 桩间距的基础尺寸为 4.8m×4.8m，3d 桩间距的基础尺寸为 3.6m×3.6m，见图 2-2-3 及图 2-2-4 。

　　根据竖向力合力及基础平面尺寸算出的承载力特征值分别应不低于 435kPa 及 770kPa，再根据所需要的承载力特征值及桩间距反推单桩承载力特征值应分别不低于 885kN 及 1035kN，混凝土强度等级均需 C30，由单桩承载力特征值反推的桩长分别为 13.5m 及 16.0m，两种桩长均落在粗砂层上，进入粗砂层的长度分别为 1.65m 及 4.15m。

　　两种布桩方案均满足承载力要求，但综合技术经济效果存在较大差异。从技术层面，16m 桩长进入粗砂层的长度较长，承载力更有保障，从控制地基变形角度，长桩比短桩的效果更好；从经济方面，虽然 16m 桩长的整体混凝土用量有所增加，但独立基础的混凝土用量大大减少，桩与基础合计的混凝土用量可减少 11.3m³，降幅达 23.7%；此外，因基础尺寸变小、力臂变短，尽管基底压力增大，但基础配筋仍然减少很多，在基础高度

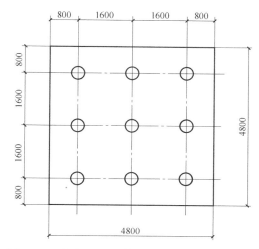

图 2-2-3　方案一：4d 桩距 13.5m 桩长布桩方案

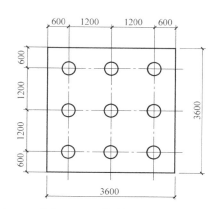

图 2-2-4　方案二：3d 桩距 16.0m 桩长布桩方案

相同的情况下，用钢量可从 32Φ22（825kg）降为 21Φ22（406.1kg），降幅达 50% 以上。因此在柱底荷载不变的前提下，加大桩长、减小基础平面尺寸的方案比减小桩长但增大基础平面尺寸的方案具有明显的经济优势，有关技术经济指标对比见表 2-2-5。

不同桩长、桩距 CFG 桩复合地基技术经济指标对比　　　　　　　　　表 2-2-5

桩长 (m)	单桩承载力 (kN)	桩间距 (m)	复合地基承载力 (kPa)	地基承载力合力 (kN)	基础及其上覆土重 (kN)	总竖向荷载 (kN)	基础混凝土用量 (m³)	桩混凝土用量 (m³)	混凝土用量合计 (m³)	基础钢筋用量 (kg)
13.5	885	1.6	435	10022	806	10006	32.3	15.3	47.5	825.0
16.0	1035	1.2	770	9979	454	9654	18.1	18.1	36.2	406.1

　　无论是筏板下的满堂布桩还是柱下墙下的局部布桩，CFG 桩均可只在基础范围以内布桩。对墙下条形基础，在轴心荷载作用下，可采用单排、双排或多排布桩，且桩位宜沿轴线对称。在偏心荷载作用下，布桩可采用沿轴线非对称布桩。

　　柱下独立基础局部处理的 CFG 桩布桩还可能存在的误区是桩边距。一些初出茅庐的岩土工程师往往会像常规承台桩的布置方式一样，先根据总的竖向力与单桩承载力特征值确定桩数，然后再按最小桩间距与最小桩边距确定承台尺寸。但对于柱下独立基础下的复合地基布桩则不同，一旦确定桩间距后，桩边距就应与其匹配，否则就会导致实际置换率的增大或减小而影响到基础下复合地基的承载力。所谓匹配的概念就是考虑桩边距后的基础尺寸要使基础范围内的等效桩间距 $s = \sqrt{A/n}$（s 为等效桩间距，A 为基础底面积，n 为基础下的 CFG 桩数）与实际采用的桩间距相等，对于 4 桩、6 桩、9 桩等矩形布桩方案，就是取桩边距为桩间距的一半。

　　桩边距过小也会导致桩群受力不合理。上部结构通过基础将荷载传给复合地基，并在桩与桩间土间按一定比例分配，桩间土会承担一部分竖向荷载从而产生竖向附加应力。同所有土中结构物一样，该竖向附加应力会在桩侧施加水平压力，对桩的侧阻有增大作用，附加应力越大、作用范围越广，桩的侧阻力也越大。对于边桩，侧向约束及水平压力本就比中间桩小，如果再取一个很小的桩边距，其侧阻力会进一步削弱，故过小的桩边距是不合理的。

【案例】 黑龙江哈尔滨某综合体项目

本项目独立基础下 CFG 桩复合地基承载力计算与布桩有误。

表 2-2-6 为某实际工程的施工图中的 CFG 桩复合地基设计参数，图 2-2-5 为该工程 CFG 桩复合地基平面布置截图。其中单桩承载力特征值为 560kN，持力层中砂层天然地基承载力为 280kPa，处理后复合地基承载力要求为 900kPa。

某工程 CFG 桩复合地基设计参数　　　　　　表 2-2-6

符号	桩型	桩径	桩长(m)	桩间距(m)	桩身混凝土强度等级	桩端持力层	单桩竖向承载力特征值 R_a	复合地基承载力特征值
⊕	钻孔灌注桩	$\phi400$	14.0	1.6	C25	第⑪层粗砂层	560kN	900kPa

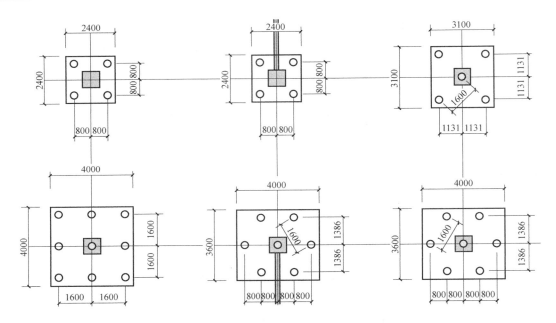

图 2-2-5　某工程 CFG 桩复合地基平面布置截图

1）桩间距与桩边距不匹配

桩边距取得过大或过小，都会影响单桩的实际面积置换率，从而影响处理后的复合地基承载力。如本工程如要达到 900kPa 的复合地基承载力，则正方形布桩时桩间距需为 1200mm，正三角形布桩时桩间距需为 1300mm。对于正方形布桩，如果基础的桩边距取 600mm，则整个基础下各桩的等价置换率与不考虑桩边距因素下 1200mm 间距单根桩的实际置换率相同，我们称此时的桩边距与桩间距是匹配的，反之，如果桩边距大于或小于 600mm，都会影响基础下各桩的实际等价置换率，从而影响复合地基承载力。如图 2-2-5 正方形布桩的桩间距为 1600mm，桩边距为 400mm，如果不考虑桩边距影响直接按 1600mm 桩间距计算，则复合地基承载力只能达到 617kPa，考虑桩边距的影响，则 4 桩基础下各桩的等效桩间距为 1200mm（$s = \sqrt{A/n}$，s 为等效桩间距，A 为基础底面积，n 为

98

基础下的 CFG 桩数），复合地基承载力为 912kPa；9 桩基础下各桩的等效桩间距为 1333mm，复合地基承载力为 784kPa，达不到复合地基承载力要求。后经甲方结构工程师优化，将正方形布桩的桩间距改为 1200mm，桩边距改为 600mm；正三角形布桩桩间距改为 1300mm，桩边距按使整个基础下各桩的等价桩间距不小于 1300mm 确定。

2）不同布桩方式间的承载力不匹配

当同一工程的独立柱基下同时有正方形布桩与正三角形布桩时，为了得到相同的复合地基承载力，正三角形布桩的桩间距要大于正方形布桩的桩间距。当采用同一桩间距时，会导致二者的复合地基承载力不匹配，当处理后承载力要求相同时，会出现正方形布桩承载力不足或三角形布桩承载力有余的情况。如图 2-2-5 的正方形布桩与正三角形布桩的桩间距均为 1600mm，则不考虑桩边距影响的处理后的复合地基承载力分别为 617kPa 及 680kPa，二者并不匹配，考虑桩边距的影响，则 4 桩基础的复合地基承载力为 912kPa，5 桩基础的复合地基承载力为 743kPa，7 桩基础的复合地基承载力为 710kPa，9 桩基础的复合地基承载力为 784kPa，数值差距较大，除 4 桩基础的复合地基承载力能达到设计要求外，其他均达不到 900kPa 的设计承载力要求。如果想使处理后的复合地基承载力不小于 900kPa 且大致相等，则正方形布桩的桩间距可为 1200mm，正三角形布桩桩间距可为 1300mm，同时应按上述第 1）条的要求使桩边距与桩间距匹配。

3. CFG 桩复合地基变刚度调平设计优化

略，可参照《建筑结构优化设计方法及案例分析》。

四、预制桩复合地基

预制桩也可以作为竖向增强体与桩间土一起构成复合地基。对于欠密实或可液化的砂土、粉土及湿陷性黄土，还可同时起到挤密、消除液化及黄土湿陷性的作用，较 CFG 桩或素混凝土桩具有一定优势。

【案例】 山西太原某住宅项目

本项目有两栋 28/29 层剪力墙结构住宅，梁板式筏基。地基持力层为湿陷性马兰黄土，埋深 15m 内均具有自重湿陷性，地基的湿陷等级为 II 级。按《湿陷性黄土地区建筑规范》，甲类建筑（高度大于 60m 或层数大于等于 14 层的体型复杂建筑）应消除全部湿陷量或基础穿透全部湿陷性土层。采用灰土挤密桩是黄土地区行之有效的地基处理方法，但因该项目对地基承载力的要求较高，需达 460kPa 以上，灰土挤密桩复合地基无法满足地基承载力要求，故在设计中采用了静压预制短桩复合地基方案。

根据山西地区多年资料，当土的干密度≥1.65g/cm³ 时，土的湿陷性完全消失。设计时以干密度 1.65g/cm³ 为目标，根据处理前干密度的最小平均值 1.392g/cm³，计算得出所需置换率为 0.13。最后确定采用边长 400mm 方桩，按桩距 1.2m 正三角形布桩。有效桩长 12m，桩端进入第③层混合土。桩间土经挤密消除湿陷性后，桩侧摩阻力特征值取 30kPa，桩端阻力特征值取 1000kPa，单桩承载力特征值为 736kN，复合地基承载力特征值为 687kPa，大于基底压力 550kPa，不必考虑深度修正即可满足设计要求。下卧层验算及变形计算也均满足要求。

经单桩复合地基检测，承载力特征值为 688kPa；经湿陷性检测，桩间土样湿陷系数在 600kPa 及以下均小于 0.015，即湿陷性已完全消除。土样干密度平均值为 1.66 g/cm³，达到了设计要求。

与常规 CFG 桩复合地基的砂石褥垫层不同，本工程褥垫层采用 300mm 厚 3：7 灰土作为褥垫层。

该工程预制桩入土深度内存在局部砾砂层，对静压桩的成桩可行性是一挑战，经估算，当采用 2000kN 的压桩力时，有可能穿透该砾砂夹层，并以预钻孔法钻透夹层，回填素土后再压桩作为预案。

采用静压预制桩复合地基进行处理，既可消除湿陷性又可提高承载力，可谓一举两得，再加上静力压桩无噪声、无污染、施工进度快、桩身质量好，与其他复合地基处理方法相比具有一定优势。

五、多桩型复合地基

略。可参阅《建筑结构优化设计方法及案例分析》。

第三节　桩基方案的选择与设计优化

一、桩基分类原则与常用分类方法

桩基有多种分类方式，如桩基规范中按承载性状、按挤土效应及按桩径的分类。但从桩基设计优化角度，本书倾向于按成桩方法分类。按成桩方法从大的方面可分为打（压）入式桩及灌注桩。打（压）入式桩又可细分为钢桩（H 型钢桩及敞口或闭口钢管桩）及预制混凝土桩（混凝土实心方桩、预应力混凝土管桩及预应力混凝土空心方桩等）；灌注桩可细分为人工挖孔桩，沉管灌注桩，长螺旋钻钻孔灌注桩，潜水钻成孔灌注桩，正、反循环钻成孔钻孔灌注桩，旋挖成孔灌注桩，冲击成孔灌注桩等。其中人工挖孔桩、沉管灌注桩和长螺旋钻钻孔灌注桩属于干作业成孔灌注桩；潜水钻成孔灌注桩，正、反循环钻成孔钻孔灌注桩，冲击成孔灌注桩属于泥浆护壁钻孔灌注桩，此时的泥浆为动态泥浆，不但有护壁作用，而且还有清渣作用，即通过泥浆的循环流动将钻机切削下来的渣土带出孔外。旋挖成孔灌注桩是通过旋挖钻机成孔的灌注桩。钻机通过底部带有活门的桶式钻头回转破碎岩土，并直接将其装入钻斗内，然后再由钻机提升装置和伸缩钻杆将钻斗提出孔外卸土，这样循环往复，不断地取土卸土，直至钻至设计深度。对粘结性好的岩土层，比如黏性土、全风化岩层以及强风化岩层中，可采用干式或清水钻进工艺，无需泥浆护壁。而对于松散易坍塌地层，或有地下水分布，孔壁不稳定，必须采用静态泥浆护壁钻进工艺，向孔内投入护壁泥浆或稳定液进行护壁，同时旋挖成孔灌注桩也可实现扩底。

这里有必要提一下长螺旋钻孔灌注桩工艺，长螺旋钻孔法是采用一种大扭矩动力头，带动长螺旋钻杆快速干式钻进成孔，通过其中空钻杆泵送混凝土，成孔成桩一次完成。如果需要下钢筋笼，需通过专用的振动插筋器后插实现。钻进成孔过程中的泥土除一部分被挤压在孔壁周围外，大部分土被长螺旋叶片导向地面或粘附在螺旋钻杆叶片上带至地面。

该工艺无噪声、无振动、无泥浆，施工速度快，穿透能力强，可以进入强风化层，但不能入岩。其最大优点即是成孔、灌注、成桩一体化完成，高效快速，适合于各种地层。

但因机架的高度及钻杆长度决定了成孔深度，故长螺旋钻孔灌注桩的桩长受到限制，目前已知的最大成孔深度为40m。

长螺旋灌注桩的适用范围很广，适用于砂土、粉土、黏土、淤泥质土、杂填土等，其对独立基础、条形基础、筏基都适用。在东北平原、华北平原（滨海地区除外）被广泛采用。CFG桩复合地基中的CFG桩，也大多采用长螺旋钻孔灌注桩工艺。

该工艺本质上为干作业成孔钻孔桩，因此桩基设计参数应该按干作业成孔灌注桩取值，尤其是桩的端阻值，混凝土预制桩、泥浆护壁钻孔灌注桩以及干作业成孔灌注桩存在显著的差别。混凝土预制桩及干作业成孔灌注桩的桩端阻明显高于泥浆护壁成孔灌注桩，如果长螺旋钻孔灌注桩工艺仍然采用泥浆护壁成孔灌注桩的端阻值势必带来过于保守的设计。因此当长螺旋钻孔灌注桩作为可用桩型的选项时，要求地质勘察报告应分别提供泥浆护壁成孔灌注桩与干作业成孔灌注桩的桩基设计参数。当缺乏地质资料或勘察报告未提供长螺旋钻孔灌注桩（干作业成孔灌注桩）的参数时，也可参考《建筑桩基技术规范》JGJ 94—2008表5.3.5中的建议值。

二、桩型与成桩工艺选择（桩基选型要点）

桩基选型是桩基设计中至关重要的一环，选型正确与否，不仅是技术可行性的问题，而且直接关系到经济合理性与施工的便利性。然而桩基选型与优化却没有一定之规，需综合各种资料信息进行多方案、多方面的综合技术经济比较才能最终确定。需考虑的因素包括：单桩承载力的范围值、项目所在地的工程地质与水文地质情况、材料设备供应情况、地方标准或行政管理部门的规定与限制情况、场地四周的环境条件、各种桩型与成桩工艺的造价对比情况等。比如在沿海一带因适宜性与经济性而应用甚广的预应力管桩，在内地某些地区除了适宜性可能存在问题外，经济性也不见得比长螺旋钻孔灌注桩有优势。比如天津辖区的汉沽（抗震设防烈度为8度），根据天津市地方标准《预应力混凝土管桩技术规程》DB29—110—2010，即便预应力管桩再有经济优势，也在天津地标的禁用范围。

在因时因地制宜的大原则下，首先从技术角度进行桩型适宜性选择。在多种桩型与成桩工艺均适宜的情况下，选型的重点就落在经济性方面，但也要结合项目本身对施工进度的要求及施工单位技术水平、管理能力进行综合决策。

根据笔者多年的实践经验并结合前人总结的结果，大致可按如下原则进行桩型选择。

1. 基岩埋藏较浅地层

对于山地丘陵地区，当上覆土层较软且基岩埋深较浅时，在确定选用桩基方案时，应优先选用人工挖孔桩方案，以充分发挥大直径桩高极限端阻的承载力贡献，并尽量采用扩底桩。

一般情况下，基岩的风化程度沿深度递减，从上到下依次为残积土、全风化岩、强风化岩、中风化岩、微风化岩及新鲜岩石，各风化层的厚度有厚有薄，有时分界并不十分明显，且有缺失的情况。设计时应根据建筑结构对单桩承载力的要求并结合各风化层的厚度及力学性状来确定桩长及桩端持力层所在的岩土层。当单桩承载力要求不高时，可选择全风化层甚至残积土作为桩端持力层；但当单桩承载力要求非常高而需要嵌岩时，应通过计算并经过技术经济比较来决定是采用强风化或中风化甚至微风化来作为桩端持力层。一般来说，如果强风化及中风化岩层均较薄，则优先选择微风化作为桩端持力层；如果强风化岩层较薄、中风化岩层较厚且为硬质岩时，则宜选择中风化岩层作为桩端持力层；同理，如果强风化岩层较厚且为硬质岩时，则优先选择强风化岩层作为桩端持力层，当选择强风化岩作为持力层但单桩承载力不足时，应优先采用扩底桩，若还不足则加大桩长直至下一个风化层。

需要说明的是，《建筑桩基技术规范》JGJ 94—2008 对嵌岩段的侧阻与端阻采用了合并简化的计算方法，这对嵌岩段由单一岩层构成的嵌岩桩来说无疑是简化了计算。但对嵌岩段是由两种及以上岩层构成的嵌岩桩来说，因各岩层的饱和单轴抗压强度不同甚至有很大差异，简单套用规范式（5.3.9-3）就不合时宜了。有的岩土/结构工程师为图省事，干脆用各嵌岩层中的最小值去计算嵌岩段总极限阻力，安全当然是没有问题了，但却带来严重的浪费。

笔者建议此时嵌岩段应按桩基在最下一个岩层的入岩深度来考虑，并用公式（5.3.9-3）计算嵌岩段总极限阻力，其上各嵌岩段可只计入侧阻。当勘察报告只给出以上各嵌岩段的岩石饱和单轴抗压强度 f_{rk} 而未给出侧阻力 q_s 时，可按 $\zeta_s f_{rk} \pi d h_r$ 来计算以上各嵌岩段的侧阻，其中 ζ_s 为以上各嵌岩段的侧阻力系数，可查《建筑桩基技术规范》JGJ 94—2008 条文说明 5.3.9 表 9（P263），f_{rk} 为以上各嵌岩段的岩石饱和单轴抗压强度标准值，d 为桩径，h_r 为以上各嵌岩段的桩长。

当基岩（主要是中风化岩层）埋藏较浅，且天然地基承载力无法满足要求，也无经济适用的地基处理方式，而必须采用桩基时，此时可优先采用人工挖孔桩。人工挖孔桩施工方便、速度较快、不需要大型机械设备，一般井上一人井下一人即可完成单根桩的成孔作业。人工挖孔桩直径一般较大（不小于 800mm），一般均要嵌入中风化岩层，而且人工挖孔桩可以轻松实现扩底，故单桩承载力可大幅提高，对墙柱内力较大的建（构）筑物尤为适用。

人工挖孔桩比冲击锥冲孔、冲击钻机冲孔、回旋钻机钻孔、沉井基础的综合造价低，再加上前述的一些优点，因而在公路与民用建筑中得到广泛应用，在我国西南地区的应用尤其广泛，也有相当好的群众基础（有专门从事人工挖孔桩的父子档、兄弟档及夫妻档）。

人工挖孔桩井下作业条件差、环境恶劣、劳动强度大，安全和质量显得尤为重要。桩孔挖掘前要认真研究地质资料，分析地质情况，对可能出现的流砂、流泥及有害气体等情况，应制定针对性的安全措施。因此《建筑桩基技术规范》JGJ 94—2008 规定孔深不宜大于 30m，同时规定当"当桩孔开挖深度超过 10m 时，应有专门向井下送风的设备，风量不宜少于 25L/s"。

此外，部分地区鉴于人工挖孔桩井下安全事故频发，针对人工挖孔桩制定更为严苛的应用条件，比如 2014 年 11 月 5 日，广西壮族自治区住房和城乡建设厅发布了《关于严格限制使用人工挖孔灌注桩的通知》（桂建管〔2014〕87 号），严格限制了人工挖孔桩的使用范围。具体规定如下：

依据《建筑桩基技术规范》JGJ 94—2008 第 6.2.1 条和建设部公告第 659 号的规定，参考广东、福建、重庆、海南等地的做法，并结合广西具体实际，有下列情况之一的，禁止使用人工挖孔桩：

（一）地基土中分布有厚度超过 2m 的流塑状泥或厚度超过 4m 的软塑状土；

（二）地下水位以下有层厚超过 2m 的松散、稍密的砂层或层厚超过 3m 的中密、密实砂层；

（三）岩溶中等发育和强烈发育地区；

（四）有涌水的地质断裂带；

（五）地下水丰富，采取措施后仍无法避免边抽水边作业；

（六）高压缩性人工填土厚度超过 5m；

（七）工作面 3m 以下土层中有腐殖质有机物、煤层、泥煤层等可能存在有毒气体的土层；

（八）孔深超过 25m 或桩径小于 1.0m；

（九）没有可靠的安全措施，可能对周围建（构）筑物、道路、管线等造成危害；

（十）其他不适合使用人工挖孔桩的地质情况。

针对地下水位较高的情况，并非人工挖孔桩禁用的条件，应视人工挖孔桩所穿过的土层性状来决定是否采用人工挖孔桩。当地下水为承压水且为砂土层时，不得采用人工挖孔桩；当桩长范围存在厚度较大的流塑桩淤泥或淤泥质土时，也不得采用人工挖孔桩。除此外，只要安全措施做足，并确保护壁混凝土浇筑密实，规范是没有禁止地下水位以下的人工挖孔桩的。如重庆融侨城项目，外有江，内有湖，地下水位非常高，但因基岩相对较浅，仍大量采用人工挖孔灌注桩工艺。即便是广西的地方禁令，也是在"地下水丰富，采取措施后仍无法避免边抽水边作业"的情况下才禁止采用人工挖孔桩。

人工挖孔桩的桩径大、桩长短，因此端阻在单桩承载力上的占比较大，在某些情况下甚至忽略侧阻的作用，因此若想增大人工挖孔桩的单桩承载力，使桩身材料强度能够尽量充分发挥，就必须为人工挖孔桩选一个端阻较高的持力层，这样才能达到与其桩身材料承载力相匹配的单桩承载力。而要达到这一目的，一般的强风化岩层是难以胜任的，一般均需要进入中风化岩层。因此人工挖孔桩的桩端大多和中风化岩层相伴，而且为了进一步提高单桩承载力，应尽量采用扩底桩。当然，以上结论是建筑物的荷载水平足够高，需要采用桩基，而且人工挖孔桩比较适用的情况。

假如中风化岩层埋藏较深，超过了人工挖孔桩的适用范围，可能就需要采用直径稍小的机械成孔灌注桩，此时可根据全风化与强风化岩层的埋深与厚度等情况灵活选用桩长与桩端持力层，不一定非要进入中风化岩层。

【案例】 贵州贵阳某项目

该项目为 500 万 m² 以上的大盘。I 地块为大盘尾盘的一个地块，由于地勘迟迟不能进场，故施工图设计时参照了附近先期开发地块的地勘报告，以为该地块的基岩（尤其是中风化岩层）埋深足够浅，适用于人工挖孔桩，因此 I-01～I-04 号楼第一版施工图的桩基均按人工挖孔桩进行设计，其中 I-02 号楼按人工挖孔桩设计的桩平面布置如图 2-3-1 所示。

待 I 地块地勘报告出来后，甲方及设计院大为意外。勘察结果显示，自然地面以下不但存在 15～25m 厚的杂填土，而且杂填土下强风化岩层的厚度也有 20m 之厚。以 I-02 号楼为例，如果桩端嵌入中风化岩层，则有效桩长至少在 35m 以上，见图 2-3-2。I-01 号楼的桩长甚至达到 44.2～50.8m，I-03 号楼的桩长也在 16.5～37.8m 之间，这三栋楼均已超出了人工挖孔桩的适用范围，施工难度、危险性、造价均会大幅上升，甚至可能超出了

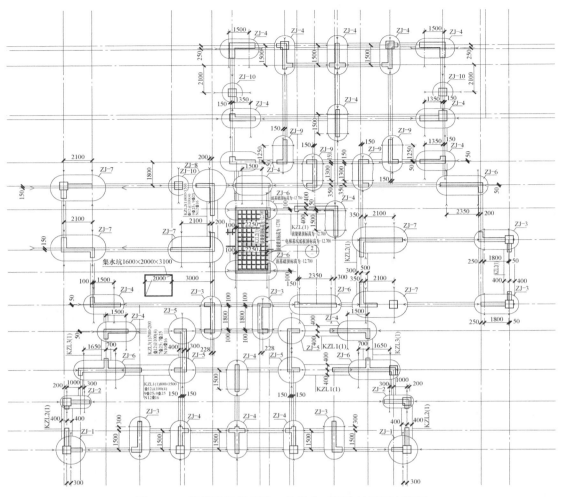

图 2-3-1　贵州贵阳某项目 2 号楼人工挖孔桩平面布置图

地方限令规定的深度。

可能有人会问，既然中风化岩层不可用，如果将人工挖孔桩嵌入强风化岩层，根据图 2-3-2 的地质剖面图，人工挖孔桩的桩长在 16m 左右，仍然在人工挖孔桩的适用范围，为什么不以强风化岩层作为人工挖孔桩的桩端持力层呢？要准确回答这个问题，需考虑强风化岩层的端阻值、桩身侧阻在单桩承载力中的占比、强风化与中风化岩石地基承载力之比以及荷载水平等多种因素，最核心的还是以强风化岩层作为人工挖孔桩桩端持力层的经济性问题。因人工挖孔桩均为大直径桩且可实现扩底，故端阻之比极大，甚至可以忽略侧阻的作用，此时人工挖孔桩的端阻，也就是桩端嵌岩段岩层的地基承载力取值就会对单桩承载力有举足轻重的影响。如果强风化岩石的地基承载力较中风化岩石大为降低，意味着单桩承载力也大为降低，经济性也大为降低。

从表 2-3-1 可以看出，强风化岩石的地基承载力特征值一般只有中风化岩石地基承载力特征值的 1/3～1/2，意味着嵌入强风化岩层的单桩承载力至多只有嵌入中风化岩层单桩承载力的 50%，有可能就失去了采用人工挖孔桩的经济意义。

破碎、极破碎岩石地基承载力特征值（《工程地质手册》表 5-10-2）　　　表 2-3-1

岩石类别 风化程度	强风化	中等风化	微风化
硬质岩石	700～1500	1500～4000	≥4000
软质岩石	600～1000	1000～2000	≥2000

然而，这还是比较乐观的情况。

具体到本工程，中风化灰岩夹泥岩的饱和单轴抗压强度标准值 f_{rk} 为 29.703MPa，结合岩体完整程度和附近类似工程经验，选择折减系数 $\psi_r=0.12$。由此计算岩体承载力特征值为：$f_a=\psi_r\times f_{rk}=0.12\times29703=3564.36$kPa。而勘察报告给出的强风化灰岩夹泥岩承载力特征值 f_a 仅为 300kPa，尚不足中风化岩体承载力特征值的 10%，意味着单桩承载力也同比降低，桩身材料承载力的利用率过低，这就是原设计宁可采用机械成孔嵌岩桩，也要把桩端嵌入中风化岩层的主要原因。

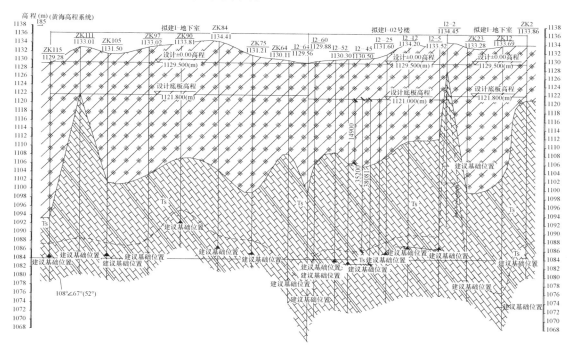

图 2-3-2　I 组团 2 号楼及其周边地质剖面图
（粗实线为强风化岩表面，粗虚线为中风化岩表面）

由于 I-01 号、I-02 号与 I-03 号楼采用人工挖孔桩已不再适用，于是便有了第二版的机械成孔灌注桩方案，见图 2-3-3 及图 2-3-4。但该桩基方案存在严重缺陷，其一是桩间的净距过小，个别桩的净距只有 100mm，存在严重的塌孔、串孔隐患；其二是材料用量惊人，以 I-01 号楼为例，仅灌注桩的理论混凝土用量（不含超灌高度及充盈系数等）就高达 14195m³，以综合单价 1300 元/m³ 计算，仅机械成孔灌注桩的工程造价就高达 1845.3 万元，按 I-01 号楼地上建筑面积 22398m² 计算，仅仅机械成孔灌注桩的单方造价就达 824 元/m²，而一般住宅的单方建安成本也不过 1900～2000 元/m² 左右，相比之下该工程桩基造价实在太高了。

对此，优化设计建议在桩平面布置不变、单桩承载力不变的前提下，减小桩径并采用后注浆工艺以提高端阻及桩在强风化岩层段的侧阻。如此不但可使桩身混凝土用量大大降低，而且可有效提高机械成孔嵌岩桩的质量保证率。同时由于桩径减小，相应的桩间净距加大，对施工安全更有保证，也更方便施工组织。简单估算采用后注浆工艺可将桩基造价降低 30% 以上，仅 I-01 号楼的优化价值就在 550 万元以上。

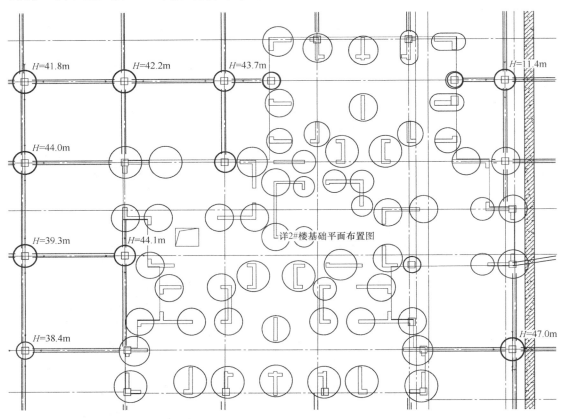

图 2-3-3　贵州贵阳某项目 2 号楼机械成孔灌注桩平面布置图

与 I-03 号楼相邻且建筑形态和总高与之相同的 I-04 号楼，由于地勘报告显示中风化岩层的埋藏较浅（见图 2-3-5），采用人工挖孔桩的孔深最深不过 15m，在人工挖孔桩的适用范围之内，因此 I-04 号楼仍然维持原有人工挖孔桩的设计不变，见图 2-3-6 及图 2-3-7。

2. 深厚细颗粒土地层

对于河流冲积平原及三角洲等以深厚细颗粒土层为主的地带，应在规范允许的情况下优先选用预应力空心方桩或预应力管桩，因空心方桩的周长/面积比较大且承台尺寸较小，综合经济效益占优；预应力管桩在东部及东南沿海地区应用广泛且历史悠久，一般情况下，只要在预应力管桩的适用范围，且当地没有限制使用的要求时，均优先采用预应力管桩。

预应力空心方桩可在截面周长基本不变或大致相当的情况下减小截面边长，如边长 300mm 的预应力空心方桩可近似取代直径 400mm 的预应力管桩，前者周长仅比后者小

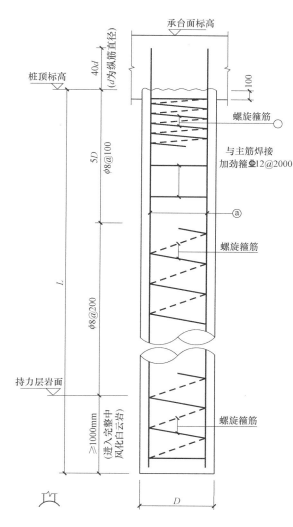

承台面标高

桩顶标高

40d（d为纵筋直径）

100

螺旋箍筋

与主筋焊接
加劲箍Φ12@2000

5D Φ8@100

ⓐ

螺旋箍筋

L

Φ8@200

螺旋箍筋

持力层岩面

≥1000mm（进入完整中风化白云岩）

D

桩编号	桩直径 D(mm)	桩身配筋 ⓐ
JKZ-01	φ1000	12Φ14
JKZ-02	φ1300	14Φ16
JKZ-03	φ1500	18Φ16
JKZ-04	φ1800	24Φ18
JKZ-05	φ2000	28Φ18
JKZ-06	φ2200	34Φ18
JKZ-07	φ2400	40Φ18
JKZ-08	φ2600	46Φ18
JKZ-09	φ2800	52Φ18

图 2-3-4　贵州贵阳某项目 2 号楼机械成孔灌注桩详图及配筋表

4.67%，但承台桩的最小桩距可由 1400mm 减小至 1050mm（按 3.5d 考虑，其中 d 为桩的直径或边长），意味着承台桩的承台尺寸可明显降低，承台的混凝土与钢筋用量均可降低，综合经济效益较预应力管桩更佳。

当预应力管桩或空心方桩因单桩承载力不足或超出规范允许范围时，应优先选用长螺旋钻孔灌注桩，并可采用后注浆工艺来提高单桩承载力及减少桩基沉降；当长螺旋钻孔灌注桩也无法满足桩长或承载力要求时，应选择泥浆护壁成孔灌注桩，并采用后注浆工艺来提高单桩承载力及控制变形。

作为设计院的工程师可能就到此为止了，但作为甲方及施工单位的工程师、造价师则需进一步细分，应明确具体的施工工艺（潜水钻、回转钻或旋挖），因河流冲积平原及三角洲地带一般地下水位较高，此时应优先选用潜水钻成孔灌注桩工艺，其次是正循环和反循环钻成孔灌注桩工艺；当施工大直径桩（大于 1500mm）或超长桩（大于 100m）时，应优先选用反循环钻成孔灌注桩。

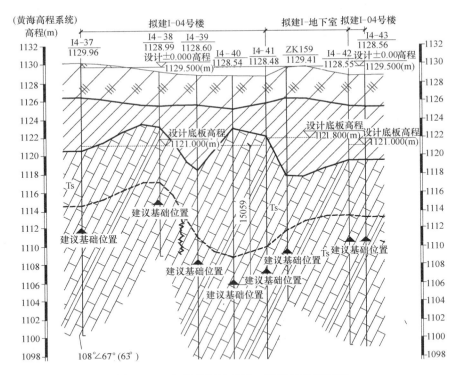

图 2-3-5 贵州贵阳某项目 4 号楼地质剖面图

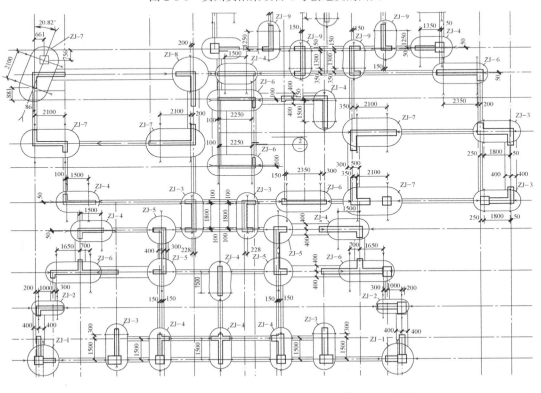

图 2-3-6 贵州贵阳某项目 4 号楼人工挖孔桩平面布置图

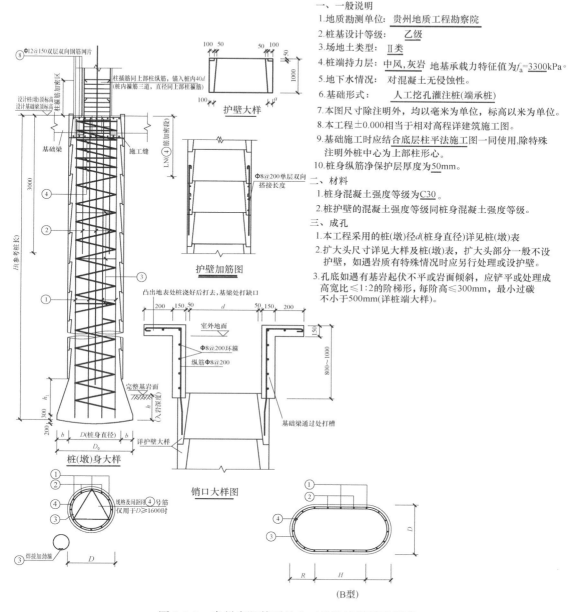

桩基说明

一、一般说明

1. 地质勘测单位：<u>贵州地质工程勘察院</u>

2. 桩基设计等级：<u>乙级</u>

3. 场地土类型：<u>Ⅱ类</u>

4. 桩端持力层：<u>中风，灰岩</u> 地基承载力特征值为f_a=<u>3300kPa</u>。

5. 地下水情况：<u>对混凝土无侵蚀性。</u>

6. 基础形式：<u>人工挖孔灌注桩(端承桩)</u>

7. 本图尺寸除注明外，均以毫米为单位，标高以米为单位。

8. 本工程±0.000相当于相对高程详见建筑施工图。

9. 基础施工时应结合底层柱平法施工图一同使用，除特殊注明外桩中心为上部柱形心。

10. 桩身纵筋净保护层厚度为<u>50mm</u>。

二、材料

1. 桩身混凝土强度等级为<u>C30</u>。

2. 桩护壁的混凝土强度等级同桩身混凝土强度等级。

三、成孔

1. 本工程采用的桩(墩)径d(桩身直径)详见桩(墩)表

2. 扩大头尺寸详见大样及桩(墩)表，扩大头部分一般不设护壁，如遇岩质有特殊情况时应另行处理或设护壁。

3. 孔底如遇基岩起伏不平或岩面倾斜，应铲平并处理成高宽比≤1:2的阶梯形，每阶高≤300mm，最小过碳不小于500mm(详桩端大样)。

图 2-3-7 贵州贵阳某项目人工挖孔桩详图及说明

【案例一】 上海奉贤区某项目

本项目地面以下15m深度范围内基本均为淤泥质土（见图2-3-8），液性指数高达1.2，孔隙比高达1.1。但25m深度以下的土质情况逐渐转好，其中第⑥层粉质黏土的液性指数仅为0.23，孔隙比仅为0.67，⑦₁层砂质粉土的标贯击数高达23.9，⑦₂₋₁与⑦₂₋₂粉砂层的标贯击数更是分别高达41.7与51.2，这几层土均可作为桩端持力层。⑥、⑦₁与⑦₂₋₁的预制桩极限端阻分别为1500kPa、4000kPa与6000kPa。实际设计采用的桩基形式如下：

（1）高层住宅（14F+2D、18F+2D、20F+2D）：基础为桩筏，桩型为 PHC 500 AB 100 预应力管桩，桩端持力层为⑦$_{2\text{-}1}$层粉砂，桩端入持力层约 1.2～3.0m，桩长约 30m，单桩抗压承载力特征值为 2000kN。

（2）多层洋房（4F+2D）：基础为条形承台桩基础，桩型为 PHC 400 AB 95 预应力管桩，桩端持力层为⑦$_1$层砂质粉土，桩端入持力层约 1.0～2.5m，桩长约 28m，单桩抗压承载力特征值为 800kN。

（3）地下车库（1D）：基础为筏板加桩帽，桩型为 PHC 400 AB 95 预应力管桩，桩端持力层为⑥层粉质黏土，桩端入持力层约 1.0～2.5m，桩长约 21m，单桩抗压承载力特征值为 450kN，单桩抗拔承载力特征值为 280kN。

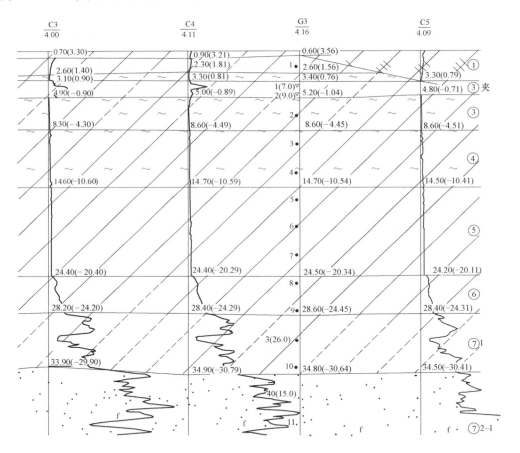

图 2-3-8　上海某项目地质剖面图

【案例二】　浙江嘉兴某项目

本项目虽然也属于比较典型的软土地基，但岩土地质情况总体比上海项目要好，淤泥质土基本处于地面以下 9m 深度范围内（见图 2-3-9），液性指数为 1.22，孔隙比为 1.1。9m 深度以下的土质情况即开始好转，16m 深度即出现相对较好的土层⑥$_1$黏土层，液性指数 0.17，天然孔隙比均 0.758，标贯击数为 22，预制桩端阻极限值为 3000kPa，但由于该层厚度变化较大，埋藏分布欠稳定，因而不宜作为拟建建筑物的桩基础持力层。24m深度的⑥₄黏土层、31m深度的⑦₂砂质粉土层以及37m深度的⑦₄粉砂层均是比较理想的桩端持力层，标贯击数为分别为23.9、27.4及39.1，预制桩端阻极限值分别为3200kPa、5000kPa及7000kPa。实际设计采用的桩基形式如下：

（1）高层住宅（19～25F＋2～3D）：基础为桩筏，桩型为PHC 600 AB 130预应力管桩，桩端持力层为⑦₂层砂质粉土，桩端入持力层不少于2.5m，有效桩长约30m，单桩抗压承载力特征值为2175kN。

（2）合院（2～3F＋2D）：基础为条形承台桩基础，采用了两种桩型，其一为PHC500 AB 100预应力管桩（抗压抗拔两用），桩端持力层为⑥₄层黏土，桩端入持力层约不小于1.0m，桩长约21m（14＋7），单桩抗压承载力特征值为1100kN，单桩抗拔承载力特征值为400kN；另一桩型为直径600mm抗压抗拔两用桩，桩端入持力层约不小于1.5m，桩长同样为21m，单桩抗压承载力特征值为1000kN，单桩抗拔承载力特征值为400kN。

（3）地下车库（1D/2D）：地下车库采用承台桩，单层地下车库与双层地下车库均存在抗拔问题，只不过单层地下车库的桩数由抗压控制，而双层地下车库的桩数由抗拔控制。设计采用PHC500 AB 100与PHC600 AB 110两种预应力管桩桩型，对于单层地下车库部分，两种桩型的桩长均为21m，单桩抗压承载力特征值分别为1100kN与1400kN，单桩抗拔承载力特征值分别为400kN与500kN；对于双层地下车库部分，两种桩型的桩长均为17m，单桩抗压承载力特征值分别为1000kN与1300kN，单桩抗拔承载力特征值分别为400kN与500kN。桩端持力层为⑥₄层黏土，桩端入持力层约不小于2倍桩径。

优化设计建议将地下二层车库部分由抗拔控制的抗拔桩由原设计采用PHC 600 AB 130改为PHC500 AB 100，桩长由17m（10＋7）改为21m（14＋7），则在满足抗压与抗拔承载力的情况下可将原设计的5桩承台改为4桩承台，不仅每根柱下承台桩的数量较原设计减少1根，承台桩总长也可减小1m，并且桩径可由原设计600mm改为500mm，综合技术经济效果更优，且加大桩长的安全度更优。但设计院固执己见，未作修改。即便在PHC 600 AB 130出现采购困难，甲方强烈要求改为PHC500 AB 100的情况下，设计院也同样建议甲方"尽量克服一下"而不采纳咨询公司的建议。

【案例三】 福州琅岐岛某项目

该项目位于福州市马尾区琅岐镇环岛路西南侧，总建筑面积259699m²，其中地上建筑面积183992m²，地下建筑面积75707m²。由17栋11～33层住宅楼、18栋3～4层住宅楼（下设1层满堂地下室）及附属建筑组成。

表层有厚度0.40～6.50m的素填土，其下便为厚度达15.10～37.90m的②淤泥（夹砂），流塑，饱和，液性指数标准值高达1.55，孔隙比标准值也高达1.53。属于深厚淤泥土层，工程地质条件非常差。值得欣慰的是深厚淤泥土层下面即是厚度11.90～51.40m的③中砂层，且多呈中密～密实状态。③中砂层之下另一个普遍分布的土层即为⑦强风化花岗岩Ⅱ，在③中砂层与⑦强风化花岗岩Ⅱ之间，断续分布有④卵石，最大粒径达80mm，揭露厚度0.60～20.30m，且部分勘探孔在④卵石层与⑥强风化花岗岩Ⅰ之间存在软弱夹层⑤粉质黏土，厚度达0.80～8.50m，对桩型与桩端持力层选择带来挑战。典型地质剖面见图2-3-10，局部地质剖面见图2-3-11。

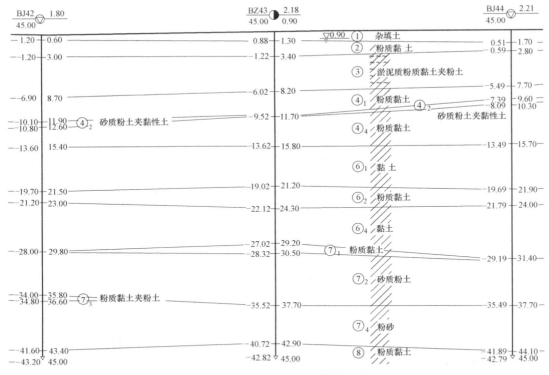

图 2-3-9　嘉兴某项目地质剖面图

　　好在当地设计院的胡贤忠结构老总理论基础与实践经验均非常丰富，认为局部卵石夹层也是非常好的桩端持力层，当个别区域遇有局部卵石夹层而难以穿透时，可直接以该卵石夹层作为桩端持力层，不必拘泥于桩端普遍入岩的要求。

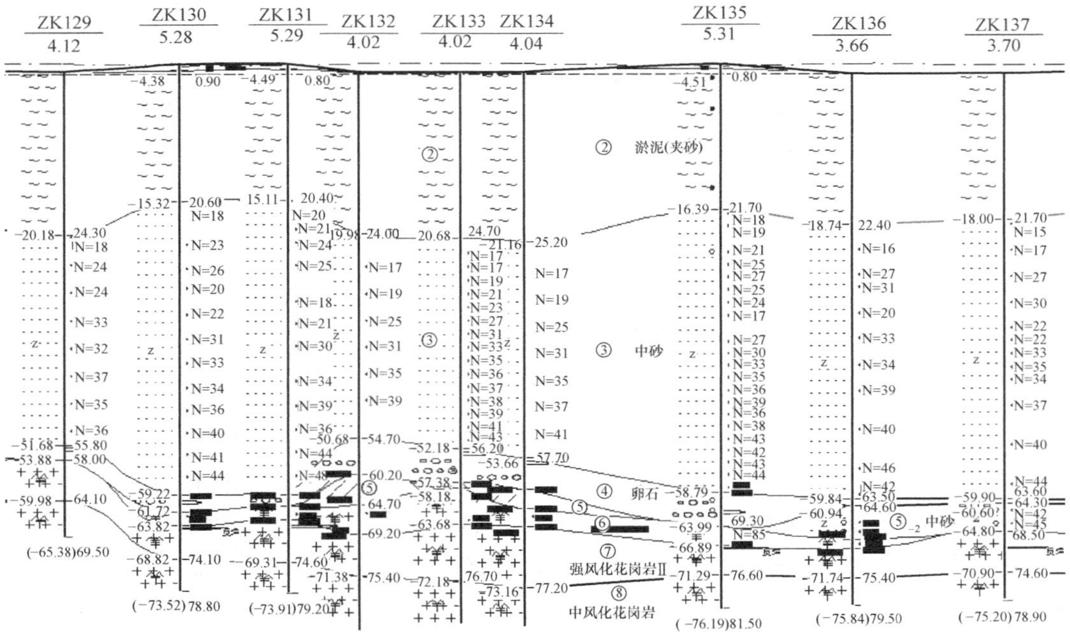

图 2-3-10　福建琅岐岛某项目地质剖面图

28F、33F 高层住宅，采用 PHC800-130-AB 型预应力管桩，桩端持力层为⑥强风化花岗岩Ⅰ，有效桩长约 55～70m，进入持力层深度不小于 1.0m，单桩承载力特征值为 5000kN；由于本工程基底以下存在深厚的淤泥土层，为避免施工过程中个别桩的局部偏移及正常使用过程中在外力作用下的整体偏移，故针对软弱土层上部在建筑物范围采用水泥土搅拌桩固化处理，桩径为 500mm，桩长为底板下 6.0m，水泥土搅拌桩采用格栅式布置，见图 2-3-12。

9F、11F 洋房，采用 PHC800-130-AB 型预应力管桩，桩端持力层为⑥强风化花岗岩Ⅰ，有效桩长约 45～60m，进入持力层深度不小于 1.0m，单桩承载力特征值为

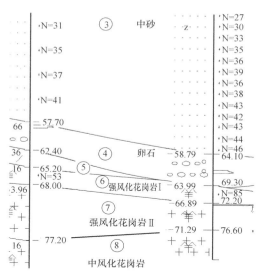

图 2-3-11 ZK134 与 ZK135 局部土层分布

5000kN；由于本工程基底以下存在深厚的淤泥土层，为避免施工过程中个别桩的局部偏移及正常使用过程中在外力作用下的整体偏移，故针对软弱土层上部在建筑物范围采用水泥土搅拌桩固化处理，桩径为 500mm，桩距 1.0m，正方形布置，桩长为底板下 3.0m，见图 2-3-13。

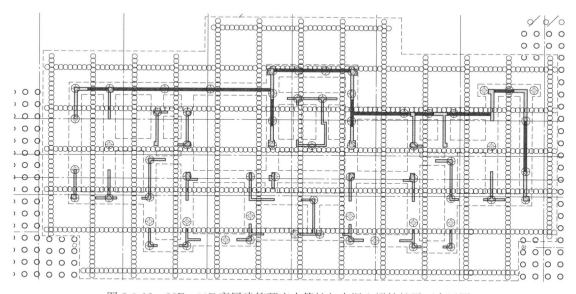

图 2-3-12 28F、33F 高层建筑预应力管桩与水泥土搅拌桩平面布置图

地下车库竖向承压桩采用 PHC500-125-AB 与 PHC600-130-AB 两种桩型，以前者为主、后者为辅，均以③中砂层为桩端持力层，前者有效桩长 45～50m，单桩承载力特征值为 2500kN，后者有效桩长 45～55m，单桩承载力特征值为 3200kN，增加 PHC600-130-AB 桩型主要出于经济性方面的考虑，解决的是一根桩承载力不足但两根桩却承载力富余较多的情况。

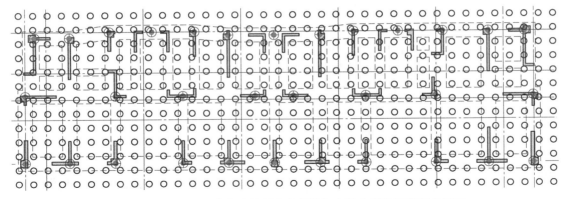

图 2-3-13　9F、11F 洋房建筑预应力管桩与水泥土搅拌桩平面布置图

会所区域采用的是竖向抗压与抗拔两用桩，采用 PHC500-125-AB 桩型，以③中砂层为桩端持力层，有效桩长 45～50m，单桩竖向抗压承载力特征值为 2500kN，单桩竖向抗拔承载力特征值为 500kN。

地下车库在软弱土层深度范围采用水泥土搅拌桩固化处理，桩径为 500mm，桩长为底板下 6m，原设计采用咬合式格栅状布置，见图 2-3-14。

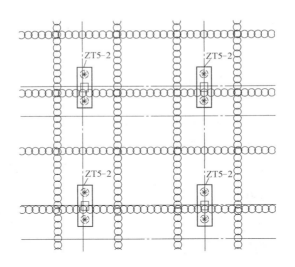

图 2-3-14　地下车库承台桩与格栅桩水泥土搅拌桩

考虑到地下车库承台下桩数较少，且桩间距较大，较大分隔的水泥土搅拌桩格栅网对于单个桩的侧移控制效果可能不太理想，同时考虑到地库面积较大，大范围地采用格栅式布置其造价也是非常之高。故优化建议将基础下土体加固方式由大范围采用格栅式布置改为仅在桩承台周围布置（见图 2-3-15），这样可形成一个个独立的封闭筒形，其抗侧移能力较强，并且可将桩的水平位移控制在较小范围内，防止其发生较大平移而折断；同时将水泥土搅拌桩布置在承台周围可以减少承台二次开挖的开挖量（水泥土搅拌桩距承台边的尺寸，可仅留够设置防水层和砖胎膜的厚度即可），直接利用水泥土搅拌桩作为侧壁支护进行直立开挖；而且承台周围闭合筒状的布桩方式可确保管桩与搅拌桩不会重位，避免已

114

施工的搅拌桩对管桩的沉桩带来不利影响。此外，修改后的布桩方式可大大减少水泥土搅拌桩数量，节省工程造价。

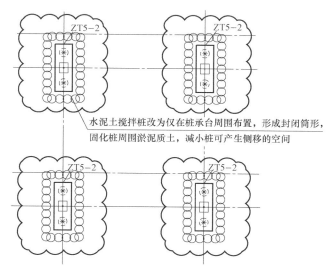

图 2-3-15　优化建议的闭合筒状水泥土搅拌桩方案

上述方案能很好地解决单个承台桩的局部平移问题，效果比图 2-3-14 的格栅式布桩要好。但如果仍然担心桩群发生整体平移，可在轴线上增加水泥土搅拌桩将每个独立的筒形水泥土搅拌桩连成整体（见图 2-3-16），形成较大的格栅状以解决整体平移问题，经初步估算，水泥土搅拌桩数量较原设计大范围格栅式布置也可有所减少，从而降低工程造价。考虑到地下车库范围大、桩数少、桩间距大，地下车库桩群发生整体偏移的情况不大

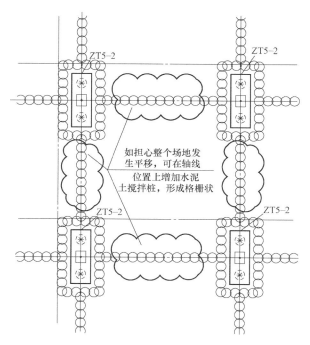

图 2-3-16　优化建议的闭合筒状加强版水泥土搅拌桩方案

可能发生，故建议优先采用承台周围闭合筒状的固化方案。该方案效果好、造价低，且方便承台的施工。

【案例四】 浙江宁波某项目

该项目土质情况总体来说比前述上海某项目更差，浅层土质好于福州琅岐项目，但深层土质不如福州琅岐项目。地面以下 23m 深度范围内基本为淤泥质土，液性指数高达 1.4，孔隙比均在 1.2 以上，25m 深度以下的土质情况稍有好转，但直到 45m 深度左右的第⑦$_1$层黏土层及 50m 深度左右的第⑧层细砂夹粉质黏土层才出现比较理想的桩端持力层，其中第⑦$_1$层黏土层的液性指数为 0.22，孔隙比为 0.785，预制桩的极限端阻值为 1800kPa；第⑧层细砂夹粉质黏土层的标贯击数可达 43，预制桩的极限端阻值为 4000kPa，这两层土均可作为桩端持力层。典型地质剖面见图 2-3-17。

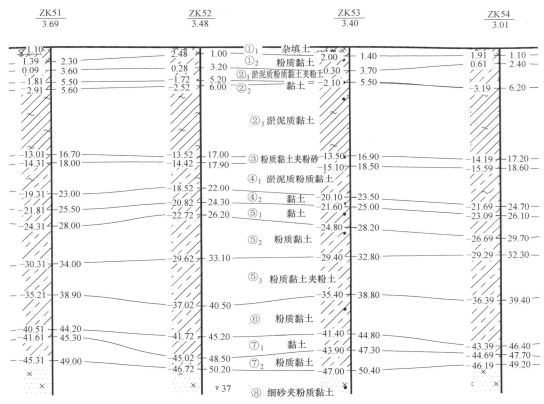

图 2-3-17 宁波某项目地质剖面图

或许是因为采用预应力管桩的入土深度过长（即便以第⑦$_1$层黏土层作为桩端持力层的入土深度也超过 46m），可能需要 4 节桩（3 个接头），故本项目没有采用预应力管桩或其他类型的预制混凝土桩，而是采用了钻孔灌注桩。实际设计采用的桩基形式如下：

• 高层住宅（23~29F＋2D）：基础为桩筏，桩型为直径 650mm 的钻孔灌注桩，并采用后注浆工艺，桩端持力层为⑧层细砂夹粉质黏土，桩端入持力层不小于 5.0m，桩长约 49m，单桩抗压承载力特征值为 3300kN。

• 洋房（9~11F＋1D）：基础为承台桩基础，桩型为直径 600mm 的钻孔灌注桩，桩端持力层为⑧层细砂夹粉质黏土，桩端入持力层不小于 2.0m，桩长约 46m，单桩抗压承载力特征值为 2200kN。

• 地下车库：基础为筏板加桩帽，桩型为直径 600mm 的钻孔灌注桩，桩端持力层为
⑧层细砂夹粉质黏土，桩端入持力层不小于 2.0m，桩长约 46～49m，单桩抗压承载力特
征值为 2200kN，单桩抗拔承载力特征值为 300kN。

虽然灌注桩的造价较预应力管桩高，但总桩数可以大大减少，因而洋房可以实现承台
式布桩，地下车库则可实现一柱一桩，筏板或承台的费用可以相应降低。主楼灌注桩辅以
后注浆工艺，也能使灌注桩的经济性得到提升，质量稳定性更有保证。

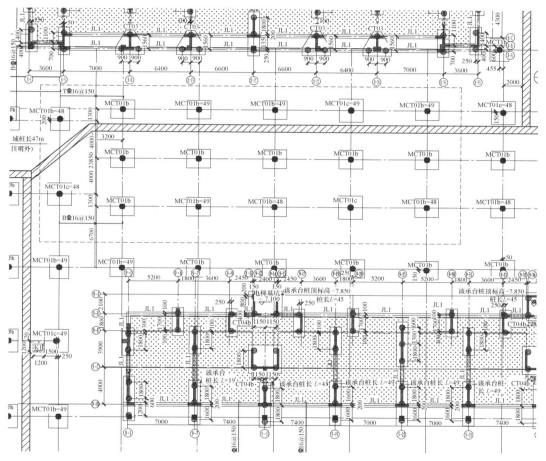

图 2-3-18　宁波某项目洋房与车库桩平面局部布置图

3. 含卵石层的地层

对于桩基工程施工而言，复杂而令人纠结的不是岩层，而是卵石层。对于岩层来说，
基本上是软钻硬冲（较软岩或风化程度严重的岩层可机械钻进，潜水钻、反循环钻、旋挖
甚至长螺旋钻都可在软岩或全风化岩、强风化岩层中钻进；硬质岩或风化程度不严重的岩
层则采用冲击钻）；但对于卵石层尤其是桩基需要穿透的卵石层来说，一般比较纠结，需
要根据卵石的最大粒径、大粒径分组所占比例、卵石层厚度、填充材料性状来定。

一般来说，当卵石层比较松散且最大粒径不超过 50mm 时，长螺旋钻孔灌注桩仍可
适用；当最大粒径不超过钻杆内径的 3/4 时，反循环钻成孔灌注桩仍可适用；当最大粒径

超过 100mm 时，常规的泥浆护壁钻孔灌注桩工艺（潜水钻与正反循环钻）都难以胜任，一般选择旋挖工艺，也可选择冲击反循环工艺。冲击反循环在卵石层中的钻进速度不逊于旋挖，粒径越大越有优势，但在细颗粒土中的速度则远逊于旋挖，甚至比常规反循环的速度还要慢。因此当卵石层的厚度较大或沿孔深的厚度占比较大时，冲击反循环占优，但当卵石层较薄或卵石层沿孔深的占比较小时，旋挖工艺具有优势。

对于旋挖工艺，当卵石粒径大于 25cm，需采用特种钻头，如短螺旋截齿钻头、捞渣钻头、单门钻头或双侧门钻头等，三门峡文体中心桩基施工即在卵石粒径大于 25cm 的地层使用了上述钻头；唐山万达广场 A、B 塔桩基施工，施工工艺采用旋挖钻机成孔水下灌注混凝土施工工艺，嵌岩部分采用更换冲击钻头、冲抓锥钻头进行钻进。但遇大块卵石（漂石）时，三门峡文体中心是更换冲孔钻机将大块卵石（漂石）冲碎，再换回旋挖钻机继续成孔作业。但冲击反循环遇到此种情况则无需更换设备，可直接冲碎，然后用反循环排渣法排出。当卵石层存在胶结性状时，旋挖工艺会比较吃力，可选择冲击反循环工艺。

【案例】 河南三门峡某项目

根据地质勘察报告的描述，本工程地面以下约 5m 为第③层和第④层卵石层，卵石层的平均厚度 8m。该层卵石一般粒径为 4～10cm，最大粒径为 750mm。典型地质柱状图见图 2-3-19。

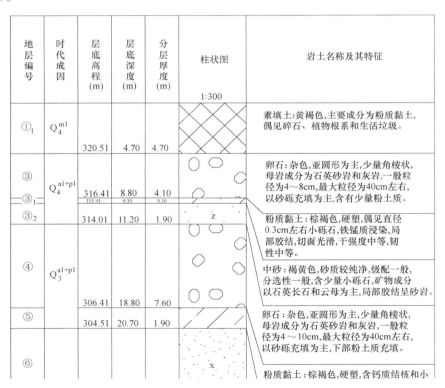

图 2-3-19　河南三门峡某项目地质柱状图

根据大量工程经验，当卵石粒径超过 300mm 时，绝大多数的成桩设备与工艺均难以胜任，因此针对本工程特点选择旋挖成孔泥浆护壁机械成孔灌注桩，个别桩在成孔过程中用旋挖钻机无法钻进的情况下再选用冲孔钻机作为辅助设备。

据勘察报告，第③、第④土层均为卵石层，最大粒径 450mm，且局部发现最大粒径达 750mm 者。如果大粒径普遍存在，对 φ800 桩使用旋挖钻机将很难钻进，增大桩径可使施工难度降低，同时可大量减少桩数，有利于缩短工期。因此优化设计将原设计 φ800 单一桩型改为 φ900 及 φ1000 两种直径、三种桩型，其中 φ900 又因桩长不同而细分为两种桩型，以适应不同桩身轴力对单桩承载力的要求，尽可能提高桩的利用效率。同时采用后注浆工艺以提高单桩承载力，从而达到进一步减少桩数的目的。

具体优化原则如下：

1）φ800mm 桩改为 φ1000mm 桩及 φ900mm 桩；

2）每一柱下承台桩按桩群的等承载力代换；

3）根据桩径及新桩型所需达到的承载力确定桩长；

4）优化后每根桩截面配筋不变，面积配筋率分别为 0.58%（φ1000mm 桩）及 0.72%（φ900mm 桩）；

5）混凝土强度等级从 C30 变为 C40；

6）钢筋参与桩身承载力计算。

承台桩等承载力代换原则如下：

1）原 5φ800 承台桩换为 3φ1000 承台桩，桩长 33～39m，单桩极限承载力为 18600kN；

2）原 4φ800 承台桩换为 2φ1000 承台桩，桩长 33～39m，单桩极限承载力为 18600kN；

3）原 3φ800 承台桩换为 2φ900 承台桩，桩长 27～32m，单桩极限承载力为 13500kN；

4）原 2φ800 承台桩换为 1φ1000 承台桩，桩长 33～39m，单桩极限承载力为 18600kN；

5）原 1φ800 承台桩换为 1φ900 承台桩，桩长 20～22m，单桩极限承载力为 9300kN；

6）条形承台梁按 φ1000 桩进行重新布置，确保局部及整体承载力均不低于原设计。桩长 33～39m，单桩极限承载力为 18600kN。

据粗略计算，按优化设计方案，桩基部分可节省造价约 450～490 万元，承台可节省造价约 100 万元，而且会给施工带来极大便利。

优化前后经济指标比对：

1）灌注桩混凝土总量（含试桩、锚桩）：

优化前：22948m³

优化后：17508m³

2）灌注桩钢筋总量（含试桩、锚桩）：

优化前：1967t

优化后：1138t

3）承台混凝土量（含条形承台梁）：

优化前：4147 m³

优化后：2882 m³

优化前后的桩平面对比情况见图 2-3-20，优化前的桩身配筋见图 2-3-21 及图 2-3-22，优化后的桩身配筋见图 2-3-23 及图 2-3-24。

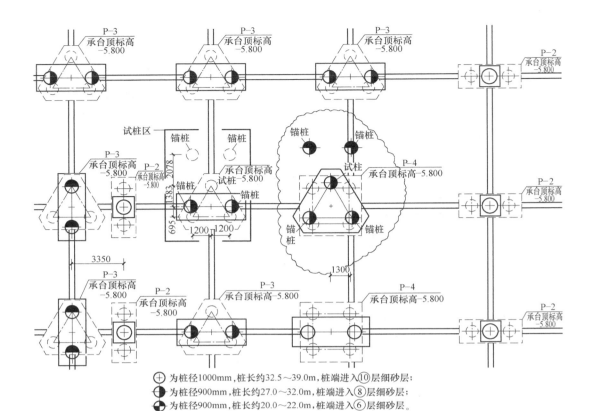

⊕ 为桩径1000mm,桩长约32.5～39.0m,桩端进入⑩层细砂层;
◑ 为桩径900mm,桩长约27.0～32.0m,桩端进入⑧层细砂层;
◐ 为桩径900mm,桩长约20.0～22.0m,桩端进入⑥层细砂层。
采用泥浆护壁机械成孔灌注桩后压浆工艺

图 2-3-20　河南三门峡某项目优化前后局部桩平面布置图
（虚线为原设计，实线为优化设计）

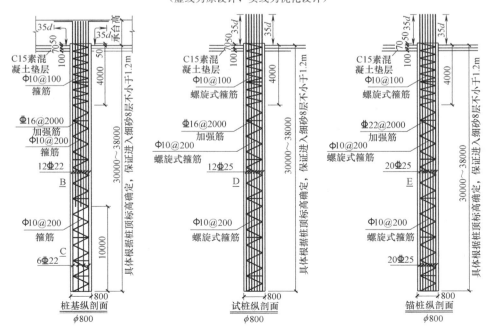

图 2-3-21　河南三门峡某项目优化前桩身纵剖面

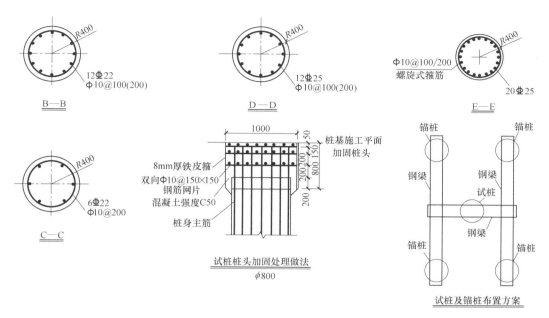

图 2-3-22　河南三门峡某项目优化前桩身横剖面（含试桩桩头加固做法）

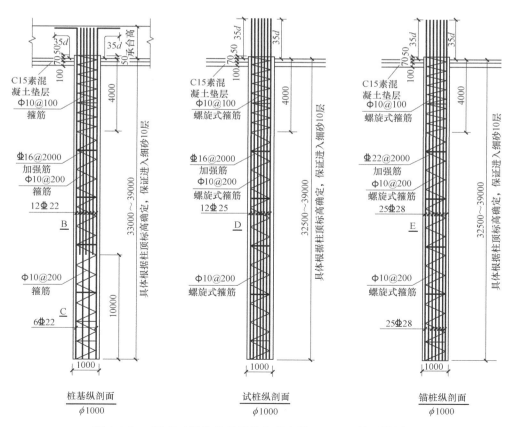

图 2-3-23　河南三门峡某项目优化后直径 1000mm 桩型纵剖面

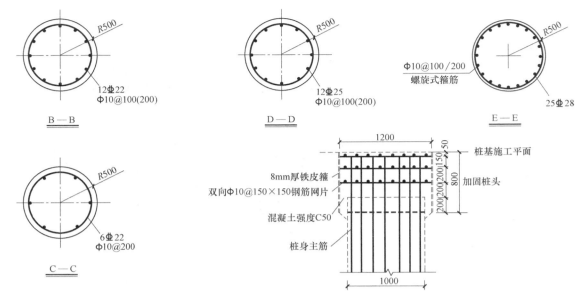

图 2-3-24　河南三门峡某项目优化后直径 1000mm 桩型横剖面

后续施工的工程实践表明，当初的判断和选择都是正确的，只不过施工难度比预期的更大。现场成孔过程中发现卵石最大粒径＞1000mm，地质原因造成材料成本大大超出原先的计算，斗齿、钻头及钻杆等主要配件每天都需要不间断维修，远远超出了常规的设备保养。

4. 湿陷性黄土地层

黄土是一种特殊类土，是在干燥气候条件下形成的多孔性具有柱状节理的黄色粉性土，具有结构性、欠压密性及湿陷性的特点。我国的黄土分布，西起甘肃祁连山脉的东端，东至山西、河南、河北交接处的太行山脉，南抵陕西秦岭，北到长城，面积达 54 万平方公里，故需引起足够重视。

黄土最显著的工程特性是其欠压密性与湿陷性，给工程带来很多不利影响。因此《湿陷性黄土地区建筑规范》GB 50025—2004 第 5.7.2 规定："在湿陷性黄土场地采用桩基础，桩端必须穿透湿陷性土层，并应符合下列要求：1 在非自重湿陷性黄土场地，桩端应支承在压缩性较低的非湿陷性黄土层中；2 在自重湿陷性黄土场地，桩端应支承在可靠的岩（或土）层中。"第 5.7.5 条还规定："在非自重湿陷性黄土场地，当自重湿陷量的计算值小于 70mm 时，单桩竖向承载力的计算应计入湿陷性黄土层内的桩长按饱和状态下的正侧阻力。在自重湿陷性黄土场地，除不计自重湿陷性黄土层内的桩长按饱和状态下的正侧阻力外，尚应扣除桩的负摩擦力。对桩侧负摩擦力进行现场试验确有困难时，可按表 5.7.5 中的数值估算"。

因此对于非自重湿陷性黄土场地，湿陷性黄土层虽然可提供正向的摩阻力，但其数值会大打折扣，尤其是自重湿陷性黄土场地，自重湿陷性黄土层不但不能计入正向摩阻力，而且需要计入负摩阻力，使单桩承载力大大降低，严重损害桩基方案的经济性。因此对于湿陷性黄土场地，应该首先考虑地基处理而不是桩基，当单纯采用地基处理措施不能满足要求或经技术经济比较采用地基处理不合理时，才会考虑桩基方案。当考虑桩基方案时，也应考虑地基处理与桩基相结合的方案，虽然多了一道地基处理的程序，但综合技术经济效益可能更高。

【案例】 甘肃庆阳市某酒店式公寓及住宅项目

本项目位于CBD商务中心区，其中有24层框剪结构酒店式公寓及24层剪力墙住宅，地质情况除表层0.8~4.0m厚填土外，整个场地均为Ⅱ级自重湿陷性黄土，地基土湿陷带分布深度为6.25~11.00m，基础埋深大于6.0m，故基底以下湿陷性土层厚度不大于5.0m。

对于大厚度自重湿陷性黄土而言，采用桩基既要满足承载力要求又要降低造价，应采取地基处理与桩基结合的方案。可首先采用素土或灰土挤密桩工法消除土层的全部湿陷性，再用桩基础穿透全部自重湿陷性黄土层，此时已消除湿陷性的黄土层内桩侧的负摩阻力已转为正摩阻力，设计桩长相应减小，由此节约的费用远大于挤密桩的费用，从而使整个地基与基础工程造价更经济合理。

具体设计时，考虑到后期灌注桩施工的便利性，没有采用灰土挤密桩，而是采用了7.5m有效桩长的素土挤密桩，并采用沉管法施工以增强挤密效果，桩径400mm，桩距1000mm，按正三角形布置。经过各项检测，经处理后的湿陷性黄土层的湿陷性已基本消除。

桩基设计采用了桩长40.0m、直径700mm的灌注桩，桩端持力层落在相对较好的离石黄土④层上。经挤密桩处理后的地基土层，消除了负摩阻力，正极限侧阻力标准值按70~90kPa取值，单桩极限承载力标准值可达5000kN。设计时还考虑了干作业旋挖成孔工艺，并采用了后注浆技术，单桩极限承载力标准值可提高到8000kN，进一步提高了经济效益。

5. 桩端有可能入岩的地层

机械成孔嵌岩桩的选用要谨慎。根据笔者的经验，在泥浆护壁成孔灌注桩中，机械成孔嵌岩桩是出现质量事故概率最高的桩型，这一点与人们对嵌岩桩的一般认知可能不同。人们习惯认为，嵌岩桩嵌入岩层里，也就是生根于岩层，按理应该是非常坚固的。其实不然。原因有二：其一，嵌岩桩端阻所占比重过大，有时甚至按完全端承桩设计，一旦端阻无法按预期发挥，就会导致承载力不足，而沉渣的存在及沉渣厚度对嵌岩桩端阻的发挥影响巨大；其二，机械成孔嵌岩桩的孔底沉渣同样难以控制，很难控制在规范规定的50mm以内。沉渣的存在无疑是桩端混凝土与岩石两种高强材料之间的软弱垫层，在桩端高应力的作用下，其压缩变形也会非常显著，对端阻的削弱非常显著。尤其当试桩以桩顶沉降40mm作为终止试验条件之一时，过厚的沉渣往往导致试桩在未达预定加载量时提前达到40mm，单桩承载力实质变为由沉降控制，使单桩承载力严重降低，导致试桩失败。

从施工工艺角度，只要是泥浆护壁，孔底沉渣就难以避免，虽然沉渣厚度可以控制，但离散性大、保证率低，清孔过甚还可能适得其反，故短期内很难通过机械、工艺手段解决沉渣问题。因此笔者建议在设计中应尽量避免采用机械嵌岩桩，采用细而密及稍短的普通摩擦端承桩来取代较大直径的嵌岩桩，承载力不足时可采用后注浆工艺来提高单桩承载力并控制变形。当嵌岩桩无法避免时，应配合采用后注浆工艺，后注浆工艺可有效加固桩底沉渣，消除桩身混凝土与基岩之间的软弱夹层，在提高单桩承载力的同时，质量保证率也大大提高。

【案例】 河北唐山某综合体项目

本项目公建区域主楼采用 800mm 直径嵌岩桩，设计要求进入中风化岩层 400mm。施工采用旋挖工艺并采用更换钻头的方式进行嵌岩段的施工，试桩结果有 70% 以上的试桩不合格。孔底沉渣是罪魁祸首。

6. 后注浆工艺

后注浆是灌注桩的辅助工法，通过桩底桩侧后注浆固化沉渣（虚土）和泥皮，并加固桩底和桩周一定范围的土体，以大幅提高桩的承载力，增强桩的质量稳定性，减小桩基沉降。可用于除沉管灌注桩之外的各种钻、挖、冲孔灌注桩。

后注浆灌注桩，就是利用钢筋笼底部和侧面预先埋设的注浆管，在成桩后 2～30 天内用高压泵进行高压注浆，浆液通过渗入、劈裂、填充、挤密等作用与桩体周围土体结合，固化桩底沉渣和桩侧泥皮，起到提高承载力、减小沉降等效果。后注浆技术包括桩底后注浆、桩侧后注浆和桩底、桩侧复式后注浆。单一桩侧注浆很少应用，仅在抗拔桩中才有可能单独使用。

钻孔灌注桩的后注浆基本上属于劈裂注浆与渗透注浆相结合。所谓劈裂注浆，即压入的高压浆体克服土体主应力面上的初始压应力，使土体产生劈裂破坏，浆体沿劈裂缝隙渗入土体填充空隙，并挤密桩侧土，促使土体固结从而提高注浆区的土体强度。渗透注浆顾名思义即水泥浆在压力作用下渗透进土体内部，在水泥浆水化硬化的同时将被渗透土体加固的注浆方式。当注浆区在桩底时，浆液首先在桩底沉渣区劈裂和渗透，使沉渣及桩端附近土体密实，产生"扩底"效应，使端承力提高；当注浆区在桩侧某部位时，该部位也同样出现"扩径"效应。

从大量试桩实测资料可看出，桩底注浆后不仅桩的端承力提高了，在桩端以上 6m 甚至更大范围内的桩侧摩阻力也有较大提高。如果在桩侧某段面注浆，同样该断面以上一定范围内的桩侧摩阻力也有明显提高。《建筑桩基技术规范》JGJ 94—2008 规定：桩端注浆时，桩的端阻及桩端以上 12m 的桩侧阻可按规范表 5.3.10（本书表 2-3-2）的倍数提高，桩侧注浆时，注浆面以上 12m 桩长范围的桩侧阻可按表 5.3.10 的倍数提高。

后注浆侧阻力增强系数 β_{si}、端阻力增强系数 β_p（桩基规范表 5.3.10）　　表 2-3-2

土层名称	淤泥 淤泥质土	黏性土 粉土	粉砂 细砂	中砂	粗砂 砾砂	砾石 卵石	全风化岩 强风化岩
β_{si}	1.2～1.3	1.4～1.8	1.6～2.0	1.7～2.1	2.0～2.5	2.4～3.0	1.4～1.8
β_p		2.2～2.5	2.4～2.8	2.6～3.0	3.0～3.5	3.2～4.0	2.0～2.4

大量工程实践证明，采用后注浆工艺可提高承载力 40%～100%，减小沉降 20%～30%。在以粗颗粒为主的土层中，后注浆对承载力的提高更为显著，承载力提高幅度大于 100% 的案例也很多。北京北辰大厦承载力提高 100%，北京电视中心承载力提高 120%。即便在天津等软土地区，承载力也能提高 30%～40%，综合经济效益非常显著。

采用后注浆辅助工艺的费用一般不到造价的 10%，但在大幅提高承载力、减小沉降的同时，可使质量保证率大大提高，即便一些沉渣过厚或有轻微质量缺陷的桩，经后注浆加固后其性能也能满足设计要求，是经济适用、性价比非常高的一种辅助工艺。比如上文提到的机械成孔嵌岩桩，若辅以后注浆工艺，便似如龙得水，再无质量隐患之忧。因此笔者建议：只要是机械成孔灌注桩，除沉管灌注桩外，均应采用后注浆工艺，无论在技术上、经济上及成桩质量上都具有综合优势，是机械成孔灌注桩优化设计的首选。

国贸三期、国家体育场（鸟巢）、中国尊及天津117大厦等地标建筑也均采用了后注浆技术，其他工程案例则不计其数，自其诞生之初至今累计节省造价可达数十亿元。

三、常用桩型与成桩工艺适用性、经济性评价

参见《建筑结构优化设计方法及案例分析》。

四、复合桩基

在采用桩基方案的前提下，当满足一定条件时，可利用承台筏板下土的竖向抗力来分担一部分竖向荷载，从而可以减少桩的数量或长度，达到优化设计的目的。

由于桩基规范第5.2.5条提到了"复合基桩"的概念，同时规范中又多次提到"复合桩基"及"基桩"的概念，为便于读者能厘清之间的关系，有必要在此解释一下：

由设置于岩土中的桩和与桩顶连接的承台共同组成的基础或由柱与桩直接连接的单桩基础，称为桩基础。桩基础中的单桩称为基桩。在考虑承台效应时由基桩及其影响范围内承台下地基土共同组成承载复合体称为复合基桩。由承台、承台下所有基桩及承台下地基土共同承担荷载的桩基础称为复合桩基。以上是桩基础的四个基本概念。

考虑承台效应的基本条件是确保在上部荷载作用下，承台底土能永久地发挥承载力，即要求承台底土与桩顶始终协调变形、等量沉降。当桩身的弹性压缩变形可忽略时，桩的沉降只有桩端土被压缩的变形及桩端发生刺入的变形，因此必须是摩擦型桩基，且应有一定的沉降。

在此前提下，《建筑桩基技术规范》JGJ 94—2008提供了复合桩基的设计依据，并规定了可采用复合桩基设计理念与方法的条件：

5.2.4　对于符合下列条件之一的摩擦型桩基，宜考虑承台效应确定其复合基桩的竖向承载力特征值：

　　1　上部结构整体刚度较好、体型简单的建（构）筑物；

　　2　对差异沉降适应性较强的排架结构和柔性构筑物；

　　3　按变刚度调平原则设计的桩基刚度相对弱化区；

　　4　软土地基的减沉复合疏桩基础。

上部结构刚度较大、体形简单的建（构）筑物，由于其可适应较大的变形，承台分担的荷载份额往往也较大；对于差异变形适应性较强的排架结构和柔性构筑物桩基，采用考虑承台效应的复合桩基不致降低安全度；按变刚度调平原则设计的核心筒外围框架柱桩基，适当增加沉降、降低基桩支承刚度，可达到减小差异沉降、降低承台外围基桩反力、减小承台整体弯矩的目标；软土地区减沉复合疏桩基础，考虑承台效应按复合桩基设计是该方法的核心。以上四种情况，在近年工程实践中的应用已取得成功经验。

当承台底为可液化土、湿陷性土、高灵敏度软土、欠固结土、新填土时，沉桩引起超孔隙水压力和土体隆起时，由于这些条件下承台底土很容易发生大于桩顶沉降的沉降，使承台与承台底土脱离，承台土抗力随时可能消失，故不应考虑承台效应，取 $\eta_c = 0$。也即不应该按复合桩基设计。

考虑承台效应的复合基桩竖向承载力特征值可按下列公式确定

不考虑地震作用时 $\qquad\qquad R = R_\mathrm{a} + \eta_\mathrm{c} f_\mathrm{ak} A_\mathrm{c}$ （式 2-3-1）

考虑地震作用时 $\qquad\qquad R = R_\mathrm{a} + \dfrac{\zeta_\mathrm{a}}{1.25}\eta_\mathrm{c} f_\mathrm{ak} A_\mathrm{c}$ （式 2-3-2）

$$A_\mathrm{c} = (A - nA_\mathrm{ps})/n$$ （式 2-3-3）

式中，f_ak 为承台下 1/2 承台宽度且不超过 5m 深度范围内各层土的地基承载力特征值按厚度加权的平均值，A_c 为计算基桩所对应的承台底净面积，A_ps 为桩身截面面积，A 为承台计算域面积，η_c 为承台效应系数。关于承台计算域面积 A、基桩对应的承台面积 A_c 和承台效应系数 η_c，具体规定如下：

1) 柱下独立桩基：A 为全承台面积。

2) 桩筏、桩箱基础：按柱、墙侧 1/2 跨距，悬臂边取 2.5 倍板厚处确定计算域，桩距、桩径、桩长不同，可分区计算，或取平均值计算 η_c。

3) 桩集中布置于墙下的剪力墙高层建筑桩筏基础：计算域自墙两边外扩各 1/2 跨距，对于悬臂板自墙边外扩 2.5 倍板厚，按条基计算 η_c。

4) 对于按变刚度调平原则布桩的核心筒外围平板式和梁板式筏形承台复合桩基：计算域为自柱侧 1/2 跨，悬臂板边取 2.5 倍板厚处围成。

采用复合桩基设计的核心是承台效应系数 η_c 的确定，所谓承台效应系数，是指摩擦型群桩在竖向荷载作用下，由于桩土相对位移，桩间土对承台产生一定竖向抗力，成为桩基竖向承载力的一部分而分担荷载，也即承台底地基土承载力特征值发挥率。可按桩基规范表 5.2.5 取值。承台效应和承台效应系数随下列因素影响而变化。

1) 桩间距大小。桩间距越大，桩间土承载力发挥值越高。桩顶受荷载下沉时，桩周土受桩侧剪应力作用而产生竖向位移。桩周土竖向位移随桩侧剪应力和桩径增大而线性增加，随与桩中心距离增大，呈自然对数关系减小，当距离达到（6～10）d 时，位移降为零，随土的变形模量减小而减小。显然，土竖向位移愈小，土反力愈大，对于群桩，桩间距愈大，土反力愈大。

2) 桩长大小：桩越短，桩的刚度越低，承台底土承担的荷载越大。承台土抗力随承台宽度与桩长之比 B_c/l 减小而减小。当承台宽度与桩长之比较大时，承台土反力形成的压力泡包围整个桩群，由此导致桩侧阻力、端阻力发挥值降低，承台底土抗力随之加大。在相同桩数、桩间距条件下，承台分担荷载比随 B_c/l 增大而增大。

3) 承台土抗力随区位和桩的排列而变化。承台内区（桩群包络线以内）由于桩土相互影响明显，土的竖向位移加大，导致内区土反力明显小于外区（承台悬挑部分），即呈马鞍形分布。对于单排桩条基，由于承台外区面积比大，故其土抗力显著大于多排桩桩基。

4) 承台土抗力随荷载的变化。一般来说，桩基承台土抗力的增速持续大于荷载增速。

从以上规律可看出，当具备采用复合桩基设计条件而采用复合桩基设计时，为了更大限度地发挥承台底土的作用，应该采用小桩长、大桩距的方案。但桩距加大意味着在桩数不变的情况下承台尺寸也会增大，但考虑到采用复合桩基设计方法后桩数一般会有所降低，故承台尺寸可能变化不大。

对于桩数少于 4 根的承台桩，由于承台面积小，承台效应对承载力的贡献有限，不建议采用复合桩基设计方法。

【案例】 天津某综合体项目

本项目四栋主楼一字排开，最高的一栋 80m 高，其余 3 栋 60m 高，均为框架—剪力墙（筒体）结构，四栋塔楼之间为 3 层框架结构裙房。主楼采用常规桩基，裙房则采用复合桩基，在桩长及单桩承载力不变的情况下，考虑裙房框架柱承台下土的贡献，柱下承台桩的桩数由 7 根减为 5 根，桩数减少了 25% 以上，同时减小了主裙楼之间的沉降差，具有技术与经济双重效益。该项目在工程实施前，又进一步优化主裙楼桩基采用后注浆技术，使主裙楼桩长又有不同程度的缩短。见图 2-3-25。

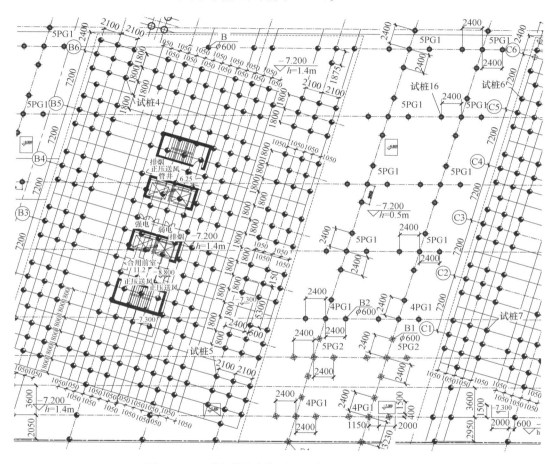

图 2-3-25 天津某综合体项目裙房下采用复合桩基

【案例】 广东汕头某小高层住宅

本项目采用复合桩基设计方法，预应力管桩承担 70% 的竖向荷载，其余 30% 由桩间土承担。主体结构竣工验收前的最大沉降不超 25mm，预估最终最大沉降约 35mm，与计算的预计沉降 30～40mm 比较接近。

五、减沉复合疏桩基础

对于多层建筑，当天然地基承载力不满足要求但相差不多，或者天然地基基本满足要求而沉降又比较大时，如果直接改用桩基则造价会大幅攀升，即便采用复合桩基，用桩量也偏大，此时可采用减沉复合疏桩基础。

《建筑桩基技术规范》JGJ 94—2008 提供了减沉复合疏桩基础的设计方法，可按规范公式（5.6.1-1）～（5.6.1.4）计算承台面积、桩数及基础中点沉降。限于篇幅及必要性，在此仅给出确定承台面积及桩数的计算公式：

$$A_c = \xi \frac{F_k + G_k}{f_{ak}} \qquad (式\ 2\text{-}3\text{-}4)$$

$$n \geqslant \frac{F_k + G_k - \eta_c f_{ak} A_c}{R_a} \qquad (式\ 2\text{-}3\text{-}5)$$

其中 A_c 为桩基承台总净面积；ξ 为承台面积控制系数，$\xi \geqslant 0.6$；η_c 为桩基承台效应系数，同复合桩基按桩基规范表 5.2.5 取值。桩数除满足承载力要求外，尚应经沉降计算最终确定。

对于减沉复合疏桩基础应用要注意把握三个关键技术：一是桩和桩间土在受荷变形过程中始终确保两者共同分担荷载，因此单桩承载力宜控制在较小范围，且桩端持力层不应是坚硬岩层、密实砂、卵石层，以确保基桩受荷能产生刺入变形，承台底地基土能有效分担份额很大的荷载；二是桩距应在（5～6）d 以上，使桩间土受桩牵连变形较小，确保桩间土较充分发挥承载作用；三是由于基桩数量少而疏，桩的横截面尺寸不宜太大，一般宜选择 $\phi 200 \sim \phi 400$（或 200mm×200mm～300mm×300mm），成桩质量应严加控制。

减沉复合疏桩基础承台型式可采用两种，一种是筏式承台，多用于承载力小于荷载要求和建筑物对差异沉降控制较严或带有地下室的情况；另一种是条形承台，但承台面积系数（承台与首层面积相比）较大，多用于无地下室的多层住宅。

对于复合疏桩基础而言，与常规桩基相比其沉降性状有两个特点：一是桩的沉降发生塑性刺入的可能性大，在受荷变形过程中桩、土分担荷载比随土体固结而在一定范围变动，随固结变形逐渐完成而趋于稳定；二是桩间土体的压缩固结受承台压力作用为主，受桩、土相互作用影响居次。

【案例】 天津华明工业园区某研发楼及立体车间项目

本项目地上 6 层、地下 1 层，框架—剪力墙结构，天然地基承载力 95kPa。上部结构（不含基础底板荷载）传至基底按地下室外墙围合面积计算的平均压力为 115kPa，虽经深度修正后的承载力可满足要求，但计算沉降量偏大。后采用桩长 18m、外径 500mm 的钢管桩减沉复合疏桩基础，按一柱一桩布置，计算沉降大大降低，基础中点沉降仅 20mm。投入使用后未发现任何由于沉降或差异沉降引发的问题。

六、桩基的变刚度调平设计

前面在复合地基章节中提到的变刚度调平设计，是在复合地基框架下的变刚度调平，所能做的仅仅是调整桩长、桩径与桩间距。而广义的变刚度调平，则是要根据建筑物体型、结构、荷载和地质条件，选择桩基、复合地基、刚性桩复合地基，并合理布局，调整桩土支承刚度分布，使之与荷载匹配。

总体思路：以调整桩土支承刚度分布为主线，根据荷载、地质特征和上部结构布局，考虑相互作用效应，采取增强与弱化结合，减沉与增沉结合，刚柔并济，局部平衡，整体协调，实现差异沉降、承台（基础）内力和资源消耗的最小化。

1. 变刚度调平设计原则

（1）对于荷载分布极度不均的框筒结构，核心筒区宜采用常规桩基，外框架区宜采用复合桩基；中低压缩性土地基，高度不超过60m的框筒结构，高度不超过100m的剪力墙结构可采用刚性桩复合地基或核心筒区局部刚性桩复合地基；并通过变化桩长、桩距调整刚度分布。

（2）为减小各区位应力场的相互重叠对核心区有效刚度的削弱，桩土支承体布局宜做到竖向错位或水平向拉开距离。采取长短桩结合、桩基与复合桩基结合、复合地基与天然地基结合以减小相互影响，优化刚度分布，如图2-3-6所示。

（3）考虑桩土的相互作用效应，支承刚度的调整宜采用强化指数进行控制。核心区强化指数宜为1.05～1.30，外框为两排柱者应大于一排柱，满堂布桩者应大于柱下和筒下布桩，内外桩长相同者应大于桩长不同、桩底竖向错位、水平间距较大的布局。外框区的弱化指数宜为0.95～0.85，增强指数越大，相应的弱化指数越小。在全筏总承载力特征值与总荷载标准值平衡的条件下，只需控制核心区强化指数，外框区弱化指数随之实现。

核心区强化指数ξ_s为核心区抗力比λ_R^c与荷载比λ_F^c之比：

$$\xi_s = \lambda_R^c / \lambda_F^c \qquad\qquad (式\ 2\text{-}3\text{-}6)$$

$$\lambda_R^c = R_{ak}^c / R_{ak} \qquad\qquad (式\ 2\text{-}3\text{-}7)$$

$$\lambda_F^c = F_k^c / F_k \qquad\qquad (式\ 2\text{-}3\text{-}8)$$

其中，R_{ak}^c、R_{ak}分别为核心区（核心筒及核心筒边至相邻框架柱跨距的1/2范围）的承载力特征值和全筏基承载力特征值；F_k^c、F_k分别为核心区荷载标准值和全筏荷载标准值。当桩筏总承载力特征值与总荷载标准值相同时，核心区增强指数ξ_s即为核心区的抗力荷载比。

（4）对于主裙连体建筑、应按增强主体、弱化裙房的原则设计。裙房宜优先采用天然地基、疏短桩基。对于较坚硬地基，可采用改变基础形式加大基底压力、设置软垫等增沉措施。

（5）桩基的基桩选型和桩端持力层确定，应有利于应用后注浆增强技术，应确保单桩承载力具有较大的调整空间。基桩宜集中布于柱、墙下，以降低承台内力，最大限度发挥承台底地基土分担荷载作用，减小柱下桩基与核心筒桩基的相互作用（图2-3-26）。

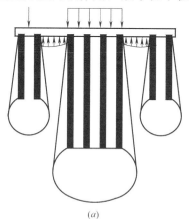
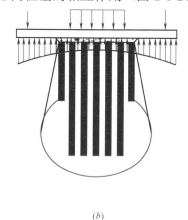

（a）　　　　　　　　　　　　　　　　（b）

图2-3-26　框筒结构变刚度优化模式

（a）桩基；（b）刚性桩复合地基

（6）宜在概念设计的基础上进行上部结构-基础（承台）-桩-土的共同作用分析，优化细化设计；差异沉降控制宜严于规范值，以提高耐久性及可靠度，延长建筑物正常使用寿命。

2. 桩基变刚度设计细则

（1）总体原则

对于主裙连体建筑基础，应按增强主体（采用桩基）、弱化裙房（采用天然地基、疏短桩、复合地基、褥垫增沉等）的原则设计。当高层主体采用桩基时，裙房（含纯地下室）的地基或桩基刚度宜相对弱化，可采用天然地基、复合地基、疏桩或短桩基础。

（2）框架—核心筒结构

对于框架—核心筒结构高层建筑桩基，应强化核心筒区域桩基刚度（如适当增加桩长、桩径、桩数，采用后注浆等措施），相对弱化核心筒外围桩基刚度（采用复合桩基，视地层条件减小桩长）。

核心筒和外框柱的基桩宜按集团式布置于核心筒和柱下，以减小承台内力和减小各部分的相邻影响。荷载高集度区的核心筒，桩数多桩距小，不考虑承台分担荷载效应。对于非软土地基，外框区应按复合桩基设计，既充分发挥承台分担荷载效应，减少用桩量，又可降低内外差异沉降。当存在2个以上桩端持力层时，宜加大核心筒桩长，减小外框区桩长，形成内外桩基应力场竖向错位，以减小相互影响，降低差异沉降。

以桩筏总承载力特征值与总荷载效应标准组合值平衡为前提，强化核心区，弱化外框区。对于框剪、框支剪力墙、筒中筒结构型式，可按照框筒结构变刚度调平原则布桩，对荷载集度高的电梯井、楼梯间予以强化，其强化指数按其荷载分布特征确定。

框架—核心筒结构高层建筑在天然地基承载力满足要求的情况下，宜于核心筒区域局部设置增强刚度、减小沉降的摩擦型桩。

（3）剪力墙结构

剪力墙结构不仅整体刚度好，且荷载由墙体传递于基础，分布较均匀。对于荷载集度较高的电梯井和楼梯间应强化布桩。基桩宜布置于墙下，对于墙体交叉、转角处应予以布桩。当单桩承载力较小，按满堂布桩时，应适当强化内部弱化外围。

（4）桩基承台/筏板设计

由于按前述变刚度调平原则优化布桩，各分区自身实现抗力与荷载平衡，促使承台/筏板所受冲切力、剪切力和整体弯矩降至最小，因而承台/筏板厚度及配筋可相应减小。但不应小于规范规定的最小厚度，并应尽可能接近经济厚度。所谓经济厚度，即配筋量最小但混凝土用量与构造配筋控制时的混凝土用量又相差不大时的筏板厚度。

筏形承台的选型，对于框筒结构，核心筒和柱下集团式布桩时，核心筒宜采用平板，外框区宜采用增厚筏板或承台式；对于剪力墙结构，宜采用平板式。承台/筏板配筋，在实施变刚度调平布桩时，可按局部弯矩计算确定。

（5）共同作用分析与沉降计算

对于框筒结构宜进行上部结构-承台-桩-土共同作用计算分析，据此确定沉降分布、桩土反力分布和承台/筏板内力。当计算差异沉降未达到最佳目标时，应重新调整布桩直至满意为止。

当不进行共同作用分析时，应按规范规定计算沉降，据此分析检验差异沉降等指标。

变刚度调平概念设计旨在减小差异变形、降低承台内力和上部结构次内力，以节约资源，提高建筑物使用寿命，确保正常使用功能。《建筑桩基技术规范》JGJ 94—2008 第3.1.8 条及其条文说明对"传统设计存在的问题"、"变刚度调平设计原理与方法"、"试验验证"、"工程应用效果"等着墨颇多，其中，采用变刚度调平设计理论与方法结合后注浆技术对北京皂君庙电信楼、山东农行大厦、北京长青大厦、北京电视台、北京呼家楼等27 项工程的桩基设计进行了优化，取得了良好的技术经济效益。最大沉降 $S_{max} \leqslant 38mm$，最大差异沉降 $\Delta S_{max} \leqslant 0.0008L_0$，节约投资逾亿元。有兴趣的读者可参阅规范原文，本书在此不再赘述。

本书前文提到的天津海益国际中心的桩基设计及后续案例中的哈尔滨华鸿国际中心桩基优化，均采用了变刚度调平设计理论。

第四节　基础底板结构选型设计优化

本节主要从宏观层面讨论基础底板选型的优化设计原则，基础底板选型一经确定，针对具体基础底板类型的设计优化则在后文有专题论述。

一、基础底板结构选型原则

当有地下室时，基础底板的结构选型及各种选型下的结构形式对成本的影响非常大。因此在进行基础底板设计时，最重要的是做好基础选型，对结构成本控制可收到事半功倍的效果。

基础底板选型需遵循以下主要原则：

1. 应综合考虑建筑场地的工程地质情况及水文地质情况、上部结构类型、荷载大小及分布状况、使用功能、施工条件、相邻建筑物、市政管线及环境的相互影响，以保证建筑物不致发生过量沉降或倾斜，并能满足正常使用要求，同时减轻或避免对周边环境的影响，比如充分考虑到邻近地下构筑物及各类地下设施的位置和标高，以保证基础的安全和确保施工中不发生问题。

2. 应选用整体性好，能满足地基承载力和建筑物容许变形要求的基础底板形式，并能调节不均匀沉降，达到安全实用和经济合理的目的。根据上部结构类型、层数、荷载及地基承载力，可采用独立柱基、墙下条基、柱下条形基础、满堂筏形或箱形基础。

二、常用基础底板形式、优缺点及适用范围

基础底板，一般是指地下建筑物或带地下室的建筑物与地基土直接接触的一类或一组水平结构构件，大体有三种：即独立柱基或墙下条基加防水板、整体式筏形基础以及箱形基础。一般的房地产开发项目中采用箱形基础的不多，故常用的基础底板形式主要是前两种，即柱下独基/墙下条基加防水板体系及整体式筏形基础。

1. 独立柱基或墙下条基加防水板

柱下独基/墙下条基加防水板体系具有传力路径简单直接、刚柔相济、材料用量少、施工方便等优点，一般综合技术经济效益较高，有条件时应尽量采用。对于采用大柱网的

单层地下车库，当持力层的天然地基承载力不小于150kPa时，均可尝试采用独立柱基或墙下条基加防水板的基础底板体系。当有人防时，作用于防水板上的人防等效静荷载与整体式筏形基础相比还可大幅降低。

从地基基础总体方案而言，总的规律是"柱下天然地基"优于"柱下局部复合地基"优于"承台式桩基"优于"整体桩筏基础"。

哈尔滨华鸿国际中心，裙房基础原设计采用柱下承台加钢筋混凝土灌注桩，优化方案采用柱下独立基础并在独立基础范围做CFG桩复合地基的方案。省去了灌注桩的全部钢筋，混凝土用量大幅降低，混凝土强度等级也由C35降到C25。独立基础比桩承台也可节省大量钢筋与混凝土。仅材料综合造价即可节省600万元。

地下水位埋藏较深时，无水浮力或水浮力影响较小时，独立基础加防水板体系优于整体筏基方案。唐山香木林二期，将原设计梁板式筏基改为独立基础加防水板方案后，基础底板钢筋含量由124kg/m²降到62.4kg/m²，降幅达50%，综合造价节省1300万元。

2. 整体式筏形基础

筏形基础具有整体刚度大、抵抗不均匀沉降的能力较强的特点，尤其当地基不均匀时可发挥一定程度的架越作用。其缺点是材料用量较独立基础加防水板方案要高。

整体式筏形基础又分为梁板式和平板式两种。

以往不少结构设计人员认为梁板式筏基比平板式筏基经济性好，其实不然。就底板结构自身而言，因梁板式筏基的地梁需配箍筋及腰筋等构造钢筋，而平板式筏基则只有上下表面钢筋，当平板式筏基的厚度取值适当，配筋采用按最小配筋率钢筋拉通并在不足处附加短筋的配筋方式时，平板式筏基的用钢量可能会比梁板式的省。而如果再结合对相关因素的影响而进行综合比较并考虑施工因素的话，平板式筏基的综合造价要比梁板式筏基低很多。

如北京顺义某项目，就上返式梁板式筏基与下返式平板式筏基的经济性问题，甲方及顾问公司与设计院产生严重分歧。甲方认为下返式平板式筏基省，而设计院则认为正好相反，于是设计院又另做了一版平板式筏基算量图，然后一并交给第三方造价咨询单位去进行工程量的核算，同时设计院自己也进行了核算。最终结果都显示平板式筏基比梁板式筏基要省，只不过造价公司算出来的省得多，而设计院自己算的省得少而已。

采用梁板式筏基时，基础梁截面大必然增加基础埋置深度，导致结构层高加大、挖填土方量增大、护坡高度加大、墙柱高度加大，墙柱高度加大还会导致有横向荷载作用的墙体计算配筋加大、防水面积加大，此外还有基础梁间回填材料的费用及对工期的影响等，当水位高时埋深加大还会导致水浮力加大，因而更为不利。梁板式筏基的施工也比平板式麻烦，梁板的混凝土需分层浇注，还涉及基础梁的支模等，无论成本与工期都没有优势，综合经济效益不如比平板式筏基。因此无论对于剪力墙结构的主楼还是框架结构的地下车库，均宜优先采用平板式筏基。

梁板式筏基的优点是：结构平面外刚度大，混凝土用量较少。当梁板式筏基采用梁板底平的上返式时，可用基础梁之间的格子做集水坑或其他设备基坑，减少结构坑的数量或降低结构的降板深度等；当地下水位较高需考虑抗浮稳定时，梁格之间的回填材料可作为配重进行抗浮；在进行底板结构的承载力计算时，当作用于基础底板上的净水压力有可能大于基底净反力而出现水压力控制承载力计算的工况时（采用抗浮桩、抗浮锚杆时才有可能出现），底板上的回填材料作为对结构有利的永久荷载应参与水压力控制工况的荷载组合，可有效平衡设计水头并降低净水压力，从而降低混凝土与钢筋等的材料用量；此外，梁板式筏基可采用塑性设计，从而降低板的钢筋用量。

梁板式筏基的缺点也比较明显：首先是基础梁的存在，使得梁板式筏基的整个结构高度加大，在层高要求不变的情况下，必然导致埋深要加大，土方开挖、回填、支护、降水的费用都会增加；其次，无论上返梁还是下返梁，基础梁的模板工程量会较多，下返梁的砖胎膜与上返梁的吊模都不是很容易的事。基础梁的主筋一般都较粗较密，受力钢筋一般都是2~3排钢筋，箍筋一般至少要四肢箍，钢筋绑扎的难度也比较大。密密麻麻的钢筋也会导致混凝土浇筑困难，存在浇筑质量降低等隐患；此外梁板式筏基虽然平面外弯曲刚度较大，但受梁板布置的影响，基础刚度变化并不均匀，在核心筒或受力较大的柱底易形成内力分布的突变。

平板式筏基结构的整体高度较小，相应埋深、土方、支护、降水的费用都会少些；平板式筏基构造简单，模板工程量小，钢筋布置及绑扎都比较简单，施工方便；平板式筏基受力比较均匀，在核心筒或荷载较大的柱下通过局部加厚筏板或设置柱墩等来解决冲切及局部配筋过大的问题，最容易施行"变刚度调平"设计，使设计结果更经济合理；对于复杂或不规则的柱网结构，平板式筏基也具有更好的适应性。

平板式筏基也有缺点，最主要的是板厚偏大，相应的混凝土用量偏大，对混凝土凝结硬化期间的水化热及温度控制的要求较高。

梁板式筏基在经济性与施工便利性方面劣势虽然明显，但一直比较受设计院的青睐，尤其是上返梁的梁板式筏基，更是设计院建筑师、结构工程师及设备专业工程师的首选。究其原因是梁格空间及回填材料的存在，使建筑师及设备工程师不必纠结于集水坑及排水沟的设置问题，可以随意布置并在后期随意改动；垫层的存在也使建筑师在处理排水找坡时更得心应手，也使耐磨配筋面层的设置变得更理所当然。对结构工程师而言，采用平板式筏基需要跨越三大障碍，其一是平板式筏基一般需采用有限元法进行结构分析计算，故需要有一定的有限元基础；其二需要专门的筏板有限元软件，且需对软件操作较为熟练；其三是岩土参数的合理取值，需要有一定的岩土工程专业基础。而梁板式筏基的原理及分析方法简单，不需要岩土及有限元方面的基础，软件也易于实现，尤其采用倒楼盖法模拟时，很多普通的结构设计软件都可以计算，甚至可以采用查表法进行内力计算及配筋。

但随着开发商成本意识的觉醒及其设计管理团队专业水平的提升，梁板式筏基近年来的使用正逐步减少，一般只用于柱网规则、荷载均匀的结构中。很多成规模、有经验的开发商甚至以企业标准的形式禁止梁板式筏基的使用。

3. 箱形基础

箱形基础是由底板、顶板、侧墙及一定数量内隔墙构成的整体刚度较好的单层或多层钢筋混凝土基础，具有整体性强、刚度更大的特点，能较好地调节地基不均匀沉降。箱形基础与筏形基础在概念上的最大区别在于"基础"的范围，箱形基础的顶板、内外墙体与底板共同组成建筑物的"基础"，换言之整个地下结构作为整体成为建筑物的基础，而筏形基础的"基础"仅仅是一层基础底板。

构成箱形基础的条件是地下结构的内外结构墙体要有足够的数量及足够小的间距，要求箱形基础的内外墙应沿上部结构柱网和剪力墙纵横均匀布置，当上部结构为框架或框剪结构时，墙体水平截面总面积不宜小于箱基水平投影面积的 1/12；当基础平面长宽比大于 4 时，纵墙水平截面面积不宜小于箱基水平投影面积的 1/18。在计算墙体水平截面面积时，允许计入洞口部分，即不扣除洞口部分。

但绝大多数剪力墙结构住宅，即便接近 100m 的高度，全部上部结构的落地剪力墙在基础顶面的水平截面积，也仅占基底面积的 1/20～1/15。因此如果欲按箱形基础进行设计，还需要在地下室内加密结构墙体，不但经济性降低，而且会导致箱形基础的地下室开间较小，不利于设备用房或停车位的布置，空间利用率较低。而且筏形基础（尤其平板式）与落地剪力墙及连续的挡土外墙相组合，整体刚度也很大，除非上部结构的剪力墙较密，天然具备设计为箱形基础的条件，否则没有必要通过在地下室增加墙体的做法来按箱形基础进行设计。

三、高层剪力墙结构基础底板选型

住宅、公寓及酒店等类型建筑，由于内部分隔墙较多且开间一般较小，故在结构设计时多采用剪力墙结构，对于这类高层建筑的基础底板，当采用桩基础且可实现墙下单排布桩时，采用墙下承台梁加防水板的基础底板形式更为经济。当采用天然地基或复合地基时，大多采用整体式筏形基础，筏形基础又有梁板式筏基与平板式筏基两种选择。

对于住宅、公寓及酒店等类型建筑，房间的开间大多不超 4.0m，偶有大户型豪宅的客厅可能会超过 4.0m，但一般也会在 4.5m 以内，因此这类建筑剪力墙的间距不是很大，且剪力墙分布比较均匀，当采用整体式筏形基础时建议优先采用平板式筏基。此时平板式筏基不但材料用量少，而且模板与钢筋工程也非常简单，施工速度较快。

当剪力墙间距比较大且剪力墙分布比较均匀和规则时，如果采用天然地基或复合地基上的筏形基础，则可以采用梁板式筏基。如图 2-4-1 的办公建筑，为内廊式带固定分隔的办公室，办公室开间为 6.6m，上部结构采用剪力墙结构，基础底板采用了梁板式筏形基础（图 2-4-2）。

但需要明确的是，虽然该基础底板在剪力墙之间增设了基础梁，从而与剪力墙一起将基础底板分隔成一系列板块并按梁板式筏基模型进行计算，但因增设的基础梁是与底板等厚的基础暗梁（600×750 及 800×750），其刚度之弱不足以发挥对基础底板的支承作用，因此增设暗梁的实际受传力模式与平板式筏基所差无几。只不过是通过增设暗梁的方式人为将其定义为梁板式筏基，然后软件也是按梁板式筏基的受传力模式强行将暗梁视为支座并强行将板的荷载传递给梁。这种模拟方式在剪力墙下的内力与配筋结果可能相差不大，但在基础暗梁及其附近则会产生较大的偏差，这种偏差就是模拟精度低造成的，我们称之为模型化误差。假如采用 ANSYS、Algor 或 SAP2000 等通用有限元软件进行分析，会发现增设暗梁与否对基础底板的内力分析结果并无显著不同，表明增设暗梁只是概念上的一厢情愿，实际上不起作用。

假如将基础暗梁改为与基础底板相比刚度足够大的基础明梁，则实际的受传力模式就会与梁板式筏基的受传力模式更加接近，模型化误差会大大减小，模拟分析结果会更加真实而准确。

对于梁板式结构，传统的模拟分析方法是假定梁为板的固定支座（固定铰支座或固定

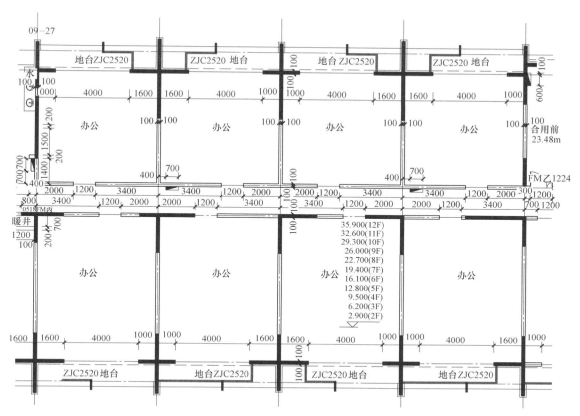

图 2-4-1 北京顺义某内廊式带固定分隔的高层办公建筑

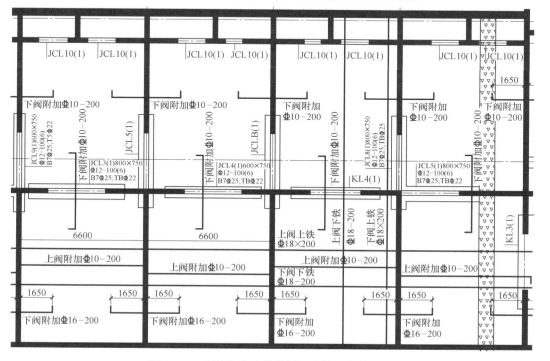

图 2-4-2 上述办公建筑的梁板式筏基解决方案

端支座），也即假定梁是完全刚性而没有竖向位移的。但实际上除非板支承在剪力墙上可视为绝对刚性外，只要是梁板体系中的梁，就有竖向位移，因此并非是荷载由板及梁，再由梁传给柱墙这样简单的受传力模式，而是梁作为板带的一部分共同参与受力与传力，与无梁楼盖的受传力模式是相近的，梁作用的大小通过梁相对刚度来体现，梁相对刚度越大，则梁板式的受传力模式越显著，梁相对刚度越小，则板带式的受传力模式越明显。梁的相对刚度可由梁相对刚度系数 α_1 来表示，即

$$\alpha_1 = \frac{E_{cb}I_{b1}}{E_{cs}I_s} \qquad\qquad (式\ 2\text{-}4\text{-}1)$$

其中，$E_{cb}I_{b1}$ 为梁 1 的抗弯刚度，可以考虑梁的翼缘宽度，对于中间梁翼缘宽度可取 $b_w + 2(h-t)$ 但不大于 $b_w + 8t$，对于边梁则翼缘宽度可取 $b_w + (h-t)$ 但不大于 $b_w + 4t$；$E_{cs}I_s$ 为宽度 l_2 范围板的抗弯刚度。

梁的刚度 α_1 和 α_2 值的域是从零到无穷大（分别对应于无梁的情况及板支承在墙上的情况），在实际工程中，对于接近方形的板格及钢筋混凝土梁，α_1 和 α_2 值大多在 1.0~5.0 之间。

梁的刚度系数越大，梁所分担的弯矩越多，相应柱上板带所分担的弯矩就相应减少。但二者分担比例除了受梁的刚度系数影响外，梁间距与梁跨之比（也即垂直于该梁的板跨与平行于该梁的板跨之比）l_2/l_1 也是重要的影响因素。因此美国 ACI 规范及 Park 先生在其巨著《钢筋混凝土板》中均以 $\alpha_1 l_2/l_1$ 表征梁板式楼屋盖体系中梁的相对刚度。

下面参照 $l_1/l_2 = 2$ 时的典型内板格布置（图 2-4-3）进行详细讨论，图 2-4-4 是 $l_1/l_2 = 2$（即 $l_2/l_1 = 0.5$）时梁、柱上板带与跨中板带的弯矩分配比例随 $\alpha_1 l_2/l_1$ 的变化曲线。

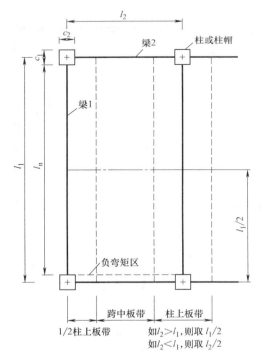

图 2-4-3 典型内板格的布置

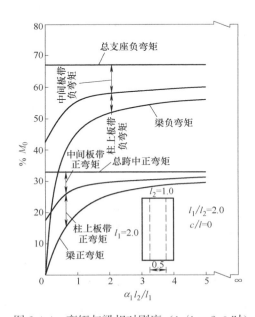

图 2-4-4 弯矩与梁相对刚度（$l_1/l_2 = 2.0$ 时）

该图中各种曲线的间隔最大，故最能说明问题。其中纵坐标中的 M_0 为静力弯矩。总的负弯矩或总的正弯矩在梁和板之间分配，梁的弯矩由下面的一根曲线下的带表示，柱上板带的弯矩由中间的带表示，中间板带的弯矩由位于总截面弯矩的水平直线以下的上面一条带表示。

从图 2-4-4 中可以看出，无论是跨中总正弯矩还是支座总负弯矩，梁的相对刚度 $\alpha_1 l_2 / l_1$ 对梁、柱上板带与中间板带之间的弯矩分配比例都有直接而明显的影响。梁刚度的增大总是使板的弯矩减小，当把柱上板带与梁当做一个构件来考虑时则更有价值，其意义在于，虽然梁刚度增加后梁分配的弯矩也会相应增多，但可使柱上板带与中间板带的弯矩降低，从而使梁刚度的增加具有合理性。梁的相对刚度对弯矩分配影响的总体趋势是，梁的相对刚度越小，则梁所分担的弯矩越少，直至梁的相对刚度降为零（无梁）时，则全部的弯矩由柱上板带及中间板带分配。而且当梁的相对刚度 $\alpha_1 l_2 / l_1$ 较小时（0~2 的区段），弯矩分配比例对梁的刚度非常敏感，梁的正负弯矩分配比例曲线都比较陡峭，也即在此区段，梁刚度的增减会显著影响梁弯矩分配比例的增减，因此发生梁高加大而配筋不减反增或梁高减小而配筋不增反减的情况也就不足为怪了；随着梁相对刚度的增大，梁所分担的弯矩也增多，而柱上板带与中间板带所分担的弯矩减少，但梁刚度的变化对柱上板带的影响比中间板带更明显一些。当 $\alpha_1 l_2 / l_1$ 大于 2~3 时，梁相对刚度的变化对弯矩分配比例的影响不再敏感，而在大多数情况下，当 $\alpha_1 l_2 / l_1 = 5$ 时，弯矩分配比例即和刚性梁大致相同，随着梁刚度的增加，梁、柱上板带与中间板带之间的分配比例基本维持不变，只不过此时柱上板带的弯矩分配比例较小，但不可能为零。

说了这么多，就是想表明基础暗梁因其刚度很低，即便能起到梁的作用，也无法有效降低板的弯矩。其作用仅限于划分板格从而可采用弹性地基梁板模型来进行筏板的计算。但这种强行将暗梁指定为梁的方法必然会导致较大的模型误差。

【案例】 带暗梁的平板式筏基

图 2-4-5 为某项目基础底板配筋图，是带基础暗梁的筏形基础。图 2-4-6 为按弹性地基梁板算法来进行筏板计算的计算结果，两处虚线方框所示的配筋结果存在异常。该暗梁不但被水平向的虚梁打断从而类似于两段悬挑梁的配筋，其跨中上铁也严重偏小，显示人为增加暗梁与虚梁从而硬套弹性地基梁板模型是非常不靠谱的，不仅仅是模型化误差比较大的问题，甚至很可能生成错误的结果。

图 2-4-7 为图 2-4-5 按筏板有限元算法来进行筏板计算的计算结果，计算结果显示的是 Y 向顶筋面积图。从中可以看出，暗梁的存在似乎丝毫没有影响暗梁附近筏板的内力和配筋，从而表明有限元计算结果与前述梁相对刚度对弯矩分配影响的结论是吻合的。因此对于梁刚度明显偏弱的梁板式结构，有限元法分析计算的结果比传统计算方法要更加准确和可靠。

四、以框架结构为主（含少量剪力墙）的地下车库基础底板选型

1）对于多层建筑的地下室底板，当地基承载力较大时，优先采用独立柱基或墙下条基加防水板的形式。

2）当主体结构为框架结构时，若天然地基承载力不足，可仅在柱下独立基础范围内局部进行地基处理，然后在人工地基上做独立基础，在天然地基上做防水板，一起组成独

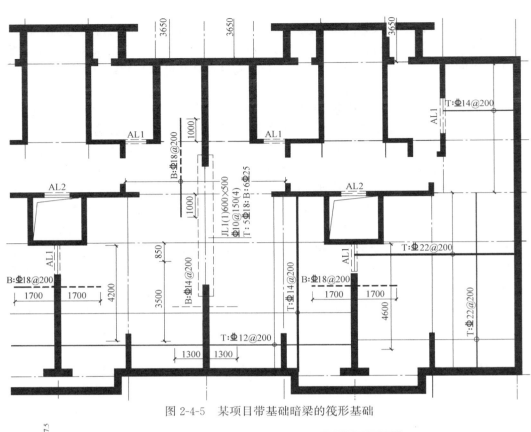

图 2-4-5 某项目带基础暗梁的筏形基础

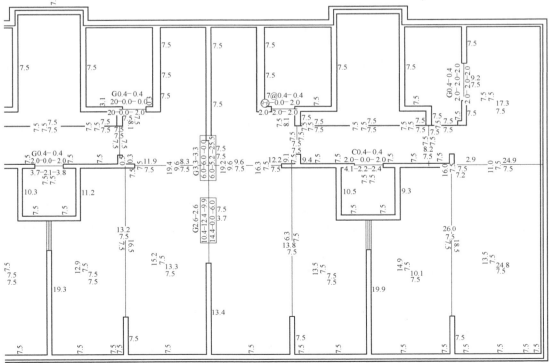

图 2-4-6 弹性地基梁法计算结果

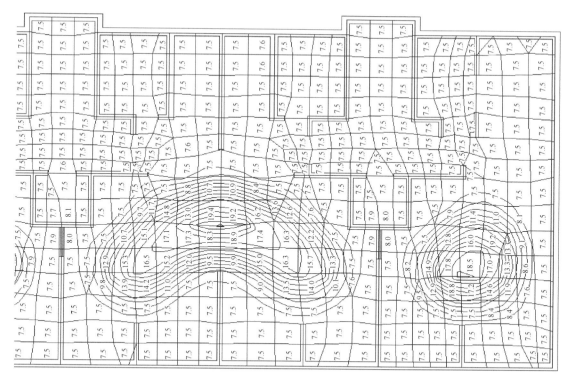

图 2-4-7　筏板有限元法计算的 Y 向顶筋面积图

立柱基加防水板体系。见图 2-4-8。

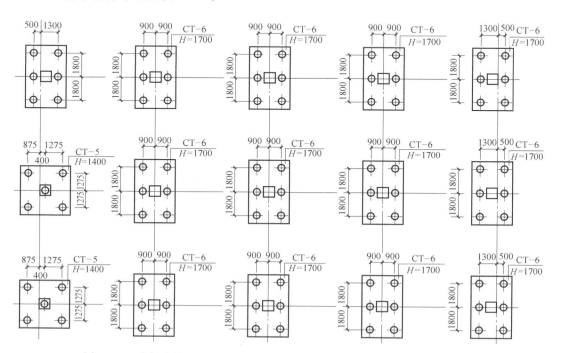

图 2-4-8　哈尔滨某项目独立基础下进行局部处理的独立柱基加防水板方案

3）当上述局部地基处理方案经评估后经济效益不明显时，从缩短工期角度出发，也可采用天然地基上的整体式筏形基础。两个方案应经过综合的技术经济比较最终确定。防水板应按无梁板设计，不宜采用梁板式。

4）当地下水位较高，净水压力对底板计算不容忽视时，采用防水板时的厚度及配筋均由净水浮力工况计算控制时，则不宜再采用独立基础加防水板体系，而应采用整体式筏形基础。

五、底板（筏板或防水板）与基础（或柱墩、承台、基础梁）在竖向的位置关系

基础底板可有多种结构体系与方案，可以是梁板式或平板式筏形基础，也可以是独立基础或桩基承台加防水板。无论何种体系与方案，都存在板（筏板或防水板）与基础（或柱墩、承台、基础梁）在竖向的位置关系问题，或板与基础顶平（下返式），或板与基础底平（上返式），特殊情况板也可能居中设置。居中设置是最复杂、最不经济的，一般很少大范围采用，仅当采用底平的方式但个别基础的高度明显大于其他基础高度，所有其他基础及板若与其底部平齐会导致整体埋深增加较多时，才会出现板居于高大基础中部的情况。

大多数的设计院都习惯采用板与基础底平的下返式，其最大的优点是可利用梁格（或上返基础）间的回填土布置排水设施（集水井、排水沟）及排水找坡，可有效减少结构坑的数量（一些坑深小于覆土厚度的小坑可在覆土深度内做建筑坑，不做结构坑）及深度，底板垫层与防水施工也更加方便。

但其劣势也非常明显。

首先就是增加了地下室外墙及人防墙的计算跨度及室内其他结构墙的竖向高度（墙下不设地梁的情况）。因为在确定地下室外墙及人防墙几何模型与边界条件时，墙体是以基础底板作为墙底的有效约束，而不是以基础（或柱墩、承台、基础梁）作为有效约束，因此势必会使计算跨度增加。

其次，结构板上覆土的存在，不但增加房心回填的材料与人工成本，还必须考虑防止回填土沉降的面层抗裂措施。设计院习惯采用 200mm 厚 C20 细石混凝土配 $\phi 6@200$ 钢筋网的做法，既增加了面层厚度压缩了室内净高，又增加了抗裂面层的材料与人工成本。

从施工工序的安排方面，一般结构底板浇筑完毕，都会尽快施工结构墙柱以争取尽早出地面，而房心回填与地面面层的施工无疑会影响下道工序的施工，占用关键线路的工期。但如果车库结构封顶后再进行房心回填，则土方运输就只能通过楼梯、坡道、吊装孔等处进行，人工成本与工期又会拉长。

有些精明的承包商，为了降低结构封顶后土方的运输成本，在结构封顶前突击抢工将回填土方提前运到车库内，但却没有土方分层回填的时间，因此运入的土方只能在那里堆着。这样做的风险极大，一旦地下水渗入、地表水流入或雨水灌入，则所有运入的土方就会和成稀泥，全部废掉，必须挖出运走再运入适合回填的土方，将为此付出双倍的代价。

如果将板抬升至与基础顶平：

1）地下室墙柱高度缩短，可减少混凝土量、钢筋量与模板工程量；

2）承受侧向荷载的地下室外墙及人防墙体的计算跨度相应减小，水土压力随之降低，

可降低由计算控制的钢筋用量；

3）降低基坑开挖深度，相应减少基坑开挖土方量及肥槽回填土方量；

4）可取消底板顶面以上房心回填土，消除回填土质量因素所产生的车库地面质量问题；

5）有条件取消车库地面的排水找坡垫层及 200mm 厚的细石混凝土配筋（$\phi6@200$ 钢筋网片）耐磨面层，并直接在结构层上做耐磨地面，效果更佳（结构混凝土强度大大高于耐磨地面面层混凝土的强度 C20；

6）地下室外墙外防水工程量降低。

当然，顶平下返式的基础底板也存在如下弊端：

1）垫层及防水工程量增加，施工略为复杂；

2）基础底板上所有的设备坑都必须做结构坑，且集水坑、电梯基坑等所增加的混凝土与钢筋用量会比较多；

3）当存在抗浮问题时，无法利用覆土压重平衡水浮力。但如果没有抗浮问题，其综合经济效益明显高于底平上返式的基础底板形式。

当地下水位较高，扣除底板自重后的净水浮力为正，底板计算由净水浮力工况控制时，则宜优先采用底平上返式，此时可在上返结构之间填充配重材料平衡水压力，减小净水浮力。

【案例】 河北邯郸某项目

该项目原设计采用梁板式筏基方案。经甲方内审后，提出如下优化建议："鉴于地下水位较高，请将车库底板"梁板式筏基"改为"独立柱基＋防水板"并采用防水板与基础底平的方式，优势有五：1）防水板以独立柱基边缘作为边界条件，计算跨度可大幅降低；2）利用基础顶至防水板顶的高差作为覆土配重，可降低防水板结构计算时的净水压力；3）在有人防的区域，可降低底板上的人防等效静荷载；4）独立柱基可只配下部钢筋，防水板钢筋进入基础 L_a 即可；5）柱下钢筋混凝土独立基础的边长和墙下钢筋混凝土条形基础的宽度大于或等于 2.5m 时，底边受力钢筋的长度可取边长或宽度的 0.9 倍。综上所述，改为独立柱基加防水板后可使含钢量大幅降低，也是本项目其他地块的常用做法"。

第五节　结构抗浮方案选择与设计优化

结构抗浮的说法严格来说是不够严谨的，因为这个说法很容易把抗漂浮稳定问题与结构底板在水浮力作用下的强度问题相混淆。二者的破坏形式完全不同，前者为结构整体或局部在水浮力作用下因不能维持原有位置而发生整体或局部的上浮，这种上浮运动既可能是整体的刚体运动，也可能是因为结构体某部分的上浮运动受到约束而使结构体产生较大变形继而破坏；后者仅仅是基础底板在净水浮力下的强度破坏，与恒活荷载作用下的强度破坏形式没有任何区别。

两类问题的主因相同，都是水浮力的作用，因此与地下水位的高低密切相关。一般说来，存在抗漂浮稳定问题的工程，必然存在基础底板在水浮力下的强度问题。但存在基础底板在水浮力下的强度问题，不一定存在抗漂浮稳定问题，关键是看抗浮设防水位的高低。

当抗浮设防水位低于基础底板时，既不存在结构底板在水浮力下的强度问题，也不存在结构体的抗漂浮稳定问题；当抗浮设防水位高于基础底板，但水浮力工况的荷载组合设计值对基础底板的结构设计不起控制作用时，也不存在前述的强度问题与稳定问题；当抗浮设防水位继续上升，基础底板结构设计由水浮力工况控制但水浮力合力尚未超出建筑物荷重（结构自重与附加恒载的合力）时，基础底板存在水浮力下的强度问题，但整个结构体尚不存在整体的抗漂浮稳定问题，但不排除结构体的局部存在局部抗浮稳定不足的问题，但只要整个结构体具有足够的强度和刚度，也不会发生局部抗浮稳定破坏；当抗浮设防水位继续升高，仅靠结构自重及附加恒载无法平衡水浮力从而维持结构体的稳定时，就存在结构体的整体抗漂浮稳定问题，当然此种情况也必然存在基础底板在水浮力下的强度问题。

在结构设计中，除了上述强度与稳定两种概念的混淆外，在抗漂浮稳定的设计中还经常出现两种极端：一是高估抗浮设防水位而导致巨额成本浪费在抗拔桩与抗拔锚杆上；二是低估抗浮设防水位或设计不周而导致抗浮稳定破坏事故发生。

我国每年都有抗浮设计考虑不全面而造成的工程事故，如2001年上海市徐汇区某住宅小区因在设计时未进行局部抗浮稳定验算而造成地下车库柱严重开裂的情况；2010年南宁某水利电业基地底下车库在使用一年后突然开裂，究其原因是设计单位对抗浮设计未进行全面的考虑。但另一方面，勘察与设计的双双保守也造成了抗漂浮稳定设计方面的极大浪费。

抗浮设防水位一般均由勘察单位在"岩土工程勘察报告"中给出，但也有"岩土工程勘察报告"没给出明确的抗浮设防水位，而要求进行专门的水文地质勘察或抗浮设防水位的专项咨询，也有"岩土工程勘察报告"给出的抗浮设防水位偏高，而由开发商聘请第三方单位进行抗浮设防水位的专项咨询，并最终"按抗浮设防水位专项咨询报告"建议的抗浮水位及抗浮措施进行设计的情况。

我国的国家标准《岩土工程勘察规范》GB 50021—2001（2009年版）虽然没有明确要求"岩土工程勘察报告"必须提供抗浮设防水位，但在"地下水的勘察要求"中要求勘察单位必须掌握"勘察时的地下水位、历史最高水位、近3～5年最高地下水位、水位变化趋势和主要影响因素"，在"地下水作用的评价"中要求"地下水力学作用的评价"应包括"对基础、地下结构物和挡土墙，应考虑在最不利组合情况下，地下水对结构物的上浮作用"。这种地下水对结构物上浮作用的评价显然是基于抗浮设防水位进行的，也就是说，不但要有一个明确的抗浮设防水位，还需要对建筑物的荷重进行估算，这样才能做出有价值的评价。

我国建设部文件《房屋建筑和市政基础设施工程勘察文件编制深度规定》（2010年版）的规定与国家规范类似，也提出"存在抗浮问题时进行抗浮评价，提出相应的技术控制措施及建议"，但同时要求"当场地水文地质条件复杂，且对地基评价、基础抗浮和地下水控制有重大影响，常规岩土工程勘察难以满足设计施工要求时，应建议进行专门的水文地质勘察"。

但有些地区的地方标准则明确要求岩土工程勘察报告需提供抗浮设防水位的建议，如《北京地区建筑地基基础勘察设计规范》DBJ 11—501—2009第6.4.3第12款要求：工程需要时，根据建筑物的特点、场地岩土工程条件、地下水位变化历史和建筑物使用期间地下水位变化幅度的预测，提供抗浮设防水位的建议。

需注意的是，在 2016 局部修订版中，该条已被删除，且未给出理由。

目前国内勘察单位的技术水平与专业能力参差不齐。而抗浮设防水位的确定涉及对工程地质、水文地质、气象条件、环境因素等诸多条件的现状分析及对未来 50 年甚至更长时间的预测。水文与气象资料又极大程度地依赖该勘察单位对这些资料的收集及掌握情况，而各地水文观测站及遍布各地的地下水位观测井的数据一般都掌握在某些大型勘察单位的手中，不是一般的勘察单位所能够轻松获得的。因此当待建场地的地下水位可能比较高时，建议甲方在确定岩土工程勘察单位时，要么选择那些能够掌握当地气象与水文地质第一手资料的勘察单位，要么做好聘请第三方单位进行抗浮设防水位专项咨询的准备。

一、结构抗浮计算的主要内容

结构抗浮包括两部分内容：其一是地下水浮力作用下的整体与局部抗浮稳定计算的问题，也就是结构抗漂浮的稳定性计算；其二是结构构件（筏板、防水板、地下室外墙等）在水压力作用下的强度计算（截面尺寸与配筋）。严格来说，二者计算所采用的水浮力大小（水头）并不一定相同，抗浮稳定计算的水头一般要高于结构构件强度计算的水头。此处重点讨论结构抗浮稳定计算的有关内容。

抗浮计算应包括整体抗浮稳定计算、局部抗浮稳定计算、自重 G_k 与上浮力 F_w 作用点是否基本重合等内容（如果偏心过大，可能会出现地下室一侧上抬的情况）；如果采用抗浮桩或抗浮锚杆，还需计算抗拔承载力、裂缝宽度等。

《建筑地基基础设计规范》GB 50007—2011 有关基础抗浮稳定性验算的规定如下：

5.4.3 建筑物基础存在浮力作用时应进行抗浮稳定性验算，并应符合下列规定：

1 对于简单的浮力作用情况，基础抗浮稳定性应符合下式要求：

$$\frac{G_k}{N_{w,k}} \geq K_w \qquad\qquad (式 2\text{-}5\text{-}1)$$

式中：G_k——建筑物自重及压重之和（kN）；

$\quad N_{w,k}$——浮力作用值（kN）；

$\quad K_w$——抗浮稳定安全系数，一般情况下可取 1.05。

2 抗浮稳定性不满足设计要求时，可采用增加压重或设置抗浮构件等措施。在整体满足抗浮稳定性要求而局部不满足时，也可采用增加结构刚度的措施。

通过整体抗浮验算虽然可以保证地下结构物不会整体上浮，但不一定能保证结构物底板不开裂等变形现象，因此，必要时还需对结构物底板进行局部抗浮验算。

二、主裙楼连体时的变形协调问题

对于主裙楼连体建筑，当裙楼不满足抗浮要求时，在确定裙楼抗浮方案时，应考虑主裙楼的变形协调。因为一些抗浮方案如抗浮桩会约束裙楼的沉降，造成主裙楼更大的差异沉降。从变形协调的角度出发，设计注意几点：

（1）应首选通过配重解决抗浮问题；

（2）其次，采用竖向抗压刚度较低的抗浮锚杆；

（3）当必须采用抗浮桩解决抗浮问题时，应尽可能采用短桩、桩端虚底等措施。

三、抗漂浮稳定的技术控制措施

抗漂浮稳定问题是一项系统工程，因此也需要系统性的解决方案。从降低层高与埋深的建筑方案，到增加结构自重的结构体系的选用，疏或堵或疏堵结合的地下水治理方案，直至具体的抗浮技术措施，将所有这些有利于抗漂浮稳定的因素综合起来加以利用，才能获得最佳的技术经济效果。现分述如下：

1. 降低层高与埋深的建筑解决方案

在不缩减地下建筑规模及不影响使用功能的前提下，通过压缩地下室层高及降低地下室埋深，可使作用于基础底板的抗浮水头降低。压缩地下室层高的前提是不能影响室内的净高，可以通过降低结构构件高度，及通过管线综合降低设备管线所占高度实现，但最有效的是采用无梁楼盖或现浇混凝土空心楼盖等楼屋盖体系。而降低地下室埋深的主要手段是抬高场地标高及建筑物的正负零标高，当然前述压缩地下室层高的方法也能有效降低地下室埋深。

2. 增加结构自重的结构解决方案

首先优先选择混凝土用量多而钢筋用量少的结构体系，比如无梁楼盖体系。除了上述降低层高、减小埋深从而降低抗浮水头外，这种结构体系的混凝土用量也较传统梁板式结构的混凝土用量偏多，因此结构自重也相对较大，对抗漂浮稳定有利。

对于基础底板，则优先考虑混凝土用量多的平板式筏基方案，当与配重平衡法相结合时，也可采用梁板式筏基底平方案或独立基础加防水板底平方案，并在筏板或防水板上的梁格间或独立基础之间填充重度较大的配重材料。

其次是加大基础底板的厚度。但这种方法的效率较低，因为在加大基础底板厚度的同时，抗浮水头也随之增加，当基础底板厚度增大到计算配筋与构造配筋相同时，再采用加大底板厚度的方法就不经济了，因此加大底板厚度的抗浮措施具有局限性。

3. 地下水治理方案

即根据特殊的地形地貌、工程地质与水文地质情况再结合场地内外的地下空间环境而采用或疏或堵，或疏堵结合的地下水治理方案，使地下水避免在场地内不断积聚升高，从而将地下水位控制在某一深度以下，继而减少结构抗浮工程造价。采取地下水治理方案的首要因素是廉价，如果地下水治理的造价高于结构抗浮的造价，也就失去了其存在价值。一般坡地建筑比较适合于采用这种地下水治理方案，因为坡地场地可因势利导疏解地下水，代价较低。河北秦皇岛某项目的抗浮设防水位专项咨询报告中，在采取分区抗浮并将抗浮设防水位整体降低的同时，也给出了增设拦水坝与排水盲沟的疏堵结合地下水防治方案。

4. 配重平衡法

即增加结构物自身重量及其上附加恒载的量值，从而使结构物所受的总水浮力被全部平衡或部分平衡的处理手法。配重平衡法既可单独使用，也可结合其他抗浮方法使用，如与抗拔桩或抗拔锚杆结合使用等。

增加配重法可通过增加结构构件的截面尺寸来实现，比如刻意增大底板及各层楼板的厚度，当混凝土墙的间距不大于9m时，增加墙的厚度也有一定效果。其中以增加底板厚度综合效益最佳，因为水压力直接作用于基础底板，增加底板厚度既有利于整体抗浮，且增加的底板自重可直接平衡掉一部分净水压力，使用于结构底板强度计算的净水压力降低，这是通过增加顶板厚度及墙厚无法实现的。而且增厚的底板对自身的局部抗弯、抗剪、抗冲切也比较有利，当增加底板厚度后配筋仍由计算控制而非构造控制时，可有效降低钢筋用量。但依靠增加结构自重抗浮的效果有限，板、墙的厚度的增加范围也应有一个合理范围，当构造配筋比计算配筋还大时，继续增加截面厚度可能就不再经济，不能再通过继续加大截面尺寸来抗浮，此时可考虑增加附加恒载的方法。

增加配重的另一途径就是增加作用于结构上的附加恒载。对于底板，可采用上返梁、上返柱墩或上返基础等底平上返结构并在上返结构构件之间填充回填材料的做法。为了增大附加恒载，必要时可采用重度较大的材料回填，如钢渣垫层、钢渣混凝土等。底平上返式结构虽然会使作用于底板上的水头加大 $\gamma_w h$，但可相应使附加恒载增加 $\gamma_s h$，从而使净水浮力降低 $(\gamma_s - \gamma_w)h$。填充材料的重度越大，效果越明显。同增加底板厚度一样，底板上的附加恒载也可直接抵消一部分静水压力，使用于结构底板强度计算的净水压力降低，具有整体抗浮与局部抗弯的双重作用，经济效益最好。

除了底板外，顶板及中间各层楼板上的附加恒载也能参与结构的整体抗浮。对于纯地下结构，可结合绿化种植要求加大覆土层厚度来增大附加恒载进行抗浮，单层、多层建筑也可考虑屋顶覆土绿化来增加抗浮配重。对于中间层楼板，可通过增加建筑面层厚度来增加抗浮配重。但除底板外的各层楼板的附加恒载，是通过板、梁、柱传给基础，以基底压力的形式来平衡水浮力的。因此除了对整体抗浮有利外，对其所在的各层楼板及基础底板都是不利作用。

下文所述的延伸底板法也属于配重抗浮的范畴，但因为延伸底板不仅仅是覆土荷重增大的因素，还有抗浮楔体的侧摩阻力问题，故单列为一种方法。

配重平衡法无论增大板厚还是增加面层厚度，都会导致净高被压缩，或在净高不变的情况下增加层高，从而使成本进一步上升，如果是地下结构，除了增大层高的负面效应外，还会导致地下室的埋深加大，相应土方、降水、支护及防水的费用均会增加。因此，配重平衡法抗浮虽然在设计及施工方面都比较简单，不占或少占工期，直接成本也相对降低，但所引发的其他成本的增加则必须纳入考虑，需要进行综合的技术经济比较后确定。

【案例】 北京海淀山后某项目

0031地块规划的总用地规模约为17630m²，地下2层，地上6~14层。0062地块规划的总用地规模约为20680m²，地下2层，地上2~14层，项目±0.000为绝对标高47.000m。

车库均采用天然地基，基础结构形式为筏板基础，纯地库底板埋深约10.5~9.55m，项目抗浮设计水位按照自然地面考虑（绝对标高46.900m）。

由于与车库相连的主楼中有一部分采用了天然地基，整体沉降量偏大。为了控制主楼与车库间的差异沉降，设计院对车库没有采用抗拔桩或抗拔锚杆的抗浮方案，而是采用了有利于加大车库沉降量从而缩小主楼与车库间差异沉降的配重抗浮方案。其中底板标高—9.900m区域采用1.6m厚重度40kN/m³铁屑混凝土，底板标高—8.950m区域采用0.6m厚重度25kN/m³的钢渣混凝土。

但由于总包对钢渣混凝土的报价高达 8500 元/m³，超出甲方承受能力，倒逼甲方进行抗浮设防水位的专项咨询，从而将抗浮设防水位降低至 44.00m（降低了 2.9m），也使得房心回填土配重抗浮或素混凝土配重抗浮成为可能，仅抗浮工程造价节省约 2000 万元。

5. 延伸底板法

延伸底板法是将地下结构物的底板向外延伸而形成悬臂底板，由悬臂底板承托覆土以抵抗上浮力。本质上也是配重平衡法的一种。因为悬臂底板的覆土厚度较深，从底板顶面直到自然地面，故作用于悬臂底板上单位面积的附加恒载较大，能起到有效的局部抗浮作用。但因只能作用于地下室外墙周圈，影响范围有限，当地下室面积较大时，只能在地下室外墙附近局部使用，在地下室内部还必须采取其他可靠的抗浮措施。

此外，为了延伸底板，基槽开挖面积会增大，占地面积、挖填土方量及支护结构周长都会增大，水浮力合力也会相应增大。因此，该法比较适合于不受场地限制的规模较小的地下结构物的抗浮，对面积较大的地下结构物的抗浮，不应单独采用，可配合其他抗浮措施在地下室外墙附近局部采用。图 2-5-1 即为延伸底板与配重相结合的抗浮方法。

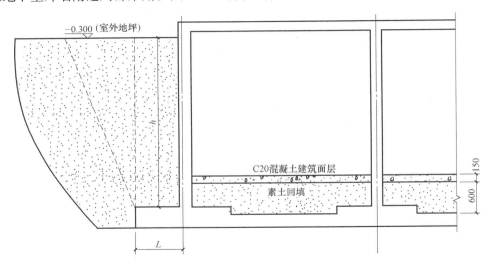

图 2-5-1　延伸底板配重抗浮法

6. 抗拔桩法

抗拔桩，也叫抗浮桩，是指当建筑工程地下结构物承受向上的净水压力时，为了抵消净水压力对结构物产生的上浮作用而设计的基桩。抗拔桩主要靠桩身与土层的摩擦力来承受上拔力，并以抵抗轴向拉力为主，试桩中的锚桩也是一种抗拔桩。本书在此只研究承受地下水浮力的抗拔桩。因抗拔桩应用较广且造价不菲，故在后文单独阐述抗拔桩的优化。抗拔桩法多用于桩基方案中。

7. 抗拔锚杆法

抗拔锚杆与抗拔桩类似，都是采用附设抗拔结构构件的抗浮设计方法。但二者又有非常明显的区别，其中最大的区别是，抗拔桩属刚性抗拔构件，在抗拔同时仍可承压。而抗拔锚杆属柔性抗拔构件，只能受拉而不能承压。故抗拔锚杆多应用于天然地基上的浅基础方案中。后文将单独阐述抗拔锚杆的优化。

8. 利用已有支护结构抗浮

当基坑支护结构为钢筋混凝土排桩或地下连续墙时，除了采用逆作法且两墙合一的设计施工方法外，一般来说支护结构仅用做基坑开挖及地下结构施工期间临时挡土之用，一旦地下结构施工完毕基坑回填之后，支护结构即失去利用价值。若能将地下结构物与支护结构妥善连接或直接与地下结构物结合，即可利用支护结构来抵抗地下水浮力。采用该方法需先验算排桩或地下连续墙的抗拔承载力，并视排桩或地下连续墙与地下结构物外墙之间的距离而定，如间距过大，则难以实现二者的有效连接及荷载的传递，如果通过混凝土将二者整浇在一起则材料浪费严重，因此一般适用于支护结构的抗拔承载力足够，且支护结构与地下结构物外墙之间的距离较小的情况。同延伸底板法相似，该法也只能解决与支护结构相邻的地下结构外墙附近的局部抗浮，而无法解决较大面积的地下结构内部的抗浮。

9. 摩擦抗浮法

地下结构物侧壁与土壤间存在摩擦力，可以抵抗地下结构物的上浮。该力的大小依土壤的侧压力、各土层物理力学性质（c、ϕ）及墙背的光滑程度而定，也与回填深度、回填质量等有关。但是这种侧压力的数值影响因素较多，很难准确确定，可靠度一般不高，当地下室面积较大时，外墙与土之间摩擦力与整个地下室的水浮力相比也往往是杯水车薪，微不足道。故在实际工程中，对规模较大的地下结构物的抗浮，很少采用此法作抗浮措施。

10. 综合方法或混合方案

实际工程中，可根据实际情况，采用以上 2 种或多种混合方案。最常见的便是抗拔桩或抗拔锚杆与建筑物恒载共同参与抗浮的混合方案，忽视恒载的抗浮作用必然导致较大的浪费。

【案例】 深圳某项目采用延伸底板法进行外墙下局部配重抗浮

该项目地下水位较高，抗浮设防水位为黄海高程 67.50m，相当于自然地面下 1.0m。地下车库相对于地上建筑物局部外扩两跨，外扩部分覆土厚度为 800mm，顶板无梁楼盖厚度 350mm，底板平板式筏基厚度 600mm，外扩部分中间柱列及外墙下也同主楼一样采用旋挖成孔灌注桩，最小桩径 800mm，最小配筋 12Φ18。但整个工程均没有采用抗拔桩。

咨询公司建议取消地下车库基础底板 500mm 外挑，设计院以"底板外挑主要用来增加挑板上覆土压重抵抗水浮力，避免外墙下出现抗拔桩以减少检测费用和工期"为由进行回复。

对此，咨询公司认为，如果取消筏板外挑后地下车库外墙下存在抗浮不足的问题，那么相对于主楼外扩两跨的中间柱列（图 2-5-2 中虚线框内）的抗浮问题可能更加严重。因为地下车库外墙的自重对平衡水浮力也发挥很重要的作用，但虚线框内则没有墙体抗浮的贡献。而实际情况是，设计院没有关注抗浮状况更为关键的中间柱列，却对抗浮问题不太严重的地下车库外墙格外关注，咨询公司对此再次提出了质疑。

对此，设计院通过计算并以图文并茂的方式解释了地下车库外墙采用延伸底板配重抗浮的必要性，但没有解释外扩部分中间柱列的抗浮问题。

后来在三方交流会上，设计院的总工给出了如下解释：虽然说没有按抗拔桩设计，但并不代表桩没有抗浮能力。首先，桩自重的有利因素没有在抗浮计算中考虑；其次，按抗

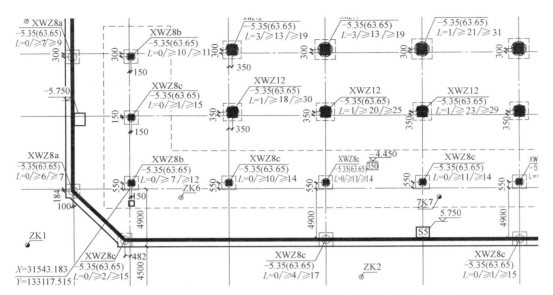

图 2-5-2 深圳某项目局部桩平面布置图（虚线框内的桩未按抗拔桩设计）

压设计的桩侧抗拔摩阻力是客观存在的；第三，按抗压设计的桩身混凝土与钢筋的抗拉能力也是客观存在的。基于以上有利因素以及出于对甲方负责的考虑，我们没有设计抗拔桩，如果按抗拔桩设计，虽然配筋可能不会增加或增加不多，但试桩的费用及工期是要增加的。

设计院总工的这段表述是非常中肯及负责任的，也是一种自信的表现。但同样无法解释双重标准的问题，如果上述表述适用于虚线框内的桩，则同样适用于地下车库外墙下的桩，则取消筏板外挑后仍然可以不必设抗拔桩，因为外墙下的桩也同样具备一定的抗拔能力。

实际上，设计院在抗浮计算中采用的抗浮水位偏高了 500～600mm，如果严格按照 67.50m 的抗浮设防水位进行抗浮计算，则所有桩都不存在抗浮问题。当然这些信息与本章节的主题关系不大，但不管怎么说，在设计院的原始设计中，采用了延伸底板法进行外墙下局部配重抗浮的设计手法。

四、抗拔桩的设计优化

1. 抗拔桩的受力性状

抗拔桩与抗压桩受力性状存在差异，主要包括以下几个方面：

1) 抗拔桩的摩阻力受力方向向下，抗压桩摩阻力受力方向向上。

2) 抗拔桩和抗压桩的受力特性与桩顶荷载水平有关，在小荷载情况下，U-δ 曲线和 Q-S 曲线均表现为缓变型，即位移随荷载的增加变化不大。不过在接近极限荷载时，抗压桩曲线变化明显，而抗拔桩变化较缓。确定其极限承载力时，应考虑抗拔桩的 δ-$\lg t$ 曲线和 U-δ 曲线，并结合桩顶上拔量进行分析。

3) 在荷载较小时，抗拔桩和抗压桩的轴力变化均集中在桩身的上部，同时，轴力沿深度的变化也十分相似。但随着荷载的增加，抗压桩端部轴力逐渐变大，在极限荷载条件下，抗压桩常表现为端承摩擦桩或摩擦端承桩；而抗拔桩桩身下部轴力的变化明显大于抗压桩，端部轴力为零，表现为纯摩擦桩。

4）抗拔桩和抗压桩侧阻的发挥均为异步的过程，即侧阻都是从上到下逐渐发挥的，但抗压桩上部侧阻普遍比下部土层小，而抗拔桩桩身中部侧阻大，两端侧阻小；同时，抗压桩端部侧阻随相对位移的增大，增加很快，而抗拔桩端部侧阻在达到一定值后，只出现很小的增幅。

5）抗压桩桩身弹性压缩引起的桩身侧向膨胀使桩土界面的摩阻力趋向于增加，摩阻力的增加则随桩身位移由上而下逐步发挥；而抗拔桩在拉伸荷载作用下桩身断面有收缩的趋向，使桩土界面摩阻力减小。

6）抗拔桩与抗压桩的配筋不同。抗拔桩桩身轴力主要是靠桩内配置的钢筋承担，混凝土裂缝宽度起控制作用，因而配筋量比较大，桩自身的变形占总的上拔量的份额较小。而抗压桩轴力主要靠桩的混凝土承担，桩身压缩量较大。

7）抗拔桩桩身自重起到抗拔作用，抗压桩桩身自重起到压力作用。

8）抗拔桩的极限侧阻约为抗压桩极限侧阻的 $0.5 \sim 0.8$ 倍，与土性密切相关。

2. 抗拔桩承载力计算

抗拔桩单桩承载力的计算需考虑群桩效应及抗拔系数的影响，因此相同桩长、桩径的抗拔承载力较抗压承载力大大降低。因其破坏形式存在单桩破坏与群桩整体式破坏两种情况，故应分两种情况单独计算。

1）单桩或群桩呈非整体破坏时，基桩的抗拔极限承载力标准值可按下式计算：

$$T_{uk} = \sum \lambda_i q_{sik} u_i l_i \qquad （式 2-5-2）$$

式中，T_{uk} 为基桩抗拔极限承载力标准值；u_i 为破坏表面周长，对于等直径桩取 $u = \pi d$，对于扩底桩按表 2-5-1 取值；q_{sik} 为桩侧表面第 i 层土的抗压极限侧阻力标准值；λ 为抗拔系数，按表 2-5-2 取值，一般灌注桩高于预制桩，长桩高于短桩，黏性土高于砂土；l_i 为各土层中桩长。

扩底桩破坏表面周长 u_i　　　　　　　表 2-5-1

自桩底起算的长度 l_i	$\leqslant (4 \sim 10)d$	$> (4 \sim 10)d$
u_i	πD	πd

注：l_i 对于软土取低值，对于卵石、砾石取高值；l_i 取值按内摩擦角增大而增加。

抗拔系数 λ_i　　　　　　　表 2-5-2

土类	λ 值
砂土	$0.50 \sim 0.70$
黏性土、粉土	$0.70 \sim 0.80$

注：桩长 l 与桩径 d 之比小于 20 时，λ 取小值。

2）群桩呈整体破坏时，基桩的抗拔极限承载力标准值可按下式计算：

$$T_{gk} = \frac{1}{n} u_l \sum \lambda_i q_{sik} l_i \qquad （式 2-5-3）$$

式中，T_{gk} 为群桩呈整体破坏时基桩的抗拔极限承载力标准值；u_l 为桩群外围周长。

3. 抗拔桩桩型选择

抗拔桩可以是灌注桩，也可以是预制桩或钢桩。预制桩可以选择混凝土实心方桩、预应力混凝土管桩或预应力混凝土空心方桩，选择空心桩做抗拔桩时，应优先选用 PHC

（预应力高强混凝土管桩）或 PHS（预应力高强混凝土空心方桩）。预应力混凝土空心桩作为抗拔桩本身不存在问题，关键在于构造措施，构造措施合理就没有问题，否则就容易出问题。天津等地发生的预应力管桩结构上浮事故，均是构造措施不合理所致，并非管桩本身存在问题。因此天津地标明确规定，当采用预应力管桩作为抗拔桩时，管桩桩顶必须用混凝土灌芯并预留插筋，灌芯长度应通过试验确定并不得小于（8～10）d 及 4.5m，并满足下式要求：

$$Q_{ct} \leqslant R_{ct}/\gamma_{ct} \qquad\qquad (式 2-5-4)$$

式中，Q_{ct} 相应于荷载效应基本组合时的单桩竖向抗拔承载力设计值；R_{ct} 为按设计灌芯深度确定的灌芯混凝土从管桩中拔出的抗拔极限承载力；γ_{ct} 为灌芯混凝土抗拔分项系数，$\gamma_{ct} \geqslant 1.7$。

管桩桩顶灌芯混凝土中的插筋数量应满足下式要求：

$$A_s \geqslant R_{ct}/f_y \qquad\qquad (式 2-5-5)$$

式中，A_s 为管桩内孔受拉钢筋面积；R_{ct} 为相应于荷载效应基本组合时的单桩竖向抗拔承载力设计值；f_y 为钢筋抗拉强度设计值。

管桩或空心方桩用做抗拔桩时，应进行桩身结构强度、接桩连接强度、端板孔口抗剪强度、钢棒及其墩头抗拉强度、桩顶（采用填芯混凝土）与承台连接处强度等承载力计算。当管桩或空心方桩处于一般环境或设计一般要求不出现裂缝时，根据桩身结构强度确定的单桩抗拔承载力应满足下式要求：

$$N_l \leqslant (\sigma_{pc} + f_t)A \qquad\qquad (式 2-5-6)$$

N_l 为管桩单桩上拔力设计值；σ_{pc} 为管桩混凝土有效预压应力，一般为 4～10MPa（对应于型号 A、AB、B、C 的混凝土有效预压应力分别为 4.0、6.0、8.0、10.0N/mm²）；A 为管桩有效横截面面积；f_t 为桩身混凝土轴心抗拉强度设计值。

接桩连接强度、端板孔口抗剪强度、钢棒及其墩头抗拉强度、桩顶（采用填芯混凝土）与承台连接处强度等承载力计算可参考江苏省《预应力混凝土管桩基础技术规程》DGJ32/TJ 109—2010 第 3.6.4 条。

采用预应力管桩或空心方桩做抗拔桩时，应尽量采用一节桩、不接桩，但也不要绝对化。

预应力管桩的单桩抗拔承载力取决于三方面因素：

其一，岩土提供的抗拔承载力。可以通过加大桩长或者桩径来提高，但其中效率最高、效益最好的方式是加大桩长，但加大桩长要考虑接头数量，以加大桩长但不增加接头数量为原则；

其二，预应力管桩本身的抗拔承载力。预应力管桩作为抗拔桩时的抗拔承载力不是以材料强度控制（材料强度控制的承载力要大得多，PHC500AB100 型桩仅预应力钢筋的抗拉承载力设计值就高达 990kN），而是以抗拔桩桩身"一般要求不出现裂缝"来进行控制，即按上述（式 2-5-6）进行计算。PHC500AB100 的桩身截面净面积为 125600mm²，AB 型桩的混凝土有效预压应力为 6N/mm²，C80 混凝土的抗拉强度设计值为 2.22N/mm²，则按（式 2-5-6）算得预应力管桩抗裂承载力设计值高达 1032kN，查《10G409》P16 表，其抗裂拉力标准值为 855kN。

其三，接头的承载力。在设计层面完全可实现抗拉等强连接，所谓的"接头位置易出现破坏"属于施工质量控制与监管问题，是正常情况下不应该发生的，设计者不应以施工质量不达标而加大设计方面的安全储备。

《建筑地基基础设计规范》8.5.12 条文说明建议：抗拔管桩宜采用单节管桩；当采用多节管桩时可考虑通长灌芯，另行设置通长的抗拔钢筋，或将抗拔承载力留有余地，防止墩头拔出。

规范之所以在正文里没有列出该项要求而仅仅是放在条文说明里，本身就说明该项要求不具有强制性，只能作为参考或建议。至于桩身抗拔破坏事故问题，根据我们掌握的情况，主要是桩头与承台（筏板）的连接破坏，具体又分两种情况：其一，当桩顶不截桩而采用在桩顶端板焊接锚筋从而锚入承台（筏板）的连接方式时（见图 2-5-3），发生锚筋与桩顶端板拉脱的情况，即规范 8.5.12 条文说明所说的情况，主要是焊接要求不明确以及焊接质量不达标所致，只要设计明确焊接要求，施工时能够按要求施焊并加强过程监管与结果验收，并不存在克服不了的难题；其二，当桩顶需要截桩而采用灌芯插筋法时（见图 2-5-4），灌芯体被整体拔出的情况，主要是灌芯长度过短及灌芯混凝土质量与浇捣质量的原因，这个灌芯长度可以通过计算确定（10G409 有相应算法）或通过现场灌芯抗拔试验确定，不是什么技术难题，也没有必要"通长灌芯"。

至于单节桩与多节桩的问题，核心焦点在于桩的接头质量，只要能够实现焊接接头的抗拉等强连接，采用单节桩与多节桩并没有分别。根据我们所掌握的情况，预应力抗拔管桩的破坏形式主要是前述的两种，并没有发现管桩接头破坏的情况。而且从抗拔桩桩身轴力分布情况，也是桩顶轴力最大，向下逐渐变小，到桩端处降为 0，因此在两桩接头处的轴向拉力已经大幅降低，只要接头端板间能够实现周圈满焊（一般要求分三次焊满），均可保证焊接接头不发生抗拔破坏。8.5.12 条文说明中"通长灌芯"、"设置通长的抗拔钢筋"以及"将抗拔承载力留有余地"等，其实都是防止接头破坏的防治措施。只要保证焊接接头不发生抗拔破坏，则通长灌芯及通长抗拔筋等要求也就失去了合理性。至于"防止墩头拔出"（注意此"墩头"非规范 P293 的"主筋墩头"，而是指灌芯体），则可根据计算或现场灌芯抗拔试验确定，不一定非要"通长灌芯"及"设置通长的抗拔钢筋"。

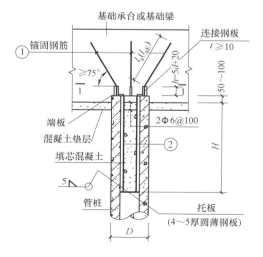

图 2-5-3 预应力管桩不截桩桩顶与承台连接详图

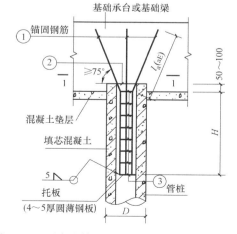

图 2-5-4 预应力管桩不截桩桩顶与承台连接详图

虽然采用多节预应力管桩作为抗拔桩在理论上可行，但在实际工程中最好不多于两节，而且必须熟悉地方规定，严格按地方有关规定执行。

出于工作效率与经济性的考虑，用于抗拔桩的预应力管桩大多选择较小的直径（以400mm直径的居多），再结合前述桩长受限的因素，故预应力管桩的单桩抗拔承载力一般不高，适用于抗压抗拔两用桩，且对抗拔承载力要求不高，因而桩数由抗压控制的情况。

当对抗拔承载力要求较高以致采用预应力管桩的桩数由抗拔控制时，或者项目场地不适合采用预制桩时，则需要考虑灌注桩作为抗拔桩。灌注桩也是抗拔桩中应用最多的桩型，因其桩长、桩径、承载力可以灵活选用，对各种地质情况的适应性强，尤其是单桩承载力要求较高时，更是预制桩所难以企及的。

因抗拔桩为100%的摩擦桩，桩端阻不发挥作用。故从材料节约角度应该优先选择细而长的桩型，小直径桩的周长/面积比较大，单位混凝土用量的承载力高；此外，抗拔系数也随长径比的增加而增加，因而细长型的抗拔桩性价比高。以相同长度直径700mm与直径350mm的抗拔桩为例，由于长径比的不同，虽然前者周长为后者的2倍，但前者的抗拔承载力不足后者的2倍，而前者的混凝土用量却是后者的4倍。

4. 抗拔桩布桩原则

上文已提到，抗拔桩应尽量选择细而长的桩型，并尽可能均匀布桩。最忌像受压桩那样，将抗拔桩集中布于柱下，尤其当地下结构采用天然地基时，更不应该仅将抗拔桩集中布于柱下。

【案例】 邯郸某项目抗拔桩方案

图2-5-5为邯郸某地下商业广场局部抗浮的抗拔桩布置方案。该工程为天然地基，采用平板式筏基带上柱墩的基础底板形式。在几个下沉广场区域，因为缺失了一层结构顶板及其上的种植覆土，下沉广场局部区域的抗浮能力不足，故在几个下沉广场区域采用了局部抗拔桩方案。但其没有采用均匀布桩的方式，而是将抗拔桩集中布置在了本身抗浮能力最强的柱下。

这种布置抗拔桩的方式有诸多弊端：1）在最不该布桩的地方布桩。柱下的荷载集度最大，若论局部区域的抗浮能力，柱附近区域的抗浮能力最强，当抗拔桩的间距小到一定程度时，上部结构传给柱的恒载就足以抵抗其受荷范围的水浮力，在此种情况下可不必在柱下布抗拔桩，见图2-5-6济南某项目抗拔桩局部布置图；2）抗拔桩的布置方式没能起到减小板的计算跨度、缩短水浮力荷载传递路径的作用，完全是通过大跨度底板的抗弯能力将净水压力传给柱下的抗拔桩，底板厚度及配筋丝毫没能因抗拔桩的存在而减小，也就没能发挥抗拔桩的综合效益；3）相邻基础为柱下独立基础，而且是天然地基，地基的支承刚度较小，在向下荷载工况下的基础沉降会比较大，而抗拔桩区域却是柱下承台集中布置的抗拔桩，其支承刚度远大于天然地基，再加之其竖向荷载比相邻区域小，故在向下荷载工况下的沉降要比相邻柱列小得多，会导致与相邻柱列间较大的差异沉降。

【案例】 山东济南某项目抗拔桩方案

图2-5-6同为天然地基平板式筏基（带上柱墩）的抗拔桩布桩方案。采用的是桩长10m、直径600mm的灌注桩抗拔桩，抗拔桩基本按4.2m等间距布置。在柱下则根据竖向荷载的大小来决定是否布桩，当柱作为支座之一其4.2m×4.2m受荷范围内的净水浮

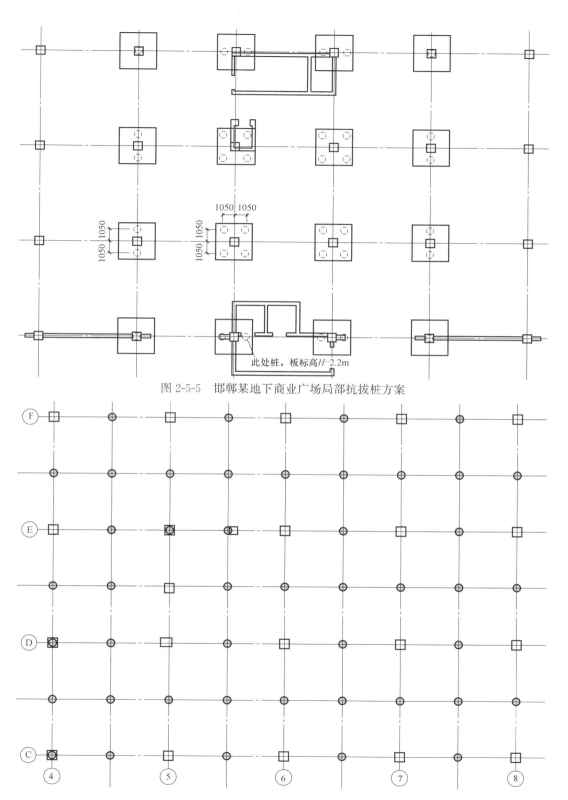

图 2-5-5　邯郸某地下商业广场局部抗拔桩方案

此处桩，板标高H−2.2m

图 2-5-6　山东济南某项目天然地基平板式筏基（带上柱墩）加 600mm 直径抗拔桩

力合力不大于柱底竖向恒载时，就不必在柱下布抗拔桩，否则对于一些竖向荷载较小的柱下则布置了抗拔桩。经如此布桩后，在计算结构底板时，板跨由原来的 8.4m×8.4m 降为 4.2m×4.2m，板厚及配筋均可大幅降低。

以上二例均为天然地基上筏板基础的抗拔桩案例。对于采用桩基承台加防水板的工程，抗拔桩的平面布置同样需遵循均匀布桩的原则。但因为向下工况的竖向荷载由桩承受，故柱底承台下必须布桩，但柱下的承台桩既可能是抗压桩，也可能是抗压抗拔两用桩，也同样依柱底承台桩受荷（仅指水压力）范围内的净水压力合力与传给柱下承台桩的竖向恒载的关系而定。即便是抗压抗拔两用桩，其所受上拔力也比相邻的抗拔桩小得多，应该单独指定一种桩型并根据其实际承受的上拔荷载配筋。

【案例】 北京朝阳区某项目抗拔桩布桩方案（图 2-5-7）

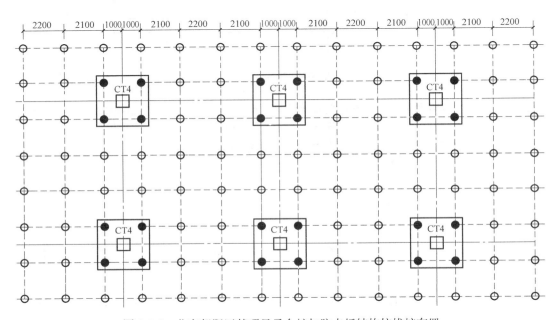

图 2-5-7　北京朝阳区某项目承台桩加防水板结构抗拔桩布置

该工程采用的是独立桩基承台加防水板方案。柱下承台桩为直径 400mm 桩长 13m 的受压灌注桩，因上部恒载已平衡掉其受荷范围的净水浮力，故柱下承台桩仅受压不受拉，单桩抗压承载力特征值为 600kN；承台外的桩为直径 350mm 桩长 13m 的抗拔灌注桩，单桩抗拔承载力特征值为 380kN。平面布桩在综合考虑柱下承台桩及抗拔桩后采用均匀密集布桩的方案，桩间距 2000～2200mm，呈行列式布置。采用此种布桩方式后，防水板跨度最大仅为 2200mm，采用构造厚度、构造配筋即可。

因此当基础底板采用桩基承台加防水板体系，且采用抗拔桩作为抗浮构件时，在防水板的配筋计算中，作为防水板支座的抗拔桩越密，防水板的计算跨度越小，则弯矩、剪力及冲切力也越小，板厚和配筋也会相应减小，甚至可能变为构造厚度及构造配筋。因此采用承台桩加防水板方案中的抗拔桩，最应该采用均匀布桩方案，因这种情况不但可以减小防水板的计算跨度，从而减小防水板厚度及配筋，同时还可基本保证防水板处的抗拔桩受拉而非受压，从而避免防水板承受向上的集中力。

当采用整体式筏形基础方案且基础底板的设计由水浮力组合控制而不是静力荷载组合控制时，也应优先选择均匀布桩的抗拔桩布桩方案，道理也是类似的。只不过这种情况下位于筏板跨中的抗拔桩，很可能是在高水位时受拉而在低水位时承受部分压力，即在筏板的跨中会出现向上的集中压力（静力荷载组合下的桩顶反力），但因该集中压力小于水浮力组合下的桩顶拉力，因此桩对筏板的冲切及桩头钢筋在筏板中的锚固均有保证。需要特别注意的是，此种情况的筏板配筋，不但要同时考虑水浮力组合与静力荷载组合，二者按包络设计，而且最关键的是，两种荷载组合下的边界条件是不同的，水浮力组合可以把抗拔桩及上部结构墙柱都当做支座，但静力荷载组合则只能把上部结构墙柱当做支座，而抗拔桩只能同地基土一起以反力的形式作用于筏板，因此这种情况的计算比较繁琐。

当筏形基础方案的基础底板设计是由静力荷载组合控制而不是由水浮力组合控制时，则抗拔桩应相对集中的布置于柱下或墙下。否则位于跨间的抗拔桩会给筏板跨中施加较大的集中反力，对冲切、锚固及筏板的配筋计算非常不利。

独立柱基加防水板方案中的抗拔构件则最适合采用抗拔锚杆。

5. 抗拔桩的裂缝控制与配筋

对于钢筋混凝土抗拔桩，截面配筋数量应根据净水浮力设计值及每根桩的受荷面积按轴向拉伸构件由计算确定。但对于普通钢筋混凝土抗拔桩而言，配筋量一般不是由抗拉承载力控制，而是由裂缝宽度控制。因此抗拔桩的裂缝宽度限值如何取值，对纵向钢筋的用钢量影响极大。

【案例】 湖北武汉某项目

裙房部分采用 800mm 直径抗拔桩，抗拔承载力特征值 2000kN，按桩身抗拔承载力计算的钢筋数量为 24Φ20（7540mm²），实配 24Φ28（14778mm²）仅将裂缝计算宽度控制在 0.241mm，但用钢量几乎翻倍；而若想将裂缝宽度控制在 0.2mm 以内，则实配钢筋需增加到 22Φ32（17693mm²），算得的裂缝宽度为 0.198mm，钢筋用量又增大了 19.7%。

为了减少抗拔桩的普通受拉钢筋用量，可根据岩土与地下水的腐蚀性及水位变动情况对抗拔桩的实际工作环境进行详细分析，在设计、图审与甲方取得共识的情况下适当降低裂缝控制标准。上述实配 24Φ28 抗拔钢筋就是三方一致将裂缝宽度限值降低到 0.25mm 后的结果。

其次是采用环氧树脂涂层钢筋或镀锌钢筋来代替普通钢筋，虽然环氧树脂涂层及镀锌处理的费用会有所上升，但与用钢量翻倍的效应相比仍具有经济优势。此时需进行经济性对比，择优选用。

抗拔桩均为摩擦桩，桩顶轴向拉力最大，桩端降为 0，桩身轴力从桩顶到桩端依次递减，故桩身配筋也应根据桩身轴力的变化采用分段配筋的方式。当桩长较短时可分两段配筋，到 1/2 桩长时可截断 1/3 或 2/5 的钢筋；当桩长较长时，可分三段配筋，1/3 桩长时截断 1/4 的钢筋，2/3 桩长时截断一半的钢筋。或者根据计算确定钢筋截断位置及截断数量。

降低抗拔桩钢筋用量效果最显著的是采用预应力现浇混凝土灌注桩。不但可充分发挥预应力钢筋的高强作用，还因预压应力的作用而使受拉裂缝控制等级按二级控制，即"一般要求不出现裂缝"，可起到事半功倍的作用。有资料显示，预压应力的存在，还可提高抗拔桩的侧摩阻力，甚至能获得比抗压桩更大的侧摩阻力。采用预应力管桩作为抗拔桩，具有同样的经济意义，但预应力管桩因其对地质条件的适应性及单桩抗拔承载力受限而受到限制。

【案例】 湖北武汉某项目

该项目总计有 954 根桩长 32m 直径 800mm 抗拔桩，原设计采用通长配筋 24Φ28（14778mm²），裂缝计算宽度为 0.262mm（我方计算值为 0.241mm），纵向主筋总用钢量 3360t；优化设计建议采用 10ϕ15.2mm 预应力钢绞线另配 12Φ18（3054mm²，配筋率 0.608%）HRB400 普通钢筋，用钢量分别为预应力筋 339t、普通钢筋 748t。论用钢量减少了 2272t，论综合造价节省了 1228 万元。从技术层面，预应力抗拔桩的裂缝计算宽度大大降低，仅为 0.05mm，因而结构的耐久性大大增强。技术经济效果均非常显著。

采用抗拔桩方案可配合使用后注浆技术，可在单桩抗拔承载力不变的情况下缩短桩长，从而达到优化设计的目的。此种优化方法可不改变桩的平面布置，也不需改变桩的直径及配筋，是最简单，也是最容易被甲方及设计单位接受的优化设计方法。

天津科技广场抗拔桩优化方案：采用桩底后压浆技术，在桩径不变的条件下（桩径 600mm），将有效桩长从原设计 27m 改为 20m，抗拔承载力特征值均不小于设计要求的 850kN，其中抗拔系数及后注浆桩侧阻增强系数均取规范规定的下限值。相应混凝土及钢筋用量可减少约 26%。

6. 抗压抗拔两用桩

谈到这里，有必要澄清或解释一个概念问题，既然是抗拔桩，为何要考虑其受压承载力的问题？甚至同一根桩还要同时考虑其抗拔承载力与受压承载力？其实这是对结构设计中荷载组合与工况的概念还不十分理解。

结构设计，需要考虑施加在结构上的各种作用（荷载），众所周知的有恒荷载、活荷载、风荷载、雪荷载、地震作用等。对于地下结构，除了上述各种荷载以结构内力形式传下来并最终体现为地基反力外，还有作用于地下结构侧壁的土压力、水压力及作用于基础底板向上的水浮力。所有这些作用并非同时发生，也并非对结构都起不利作用，有些荷载也并非一直存在。因此便有了各种荷载组合从而形成了不同的工况。

以水浮力为例，当其合力小于传至基底的荷载时，水浮力因对结构有浮托作用，可减小基础与地基间的接触压力，对结构是有利的；但当水浮力合力超过传至基底的荷载时，水浮力会导致建筑物上浮，水浮力就变为不利因素。

当我们在考虑抗拔桩设计时，对结构不利的荷载为水浮力，恒荷载、活荷载及其他荷载均起有利作用。由于恒荷载一直存在，可以利用其有利作用，活荷载及其他可变荷载无法保证一直存在，故忽略其有利作用，因此主要考虑水浮力与恒荷载两种荷载的组合，其中水浮力应按最不利水位（抗浮设计水位）考虑。我们称这种工况为向上的工况，向上的工况就是以水浮力为主、上拔力最大化的工况。

但实际情况是，地下水位不能保证一直那么高，活荷载及其他可变荷载也不能忽略，故需要一种或几种向下的工况来考虑以向下荷载为主的组合。此时水浮力变为有利作用，如果勘察报告未提供最低水位，或无法确保水浮力的有利作用一直存在时，一般不能考虑水浮力的有利作用。这也是正常设计时的荷载工况。

因此，对于同一个结构、同一个构件，在不同的荷载组合下，同一承台桩会有上拔或下压两种受力模式，也就不足为奇了。

7. 抗拔桩与抗拔锚杆的比选

当配重抗浮等其他抗浮设计手段无法完全解决抗浮问题时，设计者经常要面临抗拔桩与抗拔锚杆的选择。但二者的比选不是一个简单的问题，不能仅通过桩与锚杆两种抗拔结构构件之间的直接比较而得出结论，而需要结合基础底板的设计及工期要求等进行综合的技术经济分析。

一般来说，当天然地基承载力能满足建筑物对地基承载力的要求，且基岩埋藏较浅时，可优先考虑抗浮锚杆；当天然地基承载力不满足建筑物对地基承载力的要求时，则应优先考虑抗拔桩，以同时发挥抗拔桩的承压作用。

此外，抗拔桩施工需在筏板基础施工前完成，锚杆施工可在筏板基础施工后进行，故不占关键线路上的工期。抗拔桩一般不施加预应力，需配置较多的受拉钢筋以控制其工作状态的裂缝宽度；抗浮锚杆可施加一定预应力，可控制其一般要求下不出现裂缝。

五、抗拔锚杆设计优化

锚杆抗浮关键的一步在于锚杆的布置。锚杆的布置绝不是一个简单的画图过程，而是一个交互设计的过程，锚杆布置的合理与否，直接关系到抗浮设计的技术经济效果。

有很多采用抗浮锚杆的工程，无视上部结构传至基础荷载的分布特征、基础底板结构刚度的变化、基础底板的受力变形特点及水浮力荷载传力路径，一律采用均匀布置的方式，是存在问题的，有两种情况比较具有代表性。

1）忽略上部建筑结构恒荷载的有利作用，所有水浮力全部由抗浮锚杆承受。其计算方法为：总的水浮力设计值/单根锚杆设计值＝所需锚杆根数。具体做法：底板下（包括柱底或混凝土墙下）均匀满布锚杆，水浮力全部由锚杆承担，既不考虑上部建筑自重，也不考虑地下室底板自重及其上附加恒荷载对水浮力的直接抵消作用，保守且不合理。

2）利用上部结构自重和锚杆共同抗浮，其计算方法为：（总的水浮力设计值－底板及上部结构恒荷载设计值）/单根锚杆设计值＝所需锚杆根数。具体做法：将锚杆均匀满布在底板下（包括柱底或混凝土墙下），锚杆间距用底板面积除所需锚杆根数确定。

以梁板式筏基下均匀满布抗浮锚杆为例。

从上部结构传至基底的反力分布来看，上部结构荷载首先通过竖向构件（柱）传至柱底，并以集中荷载的方式作用于梁板式筏基的梁柱节点上，然后通过筏基基础梁的刚度向基础梁跨中扩散，基础梁的荷载再通过筏板刚度向筏板跨中方向扩散。基础梁及筏板刚度越大，扩散作用越明显，当基础梁及筏板的跨高比小于 1/6 时，可认为基础梁及筏板下的反力均按直线分布，上部荷载已充分扩散，基底反力分布大致均匀。此时梁板式筏基的结构计算可采用均布反力作用下的倒楼盖模型计算。其实这也只是一种理想情况，为了能够采用简化计算方法而进行的人为假定。从上部结构-基础-地基土的共同作用分析结果来看，即便梁板跨高比再小，基底反力分布也难以达到均匀分布的目的，只可能是无限趋于均匀。

从水浮力荷载的作用方式及传力路径来看。水浮力是以均布荷载的方式满布于基础底板底面。当没有锚杆时，是以上部结构的墙柱作为支座，大部分的水压力是通过筏板传给基础梁，再由基础梁传给墙柱；锚杆的存在改变了底板受力的边界条件，也改变了水浮力荷载的传递路径，锚杆受荷范围内的水浮力会直接传给锚杆，然后通过锚杆的锚固力传至地层深处。因此即便在整体平衡的条件下，虽然不会发生整个地下结构物整体上浮的现象，但若局部平衡不满足，仍然会发生局部破坏，而且这种局部破坏很容易引发连续破坏，造成整体失衡，引起整个地下结构物的上浮。

从底板结构的受力变形特点来看，在均匀满布的水压力荷载作用下，筏板跨中受梁柱刚度的约束影响最弱，是跨中弯矩最大的点，也是受力变形最大的点。在抗拔锚杆均匀满布的情况下，即便锚杆的直径、长度、锁定力等都完全相同，各锚杆的受力也不相同，越靠近跨中受力越大，远离跨中的梁下或者柱下，锚杆往往实际受力很小，甚至不受力。这是由上部结构荷载分布、基础底板刚度分布及基础底板的受力变形特点共同决定的。

因此，合理的抗拔锚杆布置方式应该是在筏板区格的中间部位均匀布置，并在必要时适当加长跨中附近几根锚杆的长度，在墙柱梁下及其影响区域内不布或少布抗拔锚杆，并保证上部结构恒荷载与抗拔锚杆所提供的抗浮荷载之和不小于结构所受的水浮力合力。兼顾整体平衡与局部平衡。如图 2-5-8 所示。

如图 2-5-8 所示，由于与柱、墙相连的梁板一定范围内具有一定的刚度，水浮力可直接与上部结构自重平衡，而上部自重很难传递至远离梁、柱、桩、墙的区域。因此，上述第 1 种方法全部采用锚杆抗浮，上部结构恒荷载未充分利用，浪费比较严重。第 2 种方法，减去上部结构恒荷载后的水浮力由锚杆平均承担，存在安全隐患。因为，中间区域的锚杆实际受力不会是减去上部结构恒荷载的净水浮力（整体抗浮的净水浮力），而是作用于底板底面的水压力减去底板及其面层自重后的净水浮力（局部抗浮的净水浮力）。而局部抗浮的净水浮力要比整体抗浮的净水浮力大得多。一旦地下水达到抗浮设计水

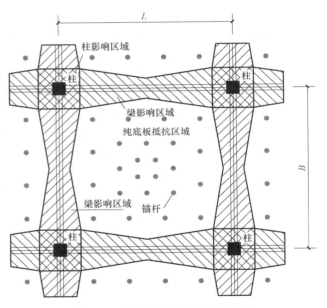

图 2-5-8　抗拔锚杆兼顾总体平衡与
局部平衡的合理布置方案

位，筏板跨中附近的锚杆首先破坏和失效，而后退出工作，其所承担的水浮力荷载迅速传给相邻锚杆，各个击破，慢慢延伸至柱、墙、梁影响区域的锚杆，轻者造成底板因局部失衡而隆起、开裂，重者造成大部分锚杆失效，结构因整体失衡而上浮。

合理做法是：抗浮力与水浮力平衡计算可分成两种区域：柱、墙、梁影响区域和纯底板抵抗区域。纯底板抵抗区域的计算方法应是抗浮锚杆设计承载力除以每平方米净水浮力（减去每平方米底板自重及其上的附加恒荷载），得到抗浮锚杆的受力面积及间距；而柱、墙、梁影响区域应充分利用上部建筑自重进行抗浮，验算传递的上部建筑自重是否能平衡该区域的水浮力，或者根据整体平衡所需的锚杆总数及纯底板抵抗区域的锚杆总数的差值

确定。

总体原则：既要保证结构整体的总体平衡，又要兼顾各区域、各部位的局部平衡。在满足结构安全的前提下尽量做到经济。此外，还应计算水浮力工况下梁板等结构构件承载力极限状态与正常使用极限状态的各项设计。

【案例】 山东济南某项目

图 2-5-9 为山东济南某项目天然地基平板式筏基（带上柱墩）170mm 直径抗拔锚杆的布置方案，采用的是避开柱下与梁下而在跨中布置抗拔锚杆的设计理念。

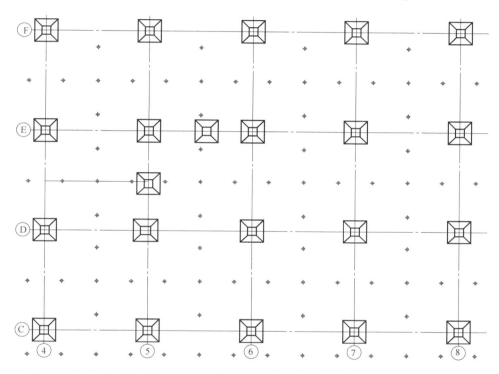

图 2-5-9　山东济南某项目天然地基平板式筏基（带上柱墩）加 170mm 直径抗拔锚杆

第六节　载荷试验的优化策略

一、场前试桩的试桩荷载

片面追求试桩的经济性而选择尽可能小的试桩荷载是因小失大之举。

试桩分为场前试桩与工后试桩（即用于工程桩静载检测的试桩）。场前试桩是在工程开工前进行的试桩，主要是为获得经济可靠的设计施工参数，本质上是为桩基设计服务的。对于何种情况应采用场前试桩，我国规范对此均有明确规定。

《建筑地基基础设计规范》GB 50007—2011

8.5.6　单桩竖向承载力特征值的确定应符合下列规定：

1 单桩竖向承载力特征值应通过单桩竖向静载荷试验确定。在同一条件下的试桩数量，不宜少于总桩数的 1‰且不应少于 3 根。单桩的静载荷试验，应按本规范附录 Q 进行。

2 当桩端持力层为密实砂卵石或其他承载力类似的土层时，对单桩承载力很高的大直径端承型桩，可采用深层平板载荷试验确定桩端土的承载力特征值，试验方法应符合本规范附录 D 的规定。

3 地基基础设计等级为丙级的建筑物，可采用静力触探及标贯试验参数结合工程经验确定单桩竖向承载力特征值。

4 初步设计时单桩竖向承载力特征值可按下式进行估算：（略）

《建筑桩基技术规范》JGJ 94—2008

5.3.1 设计采用的单桩竖向极限承载力标准值应符合下列规定：

1 设计等级为甲级的建筑桩基，应通过单桩静载试验确定；

2 设计等级为乙级的建筑桩基，当地质条件简单时，可参照地质条件相同的试桩资料，结静力触探等原位测试和经验参数综合确定；其余均应通过单桩静载试验确定。

既然施工前的场前试桩是为桩基设计服务的，所以获得充分的试验数据对桩基设计（或者优化设计）至关重要。对此，英国规范 BS8004 建议施工前试桩加载至破坏，通过足够数量的前期试桩（或虽数量不足但场地勘察足以表明场地内地质条件均匀、单一）来推断桩的极限承载力。欧洲规范 EN1997-1：2004 也建议施工前试桩加载至破坏（原文：For trial piles, the loading shall be such that conclusions can also be drawn about the ultimate failure load）。

我国《建筑基桩检测技术规范》JGJ 106—2014 第 4.1.2 条也做出了类似规定：

4.1.2 为设计提供依据的试验桩，应加载至桩侧与桩端的岩土阻力达到极限状态；当桩的承载力由桩身强度控制时，可按设计要求的加载量进行加载。

条文说明则进一步明确应加载至桩的承载极限状态甚至破坏。

条文说明 4.1.2 本条明确规定：为设计提供依据的静载试验应加载至桩的承载极限状态甚至破坏，即试验应进行到能判定单桩极限承载力为止。对于以桩身强度控制承载力的端承桩型，当设计另有规定时，应从其规定。

就笔者在新加坡的工作经验，一般场前试桩至少加载至单桩承载力特征值的 3 倍，对于中、小直径桩甚至做破坏性试验。这样就能清楚表明按勘察报告及经验公式算得的承载力有没有安全储备？有多少安全储备？设计承载力能否提高？能提高到多少？就可以据此做出定量分析，继而对原设计进行改进与优化，达到既安全又经济的优化设计效果。

国内许多开发商，由于对场前试桩的目的与作用缺乏了解，仅仅当作一个固定的程序，片面追求试桩本身的经济性，仅要求场前试桩加载到 2 倍的承载力特征值，一旦试桩成功也就完成任务了。至于原设计是否浪费？桩有多大的安全储备？就都成了未知数。失去了桩基优化设计的机会，也失去了场前试桩的本意，是因小失大之举。假如场前试桩能加载至破坏，就可据此得出该桩的真实极限承载力，如果该值比设计极限承载力高出较多，便可据此修改或优化原设计（如减小桩长或提高单桩承载力等），从而缩减桩基成本。

【案例】 江苏苏州某项目

该项目承压工程桩采用预应力管桩及预应力管桩劲性复合桩两种桩型，抗拔工程桩采用预制钢筋混凝土方桩。各种桩型均作了场前试桩，桩长、桩径及单桩承载力均由设计院根据经验公式的试算结果提供。预应力管桩的单桩承载力特征值为 2500kN，劲性复合桩的单桩承载力 2600kN，考虑到本工程是在地面打桩及地面试桩，试桩最大加载量需考虑无效桩长部分的贡献，故最大加载量分别按 5500kN 及 6000kN。试桩结果见表 2-6-1、表 2-6-2，试验曲线如图 2-6-1～图 2-6-4 所示。

静载荷试验结果汇总表　　　　　　　　　　　　　表 2-6-1

工程名称：苏州某项目试桩工程（管桩）　　　　试验桩号：试桩 2 号

测试日期：2017-08-16　　桩长：44.0m　　桩径：ϕ600mm

序号	荷载 (kN)	历时（min）		沉降（mm）	
		本级	累计	本级	累计
0	0	0	0	0.00	0.00
1	1100	120	120	0.41	0.41
2	1650	120	240	0.58	0.99
3	2200	120	360	0.78	1.77
4	2750	120	480	1.03	2.80
5	3300	120	600	1.43	4.23
6	3850	120	720	1.90	6.13
7	4400	120	840	2.45	8.58
8	4950	120	960	3.00	11.58
9	5500	120	1080	3.96	15.54
10	4400	60	1140	−0.16	15.38
11	3300	60	1200	−0.36	15.02
12	2200	60	1260	−0.60	14.42
13	1100	60	1320	−1.02	13.40
14	0	180	1500	−2.04	11.36

最大沉降量:15.54mm　　最大回弹量:4.18mm　　回弹率:26.90%

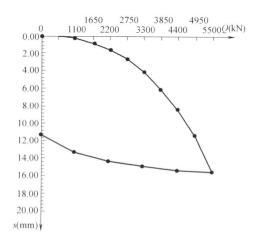

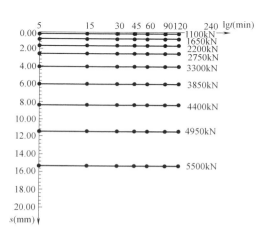

图 2-6-1　预应力管桩场前试桩 Q-s 曲线　　　　图 2-6-2　预应力管桩场前试桩 s-$\lg t$ 曲线

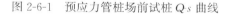

工程名称：苏州某项目试桩工程　　　试验柱号：试桩 9 号

测试日期：2017-08-05　　　桩长：32.0m　　　桩径：φ600mm

序号	荷载 (kN)	历时(min)		沉降(mm)	
		本级	累计	本级	累计
0	0	0	0	0.00	0.00
1	1200	120	120	0.45	0.45
2	1800	120	240	0.50	0.95
3	2400	120	360	0.74	1.69
4	3000	120	480	0.96	2.65
5	3600	120	600	1.35	4.00
6	4200	120	720	1.77	5.77
7	4800	120	840	2.18	7.95
8	5400	120	960	2.70	10.65
9	6000	120	1080	3.65	14.30
10	4800	60	1140	−0.16	14.14
11	3600	60	1200	−0.33	13.81
12	2400	60	1260	−0.61	13.20
13	1200	60	1320	−1.03	12.17
14	0	180	1500	−1.97	10.20

最大沉降量：14.30mm　　最大回弹量：4.10mm　　回弹率：28.67%

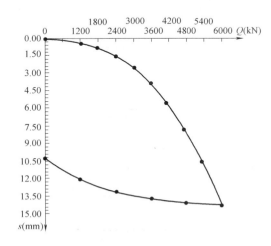

图 2-6-3　劲性复合桩场前试桩 Q-s 曲线

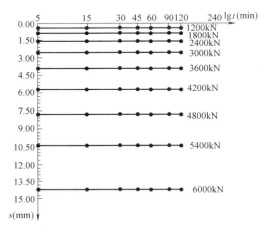

图 2-6-4　劲性复合桩场前试桩 s-lg$t$ 曲线

　　从以上试桩结果可以看出，无论是预应力管桩还是劲性复合桩，Q-s 曲线都是光滑无突变的，累计最大沉降量不足 16mm（分别为 15.54mm 及 14.30mm），最后一级荷载的 s-lg$t$ 曲线近乎直线。所有这一切都说明：通过试桩所得到的承载力与桩的极限承载力还有一定距离，但具体有多大差距则不得而知，也许是一级或两级，甚至更多，而获得桩的极限承载力正是场前试桩所要达到的目的，既有工程意义，也有研究意义。但由于场前试桩的最大加载量取值偏小，导致桩的极限承载力没有被测试出来，以此试桩结果作为工程桩设计的依据，必然会得到偏于保守的设计结果，这种经济损失与增加一两级试桩荷载的费用相比有天壤之别，片面追求试桩本身的经济性而选择尽可能小的试桩荷载是因小失大的不智之举。

二、工程桩检测的试桩荷载

工程桩的试桩，主要是对桩施工质量的检验，同时也是对原设计的复验。至于何种情况需对工程桩进行单桩静载试验，可参见《建筑地基基础设计规范》GB 50007—2011 第 10.2.14 条及《建筑桩基技术规范》JGJ 94—2008 第 9.4.2、9.4.3 条。在此着重讲述静载试桩承载力的确定原则及在试桩方案中所应采取的对策。

在 2003 版《建筑基桩检测技术规范》中，对于"单桩竖向抗压极限承载力统计值"的确定是非常明确的，无论是场前试桩还是工程桩的试桩，试桩结果均以统计值的结论为准，大体是群桩试桩的统计值取极差不超 30％时的平均值，3 根及 3 根以下的承台桩的试桩统计值取低值。但 2014 版《建筑基桩检测技术规范》，只给出"为设计提供依据的单桩极限承载力"的试桩统计取值方法，而对工程桩的试桩结果如何评定则没有提及。考虑到规范的延续性，我们姑且认为上述统计值取值方法同样适用于工程桩的试桩结果评定。

《建筑基桩检测技术规范》JGJ 106—2003

4.4.3 单桩竖向抗压极限承载力统计值的确定应符合下列规定：

1 参加统计的试桩结果，当满足其极差不超过平均值的 30％时，取其平均值为单桩竖向抗压极限承载力。

2 当极差超过平均值的 30％时，应分析极差过大的原因，结合工程具体情况综合确定。必要时可增加试桩数量。

3 对桩数为 3 根或 3 根以下的柱下承台，或工程桩抽检数量少于 3 根时，应取低值。

4.4.4 单位工程同一条件下的单桩竖向抗压承级值特征值 R_a 应按单桩竖向抗压极限承载力统计值的一半取值。

《建筑基桩检测技术规范》JGJ 106—2014

4.4.3 为设计提供依据的单桩竖向抗压极限承载力的统计取值，应符合下列规定：

1 对参加算数平均的试验桩检测结果，当极差不超过平均值的 30％时，可取其算数平均值为单桩竖向抗压极限承载力；当极差超过平均值的 30％时，应分析原因，结合桩型、施工工艺、地基条件、基础形式等工程具体情况综合确定极限承载力；不能明确极差过大的原因时，宜增加试桩数量；

2 试桩数量少于 3 根或桩基承台下的桩数不大于 3 根时，应取低值。

可见桩极限承载力统计值是按极差不超平均值的 30％时的平均值来确定的，如果试桩最大加载量只取规范规定的下限值（即 2 倍的单桩承载力特征值），当其中有一根试桩荷载达不到极限荷载时，就会拖累整组试桩的评估结果，使试桩评估的极限荷载值降低，甚至导致试桩不合格的结果。而如果试桩荷载能多加一级荷载，当该组试桩中极限承载力有高有低时，只要极差不超过 30％，就可取平均值作为试桩极限荷载，客观上减少了人为因素导致的试桩承载力降低。

因此，在制定试桩方案时，最大加载量不一定刚好等于单桩承载力特征值的 2 倍，应根据桩身强度等级大小，适当加大。**本书建议：开工前作为设计依据的试验桩，最好要加载至 3 倍的特征值；工程桩的试桩，最好多加一级。**

【案例】 哈尔滨某城市综合体项目

该项目 1 号主楼共有工程桩 320 根，试桩 4 根，桩径 800mm，桩长 30m，单桩极限承载力特征值为 4700kN，原试桩方案所定最大加载量为 9400kN，分 10 级加载，每级 940kN。不料第一根试桩（1027 号桩）即告失败，加载至第 9 级 8460kN 时沉降已达 37.59mm，加载至最后一级 9400kN 时，沉降高达 57.61mm，故该试桩的极限承载力可定为 8460kN，达不到设计要求的极限承载力，见图 2-6-5。对此，施工单位、试桩单位会同甲方迅速做出决定，将其后的 3 根试桩的最大加载量提高一级至 10340kN。不幸的是，第二根试桩（1022 号桩）的结果更差，加载至 7520kN 时沉降就已达 41.99mm，试桩极限承载力只能取到 7520kN，见图 2-6-6。所幸第三（1211 号桩）、第四（1262 号桩）根试桩没有出现意外，加载至 10340kN 时累计沉降分别为 20.8mm 及 25.2mm，试桩极限承载力可定为 10340kN，见图 2-6-7、图 2-6-8。

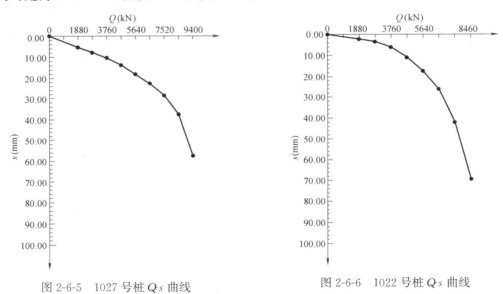

图 2-6-5　1027 号桩 Q-s 曲线　　　　　　图 2-6-6　1022 号桩 Q-s 曲线

因此 4 根试桩的平均值为 $(8460＋7520＋10340＋10340)/4 = 9165kN$，极差为 $(10340－7520) = 2820kN$，极差与平均值之比 $2820/9165 = 30.8\%$，比 30% 略多一点，可以取平均值作为极限承载力。因此试桩所得的单桩承载力特征值为 $9165/2 = 4582.5kN$。虽然未达到设计要求的承载力，但所幸降低不多，经 JCCAD 再分析且适当考虑柱间土作用后，单桩承载力特征值降为 4582kN 也可满足设计要求。

倘若第三、第四根试桩没有加大试桩荷载，或者先进行的是 1211 号与 1262 号的试桩，则以上结果将会被改写，试桩的极限承载力将进一步降低为 $(8460＋7520＋9400＋9400)/4 = 8695kN$，试桩所得的单桩承载力特征值仅为 $8695/2 = 4347.5kN$，比设计要求承载力特征值降低幅度近 10%。如果降低承载力后的再分析结果无法通过，后果将不堪设想。

因此，在确定试桩最大加载量时应留有余地，适当加大试桩荷载，不应片面追求试桩的经济性而选择尽可能小的试桩荷载。

其他静载荷试验，包括浅层平板试验、深层平板试验、地基处理后的静载荷试验、复合地基增强体的单桩及复合地基静载试验，也均规定取极差不超过30%时的平均值。同理也不宜刚好加载到2倍的特征值，也应根据试验目的不同而选用不同的最大加载量。对于为设计提供依据的静载试验，宜加载至预估特征值的3倍甚至是破坏性试验；而对于施工结果检验的静载试验，则宜在2倍特征值最大加载量的基础上再多加一级荷载。

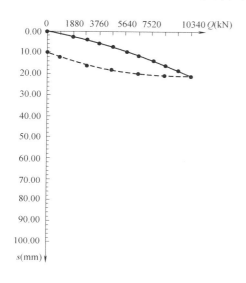

图 2-6-7　1211 号桩 $Q\text{-}s$ 曲线　　　　图 2-6-8　1262 号桩 $Q\text{-}s$ 曲线

三、工程桩检测的注意事项

1. 预制桩的复压

预制桩由于存在较严重的挤土效应，一般后期施工的桩均会导致先期施工的桩不同程度的上浮。预制桩一旦发生上浮，对端阻的削弱极大，故预制桩施工必须进行复打或复压操作，而且对于静压施工的预制桩可能需要多次复压。《建筑桩基技术规范》JGJ 94—2008 要求：对于入土深度大于或等于8m 的桩，复压次数可为2~3 次，对于入土深度小于8m 的桩，复压次数可为3~5 次。

2. 灌注桩的龄期

除非在施工中提高了混凝土强度等级或在混凝土配比中加入了早强剂，否则灌注桩在进行工程桩检测时必须在桩身混凝土达到设计所要求的龄期后方可进行，否则极易发生桩身材料强度破坏先于桩土相互作用破坏的情况，导致检测结果失真，给工程桩检测评定工作带来很大干扰，也会给项目开展带来很多麻烦及不确定性。轻者可能需要增加工程桩静载检测数量，严重的甚至导致单桩承载力降级使用及补桩等。

对于工程桩的承载力，存在桩土相互作用的承载力与桩身材料强度控制的承载力的双重控制，但二者的计算原则并不相同，前者是按传至桩顶的荷载标准值与单桩承载力特征

值进行比较，即

$$N_k \leqslant R \qquad (式 2\text{-}6\text{-}1)$$

及

$$N_{kmax} \leqslant 1.2R \qquad (式 2\text{-}6\text{-}2)$$

上述不等式左侧的 N_k 及 N_{kmax} 均为荷载标准组合下桩顶轴向压力标准值，不等式右侧的 R 为基桩或复合基桩竖向承载力特征值，当不考虑承台效应时即为单桩竖向承载力特征值 R_a，R_a 可按如下公式计算：

$$R_a = \frac{1}{K} Q_{uk} \qquad (式 2\text{-}6\text{-}3)$$

其可靠度原则体现为安全系数法，K 即为安全系数，按规范要求取 $K=2$，即单桩承载力极限值除以 2 倍的安全系数得到单桩承载力特征值 R_a。

后者的桩身受压承载力则同所有其他混凝土结构构件的强度计算一样，是采用作用于桩顶的荷载设计值与桩身截面所提供的抗压承载力设计值进行比较，即《建筑桩基技术规范》式（5.8.2-1）

$$N \leqslant \varphi_c f_c A_{ps} + 0.9 f'_y A'_s \qquad (式 2\text{-}6\text{-}4)$$

上述不等式左侧的 N 为荷载基本组合下桩顶轴向压力设计值，是由各类荷载的标准值乘以相应的分项系数及组合系数后相加所得，其可靠度原则体现为分项系数法。对于恒、活荷载控制的荷载组合（分项系数对于恒、活荷载分别为 1.2 及 1.4），可近似简化为单一分项系数 1.35。对公式 $N_{kmax} \leqslant 1.2R$ 两侧同时乘以 1.35，则公式左侧即为公式 $N \leqslant \varphi_c f_c A_{ps} + 0.9 f'_y A'_s$ 左侧的桩顶轴向压力设计值，右侧则变为 $1.35 \times 1.2 \times R = 1.62R$，当不考虑承台效应时即为 $1.62R_a$。意味着式（2-6-4）右侧的桩身轴向抗压承载力设计值 $\varphi_c f_c A_{ps} + 0.9 f'_y A'_s$ 不小于 $1.62R_a$ 即可满足基桩在正常工作状态下的承载力要求。设计者对工程桩的桩身承载力一般均按照这个标准进行控制。但对于工程桩的试桩，静载试桩的最大加载量却要达到 $2R_a$ 甚至更高，对于正常龄期的混凝土来说都已经超载，若龄期不足则超载更甚，极有可能发生桩身混凝土先行压坏的情况，失去了工程桩静载试桩的本来意义。毕竟工程桩的静载试桩主要还是为了检测桩土相互作用的承载力，而不是为了检测桩身混凝土强度。桩身混凝土强度完全可以通过 28d 龄期的标准条件养护试块的强度检验来进行评定。

桩身承载力验算与其他混凝土结构构件不同的是，在构件承载力计算时除了考虑材料强度分项系数（材料强度的设计值即由材料强度标准值除以材料强度分项系数而来）外，还另外考虑了成桩工艺系数或工作条件系数。

3. 试桩的保护桩头

灌注桩混凝土龄期满足设计要求的龄期是工程桩检测的最低要求，并不意味着满足龄期就可以高枕无忧，毕竟试桩最大荷载（$2R_a$）远大于工程桩使用阶段的最大荷载（$1.62R_a$），即便静载试桩时的桩身混凝土抗压能力能够满足要求，不经处理的桩头也大多难以独善其身。因此无论是灌注桩还是预制桩的试桩，理论上均需要做桩头保护，除非灌注桩的试桩是在设计时就已指定且专门采取了提高混凝土强度等级的措施。但即便如此，试桩的桩头也必须经过磨平处理，确保桩头与加载装置全截面严密接触并均匀受力传力，避免桩头混凝土局部应力集中而先行压坏的情况发生。

第三章　地下主体结构的设计优化

第一节　与降低层高有关的设计优化

　　降低层高除了可减少土方开挖、回填工程量，缩短地下室墙柱高度从而减少钢筋混凝土材料用量及模板工程量，减少防水工程量等显性影响外，还可减小地下室外墙及人防墙体的计算跨度从而降低墙体内力与配筋（内力和配筋的增减与计算跨度的平方成正比），也可减小墙体厚度进而降低构造配筋。

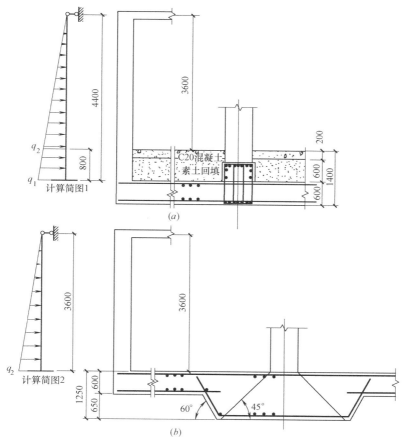

图 3-1-1　基础底板形式对地下室挡土外墙计算高度的影响

　　结构计算模型的三要素：几何模型、边界条件、荷载。

几何模型中对内力计算结果影响最大的是计算跨度，弯矩与跨度的平方成正比，挠度（位移）与跨度的 3 次方成正比。

图 3-1-1 (a)：梁板式筏基上返梁体系，地下室外墙的计算跨度从地下室顶板中线算至筏板顶面为 4400mm；

图 3-1-1 (b)：平板式筏基顶平方案并取消建筑面层，地下室外墙计算跨度按相同算法为 3600mm。

优化效果：计算跨度减小 800mm，同时土压力荷载 q_2 也按比例降至 $0.819q_1$，则最大弯矩降为图 3-1-1 (a) 最大弯矩的 $0.819 \times 3.6^2 / 4.4^2 = 0.548$ 倍，降幅达 45.2%。意味着计算配筋量可大致以同比例减小，如果同时能够减小地下室外墙的厚度，则混凝土量及水平构造钢筋的用量也可降低。

该部分内容在前文已有非常详细的论述，在此不再赘述。

第二节　与荷载相关的设计优化

一、车库顶板覆土厚度的取值与设计优化

前文已经针对覆土厚度对埋深的影响进行了论述，并对影响覆土厚度的因素展开了比较详细的论述，本章在此仅针对覆土荷载对结构设计的影响进行论述，相关内容可参照前文。

覆土厚度直接体现为结构的附加恒载，覆土厚度每增加 100mm，附加荷载相应增加 $1.8kN/m^2$，接近于住宅、办公用房楼面活荷载的水平。因此覆土厚度对结构设计非常敏感，对地下室顶板的钢筋混凝土材料用量影响很大，顶板覆土平均厚度每增加 300mm，地下室综合成本约增加 30～40 元/m^2。表 3-2-1 为几个不同覆土厚度在不同层高下的钢筋与混凝土含量对比情况。

单层纯地下车库含钢量、混凝土含量（仅供参考）　　　　　　表 3-2-1

层高 (m)	覆土厚度 1000mm		覆土厚度 1200mm		覆土厚度 1500mm		覆土厚度 1800mm	
	含钢量 (kg/m^2)	混凝土含量 (m^3/m^2)	含钢量 (kg/m^2)	混凝土含量 (m^3/m^2)	含钢量 (kg/m^2)	混凝土含量 (m^3/m^2)	含钢量 (kg/m^2)	混凝土含量 (m^3/m^2)
3.9	80.0	0.42	85.0	0.45	96.0	0.47	105.0	0.51
4.0	80.4	0.42	85.4	0.45	96.4	0.47	105.4	0.51
4.1	80.8	0.43	85.8	0.46	96.8	0.48	105.8	0.52
4.2	81.2	0.43	86.2	0.46	97.2	0.48	106.2	0.52

注：1. 柱距 $5400 \leqslant L \leqslant 8000$（主要柱距为 8000mm）；

2. 混凝土强度等级为 C30；

3. 含钢量中，HPB235 占 20%，HRB335 占 15%，冷轧带肋钢筋及 HRB400 占 65%；

4. 车库内无人防设计，顶板活荷载为 5.0kN/m^2；

5. 包括挡土墙的混凝土含量与含钢量，不包括地基处理的混凝土含量与含钢量；

6. 假定地基为非岩石地基，独立/条形基础，无抗浮需求，无基础底板，仅有建筑地坪。

通过比较可发现，覆土 1.0m 与覆土 1.5m 比较，钢含量节省 20%，约 16kg/m²，仅钢筋一项每平方米土建造价即可减少 70～80 元/m²。一个 20000m² 的地下室就是 150 万元，效果非常可观，故应严格控制覆土厚度。

覆土厚度没有具体限值，但必须考虑种植要求、管线敷设要求及满足绿地率计算等客观要求，以及景观设计对微地形的要求，主观上尽可能减小，满足要求即可，不要随意放大。

当局部覆土较厚时，可采用前文所述的底部架空法或填充轻质材料等减荷方式。

二、车库顶板覆土重度的取值与设计优化

覆土作为附加恒载，其量值等于覆土厚度乘以覆土重度，因此覆土重度对覆土荷载大小的影响也不容忽视。对于 1500mm 的覆土，重度按 18kN/m³ 及 20kN/m³ 分别取值，则附加恒载之差即可达 3kN/m²。

《种植屋面工程技术规程》JGJ 155—2013 第 4.5.1 条明确列出了各类种植土的饱和水密度（见表 3-2-2），从表 3-2-2 可以看出，重度最大的田园土，其饱和水密度也只有 1500～1800kg/m³，相当于重度 15～18kN/m³，因此从设计角度取 18kN/m³ 应该足够，且有一定的安全储备。

常用种植土性能 表 3-2-2

种植土类型	饱和水密度(kg/m³)	有机质含量(%)	总孔隙率(%)	有效水分(%)	排水速率(mm/h)
田园土	1500～1800	≥5	45～50	20～25	≥12
改良土	750～1300	20～30	65～70	30～35	≥58
无机种植土	450～650	≤2	80～90	40～45	≥200

但对于硬质铺装区域，因为存在石材（地砖）及混凝土垫层等重度较大的构造层次，而且其下的覆土还有压实系数的要求，重度会比普通种植土稍大一些，建议根据其具体构造做法据实计算附加面荷载。

车道虽然也属于硬质铺装区域，但车道作为雨水排放的第一汇聚地及接收处，地面标高一般低于周围绿化区域，也即覆土厚度会小于周围绿化区域，因此附加恒载在一增一减的情况下，也基本与周围绿化区域持平，故对车道处的附加恒载可按周围绿化处统一取值。

三、车库顶板消防车荷载的施加方式、取值与设计优化

消防车荷载属于不经常出现、但一经出现就数值巨大的荷载，如果消防车行走或停靠在有覆土的结构顶板上，对结构顶板的设计必然产生非常不利的影响。故在车库顶板结构设计中，只要是消防车有可能通过或停靠的区域，都必须考虑消防车荷载，按最不利情况进行结构设计，哪怕这种最不利的情况永远不会出现，也要有备无患，确保万无一失。因此在规划及总图设计中，在满足消防要求的前提下，除了要尽量减少消防车道（含消防登高场地及回车场等）的占地面积外，还要尽量将消防车道（含消防登高场地及回车场等）避开车库覆土区域，尽量布置在实土区域。

根据《建筑结构荷载规范》GB 50009—2012 第 5.1.1 条第 8 项及其条文解释，消防

车作为一种特殊活荷载的标准值不再是一个定值，而需根据板的受力条件及跨度大小综合确定。对于单向板，板跨小于 2m 时，活荷载应取 35kN/m²，大于 4m 时应取 25kN/m²，介于 2～4m 之间时，活荷载可按跨度在 35～25kN/m² 范围内线性插值确定；对于双向板，板跨小于 3m 时，活荷载应取 35kN/m²，大于 6m 时应取 20kN/m²，介于 3～6m 之间时，活荷载可按跨度在 35～20kN/m² 范围内线性插值确定。因此不加区分的采用 35、25 或 20 的消防车活荷载标准值是不正确的。

除此之外，在施加消防车活荷载时，必须根据板跨及折算覆土厚度对消防车活荷载标准值进行折减。顶板折算覆土厚度 $\bar{s}$ 可按下式计算

$$\bar{s} = 1.43s\tan\theta \qquad\qquad (式\ 3\text{-}2\text{-}1)$$

式中，s 为覆土厚度，θ 为压力扩散角，可按《建筑地基处理技术规范》JGJ 79—2012 表 4.2.2（本书表 3-2-3）取值。表中 z 取覆土深度，b 取消防车道宽度。

压力扩散角 θ（°）（规范表 4.2.2）　　　　　　　　表 3-2-3

换填材料　　　z/b	中砂、粗砂、砾砂、圆砾、角砾、石屑、卵石、碎石、矿渣	粉质黏土、粉煤灰	灰土
0.25	20	6	28
≥0.50	30	23	

覆土厚度对消防车活荷载标准值的折减也因楼盖类型及板跨的不同而不同，详见《建筑结构荷载规范》GB 50009—2012 附录 B 表 B.0.1 及表 B.0.2。

设计梁、墙、柱及基础时，楼面活荷载标准值还可按《建筑结构荷载规范》GB 50009—2012 第 5.1.2 条进行折减，其中对双向板楼盖的主次梁及单向板楼盖的次梁折减系数为 0.8，对单向板楼盖的主梁折减系数为 0.6。荷载规范对经济性对比及结构优化提供了很大的空间及很多变量，不同楼盖体系、不同的板跨之间因荷载标准值的取值及各类折减因素就可能导致含钢量的较大差异，再结合结构体系本身的经济性差异，不同结构方案含钢量差异在 10kg/m² 以上是完全可能的。

消防车荷载的施加范围不应过大，结构设计的消防车荷载应该局限在车道范围内。考虑覆土压力扩散进行折减时，作用宽度应按扩散后的宽度取值，即 $W + 2s * \tan\theta$，其中 W 为消防车道净宽（路缘石内宽度），s 为覆土埋深，θ 为压力扩散角。切忌"满堂红"施加消防车荷载。

说到这里，确实有结构工程师以现实中无法阻止消防车跑出车道为由而将消防车荷载在车库顶板满布。这个问题不但可以在设计环节加以解决，比如加高路缘石、在路边设置绿篱、在景观区设置阻止车辆通行的灌木、乔木以及景观小品等；也可以在小区物业管理环节进行解决，比如在路边设置护栏或路桩等阻止车辆越界的措施。而且消防车道及消防登高场地都有明显的地面施画标志，作为训练有素、经验丰富的消防人员是知道应该走哪里、停哪里，不会随意将消防车开上绿地。

四、无消防车荷载区域活荷载的取值与设计优化

有消防车荷载区域可按上述要求施加，但对于无消防车荷载的区域，活荷载取值则存

在比较多的争议。各个设计院的取值也不尽相同，有取 5.0kN/m² 的，有取 7.5kN/m² 的，也有取 10.0kN/m² 的，甚至还有按消防车荷载取值的，各有各的道理。

要想将这个问题阐述清楚，必须结合三个施工阶段及一个正常使用阶段进行分析。所谓三个施工阶段，即车库顶板结构拆模且具有 28d 强度以后至覆土施工前的阶段、覆土施工的阶段、绿化施工的阶段。

第一个施工阶段，即车库顶板覆土施工之前的阶段。如果整体开发是主楼与车库同时施工，则车库结构封顶之时意味着主楼结构刚出地面，此时车库顶板作为各主楼之间一个大面积平整场地，是非常理想的材料构件堆场与施工加工场地，重型运输车辆也可能开上顶板，而且由于此时的覆土荷载尚未施加，客观上也为将车库顶板开辟为施工场地及运输通道创造了条件。但必须确保此时施工荷载（包括重型车辆荷载）的作用效应不超过覆土荷载与活荷载的作用效应之和。为了简单与安全起见，最好控制施工荷载的等效均布面荷载不超过覆土荷载。

第二个施工阶段，即覆土施工阶段。在此阶段，土方施工的车辆荷载（土方运输车辆、土方整平机械及土方碾压机械等）与部分覆土荷载并存，施工组织不当有可能导致车库顶板结构超载。一般小型挖掘机的工作重量为 4～6t，标准铲斗容量 0.12～0.21m³；一般小型装载机（LW160KV）的整机重量为 5～6t，额定载重为 1.4～1.6t，合计约 7t 左右；一般小型振动压路机（XD82）的工作重量为 8.5t，即便在覆土荷载已达满载的情况下，这三类土方施工机械的等效活荷载也不过 5～6kN/m²，对顶板结构设计的影响不大。而且对于车库顶板覆土的施工，采用小型挖掘机足以胜任，而且车库顶板的种植覆土也没有压实要求，一般无需上小型振动压路机，图 3-2-1 即为车库顶板覆土采用柳工 906D 挖掘机施工的现场照片，该型号挖掘机为履带式挖掘机，工作重量 5900kg，标准铲斗容量 0.21m³。

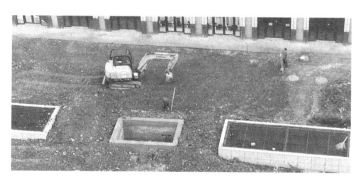

图 3-2-1　柳工 906D 挖掘机在车库顶板进行覆土施工的工作画面

因此土方施工机械对车库顶板施工荷载的取值不起决定作用，最关键的是土方运输车辆的荷载取值，如果任由满载的土方运输车辆开上车库顶板，即便在尚未覆土的情况下，也有可能导致车库顶板结构超载。针对这种情况，可有两种解决方案：第一，土方运输车辆不驶入车库顶板范围，在车库边缘卸土后由土方铲运机械负责车库顶板范围的土方运输及摊铺工作；第二，对应消防车道的位置施画临时施工道路，并严格限制土方运输车辆在与消防车道对应的施工道路上行驶，当土方运输车辆的满载重量超过消防车总重（一般按 30t 消防车进行设计）时，尚应结合当时的覆土厚度对车库结构顶板进行复核。

因此第二个阶段的结构安全问题主要聚焦在对土方运输车辆的管理。如果对土方运输车辆的管理得当，活荷载取 5.0kN/m² 也没有问题，但如果缺乏对土方运输车辆的有效管理，即便活荷载取 10.0kN/m² 也无法确保结构安全。

一般来说，车库顶板上的覆土施工涉及重大结构安全问题，按建设程序，施工单位应该在施工前编制施工组织设计或专项施工方案。有关运土车辆及施工机械的型号、重量、活动范围与开行路线都必须在考虑之内，结构是否超载及所需采取的措施也都是重要内容，待该施工组织设计或施工方案获得监理及甲方批准后方可组织施工，因此客观的建设程序完全可以避免超载导致的结构安全问题。但考虑到国内施工队伍的水平与经验良莠不齐，冒险蛮干的施工队伍仍有市场，第三方监管（监理）也可能缺失、不作为或同样缺乏水平与经验，结构超载的风险在客观上是存在的，出于安全考虑，可以将车库顶板的活荷载取为 10.0kN/m²。这实质上是由设计在为不规范的施工行为买单，进而会进一步纵容施工单位的不规范行为，这也是无奈之举。但如果施工队伍已定，且该施工队伍的水平与经验值得信赖时，活荷载取为 5.0kN/m² 也没有安全问题。

第三个阶段，即绿化施工阶段。在这个阶段中，对于地被植物、灌木及小型乔木的移植，只要不需要起重设备，都不存在超载问题。但对于大型乔木的移植，一般人力已不能及，可能需要起重设备对大型乔木进行"吊装"，此时起重设备停放的区域就是车库顶板结构安全的高风险区，停放区域不当极易导致超载。对此，首先要尽量利用主体结构施工时的塔吊完成大型乔木的吊装，如果塔吊已经撤场，就需要汽车吊等移动式起重设备。汽车吊在进行起吊作业时应停靠在消防车道或消防登高面上。对于种植位置远离消防车道或消防登高面，因而超出起重设备服务半径的大型乔木，必须提前考虑吊装问题，比如汽车吊可停靠在尚未覆土的车库顶板上先行完成这些偏远位置大型乔木的吊装及移植工作。总之要禁止汽车吊驶入已完成覆土施工的场地进行大型乔木的吊装，其一避免车库顶板结构超载，其二防止松软的覆土导致吊车的倾覆。

在正常使用阶段，原则上是不允许任何车辆驶入覆土绿化区域的，而且如前文所述，在建筑设计、景观设计以及物业管理方面也会采取一些防止车辆驶入绿化区域的措施，因此正常使用阶段基本可不考虑车辆荷载的影响。可能出现的荷载除了植物本身的重量就是人员活动的荷载，而且这二者大多情况下还存在互斥的关系，即便二者同时存在，5.0kN/m² 的活荷载也足以覆盖。有人会说大型乔木很重，等效活荷载可能会很大。大型乔木确实较重，但大型乔木的树冠、占地面积均较大，因而间距也大，均摊到其占地面积上，则面荷载就不大了。比如一棵重 5t 的大树，已然属于特大型的乔木，占地面积可能 20m² 不止，则均摊下来的活荷载也不过 2.5kN/m²，人员活动荷载按 2.0kN/m² 取值，则二者合计不超过 5.0kN/m²。

概括起来，车库顶板荷载取值问题是一个结构安全性与经济性如何平衡取舍的问题，是管理问题而不是技术问题。建议设计院与甲方充分沟通后最终由甲方来确定。如果设计考虑周全，能够将景观设计及施工组织设计前置，并将荷载信息充分反映在车库结构设计中，并在施工与使用期间加强管理、避免超载，则荷载可以取 5.0kN/m²，否则还是建议适当留有余地。但不管怎样，都要加强施工与使用期间的管理，避免超载发生。在绝对的超载面前，没有绝对的结构安全。

第三节　基础底板设计优化

一、独立柱基/墙下条基（＋防水板）的设计优化

1. 地基承载力与几何尺寸的优化

当确定采用独立柱基/墙下条基（＋防水板）方案后，则地基承载力取值及其所影响的基础平面尺寸就成为设计优化的重点。

用于验算地基承载力是否满足要求以及确定基础平面尺寸所用的天然地基承载力不是直接取用《岩土工程勘察报告》中建议的数值f_{ak}，而是采用根据建筑物的埋深、基础形式与尺寸以及主裙楼关系等因素进行深宽修正后的数值，即《建筑地基基础设计规范》GB 50007—2011公式（5.2.4）中的f_a，见式（3-3-1）。

$$f_a = f_{ak} + \eta_b \gamma (b-3) + \eta_d \gamma_m (d-0.5) \qquad （式 3-3-1）$$

（1）地基承载力修正的基本原理

地基承载力特征值f_{ak}的深宽修正概念，是根据弹性半无限体地基承载力理论得出的。从图3-3-1可看出，地基达到极限承载力产生的滑动面与土的黏聚力、基础两侧边载、滑动土体的重量以及基础宽度有关。滑动土体的重量与基础宽度及地基土的重度有关，基础宽度增加，滑动面增大，滑动阻力增大，地基承载力可以提高；基础埋深增加，基础两侧边载增加，滑动阻力增大，地基承载力也会随之增加。这就是承载力进行深宽修正的基本原理。

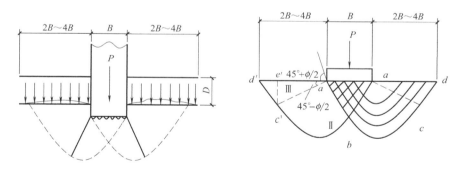

图 3-3-1　基础埋深形成的超载与地基破坏简化的滑动面

（2）地基承载力修正的困惑及常见错误

地基承载力深度修正的深度取值问题，是存有争议且频遭热议的一个议题。国家标准《建筑地基基础设计规范》GB 50007—2011与北京市地方标准《北京地区建筑地基基础勘察设计规范》DBJ 11—501—2009（2016年版）就存在比较明显的差异，这更加剧了一些结构工程师的困惑。经常出现的错误有以下两类：

其一，当主楼四周有裙房（地下车库）且裙房（地下车库）基础又是连在一起的筏形基础时，主楼的地基承载力修正没有采用裙房（地下车库）荷载的折算厚度，而采用自室内地面算起的埋深，或者采用自室外地面算起的埋深，前者偏于保守，而后者则偏于不

安全；

其二，有独立基础（条形基础）但无连续底板的地下室（房心回填土上做建筑地面），或地下室基础底板为独立基础（条形基础）加防水板但防水板较薄时，独立基础的地基承载力修正没有采用从室内地面算起的埋深而采用从室外地面算起的埋深。

（3）各种可能情况的修正用埋深

在此，笔者将设计中常见的几种情况总结如下，供读者参考。

图 3-3-2 (*a*)：基础两侧一边埋深大，一边埋深小。地基破坏的滑动面会先到达浅的一边，所以用于深度修正的基础埋深应取埋深小的计算。

图 3-3-2 (*b*)：基础一侧在 $2B \sim 4B$ 范围内有两种埋深 $D_1 > D_2$。偏于安全考虑，用于深度修正的埋深可取 D_2 进行计算。

图 3-3-2 (*c*)：主裙楼连为一体，主楼采用筏形基础，裙楼采用独立基础或条形基础。

用于裙楼独立基础或条形基础下地基承载力的深度修正，《建筑地基基础设计规范》GB 50007—2011 要求自裙楼室内地面算至独立基础或条形基础的底面，而《北京地区建筑地基基础勘察设计规范》DBJ 11—501—2009（2016 年版）则综合考虑了基础的室内埋置深度与室外埋置深度；

用于主楼筏板下地基承载力的深度修正，虽然《建筑地基基础设计规范》GB 50007—2011 第 5.2.4 的正文中没有明确，但 5.2.4 的条文说明表述的还是比较清楚的："目前建筑工程大量存在着主裙楼一体的结构，对于主体结构地基承载力的深度修正，宜将基础底面以上范围内的荷载，按基础两侧的超载考虑，当超载宽度大于基础宽度两倍时，可将超载折算成土层厚度作为基础埋深，基础两侧超载不等时，取小值"。

该条文说明没有提及裙楼的基础形式，因此从字面上理解，可认为不论裙楼采用何种基础形式，只要超载宽度大于主楼基础宽度的两倍，就可将超载折算成主楼修正用的基础埋深。

当然也有人持不同意见，认为裙楼上部结构荷载通过墙柱传给基础，仅在裙楼基础影响范围内能够约束土体在主楼基底压力下的隆起，而独立基础间的房心回填土基本上没有竖向约束，因此不能采用裙楼荷载的折算土层厚度作为主楼基础深度修正用的埋深，而采用自裙楼室内地面算至主楼筏板底的折算厚度。

对于此种情况，笔者建议采用偏于安全的处理方式，即采用自裙楼室内地面算至主楼筏板底的折算厚度作为主楼地基承载力深度修正用的埋深。

图 3-3-2 (*d*)：主楼与裙楼采用连为一体的筏形基础。主楼地基承载力的深度修正，宜将主楼基础底面以上裙楼范围内的荷载，按主楼基础两侧的超载考虑，当超载宽度大于主楼基础宽度 2 倍时，可将超载折算成土层厚度作为基础埋深，基础两侧超载不等时，取小值。这种情况的主楼地基承载力修正基本没有争议。而裙楼地基承载力的修正，修正用深度可自裙楼基础底面算至裙楼的室外地面，这一点也几乎没有争议。

图 3-3-2 (*e*)：主裙楼为一体，主楼采用筏形基础，裙楼（地下车库）采用独立基础加防水板，实际上是介于图 (*c*) 与图 (*d*) 之间的一种情况。

此种情况最为复杂，争议最大，因人在保守与经济间的倾向性而定，有的人倾向于采用图 (*c*) 的处理方式，而有的人则倾向于采用图 (*d*) 的处理方式。有的专家认为，当防水板厚度不小于 400mm 时，主楼的地基承载力修正可以考虑裙房（地下车库）超载，即按图（d）计算。这个结论应该是没错的，因为防水板厚度达到400mm，就满足了梁板式筏基的最小板厚要求，不但防水板自身的抗弯刚度足够大，与独立基础的刚度差异也减小了，甚至可以视为筏板，因此也就可以在主楼地基承载力修正时考虑裙房（地下车库）的超载。但笔者认为400mm的厚度还是保守了点，作为"充分条件"还可以，作为"必要条件"就比较保守了。因为根据前文对《建筑地基基础设计规范》GB 50007—2011 第5.2.4条条文说明的理解，独立基础无防水板的情况都可以将裙楼荷载的折算土层厚度作为主楼基础深度修正用埋深，则有防水板的情况就更加可以。

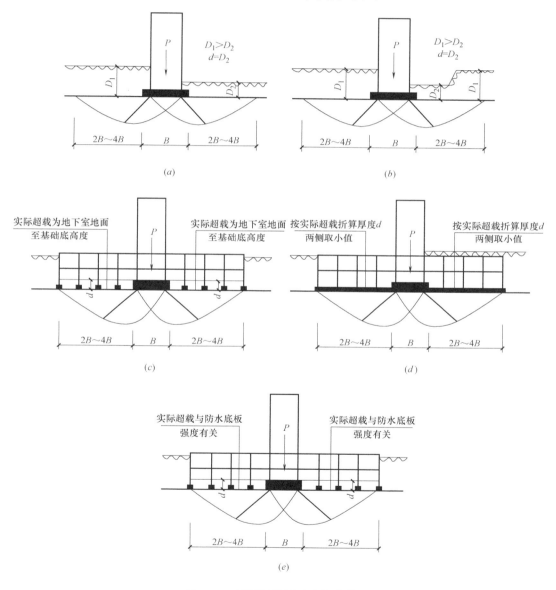

图 3-3-2　不同情况承载力深度修正

因此笔者建议，针对图 3-3-2（e）的情况，无论是主楼筏板还是裙楼独立基础的地基承载力修正，当设计本身对安全性的倾向性较强时，可参照图 3-3-2（c）的情况进行处理，即用于裙楼独立基础或条形基础下地基承载力的深度修正，自裙楼室内地面算至独立基础或条形基础的底面，用于主楼筏板下地基承载力的深度修正，采用自裙楼室内地面算至主楼筏板底的折算厚度作为主楼地基承载力深度修正用的埋深；当设计本身对经济性的倾向性较强时，也可以参照图（d）的情况进行，但必须注意以下三点：1）不能在防水板下铺设聚苯板等易压缩材料；2）防水板不能太薄，需有一定的抗弯刚度；3）用于主楼及裙楼深度修正的折算深度应该按防水板承受的地基反力进行折算，当防水板的地基反力难以计算时，可将防水板所能承受的极限荷载折算为修正用深度，但不能超过裙楼荷载的折算土层厚度。

【案例】 河北邢台某项目

持力层为③层粉土，由于原地勘报告建议的岩土设计参数过于保守，经两轮优化后③层粉土的地基承载力特征值由140kPa提高到160kPa（仍然低于河北地标的建议值）。此后的施工图设计，又采用了独立基础加防水板底平方案（图3-3-3），导致土方开挖量以及底板上回填量均较大。优化建议防潮板由原设计与独立基础底平改为与独立基础顶平（图3-3-4），取消防潮板上回填土，独立基础和防潮板顶标高可取建筑标高下50mm（仅保留建筑50mm厚环氧自流平面层），同时取消防潮板下的聚苯板。

根据上述意见将防潮板修改为与独立基础顶平并考虑基础高度范围内的深度修正后，基础底面积可适当减小。根据地勘报告，③层粉土黏粒含量小于10%，则深度修正系数可取2.0。对于高度900mm的独立基础，仅考虑深度修正的情况下，承载力可由160kPa提高到约175kPa，则基础尺寸可由原设计4.8m×4.8m改为4.6m×4.6m，混凝土与钢筋用量均可降低。

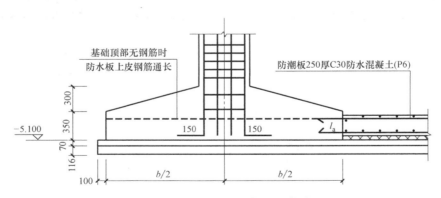

图 3-3-3　原设计独立基础与防水板底平方案

（4）北京市地方标准的特殊规定

《北京地区建筑地基基础勘察设计规范》DBJ 11—501—2009（2016 年版）的有关规定：

7.3.8　进行深宽修正时，基础埋深 d 值的确定应符合下列规定：

1　一般基础（包括箱形和筏形基础）自室外地面标高算起。挖方整平时应自挖方整平地面标高算起。填方整平应自填方后的地面标高算起，但填方在上部结构施工后完成时，应从天然地面标高算起。

2对于具有条形基础或独立基础的地下室，基础埋置深度应按图 7.3.8（本书图 3-3-5）所示分别按下列公式取值：

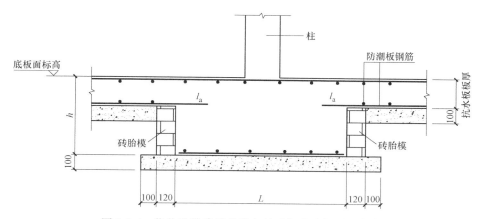

图 3-3-4　优化设计建议的独立基础与防水板顶平方案

外墙基础埋置深度 d_{ext}（m）按式（7.3.8-1）（本书式 3-3-2）取值：

$$d_{ext} = \frac{d_1 + d_2}{2}$$ （式 3-3-2）

室内墙、柱基础埋置深度 d_{int}（m）按式（7.3.8-2）（本书式 3-3-3）和（7.3.8-3）（本书式 3-3-4）取值：

一般第四纪沉积土　　　　　$$d_{int} = \frac{3d_1 + d_2}{4}$$ （式 3-3-3）

新近沉积土及人工填土　　　　$$d_{int} = d_1$$ （式 3-3-4）

式中　d_1——基础室内埋置深度（m）；

d_2——基础室外埋置深度（m）。

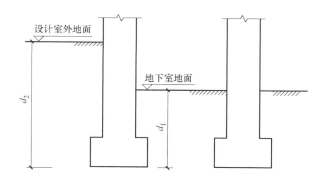

图 3-3-5　d_1 及 d_2 示意图（规范图 7.3.8）

3　在确定高层建筑箱形或筏形基础埋深时，应考虑高层建筑外围裙房或纯地下室对高层建筑基础侧限的削弱影响，宜根据外围裙房或纯地下室基础宽度与主楼基础宽度之比，将裙房或纯地下室的平均荷载折算为土层厚度作为基础埋深。

（5）地下水的影响

在规范公式中，地下水的影响主要体现在土重度 γ 与 γ_m 上，前者为基础底面以下的土重度，要求地下水位以下取浮重度，后者为基础底面以上土的加权平均重度，要求位于地下水位以下的土层取有效重度。前者基础底面以下且在地下水位以下的土层在进行宽度修正时采用浮重度是不难理解的，因地下水的存在降低了持力或下卧土层的有效应力，使土层颗粒间更容易发生相对运动，进而从整体上更容易发生滑动。只不过地下水位低于基础底面多少需要考虑浮重度，规范没有给出定量的界限，比如地下水位刚好位于基础底面时该如何考虑？地下水低于基础底面一定深度但又在滑动土体深度范围内又该如何考虑？后者基础底面以上取加权平均重度且在地下水位以下的土层取有效重度，在理论上同样不难理解。但难以理解的是，若地下水位已经高出基础底面以上，则基础周围土体在受到水浮力的同时，基础本身也受到水浮力的作用，这个水浮力对基础本身是有利的，可以有效降低基础与地基间的接触压力，即在减少深度修正项的承载力的同时，也降低了基底压力。当深度修正系数为 1.0 时，这两个数值是相等的，而且一定是同时发生的，即不增不减或同增同减。但规范有关公式并没有体现这层意思。当然没有考虑水浮力对基底压力的降低是偏于安全的，在工程实践中是毫无问题、可以理解的，但在理论上确实有绕不过的不严谨之处，毕竟水浮力的存在对基础本身及基础周围土体同时发挥着作用，是无法割裂的。这和桩基承载力验算时是否考虑水浮力有利作用的情况完全不同。

2. 受力与构造配筋的优化

（1）底部受力钢筋的计算与配筋原则

基础类构件，包括卧置于地基土上面的板式构件的配筋计算应采用荷载的基本组合，基本组合应该区分组合值由永久作用控制及由可变荷载控制两种工况。但无论采用何种组合，计算配筋所用的基底反力均为净反力设计值。所谓净反力，即是扣除基础自重及其上土自重后的反力。

知其然也要知其所以然，之所以要扣除基础及其上覆土的自重，可以这样理解：其一，基础及其上覆土的自重可以近似看作均布面荷载，而基底下的地基土对基础的边界条件则可看作均布面支承，作用于基础底面的基底反力也是均布面荷载。因此基础及其覆土自重与基底反力均为均布面荷载，二者同时作用于基础，直接抵消掉了，并不会对基础产生弯矩。就像在平整的桌面上平放一块平板玻璃一样，此时玻璃自重并不会在玻璃中产生弯矩。其二，也可以从另一个角度去理解，即基础混凝土浇筑完毕至凝结硬化具有强度之前，基础自重即已施加给地基，并以基底反力的形式反作用于基础，但由于此时混凝土还处于塑像状态，这种反作用力并不会在基础混凝土结构中产生弯矩。由于基础自重差异而产生的地基差异变形也会在混凝土的塑像状态中被消化掉，因此从这个角度，基础自重也不会对基础自身产生弯矩。

对于墙下条形基础，当墙上作用有均布线荷载且墙上未开洞口时，属于比较典型的平面应变问题。垂直于墙身的钢筋为受力钢筋，应按计算配置。而沿墙身轴线方向的基础内力不变，因此条形基础底板沿墙身轴线方向的钢筋只是分布钢筋，可按构造配置且每延米分布钢筋的面积不应小于受力钢筋面积的 15%。

此外，不论柱下独立基础抑或墙下条形基础，当独立基础的边长和墙下条基的宽度大于等于 2.5m 时，底板受力钢筋的长度可取边长或宽度的 0.9 倍，并宜交错布置。

（2）其他构造钢筋

从力学角度分析，单柱下的独立基础与混凝土墙下的条形基础都是下部受拉、上部受压。基础类构件一般均按单筋设计，基础上部只有受压区混凝土参与截面的静力平衡，并与受拉钢筋组成一对力偶共同抵抗截面所受弯矩。因此从受力的角度不需要配置上部钢筋。而且由于基础上部混凝土受压，也不会产生混凝土在拉应力下的结构性裂缝。即便有可能在水化硬化期间发生塑性收缩裂缝，但因上表面没有受力钢筋，也不必担心受力钢筋的腐蚀问题。此外，基础属于隐蔽工程，即便有一些表面的塑性收缩裂缝，也会被遮蔽掩盖，不会影响正常使用。基于以上这些原因，无论是规范、标准图集，还是构造手册或其他参考书，对于柱下独立基础、墙下条形基础及三桩以上的承台，均只配下铁、不配上铁，也不配侧面钢筋，但双柱联合基础、柱下条形基础及双柱联合承台除外，因有可能产生反向的弯矩，需根据反向弯矩大小按计算配置上部钢筋。因此图 3-3-6 中 $\Phi12@200$ 的上部双向钢筋属于画蛇添足之举，没有实际意义，可取消。

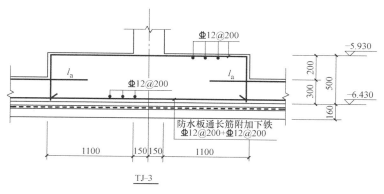

图 3-3-6　邯郸某项目墙下条形基础与防水板底平

3. 双柱联合基础的设计优化

双柱联合基础与独立柱基及墙下条基最大的不同就是有跨中弯矩，需按计算配置上部钢筋。双柱联合基础的力学模型为两端悬挑的三跨连续板，在均布地基反力的作用下，当两柱之间的距离大于悬挑跨的 2 倍时，两柱之间的跨中就会出现正弯矩，见图 3-3-7 (b)；而当两柱之间距离不大于悬挑跨的 2 倍时，则两柱之间的跨中弯矩不变号，与支座处的负弯矩同在一侧，见图 3-3-7 (a)。

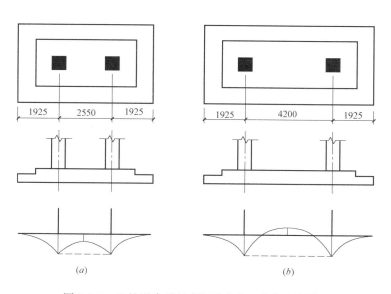

图 3-3-7　双柱联合基础弯矩分布与双柱间距的关系

图 3-3-8 为青岛某项目的双柱联合基础，原设计配置了上部钢筋本身没有问题，但因两柱间中心距不足悬挑跨的 2 倍，在均布地基反力作用下，两柱之间不会出现正弯矩，跨中弯矩与支座负弯矩同为负号，弯矩图均在一侧，如图 3-3-7（a）所示。故上部钢筋在两个方向均为构造配置，由 Φ16@150 改为 Φ14@200 即可。而且根据原位标注，上部钢筋似乎是在基础内满布。但根据受力特点及标准图的配筋样本，双柱联合基础的上铁无需一直到边，可仅在两柱之间跨中弯矩影响范围内配置：受力钢筋（X 向）配筋长度从柱内侧边缘向外延伸 l_a 即可，配筋宽度从柱边向外加出两排即可；Y 向上铁为分布钢筋，其作用仅仅是与受力钢筋形成网片及受力钢筋范围内的混凝土表面抗裂，可由 Φ14@200 改为 Φ10@200 即可。见图 3-3-9。

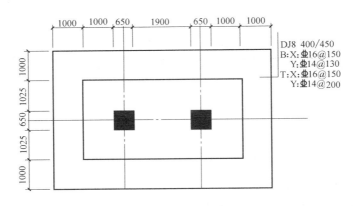

图 3-3-8　青岛某项目的双柱联合基础平法配筋图

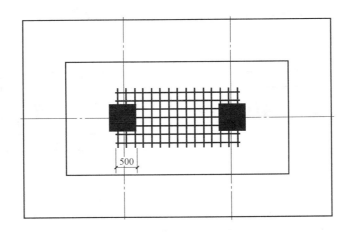

图 3-3-9　青岛某项目的双柱联合基础上部钢筋配筋示意

图 3-3-10、图 3-3-11 为《16G101-3》中双柱联合基础的配筋示意。

4. 基础与防水板在竖向的位置关系优化

独立柱基加防水板体系与筏型基础类似，也可根据防水板与独立柱基在竖向的位置关系而分为"下返顶平式"（图 3-3-12）与"上返底平式"（图 3-3-13、图 3-3-14）。

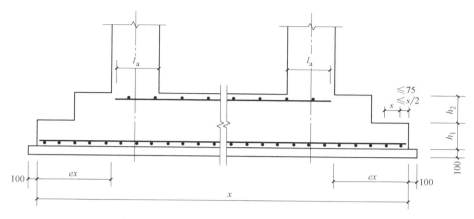

图 3-3-10 《16G101-3》双柱联合基础配筋剖面

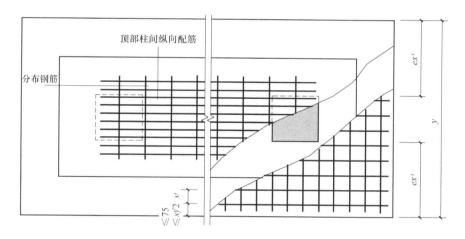

图 3-3-11 《16G101-3》双柱联合基础顶部配筋

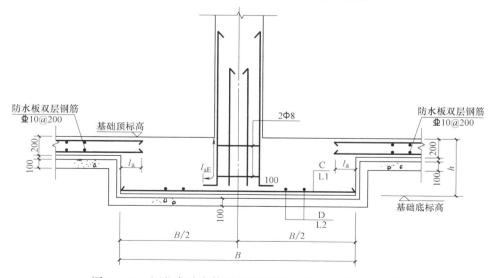

图 3-3-12 河北高碑店某项目下返顶平式独立柱基加防水板

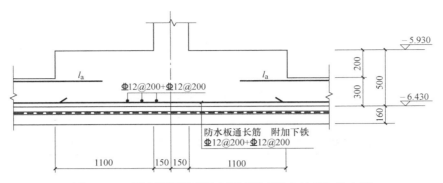

图 3-3-13　河北邯郸某项目上返底平式独立柱基加防水板

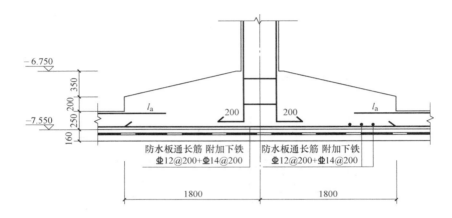

图 3-3-14　河北保定某项目上返底平式独立柱基加防水板

　　当地下水位低于基础底板底面或地下水位虽然高于基础底板但水浮力组合不起控制作用时，应优先选择防水板与基础顶平的方案。其优缺点在前文"底板（筏板或防水板）与基础（或柱墩、承台、基础梁）在竖向的位置关系"中已经有系统阐述，在此不再赘述。

　　当地下水位较高而需采取抗浮措施时，应优先考虑上返底平式独立柱基加防水板体系，此时可在上返基础间填充素土、砂石或其他配重材料来增加建筑物恒载进行抗浮，同时覆土及防水板自重又可直接抵消掉防水板结构计算时的部分水压力从而降低用于结构配筋计算的净水浮力，可有效降低防水板向上工况的计算配筋。但事情是一分为二的，附加恒载增加的同时必然导致向下工况的荷载组合设计值增加，不但对防水板的配筋计算有影响，还因防水板上的附加恒载及活载会传到独立柱基上，对独立柱基下的地基承载力验算也会有影响。尤其当防水板下铺设易压缩材料时，会导致防水板失去地基土的支承作用而成为"悬空板"，则包括防水板自重在内的所有荷载都会使防水板产生内力并最终以支座反力的形式将所有这些荷载施加到独立基础上面。

　　上返底平式比较适合各柱间荷载差异较小，因此基础高度差异也较小时采用，否则势必会因为个别基础高度较大而降低所有基础及防水板的埋深，导致整个地下结构的埋深增加，土方量增大，一些生根于防水板的地下室内外墙体的高度也随之增加。针对此种情况，可考虑将防水板与绝大多数的基础底面取平，而将个别基础高度较大的基础底面向下凸出防水板底面，形成防水板居于较高基础中间部位的竖向位置关系，这也是一种相对折衷的方案。

二、防水板的设计优化

防水板常用于有地下室的框架结构的基础底板设计，如带地下室的多层商业建筑或地下车库等，一般与独立柱基组成封闭的基础底板防水体系，即独立柱基加防水板结构体系。因其与整体式筏形基础相比具有明显的成本优势，且受力明确，传力路线简短直接，又能有效控制主楼与裙房（或地下车库）间的差异沉降，故这一结构体系成为近年来应用相当广泛的一种基础底板形式。

防水板属于模型比较复杂的板式受力构件，当净水浮力起控制作用或防水板上覆土较重时，配筋应通过计算确定。而结构计算所采用的模拟分析方法，对计算结果起着非常关键的影响，其中最主要的是几何模型与边界条件，其次是作用于防水板上的荷载与荷载组合。独立基础与防水板间的相对位移以及地基土对独立基础与防水板的支承刚度对防水板的受力状态也有很大的影响，而且水浮力组合控制下的防水板计算模型与静力荷载控制下的防水板计算模型并不完全相同。

防水板的荷载与边界条件均比较复杂，想要得到比较准确的结果建议采用有限元法。最好采用通用有限元软件，将柱下独基及墙下条基一同模拟进去，此时只要荷载及荷载组合正确，将墙、柱作为点、线刚性支座即可得到满意的内力计算结果，当柱网比较规则时取几处典型内力进行截面验算及配筋计算即可。如果有专门针对防水板设计的软件，且性能优良、使用方便、计算结果稳定可靠时，也可采用。

1. 有水浮力时的防水板

当防水板同时承受静力荷载与水浮力，而没有人防荷载时，防水板的结构计算应按"向上"与"向下"两个控制工况分别计算并取其大者进行配筋，即采用包络设计。其中"向上"的工况即为水浮力控制的荷载组合，适用于净水浮力大于零的情况；而"向下"的工况主要为静力荷载控制的荷载组合，适用于防水板"悬空"（如防水板下的地基土虚铺或铺设聚苯板）的情况。除此之外，还有一种特殊的情况。即当独立基础及防水板下的地基土为中高压缩性土时，独立基础在传至基础顶部竖向荷载作用下，因独立基础下的基底附加压力大而沉降较大，自然有带动防水板一起沉降的趋势，当防水板的沉降趋势受到其下地基土的约束时，防水板即会承受向上的地基反力。这是由作用于基础顶部向下的荷载在防水板上产生的向上的反力，与平板式筏形基础的受传力模式类似。当最底层地下室为人防地下室时，防水板还会承受人防荷载。

（1）水浮力组合下的防水板计算模型

1）荷载组合

当水浮力在防水板设计中不可忽略时，作用于防水板上的荷载有向上的荷载即水浮力，以及向下的荷载，即防水板自重、附加恒载（建筑面层、配重填充材料或固定隔墙等）及楼地面活荷载。此时应分别考虑"向上"与"向下"两种荷载组合并按包络设计。在水浮力控制的"向上"的荷载组合中，向下的恒活荷载均起到抵消水浮力的作用，因此除了必然存在的防水板自重与附加恒载需要参与组合外，不确定性较大的活荷载不参与组合。

防水板根据地下水位的高低，更主要的是根据净水浮力 q_u 的量值而分为抵抗水压力的防水板（$q_u > 0$）及不抵抗水压力的防水板（$q_u \leq 0$，又可称为防潮板）。此处的净水浮力应为由水浮力控制的荷载基本组合下作用于防水板下表面的净水浮力设计值 q_u，q_u 可按下式计算

$$q_u = 1.2q_w - 1.0 \times (q_s + q_a) \qquad \text{（式 3-3-5）}$$

式中，q_w 为地下室浮力标准值，也即直接作用于防水板下表面的水压力标准值或防水板底面处的水头值；q_s 为防水板自重标准值；q_a 为直接作用于防水板上建筑做法（含配重填充材料）自重标准值，也即附加恒载的标准值。q_u 也即进行防水板结构设计时的荷载设计值。

（式 3-3-5）即为"向上"工况的荷载基本组合表达式，在该工况下，防水板承受数值为 q_u 的净水浮力设计值，并用该值计算防水板的内力及配筋。

2）几何模型与边界条件

如图 3-3-15 所示的防水板，介于各独立基础之间，与独立基础结成整体共同抵抗地下水浮力。独立基础下的水浮力可平衡掉一部分上部结构荷载从而可降低基础与地基之间的接触压力（即地基反力），但作用于防水板上的水浮力只能被防水板的自重及附加恒载平衡掉一部分，余者作为作用于防水板上的面荷载（净水浮力）而使防水板受弯。此时独立基础相当于无梁楼盖的托板（柱帽）而发挥作用，而上部结构的柱、墙则作为倒置无梁楼盖的支座。这是独立基础加防水板体系在水浮力组合下的整体模型。

如果想得到比较准确的计算结果，建议采用能将独立柱基同时模拟进去的有限元法。在得到防水板的内力及配筋时，也要核查独立基础在水浮力组合下的配筋，并与静力荷载组合下的独立基础配筋进行比较，二者取大但不是叠加关系，即按包络设计。但一般情况下水浮力组合下的基础配筋均不应超过静力荷载组合下的配筋，否则意味着基础会被浮起。

这种整体模型也可采用无梁楼盖计算常用的等代框架梁法，但其准确性欠佳，尤其当独立基础的刚度远大于防水板刚度时，会导致防水板的内力及配筋严重偏大，此时应采用前述的有限元法或下述的简化计算模型进行计算。

简化计算模型仅当独立基础的刚度远大于防水板刚度时适用，否则会导致较大的模型误差，而且是偏于不安全的误差。当独立基础的刚度远大于防水板刚度时，可将独立基础视为防水板的支座，将防水板被独立柱基分隔成的区格按两种简化模型分别计算及配筋，见图 3-3-15。

其一是两独立柱基间的单向板模型（矩形阴影区域），根据独立柱基与防水板的厚度比决定是采用固接于基础或铰接于基础，见图 3-3-16（a）；其二是四个独立柱基间的双向板模型（正方形阴影区域），假定该双向板在四个角点支承于独立柱基，见图 3-3-16（b），再查静力计算手册的弯矩系数

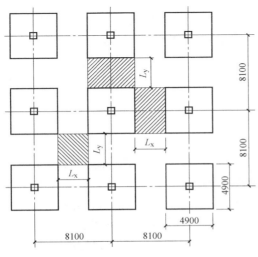

图 3-3-15　防水板简化计算模型中的板块

求得内力并配筋。当独立基础的刚度相比防水板的刚度足够大时，按这两种简化模型计算的结果是安全可靠的，也是比较经济的。

3）防水板上有配重抗浮的设计

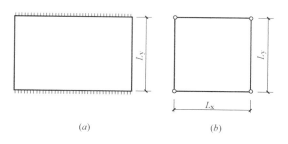

图 3-3-16　防水板的简化计算模型

对于有水浮力的情况且水浮力的量值较高时，常采用配重抗浮方案，此时的附加恒载可能会比较大。如果防水板下的地基土土质较好（至少不弱于独立基础下的地基土），则地基土均能发挥对防水板的面支承作用，防水板下的地基反力基本能平衡防水板上的附加恒载与活荷载，尽管附加恒载的数值较大，但防水板在附加恒载与活荷载作用下的弯矩仍然很小，几乎可以忽略。

但如果防水板下的地基土虚铺或防水板下铺设聚苯板时，则防水板下虚铺的地基土或聚苯板不能阻止和约束防水板在附加恒载与活荷载下的变形，也就失去了对防水板的面支承作用，防水板如同"悬空"板，附加恒载与活荷载必然会在防水板中产生弯矩，而且由于附加恒载的数值较大，故计算配筋也会较大。因此在采用配重抗浮方案的防水板下铺设聚苯板，对于防水板而言是既不安全又不经济的设计。

（2）恒活荷载组合下的防水板计算模型

1）荷载组合

在以恒活荷载等向下荷载的组合中，参与组合的荷载主要包括直接作用于防水板上的附加恒载及活荷载，当勘察报告提供了最低水位且最低水位仍高于防水板底面时，可考虑水浮力的有利作用，但其分项系数应取 1.0。在向下的工况中，与筏形基础结构计算一样，不必考虑防水板自重 q_s。向下工况荷载基本组合的表达式如下：

$$q_d = 1.2q_a + 1.4q_l - 1.4q_w \qquad\qquad （式 3\text{-}3\text{-}6）$$

式中 q_d 为向下工况组合后的荷载设计值；q_a 为防水板上建筑做法或配重荷载，也即附加恒载的标准值；q_l 为直接作用于防水板上的活荷载标准值；q_w 为按勘察报告最低水位取值的作用于防水板底面的水压力标准值，当勘察报告未提供最低水位时应取零，即不考虑其有利影响。

需要特别明确的是，（式 3-3-6）是以防水板在附加恒载与活荷载作用下会发生弯曲变形为前提的。当防水板下的地基土能够阻止防水板弯曲变形的发生，也就是说防水板下的地基土具有足够的支承刚度以防止防水板弯曲变形，且地基土具有足够的强度以承受防水板传来的荷载时，防水板上的附加恒载与活荷载就被防水板下的地基反力平衡或抵消掉了，此时的防水板仅相当于荷载的传递者，并不会在其中产生弯矩及剪力，故此种情况下的附加恒载与活荷载也不必考虑。因此尽管作用于防水板上的各种荷载都存在，但其作用效应为零（不产生弯矩和剪力），故此种情况下的防水板就相当于不受外力作用的构造防水板。

因此防水板在恒活荷载作用下的配筋是否需要按计算配置，关键看防水板上的恒活荷载是否会在防水板中产生弯矩及剪力等内力，而是否产生弯矩关键看防水板下地基土的支承刚度。

如果防水板下的地基土与独立基础下的地基土土质相同，且没有与防水板间脱空或填充易压缩材料，则地基土足以平衡防水板上的任何恒活荷载，故防水板上的恒活荷载不会产生弯矩。因此时附加恒载及活载均以均布面荷载的形式施加于防水板上，而给防水板提供支承作用的地基土也是面支承，荷载与边界条件的分布完全相同，二者可以直接平衡，自然不会在防水板中产生整体或局部弯矩，就像平板玻璃放在平整的桌面上一样。此时的防水板在结构上只起到将荷载传递到地基土上的作用。

但如果防水板下的地基土虚铺或者填充了聚苯板等易压缩材料，情况就会变得完全不同。虽然防水板自重下的内力已经在混凝土还处于塑性状态时即被释放掉，但附加恒载与活荷载则不然，因此时防水板已经失去塑性而具有一定强度及刚度，当防水板下虚铺的地基土或聚苯板不能阻止和约束防水板在附加恒载与活荷载下的变形时，也就失去了对防水板的面支承作用，防水板如同"悬空"板，恒活荷载必然会在防水板中产生弯矩。

至于防水板的自重，只要是防水板在地基土上直接浇筑，防水板自重就会直接传给防水板下的地基并直接被防水板下的地基反力所平衡，因此防水板不会在自重下产生弯矩及剪力，故（式3-3-6）中没有考虑防水板的自重。

防水板自重不参与向下工况荷载组合的理由可进一步解释如下：防水板与独立基础或天然地基（复合地基）上的筏形基础一样，都属于卧置于地基土上（可能隔有垫层、防水层及其保护层）的板式构件。混凝土的浇筑方法也几乎一样，混凝土均是在地基土上直接浇筑。即便防水板下铺设了聚苯板等易压缩材料，防水板浇筑时也是以其下的聚苯板为底模。也就是说防水板混凝土一经浇筑，防水板自重荷载就会均匀施加到地基土上，或通过聚苯板施加到地基土上，并被防水板下的地基反力所直接平衡，在之后混凝土的凝结硬化过程中，即便有不均匀沉降的发生，其内应力也会在混凝土凝结硬化前的塑性状态中得到释放。故在防水板从浇筑到最后完全凝结硬化的整个过程中，均不会有防水板自重导致的应力及内力。在防水板完全硬化后，只要防水板与地基土不脱开（理论上只有在防水板下的地基土沉降大于独立基础下的地基土沉降时才会发生，但这种可能性几乎不存在），防水板就不会在其自重下产生弯矩和剪力。

2）几何模型与边界条件

在以恒活荷载为主的向下的荷载组合下，同样存在整体模型与简化模型，在整体模型中，上部结构的柱、墙不能再作为支座，而是以荷载的形式作用于基础顶面；地基土也不再以地基反力的形式作用于基础底板，而是给独立基础及防水板提供面支承。仅当独立基础下地基土的面支承刚度不足而发生相对于防水板的沉降时，防水板下的地基土才以地基反力的形式作用于防水板，有点类似于水浮力的浮托作用。

恒活荷载为主的整体计算模型更为复杂，虽然不考虑水浮力的作用，但必须考虑"防水板相对于基础向下挠曲的受力状态"及"防水板相对于基础向上挠曲的受力状态"两种可能的受力状态（两种受力状态在下文无水浮力的防水板设计中再分别详细阐述）。尤其在"防水板相对于基础向上挠曲的受力状态"中，需要考虑地基土的刚度及压缩性，涉及土与结构的相互作用，需要整体建模且软件本身能够考虑土与结构的相互作用。因其作用机理复杂，即便在理论上搞清楚了，软件实现方面也比较困难，目前国内市场上常用的结构软件中，还没有完全值得信赖的软件。

简化计算模型只能应用于"防水板相对于基础向下挠曲的受力状态"，此时可将独立基础视为防水板的支座，采用前文图 3-3-16 的简化计算模型进行计算，只不过将水浮力控制的荷载组合改为恒活荷载控制的荷载组合。

3）防水板下铺设聚苯板的情况

根据前文所述，当防水板下铺设聚苯板时，不能考虑防水板下地基土对防水板的面支承作用，即防水板上的附加恒载与活荷载不能考虑由防水板下的地基土来平衡，因此必须按（式 3-3-6）考虑附加恒载与活荷载的作用。

对于没有配重抗浮的防水板，因建筑面层荷载量值有限，活荷载一般也不大（地下车库为 $2.5 \sim 4.0 \mathrm{kN/m^2}$），而且作为地下室底板的防水板一般较厚（一般不小于 250mm），因此防水板的计算配筋大都较小，基本为构造控制，此种情况下是否铺设聚苯板对防水板的配筋影响不大。

但当采用配重抗浮时，则需慎重考虑是否铺设聚苯板的问题。

因防水板上的覆土、建筑面层及活荷载是在基础及防水板混凝土失去塑性并具有一定强度后才施加上去的，因此当防水板下铺设了易压缩材料时，可能会因为防水板下易压缩材料对防水板的支承刚度不足而将这些荷载通过防水板的抗弯刚度传给独立柱基，即发生防水板荷载在地基土与独立基础间的内力重分配。这不但会使防水板在这些附加恒载及活载作用下受弯（此时的附加恒载可能会比较大，计算配筋相应也会较大），也会增加独立基础下的地基反力，对独立柱基下的地基承载力验算也有影响。

因此当水浮力组合起控制作用且采用填充配重材料进行抗浮时，不应在防水板下铺设易压缩材料。因为这种情况有赖于防水板下的地基土对防水板提供面支承，否则防水板会在静力荷载下产生较大的内力。

2. 无水浮力的防水板设计

无水浮力的防水板"向下"工况的荷载组合，亦即荷载组合设计值为向下的情况，但当独立基础相对于防水板有明显下沉时，防水板也会承受向上的地基反力，当这种向上的地基反力在数值上超过向下的恒活荷载时，防水板就会产生地基净反力下的内力。因此静力荷载控制的荷载组合究竟表现为何种受力状态，既与独立基础与防水板间的相对位移有关，也与独立基础及防水板下地基土的支承刚度有关。当防水板下的地基土虚铺或铺设易压缩材料（聚苯板）时，则防水板下相当于悬空，则防水板需要依靠自身强度及刚度抵抗附加恒载与活荷载，并最终以支座反力的形式传给独立基础。只有当防水板下的地基土具有一定的刚度及承载力，能够承受防水板的恒活荷载，从而发挥对防水板的面支承作用，且防水板本身在恒活荷载下的沉降与独立基础的沉降同步时，防水板上的荷载才会与地基反力实现平衡而无内力作用，从而成为名副其实的构造防水板。

因此概括起来，当不考虑人防荷载时，无水浮力的防水板存在三种可能的受力状态："零内力状态"、"相对于基础向下挠曲的受力状态"及"相对于基础向上挠曲的受力状态"。

（1）"零内力状态"

"零内力状态"对应于独立基础与防水板下的地基土密实且防水板能与独立基础同步沉降的情况，此时防水板既不会因底部悬空而发生在恒活荷载作用下的向下挠曲，也不会因基础沉降大于防水板沉降而使防水板承受向上的地基反力。

比如抗浮设防水位低于基础底板，或抗浮设防水位虽然高于基础底板但净水浮力不大于零时，当独立基础与防水板下的地基持力层为密实的砂石地基或岩质地基时，防水板基本不会发生向下或向上的挠曲而维持零内力状态。此种情况的防水板厚度及配筋均可按构造取用。但构造厚度究竟应取多少，则没有统一规定，一般取 200～300mm 不等，其中以 250mm 厚的居多；构造配筋一般从 Φ8@200 到 Φ12@200 不等。尤其在抗浮设防水位低于基础底板时，防水板实质就是防潮板，已然没有防水的功能，相当于建筑做法的防潮层的功能。

因此有人认为，既然没有地下水，防潮板的厚度及配筋可不受防水板条件的限制，尤其是保留防水层的情况下，防潮板可由建筑地面做法代替。比如可在防水保护层上做100～150mm 厚防潮板，并在防潮板的板面配置 0.1% 构造抗裂钢筋。当与独立基础或条形基础整体考虑时，可以将防水板取消，即不做与独立基础或条形基础整浇在一起的防水板，而是先施工独立柱基或墙下条基，然后再在独立柱基或墙下条基间进行房心回填，然后做垫层、防水层及防水保护层，最后做混凝土防潮板（可考虑配表面抗裂钢筋网）兼做建筑面层，见图 3-3-17。

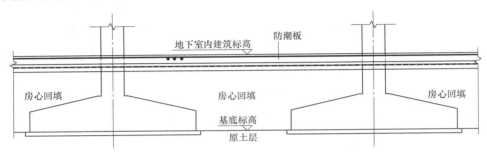

图 3-3-17 房心回填土上做防潮板的构造做法

其实这不是新技术、新工艺，在以砖混结构为主的年代，低地下水位地区很多的地下室、半地下室的地面及防水都采用这种做法，在无地下水地区更被久经证实为既安全可靠又经济适用的地下室地面做法。在地下水位较低的一些地区，过去的砖混结构半地下室多层住宅，在条基与条基之间的地下室地面下均不做防水层，直接在条基间的房心回填土上做建筑地面，地下室房间内并不感觉潮湿，也没有渗漏或地面开裂等的反馈信息。只不过随着时代的变迁，建设行政管理部门、建设单位与设计者的观念都在发生变化，砖混地下室外墙且不带钢筋混凝土结构底板的地下室已经变成"古董"，许多年轻的设计师甚至连这样的"传说"都没有听过。图 3-3-18 为 2013 年拍摄的河北廊坊某砖混结构地下室的施工现场照片。

对于抗浮设防水位低于基础底板的地区，在防水保护层上做防潮板，应该是可行的。设计工作是最具主观能动性及开创性思维的一项工作，很多情况下需具体情况具体分析，而不是墨守成规、生搬硬套。真正设计出符合实际功能需要且成本低廉的成果来，在确保结构安全的前提下兼顾经济性，才是一个设计师的职责所在，才能体现出设计师真正的水平。

(2) "相对于基础向下挠曲的受力状态"

"相对于基础向下挠曲的受力状态"对应于防水板下的地基土虚铺或防水板下铺设聚苯板的情况，因此时防水板下的地基土不能为防水板提供竖向支承作用，故防水板变成支承于独立基础而跨间无竖向支承的"悬空"板，与无梁楼盖的受力状态非常类似，只不过

图 3-3-18　廊坊某砖混结构地下室的施工现场照片

此时的独立柱基所起的作用相当于无梁楼盖的柱（好大的柱）而不是托板或柱帽。但因这种无梁楼盖的"柱"太大，采用等代框架梁法可能会使计算结果失真，而将独立基础视为防水板支座的简化计算模型会更贴近实际受力状态，见图 3-3-15、图 3-3-16。理论上如此，但实际上防水板一般均比较厚，且无水浮力的防水板也无需配重抗浮，附加恒载与活荷载的数值有限，因此这种情况下的防水板算与不算都一样，结果都是构造配筋。

对于独立柱基加防水板体系的防水板，因其厚度一般较大（一般不小于 200mm），且当独立基础尺寸较大时防水板净跨一般较小，当防水板没有净水浮力作用的向上工况时，自然不需要填充配重材料，故其附加恒载及活荷载量值均较小，即便防水板下的填土虚铺或铺设易压缩材料（如聚苯板）而使防水板处于"悬空"状态（与楼屋盖的受力状态类似），因其厚度较大而荷载水平不高，故防水板的配筋计算结果也是由构造控制。因此，一般均无需进行向下工况下的截面及配筋计算，直接取构造厚度及构造配筋均可满足要求。但当防水板厚度较薄或填充了较厚的覆土垫层时，则需要进行向下工况的计算。

（3）"相对于基础向上挠曲的受力状态"

"相对于基础向上挠曲的受力状态"对应于独立基础沉降较大的情况，准确地说是基础相对于防水板发生沉降的情况。当独立基础发生比较显著的沉降而防水板的沉降受到其下地基土的约束时，防水板就会承受有限的地基反力。当独立基础及防水板下的地基土为中高压缩性土时，独立基础在传至基础顶部竖向荷载作用下，独立基础因其基底附加压力大而沉降较大，又因独立基础与防水板连为一体，自然会带动防水板一起沉降的趋势，而防水板下的地基土必然会阻止防水板的沉降，从而给防水板施加向上的地基反力，并在防水板内产生弯矩。这是由作用于基础顶部向下的荷载而在防水板上产生的向上的反力，与平板式筏形基础的受传力模式类似。

对于独立基础与防水板体系而言，这种作用于防水板底面的地基反力究竟有多大，又会在防水板内产生多大的弯矩，实难量化。只能根据防水板的常用厚度及配筋反推其容许荷载。

按 200mm 厚防水板 Φ10@200 反算弯矩设计值为 19.7kN·m。假设如图 3-3-15 中 8100mm×8100mm 柱网及 4900mm×4900mm 的基础尺寸，四角点支承于独立柱基的阴影区板块两个方向的跨度均为 3200mm，查静力计算手册并将板跨代入得连续边的弯矩为

1.5411q，跨中弯矩为 1.1438q。令 1.5411q＝19.7，得荷载设计值 q＝12.8kN/m²，则最不利情况下的允许荷载标准值为 9.85kN/m²。也就是说图 3-3-16 模型当采用 200mm 厚防水板配Φ10@200 双层双向钢筋时，防水板可承受 9.85kNm/m² 的外加荷载。意味着防水板由于独立基础下沉而产生的地基反力被防水板自重及附加恒载平衡掉一部分后，只要剩余部分不超过 9.85kNm/m²，防水板就可确保安全。

同理，当防水板厚度为 250mm，配筋采用Φ12@200 时，反算的弯矩设计值为 36.6kN·m。此时防水板可承受 18.3kN/m² 的外加荷载标准值。

因此当防水板厚度不低于 250mm 时，其抗弯能力一般可满足基础下沉导致在防水板上产生的地基反力，无需在防水板下铺设聚苯板来对防水板进行卸载。

有些设计院的构造防水板不但厚度取值及钢筋配置较大，如 250mm 板厚配Φ12@200 钢筋，而且在防水板下又铺设了聚苯板，对于构造防水板来说就有点过了。

此外，当地基持力层为粗砂、圆砾、卵石或岩层时，由于持力层压缩模量非常大，绝对沉降量一般很小，基本不存在独立柱基沉降导致防水板承受地基反力的情况，因此防水板下也无设聚苯板的必要。

从另一角度，既然作为关键受力构件的梁板式筏基都允许采用塑性设计，而作为构造配置的防水板当然也允许塑性铰的出现。一旦独立柱基下沉导致防水板承受地基反力后，随着地基反力的不断增加，防水板会在弯矩最大的部位率先出现塑性铰并进入弹塑性工作状态。随之会在防水板与独立基础之间发生塑性内力重分布，地基反力会自动转移到独立柱基上去，防水板上将不会继续增加荷载，也就不会发生极限破坏。因此从这个角度也不必在防水板下铺设聚苯板。

【案例】 河北高碑店两项目防水板构造

图 3-3-19 为河北高碑店某项目的防水板厚度及配筋，采用了较薄的板厚 200mm，配筋采用Φ10@200，防水板下没有铺设聚苯板。图 3-3-20 同为高碑店地区的另一项目的防水板构造，板厚为 250mm，但采用了更小的配筋Φ8@200，防水板下铺设了 80mm 厚聚苯板。

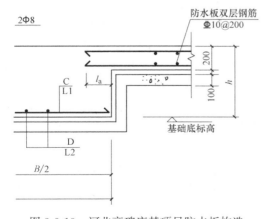

图 3-3-19　河北高碑店某项目防水板构造

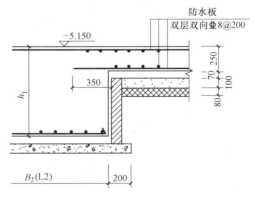

图 3-3-20　河北高碑店某项目防水板构造

3. 作用于防水板上的人防荷载取值

采用独立柱基加防水板方案的另一优势是，当底层地下室为人防地下室时，采用独立柱基加防水板方案还可大幅降低作用于防水板上的人防等效静荷载。

《人民防空地下室设计规范》GB 50038—2005

4.8.16　当甲类防空地下室基础采用条形基础或独立柱基加防水底板时，底板上的等效静荷载标准值，对核 6B 级可取 15kN/m²，对核 6 级可取 25kNm/m²，对核 5 级可取 50kNm/m²。

与同抗力级别的筏形基础相比约降低一半左右。设计时要充分考虑这一有利因素。

4. 车库防水板与主楼筏板的连接构造

图 3-3-21 为河北沧州某项目的筏板与防水板连接大样图，采用了筏板上铁与防水板钢筋互相锚固的方式，其实是不必要的。筏板与防水板是主从关系，筏板可以独立存在，但防水板则需以筏板为支座。因此只需将防水板钢筋锚入筏板，而筏板钢筋则不需锚入防水板，筏板上铁可同筏板下铁一样到筏板端部自然截断，即由图 3-3-21 改为图 3-3-22。

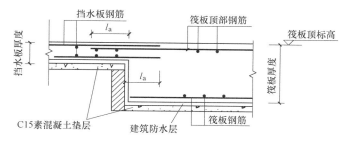

图 3-3-21　河北沧州某项目优化前防水板与筏板连接构造

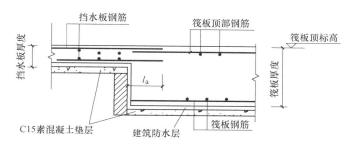

图 3-3-22　河北沧州某项目优化后防水板与筏板连接构造

图 3-2-23 河北高碑店某项目车库防水板与主楼筏板连接构造。图 3-3-24 为保定万和城北区防水板钢筋遇条基、筏板时的处理方式。

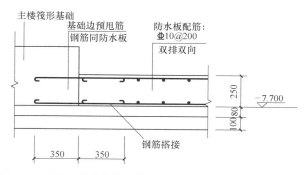

图 3-3-23　河北高碑店某项目车库防水板与主楼筏板连接构造

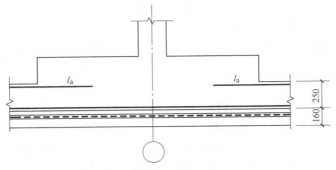

图 3-3-24　河北保定某项目防水板钢筋遇条基、筏板时处理方式

当防水板为非受力的构造防水板时，理论上防水板在基础内的锚固长度可不必满足抗拉锚固长度 l_a，可根据具体情况酌情减少。

三、筏形基础的设计优化

1. 筏板平面尺寸

筏形基础的平面尺寸，应根据地基承载力、桩基布桩承台、上部结构布置以及荷载情况等因素确定。当地基承载力满足时，筏板不宜从边墙外挑，以方便施工和减少挖土量；但当上部为框架结构、框剪结构、内筒外框或内筒外框筒结构，筏形基础底板面积比上部结构所覆面积稍大时，适当外挑有利底板的地基反力趋于均匀。当需要扩大筏基面积来满足地基承载力要求时，对于梁板式筏基，底板挑出的长度从基础梁外侧算起，横向不宜大于 1200mm，纵向不宜大于 800mm；对于平板式筏基，挑出长度从柱外皮算起不宜大于 2000mm。

2. 筏板的经济厚度

筏形基础分为梁板式筏基与平板式筏基两种。两种筏基的设计都首先要确定筏板厚度，而筏板厚度对于结构安全及造价都有很大影响。对于某一特定的结构，筏板并非越厚越好也非越薄越好，而是存在一个合理厚度。取值时注意以下几点：

1）满足各种情况下的受力要求

基础底板的作用是将上部结构的荷载传递给地基或桩基，作为传力构件，其应该满足传力所需的所有要求，包括抗冲切要求、受剪承载力的要求、正截面抗弯承载力的基本要求。在计算中，上部结构体系、柱距（或剪力墙间距）、工程地质条件、地基处理方法、地基变形情况都是影响筏板计算厚度的因素。

2）满足构造要求

基础底板最小厚度应满足构造要求，对于 12 层以上的高层建筑，无论平板式筏基还是梁板式筏基，《建筑地基基础设计规范》规定筏板厚度都不应小于 400mm，对于梁板式筏基，底板厚度与最大双向板格的短边净跨之比尚不应小于 1/14。对于层数不超过 12 层的建筑，当采用梁板式筏基时可不受 400mm 的限制，但筏板为平板式筏基时，厚度仍不应小于 400mm。

墙下筏形基础的底板宜为等厚度钢筋混凝土平板，其厚度与计算区段的最小跨度比不宜小于 1/20。多层民用建筑的板厚，可根据楼层层数每层按 50mm 估算，但不得小于

200mm。当边跨有悬臂伸出的筏板，其悬臂部分可做成坡度，边缘厚度不应小于 200mm。

3）满足经济要求

基础底板过薄，则计算配筋偏大，虽然混凝土用量减少，但钢筋用量偏大，不经济；相反，如果筏板偏厚，以至构造配筋比计算配筋还要大时，很显然混凝土及钢筋用量都会增大，也不经济。

剪力墙间距较小且分布比较均匀时，筏板厚度可相应减小。基底持力层承载力较高（则地基的刚度越大、基床系数越高）时，筏板厚度可适当减薄。此外，上部结构刚度及上部荷载的均匀性等对筏板厚度也都有影响，因此要综合分析来确定最优筏板厚度。

4）满足抵抗不均匀沉降的要求。基础底板最难考虑的是由于地基变形产生的内力对基础底板厚度的影响，由于影响地基变形的因素众多，准确计算存在很大困难。

有些结构工程师，为图省事方便，把筏板做得很厚，钢筋配置全由构造控制，图面表达简单的不得了，一句"按Φ××@×××双层双向拉通配置"就完成了整个筏板的配筋图。但这样的设计，明眼人一看就知道有问题。

3. 筏板的模拟分析与计算

对于天然地基或复合地基上的筏形基础，结构计算模型有两种：倒楼盖模型和弹性地基梁板模型。

倒楼盖模型为早期手工计算常采用的模型，是以墙柱等竖向构件作为支座，以地基反力作为荷载施加于筏板上。其基本假定主要有两点，其一，作为支座的墙柱没有竖向位移，即其竖向约束为完全刚性，因此基础底板没有整体弯曲，只有局部弯曲；其二，地基反力平均分布，对于地基反力相对集中于墙柱下的实际分布模式，局部弯矩会比实际状态偏大。对于上部结构刚度较高的结构（剪力墙结构或没有裙房的高层框架—剪力墙结构），差异还不算大，甚至是比较符合实际的。但对于上部结构刚度较弱的框架结构或荷载分布不均匀的结构，模型差异就会比较显著。因此现行《建筑地基基础设计规范》GB 50007—2011 限定了倒楼盖模型的适用条件，当不符合条件时，则必须采用弹性地基梁板模型进行计算。规范要求如下：

8.4.14 当地基土比较均匀、地基压缩层范围内无软弱土层或可液化土层、上部结构刚度较好，柱网和荷载较均匀、相邻柱荷载及柱间距的变化不超过 20%，且梁板式筏基梁的高跨比或平板式筏基板的厚跨比不小于 1/6 时，筏形基础可仅考虑局部弯曲作用。筏形基础的内力，可按基底反力直线分布进行计算，计算时基底反力应扣除底板自重及其上填土的自重。当不满足上述要求时，筏基内力应按弹性地基梁板方法进行分析计算。

弹性地基梁是指搁置在具有一定弹性的地基上，各点与地基紧密相贴的梁，如条形基础、铁轨下的枕木等。由于梁的各点都支承在弹性地基上，除了受墙柱等竖向构件的变形约束外，还会在一定程度上受到地基土的变形约束，因而可使梁的变形减小、刚度提高及内力降低。

弹性地基梁与普通梁的区别：

（1）普通梁只在有限个支座处与基础相连，梁所受的支座反力是有限个未知力，因此，普通梁是静定的或有限次超静定的结构。弹性地基梁与地基连续接触，梁所受的反力是连续分布的，弹性地基梁具有无穷多个支点和无穷多个未知反力，因此弹性地基梁是无穷多次超静定结构。因此，超静定次数是有限还是无限，是普通梁与弹性地基梁的主要区别。

（2）普通梁的支座通常看作刚性支座，即略去地基的变形也即整体弯曲变形，只考虑梁的局部弯曲变形。弹性地基梁则必须同时考虑地基的变形。实际上，梁与地基是共同变形的。一方面梁给地基以压力，使地基沉陷，同时地基给梁以反向压力，限制梁的位移。而梁的位移与地基的沉陷在每一点又必须彼此相等，才能满足变形连续条件。因此，地基变形是考虑还是略去，是弹性地基梁与普通梁的另一主要区别。

具体一点：弹性地基梁板模型采用的是文克尔假定，地基梁内力的大小受地基土弹簧刚度的影响。而倒楼盖模型中的梁只是普通混凝土梁，其内力的大小只与筏板传递给它的荷载有关，而与地基土弹簧刚度无关。由于模型的不同，实际梁受到的反力也不同，弹性地基梁板模型支座反力大，跨中反力小。而倒楼盖模型中梁上的反力只是均布线荷载。

由于弹性地基梁搁置在地基上，梁上作用有荷载，地基梁在荷载作用下与地基一起产生沉陷，因而梁底与地基表面存在相互作用。反力的大小与地基沉降 y 有密切关系，沉降 y 越大，反力也越大。因此弹性地基梁的计算理论中关键问题是如何确定地基反力与地基沉降之间的关系，或者说如何选取弹性地基的计算模型问题。

因此，弹性地基梁板模型中又因地基模型的不同而分为局部弹性地基模型与半无限体弹性地基模型。二者均可考虑地基梁与地基间的变形协调问题，但前者未能反映地基的变形连续性，后者虽然反映了地基的连续整体性，但模型在数学处理上比较复杂，因而应用上受到一定限制。

对于满堂布桩的桩筏基础，因上部结构的墙柱及支承筏板的基桩对筏板都有足够大的轴向刚度，对筏板的变形都能起到很强的约束作用，故其受力特点与天然地基或复合地基上的筏形基础有很大不同。当桩筏基础采用非均匀布桩且基桩相对集中的布于墙下或柱下时，筏板内力也相对集中于墙柱附近，远离墙柱的区域的筏板内力很小甚至为零，其作用仅相当于防水板，其厚度与配筋均可大幅降低。当桩数减少为墙下单排桩或柱下单桩的极端情况时，墙柱附近的局部弯矩也变为零。因此对于桩基工程，有条件时尽量采用墙下或柱下布桩的方式，当所需桩数较多需要满堂布置时，也尽量采用疏密有致的布桩方式，即多在墙下、柱下布桩，少在跨中布桩。

桩筏基础因墙柱及桩均可对筏板提供支承作用，故存在"正算"与"反算"两种结构计算模型。类似于承台设计的"正算法"与"反算法"。正算模型是以桩为固定或弹性支座、以墙柱内力为荷载并施加于筏板上的模型。该模型相对比较直观，但忽略了墙柱的竖向支承刚度及墙柱尺寸对内力计算的影响，仅仅取用墙柱传至筏板的荷载。反算模型则是以墙柱为支座，将桩顶反力作为荷载施加于筏板上的计算模型。该模型类似于倒楼盖模型，并能考虑墙柱支座的支承宽度及计入上部结构的刚度。

反算模型是国内岩土结构工程师所熟悉的模型，国内有关计算独立基础、桩承台或筏板的结构计算软件基本都采用反算模型。正算模型在国内很少应用，但在国外应用得较多。一般是通过 ETABS 等整体分析软件算出墙柱底部内力后，再接力 SAFE 软件（SAFE 是建筑结构楼板系统（包括基础底板）的专用分析与设计程序，是美国 CSI 公司的系列产品之一）进行筏板的有限元分析。此时一般将桩作为弹性支座，并可由用户指定其轴向与弯曲刚度，将 ETABS 导出的墙柱底部内力作为集中荷载或线荷载施加于筏板上。正算模型采用 SAFE 软件的解算精度较高，但忽略墙柱尺寸的模型误差较大，设计结果总体偏于保守。

无论是正算模型还是反算模型，均可考虑桩间土的承载贡献。对于反算模型，是将桩顶反力及地基土的反力一起施加到筏板上进行计算；而对于正算模型，除了输入桩的刚度外，还可施加等效于地基土支承刚度的面弹簧，并指定其刚度。

以上谈的是筏形基础的结构计算模型，计算模型的构成有三大要素，即几何模型、边界条件与荷载。对于墙柱或桩位均确定的情况下，筏形基础几何模型主要需要关注的是地梁的截面尺寸与筏板的厚度，包括变厚度筏板及柱墩等处筏板局部加厚等问题。边界条件即前述以何者为支座的问题，倒楼盖模型以上部结构的墙柱作为支座，并指定其位移边界条件为竖向位移为零；弹性地基梁板模型则以地基土为弹性支座，并指定其每一点处的地基反力为其竖向位移的线性函数 $\sigma(x) = ky(x)$，其中 k 为地基土的弹簧高度，也即基床反力系数；荷载则如前文所述，因正算模型及反算模型而不同，在此不再赘述。

但需要强调的是，无论采用何种模型，均不需考虑筏板自重及其上覆土的自重。对于天然地基及复合地基上的筏型基础来说，这一点不难理解。对于桩筏基础，尤其是不考虑桩间土承载力贡献的桩筏基础，情况可能会稍为复杂一些。但在实际计算时，作为荷载的桩顶反力仍可按规范扣除筏板及其上覆土自重。因为无论哪种筏形基础，均是在地基土上直接浇筑，故筏板自重在筏板混凝土浇筑完毕即完全施加到地基土上，即便有可能存在不均匀沉降导致的局部弯矩，也在筏板混凝土凝结硬化前的塑性状态中得到释放，故在筏板硬化后不会有筏板自重导致的附加弯矩产生。另一方面，筏板自重及其上覆土自重均以均布面荷载的形式施加于筏板上，而给筏板提供支承作用的地基土也是面支承，荷载与边界条件的分布完全相同，二者可以直接平衡，自然不会在筏板中产生整体或局部弯矩，就像平板玻璃放在平整的桌面上一样。

计算模型一经确定，甚至是在确定计算模型的同时，就需要考虑采用何种解算方法的问题，因为不同的解算方法对几何模型的要求也可能不同。

筏形基础的计算方法从大的方面有"手算法"及"机算法"两种。手算法即传统的结构力学方法（如力法、位移法及弯矩分配法等）及查《结构静力计算手册》的方法，因手算工作量巨大，对简单的倒楼盖模型还有可能，对于弹性地基梁板模型及稍为复杂的倒楼盖模型就不具有现实性，故不在本书讨论范围之内。本书重点讨论的是机算法。

机算法有工具箱软件法、梁元法及板元法三种。

工具箱软件法基本只能适用于倒楼盖模型，采用和上部结构楼盖一样的计算方法，但对于弹性地基梁板模型就显得力不从心。

梁元法及板元法均为有限元计算方法，均可适用于弹性地基梁板模型，当然也适用于倒楼盖模型。

所谓梁元法是指筏形基础的交叉梁系采用梁单元的有限元法。其首要前提是必须设置通过梁柱节点的交叉梁系。并通过交叉梁系将筏板分隔成一个个独立的板块。梁元法中的梁可以是肋梁，也可以是与筏板等厚的暗梁，或者是平板式筏基的板带。但无论是肋梁、暗梁还是板带，必须在模型中明确设置并形成交叉梁系，否则程序将无法进行计算。

梁元法的解算程序是对梁及筏板分别进行的。这和 PKPM 软件对普通梁板式楼盖的计算方法相同，在计算梁时只考虑筏板传给梁的荷载而不考虑筏板的作用，而对筏板的计算则采用另一套方法。对于 PKPM 系列软件 JCCAD 而言，筏板的计算采用了三种方法：对于矩形板块采用《结构静力计算手册》中的查表法计算，对外凸异形板块采用边界元法计算，而对内凹异形板块则采用有限元法计算。当然这三种方法也都是由程序自动完成的，不需要用户人工干预。

梁元法计算程序根据是否考虑上部结构刚度及刚度取值的不同，又可分为 5 种计算模式：

模式 1，普通弹性地基梁计算：是指进行弹性地基梁结构计算时，完全不考虑上部结构刚度影响，墙柱等竖向构件仅作为荷载施加于弹性地基梁板上。该模式是最常用的计算模式，一般情况下推荐采用该计算模式，仅当采用该模式计算后，梁的截面无法满足要求而又不宜再扩大截面时，再考虑其他计算模式。

模式 2，等代上部结构刚度的弹性地基梁计算：是指进行弹性地基梁结构计算时，可考虑一定的等代上部结构刚度的影响。上部结构刚度影响的大小可用上部结构等代刚度为基础梁刚度的倍数 N 来表达，N 与上部结构层数、结构跨数及地基梁与上部结构梁的刚度比有关，其计算公式可参阅有关用户手册，JCCAD 软件也提供自动计算功能，但需要输入上述 3 个基本参数。

模式 3，上部结构为刚性的弹性地基梁计算：是指进行弹性地基梁结构计算时，将等代上部结构刚度考虑的非常大（200 倍），以至于除整体倾斜的位移差外，各节点的位移差很小。此时几乎不存在整体弯矩，只有局部弯矩，其结果类似于传统的倒楼盖法。一般来说，如果地基梁的跨度相差不大，考虑上部结构刚度后，各梁的弯矩相差不大，配筋会更加均匀。

模式 4，SATWE 上部刚度进行弹性地基梁计算：是指进行弹性地基梁结构计算时，将 SATWE（或 TAT）计算的上部结构刚度用子结构方法凝聚到基础上的计算模式。该方法最接近实际工作状态，非常适用于框架结构。对于剪力墙结构，由于在整体分析时剪力墙墙体本身已考虑了刚度放大，故纯剪力墙结构可不必再考虑上部刚度，如要考虑剪力墙结构的上部结构刚度，宜按上述模式 3 进行计算。使用模式 4 的条件是在进行 SATWE 或 TAT 整体分析时，必须勾选"生成传给基础的刚度"项，否则程序将无法运行。

模式 5，普通梁单元刚度矩阵的倒楼盖方式计算：该模式与前述 4 种模式有本质不同，其地基梁为普通梁单元而不再是弹性地基梁，是传统的倒楼盖模型，梁单元取用了考虑剪切变形的普通梁单元刚度矩阵。该模式由于墙柱节点没有竖向位移，因此没有考虑到梁的整体弯矩，同时由于地基反力采用了直线分布的假定，梁跨中处的地基反力较弹性地基梁模型的跨中反力大，故计算得到的局部弯矩较弹性地基梁法大。如前文所述，仅当实际工程符合《建筑地基基础设计规范》GB 50007—2011 第 8.4.14 条关于倒楼盖法的适用条件时才可采用，一般情况不推荐使用该方法。

板元法是将筏形基础划分为有限个厚板单元的有限元分析方法。其适用范围非常广泛，几乎没有适用条件的限制，可适用于有桩或无桩的筏板、有肋梁或无肋梁的筏板及变厚度筏板；可以将独基、桩承台按筏板计算，用于解决多桩承台及复杂的围桩承台；可以将独基、桩承台与防水板一起计算，用于解决独基、桩承台之间的防水板的计算；还可计算没有板的基础拉梁等。

JCCAD 的桩筏筏板有限元程序即为板元法解算程序，该程序对筏板基础按中厚板有限元法计算各荷载工况下的内力、桩土反力、位移及沉降，根据内力包络求算筏板配筋。程序提供了多种计算模型方式，包括弹性地基梁板模型、倒楼盖模型及弹性理论-有限压缩层模型。程序也提供了适用多种规范的计算方法，包括天然地基、常规桩基、复合地基、复合桩基以及沉降控制复合桩基等。该程序可接力上部结构计算模块（包括 SAT-WE、TAT 及 PMSAP），并能考虑上部结构刚度的影响。

板元法与梁元法的最大区别是板元法可将梁板结合起来进行整体计算，且对梁的布置没有要求，可不必像梁元法那样必须形成交叉梁系且只能对梁与板分别进行计算。因此板元法比梁元法的适用范围更广，且因梁板均采用有限元法进行计算，梁板之间以及相邻板块之间的内力、位移都是协调的，模型精度与解算精度也均比梁元法要高。但板元法的单元数量较多、计算参数也较多，因此对使用者的要求也更高。而且目前板元法计算软件的网格划分不尽如人意，容易出现狭长三角形等畸形单元，人为加辅助线等干预手段也很难奏效，造成有限元计算结果失真。其后处理程序也不够直观友好，既无法实现自动配筋，内力及配筋计算结果也比较凌乱，整理配筋数据的工作量很大，是很多结构工程师不愿采用板元法计算程序的主要原因。

【案例】 北京顺义某项目筏板有限元畸形单元导致局部计算结果失真

图 3-3-25 为北京顺义某项目平板式筏基采用筏板有限元的配筋输出结果。在剪力墙的阳角以外出现两个狭长三角形单元，导致周围单元配筋计算结果严重失真。

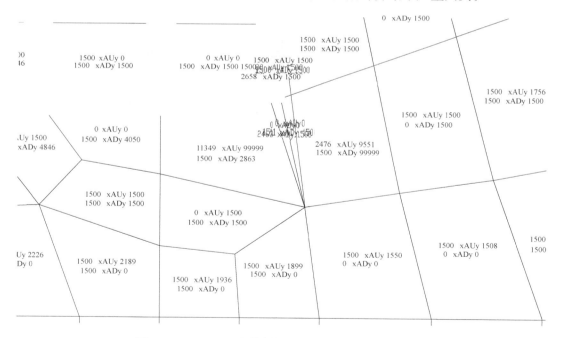

图 3-3-25　JCCAD 畸形有限元网格导致的计算结果异常

因此基础设计软件需做持续改进，网格划分应以四边形为主，即使出现三角形单元也尽量接近等边三角形单元，从而保证计算结果的精确性及稳定性。同时筏板有限元计算结果应以等值线加数字来表达，可将内力配筋分布趋势及薄弱环节直观明显的表达出来，并可根据配筋结果等值线图仅在局部计算配筋大的位置补强，减少通长钢筋的比例，从而大幅降低实际配筋量。某工程设置局部补强钢筋前，筏板顶部钢筋388t，设置局部补强钢筋后，筏板顶部钢筋270t，减少31%。

《北京地区建筑地基基础勘察设计规范》DBJ 11—501—2009（2016年版）8.6.3条条文说明：

8.6.3 数十年来大量工程的箱形基础及筏板基础的钢筋应力实测表明，其钢筋应力都不大，一般只有20～50MPa，远低于钢筋计算应力，并且实测的地基土反力反映了地基、基础和上部结构共同工作的综合结果。

造成筏形基础钢筋应力较小的因素很多，如：

1 设计人员计算基础底板与基础梁时，一般采取地基反力均匀分布的计算模型。这种计算方法会使基础梁板钢筋计算结果偏大，实际上对于跨厚比大于6的基础板底和跨高比大于6的基础梁来说，地基反力不均匀分布的程度较大，越靠近支座地基反力越大。

2 基础梁板一般较高或较厚，其起拱作用会减小钢筋应力，使钢筋实际应力小于计算结果。

3 基础底面与土壤之间的摩擦力也会减小梁、板钢筋应力。

4 一般设计中没有考虑上部结构和筏基以及地基土共同参与工作。

5 筏形基础端部下的土壤出现塑性变形。

鉴于这种事实，在基础梁、筏板及无梁平板配置钢筋时，不宜在计算结果基础上再人为加大，为减小用钢量，基础梁支座弯矩应取柱边（当柱截面较大时，梁柱边弯矩比柱中小很多）。

传统基础设计软件的稳定性差、出异常的情况较多，加之设计参数较多，设计者对于参数的取值难于准确把握，计算结果也不唯一，因此需要调整参数其至变换模型进行多次试算，直到得到满意的结果为止。这个"满意结果"，首先是计算结果的合理性，其次是经济性。但因没有客观标准，因此主要取决于用户自身的理论水平、对软件的熟悉掌握程度及工程经验。传统基础设计软件的用户手册中也明言"对计算结果不满意，可随时调整参数重新计算"。对于桩筏筏板有限元分析软件来说，对给定的参数进行合理性校核，主要通过沉降试算来完成，其主要指标是基础沉降值。在桩筏有限元计算中，桩弹簧刚度及板底土反力基床系数的确定等均与沉降密切相关，因此基础计算的关键是基础的沉降问题。合理的沉降量是筏板内力及配筋计算的前提，在沉降量合理性的判断过程中，工程经验起着重要作用。

鉴于传统筏板有限元计算软件的缺陷及筏板钢筋的实测应力较低的事实，在采用筏板有限元进行设计时，配筋计算结果经工程判断为比较经济合理时即可，不必太过纠结于筏板有限元输出结果中个别区域配筋很大的问题。这些峰值内力并非总是真实的，除了上述单元异常的因素外，在有限元模型简化的假设环节也会引起较大的模型误差。如程序中假设柱的荷载为点荷载，墙的荷载是线荷载，桩与筏板的接触是点接触，忽略了柱子、墙及桩的截面尺寸，这些假设会造成内力在墙柱形心处产生尖锐的峰值甚至是无穷大值，而这些假设又是有限元的通用方法。实际上墙柱都是有一定宽度的，在墙柱边截面，内力会急剧衰减到一个相对合理的数值，因此采用峰值内力进行配筋是严重浪费的，也是没有意义、没有必要的。《用户手册》也明言："在工程应用中除了对计算模型进行简化外，更重

198

要的是如何对计算结果的分析，进行去伪存真"。

此外单元大小对内力与配筋输出结果影响也比较大。对于 JCCAD 软件，一般以 2～3m 为宜，当网格划分小于 0.5m 时，内力的峰值变化会比较大。对于盈建科软件，单元尺寸以 1.0m 为宜。两种软件均建议不要采用过小或过大的网格。

无论是梁元法还是板元法，因其均为有限元法计算程序，故均可计算弹性地基梁板模型，也可计算倒楼盖模型。因此均会涉及一个重要设计参数，即弹性地基基床反力系数。基床反力系数 K 是基础设计中非常重要的一个参数，它的大小直接影响到地基反力的大小和基础内力。基床反力系数和上部结构刚度，是对筏形基础内力及配筋计算结果影响最大的两个设计参数。

4. 基床反力系数

（1）基床反力系数 K 值的物理意义

基床反力系数为单位面积地表面上引起单位下沉所需施加的力。基床反力系数可以理解为土体的刚度，基床反力系数越大，土体越不容易变形。基床反力系数 K 值的大小与土的类型、基础埋深、基础底面积的形状、基础的刚度及荷载作用的时间等因素相关。试验表明，在相同压力作用下，基床反力系数 K 随基础宽度的增加而减小。在基底压力和基底面积相同的情况下，矩形基础下土的 K 值比方形的大。对于同一基础，土的 K 值随埋置深度的增加而增大。试验还表明，黏性土的 K 值随作用时间的增长而减小。因此，K 值不是一个常量，它的确定是一个复杂的问题。

（2）基床反力系数 K 值的计算方法

① 静载试验法：静载试验法是现场的一种原位试验，通过此种方法可以得到荷载-沉降曲线（即 P-S 曲线）。根据所得到的 P-S 曲线，K 值的计算公式如下：

$$K = (P_2 - P_1)/(S_2 - S_1) \qquad \text{（式 3-3-7）}$$

其中，P_2、P_1 分别为基底的接触压力和土自重压力，S_2、S_1 分别为相应于 P_2、P_1 的稳定沉降量。需注意的是，静载试验法计算出来的 K 值是不能直接用于基础设计的，必须经太沙基修正后才能使用，这主要是因为此种方法确定 K 值时所用的荷载板底面积远小于实际结构的基础底面积，因此需要对 K 值进行折减，但折减要适当且有依据。

② 按基础平均沉降 S_m 反算：用分层总和法按土的压缩性指标计算若干点沉降后取平均值 S_m，得

$$K = P/S_m \qquad \text{（式 3-3-8）}$$

式中 P 为基底平均附加压力。这个方法对把沉降计算结果控制在合理范围内是非常重要的。用这种方法计算的 K 值不需要修正，JCCAD 在"桩筏筏板有限元计算"中使用的就是这种方法。一般来说，如果有附近相似工程的沉降观测值，根据其荷载与沉降的关系预估出本工程的沉降量，再用本工程的基底平均附加压力除以预估沉降量，则计算出的 K 值是最合理的。但要做到这一点，需要长年累月的资料积累及丰富的工程经验，因此比较准确地预估沉降量在实际工程中是存在一定困难的。

③ 经验值法：JCCAD 说明书附录二中建议的 K 值。但该表格摘自中国建筑科学研究院地基所关于《工业与民用建筑地基基础设计规范》TJ7-74 修改专题报告的一个附件，故个别专业术语与现行规范不一致，对一些年轻工程师会造成困扰。如表格中的"亚黏土"与"轻亚黏土"，就是现行规范已经摒弃的专业术语。

"亚黏土"与"轻亚黏土"是《建筑地基基础设计规范》GBJ 7—89 及之前规范的专业术语，《建筑地基基础设计规范》GB 50007—2002 便更新了这两个术语，将亚黏土改为粉质黏土，将轻亚黏土改为粉土。但《公路桥涵地基与基础设计规范》及《铁路桥涵地基与基础设计规范》在术语更新方面相对滞后，在 GB 50007—2002 颁布实施后的相当长一段时间内仍在沿用老规范的术语，因此并非像某些人所说是公路桥梁规范的专用术语，但现行的公路桥涵与铁路桥涵规范也已更新了专业术语。为方便读者使用，本书将新规范术语的表格奉上（表 3-3-1），供读者参考。在同一类土中，相对偏硬的土取大值，偏软的土取小值。若考虑垫层的影响 K 值还可取大些。当有多种土层时，应按土的变形情况取加权平均值。

基床反力系数 K 的推荐值 表 3-3-1

地基的一般特性	土的种类		$K(\mathrm{kN/m^3})$
松软土	流动砂土、软化湿土、新填土		1000～5000
	流塑性黏土、淤泥及淤泥质土、有机质土		5000～10000
中等密实土	黏土及粉质黏土	软塑	10000～20000
		可塑	20000～40000
	黏质粉土	软塑	10000～30000
		可塑	30000～50000
	砂土	松散或稍密	10000～15000
		中密	15000～25000
		密实	25000～40000
	碎石土	稍密	15000～25000
		中密	25000～40000
	黄土及黄土粉质黏土		40000～50000
密实土	硬塑黏土		40000～100000
	硬塑粉土		50000～100000
	密实碎石土		50000～100000
极密实土	人工压实的填粉质黏土、硬黏土		100000～200000
坚硬土	冻土层		200000～1000000
岩石	软质岩石、中等风化或强风化的硬岩石		200000～1000000
	微风化的硬岩石		100000～1500000
桩基	弱土层内的摩擦桩		1000～50000
	穿过弱土层达密实砂层或黏性土层的桩		5000～150000
	打至岩层的支承桩		800000

目前国内较常用的几种基础设计软件对同一工程的计算结果不同，有的甚至相差悬殊，即便采用同一个软件，采用不同参数计算结果也有差别。鉴于基础梁、筏板钢筋实测应力远小于设计值，因此，设计时不必采用偏于保守的设计软件。

（3）基床反力系数与基底反力的关系

某大型房地产公司，聘请了一位结构顾问。在甲方、设计院与咨询公司的三方会谈中，这名结构顾问要求设计院降低基床反力系数，目的是要减小筏板的配筋。不知大家是否认可他的观点？

这个基床反力系数，只有在能够反映地基与基础相互作用的弹性地基梁板模型中才会起作用。对于倒楼盖模型，这个基床反力系数不起作用。换个角度来讲，倒楼盖模型对应的就是基床反力系数为零时的弹性地基梁板模型，可以形象地理解为基础坐在流塑状稀泥里甚至是水中的情况。此时的基底反力就成直线分布。随着基床反力系数的增大，基底反力不断由跨中向支座转移，但基底反力的合力保持不变，极端情况就是墙柱荷载直接通过接触压力传给墙柱所在的局部区域，而跨间的反力为零，此时将不会有局部弯矩。

这个基底反力的分布模式不但和基床反力系数有关，也和基础的刚度有关。具体来说和基础与地基的刚度比有关，基础与地基的刚度比越大，越接近直线分布，反之则越向支座处（墙柱下）集中。

理论上是这样，但软件能否真正实现这一点，就不好说了。据有些结构工程师反映，采用倒楼盖模型的配筋计算结果有时比弹性地基梁板模型计算出来的还要省一些。这在逻辑上肯定是讲不通的。但至于为什么是这样，如果荷载、几何尺寸以及边界条件都不变的情况下，那就只能去问软件编制单位了。

所以作为结构工程师要有自己的专业判断，对软件也不能偏信和盲从。

图 3-3-26 为基床反力系数与基底反力分布之间的关系。从中可以看出，对应于基床反力系数为零的倒楼盖模型，其直线分布的基底反力是基础底板计算的最不利荷载分布，因此其内力也是最大的。不可能出现倒楼盖模型比弹性地基梁板模型的配筋计算还小的情况。

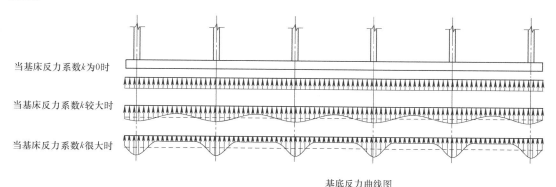

当基床反力系数k为0时

当基床反力系数k较大时

当基床反力系数k很大时

基底反力曲线图

图 3-3-26 不同基床反力系数下的基底反力分布曲线

5. 塑性设计及裂缝控制

梁板式筏基的筏板可按塑性设计进行配筋，可以较大幅度地减少用钢量。《北京地区建筑地基基础勘察设计规范》DBJ 11—501—2009（2016 年版）第 8.6.5 条及其条文说明对塑性设计及其可能导致的裂缝宽度较大的问题给出了比较详细的解释：

8.6.5 梁板式筏形基础底板可按塑性理论计算弯矩。

8.6.5 条文说明：当基础为梁板式筏形基础或平板式筏形基础时，其基础底板考虑以下因素一般可不进行裂缝宽度验算，但应注意支座弯矩调幅不要太大。

1 如 8.6.3 条条文说明所述筏形基础及箱形基础钢筋的实测应力都不大，一般只有

20～50MPa，远低于钢筋计算应力；

2　设计人员计算基础底板时，一般采取地基反力均匀分布的计算模型，与实际地基反力分布不符，会使板裂缝宽度计算结果偏大；

3　目前设计人员一般采用现行国家标准《混凝土结构设计规范》GB 50010 中裂缝计算公式进行裂缝宽度验算，而该公式只适用于单向简支受弯构件，不适用于双向板及连续梁，因此采用该公式计算的裂缝宽度不准确；

4　目前北京地区习惯的地下室防水做法是基础板下面均有防水层，因此对底板有较好的保护作用，这时对其裂缝宽度的要求可以比暴露在土中的混凝土构件放松。一般来说，只要设计时注意支座弯矩调幅不太大，混凝土裂缝宽度不致过大，而且数十年来大量工程有关筏形基础及箱形基础的钢筋应力实测表明，其钢筋应力都不大，混凝土实际上很少因受力而开裂，所以不会影响钢筋耐久性。

梁板式的筏板可按塑性双向板或单向板计算。筏板的裂缝可不必计算，因双向板的裂缝实际上是无法计算的。规范中裂缝宽度计算公式只适用于杆式构件，如梁和桁架等，而双向板则为面式构件，其弯矩即便沿截面宽度方向的分布也是不均匀的，无论是支座截面还是跨中截面，都是截面宽度方向的中线处弯矩最大，向截面边缘处逐渐减小，但实际配筋则是在截面内不分弯矩大小一律按最大弯矩处均匀满跨配筋，因此裂缝计算以截面宽度方向最大弯矩点的弯矩去计算整个板块或板带的裂缝宽度是偏大且不真实的。针对双向板目前还没有比较准确真实的裂缝宽度计算方法，而借用杆式构件的裂缝宽度计算公式又缺乏足够的理论依据，且真实性不足，因此实际工程的双向板可以不验算裂缝，即便计算出的裂缝宽度较大，也不能简单地认为裂缝宽度超限而随意加大配筋甚至增大截面。有关双向板裂缝宽度限值与计算的内容可参见李国胜老师的《多高层钢筋混凝土结构设计优化与合理构造》（第二版）第四章。

对于基础梁，鉴于实测钢筋应力比设计应力小很多的事实，也没有必要计算裂缝。而且如果在设计时梁支座负弯矩筋是按柱中截面的弹性弯矩计算的话，配筋本身就会超配很多，此时如果仍按柱中弯矩去计算裂缝，将不只是计算失真，而是计算错误。

其实我国规范对于混凝土结构裂缝宽度限值的规定与国外相比是偏于严格的。表 3-3-2 为欧洲混凝土规范 EN1992-1-1：2004 的裂缝宽度限值。

欧洲混凝土规范裂缝宽度限值　　　　　　　　　　　表 3-3-2

环境类别	钢筋混凝土构件及无黏结预应力混凝土构件	有黏结预应力混凝土构件
	准永久荷载组合	荷载长期组合
X0，XC1	0.4	0.2
XC2，XC3，XC4	0.3	0.2
XD1，XD2，XS1，XS2，XS3	0.3	不出现拉应力

表 3-3-2 中，X0 为无腐蚀风险的构件、干燥环境下的钢筋混凝土构件；XC1、XC2、XC3、XC4 为碳化腐蚀类别，其中 XC1 为干燥或永久水下环境，XC2 为潮湿、偶尔干燥的环境（如混凝土表面长期与水接触及多数基础），XC3 为中等潮湿环境（如中等湿度及高湿度室内环境及不受雨淋的室外环境），XC4 为干湿交替的环境；XD1、XD2 为氯盐腐蚀类别，其中 XD1 为中等湿度环境（混凝土表面受空气中氯离子腐蚀），XD2 为潮湿、偶

尔干燥的环境（如游泳池、与含氯离子的工业废水接触的环境）；XS1、XS2、XS3 为海水氯离子腐蚀类别，其中 XS1 为暴露于海风盐但不与海水直接接触的环境（如位于或靠近海岸的结构），XS2 为持久浸没在海水中的结构，XS3 为受海水潮汐、浪溅的结构。

从以上欧洲规范相关规定可以看出：欧洲规范的环境类别分得要更细，对裂缝控制宽度也比我们宽松。对于钢筋混凝土构件及无黏结预应力混凝土构件，即便在潮汐浪溅等极端恶劣环境类别下也只是 0.3mm，相比之下，我国规范对室内潮湿环境及室外环境下的限值也要求 0.2mm，确实过于严格了。

现在很多有识之士及一些负责任的设计院已经认识到这一点，因此在设计院内部对裂缝宽度的限值都做了放松。对于二 a、二 b 类环境类别，有的放松到 0.25mm，有的放松到 0.3mm，也有的将二 a 类放松到 0.3mm、二 b 类放松到 0.25mm 等。

一些省市的地方规范也对裂缝宽度限值做出了放松的规定，如《北京地区建筑地基基础勘察设计规范》DBJ 11—501—2009（2016 年版）第 8.1.13 条：

8.1.13 当地下室外墙外侧设有建筑防水层时，外墙最大裂缝宽度限值可取 0.4mm。

对于受力较大的一些构件，确实能收到很好的经济效果。

由于裂缝宽度计算值与保护层厚度有关，保护层越厚裂缝宽度计算值越大。而规范规定基础类构件下表面的保护层厚度不小于 40mm（有垫层）及 70mm（无垫层），因此保护层厚度均较大，有可能会因为保护层过厚的原因导致裂缝宽度计算值过大。此时，可参照《混凝土结构耐久性设计规范》的相关规定，当保护层设计厚度超过 30mm 时，可将厚度取为 30mm 计算裂缝的最大宽度。

对于《地下工程防水技术规范》GB 50108—2001 中迎水面钢筋保护层厚度≥50mm 的规定，现在绝大多数的设计院选择忽视。《北京地区建筑地基基础勘察设计规范》DBJ 11—501—2009（2016 年版）更是明确规定了基础及地下墙体与土接触一侧的钢筋保护层厚度：

8.1.10 钢筋的混凝土保护层厚度：对基础底部与土接触一侧钢筋，有垫层时不小于 40mm，无垫层时不小于 70mm；对地下墙体与土接触一侧钢筋，无建筑防水做法时不小于 40mm，有建筑防水做法时不小于 25mm，且不小于钢筋直径。

6. 梁板式筏基设计优化

梁板式筏基的地梁配筋一般均很大，可优先采用强度更高、性价比更优的四级钢筋，可节约钢材用量，方便钢筋的排布，减少大直径钢筋的使用，降低工人劳动强度，方便施工等。

地下室的基础梁可不考虑延性设计，故梁纵筋深入支座的长度应按非抗震要求。基础梁箍筋在满足抗剪要求时，无须在梁端加密，箍筋可按 90°弯钩，不必按 135°弯钩。纵筋的锚固长度、搭接长度等也应按非抗震要求。平板式筏基也不必考虑抗震延性而设置柱间暗梁。

梁板式筏基的地梁在支座截面处弯矩及剪力均较大，因此支座附近的内力既控制地梁的截面尺寸，也决定着地梁的最大钢筋用量。因此计算所需地梁截面较大时，可采用在梁端加腋的方式，而不必整跨甚至整根梁加大截面。此举不但可有效降低混凝土用量，还可降低支座钢筋的用量，同时更有利于钢筋的排布，降低施工难度，保证混凝土的浇捣质量。

梁板式筏基的筏板可按塑性设计进行配筋，可以较大幅度地减少用钢量。《北京地区建筑地基基础勘察设计规范》DBJ 11—501—2009（2016 年版）第 8.6.5 条及其条文说明对塑性设计及其可能导致的裂缝宽度较大的问题给出了比较详细的解释。见前文"塑性设计及裂缝控制"的有关内容。

7. 平板式筏基设计优化

对于高层剪力墙结构住宅，大多采用墙下平板式筏形基础，此种平板式筏基一般均为等厚度的筏板。但对于地下车库，当确定采用平板式筏形基础时，由于柱对筏板的冲切要求，单纯采用增加板厚抗冲切的办法不经济，故一般均采用在柱下增设柱墩的方式来解决柱对筏板的冲切问题，此时的平板式筏基实为局部加厚的整体式筏形基础。

根据柱墩与筏板在竖向的位置关系，一般有上返柱墩（筏板与柱墩底平）、下返柱墩（筏板与柱墩顶平）两种方式。

上返柱墩的好处是筏板与柱墩底平，无需砌筑砖胎模，垫层与防水施工方便，用于抗冲切的柱墩平面尺寸较小，相应的钢筋与混凝土用量也较少。但因上返柱墩凸出筏板顶面，要想得到平整的建筑地面，在上返柱墩不能凸出建筑面层以上的情况下，只能将筏板顶标高降低，意味着筏板顶面与柱墩顶面之间的高差必须回填回来，然后再在其上统一做建筑地面。回填材料有可能是夯实的素土、灰土、级配砂石，也有可能是轻骨料混凝土或素混凝土。根据回填材料的不同，建筑面层的构造也有可能不同，如果是素土夯实或其他散体材料回填，可能还需要做一层细石混凝土面层，有开裂或耐磨要求时可能还需要配筋。这种板上的回填及混凝土配筋面层的代价是高昂的，是在进行造价对比分析时不能忽略的因素。

下返柱墩的好处是筏板与柱墩顶平，板上无需回填即可直接做建筑面层，对于地下车库，甚至可以取消面层，直接将结构板面压实赶光即可，或直接以结构底板为基层做环氧树脂地坪漆耐磨地面或环氧砂浆自流平耐磨地面，耐磨面层厚度均不超过 5mm。缺点是用于抗冲切的下柱墩平面尺寸偏大，材料用量偏多，下柱墩范围一般需要人工修坡并需砌筑砖胎模，垫层与防水施工相对复杂。在没有配重抗浮的情况下，下返柱墩的综合经济性优于上返柱墩，因此越来越多的有识之士采用下返柱墩。

还有一种异类就是上下都凸出筏板的一种柱墩。笔者没想明白这样做的好处，大概是想集二者之所长吧，但从实际效果来看，似乎未能发挥二者之长，反倒集成了二者之短。

【案例】 上下皆凸出筏板表面的异类柱墩

图 3-3-27～图 3-3-29 为某国内知名大院所做的设计。图 3-3-27 左图为无需另加下返柱墩即可解决冲切问题的上返柱墩，右图则为上下皆凸出筏板表面的异类柱墩。

地面建筑标高为 −14.200m，而基础筏板顶面标高却为 −14.700m，柱墩顶标高为 −14.300m，筏板顶与柱墩顶存在 400mm 高差，柱墩顶与建筑地面标高存在 100mm 高差。建筑工程做法在筏板上面采用 400mm 厚轻骨料混凝土垫层回填至柱墩顶，然后再统一做 90mm 厚 C20 细石混凝土内配 $\phi6@200$ 钢筋网片。由此造成回填材料的工程量与造价巨大，不知是出于建筑的需要还是结构上返柱墩的需要？如果是结构上返柱墩的需要，建议一律改为下返柱墩，实现结构顶板平齐，取消筏板顶的垫层并减薄建筑面层厚度至不超过 50mm。

原设计平板式筏形基础采用了同时设上下柱墩的设计方式，虽然比纯粹的下柱墩会节

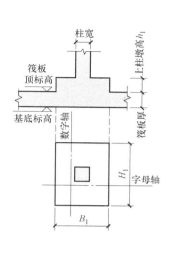
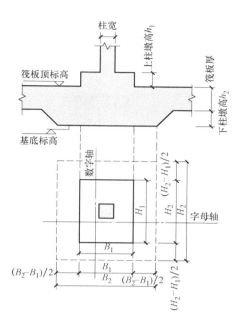

图 3-3-27　柱墩与筏板的竖向关系

柱墩统计表

编号	区域1				
	筏板顶标高(m)	基底标高(m)	上柱墩高h_1(mm)	下柱墩高h_2(mm)	柱墩平面尺寸$B_1 \times H_1/B_2 \times H_2$
ZD01	−14.700	−15.200	400	—	4200×4200
ZD02	−14.700	−15.200	400	200	4200×4200/4200×4200
ZD03	−14.700	−15.200	400	400	4200×4200/4200×4200
ZD04	−14.700	−15.200	400	600	4200×4200/4200×4200
ZD05	−14.700	−15.200	400	800	4200×4200/4200×4200
ZD06	−14.700	−15.200	400	—	7000×4200
ZD07	−14.700	−15.200	400	200	7300×4200/7300×4200
ZD08	−14.700	−15.200	—	200	3000×3000

图 3-3-28　柱墩统计表

耐磨混凝土 （燃烧性能A级）	1.地面上保护蜡；	50厚用于汽车坡道,100厚用于B1,B2地下车库,500厚用于B3地下车库。地漏周边最薄80厚,向地漏找坡。楼面面积较大时,混凝土应分仓跳格浇筑,每仓不超过6000×6000。
	2.专用切割机地面切缝；	
	3.圆盘镘抹平，至少3遍纵横交错进行；	
	4.均匀散布第二遍硬化剂NR-310；	
	5.专用机械抹平；	
	6.均匀散布第一遍硬化剂NR-310；	
	7.混凝土基层泌水处理；	
	8.90/50厚C20细石混凝土，配φ6@200双向钢筋；随打随抹感光压实；	
	9.钢筋混凝土楼板或轻骨料混凝土400厚回填层	

图 3-3-29　车库底板面层做法

省一点混凝土，但却造成筏板与柱墩之间既不能顶平也不能底平。不但增加了施工的难度，最重要的是筏板顶筋与底筋均不能贯通柱墩并代替一部分柱墩钢筋，见图3-3-30。而频繁截断的钢筋损耗会大增，柱墩与筏板钢筋在彼此内的互锚长度，以及上返柱墩的侧面钢筋，也是一种惊人的浪费。建议一律改为下返柱墩，使筏板与柱墩顶平，则筏板上部钢筋可以贯通柱墩而无需截断，上柱墩的侧面钢筋以及筏板与柱墩钢筋的互锚段也都可以省掉。

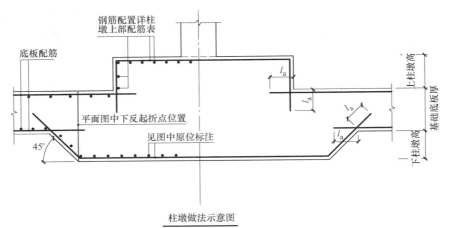

柱墩做法示意图

1.筏板通长钢筋在柱墩内断开并和柱墩顶部钢筋互锚

图 3-3-30　上下皆凸出筏板表面的异类柱墩配筋构造

此外，柱墩上部钢筋配筋量偏大（见图 3-3-31），以 ZD02 为例，总共 1100 厚的柱墩配Φ25@150 的上部钢筋，配筋率高达 0.30%。须知柱墩上铁无论是在基底反力作用下，还是在水浮力作用下，包括在人防等效荷载作用下，都处于截面的受压区，只要截面受拉区不超筋，理论上是不需要受压钢筋的。因此建议在改为筏板与柱墩顶平以后，非人防区仅利用筏板的上部贯通钢筋即可，无需另配柱墩附加上部钢筋；人防区则要将配筋率严格控制在 0.25%，不要随意超出。

柱墩上部配筋表

编号	柱墩总高 （上、下柱墩高+筏板厚)(m)	柱墩上部配筋
ZD01	900	Φ22@150
ZD02	1100	Φ25@150
ZD03	1300	Φ25@150
ZD04	1500	Φ28@150
ZD05	1700	Φ28@150
ZD06	900	Φ22@150
ZD07	1100	Φ25@150
ZD08	1100	Φ25@150

图 3-3-31　原设计柱墩上部配筋表

此外，该项目车库既已采用整体式筏形基础，则筏板更无须从墙边外挑（图 3-3-32）。建议一律取消外挑，不但可减少钢筋与混凝土材料用量，还可方便支模与防水施工，土方开挖量也可降低。

筏形基础精细化设计的有关内容，请参见第四章第一节"各类基础类构件的精细化设计"中的有关内容。

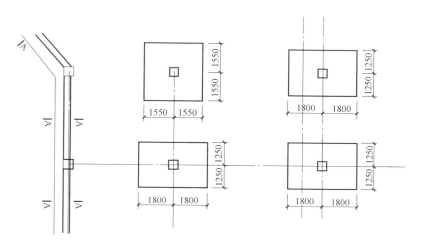

图 3-3-32　车库基础从墙边外挑

第四节　地下车库楼屋盖结构的设计优化

一、地下车库常用楼屋盖体系介绍

地下车库楼屋盖可选择的结构形式比较丰富多样，但大体可分为无梁楼盖体系与有梁楼盖体系。无梁楼盖体系又包括以下四种形式：即无柱帽（或托板）的平板无梁楼盖，带柱帽（或托板）的无梁楼盖，柱上板带局部加厚的无梁楼盖，以及双向密肋格形无梁楼盖。有梁楼盖体系的花样更多，有传统的井字梁、十字梁、双平行次梁及单次梁体系，统称为有次梁楼盖体系；也有应用渐广的等截面主梁大平板体系、等截面主梁加腋大板体系、加腋主梁大平板体系、加腋主梁加腋大板体系，以及在国外应用较多的宽扁梁大平板体系，这些无次梁的楼盖体系可以称为少梁楼盖体系或无次梁楼盖体系。

无梁楼盖具有如下优点：

（1）无梁板结构因不设置梁，板面负载直接由板传至柱，结构简单、传力路径简捷；

（2）无梁楼盖可有效降低层高，因设备管线可走板下，设备管线可在柱帽（托板）间穿行，与柱帽（托板）共用结构高度，故一般可将层高压缩 500～600mm，降低层高的经济效益显著；

（3）无梁楼盖的模板工程量小且支模简单，钢筋加工及绑扎也相对简单，可方便施工，缩短工期；

（4）对于覆土较厚的车库顶板，楼盖本身的经济性会反超传统梁板式结构；

（5）板底相对平整、简洁、美观。

无梁楼盖具有如下缺点：

（1）无梁板结构需要较厚的板，混凝土用量相对较高，结构自重相对较大，由于抗冲切所需，混凝土强度等级一般也会较高；

（2）从结构性能方面看，无梁板的延性较差，板在柱帽或柱顶处的破坏属于脆性冲切破坏。

无梁楼盖最主要、最危险的破坏模式为柱顶冲切破坏，属于脆性破坏，破坏前的预警时间很短暂，破坏具有突发性、毁灭性。故必须增大防冲切破坏的安全储备。柱帽应采用如图 3-4-2 中的倾角托板柱帽或变倾角柱帽，不宜采用其他形式的柱帽，且必须验算柱边、椎体边与托板边缘的冲切。

无柱帽（或托板）的平板无梁楼盖，结构体系最为简单，仅包括柱及柱间的大平板，这种楼盖在板柱节点处的应力集中严重，平板受柱的冲切作用很大，一般需配抗冲切钢筋以解决柱对平板的冲切问题。此种楼盖体系一般适用于柱距较小、荷载亦较小的车库中间层楼盖，比如小柱网的中间层楼盖，可以考虑无柱帽（或托板）的平板无梁楼盖。

带柱帽（或托板）的无梁楼盖，是在柱与大平板之间增设柱帽或（和）托板所组成的无梁楼盖。

行文至此，有必要对文中出现的两个关键词"柱帽"及"托板"进行重新解释和定义。这两个关键名词，即便在官方权威的著作里，各家的用词及定义也不尽相同，但均指柱上平板与柱之间的过渡部分。其中《混凝土结构设计规范》GB 50010—2010 中将柱与平板之间倾斜渐变过渡的部分称为柱帽，而将柱与平板之间水平突变的部分称为托板，如图 3-4-1 所示。

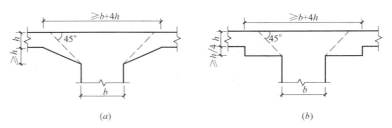

图 3-4-1 带柱帽或托板的板柱结构（《混凝土结构设计规范》图 9.1.12）
(a) 柱帽；(b) 托板

而国标图集《16G101-1》则将上述两种情况的过渡部位统称为柱帽，只不过在柱帽这个名词前增加了一些修饰词以示区分，如图 3-4-2 中的单倾角柱帽、变倾角柱帽、托板柱帽及倾角托板柱帽。

《混凝土结构构造手册》（第五版）与规范的用词相同，锥体过渡部分叫做柱帽，长方体（包括正方体）过渡部分叫做托板，见图 3-4-3。

本书倾向于采用规范的用词，即矩形突变的过渡部分叫做托板，倾斜渐变的过渡部分叫做柱帽。

柱帽及托板的最主要功能是加强柱对楼盖结构的抗冲切性能，其次是加强楼盖结构在柱顶峰值弯矩区域的抗弯性能，并通过加大截面高度来减少配筋，以及增强平板与柱的连接、增强结构刚度、减小板的计算跨度和柱的计算长度等。

柱上板带局部加厚的无梁楼盖，是在柱上板带有类似于梁、又类似于柱上板带局部加厚的无梁楼盖。表面上貌似梁板式楼盖，但在实质上有明显区别。柱上板带局部加厚的无梁楼盖，所谓的"梁"截面尺寸较小，梁的刚度没有梁板式楼盖中梁的刚度那么大，不足以作为板的支座，而只能算作对板的加强。更准确地说，是对柱上板带的加强，是板的一

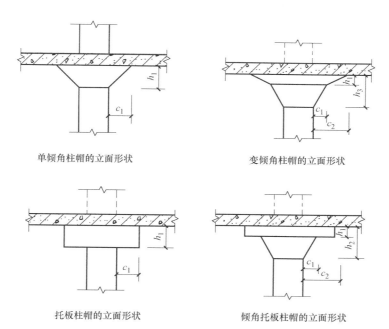

单倾角柱帽的立面形状

变倾角柱帽的立面形状

托板柱帽的立面形状

倾角托板柱帽的立面形状

图 3-4-2 《16G101-1》中的四种柱帽形式

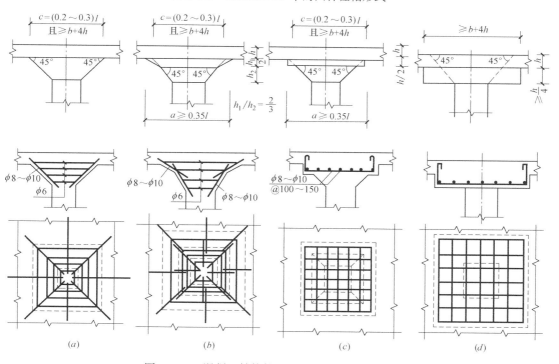

图 3-4-3 《混凝土结构构造手册》中的柱帽或托板

(a) 用于轻荷载的柱帽; (b) 用于重荷载的柱帽; (c) 用于受力条件稍次于情况 (b) 的重荷载; (d) 托板

个组成部分,并从板系中分担部分内力来参与工作,不能把它当做独立的梁。因此本质上属于板式受力体系,而不是传统梁板式结构的梁式受力体系。

以上无梁楼盖均为实心板无梁楼盖,由前述无梁楼盖的优缺点可知,无梁楼盖一方面可以大幅降低层高，从而在地下室层数不变的情况下大幅降低埋深，另一方面结构自重还较梁板式结构大，因此对于高地下水位工程的结构抗浮非常有利。当抗浮设防水位较高，整体抗漂浮稳定问题比较严峻，或结构底板的配筋设计由水浮力组合控制时，建议优先选用实心板无梁楼盖结构。

正交（暗）密肋无梁楼盖，是在厚板的下部或中间有规则地挖出一系列立方体或长方体而形成的密集肋梁结构，当在厚板下部挖空时，即为不带下翼缘的密肋无梁楼盖，当在厚板中部挖空时，即为带下翼缘的暗密肋无梁楼盖。目前应用较广的现浇混凝土空心楼盖，即为正交暗密肋无梁楼盖。这种楼盖为了提高抗冲切性能可在柱顶一定范围内不挖空而保留混凝土实体，即相当于带托板的无梁楼盖；也可在柱上板带一定宽度内不挖空而形成"暗梁"，就相当于前文柱上板带局部加厚的无梁楼盖。空心楼盖在力学模型上虽属于密肋楼盖，貌似有梁楼盖，但因肋梁截面很小，与无梁楼盖的暗梁一样，对抗冲切没有大的帮助，故在冲切受力模式上与无梁楼盖相同，这一点应该是没有争议的。图 3-4-4、图3-4-5 为带柱帽又带暗梁的现浇混凝土空心楼盖的配筋示意图。

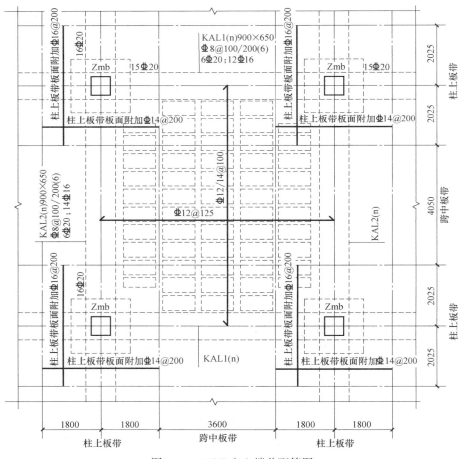

图 3-4-4　GBF 空心楼盖配筋图

说明：1. 混凝土强度等级为 C30；

2. 板厚为 650mm，板面双向通长 Φ16@200；

3. 本层板厚、覆土及吊挂荷载为 76kPa，活载满布 20.0。

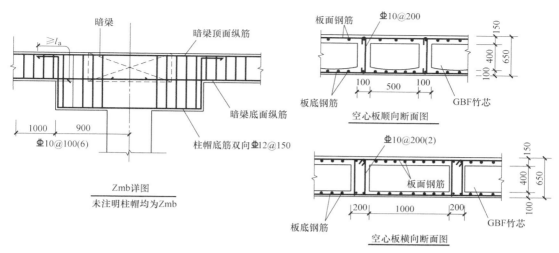

图 3-4-5　空心楼盖模板与配筋示意图

正交（暗）密肋无梁楼盖在降低层高方面的优势与其他类型的无梁楼盖相近，都可在确保净高不变的情况下较大幅度地压缩层高。而压缩层高的综合经济效益在前文已经系统阐述，在此不再赘述。但同为板式受力结构，正交（暗）密肋无梁楼盖因板的截面总高度更大，故板的抗弯刚度更大，又因板是中间或底部局部掏空的板，故混凝土的总体用量降低，结构自重更轻。至于经济性，受制于结构计算与配筋过程的不可控因素以及投标报价等非客观因素的影响，理论上的比较可能会有较大的偏差，不到竣工结算恐难有定论。

正交（暗）密肋无梁楼盖对于大跨度及大荷载的楼盖尤为适用，且跨度越大、荷载越大，则经济性越好，最大跨度可以做到 12m×12m。

无梁体系及无次梁体系因板跨较大，对于预应力混凝土结构具有适用性，采用预应力的楼盖可以加大跨度、减小板厚、减小板的挠度和节约钢材等。故某些有项目经验及资源优势的甲方也会选择预应力混凝土结构，比如富力集团的很多地下车库楼屋盖都采用预应力混凝土结构。尤其是平板无梁楼盖，更适宜做成预应力楼盖。预应力楼盖大多采用无黏结预应力体系。

与无梁体系相比，有梁体系的种类更多，但大体又可分为无次梁体系与有次梁体系。无次梁体系主要有主梁大板体系（又可分为主梁大平板体系、主梁加腋大板体系及加腋主梁加腋大板体系）、宽扁梁大板体系；有次梁体系则有井字梁体系、十字梁体系、双平行次梁体系及单平行次梁体系。

加腋梁板体系本质上是在梁板支座负弯矩较大区域局部加大梁高（板厚）的一种结构处理手法（图 3-4-6），理论上是损有余以补不足的一种比较先进的设计理念，有其内在的合理性。与传统的主梁大板结构相比，一般来说可将跨中部分的梁高略为降低，而将支座处通过加腋的方式加大梁高，此外支座加腋会增大梁的拱效应，因此加腋梁的钢筋用量会有所降低，支座区域的钢筋密度及梁端剪应力均会降低，从而提高节点的可靠度。又因加腋梁的跨中截面高度可减小，故可在房间中部获得更大的建筑净高。同理，加腋板在支座负弯矩较大处通过板端加腋的方式加大板厚，同时可以减小板跨中的厚度，也可使用钢量有所降低。当不加腋的平板厚度约为板跨度的 1/40 时，加腋后板跨中厚度可取板跨的

1/45～1/50，加腋高度可取为跨度的 1/25～1/30，加腋长度可取为跨度的 1/5。按如此原则加腋的板，与不加腋的平板相比，跨中弯矩约可降低 30%，而支座弯矩大约增加 20%。

梁板加腋会增加测量放线与支模的难度与工程量，在模板工程与措施费方面的支出可能会高一些。随着人工成本越来越高，这个问题可能也会越来越突出。

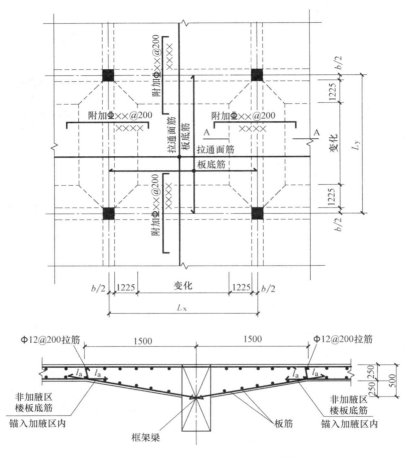

图 3-4-6　主梁加腋大板截面及配筋构造

宽扁梁大板体系，与传统结构设计理念认为梁高应该大于梁宽的观念相反，宽扁梁是加大梁宽而尽可能地压缩梁高。虽然宽扁梁本身的经济性不佳，但较宽的梁宽可以有效降低板的跨度，从而可减小板的弯矩及配筋，因此可以对梁经济性不足的缺陷给予一定程度的弥补。而且宽扁梁的梁高较正常梁的梁高要小，可以较大幅度地压低层高，因而可发挥降低层高的综合经济优势。尤其是宽扁梁在采用预应力的情况下，不但梁高可以进一步降低，而且还可以大幅降低用钢量，并能有效提高梁的刚度。图 3-4-7 为新加坡迈进（Meinhardt）公司所做迪拜茂（Dubai Mall）的车库楼盖结构，柱网尺寸为 11000mm×8500mm，采用单向预应力宽扁主梁加预应力单向板结构，预应力宽扁梁的梁高仅450mm，而梁宽却高达 2100mm，预应力单向板的厚度为 180mm。

至于井字梁体系、十字梁体系、双平行次梁体系及单平行次梁体系等有次梁体系，已为绝大多数结构工程师所熟知，在此不再展开介绍。

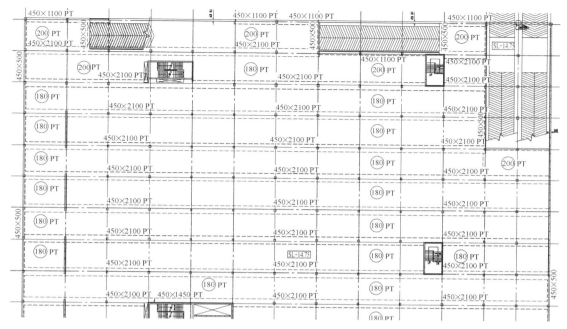

图 3-4-7　单向预应力宽扁主梁加预应力单向板结构

二、地下车库常用楼屋盖体系的经济性分析

如果考虑降低层高的综合经济效益及模板工程的工程量与复杂程度，则无论板跨与荷载大小，无梁楼盖体系均具有相对较明显的优势。

如果不考虑降低层高的综合经济效益，仅从钢筋混凝土含量出发考虑问题，则根据荷载与跨度大小的不同以及对最小板厚的要求不同，很难得出何者更优的结论，也不太容易摸清规律性。但如果按是否有覆土及是否有人防来进行分门别类的研究，也能探究出一定的规律性。以下为大柱网三种不同荷载形式的经济性规律分析。

（一）有覆土的车库顶板

对于有覆土荷载且活荷载不小于 $5kN/m^2$ 的车库顶板，采用无梁楼盖具有比较明显的优势。具体而言，无梁楼盖较传统梁板结构的混凝土用量有所偏高，但钢筋用量却有较明显的降低，无梁楼盖的模板工程量较传统梁板结构略少。综合起来，无梁楼盖体系对于有覆土的车库顶板具有相对确定的优势，而且在相同跨度的情况下，伴随覆土厚度的增加，无梁楼盖钢筋用量的增加幅度要小于梁板体系钢筋用量的增加幅度，意味着覆土越厚（荷载越重）则无梁楼盖的经济性越加明显。排在第二位的为主梁加腋大板结构，但其优势仅在重载时才会得以体现。再次为主梁大板结构或双平行次梁结构，这二者的优劣性取决于板最小构造厚度的取值，当板的最小厚度仅由计算需要确定时，比如可取 160mm、180mm 等厚度时，双平行次梁结构具有优势，尤其是考虑消防车荷载时，双平行次梁体系的优势更加明显；当板的最小厚度必须采用 250mm 的构造厚度时，则主梁大板结构具有优势。再往下依次是十字梁结构与井字梁结构，而井字梁结构基本可以认定为最费的结构。当荷载较大以至主梁大板体系的板厚超过 250mm 时，主梁加腋大板体系比普通主梁大平板结构有经济优势。表 3-4-1 为大柱网地下车库顶板不考虑人防及消防车荷载时不同覆土厚度下各种结构体系的材料含量，仅供参考。

大柱网地下车库不同覆土厚度下各种结构体系的材料含量（不考虑人防及消防车荷载）

表 3-4-1

楼屋盖结构体系	B1 顶板 (1.2m 覆土,柱 600×600) 含钢量 (kg/m²)	混凝土含量 (m³/m²)	B1 顶板 (1.5m 覆土,柱 600×600) 含钢量 (kg/m²)	混凝土含量 (m³/m²)	B1 顶板 (2.0m 覆土,柱 600×600) 含钢量 (kg/m²)	混凝土含量 (m³/m²)	B1 顶板 (3.0m 覆土,柱 700×700) 含钢量 (kg/m²)	混凝土含量 (m³/m²)
1. 单向单次梁	71.3	0.292	73.7	0.294	82.2	0.310	108.2	0.342
	X 向主梁 400×800,Y 向主梁 550×1000,X 向次梁 400×800,板厚 160		X 向主梁 400×800,Y 向主梁 550×1050,X 向次梁 450×800,板厚 160		X 向主梁 450×800,Y 向主梁 600×1100,X 向次梁 450×800,板厚 160		X 向主梁 500×900,Y 向主梁 650×1150,X 向次梁 500×900,板厚 160	
2. 单向双次梁	46.6	0.298	52.1	0.298	60.0	0.305	80.65	0.320
	X 向主梁 400×800,Y 向主梁 550×850,X 向双次梁 350×800,板厚 160		X 向主梁 400×800,Y 向主梁 550×850,X 向双次梁 350×800,板厚 160		X 向主梁 400×800,Y 向主梁 500×950,X 向双次梁 350×800,板厚 160		X 向主梁 400×850,Y 向主梁 650×1050,X 向双次梁 350×800,板厚 160	
3. 十字梁	74.1	0.316	79.4	0.292	84.6	0.329	99.7	0.350
	X、Y 向主梁 600×800,X、Y 向次梁 400×700,板厚 160		X、Y 向主梁 350×600,X、Y 向次梁 250×500,板厚 110		X、Y 向主梁 600×850,X、Y 向次梁 400×750,板厚 160		X、Y 向主梁 650×950,X、Y 向次梁 400×800,板厚 180	
4. 井字梁	51.6	0.254	56.5	0.267	66.8	0.287	88.1	0.343
	X、Y 向主梁 400×700,X、Y 向次梁 250×450,板厚 160		X、Y 向主梁 450×700,X、Y 向次梁 250×500,板厚 160		X、Y 向主梁 500×750,X、Y 向次梁 250×550,板厚 160		X、Y 向主梁 650×850,X、Y 向次梁 300×600,板厚 160	
5. 主梁大板	46.0	0.320	52.1	0.360	62.0	0.390	80.6	0.463
	X、Y 向主梁 350×800,大板厚度 270		X、Y 向主梁 450×800,大板厚度 300		X、Y 向主梁 550×850,大板厚度 320		X、Y 向主梁 600×900,大板厚度 380	
6. 主梁加腋大板	48.4	0.268	53.3	0.292	62.8	0.337	75.7	0.408
	主梁 350×700,顶板 160,腋高 200,腋长 1500		主梁 350×750,顶板 180,腋高 200,腋长 1500		主梁 400×800,顶板 200,腋高 250,腋长 1500		主梁 450×850,顶板 250,腋高 300,腋长 1500	
7. 无梁楼盖	31.5	0.348	35.0	0.380	41.0	0.403	51.0	0.474
	板厚 300,托板 3300×3300×300,柱帽 1200×1200×300		板厚 330,托板 3300×3300×300,柱帽 1200×1200×300		板厚 350,托板 3300×3300×300,柱帽 1300×1300×350		板厚 420,托板 3300×3300×300,柱帽 1500×1500×400	

注：1. 柱网尺寸为 8.0×8.0m；
2. 表中数值未考虑消防车荷载；
3. 覆土顶板最小厚度允许小于 250mm，但不小于 160mm。

必须说明的是，前述规律有一个重要的前提，就是板的最小厚度由计算决定而不是由最小构造厚度决定。比如地下车库有覆土的顶板，如果采用井字梁或双平行次梁等楼盖结构能够将板跨按计算需要降低到 180mm 甚至 160mm 时，则单向双次梁（即双平行次梁）结构最省。但如果有覆土的车库顶板坚持采用 250mm 厚，则双平行次梁的经济优势不再，而且由于模板工程量的增加，造价甚至有反超主梁大板的可能。

另一个比较明显的规律是：无梁或少梁结构的钢筋用量相对较低，而混凝土的用量则相对较高。因此影响比选结果的另一个变量就是钢筋与混凝土的价格，在某段时期，当钢筋价格涨势明显高于或低于混凝土价格涨势的时候，造价对比结果也可能发生改变。

还有就是板计算方法的差别以及裂缝控制原则的差别，对比选结果影响也很大。如果板的配筋计算由裂缝决定且裂缝宽度从严控制时（比如 0.20mm），则少梁结构的配筋水平会有较大幅度的上升，此时双平行次梁结构又会显现出其经济优势。

当地下车库仅有一层时，有覆土的车库顶板可能会有人防荷载，因此又会增加一个变量。当然也有覆土荷载及楼屋面活荷载，而且在消防车道及消防登高场地等消防车可达区域，也必然存在消防车荷载。但可以确定的是，当人防抗力级别在六级及以上时，消防车荷载与普通活荷载不起控制作用，故人防抗力级别不小于六级时，可以仅考虑人防荷载与恒荷载的组合。

顶板的人防荷载不与活荷载及消防车荷载组合，但需要与结构自重及覆土荷载组合。而且覆土越厚，则人防等效静荷载越高。因此有人防荷载的车库覆土顶板的整体荷载水平是非常高的，导致楼盖结构所占高度必然加大，其结果是层高的增加或净高减小。对于这类重载楼盖，控制结构所占高度会上升为主要矛盾，可能会成为楼盖选型的重要考虑因素，对于有梁楼盖体系主要是主梁的高度，对于无梁楼盖体系则包括板厚及柱顶冲切椎体的高度。

鉴于以上分析，对于有覆土的人防车库顶板，传统梁板结构体系的单次梁结构与双平行次梁结构只会加大主框架梁的截面高度，因而可以排除不予考虑；十字梁结构因在主框架梁最不利荷载位置恰有次梁传来的集中力，故对控制梁高也不利，受力特性及其所带来的经济性均不佳；井字梁结构要明显好于单向次梁结构及十字梁结构，主梁截面高度比前三者均小，但在绝对的重载面前，主梁高度仍然是关注的焦点。在此情况下，能够通过梁端加腋从而降低梁跨中部分梁高以及通过板端加腋从而降低板跨中部分板厚的加腋主梁加腋大板体系就应运而生，成为最合适的选择。因加腋主梁仅在梁端靠近柱的一小段需要加大梁高，而大部分中间梁段的梁高还可降低，故设备管线可走主梁跨中的梁下，与无梁楼盖类似，设备管线可与梁端加腋共享一部分结构高度，不但不会增加层高或降低净高，经济性优势也是其他梁板式楼盖体系难以企及的。当然，无梁楼盖体系在降低层高方面比加腋主梁加腋大板结构更有优势，但在重载下无梁楼盖的板厚也必然要加大，在人防受弯构件截面受压区构造配筋率要求较高的情况下，板越厚，则板跨中上部构造钢筋的用量越大。根据经验，有托板柱帽无梁楼盖的板厚较加腋大板跨中部分板厚要高出 70% 左右，在相同构造配筋率下，意味着板跨中上部构造钢筋用量也要多出 70%，因此无梁楼盖体系在楼盖本身的经济性方面可能不如加腋主梁加腋大板结构。

（二）中间层非人防楼盖

车库中间层非人防楼盖的荷载水平相对较低，且没有最小构造板厚的要求，经多方测算，大柱网以双平行次梁体系最优，且优势比较明显，其次是主梁大板体系，井字梁体系因梁多、无梁楼盖因板厚而经济性不佳。由于荷载水平较低，加腋梁板体系的经济性不明显。因此大柱网下的车库中间层非人防楼盖首选双平行次梁体系。中柱网及小柱网优先选用主梁大板体系。

(三) 中间层人防楼盖

人防楼盖的荷载较大，即便是核六级人防，人防等效静荷载的数值也高达 $55\sim60\text{kN/m}^2$（见表 3-4-2），相当于 3.0m 厚的覆土荷载，而且人防结构顶板有板厚不小于 200mm 的最小构造板厚的规定，以及构造配筋率比较高（对于 C25~C35 的受弯构件，截面受拉区与受压区的配筋率均不得低于 0.25%）的特点（见表 3-4-3），因此理论上板厚应以不超 200mm（最好控制在 200mm）为优，板的跨度以板配筋由计算控制且配筋率在适筋范围为优，一般控制在 0.25%~0.50% 之间。

人防顶板等效静荷载标准值（kN/m^2） 表 3-4-2

顶板覆土厚度 h(m)	顶板区格最大短边净跨 l_0(m)	不考虑上部建筑影响		考虑上部建筑影响	
		抗力级别		抗力级别	
		核 6 级	核 5 级	核 6 级	核 5 级
$0{\leqslant}h{\leqslant}0.5$	$3.0{\leqslant}l_0{\leqslant}9.0$	60	120	55	100

钢筋混凝土结构构件纵向受力钢筋的最小配筋百分率（%） 表 3-4-3

分　类	混凝土强度等级		
	C25~C35	C40~C55	C60~C80
受压构件的全部纵向钢筋	0.60(0.40)	0.60(0.40)	0.70(0.40)
偏心受压及偏心受拉构件一侧的受压钢筋	0.20	0.20	0.20
受弯构件、偏心受压及偏心受拉构件一侧的受拉钢筋	0.25	0.30	0.35

因此在选择楼盖结构体系时，首要因素是柱网尺寸及人防抗力等级，其次是根据人防荷载水平确定板的合理跨度，板的合理跨度以板厚 200mm 时配筋率控制在 0.25%~0.50% 为宜，然后再根据合理板跨确定次梁间距，从而确定楼盖体系。

对于大柱网，当人防抗力级别为核 4B 与核 4 级时，以井字梁体系最优，且抗力级别越高、人防荷载越大，井字梁的优势越明显。对于核 5 级人防，无梁楼盖仍具有经济优势；其次是双平行次梁，但因双平行次梁体系的主梁截面很难控制下来，因此并不适合采用；再次是井字梁体系、十字梁体系、主梁加腋大板体系及主梁大板体系，四者材料用量相差不是很多，虽然井字梁体系材梁用量在四者中最少，但梁多、模板工程量大，而主梁大板体系虽然在四者中材料用量最多，但模板是最少的。主梁加腋大板因可将跨中板厚降到 200mm，理论上经济性也比较好，但取决于计算工具与计算方法，计算方法不当，计算工具不给力，计算出来的结果可能尚不如主梁大板体系；双平行次梁体系因主框架梁高度难以控制下来，会大大压低地下车库净高，因而可基本予以排除；十字梁体系因次梁反力施加于主梁的最不利荷载位置，在材料用量与梁高控制方面也不占优势；主梁大板体系因板厚较厚以及人防受弯构件最小配筋率的要求，经济性方面欠佳。可根据具体需求的倾向性进行取舍。

对于大柱网，当人防抗力级别为核 6 级及以下时，以无梁楼盖体系最佳，不但总体材料用量较低，而且还可有效降低层高；其次是双平行次梁体系，但双平行次梁体系的主框架梁高度会比其他类型楼盖高 50mm，对控制层高不太有利；然后依次是主梁大板体系、十字梁体系、井字梁体系。需要注意的是，井字梁体系因最小板厚200mm而不能继续减薄的因素，因此与十字梁体系相比没有优势；主梁加腋大板同样因为最小板厚200mm而不能再减薄的因素，因而与主梁大板体系相比没有优势。

（四）综述

从以上分析可以看出，地下车库楼屋盖结构的经济性受诸多因素制约，除了众所周知的跨度与荷载（楼屋面活荷载、消防车荷载、人防荷载）等因素外，最小构造厚度的取值、裂缝控制原则乃至钢筋与混凝土的价格变化均可能影响经济性比较结果，从而难以形成一个一成不变的结论。这还是从材料价格来进行的分析，如果考虑模板施工的因素，则又会增加一个变量，最终对比结果则更加扑朔迷离。但人工费占比的不断增加似乎是一个不可逆的趋势，故少梁结构在经济性方面的劣势会随着模板费用的不断降低而不断改善，甚至有反超的可能。

除了上述客观因素外，设计师对结构计算软件的偏好和选择、对设计参数与主次梁截面尺寸的选择、对构件计算配筋率的控制水平、配筋方式及超配筋的水平，乃至钢筋工程量统计的原则和方法等等，均会对比选结果产生不可忽视的干扰，因此同一结构体系不同设计师统计出来的结果也会有所不同，甚至出现颠覆性的结果也不算意外。表3-4-4为同一结构工程师针对三层地下室（各层楼盖的荷载性质与荷载水平不同）各种楼屋盖结构形式的材料含量统计结果，仅供参考。

大柱网三层地下车库各种楼屋盖结构形式的材料含量统计（不含墙柱及基础）　　表 3-4-4

楼屋盖结构体系	B1 顶板（1.2m 覆土）		B2 顶板（非人防车库）		B3 顶板（核 6 级人防车库）	
	含钢量（kg/m²）梁、板	混凝土含量（m³/m²）梁、板	含钢量（kg/m²）梁、板	混凝土含量（m³/m²）梁、板	含钢量（kg/m²）梁、板	混凝土含量（m³/m²）梁、板
1. 单向单次梁	75.4	0.292	17.6	0.164	59.0	0.300
	X 向主梁 400×800，Y 向主梁 550×1000，X 向次梁 400×800，板厚 160		X 向主梁 300×500，Y 向主梁 400×550，X 向次梁 250×500，板厚 110		X 向主梁 400×750，Y 向主梁 550×800，X 向次梁 350×750，板厚 200	
2. 单向双次梁	46.0	0.298	17.4	0.161	57.8	0.302
	X 向主梁 400×800，Y 向主梁 550×850，X 向双次梁 350×800，板厚 160		X 向主梁 300×500，Y 向主梁 350×550，X 向双次梁 200×450，板厚 110		X 向主梁 350×700，Y 向主梁 550×800，X 向双次梁 300×700，板厚 200	
3. 十字梁	74.08	0.315	19.8	0.180	59.5	0.338
	X、Y 向主梁 550×850，X、Y 向次梁 400×700，板厚 160		X、Y 向主梁 350×600，X、Y 向次梁 250×500，板厚 110		X、Y 向主梁 550×800，X、Y 向次梁 400×700，板厚 200	
4. 井字梁	51.6	0.254	19.8	0.165	57.9	0.337
	X、Y 向主梁 400×700，X、Y 向次梁 250×450，板厚 160		X、Y 向主梁 300×500，X、Y 向次梁 200×400，板厚 110		X、Y 向主梁 500×700，X、Y 向次梁 350×600，板厚 200	
5. 主梁大板	46.0	0.319	17.7	0.187	59.6	0.302
	X、Y 向主梁 350×800，大板厚度 270		X、Y 向主梁 300×500，大板厚度 160		X、Y 向主梁 400×800，大板厚度 200	

楼屋盖结构体系	B1 顶板 (1.2m 覆土)		B2 顶板 (非人防车库)		B3 顶板 (核 6 级人防车库)	
	含钢量 (kg/m²)	混凝土含量 (m³/m²)	含钢量 (kg/m²)	混凝土含量 (m³/m²)	含钢量 (kg/m²)	混凝土含量 (m³/m²)
	梁、板	梁、板	梁、板	梁、板	梁、板	梁、板
6. 主梁加腋大板	48.4	0.268	18.6	0.197	58.7	0.304
	X、Y 向主梁 350×700,板厚 160,腋高 200,腋长 1500		X、Y 向主梁 300×500,板厚 140,腋高 100,腋长 1500		X、Y 向主梁 350×700,板厚 200,腋高 200,腋长 1500	
7. 无梁楼盖	31.5	0.357	18.4	0.177	48.9	0.325
	板厚 280,托板 3300×3300× 350,柱帽 1200×1200×300		板厚 150,托板 3300×3300× 150,柱帽 1200×1200×300		板厚 280,托板 3300×3300× 300,柱帽 1200×1200×300	

注：1. B1、B2 为地下车库，B3 为人防车库；
　　2. 柱网尺寸为 8.0m×8.0m；
　　3. 覆土顶板未考虑消防车荷载；
　　4. 覆土顶板最小厚度允许小于 250mm，但不小于 160mm；
　　5. 人防抗力等级为核 6、常 6。

需要注意的是，上文的技术经济比较是基于三车两排式大柱网的，对于三车三排式中柱网及两车三排式小柱网，则各种楼盖体系的经济性比较结果很有可能会发生变化。而且对于中柱网及小柱网，井字梁及双平行次梁等多次梁结构体系因板跨被分隔的太小，板厚及配筋可能由构造控制，可能因经济性不佳而不再适用，因此可供选择的楼盖结构体系已然不多。尤其是小柱网，柱网尺寸在车位处一般为 5.4～5.6m×4.8～5.0m，在车道处一般为 5.4～5.6m×6.1～6.2m，最大板跨只有 5.6m×6.2m，每个方向布一道次梁尚可，布两道次梁就偏多，因此有梁体系中仅有主梁大板、十字梁与单道次梁体系可供选择，再有就是无梁楼盖体系。对于中柱网，柱网尺寸在车位处一般为 7.8～8.4m×4.8～5.0m，在车道处一般为 7.8～8.4m×6.1～6.2m，最大柱网尺寸为 8.4m×6.2m，属于长方形的柱网结构，因此在楼盖结构布置选型方面又有所不同。

三、地下车库各种柱网形式的经济性分析

一般来说，柱网尺寸越小，梁板等水平构件的材料用量越少，但柱及基础的数量以及材料用量就会越高，二者存在此消彼长的关系。小柱网柱子材料用量的增加程度不如水平构件材料用量减少的程度明显，而小柱网基础（含底板）的材料用量甚至有可能减小，因此仅仅从结构的经济性出发，小柱网比大柱网具有经济优势。此外，小柱网还可以降低结构梁高，而降低梁高就意味着降低层高，如前文的分析，降低层高的综合经济效益很大。

从结构设计角度，柱网尺寸的减小意味着主梁跨度的减小，在同等荷载水平的情况下，跨度减小引起内力的降低明显，如跨度从 8.4m 降低到 8.1m 时，弯矩可相应降低 7%，而如果进一步降低到 7.8m，则弯矩可累计降低 14%，意味着计算配筋水平可相应降低 14%。这还仅仅是从跨度方面进行分析比较，实际上，当垂直方向的梁跨也相应减小时，作用于梁上的荷载也会相应减少，因而弯矩及计算配筋还会进一步降低。

尽管小柱网在结构设计方面具有优势，但结构毕竟是为实现建筑使用功能而存在的，是为建筑功能服务的。小柱网地下车库不但柱子多而密，降低停车效率、观感不佳、品质感差，而且可能会带来使用的不便，如在车道拐弯、转角等处的柱子就有可能影响车辆的转弯半径，但如果不布柱子，则又会出现局部大跨的现象，使小柱网降低梁高与层高的作用与目的落空。

现针对大中小三种柱网形式分别进行分析。

（一）大柱网

对于大柱网，柱网尺寸一般从 7.8m×7.8m 到 8.4m×8.4m 不等，柱网形状基本接近正方形，两个方向柱距大致相同，可供选择的楼盖结构体系最多，但根据有无最小板厚的要求及荷载大小，各种楼盖的经济性排名也会发生变化。

对于有覆土的非人防区车库顶板，以无梁楼盖体系最优，其次是加腋主梁加腋大板体系，若无最小板厚的要求，双平行次梁体系可居第三，否则让位于普通主梁大板体系。现浇混凝土空心楼盖体系与有梁楼盖体系相比具有降低层高的客观优势，但因其非客观因素对经济性的影响较大，故与实心板空心楼盖相比的经济性不易评价。井字梁逊于主梁大板与双平行次梁，但优于十字梁与单道次梁；十字梁与单道次梁体系可基本不必考虑。

对于车库中间层楼盖，有无人防及人防抗力等级对楼盖结构体系的选择有较大影响。见前文分析，不再赘述。

对于有覆土的非人防区车库顶板以及中间层楼盖，各种楼屋盖结构体系的有关经济性指标见表 3-4-4，但表 3-4-4 是针对 8.0m×8.0m 柱网尺寸的计算结果，对于柱网尺寸差异较大的，比如 7.8m×7.8m 与 8.4m×8.4m，不但经济性指标会有变化，各种楼屋盖结构体系的经济性排名也有可能发生变化。

为了便于大、中、小三种柱网之间经济性的全面比较，故以三层地下室模型进行各种楼盖体系下的整体计算，并考虑墙柱与基础底板的材料用量。三种柱网形式除了柱网尺寸不同以及楼盖体系各异外，荷载条件在各对应的楼层均完全相同，即 B1 顶板均考虑 1.2m 覆土荷载，不考虑人防与消防车荷载，B2 顶板荷载按非人防车库取值，B3 顶板考虑核 6 级人防荷载，基础底板采用独立基础加防水板体系，地基承载力特征值取 150kPa，防水板采用构造厚度与构造配筋。有关计算结果见表 3-4-5。柱网及楼盖体系见图 3-4-8～图 3-4-15。

大柱网三层地下车库各种楼屋盖结构形式的材料含量统计（含墙柱及基础）　　表 3-4-5

楼屋盖结构体系	B1 墙柱及顶板（1.2m 覆土）		B2 墙柱及顶板（非人防车库）		B3 墙柱及顶板（核 6 级人防车库）		独立基础加防水板（人防荷载取 25kN/m²）		地下室汇总	
	含钢量 (kg/m²)	混凝土含量 (m³/m²)	含钢量 (kg/m²)	混凝土含量 (m³/m²)	含钢量 (kg/m²)	混凝土含量 (m³/m²)	含钢量 (kg/m²)	混凝土含量 (m³/m²)	含钢量 (kg/m²)	混凝土含量 (m³/m²)
1. 单向单次梁	78.42	0.345	22.13	0.217	66.35	0.353	27.50	0.400	194.4	1.315
	X 向主梁 400×800，Y 向主梁 550×1000，X 向次梁 400×800，板厚 160		X 向主梁 300×500，Y 向主梁 400×550，X 向次梁 250×500，板厚 110		X 向主梁 400×750，Y 向主梁 550×800，X 向次梁 350×750，板厚 200		独基 4800×4800，高 800，板厚 250			

楼屋盖结构体系	B1 墙柱及顶板（1.2m 覆土）		B2 墙柱及顶板（非人防车库）		B3 墙柱及顶板（核 6 级人防车库）		独立基础加防水板（人防荷载取 25kN/m²）		地下室汇总	
	含钢量（kg/m²）	混凝土含量（m³/m²）	含钢量（kg/m²）	混凝土含量（m³/m²）	含钢量（kg/m²）	混凝土含量（m³/m²）	含钢量（kg/m²）	混凝土含量（m³/m²）	含钢量（kg/m²）	混凝土含量（m³/m²）
2. 单向双次梁	52.6	0.351	22.43	0.214	66.58	0.355	27.20	0.400	168.81	1.320
	X 向主梁 400×800，Y 向主梁 550×850，X 向双次梁 350×800，板厚 160		X 向主梁 300×500，Y 向主梁 350×550，X 向双次梁 200×450，板厚 110		X 向主梁 350×700，Y 向主梁 550×800，X 向双次梁 300×700，板厚 2000		独基 4800×4800，高 800，板厚 250			
3. 十字梁	81.72	0.368	24.43	0.233	67.5	0.391	27.30	0.420	200.95	1.412
	主梁 550×850，次梁 400×700，板厚 160		主梁 350×600，次梁 250×500，板厚 110		主梁 550×800，次梁 400×700，板厚 200		独基 4800×4800，高 800，板厚 250			
4. 井字梁	58.28	0.307	24.68	0.218	67.34	0.39	27.40	0.420	177.70	1.315
	主梁 400×700，次梁 250×450，板厚 160		主梁 300×500，次梁 200×400，板厚 110		主梁 500×700，次梁 350×600，板厚 200		独基 4800×4800，高 800，板厚 250			
5. 主梁大板	51.58	0.372	22.23	0.240	66.17	0.355	27.80	0.420	167.78	1.387
	主梁 350×800，板厚 270		主梁 300×500，板厚 160		主梁 400×800，板厚 200		独基 4800×4800，高 800，板厚 250			
6. 主梁加腋大板	53.60	0.321	23.10	0.250	66.40	0.357	27.60	0.400	170.70	1.328
	主梁 350×700，板厚 160，腋厚 200，加腋长度 1500		主梁 300×500，板厚 140，腋厚 100，加腋长度 1500		主梁 350×700，板厚 200，腋厚 200，加腋长度 1500		独基 4800×4800，高 800，板厚 250			
7. 无梁楼盖	37.70	0.410	22.40	0.230	57.90	0.378	28.00	0.410	146.00	1.428
	板厚 280，托板 3300×3300×300，柱帽 1200×1200×300		板厚 150，托板 3300×3300×150，柱帽 1200×1200×300		板厚 280，托板 3300×3300×300，柱帽 1200×1200×300		独基 4900×4900，高 800，板厚 250			

注：1. B1、B2 为地下车库，B3 为人防车库；

2. 柱网尺寸为 8.0m×8.0m；

3. 覆土顶板未考虑消防车荷载；

4. 覆土顶板最小厚度允许小于 250mm，但不小于 160mm；

5. 人防抗力等级为核 6、常 6；

6. 框架柱尺寸一律为 600mm×600mm，墙厚一律为 300mm。

对于有覆土的人防区车库顶板，因人防荷载与覆土荷载组合对顶板结构设计起控制作用，总体荷载水平非常高。故覆土重人防等级高时以井字梁体系最优，但兼顾降低层高加大净高时则以加腋主梁加腋大板体系最优，覆土轻人防等级低时可考虑主梁加腋大板体系及井字梁体系。无梁楼盖及主梁大板体系因板厚较厚而人防受弯构件的构造配筋率又较高的原因，经济性较非人防顶板大大降低。但在降低层高方面，实心板无梁楼盖体系与现浇混凝土空心楼盖体系相比仍具有明显优势。

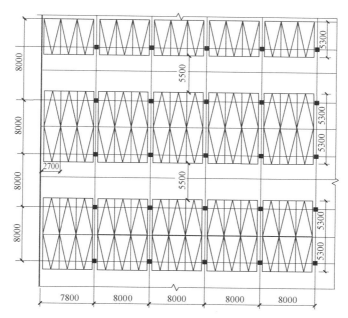

图 3-4-8　大柱网平面布置图

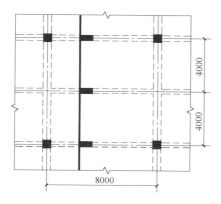

图 3-4-9　单向单次梁

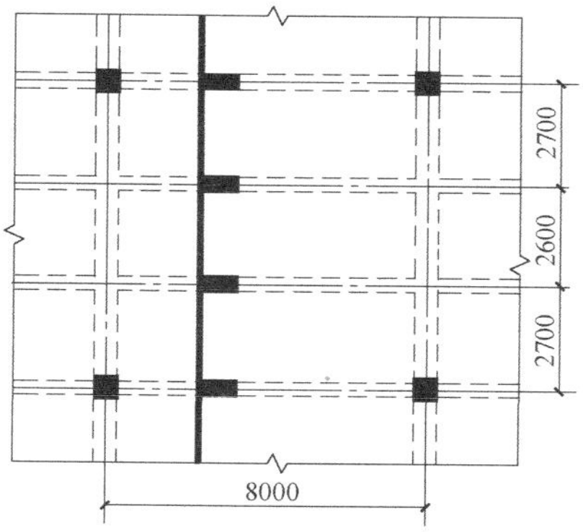

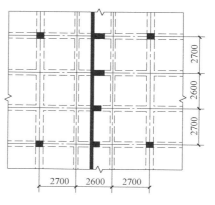

图 3-4-10　单向双次梁

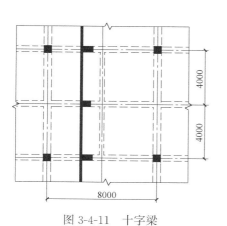

图 3-4-11　十字梁

图 3-4-12　井字梁

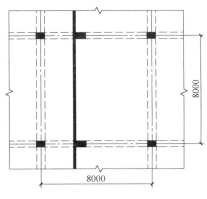

图 3-4-13　主梁大板

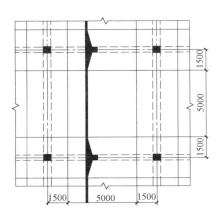

图 3-4-14　主梁加腋大板

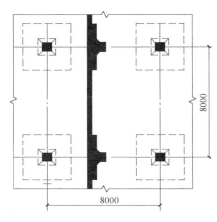

图 3-4-15　无梁楼盖

（二）中柱网

对于中柱网，柱网尺寸在车位处一般为 $7.8\sim8.4m\times4.8\sim5.0m$，在车道处一般为 $7.8\sim8.4m\times6.1\sim6.2m$，最大柱网尺寸为 $8.4m\times6.2m$，常用柱网尺寸为 $8.0m\times4.9m$（车位处）及 $8.0m\times6.1m$（车道处），属于长方形的柱网结构。可供选择的楼盖结构体系较大柱网少，如井字梁及双平行次梁体系因次梁多板跨小而不太适用，十字梁体系因两个方向跨度相差较大也不建议采用。同样根据有无最小板厚的要求及荷载大小，可供选择的各种楼盖的经济性排名也会发生变化。

对于有覆土的人防区车库顶板，楼盖本身的经济性与荷载水平及其所决定的板厚有较大关系。当无梁楼盖体系及无次梁楼盖体系采用最小构造板厚 250mm 能够满足要求时，则无梁楼盖体系最经济，其次是主梁大平板体系；当最小构造板厚 250mm 无法满足要求而需要加厚时，以主梁加腋大板体系最优，普通主梁大板体系与平行于长边方向的单道次梁体系的经济性需根据荷载水平及板跨具体分析，无梁楼盖体系经济性则根据荷载水平与板厚情况来具体分析，但在降低层高方面，实心板无梁楼盖体系与现浇混凝土空心楼盖体系相比仍具有明显优势。对于有覆土的非人防区车库顶板，则以无梁楼盖体系最优，其次是主梁大板体系，若无最小板厚的要求，平行于长边方向的单道次梁体系具有比肩（加腋

222

的）主梁大板体系的可能性，否则其经济性不如（加腋的）主梁大板体系。

对于中柱网车库中间层楼盖，五级人防可优先考虑廿字梁体系，六级人防可考虑主梁大板体系或平行于长边方向的单道次梁体系，无人防荷载时优先主梁大板及无梁楼盖体系。

表 3-4-6 为中柱网三层地下车库考虑墙柱与基础底板材料用量后各种楼屋盖结构体系的材料含量统计，用于与表 3-4-5 的大柱网进行横向比较。图 3-4-16～图 3-4-23 为与表 3-4-6 对应的中柱网平面布置图。

中柱网三层地下车库各种楼屋盖结构形式的材料含量统计（含墙柱及基础）　　表 3-4-6

楼屋盖结构体系	B1 墙柱及顶板（1.2m 覆土）		B2 墙柱及顶板（非人防车库）		B3 墙柱及顶板（核 6 级人防车库）		独立基础加防水板（人防荷载取 25kN/m²）		地下室汇总	
	含钢量（kg/m²）	混凝土含量（m³/m²）	含钢量（kg/m²）	混凝土含量（m³/m²）	含钢量（kg/m²）	混凝土含量（m³/m²）	含钢量（kg/m²）	混凝土含量（m³/m²）	含钢量（kg/m²）	混凝土含量（m³/m²）
1. 单向短次梁	46.83 X 向主梁 500×750;Y 向主梁 400×550;Y 向次梁 300×550;板厚 160	0.3	15.88 X 向主梁 300×450;Y 向主梁 300×400;Y 向次梁 300×400;板厚 120	0.22	62.61 X 向主梁 500×750;Y 向主梁 400×550;Y 向次梁 300×550;板厚 200	0.34	26.85 独基 4000×4000,高 800,板厚 250	0.48	152.16	1.35
2. 单向长次梁	47.66 X 向主梁 400×650,X 向次梁 400×650;Y 向主梁 400×700;板厚 160mm	0.32	22.81 X 向主梁 400×500,X 向次梁 400×500;Y 向主梁 400×550;板厚 120mm	0.25	60.57 X 向主梁 400×650,X 向次梁 400×650;Y 向主梁 500×700;板厚 200mm	0.35	26.85 独基 4000×4000,高 800,板厚 250	0.48	157.9	1.40
3. 十字梁	50.06 主梁 400×650,X 向次梁 300×600;Y 向次梁 300×550;板厚 160mm	0.32	23.83 主梁 400×450,X 向次梁 300×400;Y 向次梁 300×400;板厚 120mm	0.23	67.57 主梁 400×700,X 向次梁 400×650;Y 向次梁 400×550;板厚 200mm	0.37	26.85 独基 4000×4000,高 800,板厚 250	0.48	168.31	1.40
4. 廿字梁	50.51 主梁 400×650,次梁 300×550,板厚 160mm	0.33	24.68 主梁 300×450,次梁 300×400;板厚 100mm	0.23	67.31 X 向主梁 500×700,Y 向主梁 400×600,次梁 400×550;板厚 200mm	0.38	26.11 独基 4000×4000,高 800,板厚 250	0.50	168.61	1.45
5. 主梁大板	50.00 X 向主梁 400×700,Y 向主梁 400×550,板厚 250	0.37	24.14 X 向主梁 400×550,Y 向主梁 300×400,板厚 160	0.24	56.44 X 向主梁 500×700,Y 向主梁 400×550,板厚 220	0.36	26.11 独基 4000×4000,高 800,板厚 250	0.50	156.69	1.47
6. 主梁加腋大板	43.29 X 向主梁 400×650;Y 向主梁 400×500;腋长 1300,腋高 200,板厚 160	0.35	25.31 X 向主梁 300×450;Y 向主梁 300×400,腋长 1300,腋高 150,板厚 120	0.27	49.98 X 向主梁 500×700;Y 向主梁 400×500,腋长 1300,腋高 200,板厚 200	0.40	26.11 独基 4000×4000,高 800,板厚 250	0.50	144.70	1.52

楼屋盖结构体系	B1 墙柱及顶板（1.2m 覆土）		B2 墙柱及顶板（非人防车库）		B3 墙柱及顶板（核 6 级人防车库）		独立基础加防水板（人防荷载取 25kN/m²）		地下室汇总	
	含钢量（kg/m²）	混凝土含量（m³/m²）	含钢量（kg/m²）	混凝土含量（m³/m²）	含钢量（kg/m²）	混凝土含量（m³/m²）	含钢量（kg/m²）	混凝土含量（m³/m²）	含钢量（kg/m²）	混凝土含量（m³/m²）
7. 无梁楼盖	34.33	0.35	20.62	0.24	50.09	0.37	26.05	0.49	131.10	1.45
	板厚 250，托板 2700×2100×300，柱帽 1400×1400×400		板厚 150，托板 2700×2100×200		板厚 250，托板 2700×2100×300，柱帽 1400×1400×400		独基 4000×4000，高 800，板厚 250			

注：1. B1、B2 为地下车库，B3 为人防车库；
　　2. 柱网尺寸为 8.0m×5.0～6.1m；
　　3. 覆土顶板未考虑消防车荷载；
　　4. 覆土顶板最小厚度允许小于 250mm，但不小于 160mm；
　　5. 人防抗力等级为核 6、常 6；
　　6. 框架柱尺寸一律为 600mm×600mm，墙厚一律为 300mm。

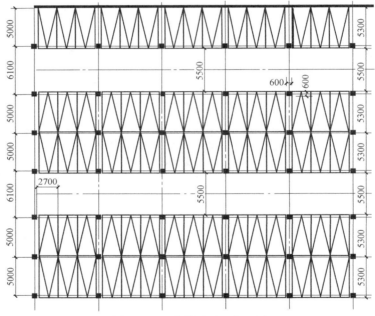

图 3-4-16　中柱网平面布置图

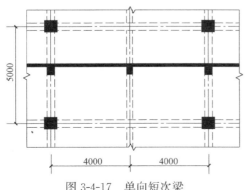

图 3-4-17　单向短次梁

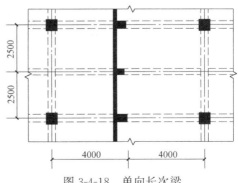

图 3-4-18　单向长次梁

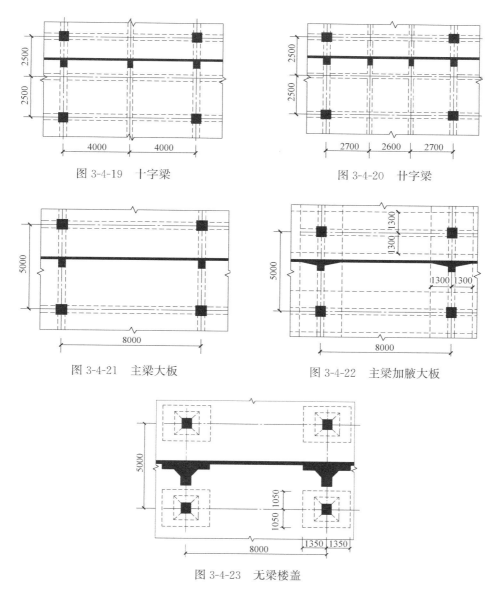

图 3-4-19　十字梁

图 3-4-20　廿字梁

图 3-4-21　主梁大板

图 3-4-22　主梁加腋大板

图 3-4-23　无梁楼盖

（三）小柱网

对于小柱网，柱网尺寸在车位处一般为 5.4～5.6m×4.8～5.0m，在车道处一般为 5.4～5.6m×6.1～6.2m，最大柱网尺寸只有 5.6m×6.2m，常用柱网尺寸为 5.5m× 4.9m（车位处）及 5.5m×6.1m（车道处），接近于正方形柱网结构。

小柱网两个方向的柱距均较小，采用无梁楼盖体系及现浇混凝土空心楼盖体系没有优势，基本上就是梁板体系。而井字梁及双平行次梁因梁间距过小也同样不再适用。因此小柱网可供选择的楼屋盖体系已然不多。

对于有覆土的人防区车库顶板，覆土重人防等级高时可优先考虑十字梁体系，但兼顾降低层高加大净高时则可考虑主梁加腋大板体系，覆土轻人防等级低时优先考虑普通主梁大平板体系。

对于车库中间层楼盖，六级人防优先考虑主梁大板体系，五级人防可考虑主梁加腋大板或十字梁体系；无人防荷载时则优先考虑主梁大板体系。

表3-4-7为小柱网三层地下车库考虑墙柱与基础底板材料用量后各种楼屋盖结构体系的材料含量统计，用于与表3-4-5的大柱网及3-4-6的中柱网进行横向比较。图3-4-24～图3-4-28为与表3-4-7对应的小柱网平面布置图。

小柱网三层地下车库各种楼屋盖结构形式的材料含量统计（含墙柱及基础）　　　　表3-4-7

楼屋盖结构体系	B1墙柱及顶板（1.2m覆土）		B2墙柱及顶板（非人防车库）		B3墙柱及顶板（核6级人防车库）		独立基础加防水板（人防荷载取25kN/m²）		地下室汇总	
	含钢量（kg/m²）	混凝土含量（m³/m²）	含钢量（kg/m²）	混凝土含量（m³/m²）	含钢量（kg/m²）	混凝土含量（m³/m²）	含钢量（kg/m²）	混凝土含量（m³/m²）	含钢量（kg/m²）	混凝土含量（m³/m²）
1. 单向单次梁	25.331	0.279	15.664	0.203	28.882	0.324	24.333	0.492	94.211	1.298
	X向主梁200×600，Y向主梁250×700，X向次梁200×600，板厚160		X向主梁200×500，Y向主梁200×500，X向次梁200×500，板厚100		X向主梁200×650，Y向主梁250×800，X向次梁200×650，板厚200		独基3300×3300×600或3100×3100×500，板厚250			
2. 十字梁	28.114	0.289	17.859	0.224	32.777	0.338	24.595	0.497	103.346	1.348
	主梁250×600，X向次梁200×500，Y向次梁200×600，板厚160		主梁200×500，次梁200×500，板厚100		主梁250×700，次梁200×650，板厚200		独基3400×3400×600或3100×3100×500，板厚250			
3. 主梁大板	20.292	0.284	13.634	0.194	23.919	0.308	24.116	0.492	81.961	1.278
	主梁250×650，大板厚度180		主梁200×500，大板厚度120		主梁250×700，大板厚度200		独基3300×3300×600或3100×3100×500，板厚250			
4. 无梁楼盖	31.078	0.280	24.446	0.224	37.393	0.281	24.002	0.478	116.919	1.263
	板厚200，托板1800×1800×150，柱帽1100×1100×300		板厚100，托板1800×1800×100，柱帽1100×1100×300		板厚200，托板1800×1800×150，柱帽1100×1100×300		独基3200×3200×600或3000×3000×500，板厚250			

注：1. B1、B2为地下车库，B3为人防车库；
　　2. 柱网尺寸为8.0m×5.0～6.1m；
　　3. 覆土顶板未考虑消防车荷载；
　　4. 覆土顶板最小厚度允许小于250mm，但不小于160mm；
　　5. 人防抗力等级为核6、常6；
　　6. 框架柱尺寸一律为500mm×500mm，墙厚一律为300mm。

（四）大、中、小柱网的对比结论

从表3-4-5～表3-4-7可以看出，大柱网三层地下室的累计含钢量（地下钢筋总量除以地下室水平投影面积）从145～200kg/m²不等，一般在170～180kg/m²；中柱网三层地下室的累计含钢量从130～170kg/m²不等，一般在150～160kg/m²；小柱网三层地下室的累计含钢量从82～117kg/m²不等，一般在85～95kg/m²。因此仅从结构材料用量方面，中柱网比大柱网具有优势，而小柱网比中柱网具有优势，与本节开篇处的分析结论吻合。但

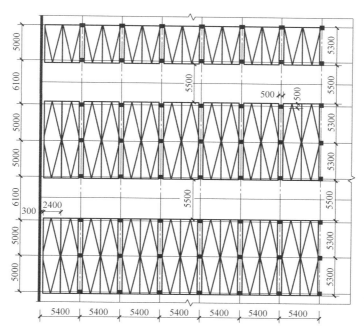

图 3-4-24 小柱网平面布置图

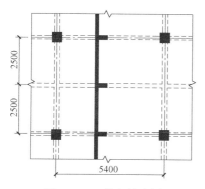

图 3-4-25 单向单次梁

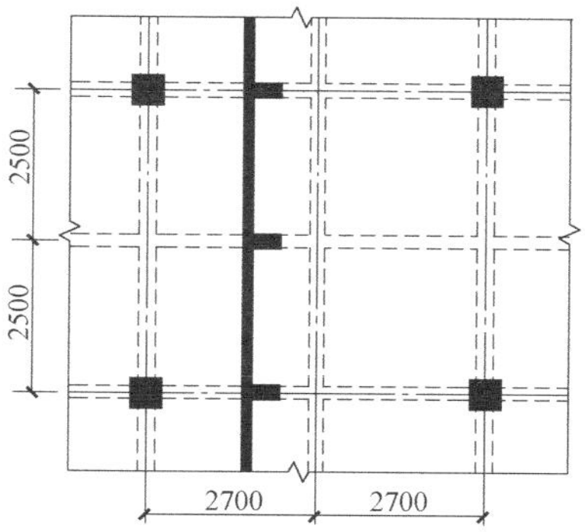

图 3-4-26 十字梁

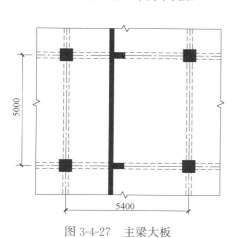

图 3-4-27 主梁大板

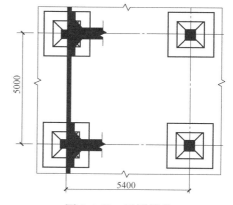

图 3-4-28 无梁楼盖

227

考虑到小柱网的一个柱距只能停两辆车，对地下车库的车位效率会有比较大的影响，空间感受也不佳，因此要慎用，以免因小失大。中柱网相对于大柱网而言，没有明显的车位效率降低，而结构方面的经济效益却比较显著，也有利于压低层高，只不过进出车不如大柱网方便，因此建议推广中柱网的应用。

四、有覆土的车库顶板设计优化

覆土厚度对地下室顶板的钢筋混凝土材料用量影响很大，顶板覆土平均厚度每增加300mm，地下室综合成本约增加30～40元/m²。表3-4-8为几个不同覆土厚度在不同层高下的钢筋与混凝土含量对比情况。

单层纯地下车库不同层高不同覆土厚度的材料含量（仅供参考）　　　　表3-4-8

层高 （m）	覆土厚度 1000mm		覆土厚度 1200mm		覆土厚度 1500mm		覆土厚度 1800mm	
	含钢量 （kg/m²）	混凝土含量 （m³/m²）	含钢量 （kg/m²）	混凝土含量 （m³/m²）	含钢量 （kg/m²）	混凝土含量 （m³/m²）	含钢量 （kg/m²）	混凝土含量 （m³/m²）
3.9	80.0	0.42	85.0	0.45	96.0	0.47	105.0	0.51
4.0	80.4	0.42	85.4	0.45	96.4	0.47	105.4	0.51
4.1	80.8	0.43	85.8	0.46	96.8	0.48	105.8	0.52
4.2	81.2	0.43	86.2	0.46	97.2	0.48	106.2	0.52

注：1. 柱距 5400≤L≤8000（主要柱距为8000mm）；
　　2. 混凝土强度等级为C30；
　　3. 含钢量中，HPB235占20%，HRB335占15%，冷轧带肋钢筋及HRB400占65%；
　　4. 车库内无人防设计，顶板活荷载为5.0kN/m²；
　　5. 包括挡土墙的混凝土含量与含钢量，不包括地基处理的混凝土含量与含钢量；
　　6. 假定地基为非岩石地基，独立/条形基础，无抗浮需求，无基础底板，仅有建筑地坪。

通过比较可发现，覆土1.0m与覆土1.5m比较，钢含量节省20%，约16kg/m²，仅钢筋一项每平方米土建造价即可减少70～80元/m²。一个2万m²的地下室就是150万元，效果非常可观，故应严格控制覆土厚度。

对于车库最顶层有种植覆土的顶板，因一般均要考虑消防车荷载，根据《建筑结构荷载规范》GB 50009—2012第5.1.1条第8项及其条文说明，活荷载标准值不再是一个定值，而需根据板的受力条件及跨度大小综合确定。对于单向板，板跨小于2m时，活荷载应取35kN/m²，大于4m时应取25kNm/m²，介于2～4m之间时，活荷载可按跨度在（35～25）kN/m²范围内线性插值确定；对于双向板，板跨小于3m时，活荷载应取35kNm/m²，大于6m时应取20kNm/m²，介于3～6m之间时，活荷载可按跨度在（35～20）kN/m²范围内线性插值确定。因此不加区分的采用35、25或20的消防车活荷载标准值是不正确的。

除此之外，覆土厚度对消防车活荷载标准值的折减也因楼盖类型及板跨的不同而不同，详见《建筑结构荷载规范》GB 50009—2012附录B。设计梁、墙、柱及基础时，楼面活荷载标准值还可按《建筑结构荷载规范》GB 50009—2012第5.1.2条进行折减，其中对双向板楼盖的主次梁及单向板楼盖的次梁折减系数为0.8，对单向板楼盖的主梁折减系数为0.6。荷载规范给结构优化提供了很大的空间及很多变量，不同楼盖体系、不同的板跨之间因荷载标准值的取值及各类折减因素就可能导致含钢量的较大差异，再结合结构

228

体系本身的经济性差异，不同结构方案含钢量差异在 10kg/m² 以上是完全可能的。

如图 3-4-29 为保定某项目原设计局部区域的"廿字梁"结构，属于典型的中柱网。优化设计在柱网形式不变的前提下，改廿字梁结构为图 3-4-30 的平行于长跨方向的单次梁结构。对于有消防车荷载的区域，当覆土厚度为 1.5m 时，消防车荷载标准值可通过单向板的板跨折减从 35kNm/m² 折减到 29kNm/m²，然后再乘以一个 0.8 的覆土厚度折减系数按 23.2kN/m² 算板；在上述折减值的基础上再乘以一个 0.8 的折减系数按 18.56kN/m² 算次梁；在算板荷载 23.2kNm/m² 的基础上乘以一个 0.6 的折减系数按 13.92kN/m² 算主梁。经过与原 1.9m 覆土井字梁方案比较，有消防车荷载区域的梁板含钢量可降低 10.47kg/m²，经济效益非常显著；对于无消防车荷载区域的梁板，覆土厚度相同的单次梁方案也比廿字梁方案降低含钢量 1.88kg/m²。故建议有覆土的地下车库顶板不采用廿字梁体系，而改为平行于长跨方向的单次梁结构。尤其当两个方向柱网跨度不等时，平行于长跨方向的单次梁结构更有优势。

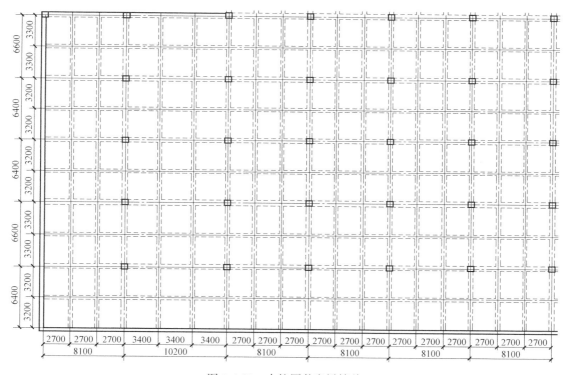

图 3-4-29　中柱网廿字梁楼盖

表 3-4-9、表 3-4-10 为针对上述项目更多结构方案有无消防车荷载下的钢筋用量统计。与覆土厚度相同的廿字梁方案相比，当考虑消防车荷载时，单次梁结构可降低含钢量 7.57kg/m²；无消防车荷载时，可降低含钢量 1.5～1.88kg/m²。

需要强调的是，针对本案例的含钢量统计指标是基于相同设计参数、相同配筋参数（如钢筋直径及间距）及相同算量参数，通过 PKPM 算量软件 STAT-S 接力 SATWE 计算结果自动算出的，因此可摒弃人工归并、选筋及绘图环节的主观性及人工算量环节的计量误差，具有较高的可信度。

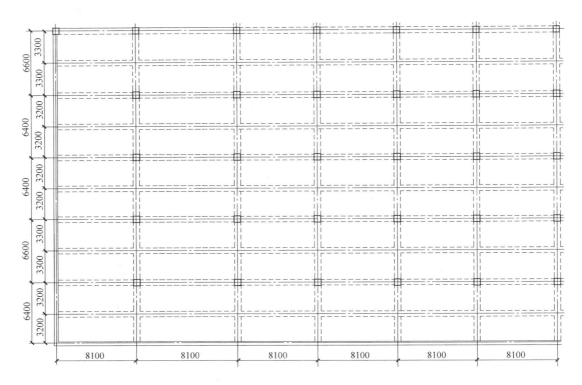

图 3-4-30　中柱网单次梁楼盖

有消防车荷载各种结构形式下覆土减薄前后对比　　　　　表 3-4-9

结构形式	覆土厚度	活荷载情况	单位面积量 （kg/m²）	单位面积量 （kg/m²）		单位面积量 （kg/m²）
原廿字梁 200 厚板 （原方案）	1.9m 覆土	消防车活载	算板 35×0.7kPa	算梁 35×0.7×0.8kPa		梁板合计
			13.57	53.21		66.78
原廿字梁 200 厚板	1.5m 覆土	消防车活载	算板 35×0.79kPa	算梁 35×0.79×0.8kPa		梁板合计
			13.20	50.68		63.88
		与原方案差值				−2.90
270mm 厚大板	1.5m 覆土	消防车活载	算板 20kPa	算梁 20×0.8kPa		梁板合计
			42.33	23.98		66.31
		与原方案差值				−0.47
单次梁 200 厚板 （优化方案）	1.5m 覆土	消防车活载	算板 29×0.8kPa	算次梁 29× 0.8×0.8kPa	算主梁 29×0.8×0.6kPa	梁板合计
			17.69	40.73	36.51	56.31
		与原方案差值				−10.47

无消防车荷载各种结构形式下覆土减薄前后对比　　　　表 3-4-10

结构形式	覆土厚度	活荷载	板 单位面积量（kg/m²）	梁 单位面积量（kg/m²）	梁板合计 单位面积量（kg/m²）
原井字梁 200 厚板	1.9m 覆土	10kPa	11.92	42.26	54.18（原方案）
	1.5m 覆土	10kPa	11.15	37.14	48.29
	1.5m 覆土	5kPa	11.01	33.33	44.34
原井字梁 180 厚板	1.5m 覆土	5kPa	11.13	32.89	44.02
单次梁 200 厚板	1.5m 覆土	10kPa	13.14	33.27	46.41
	1.5m 覆土	5kPa	12.38	30.39	42.77

五、车库中间层楼盖设计优化

中间层楼盖虽然没有覆土荷载及消防车荷载，但一般情况均会有人防荷载，而且人防荷载的量值一般较大。即便是最低抗力级别的 6B 级，考虑上部建筑有利影响的人防等效静荷载标准值也高达 $35kN/m^2$，也比地下车库楼面活荷载标准值高出一个数量级，因此有无人防的楼盖结构也定然会有所区别。

1. 无人防的中间层楼盖

无人防车库的中间层楼盖，荷载水平较低且荷载种类相对单一，即结构自重、建筑面层附加恒载、楼面活荷载及设备管线的悬挂荷载，因此一般可采用少梁楼盖，大柱网可优先采用双平行次梁楼盖，中柱网可采用单道次梁或主梁大板结构，小柱网则建议优先采用主梁大板结构。当车库范围较大且轮廓线比较规则时，可采用带托板（柱帽）的无梁楼盖或现浇混凝土空心楼盖，但采用这两种楼盖必须慎重对待冲切问题，当板厚较薄且托板平面尺寸较小时，应重视托板对板的冲切。

无梁楼盖结构体系虽然自身结构材料用量高于梁板体系，但考虑到模板工程量，特别是层高降低后的土方挖填总量降低、外墙防水面积降低、地下室墙柱高度减小、竖向管道长度与建筑隔墙高度降低以及抵抗水土压力与人防荷载结构墙体的计算跨度降低等因素，无梁楼盖的综合经济效益要高于传统梁板式体系。

2. 有人防的中间层楼盖

有人防的中间层楼盖的平时荷载较小，结构设计受战时人防等效静荷载控制。人防等效静荷载的数值较大，即便防护等级最低的 6B 级人防，等效静荷载标准值也高达 $40kN/m^2$，远高于车库的楼面均布活荷载 $4.0kN/m^2$（单向板）及 $2.5kN/m^2$（双向板）。荷载水平高，理论上应采用多梁楼盖，但因人防顶板存在最小厚度的构造规定（顶板及中间楼板不小于 200mm），当采用井字梁等多梁楼盖时，由于板跨较小，板的配筋可能由构造控制而不经济。因此应根据柱网大小及抗力级别酌情考虑楼盖形式。如表 3-4-11 大柱网核 6 级人防的井字梁体系就不如主梁大板体系经济，但对于表 3-4-12 中核 5 级人防，结论就反过来了，是井字梁比主梁大板经济。

从表 3-4-11 还可看出，大柱网核 6 级人防的所有楼盖体系中，双平行次梁最经济，但其主梁高度需增加 50mm，在压缩层高加大净高方面不占优势。主梁加腋大板理论上应该比主梁大板经济，但用 YJK 进行工程量统计的结果却正好相反，这就存在两种可能，其一是荷载水平越高，则主梁加腋大板的优势越明显，当荷载水平降低到某一程度时，主梁加腋大板就会失去优势；其二是软件在计算、配筋、工程量统计的一个或多个环节产生比较明显的误差，从而导致统计结果失真。目前看来，这两种可能都存在，可能后者对结果的影响更大一些。

现实情况而言，对加腋板的有限元模拟分析还存在技术障碍，除非采用三维实体单元，否则不同厚度板或壳单元既要确保板顶平齐又要维持相邻板壳单元中面在节点处的位移协调，有限元法的实现难度还是比较大的，期待能准确模拟加腋板的有限元分析设计软件尽早面世。

对于核 5 级人防，无梁楼盖仍具有经济优势。其次是双平行次梁，但因双平行次梁体系的主梁截面很难控制下来，因此并不适合采用。再次是井字梁体系、十字梁体系、主梁加腋大板体系及主梁大板体系，四者材料用量相差不是很多，虽然井字梁体系材梁用量在四者中最少，但梁多、模板工程量大，而主梁大板体系虽然在四者中材料用量最多，但模板是最少的。可根据具体需求的倾向性进行取舍。

表 3-4-11 与表 3-4-12 分别为核 6 级与核 5 级人防楼盖各种结构体系的钢筋与混凝土用量。所用柱网尺寸为 8100mm×8100mm，计算单元取长宽各 5 跨。楼面活荷载按地下车库取值，并根据规范规定进行必要的折减或插值，具体为主梁（加腋）大板取 2.5kN/m²，双平行次梁及井字梁取 4.0kN/m²，十字梁楼盖则根据板跨进行差值取为 3.5kN/m²。但鉴于人防荷载的整体水平较高，截面与配筋计算结果均为战时荷载控制，作为平时荷载的楼面活荷载不起控制作用。

8.1m×8.1m 大柱网核 6 级人防各种楼盖形式的材料含量　　　　表 3-4-11

核 6 级人防算量(人防荷载 55kN/m²)(含框架柱,层高均为 3800mm,不含基础)					
楼盖形式	主框架梁/托板 (mm)	次框架梁/柱帽 (mm)	次梁/柱帽 (mm)	板厚/腋高 (mm)	混凝土用量 (m³)	钢筋用量 (kg/m²)
主梁大板	400×850	—	—	250	0.349	61.96
主梁加腋大板	400×850	—	—	200/150	0.348	64.29
双平行次梁	550×900	300×850	300×850	200	0.355	58.89
十字梁	450×850	—	300×800	200	0.357	62.89
井字梁	400×850	—	300×650	200	0.370	64.54
无梁楼盖	3400×3400×200	1400×1400×400	—	280	0.377	58.60

8.1m×8.1m 大柱网核 5 级人防各种楼盖形式的材料含量　　　　表 3-4-12

核 5 级人防算量(人防荷载 100kN/m²)(含框架柱,层高均为 3800mm,不含基础)					
楼盖形式	主框架梁/托板 (mm)	次框架梁/柱帽 (mm)	次梁 (mm)	板厚/腋高 (mm)	混凝土含量 (m³)	钢筋含量 (kg/m²)
主梁大板	500×950	—	—	300	0.423	91.44
主梁加腋大板	500×950	—	—	200/250	0.420	89.78
双平行次梁	600×1250(500×950)	300×900	300×900	200	0.387	83.76
十字梁	500×1000(550×1000)	—	300×950	200	0.409	89.52
井字梁	500×950(550×950)	—	250×900	200	0.423	88.52
无梁楼盖	3800×3800×250	1800×1800×600	—	320	0.473	80.63

中柱网人防等级低时可考虑平行于长边方向的单道次梁楼盖或主梁大板楼盖，人防等级高时可考虑廿字梁楼盖或主梁（加腋）大板楼盖。

小柱网视人防等级高低可选择主梁加腋大板楼盖或主梁大板楼盖，材料用量相差不大时建议优先采用主梁大板楼盖。

六、大跨度楼屋盖结构的设计优化

地下建筑由于功能的需要，可能会在局部区域设置各类球馆、游泳池、舞厅等运动健身功能区，以及宴会厅、报告厅、多功能厅等会议宴会功能区，这些功能区内部一般不允许有竖向结构构件的存在，因此不可避免会出现大跨度楼屋盖。如果是大跨度不上人屋盖，可以采用轻型钢结构屋盖，不在本文讨论范围内。但如果是中间层楼盖，以及有覆土绿化或者其他功能的上人屋盖，则不宜采用轻型钢结构屋盖，本文在此主要讨论这种大跨度楼屋盖的混凝土结构解决方案。

大跨度楼屋盖不是混凝土结构的强项，主要是结构自重在荷载总量中的占比较高，意味着更多的材料用量用于克服结构本身的自重，结构的经济性必然不佳。采用预应力混凝土结构会使这一不利情形大大改善，但楼屋盖结构仍然偏于厚重。因此如果可能，当这些大空间功能区必须存在时，最好放在建筑物的顶层，并将其屋盖设计为不上人的轻型屋盖，并采用钢结构方案加以解决。

大跨度楼屋盖的优化最关键是结构布置的优化，而决定结构布置形式的关键参数是大跨区域的长宽比例。

当大跨区域的长宽比例接近1时，两方向框架梁通常取相同截面尺寸，因而优先采用交叉梁系，也即井字梁体系。大跨井字梁体系又有正交正放（图 3-4-31）、正交斜放（图 3-4-32）及斜交斜放三种形式（图 3-4-33）。在相同条件下（荷载、截面尺寸与网格尺寸），正交斜放式在受力与控制挠度方面好于正交正放式，而斜交斜放式又好于正交斜放式，对荷载变化的适应性强，可方便其上房间的灵活分隔。

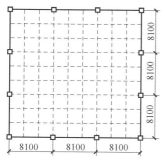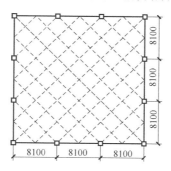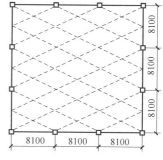

图 3-4-31　正交正放交叉梁系　　　图 3-4-32　正交斜放交叉梁系　　　图 3-4-33　斜交斜放交叉梁系

正交斜放交叉梁系与斜交斜放交叉梁系，在钢筋混凝土结构中应用不多，而在大跨度空间钢结构中则应用较多。其与空间网架中的交叉桁架体系非常类似，仅仅是材料的不同，力学原理与受传力机理都是相同的，因此交叉桁架空间网架的有关成熟而定型的结论完全可以借用。下文的结论即为交叉桁架空间网架中两向正交正放网架与两向正交斜放网架的结论，笔者不过是将两向正交正放网架替换为正交正放交叉梁系，将两向正交斜放网架替换为正交斜放交叉梁系，而将桁架替换为次梁。

正交正放交叉梁系的受力状况取决于平面尺寸及支承情况。对于周边支承、正方形平面的楼盖，其受力类似于双向板。正交正放交叉梁系沿两个方向的杆件内力差别不大，受力比较均匀。但随着边长比的变化，单向传力作用渐趋明显，两方向杆件内力差别也随之加大，其中大跨框架梁的内力最大，其他部位杆件的内力均很小。因此正交正放交叉梁系适用于正方形或接近正方形的建筑平面，而对于长方形建筑平面则不宜采用。

正交斜放交叉梁系中两向次梁均与边界斜交，各次梁跨度长短不一，靠近角部的短次梁相对刚度较大，对与其垂直的长次梁有一定的弹性支承作用，从而减小了长次梁中部的正弯矩。在周边支承情况下，它较正交正放交叉梁系的刚度大、用料省。对矩形平面其受力也较均匀。当长次梁直通角柱时，四个角支座会产生较大向上拉力，设计中应予注意。正交斜放交叉梁系既适用于正方形建筑平面，也适用于长方形建筑平面。

在钢筋混凝土大跨度楼屋盖中，交叉梁系应用不多，有关专著中的介绍也大多比较简略，且缺少数据支撑。大多数是借用大跨钢结构的概念，实战经验不多，很多时候也是人云亦云。究竟有没有优势，以及优势有多大，目前还很难看到具体数据。本着对自己负责、对读者负责的精神，本书在此给出一组数据，希望对读者能有所帮助，见后文表 3-4-13。

当大跨区域的边界处有稍密且均匀分布的柱列时，正方形大柱网还可布置为嵌套井字梁结构，即在大的井字主梁所分隔的区格内再嵌套井字次梁，则结构受力更为合理，且有利于节省材料，见图 3-4-34。

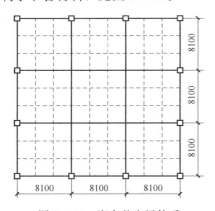

图 3-4-34　嵌套井字梁体系

当大跨区域为明显的长方形时（长宽比例大于1.5），不建议采用正交正放的井字梁体系，因为此种情形下长向梁所起的作用很小甚至不起作用。尤其是在长方向又布置有所谓主梁从而意图做成上文正方形大柱网的嵌套井字梁体系时，会使纵横交叉梁之间的传力关系混乱，传力路线迂回曲折，从而增加结构受力的不确定性。如果一定要采用井字梁系，则建议采用正交斜放式，这样可以使每根梁都能承受并传递荷载，在每个梁的交点，荷载均根据两根交叉梁的线刚度（EI/L）来进行分配并最终传递到边框梁上，表面上看似复杂，但荷载传递路线是明确的。

如图 3-4-35 在标准柱网尺寸为 8100mm×8100mm 的双层地下车库中，局部抽柱并挑空形成两个 32.4m×16.2m 的大跨区域，分别设置一个 25m 长泳道的泳池及一个标准篮球场，按惯例，一个标准篮球场内可沿横向布置 2～3 个标准羽毛球场。因双层地下车库局部挑空的通高仍然无法满足篮球场及羽毛球场对层高的要求，故该大跨屋盖允许出露于车库顶板覆土表面之上，但仍有覆土种植要求，覆土厚度按 500mm 考虑，活荷载按屋顶花园取为 3.0kN/m²。针对这两个 32.4m×16.2m 大跨区域的钢筋混凝土屋盖结构形式，本书在此给出一一介绍及分析。

短跨主框架梁承接单向长次梁的布置方式（图 3-4-36），简称单向长次梁结构，也即单向次梁平行于长跨次框架梁布置并支承在短跨主框架梁上的布置方式。我们在这里可以把搭承次梁的短框架梁称为主框架梁,而把与次梁平行的长框架梁称为次框架梁。主框架梁跨度小,抗弯能力强,故通过长次梁承受更多的楼面荷载,而次框架梁跨度大,抗弯能力弱,故仅承担少量楼面荷载。该布置方式的最大优势是传力关系非常明确直接,各类构件自身的受力比较均衡,即各个次梁的截面尺寸一致(400mm×1050mm),内力及配筋也大致相同,各个次框架梁的截面尺寸也一致(400mm×1050mm),内力及配筋也大致相当,主框架梁也是如此。除此之外,次梁与次框架梁的截面尺寸也可做到一致,且内力及配筋也相差不多,即便是受力最大的主框架梁,截面尺寸也仅仅是稍大一点(中间500mm×1100mm,端部400mm×1100mm),是长方形大跨楼屋盖中降低梁高比较有效的一种布置方式。此外,这种楼屋盖结构因能充分发挥各类构件作用,能实现物尽其用,故总体经济性较好。

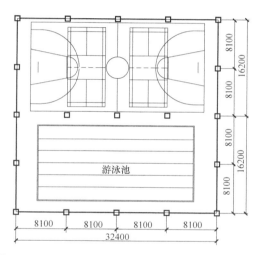

图 3-4-35 地下车库局部抽柱形成的大跨度矩形区域

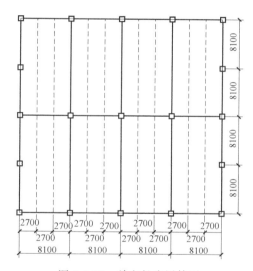

图 3-4-36 单向长次梁体系

同样是上述短跨主框架梁承接单向长次梁的布置方式,如果在两边框柱之间增设一道横梁(在此称为弱框架梁),即图 3-4-37 中横向粗虚线所示的梁,情况又该如何呢?计算结果发现,弱框架梁的增加对楼面荷载的分配传递有着不可忽略的影响,且随着弱框架梁截面尺寸的增加,整个楼屋盖结构的荷载与内力重分配情况愈加明显。当弱框架梁的截面尺寸较小时(如 400mm×600mm),在该弱框架梁的端部,也能对与其垂直的边次梁起到支座的作用,因而边次梁的内力与配筋明显降低,而弱框架梁的端部则表现为超筋。但因该梁截面尺寸较小,对于中间的各道次梁影响不大,仅起到协调各梁变形的作用,中间的长次梁基本会忽视弱框架梁的支承作用,仍然将楼面荷载传至长次梁两端的主框架梁上。随着弱框架梁截面尺寸的增大,对中间长次梁及次框架梁的影响也逐渐增大,中间长次梁的内力及配筋减小,而该弱框架梁及与弱框架梁垂直的次框架梁的内力及配筋却急剧增大,意味着弱框架梁开始对所有长次梁发挥支座作用。当弱框架梁截面尺寸增大到一定程度时,则弱框架梁已然变成了长次梁的支座。长次梁的跨度因而被一分为二,会有更多的楼面荷载通过次梁传到弱框架梁,并最终以集中力的形式作用于次框架梁的跨中,导致因跨度大而抗弯能力弱的次框架梁反而受荷与内力最大，截面尺寸也远远大于主框架梁。不但主次梁受力不均衡，两个方向框架梁的受力也非常不均衡，而且次框架梁过大的截面尺寸，很容易造成强梁弱柱的结构体系。无论是楼屋盖体系还是抗侧力体系，都是弊大于利的。从楼面荷载的传力路径来看，有一半以上的楼面荷载首先由板传给次梁，再由次梁传给弱框架梁，然后再传给次框架梁，最终由次框架梁传给柱，可见这个传力路径是非常迂回曲折的。而我们知道，传力路径长且迂回曲折的结构肯定不能算作好的结构，只能徒增结构设计的不确定性。传力路径肯定是越短、越简单直接越好。从空间利用方面，次框架梁的独大，也必然导致层高的增加或净高的降低。

　　还有人主张图 3-4-38 所示的单向短次梁结构。这也是比较典型的单向受力结构，同样传力路径短、简单、直接，也具有结构设计的确定性。此时长框架梁变为主框架梁，而短框架梁则变为次框架梁，其最大缺点是把更多的荷载传到抗弯能力弱的大跨框架梁上面，而抗弯能力强的短跨主框架梁，反而受荷非常小，造成两个方向框架梁的差异更大，一个方向框架梁的截面尺寸与内力配筋非常大，而另一个方向的框架梁则接近于构造截面尺寸与构造配筋。会产生唯主框架梁独大的局面，不利于层高或净高的控制。

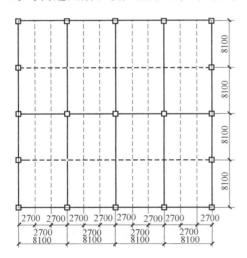

图 3-4-37　单向长次梁跨中增设弱框架梁

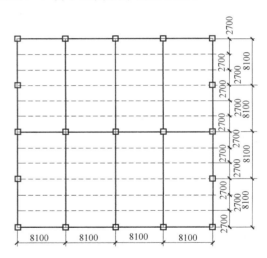

图 3-4-38　单向短次梁结构

　　当然可能会有更多的人倾向于图 3-4-39 中的井字梁结构。其实这种井字梁结构中的 Y 向井字次梁，由于其跨度（16.2m）是 X 向井字次梁跨度（8.1m）的 2 倍，故弯曲线刚度也大大不如 X 向井字次梁。因交叉梁系的荷载及内力根据梁的线刚度分配，因而交叉梁系中线刚度较弱的一方所起的作用有限。因此即便增加了 Y 向井字次梁，则沿 X 向的单向受传力模式也是比较明显的，与单向短次梁的受传力模式类似，只是略为改善而已，但单向短次梁结构的弊端仍然存在。与其如此，还不如将 X 向井字次梁去掉，变为单向长次梁结构，省下来材料用于加强单向长次梁结构的梁板更有意义。

　　图 3-4-40 的正交斜放交叉梁系与图 3-4-41 斜交斜放交叉梁系，在钢筋混凝土结构中应用不多，而在钢结构空间桁架与空间网架中则应用较多。

　　各种大跨楼屋盖形式的材料用量比较结果见表 3-4-13。

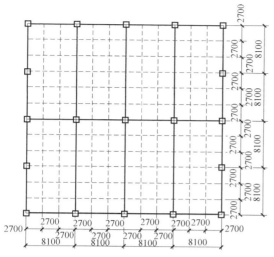

图 3-4-39 井字梁结构

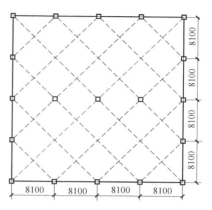

图 3-4-40 正交斜放交叉梁系

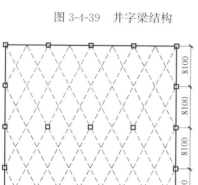

图 3-4-41 斜交斜放交叉梁系

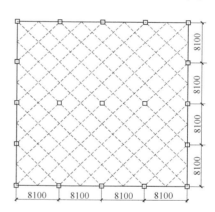

图 3-4-42 加密的正交斜放交叉梁系

大跨楼屋盖各种结构体系的材料含量　　　　　　　　　　表 3-4-13

恒载 9kN/m²,活载 5kN/m²					
楼盖形式	主框架梁 （mm）	次框架梁 （mm）	次梁 （mm）	板厚 （mm）	混凝土含量 （m³）	钢筋含量 （kg/m²）
单向长次梁	500×1100	350×1050	350×1050	120	0.346	63.17
单向次梁加水平框架梁	500×1100	500×1050	400×1000	120	0.376	67.86
单向短次梁	550×1200	400×800	300×600	120	0.321	61.15
正交正放井字梁	500×1000 （400×1000）	—	400×1000 （400×700）	120	0.469	80.96
正交斜放井字梁（大跨）	450×1000 （400×1000）	400×800	—	160	0.371	83.62
正交斜放井字梁（加密）	400×1050	300×800	300×1050 （300×800）	120	0.428	85.65
斜交斜放井字梁	400×1100 （400×950）	350×700 （300×600）	300×600	120	0.344	71.03

从表 3-4-13 中可以看出，在大跨矩形平面所有可能的楼屋盖结构体系中，单向短次梁体系的混凝土用量与钢筋用量都是最少的，但其代价是最大梁高需比单向长次梁体系增加 100mm。单向长次梁体系的混凝土用量与钢筋用量虽然较单向短次梁体系略多，但其最大梁高可降低 100mm，而且主次框架梁及次梁的截面尺寸比较均衡，结构体系更为合理。交叉梁系（含井字梁）与单向次梁体系相比未能发挥出其理论上的优势，可能是结构布置不符合经济性模数的原因，也可能是软件或其他方面的原因。但在交叉梁系中，斜交斜放井字梁体系的材料用量最省，具有比较明显的优势。

七、地下车库无梁楼盖优化设计

鉴于近期无梁楼盖地下车库垮塌事件频发，无梁楼盖设计自查风暴逐步升级，无梁楼盖俨然处于工程界的风口浪尖，因此本书适时增加无梁楼盖设计专篇，希望对工程建设各参与方有所帮助。

（一）无梁楼盖结构体系的特点

无梁楼盖是由钢筋混凝土板和柱构成的楼盖结构体系。无梁楼盖具有造价低、施工方便、外形美观、净空较大、空间利用率高等优点，目前在国内外得到广泛应用。无梁楼盖应用于地上结构时，在承受竖向荷载的同时还要传递水平荷载。由于水平构件没有梁，其抗侧刚度低，承受水平力作用的能力较差。而应用于地下结构时，楼盖系统基本不承受水平荷载，此时使用无梁楼盖安全度较高且具有较为明显的经济优势，如降低层高、加大净高，设备管线安装便捷，减少土方开挖、基坑支护与降水费用等，因而近年来在地下车库工程中得到了广泛应用。

板柱节点的冲剪破坏是无梁楼盖的主要缺陷，冲剪破坏具有脆性破坏特征，不仅使得材料的强度利用效率降低，同时破坏引起的冲击力更容易触发结构系统的连续倒塌。特别是在实际工程中，由于无梁楼盖本身不等跨、边界条件不同、消防车及施工不均匀荷载等影响，无梁楼盖除承受重力荷载外还要同时承受不平衡弯矩，设计人员往往只考虑均布荷载，未按规范考虑不平衡弯矩影响，使得冲剪破坏更容易发生。此外，出于经济性的考虑，无梁楼盖设计不控制裂缝，带裂缝工作的无梁楼盖的冲剪承载力进一步下降。

图 3-4-43　北京石景山西黄村 A-E
地块地下车库坍塌

（二）无梁楼盖结构体系的危机

近年来，地下室无梁楼盖在北京、天津、秦皇岛、深圳、济南、佛山、合肥、鄂尔多斯等城市出现了多起超载等原因造成的倒塌事故。

2017 年 8 月 19 日，北京市石景山区西黄村 A-E 地块地下车库发生坍塌（图 3-4-43），使无梁楼盖体系遭遇了前所未有的危机。"无梁"几与"无良"同义，不但在工程界掀起一轮腥风血雨，行政主管部门也迅速行动，使设计自查风暴逐步升级。继北京市规划和国土资源管理委员会 2017 年 9 月 15 日发出《关于开展地下室无梁楼盖设计自查的通知》后，北京市规划和国土资源管理委员会、北京市住房和城乡建设委员会于 2017 年 12

月 8 日又联合发文《关于加强我市无梁楼盖建设工程管理及后续使用工作的通知》，通知内容节选如下：

各区住房城乡建设委，各建设、设计、施工和监理单位，各物业服务企业：

为进一步加强我市无梁楼盖的建设工程管理及后续使用工作，落实建设工程五方责任主体质量责任，保障工程质量安全，现将有关工作要求通知如下：

一、各有关单位开展全面自查工作

要求各建设单位、设计单位对本市目前在设计和在施工阶段的无梁楼盖地下室项目进行自查，组织相关单位对体系安全性进行复核，对不符合要求的立刻进行整改。12 月 20 日前，建设单位应当将无梁楼盖在施项目清单报各区住房城乡建设委，处于设计阶段尚未开工的项目设计单位前期已报市规划国土委的不需重复报送。

各物业服务企业应对在使用阶段的无梁楼盖地下车库进行排查，协调工程建设单位、设计单位复核地面覆土、车辆通行停放等使用荷载是否符合设计要求，对不符合要求的及时进行清理整改，并将使用阶段的无梁楼盖地下车库项目清单报各区住房城乡建设委物业管理部门。

二、管理部门开展监督排查工作

（略）

三、开展专项监督检查工作

市规划国土委和市住房城乡建设委将适时对各阶段的无梁楼盖工程开展专项监督检查工作，对自查、排查不到位的单位依法进行严肃处理。

（一）建设单位在确定采用无梁楼盖体系后，应高度重视建设和使用环节的质量安全问题，不得随意降低工程建设标准，应当落实法律法规规定的管理责任，对建设工程各阶段实施管理，督促建设工程有关单位和人员落实质量责任。

（二）设计单位应在无梁楼盖工程设计中充分考虑后续使用荷载的变化情况，在施工图纸中标明无梁楼盖的设计荷载和使用荷载，并在设计交底时进行充分说明，施工图审查机构对无梁楼盖工程的施工图和计算书应从严审查。

（三）施工单位在无梁楼盖工程施工前，应经过严格验算后编制专项施工方案，并报监理单位审批后方可进行施工，施工和覆土期间监理单位要做好旁站记录。

（四）物业服务企业应对无梁楼盖地下车库的后续使用高度重视，不得随意增加荷载，对地上景观、车行线路、停车场布置等调整需经原设计单位或有相应资质的设计单位验算复核后方可实施，并明确限入区域，在明显部位设置限制荷载等警示标识。

（三）无梁楼盖垮塌的各种可能因素分析

客观而言，无梁楼盖是没有"原罪"的，虽然其破坏形式是以冲剪破坏为主的脆性破坏且容易触发连续倒塌，但也完全可以通过强剪弱弯的设计手段予以避免，并不能就此将无梁楼盖一棍子打死。套用巨星集团欧总的话说："不是无梁楼盖不好，是你的无梁楼盖不好"。或许无梁楼盖已经设计得足够好，但在绝对的超载面前，即便是有梁楼盖，也可能不堪一击，恰恰绝对的超载发生在无梁楼盖上。

从这些事故发现，施工导致的超载是造成地下室无梁楼盖发生破坏的主要原因。以北京石景山区的无梁楼盖垮塌事故为例，目前网上流传的有两种说法：说法一：事故是在施工方室外场地覆土回填的时候发生的，施工方用大卡车运送土方，而坍塌的区域本身已经完成了覆土，也就是说无梁楼盖当时在承受着覆土荷载的同时，还承受了土方车辆的荷载（很可能是满载），总体荷载水平大大超出结构极限承载能力；说法二：在这个项目中，设计覆土1.8m，回填到1.4m就突然塌了，主要原因还真不是超载，引用北京某专家的个人意见"这个车库倒塌的根本原因是分散式基础（独立基础＋防水板）产生明显的差异沉降（30mm以上），导致地库上盖变成了重载作用下的点式支撑张拉膜体系，而实际板边约束条件不足以提供足够张力，进而导致支座失效，多米乐骨牌式倒塌。其他诸如冲切、超载、混凝土质量等均解释不了现场的破坏症状，不是倒塌的直接原因"。

两种说法迥异，作为这起事件的外围人士，一切资料信息均来自网络，一时间真伪难辨，也自然没有资格置评。但对于说法二，笔者有如下疑问：如果说独立基础间的"差异沉降"是造成垮塌事故的直接原因，那又是什么造成了独立基础间如此大的差异沉降？是独立基础间的地质条件悬殊？还是独立基础间的荷载水平悬殊？如果是后者，很难理解独立基础在正常荷载水平下彼此间会产生如此大的差异沉降，恐怕很难摆脱超载的嫌疑。

当然，无梁楼盖本身的固有缺陷也是造成此类事故较多的重要原因。在实际工程中，无梁楼盖除了承受重力荷载外，还要同时承受不平衡弯矩。地震作用产生的不平衡弯矩对地下结构影响比较小。但地下室顶板的消防车荷载、施工荷载或者局部厚覆土等引起的不平衡弯矩会对地下室无梁楼盖板柱节点产生比较大的影响。不平衡弯矩的存在使得板柱节点附近区域剪应力分布不均匀，使得板柱节点冲剪承载力降低，更加容易发生偏心冲剪失效。从出现的倒塌事故看，济南、佛山、合肥等都是施工过程中出现的问题，比如施工车辆、堆土施工等。

以8.4m×8.4m跨度无梁楼盖为例，柱截面尺寸700mm×700mm，覆土厚度1.5m，板厚度350mm，柱帽区域厚度800mm（450＋350），柱帽尺寸3000mm×3000mm。消防车荷载20kN/m²，满布消防车荷载中间柱冲剪值增加1302kN。采用等代框架计算，产生不平衡弯矩为536kN·m，不平衡弯矩产生的等效冲剪荷载约446kN，不平衡弯矩产生的等效冲剪荷载约占冲剪能力的10%。

以不均匀跨度8.4m和10m的无梁楼盖为例，仅考虑覆土厚度1.5m及楼板自重，不均匀跨度产生的不平衡弯矩为443kNm，相当于等效冲剪荷载363kN；如果再考虑消防车等不均匀活荷载作用，则不平衡弯矩更大。设计中不平衡弯矩产生的等效集中反力不能忽略，否则设计偏于不安全。

此外，不排除存在设计缺陷与设计不周的情况。比如结构计算时荷载取值或输入有误，抗冲切的柱帽（托板）选择不当、柱帽（托板）的几何尺寸不当、未考虑不平衡弯矩的不利影响、忽略柱帽（托板）对板的冲切、配筋方式不当等。

由于工程施工和使用阶段都有出现意外事件的可能，如何科学地对无梁楼盖进行设计，有效地防止地下室无梁楼盖结构发生冲剪破坏，防止连续倒塌，成为当前工程界关心的重要问题。

（四）结构设计的保证措施

1. 精心分析、合理设计，不要盲目相信软件计算结果

软件只是工具，是工具就存在优劣及好用与否的分别，就存在缺陷的可能，使用效果也与使用者是否顺手、是否熟练有关。比如软件是否在冲切验算时考虑了不平衡弯矩，尤其是活载不利布置下的不平衡弯矩，是非常有可能存在的一种不利状况，如果软件没有考虑，设计师也不去考虑，就可能埋下很大的安全隐患。出了问题或事故，软件供应商可以免责，而设计师却不能因软件缺陷而免责。因此就需要设计者去复核和验证，确认无误方可放心使用。也有软件在柱帽（托板）对板的冲切验算中，凡不满足抗冲切要求的，不是给出标红的超限提示，而是给出所需抗冲切钢筋的数值，如果对软件的输出格式及输出含义不理解，可能就会遗漏抗冲切钢筋从而造成抗冲切承载力不足。

众所周知，无梁楼盖的安全性主要集中在冲切问题，但大多数工程师都只关注柱（柱帽）对托板的冲切，而忽略托板对板的冲切。而在托板对板的冲切中，某些主流结构设计软件在混凝土抗冲切不足时不是给出警示信息，而是直接配置了抗冲切钢筋，很多工程师恰恰忽略了这个抗冲切钢筋，直接导致抗冲切承载力的不足，为日后埋下安全隐患。

为避免托板对板的冲切不足，也是为了发挥托板对降低支座负弯矩筋的作用，美国规范 ACI318-14 第 8.2.4 条明确规定：用于降低板厚及降低支座负弯矩筋用量的无梁楼盖托板，在厚度方向应该突出板底以下至少 1/4 板厚，在平面尺寸方面应该从支座中心向四边延伸至少 1/6 板跨，此处的板跨为中到中的跨度。

比较之下，中美混凝土规范在托板最小厚度方面的规定相同，都是不小于 1/4 板厚，但在托板平面尺寸方面的规定则存在较大分歧。乍看起来，关于托板柱帽的尺寸规定，国标规定的更为灵活和宽松，只要大于柱宽加 4 倍板厚即可，但真正做过设计的都知道，若想真正发挥托板对于降低无梁板厚度及支座负弯矩筋的作用，则托板尺寸不能过小，否则很容易造成托板对无梁板的冲切不足问题。此外，托板尺寸过小，则支座负弯矩筋有可能从柱边截面控制变为由托板边截面控制，因此无法有效发挥托板对降低支座负弯矩筋的作用。

2. 在图纸上要标明设计使用荷载，明确说明考虑施工在内的总荷载不得超过设计使用荷载

这是国内图面表达方式的最大不足。有过海外设计经验的人都知道，国外的结构设计表达方式，是在每张结构平面布置图中必须明确标示不同功能区域的设计使用荷载。而在国内，很少有这样做的，大多是将设计使用荷载统一放到设计总说明中。

在结构平面图中明确标注设计使用荷载，既是设计者、设计单位的一种免责声明，也是对所有可能接触并使用这张图的人的一种信息与风险提示。而有可能接触并使用这张结构平面图的人，包括设计阶段的小市政与景观设计人员，施工准备阶段进行施工总平面布置、施工组织设计与专项施工方案的编制人员，施工阶段总包、分包与监理单位的工程技术人员，物业管理与运营部门的工程技术人员，建设单位的设计与工程管理部门人员。业主或客户在变更使用用途或进行改造时也需要原设计的设计使用荷载。因此在结构平面布置图中明确标示设计使用荷载，不但必要，而且明智。

不仅如此，建议在建筑专业的总平面图中也要反映车库顶板上的覆土信息及允许活荷载信息。因为建筑总平面图的受众面更广、影响范围更大。具体操作层面可由结构专业负责提供有关荷载信息，并由建筑师落实到总平面图上。

3. 优先考虑混凝土截面抗冲剪措施，并适当增加抗冲剪安全储备

优先考虑柱帽加托板的抗冲剪构造形式（图 3-4-44），并通过适当增大柱帽高度的方式增加抗冲剪的安全储备。在柱帽倾角（45°）不变的情况下，增加柱帽高度对提高抗冲切安全系数非常有效，笔者做过如下试算：当板厚为 300mm 不变的情况下，600mm×

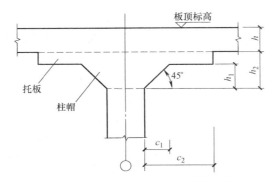

图 3-4-44　柱帽加托板的抗冲剪构造措施

600mm 柱配 300mm 高柱帽时的抗冲剪安全系数为 1.03，仅将柱帽高度增加 100mm 至 400mm，则抗冲剪安全系数即可提高至 1.19，而柱帽增加 100mm 的代价非常低，不但材料用量增加有限，对功能、美观以及设备管线的布置也几无影响。

从优化设计角度，笔者不鼓励抗弯设计时片面增大安全储备的做法，但非常赞同增大抗冲剪设计的安全储备。而通过增加柱帽加托板体系中柱帽的高度，将抗冲剪安全储备从 1.0 提高至 1.2 以上，并不是什么难事，也不是什么大事。优化设计是"有所为有所不为"，事关结构安全的关键构件、关键部位，优化的重点是结构安全而不是经济因素。

4. 构造暗梁设置与否的讨论

暗梁的存在对提高无梁楼盖的面内与面外刚度几乎没有帮助，所增设的箍筋对抗弯承载力也没有影响。反倒是柱上板带 50% 的上部钢筋与 25% 的下部钢筋在暗梁宽度内集中布置，使钢筋分布与内力（应力）分布尽量吻合，对应内力（应力）集度更高的区域，配筋集度也相应提高，从而提高整体的安全度。因此从这个意义上来讲，暗梁或集中配筋带并非越宽越好，宽到一定程度，就失去了应有的意义。此外，暗梁在加密区的箍筋，也能发挥抗冲切钢筋的作用，可以作为额外的安全储备。

因此笔者赞成将柱上板带钢筋的 50%（上部钢筋）及 25%（下部钢筋）集中布置在柱宽及柱两侧各不大于 1.5 倍板厚区域的做法，而不一定非要设置构造暗梁。《建筑抗震设计规范》GB 50011—2010 第 6.6.4 条规定"无柱帽平板应在柱上板带中设构造暗梁"，对有柱帽的无梁楼盖则没有相应规定；14.3.2 条虽然要求"地下建筑的顶板、底板和楼板宜采用梁板结构。当采用板柱-抗震墙结构时，应在柱上板带中设构造暗梁"，但《建筑抗震设计规范》GB 50011—2010（2016 局部修订版）则将该条文修改为"无柱帽的平板应在柱上板带中设构造暗梁"，原文如下：

14.3.2　地下建筑的顶板、底板和楼板，应符合下列要求：

1　宜采用梁板结构。当采用板柱—抗震墙结构时，无柱帽的平板应在柱上板带中设构造暗梁，其构造措施按本规范第 6.6.4 条第 1 款的规定采用。

加下划线的文字是《抗规》2016 局部修订版增加或修改的内容，是为了与《抗规》6.6.4 条的规定统一而做出的修改，从规范的严谨性与标准的一致性而言是正确的。因为，地上建筑板柱结构的无梁楼盖在承受竖向荷载的同时，还作为抗侧力体系的一部分，承受并传递水平荷载（风荷载、地震作用），而应用于地下结构时，楼盖系统基本不承受水平荷载，此时无梁楼盖的安全度相对更高一些。因此理论上应该加强地上建筑无梁楼盖的构造措施，而不是加强地下建筑无梁楼盖的构造措施，或者地上地下统一标准而采用相同的构造措施。即适用于地下建筑板柱结构的 14.3.2 条应该与适用于地上建筑板柱结构的 6.6.4 条执行相同或略低的标准，而不应高于适用于地上建筑板柱结构的标准。《抗规》2016 局部修订版正是基于这方面的考虑而对 14.3.2 条做出上述局部修改。但这样的修改也使有柱帽的无梁楼盖失去了设置构造暗梁的规范依据。

至于冲切椎体内构造暗梁箍筋所发挥的抗冲切作用，可以通过前述增大柱帽高度的做法来弥补甚至是加强。

5. 通过柱截面的板底连续钢筋必须满足规范要求

这条是为了防止强震作用下楼板脱落的措施，也是为了防止在板与柱界面处发生直剪破坏后楼板不致脱落的措施，是缓解脆性冲切破坏的突然性、延长破坏的预警时间、改善无梁楼盖破坏特征，进而避免连续垮塌事故的一项重要措施。

其重要意义在于，只要跨越柱顶截面的板底钢筋是连续而没有断点的，且数量足够，其抗拉能力足以拉住因直剪破坏或冲剪破坏而脱落的楼板，此时只要柱子不发生破坏，则楼盖就不会脱落，也就可以避免楼盖大范围脱落所引起的连续垮塌。此时的模型有点像斜拉桥，直剪或冲剪破坏的楼板是桥身，柱子是索塔，而板底钢筋则是拉索。

对此，有两点关键措施必须确保。

其一，拉索（通过柱截面的板底钢筋）必须牢固可靠，必须确保通过柱截面板底钢筋能将楼板与柱牢固的连接在一起，既不能与楼板发生脱锚破坏，也不能与柱子发生连接破坏，当然通过柱截面的板底钢筋自身也不能发生破坏。这就要求通过柱截面的板底钢筋在柱子附近一定范围内不宜有接头，更不能有搭接接头。一旦在冲切破坏锥体内有搭接接头，通过柱截面的板底钢筋也就失去了斜拉桥模型的拉索作用，从而也就无法在直剪或冲剪破坏时托住楼板，导致楼板脱落进而引起连续垮塌。笔者认为《建筑抗震设计规范》GB 50011—2010 第 6.6.4 条第 2 款的要求还不够严格，应该禁止通过柱截面的板底钢筋采用搭接连接。

其二，拉索（通过柱截面的板底钢筋）必须具有足够的抗拉承载力，从而通过拉索作用拉住楼板，避免楼板脱落。

关于这两点关键措施，《建筑抗震设计规范》GB 50011—2010 在 6.6.4 条第 2 款与第 3 款均有所考虑：

6.6.4　板柱-抗震墙结构的板柱节点构造应符合下列要求：

2　无柱帽柱上板带的板底钢筋，宜在距柱面为 2 倍板厚以外连接，采用<u>搭接</u>时钢筋端部宜有垂直于板面的弯钩。

3　沿两个主轴方向通过柱截面的板底连续钢筋的总截面面积，应符合下式要求：

$$A_s \geqslant N_G / f_y \qquad\qquad （式 3-4-1）$$

式中：A_s——板底连续钢筋总截面面积；

N_G——在本层楼板重力荷载代表值（8 度时尚宜计入竖向地震）作用下的柱轴压力设计值；

f_y——楼板钢筋的抗拉强度设计值。

对于没柱帽的无梁楼盖，这个钢筋毫无疑问是设置在柱子宽度范围内的。但对于有柱帽的无梁楼盖，可能有些人会考虑将该数量的钢筋放在冲切锥体范围内，但这样做的前提是要确保不发生冲切直剪破坏。从图 3-4-43 可发现，柱头上均没有柱帽，但不能肯定该项目就没有做柱帽，很有可能是直剪破坏把柱帽剪掉了，从而使配置在柱边以外但在冲切锥体以内的板底钢筋失效。可见防止直剪破坏和连续垮塌，就必须把这部分钢筋不折不扣地放到柱子截面范围内。

美国规范对于无梁楼盖没有设置构造暗梁的要求，但对无梁楼盖却有"结构整体性"

的要求。美国规范 ACI318-14 在第 8.7.4.2 条中有两款规定如下：

8.7.4.2.1 两个正交方向柱上板带的所有底部钢筋都必须连续或采用全机械、全焊接、B 级抗拉接头等接头形式，接头位置应符合图 8.7.4.1.3a 的要求（只能在支座负弯矩筋长度范围内）；

8.7.4.2.2 在每个方向至少有两根柱上板带的下部钢筋必须在柱子两侧纵筋之间穿过，并且要在端支座有可靠的锚固。

8.7.4.2.1 条规定是考虑到，一旦某个支座遭到破坏，则连续的柱上板带底部钢筋能够给板提供支承到相邻支座的残余能力；

而 8.7.4.2.2 条中穿过柱截面的两根连续的柱上板带底部钢筋，可视作"整体性"钢筋，可在单一支座遭遇冲切破坏后，给板提供一些残余强度。

这两款规定，是防止单个支座发生破坏后引起结构连续倒塌的重要举措，美国人早在 20 世纪 50 年代就开始研究，并发表了一系列文章。

个人以为，以上举措是代价不高而效果显著的事半功倍之举，中国的规范及中国的工程师完全可以借鉴。

6. 不平衡弯矩引起的等效集中反力不能忽视，设计时需仔细核对

无梁楼盖设计如果仅考虑均匀荷载，未充分考虑消防车、局部堆土等不均匀荷载情况，设计会偏于不安全。从出现的工程问题看，不均匀荷载对实际工程影响很大。从文献试验结果也能看出不均匀荷载冲剪破坏的角度比规范的 45°变小。地下室无梁楼盖有太多复杂且不可控因素制约了安全性，比如随意堆放的、甚至还有施工机具操作的临时施工荷载，在设计及施工中要注意进行限制。无梁楼盖结构设计及施工需要更加小心。

7. 适当增加柱的安全储备，确保实现强柱弱梁的延性框架设计理念

理想的无梁楼盖设计，一定遵循强剪弱弯与强柱弱梁原则。强剪弱弯是针对同一构件而言，即无梁板的弯曲破坏一定要先于冲剪破坏或直剪破坏，柱子的弯曲破坏一定要先于剪切破坏。而强柱弱梁则是针对不同构件的，即组成框架的柱和梁（无梁楼盖为等代框架梁），一定要确保框架柱不先于框架梁（等代框架梁）破坏，从而避免整个结构整体垮塌。因为梁的破坏属于构件破坏，是局部性的，而柱子破坏将危及整个结构的安全，可能会整体倒塌，后果严重。

从图 3-4-43 可看出，坍塌后的框架柱不但柱顶光秃秃，柱身也发生了严重倾斜，柱头上既没有柱帽，也没有板底钢筋。虽然破坏后的柱头没有发现残存的板底钢筋，但不能肯定在柱宽范围内没有板底钢筋，很有可能是数量不足导致被拉断后从柱顶滑脱，也可能是因为楼板在发生直剪破坏且柱子发生整体倾覆后导致这部分钢筋从柱顶滑脱。按照这一思路，即便在无梁楼盖中设置构造暗梁并在柱宽范围内按规范要求配置足够的无搭接接头的板底钢筋，也不能确保无梁楼盖不发生整体垮塌事故。而要想避免整体垮塌的发生，除了上述保障措施外，还必须确保柱的安全，既不能在柱头、柱脚或柱中某处发生弯曲或剪切破坏，也不能使柱因刚体转动而倾斜。图 3-4-43 的柱子发生严重的整体倾斜（刚体转动）而露出地面的柱身似乎并没有明显破坏的痕迹，说明柱子本身够强，但基础对柱子的转动约束不足，要么基础发生了冲剪破坏而失去了对柱的转动约束能力，要么柱子连同基础发生了整体倾覆。当然，在没有挖开验证之前，有关柱脚破坏的一切原因都只能是分析或者猜测。

8. 重型机电设备的吊装孔位置应靠近消防车道或消防登高场地

服务于本项目的重型机械设备需在地下室外墙或靠近外墙的顶板留设吊装孔。吊装孔的位置应尽量靠近消防车道或消防登高场地，以方便运输车辆通过消防车道将重型机械设备运输到吊装孔附近。吊装重型机电设备的起重机应尽量停靠在实土区域或周边市政道路上进行吊装作业，当距离超过吊车的作业半径时，可允许吊车在车库顶板上的消防车道或消防登高场地进行吊装作业，但必须根据吊装作业时的实际轮压对车库结构顶板进行结构安全性复核，确保结构安全后方可进行吊装作业。

9. 适当限制板顶的裂缝宽度

在楼面荷载作用下，无梁楼盖柱顶区域的应力集中非常严重，即便结构设计取用柱边截面的弯矩及剪力，其量值也是非常大的，如果无梁楼盖在柱边负弯矩作用下的弯曲受拉裂缝开展过宽，势必会使裂缝更深入截面内部，将会使柱边抗直剪破坏的截面严重削弱，很容易沿柱边发生直剪破坏。

（五）设计管理的应对措施

在地下车库结构设计中，结构安全性与经济性的矛盾比较突出，焦点在设计荷载取值的确定性与施工（使用）期间超载的可能性方面。即便设计荷载取值再高，整个地下车库顶板全部按消防车荷载输入，如果在施工（使用）期间对重载车辆的通行及重型材料设备的堆放不进行控制，仍然存在结构超载破坏的可能。在绝对的超载面前，没有绝对的结构安全。无论是梁板式结构还是无梁楼盖，当超载达到一定程度，超过结构构件的极限承载能力时都会发生破坏，只不过是结构破坏的形式不同罢了。无梁楼盖可能更多的表现为冲剪或直剪的脆性破坏，而梁板式楼盖更多的表现为弯曲型的延性破坏。无梁楼盖设计得当时，也可避免脆性冲剪或直剪破坏；梁板式楼盖设计不当时，也可能发生脆性的剪切破坏。

笔者曾接受过一些地下车库顶板局部破损的咨询，这种局部破损的案例大多为梁板式楼盖，并大多是走重载车辆或局部堆土超高所致。可见这类事故在梁板式楼盖中也时有发生，只不过破损程度不严重，没有被公开曝光罢了。

因此如果想解决结构安全性与经济性这对矛盾，仅从结构设计单方面是不可能解决的。这就像攻防战，结构设计的"防守"再严密，也抗不住绝对超载的"攻击"。而且整个地下车库大面积的过度防御，也必然带来成本的急剧增加。原本地下车库就因为建造成本高、收益率低、资金回收周期长而成为建设单位的"鸡肋"，在结构设计方面过多的成本投入可能使这一情况雪上加霜。与其如此，倒不如从管理上下功夫，在施工组织管理环节与物业运营管理环节适当加大一些投入，坚决杜绝超设计荷载的情况发生，才是解决问题的核心所在，才能破解结构安全与经济性矛盾的难题，真正做到结构安全与经济性兼顾。

1. 景观设计应尽量前置，并为地下车库结构设计提供设计条件

这一点在设计管理上是完全可以做到的，不存在任何技术上或程序上的障碍。景观设计滞后的问题，归根结底是设计管理不到位的问题，是意识不到或认识不足的问题。

景观设计必须在建筑总平面与竖向设计的框架内进行，不能对总平面与竖向设计有实质性的修改，不能有过大的偏差，否则不但存在规划验收风险，还可能带来消防与结构安全隐患。景观微地形的塑造尽量选择在实土区域，当需要在结构顶板上塑造微地形时，必须严格控制其规模，最主要是控制微地形超出平均覆土厚度的高度，其次是微地形的平面范围。当景观微地形高度超过平均覆土厚度 300mm 时，需在微地形范围采取卸荷措施，有关做法可参见前文的图 1-2-29 与图 1-2-30 等。

荷载较大的景观小品、大型构筑物、大型乔木等也优先考虑布置在实土区域。当必须在结构顶板上布置时，荷载较大的景观小品与构筑物建议直接生根于基础顶板，并采用矮挡土墙及架空板的方式进行卸载；大型乔木则尽量与车库框架柱对位，覆土厚度不足时可采用局部微地形或树池等进行解决，不要大面积增加覆土厚度。

大型乔木的种植位置还要充分考虑种植施工的可能性与便利性。首先尽量利用主体结构施工的塔吊配合大型乔木的辅助就位，但也需做好景观施工时塔吊已经撤场的准备。因此在进行景观设计时，必须对大型乔木的种植位置进行优选。必须考虑树木运输及吊车辅助就位的可能性，即大型乔木不能距离消防车道或消防登高场地太远，必须确保吊车停靠在消防车道或消防登高场地进行吊装作业时，大型乔木的种植地点在吊车的服务半径之内。限定移动式起重设备必须在消防车道或消防登高场地内行驶和进行吊装作业，禁止移动式起重设备驶离上述规定区域而进入景观种植区。

景观设计的关键因素（与荷载有关的）一经确定，即可通过建设单位将设计条件提交给主设计单位进行车库顶板的结构设计。在后续的景观深化设计、施工图设计时，只要涉及荷载变化的情况，都必须及时通过建设单位反馈给主设计单位进行结构复核和确认，在得到结构设计方面的正式确认后，方可进行后续工作。尤其是景观施工时的临时变更，一定不能自作主张，必须履行正式的变更申请审批程序。此时主设计单位及建设单位的设计管理部门重点负责变更内容与程序的把关，监理单位及建设单位的工程管理部门重点负责现场施工的监管，坚决杜绝随意变更和野蛮施工。

2. 当地下车库顶板有可能作为施工场地或运输道路时，必须将施工组织设计前置

施工组织设计的重要环节就是施工总平面图的布置，涉及施工运输道路的布置、原材料与构配件的堆场、半成品周转场地、设备堆场、各类物资仓库、钢筋加工场地，垂直运输设备的布置及服务半径，装配式建筑的预制构件储存、堆放以及周转场地等。

正常的施工组织设计，绝大多数均由总包单位负责编制，经监理单位审批通过后报送建设单位工程管理部门。建设单位工程管理部门对施工组织设计也要有一个审批的过程，当涉及利用结构顶板作为施工道路或场地时，还必须联合建设单位的设计管理部门组织设计、监理、总包与分包单位进行专题研究论证。

但用作给结构设计提施工荷载条件的施工总平面图，因正处于施工图设计阶段，尚未招标，也就不可能有总包单位，只能由建设单位工程管理部门负责编制。这是建设单位工程管理部门履行工程管理职能的重要一环，也是部门间密切配合、无缝对接、协调联动的体现，是工作的需要，也是必备的能力。当确实因人力不足而无法自行完成时，可委托第三方机构或个人进行编制。总之这项工作必须做，而且必须确保施工总平面图的设计质量。

建设单位工程管理部门完成施工总平面图后，应及时将有关施工荷载条件反馈给建设单位的设计管理部门，并由建设单位设计管理部门安排设计单位进行结构计算或复核。至此，设计单位在进行车库结构设计时的荷载取值就有了相对充分而明确的依据，对结构影响较大的几类荷载（覆土荷载、消防车荷载、施工荷载）在数值与分布状态方面基本确定。

当然，施工总平面的设计不能是任性与随意的，应仔细推敲、精心设计，必须具有技术上的可行性、工程实施的便利性及施工组织的科学性、合理性，而且一经确定就不要轻易更改。甚至可以作为招标文件的一部分要求中标单位必须严格遵守，并以合同形式对中标单位进行约束。一旦出现既定施工总平面图及施工组织设计必须修改的情况，必须由总包单位提出要求，由甲方工程管理部门联合设计管理部门组织总包、监理及设计单位共同研究确定是否修改。经集体研究确定修改的，由总包负责修改并报监理与设计单位进行审核及结构复核，得到设计单位的书面确认并履行完审批手续后方可组织实施。事关结构安全的大事，施工组织设计或施工总平面图的变更，只要涉及荷载大小与分布方式的改变，都应该重新履行审批程序，并报送原设计单位进行结构安全性复核，确认结构安全后方可组织实施。

同时，施工总平面的设计在充分考虑结构的安全性之外要尽可能兼顾经济性。

而要想实现结构安全性与经济性的统一，关键在于施工荷载（施工车辆与材料构配件堆场）与设计荷载的统一，即施工过程中作用于车库顶板的荷载总和不超过设计使用的荷载。但因设计使用荷载出于经济性的考虑可能有高有低（如消防车道与消防登高场地的活荷载较高，而其他区域的活荷载相对较低），如果在施工总平面图设计中能够将施工荷载较大区域尽量与设计荷载（尤其是活荷载）较大的区域吻合，或者将施工荷载较大的区域置于实土之上，就可获得既安全又经济的结构设计。可见施工总平面图的设计非常重要。

施工总平面图的设计需注意以下几条原则：

1）荷载较大的施工场地尽量置于实土区域

如钢筋存放与加工场地、重型材料设备存放场地尽量放在实土区域，不宜放在车库顶板。当因场地限制而必须放在车库顶板时，必须严格限制重载区域的范围及最大允许荷载，并将重载区域及允许荷载数值提交主体结构设计单位，或将受影响区域的结构永久性加强，或按正常荷载设计并在楼盖下方设临时支撑。

2）施工临时道路应与消防车道重合

车库顶板原则上不允许设施工道路，当因场地限制必须在车库顶板设施工道路时，施工道路应与消防车道重合，充分利用允许荷载较高的消防车道、消防车回车场以及消防登高场地作为施工车辆的活动空间，并在道路两旁设置防止各类施工车辆驶离施工道路的装置。

3）塔吊的布置应尽量顾及从场外到场内的水平运输，尽量减少场外到场内的车辆运输

虽然采用运输车辆进行从场外到场内的运输简单高效，但不能图一时之快而忽视结构安全。应在塔吊布置时尽量做到塔吊作业半径在场内的全覆盖，以减少或避免由场外至场内的车辆运输。

4）作为施工场地的车库顶板先不要进行覆土施工

用做施工场地的车库顶板，在车库结构封顶之后不要急于进行防水及覆土施工。其一是防水层容易遭到破坏且不易修复；其二是覆土被压实后不利于植物种植及生长；其三是未施加的覆土荷载可以作为安全储备，使车库顶板在施工荷载作用下不容易超载。

3. 认真做好设计交底工作

设计交底有图纸设计交底与施工设计交底，必要时还有专项设计交底。施工设计交底是由施工总承包单位组织分包单位、劳务班组，由总承包单位对施工图纸施工内容进行交底的一项技术活动。其组织者及实施者是总包单位，交底对象是分包单位、劳务班组等，属于工程管理的范畴。

图纸设计交底是指在施工图完成并经审查合格后，在设计文件交付施工时，按法律规定的义务，在建设单位主持下，由设计单位向各施工单位（土建施工单位与各设备专业施工单位）、监理单位以及建设单位做出详细的说明。其目的是使施工单位和监理单位正确贯彻设计意图，加深对设计文件特点、难点、疑点的理解，掌握关键工程部位的质量要求，确保工程质量。组织者为建设单位（设计管理部门及工程管理部门），实施者是设计单位，交底对象是总包及监理单位，也包括建设单位，属于设计管理的范畴。

对于地下车库，建议组织专项设计交底。交底内容不能仅限于车库主体结构施工的环节，还必须向后延伸直到物业管理与运营阶段，如车库顶板作为施工场地的安全注意事项、车库顶板雨污管线及覆土回填施工时的安全注意事项、景观小品施工与大型乔木栽植时的安全注意事项、大型机电设备运输及吊装时的安全注意事项、物业管理与运营阶段的安全注意事项与禁入措施等。交底对象的范围也应该扩大，不局限于总包、监理与建设单位，还应包括景观设计与施工单位、机电安装单位、土方施工分包单位、物业管理单位。

车库专项设计交底应充分说明车库顶板结构设计时的荷载考虑因素，对施工及使用阶段荷载的限制性要求、风险提示、注意事项等，对施工及使用期间可能出现超载的情况，必须明确"先复核后实施"的原则，即只要情况有异，有可能超载，就要报原设计单位进行复核，确认结构安全后方可组织实施，否则应停止实施，或经结构加固（包括临时支撑措施）后组织实施。原设计单位也应迅速响应、认真对待，第一时间将复核结果反馈给建设单位与施工单位，不应有推诿扯皮的情况。

在交底的过程中，对设计考虑不周或设计允许荷载预留不足的情况，应及时当面提出。只要施工组织合理、理由充分，经监理及建设单位认可后，可以要求设计单位修改设计或出具变更。切莫当面不说，日后阳奉阴违、冒险蛮干。

（六）施工阶段的过程监管措施与施工现场的安全保护措施

与设计管控相比，施工过程的监管更为直接有效，但也更旷日持久，也正因为旷日持久，就容易有松懈和疏忽的时候。

施工阶段的过程监管措施如下：

1. 必须做到有法可依

主楼施工（包括主楼土建、安装与装修施工）需借用车库顶板作为施工场地的，必须事先编制施工组织设计（施工方案），并根据不同施工阶段（主体结构施工、二次结构施工、机电安装施工及内外装修施工）绘制与之对应的施工总平面图，将顶板各个区域在各施工阶段的施工荷载都限制在设计允许荷载之内。重点关注场内施工道路及材料、构件、设备堆场及加工场地的布置，严防超载；小市政施工、顶板覆土施工及大型乔木的种植需编制专项施工方案，重点关注荷载分布与变化情况，确保施工荷载不超设计允许荷载。施工组织设计（施工方案）必须严控施工荷载不超设计允许荷载，只要存在超载的可能，就必须报原设计单位进行结构安全性复核，并由设计单位给出书面复核结论。监理单位及建设单位依据设计单位的复核结论进行施工组织设计（施工方案）的审批。

2. 必须做到有法必依

施工组织设计（施工方案）一经定稿并完成审批，就必须严格遵循施工组织设计（施工方案）组织施工。总包及分包单位必须履行自控主体责任。监理及甲方工程管理部门必须充分发挥监控主体责任，严禁无施工方案或不按施工方案的野蛮施工，一经发现必须及时制止，并严肃查处。

3. 科学组织施工，避免人祸

施工组织要科学、得当，避免失误和人祸的发生。比如车库顶板的覆土施工，可以用大卡车将土运输至实土区域或地库边缘，再改成小车在车库顶板上多次运输；在覆土施工前，只要运土车辆轮压在车库结构顶板上产生的等效面荷载不超过覆土荷载与使用活荷载之和，也允许运土车辆开到车库顶板并进行倒序回填，只要运土车辆不开到已经有覆土的区域，也可避免超载；即便在覆土施工完毕，覆土荷载已经施加完成后，仍然可以利用消防车道与消防登高场地作为运输道路，只要车辆总重不超过消防车的总重（一般是30t），仍可确保结构安全。因现场具体施工人员的文化与专业水平参差不齐，因此就凸显出施工交底的重要性。

4. 做好施工交底，防患于未然

必须认真履行施工交底的程序，施工交底要分级进行，且必须具有针对性，避免流于形式。首先是总包对分包单位工程技术管理人员的交底，其次是分包单位工程技术管理人员对工段长、班组长的交底，然后是班组长对施工操作人员的交底。所有各级交底必须履行书面程序，并需有交底人、被交底人的本人签字以便存档备案。很多事故源于无知导致的无畏，通过交底阐明利害关系，就可降低因无知无畏而蛮干的概率。

5. 充分发挥监理单位的监管作用

监理单位不是摆设，必须充分发挥监理的作用。尤其借用车库顶板作为施工场地期间，必须加大现场巡视力度，一旦发现有可能导致结构顶板超载的情况，必须立刻坚决制止，并进行惩戒。重型材料构件或设备入场、顶板覆土施工、重型机电设备吊装及大型乔木种植期间，必须进行旁站监理。

6. 建设单位工程管理人员也应发挥监控主体的作用

甲方工程管理人员首先要盯紧监理单位，同时加强对总包、分包的监督、管理，必要时可深入班组直接交底或进行干预。

7. 建立监测及预警系统

在车库顶板用作施工场地期间以及顶板覆土与大型乔木栽植期间，必须对车库顶板进行定期监测，并设立预警系统。监测内容主要包括车库梁底与板底在跨中附近的竖向位移以及裂缝开展情况，位移监测数据应能够自动上传，并定期在系统平台及移动式终端发布。当梁底或板底位移超过预警值时，应能自动报警，并将报警信息自动发送至各建设参与方在施工现场的主要负责人。

8. 利用信息化手段进行及时有效的沟通和管理

充分利用移动互联网及移动式终端的普及性与便捷性进行施工现场的日常管理。比如创建一个由工程建设各参与方相关人员组成的微信群,现场出现的任何需要解决和沟通的问题都可以在群中及时反馈交流,监理及甲方工程管理人员也可随时将发现的问题或工程最新进展情况以文字或图片的方式实时发布,监测数据也定期上传,设计单位可根据工程最新进展情况及可能出现的问题给出风险提示。仅凭这一点,就可以减少或避免许多事故。

施工现场车库顶板安全保护措施如下:

1. 设置限重牌及拦行杆

在现场主要行车路口设置限重牌及拦行杆,限制超重汽车进入地下室顶板区域。

2. 车行道的划分

严格按施工总平面图在施工现场划分车行道,并张贴于施工现场,用以指导各种车辆的行驶和卸货,同时在道路两旁设置防止各类施工车辆驶离施工道路的装置。

3. 在施工入口处设置地磅称重及拦行系统

在施工入口处设置地磅进行称重,杜绝超载车辆直接进入施工现场主干道及地下室顶板;控制车辆总重量不超过规定允许值的才能驶上车库顶板。

4. 施工现场主要干道进行实时监控

对现场进行实时监控,对于超重车辆违规进入地下室顶板区域的应及时阻止,并以现场教育、通报批评以及其他处罚措施等进行惩戒。

5. 卸货车辆的管理

凡在车库顶板堆载时,所有车辆不能直接开到车库顶上卸货,必须用塔吊吊运卸货。

6. 后浇带等悬挑部位进行加固处理

车库顶板后浇带在封闭前处于悬挑受力状态,建议顶板拆模时不拆后浇带附近的底模,必要时还需要加固,确保后浇带两侧的结构在施工荷载下的安全。因车库顶板后浇带较多且纵横交错,且后浇带宽度较宽(800~1000mm),故需用 16 号工字钢架设在后浇带上以便过车。

7. 堆放材料管理措施

(1)对各施工区域、各材料堆放区挂明显的限载标示牌,内容包括限载数据、堆放高度等;

(2)钢筋堆放应作为重点管理,堆放范围、高度必须符合规定要求,如超出规定必须经过监理及业主同意,严禁超出设计荷载值;

(3)材料、构件等的堆放应尽量均匀,使荷载分布尽量均匀,严禁在局部区域集中堆载;

(4)吊运物品落地时不能过快,与车库顶板面距离 2~3m 时要轻轻落下,且必须要有专人指挥塔吊起落;

(5)禁止移动式起重机开上车库顶板进行吊装作业。

8. 定期监测

对车库顶板面、板底、框架梁、支撑系统进行定期监测,并设立预警系统。发现结构异常应立刻对顶板进行卸荷,并请原设计或其他有资质的单位对其进行复核及检测,破损严重区域必须进行补强加固,并不得再使用该区域作为施工场地。

（七）物业管理的注意事项与保证措施

在物业管理及运营使用期间，车库顶板的安全防护工作也不容忽视。如 2017 年 11 月河北沧州某小区车库西南角出现小范围坍塌事故，就是在正常使用三年半后发生的。经专家论证，事故原因为"坍塌部位设计覆土厚度为 0.9m，实际上部堆土为 5m，且土体潮湿，上部有满载土方重型车辆作业形成动荷载，导致顶板荷载严重超出原设计标准，柱板发生局部破坏"。这是一起野蛮施工与物业管理漏洞所酿成的结构安全事故，因此在地下车库全寿命周期的安全管理中，物业管理及使用维护阶段的安全管理同样重要，且更为漫长，相比之下也更容易疏忽和懈怠。但好在问题的核心在于管理，只要管理到位，就可避免事故发生，所需采取的措施也相对简单，具体如下：

（1）加强小区车行出入口的管理，严禁除消防车以外的重载车辆驶入小区；

（2）消防车道及消防登高场地必须设置标志标线，禁止消防车在标志标线以外的区域行驶及实施扑救作业；

（3）小区内部道路路口应设置限高、限重警示标志，禁止超高、超载车辆驶入；

（4）搬家车辆、垃圾清运车辆必须在消防车道行驶；

（5）对不允许车辆进入的区域，设立防车辆驶入的隔离措施；

（6）禁止在车库顶板进行土方施工作业；

（7）禁止在车库顶板进行任何形式的吊装作业。

第五节　地下结构外墙的设计优化

一、地下室外墙的结构计算模型

当地下室外墙采取简化模型计算而非采用有限元计算时，选取合适的计算模型对地下室外墙的计算至关重要。设计时应针对工程项目的具体情况进行具体的分析，必须对地下室的顶板、底板、内隔墙、垂直外墙、中间层楼板对外墙的支承作用、地下室外墙在顶板以上的延续性等进行全面客观的分析与评价，从而确定与实际工作状况最为接近的几何模型与边界条件。唯有如此，才能保证选择的计算模型最大限度地符合工程实际，才能保证地下室外墙结构的经济与安全。

地下室外墙可以看成是竖向放置的板，主要承受侧向的土压力与水压力及上部结构传下来的荷载，因此地下室外墙本质上是一个板式压弯构件。但当地下室外墙出地面后不向上延续时，此时地下室外墙的竖向力仅为地下室顶板传来的荷载，则沿墙板平面方向的竖向压力可忽略不计，外墙可以简化为以承受侧向压力为主的板式受弯构件。在二阶效应不明显的情况下，轴向压力对裂缝宽度计算起有利作用，很多工程在裂缝宽度计算值超限时，适当考虑轴向压力的有利作用即可将裂缝宽度控制在限值以内。

墙板构件的支承应根据地下室的层数、与外墙相连的壁柱及内隔墙、顶板、中间楼板与底板的支承情况综合考虑。一般地下室的顶板厚度较外墙薄，认为顶板对外墙的转动约束可以忽略，顶板对外墙仅提供垂直于外墙的轴向支承即简支。地下室的底板一般较厚，外墙下一般布设条形基础或在与底板相交处设置一条较大的地梁，且底板下的地基土对底板的变形也起到一定的约束作用，当底板外伸时外伸部分的覆土也对其转动有约束作用，故在这种情况下，认为底板对外墙除了提供轴向支承以外，还提供完全的转动约束即固定支承。

当不存在顶板，且墙顶又无平面外支承时，墙顶应按自由端考虑。当地下室外墙同时为主体结构的落地剪力墙时，此时首层墙体与地下一层外墙连续，可以对地下室外墙形成一定的转动约束，故可将地下一层外墙顶端视为固定端。但是，主体结构的外墙往往开有较大的门窗洞口，其对外墙顶部的转动约束作用有限，此时仍应将地下一层外墙顶端视为铰支座。

当地下室超过一层时，则中间层的楼板可作为外墙连续板的中间支座，按刚性链杆考虑。

当与外墙相连的壁柱较大或存在有垂直于外墙的内隔墙，且壁柱或内隔墙间距与地下室层高相比差距较小（如二者之比小于等于2）时，则外墙的双向作用明显，此时外墙可按水平方向的多跨连续板考虑，壁柱或内隔墙可以作为多跨连续板的内支座，对外墙提供支承。但当壁柱较小时，可忽略壁柱的作用，而将外墙按整块板考虑。

以上均是为了计算方便而做出的简化假定，要知道在任何情况下都不可能有完全的简支与固定支承，因此在设计时对这样的假定所产生的不利影响应有足够的估计并通过构造手段处理。

如果地下室外墙的中间支座是壁柱的话，地下室外墙对壁柱的侧向作用不能忽略，此时应将壁柱对地下室外墙的支座反力反作用于壁柱，对壁柱进行压弯验算。

因此，主楼地下室外墙的一般计算模型就是：以承受水土压力为主的，以顶板、底板、垂直向外墙、内隔墙、壁柱、中间层楼板为支承的多跨连续板。如图 3-5-1 所示。

可见，剪力墙结构住宅的地下室外墙模型与地下车库外墙模型有所不同，而地下车库

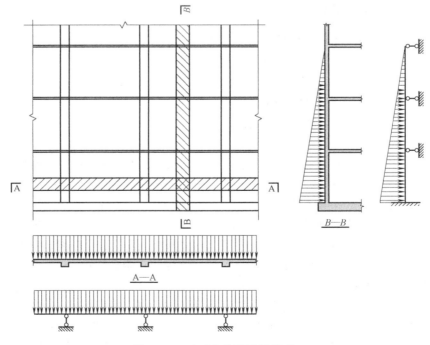

图 3-5-1　地下室外墙计算模型

外墙模型又因为扶壁柱大小及与外墙垂直横墙的间距大小而各异。

下文将针对地下车库外墙及剪力墙结构住宅地下室外墙分别进行详述。

二、地下车库外墙的计算模型

1. 地下车库是否设扶壁柱的考量

对扶壁柱的设置要求出现在《高层建筑混凝土结构技术规程》JGJ 3—2010 中（以下简称《高规》），而在地下车库所适用的现行国家规范（《混凝土结构设计规范》、《建筑抗震设计规范》和《建筑地基基础设计规范》）中，没有关于扶壁柱的设置要求。

《高层建筑混凝土结构技术规程》JGJ 3—2002

7.1.7　应控制剪力墙平面外的弯矩。当剪力墙墙肢与其平面外方向的楼面梁连接时，应至少采取以下措施中的一个措施，减小梁端部弯矩对墙的不利影响：

2　当不能设置与梁轴线方向相连的剪力墙时，宜在墙与梁相交处设置扶壁柱。扶壁柱宜按计算确定截面及配筋；

3　当不能设置扶壁柱时，应在墙与梁相交处设置暗柱，并宜按计算确定配筋；

《高层建筑混凝土结构技术规程》JGJ 3—2010 对上述条文进行了修改与完善，放松了对扶壁柱的设置要求，即便梁与墙采取刚接时，仍可用暗柱来取代扶壁柱。

7.1.6　当剪力墙或核心筒墙肢与其平面外相交的楼面梁刚接时，可沿楼面梁轴线方向设置与梁相连的剪力墙、扶壁柱或在墙内设置暗柱，并应符合下列规定：

2　设置扶壁柱时，其截面宽度不应小于梁宽，其截面高度可计入墙厚；

3　墙内设置暗柱时，暗柱的截面高度可取墙的厚度，暗柱的截面宽度可取梁宽加 2 倍墙厚；

4　应通过计算确定暗柱或扶壁柱的纵向钢筋（或型钢），纵向钢筋的总配筋率不宜小于表 7.1.6 的规定。

《高规》设置扶壁柱的主要理由是抵抗框架梁传给剪力墙的平面外弯矩。而剪力墙平面外刚度及承载力都相对很小，且一般情况下并不验算墙的平面外的刚度及承载力，因此用扶壁柱（或暗柱）来抵抗梁端传来的平面外弯矩。

新旧两版《高规》都允许采用暗柱，但 2002 版《高规》优先考虑扶壁柱，当不能设置扶壁柱时可采用暗柱，2010 版《高规》则将扶壁柱与暗柱并列起来，实质是淡化了优先级的问题。而且新旧两版规范在条文说明中都给出了减小墙肢平面外弯矩的设计方法与技术措施，比如小截面梁可与墙肢铰接或半刚接，在实际设计实践中，也大多将与墙垂直相交梁端按铰接处理。

上述规定适用于不考虑平面外受力的剪力墙，对于以抵抗平面外水土压力为主的地下车库外墙，厚度一般较大（不小于 250mm），竖向配筋也一般较多，因此具有较大的平面外刚度及承载力；有覆土的顶板梁虽截面较大，但在停车位紧凑布置的柱网下，其靠近外墙的边跨一般较小，因此不平衡弯矩也相应较小。如果仅仅从抵抗梁端传来的平面外弯矩出发，完全可以取消扶壁柱，代之以暗柱，同时梁端与地下室外墙之间按铰接处理。

对于地下车库，设置扶壁柱还有计算模型方面的考虑。很多人认为，扶壁柱的存在可以视为地下室外墙板沿水平方向的支座，从而可以将地下室外墙按双向板设计。

采用双向板设计，计算与配筋均比单向板复杂，其主要目的无非是降低外墙板水平截面的平面外弯矩从而降低竖向计算钢筋量,但其效果如何还必须具体情况具体分析。

实际上,地下普通停车库的层高一般在3.7~3.8m,超过4.0m的很少(超过4m就需要分析原因了),采用无梁楼盖还可降低0.3~0.4m层高;而地下车库柱距一般均在8.0m以上,因此扶壁柱之间外墙板的长宽比均在2.0以上,沿高度方向的单向受力明显。即便扶壁柱的刚度足够大,其所能提供的双向作用也非常有限,何况扶壁柱与外墙板的刚度比还不足够大,与基础底板及各层楼屋盖对外墙的约束刚度相比,扶壁柱对外墙的约束刚度要小得多,充其量也就是弹性支座而无法达到固定铰支座的程度。因此扶壁柱的存在并不能有效降低竖向计算钢筋量,反而会使水平钢筋有可能由构造配置改为由计算控制。

【案例】 有扶壁柱普通地下车库外墙单向板与双向板模型计算比较

图3-5-2~图3-5-4为8.0m柱距、3.8m层高,在1.5m厚覆土度及5.0kN/m²地面超载作用下,按单向板及双向板模型算得的弯矩分布。从弯矩分布情况看,在8.0/3.8=2.1的长宽比下,两种模型的竖向弯矩几乎相同,采用双向板模型计算没有实际意义。而采用双向板模型的水平向最大弯矩仅为22.36kN·m,小于Φ10@200时的极限设计弯矩26.7kN·m,不必在扶壁柱附近考虑任何的加强措施。

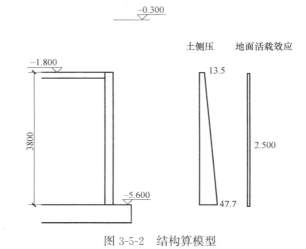

图3-5-2 结构算模型

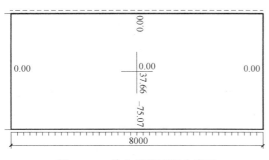

图3-5-3 单向板模型组合弯矩

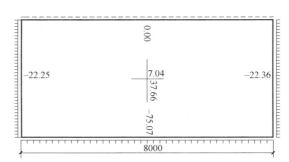

图3-5-4 双向板模型组合弯矩

但当层高较高(比如复式机械停车库)或扶壁柱间距较小时(比如一个柱距停两辆车的5.4m标准柱距),板块的长宽比变小,双向作用加强,情况会有所改变。以升降横移式双层机械停车库为例,一般要求净高3.6m,当钢架置于梁下时,钢架高度需要0.3m,

再加上至少 0.9m 的梁高，则层高一般要求 4.8m。此时扶壁柱间外墙板块的长宽比为 8.0/4.8＝1.67，双向作用显现，扶壁柱的存在确能起到降低竖向弯矩及配筋的作用，但水平向钢筋相应增加。见如下案例。

【案例】 有扶壁柱地下机械车库外墙单向板与双向板模型计算比较

图 3-5-5、图 3-5-6 为 8.0m 柱距、4.8m 层高 1.5m 厚覆土度下，按单向板及双向板模型算得的弯矩分布。从弯矩分布情况看，双向板模型的竖向弯矩明显降低，但水平向弯矩也较大，外侧钢筋由计算控制，采用双向板模型计算在理论上具有一定意义。

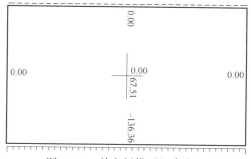

图 3-5-5 单向板模型组合弯矩

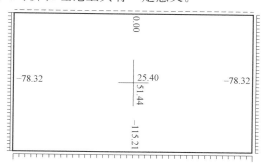

图 3-5-6 双向板模型组合弯矩

从以上两个案例的弯矩输出结果可看出，当板块的长宽比较大时，考虑扶壁柱的作用而采用双向板模型计算时，竖向弯矩并没有发生变化，几乎没有体现出双向受力效应，此时双向板模型并不具有经济性。因此，除非扶壁柱的柱距较小或层高较大，使得扶壁柱之间板块的长宽比小于 1.5，因而双向作用非常明显时需考虑双向板模型，否则采用双向板模型均属于自找麻烦、自寻烦恼，且无多大的经济效益，搞不好还容易出安全隐患。

比较两种模型的计算结果（表 3-5-1～表 3-5-3），其区别体现在内外侧竖向钢筋及外侧水平钢筋。假设均采用拉通配筋方式，则一个板块的理论用钢量大致相同，单向板模型甚至还略小些。但如果采用长短交错搭配的配筋方式，通过合理调配贯通钢筋与附加钢筋的比例，则单向板模型的配筋比双向板模型的用钢量要小。但双向板水平方向长短交错配筋方式在计算、绘图及施工方面都要复杂一些。

按单向板计算的配筋表 表 3-5-1

层	部位	计算 A_s	选筋	实配 A_s	实配筋率
一1层					
水平向	左边-内侧	500	Φ12@220	514	0.21
	左边-外侧	500	Φ12@220	514	0.21
	跨中-内侧	500	Φ12@220	514	0.21
	跨中-外侧	500	Φ12@220	514	0.21
	右边-内侧	500	Φ12@220	514	0.21
	右边-外侧	500	Φ12@220	514	0.21
竖向	顶边-内侧	500	Φ12@220	514	0.21
	顶边-外侧	500	Φ12@220	514	0.21
	跨中-内侧	899	Φ12@120	942	0.38
	跨中-外侧	500	Φ12@220	514	0.21
	底边-内侧	500	Φ12@220	51	40.21
	底边-外侧	2057	Φ16@90	2234	0.89

按双向板计算的配筋表   表 3-5-2

层	部位	计算 A_s	选筋	实配 A_s	实配筋率
一1层					
水平向	左边-内侧	500	Φ12@220	514	0.21
	左边-外侧	1110	Φ12@100	1131	0.45
	跨中-内侧	500	Φ12@220	514	0.2
	1跨中-外侧	500	Φ12@220	514	0.21
	右边-内侧	500	Φ12@220	514	0.21
	右边-外侧	1110	Φ12@100	1131	0.45
竖向	顶边-内侧	500	Φ12@220	514	0.21
	顶边-外侧	500	Φ12@220	514	0.21
	跨中-内侧	676	Φ12@160	707	0.28
	跨中-外侧	500	Φ12@220	514	0.21
	底边-内侧	500	Φ12@220	514	0.21
	底边-外侧	1696	Φ14@90	1710	0.68

单向板模型与双向板模型的配筋对比情况   表 3-5-3

理论计算用钢量	竖向外侧	竖向内侧	水平外侧
单向板模型(mm^2/m)	2057	899	500
双向板模型(mm^2/m)	1696	676	1110
差值(mm^2/m)	361	223	−610
一个板块钢筋重量差值(kg)	108.8	67.2	−183.9

采用双向板模型还有一个重要的问题，也是设计师经常忽略的问题，即扶壁柱除了承受整体模型计算的内力之外，同时还要承受从外墙板传来的横向荷载。设计师习惯直接采用 PKPM 整体计算模型下的配筋结果，但却忽略了外墙传给扶壁柱的横向荷载，导致设计结果偏于不安全。

扶壁柱在外墙横向荷载作用下可简化为上下均为固接的模型。在计算扶壁柱的最终配筋时，对于柱顶截面，柱顶弯矩应取外墙横向荷载模型与整体分析模型的叠加，用叠加后的设计弯矩进行截面设计及配筋；对于跨中截面，应验算在横向荷载模型跨中弯矩作用下，PKPM 整体计算模型的配筋能否满足要求。

因此，从计算模型的经济性出发，当板块的长宽比大于 1.5 时，没有设置扶壁柱的必要，在梁下设置与墙等厚、两倍梁宽的暗柱即可。暗柱配筋需满足计算要求且不小于《高规》第 7.1.6 条第 4 款的构造要求。

笔者不推荐在地下室外墙设计中采用扶壁柱，除非扶壁柱为主体结构所需或有充足理由表明设扶壁柱有明显的经济优势时，否则一律不设扶壁柱，并采用单向板模型计算。如此可使计算大大简化，结构设计也偏于安全，当外侧竖向钢筋采用间隔截断的分离式配筋时，也能取得不错的经济效果，还可避免漏算一些构件造成不必要的安全隐患。故在设计之初，就尽量不设扶壁柱，当竖向抗压需要必须要设扶壁柱，则要尽量减小扶壁柱截面或弱化扶壁柱沿墙平面外的刚度，比如将扶壁柱扁放，即将矩形柱的长边平行于外墙放置。在计算内力与配筋时，除了垂直于外墙方向有钢筋混凝土内隔墙相连的外墙板块或外墙扶壁柱截面尺寸较大的外墙板块可按双向板计算配筋外，其余的外墙以按竖向单向板计算配筋为妥。对于竖向荷载（轴力）较小的外墙扶壁桩，其内外侧主筋也应予以适当加强。此时外墙的水平分布筋要根据扶壁柱截面尺寸大小，在扶壁柱所在的负弯矩影响区适当另配外侧水平向附加短筋予以适当加强。

2. 地下车库外墙无扶壁柱的计算模型

地下室外墙的计算模型应根据其受约束情况来具体分析确定，最重要的是边界条件的确定。地下车库除人防区外，与之相连的横向剪力墙很少，甚至几乎没有，但可能会有扶壁柱。当无横墙相连也无扶壁柱时，地下室外墙可近似看作平面应变问题，可取单位宽度的竖向板带进行计算，多简化为单向受力的单向板或多跨单向连续板模型，只计算水平截面的内力及配筋，即竖向钢筋按计算配置，水平钢筋按构造配置。

3. 地下车库外墙有扶壁柱的计算模型

当地下室外墙设有与之整浇在一起的扶壁柱时，其传力路径、受力状态及内力分配就不再像无扶壁柱那样简单，而需根据扶壁柱的大小来综合确定。当扶壁柱的尺寸与墙厚相比较大时，扶壁柱对外墙板的约束作用不能忽略，其作用类似于竖向放置的梁，对外墙板可起到支承作用。此时外墙板在水平方向应按支承于扶壁柱上的多跨连续板考虑，扶壁柱作为多跨连续板的内支座，对外墙板提供平面外支承。当扶壁柱尺寸较小时，可忽略扶壁柱的作用，而将外墙按整块板考虑，其计算模型同无壁柱（或内横墙）的地下室外墙。

当考虑扶壁柱的支承作用而按双向板设计时，扶壁柱除了承受结构整体计算的内力之外，同时还要承受从外墙板传来的横向荷载。很多设计师习惯直接采用 PKPM 整体计算模型下的配筋结果，但却忽略了外墙传给扶壁柱的横向荷载，导致设计结果偏于不安全。

扶壁柱在外墙横向荷载作用下可简化为上下均为固接的模型或与其所支承的楼面梁形成半框架模型。在计算扶壁柱的最终配筋时，对于柱顶截面，柱顶弯矩应取外墙横向荷载模型的柱顶弯矩与整体分析模型柱顶弯矩的叠加，用叠加后的设计弯矩进行截面设计及配筋；对于跨中截面，应验算在横向荷载模型跨中弯矩作用下，PKPM 整体计算模型的配筋能否满足要求。

当有扶壁柱但忽视其作用而按单向板模型设计时，考虑到墙板在扶壁柱处确实存在刚度突变，或多或少会有一定的水平向弯曲受力特征，也即多少会存在一定的水平弯矩，故从概念设计角度应该对扶壁柱处外侧水平钢筋予以加强。理论上的确如此，但实际上很多时候不必要。主要是在实际的设计工作中，虽然水平分布钢筋为构造配置，但一般来说其构造配筋量并不低。据笔者对十几家设计院的二十多个工程的统计，对于 250mm 厚的地下车库外墙，水平分布钢筋用量最小的为 $\Phi 10@200$（$393mm^2/m$，两侧合计配筋率为 0.32%），最大的为 $\Phi 12@150$（$565mm^2/m$，两侧合计配筋率为 0.60%）。对于 250mm 厚的地下车库外墙，单位宽度所能承受的极限弯矩设计值，当采用 $\Phi 10@200$ 时为 26.7kN·m，采用 $\Phi 12@200$ 时为 38.4kN·m。一般来说均不小于双向板模型算得的弯矩设计值。

进一步讲，除非层高较高采用单向板模型配筋较大而不经济时，可考虑设扶壁柱外，一般 4.5m 以下的地下车库层高均没有设置扶壁柱的必要。仅在梁下设置与墙等厚、两倍梁宽的暗柱即可。必须设扶壁柱时，也应尽量弱化其平面外刚度。

如果坚持采用双向受力模型而将扶壁柱当作外墙的中间支座的话，外墙传给壁柱的向力不能忽略，此时应将壁柱对外墙的支座反力反作用于壁柱，对壁柱进行压弯验算。

三、剪力墙结构住宅地下室外墙计算模型

剪力墙住宅的地下室外墙与地下车库外墙有较大区别，主要是有许多与外墙垂直相交的内横墙，且横墙间距一般不大，基本在 3.0～4.5m 之间不等。其次是主楼地下室层高一般不大，基本在 2.6～3.3m 之间，超过 3.6m 层高的很少。因此板块的长宽比基本在 1.0 左右。

前述图 3-5-1 的模型比较符合实际工作状况，但要按此模型计算比较困难，需采用有限元分析方法进行。因此在实际设计过程中，还需将该模型继续简化，以便可以采用解析法、软件工具或查静力计算手册等简单方法进行计算。

如可将多跨连续板简化为一个个单块的双向板，墙与顶板或底板相连处可以按前述方法确定其边界条件（或固支、或铰支或自由），中间支座处可以简化为固定支承。左右两边则根据板块在该边是否连续及支承构件刚度的大小而取固支、铰支或弹性支座，当为连续边或虽为端支座但支承构件对墙板的转动约束刚度较大时可简化为固接，如图 3-5-7 中的墙板在 6 轴、12 轴及图 3-5-8 在 18 轴及 20 轴的支承条件；当为端支座且支承构件对墙板的转动约束刚度较小时可简化为铰接，如图 3-5-7 中 1 轴与 3 轴之间的墙板在 1 轴及 3 轴处的支承条件。10 轴与 14 轴之间的双跨连续板在 10 轴与 14 轴的支承条件，图 3-5-8 中三跨连续板在 16 轴及 24 轴处的支承条件。处于固接及铰接的中间状态时理论上应简化为具有弹性转动约束的支座，如图 3-5-7 中 3 轴至 10 轴之间的墙板在 3 轴与 10 轴处的支承条件。虽然这两处均为端支座，支承墙体的厚度也不大，但因支承墙体是 T 形翼墙，其对墙板转动约束作用要比 L 形翼墙大许多，简化为铰接不是很合理，而其转动约束刚度又不足以大到简化为固接，故较理想的支承条件是弹性转动约束。但弹性转动约束的弹簧刚度不容易计算，且一般的工具箱类软件不提供弹性支座的功能，故简化为弹性支座在内力计算方面比较麻烦。一般来说，对端支座仍可选固接及铰接两种支承条件，再根据端支座对墙板的实际约束情况对内力及配筋进行适当调整，比如简化为固接时适当加大跨中截面的配筋，简化为铰接时则适当加大支座截面的配筋。但对于图 3-5-7 中 6 轴、12 轴及图 3-5-8 中 18 轴、20 轴等中间支座，若两侧墙板厚度无明显差别，简化为固接是没有问题的。

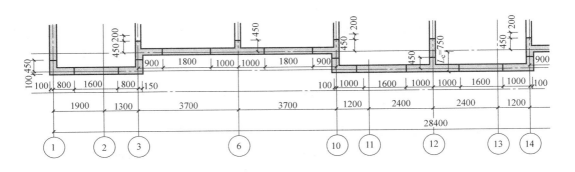

图 3-5-7　河北保定某项目地下室外墙局部平面图

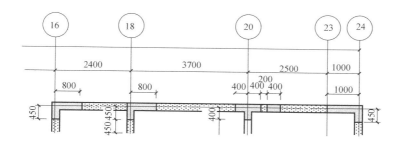

图 3-5-8 河北保定某项目地下室外墙局部平面图

综合考虑楼板及横墙对地下室外墙的支承条件，图 3-5-7、图 3-5-8 中地下一层外墙可简化为如图 3-5-9 中的几种板块之一，而对地下二层及地下二层以下的外墙则可简化为图 3-5-10 中的几种板块之一。图 3-5-9、图 3-5-10 中的 (a)、(b)、(c) 简图分别对应 1 轴～3 轴之间的板块、6 轴～10 轴之间的板块及 12 轴～14 轴之间的板块，以方便读者能直接感受之间的对应关系。

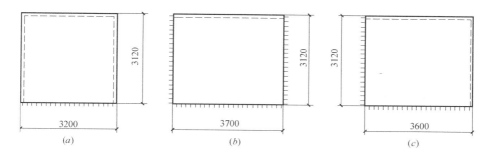

图 3-5-9　地下一层单块墙板几何模型与边界条件

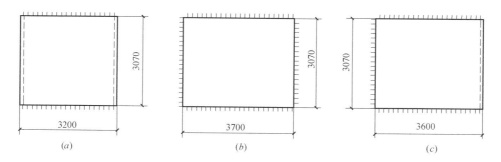

图 3-5-10　地下二层单块墙板几何模型与边界条件

值得注意的是，不同地下室的层高以及横墙或壁柱的间距是千变万化的，即使同一个工程的地下室的不同开间这些参数也不完全相同，因此对一个地下室的外墙不可能仅选用一个板块就解决整个地下室外墙的计算，而要根据不同的开间和层高选取几个不同的典型板块进行计算才能保证整个外墙的经济合理与安全。有的设计院也会根据开间大小进行分档计算，但却以 1.0m 为模数进行分档，也就是说 3.0m 开间可能与 3.9m 开间在同一档，采用相同的内力和配筋，这种分档方法就太粗犷了。二者的最大弯矩比值是 1.69，对于

259

3.0m 开间的墙板，水平钢筋增加了 69%，个人感觉还是难以接受的。

有的结构工程师不论板块所处位置及跨度大小，也不管板块在支座处是否有相邻墙板与之连续，一律将两侧边的支承条件假定为简支，也即一律采用图 3-5-9 及图 3-5-10 中的 (a) 模型。理由是左右两侧相邻板块的跨度不相等，那么作用于墙板上的水平荷载总量也不相等，因而当相邻板块较小时难以对该板块起到有效的转动约束，故应简化为铰接。

从严格意义上来说，所谓固接或铰接都是一种模型简化方法，很多情况下的边界条件既非完全的固接，也非完全的铰接，只不过是根据支座对板边的转动约束程度强弱而选择相对接近的支承模式。转动约束强就简化为固接，转动约束弱就简化为铰接。很显然，类似图 3-5-7 中的墙板在 6 轴、12 轴及图 3-5-8 在 18 轴及 20 轴的支承条件更接近于固接而不是铰接。因此假定为固接的模型偏差较小，而选择铰接的模型偏差较大。如果按该结构工程师的理解，几乎所有板类构件就都不存在固接这种支承条件，所有楼板的支座负弯矩都是零，支座上铁都可以按构造配置，也不必考虑按弹性设计还是按塑性设计，结构静力手册也不需要列入固定边这一支承条件，只需简支、角点支承及自由边三种边界条件就可以了。但事实显然不是这样。

当地下室外墙计算时假定底部为固定支座时，外墙底部弯矩与相邻的底板弯矩大小相同，底板的抗弯能力不应小于侧壁，其厚度和配筋量应匹配。在地下车道的设计中尤为突出，车道侧壁为悬臂构件，车道底板当按竖向荷载产生的基底反力设计时，底板一般会较薄，有可能薄于车道侧板，此时应按底板的抗弯能力不应小于侧壁的原则加厚底板并调整配筋。当车道紧靠地下室外墙时，车道底板位于外墙中部，应注意外墙承受车道底板传来的水平集中力作用，该荷载经常遗漏。

综上所述，地下室外墙计算模型一般根据其约束情况简化为单跨或多跨连续单向板、双向板计算，其中边界条件的判断最为关键，一定要具体情况具体分析，不可生搬硬套。就简化模型而言，也都是在一定条件下的简化，且适用条件的界定比较模糊，若想得到比较准确及可靠的计算结果，可采用有限元法计算。现这类软件也比较多，可采用通用有限元分析软件，如 ANSYS、ALGOR、SAP2000、STAAD PRO、MIDAS 等，也有一些针对岩土结构的专用软件，如 PLAXIS、理正、世纪旗云等，设计者可参考使用。

四、地下室外墙的计算高度

对于地下室外墙的计算高度，当基础底板较厚时（一般大于 1.5 倍墙厚），可从底板上皮算起；当底板厚度与外墙厚度相当时，应从底板中线算起。有的工程基础底板上有较厚的覆土，这时最下层外墙的计算高度应视该层地面做法而定。如为混凝土面层较厚的刚性地面，且在基坑肥槽回填之前完成地面做法，则外墙计算高度可算至地下室地坪。但当刚性地面施工在地下室回填以后进行时，外墙计算高度仍应算至底板上皮。此时为了减小外墙计算高度，可在外墙根部与基础底板交接处覆土厚度范围内设八字角，并配构造钢筋，作为外墙根部的加腋，加腋坡度按 1:2。这时外墙计算高度仍可算至地下室地坪。对于底层以上的其他地下楼层，计算高度可取楼板中线之间的距离。

五、作用于地下室外墙上的荷载与荷载组合

1）地面超载取值

有些设计院的结构工程师在计算地下室外墙时，地面超载采用 20kN/m²，对于全埋地下车库而言，车库顶板因有一个相当于覆土厚度的埋深，由于覆土的扩散作用，地面超载传递到墙顶标高时已折减很多，无视覆土厚度仍然采用 20kN/m² 地面超载不合理；再结合消防车的可达性及消防车荷载的作用范围，不管有无停放消防车的可能，地下室外墙不加区分的一律按 20kN/m² 的消防车活荷载计算也不合理；此外，消防车荷载是通过轮压施加到覆土层表面的局部荷载，即便扩散到墙顶所在的水平面以后，仍然是有限范围内的局部荷载，而朗肯土压力公式中的地面超载 q 是基于墙顶所在半无限平面的均布荷载得出的，把有限范围的局部荷载当做半无限范围的均布荷载来计算地下室外墙，必然导致保守的设计（局部荷载下的土压力计算可参照《建筑边坡工程技术规范》GB 50330—2013 附录 B 及《建筑基坑支护技术规程》JGJ 120—2012 第 3.4.7 条计算）。对于主楼下的地下室外墙，因地下室顶板高于室外地面一个室内外高差，不存在覆土对地面超载的扩散作用，但地上建筑物的存在，使消防车等重型车辆更难以靠近，轮压产生的局部荷载距地下室外墙更远，故地下室外墙上由局部荷载引起的附加侧向土压力就更为有限。

基于以上原因及其他方面的考虑，《北京市建筑设计技术细则》2.1.6 条明确规定，"在计算地下室外墙时，一般民用建筑的室外地面活荷载可取 5kN/m²（包括可能停放消防车的室外地面）。有特殊较重荷载时，按实际情况确定。"其中特别提到可能停放消防车的室外地面。

2）水土压力取值

导致水土压力取值偏大的因素较多，土压力模型、地下水位标高及土的重度对计算结果均有影响，但是出现问题且影响较大的因素有二：其一是模型墙顶以上覆土厚度取值随意放大；其二是水土压力计算时采用了水土分算原则，但地下水位以下的土压力计算没有采取浮重度。

《北京市建筑设计技术细则》2.1.5 条：

2.1.5　地下水位以下的土重度，可近似取 11kN/m³ 计算。

《北京地区建筑地基基础勘察设计规范》DBJ 11—501—2009（2016 年版）第 8.1.5 条有同样规定：

8.1.5　地下室外墙及防水板荷载可按以下原则取值：

1　验算地下室外墙承载力时，如勘察报告已提供地下室外墙水压分布时，应按勘察报告计算。当验算范围内仅有一层地下水时，水压力取静水压力并按直线分布计算。计算土压力时，地下水位以下土的重度取浮重度。

3）荷载分项系数取值

严格意义上，水、土压力应按恒荷载对待，分项系数取 1.2；地面超载则按活荷载对待，分项系数取 1.4。如果再严谨些，可视为永久荷载效应控制的组合，则土压力、水压力的分项系数取 1.35，地面超载的分项系数取 1.4，再乘以 0.7 的组合值系数即 0.98。简化计算则可不区分恒荷载与活荷载，直接按综合分项系数 1.3 取值。但很多设计院的结构工程师习惯将水土压力按活荷载对待，与地面超载一并取 1.4 的分项系数，必然导致荷载组合设计值增大。

《全国民用建筑工程设计技术措施　结构》2003 版：

2.5.3　水位不急剧变化的水压力按永久荷载考虑；水位急剧变化的水压力按可变荷载

考虑。

2.6.1 计算钢筋混凝土或砌体结构的地下室侧墙受弯及受剪承载力时，土压力引起的效应为永久荷载效应，当考虑由可变荷载效应控制的组合时，土压力的荷载分项系数取1.2；当考虑由永久荷载效应控制的组合时，其荷载分项系数取1.35。

2.6.2 地下室侧墙承受的土压力宜取静止土压力。

《建筑结构荷载规范》GB 50009—2012明确将土压力与水压力列为永久荷载：

4.0.1 永久荷载应包括结构构件、围护构件、面层及装饰、固定设备、长期储物的自重，土压力、水压力，以及其他需要按永久荷载考虑的荷载。

六、地下室外墙设计的裂缝控制原则

在计算地下室外墙配筋时，是否考虑裂缝及裂缝宽度限值对配筋计算结果影响较大。最常见的有两类问题，其一是保护层厚度取值不当；其二是裂缝宽度限值不当。现分述如下。

1）保护层厚度取值不当

有些设计院的结构工程师很随意地将人防外墙保护层厚度定为50mm，且不说保护层厚度对墙体配筋计算会有影响，就裂缝控制而言也并不有利。理论上，裂缝宽度计算值随保护层厚度增大而增大，50mm的保护层厚度，裂缝宽度计算值也必然很大。而实际上，较厚的保护层本身就是致裂因素，故规范规定当保护层厚度大于50mm时，宜对保护层采取有效的构造措施。

综合《混凝土结构设计规范》GB 50010—2010及《人民防空地下室设计规范》GB 50038—2005的有关要求，设建筑防水层的地下室外墙外侧的保护层厚度可取30mm。

《混凝土结构设计规范》GB 50010—2010：

8.2.2 当有充分依据并采取下列措施时，可适当减小混凝土保护层的厚度。

4 当对地下室墙体采取可靠的建筑防水做法或防护措施时，与土层接触一侧钢筋的保护层厚度可适当减少，但不应小于25mm。

《人民防空地下室设计规范》GB 50038—2005：

4.11.5 防空地下室钢筋混凝土结构的纵向受力钢筋，其混凝土保护层厚度（钢筋外边缘至混凝土表面的距离）不应小于钢筋的公称直径，且应符合表4.11.5（本书表3-5-4）的规定。

纵向受力钢筋的混凝土保护层厚度（mm）（规范表4.11.5）　　　　表3-5-4

外墙外侧		外墙内侧、内墙	板	梁	柱
直接防水	设防水层				
40	30	20	20	30	30

注：基础中纵向受力钢筋的混凝土保护层厚度不应小于40mm，当基础板无垫层时不应小于70mm。

《全国民用建筑工程设计技术措施》及北京市地方标准的有关规定更加明确。

《全国民用建筑工程设计技术措施》2009版结构篇之地基与基础分册第5.8.7条规定：

5.8.7 当地下室外墙外侧有防水保护层时，钢筋保护层厚度可取25mm；当地下结构构件外侧无防水保护层时，钢筋保护层厚度不宜小于40mm；当钢筋保护层厚度较大时，应采取防裂措施。

《北京地区建筑地基基础勘察设计规范》DBJ 11—501—2009（2016年版）第8.1.10条规定：

8.1.10　钢筋的混凝土保护层厚度：对基础底部与土接触一侧钢筋，有垫层时不小于40mm，无垫层时不小于70mm；对地下墙体与土接触一侧钢筋，无建筑防水做法时不小于40mm，有建筑防水做法时不小于25mm，且不小于钢筋直径。

【案例】　深圳某项目，地下一层，《岩土工程勘察报告》针对地下水土对混凝土及钢筋的腐蚀性评价均为"微腐蚀性"，但在设计院的《混凝土结构设计总说明》中有这样两条：

4.1.2　无腐蚀环境下，当地下室墙体采取可靠的建筑防水或防护措施时，与土层接触一侧的保护层厚度不应小于25mm；

4.1.6　在任何腐蚀环境下（含微腐蚀），地下构件与土壤接触面（或迎水面）钢筋保护层厚度应为50mm。竖向构件（剪力墙、柱等）钢筋保护层厚度在地坪以下的各方向应加厚至50mm。

针对上述两条说明，咨询公司与设计院展开了热烈的讨论。在第一轮的讨论中，咨询公司给出了如下意见建议：

1）混凝土结构设计总说明第4.1.2条中所指的"无腐蚀"环境是否为旧版《岩土工程勘察规范》中的腐蚀等级（见图S-3），但《岩土工程勘察规范》GB 50021—2001（2009版）水土腐蚀等级已不存在"无腐蚀"这个等级，并且12.1.4条条文说明也明确给出"所谓的微腐蚀即相当于原来的无腐蚀"。本工程地勘报告中水、土腐蚀等级为"微腐蚀"，因此本工程与土层接触一侧的保护层厚度应为25mm，而非原设计说明中的50mm，建议修改结构设计说明并对涉及保护层厚度变化的所有构件进行重新计算配筋。

2）《地下工程防水技术规范》GB 50108—2001第4.1.6条也有"迎水面钢筋保护层厚度不应小于50mm"的规定，但该规范在适用性方面存在如下两点需要考虑的因素：其一，版本过于古老，2001年后再无修订；其二，该规范条文并未被建筑工程的主流设计规范（如《建筑地基基础设计规范》、《混凝土结构设计规范》、《混凝土结构耐久性设计规范》以及《人民防空地下室设计规范》等）所采纳。故有识之士均认为该规范条文更适合于截面尺寸较大且无建筑防水层的市政、桥梁工程，对墙板厚度一般较小的建筑工程，50mm厚的保护层厚度不太合理（对截面有效高度削弱较大，且保护层本身也容易开裂）。因此目前大多数的设计院及审图单位均不执行该条文。

3）与我们建筑工程直接相关的规范（如《混凝土结构设计规范》、《混凝土结构耐久性设计规范》以及《人民防空地下室设计规范》等），均针对建筑工程的基础及地下室各类结构构件根据其环境类别而有明确的保护层厚度要求。如《混凝土结构设计规范》中针对设计使用年限为50年的"板、墙、壳"，即便对于二b类环境，最大保护层厚度也只有25mm（规范表8.2.1，本书表3-5-5），且在8.2.2条第4款中明确"当对地下室墙体采取可靠的建筑防水做法或防护措施时，与土层接触一侧钢筋的保护层厚度可适当减小，但不应小于25mm"；《混凝土结构耐久性设计规范》中针对设计使用年限为50年的"板、墙等面形结构"，对于I-B类环境，最大保护层厚度也仅有25mm（规范表4.3.1，本书表3-5-6）；而《人民防空地下室设计规范》则规定的更为明确，对于设"防水层"的"外墙外侧""纵向受力钢筋"保护层厚度为 30mm（见规范表 4.11.5，本书表 3-5-4）。相比之下人防规范在这三本规范中的保护层厚度是最厚的，这也是优化公司建议外墙外侧纵向受力钢筋保护层厚度取 30mm 的主要原因。

4）作为比较有影响力的地方规范《北京地区建筑地基基础勘察设计规范》，对地下墙体与土接触一侧钢筋的保护层厚度，也根据有无建筑防水做法而分别取 25mm 或 40mm。虽然北京地标不适用于深圳地区，但参考价值是有的。

混凝土保护层的最小厚度 c（mm）（《混凝土结构设计规范》表 8.2.1） 表 3-5-5

环境类别	板、墙、壳	梁、柱、杆
一	15	20
二 a	20	25
二 b	25	35
三 a	30	40
三 b	40	50

注：1. 混凝土强度等级不大于 C25 时，表中保护层厚度数值应增加 5mm；
2. 钢筋混凝土基础宜设置混凝土垫层，基础中钢筋的保护层厚度应从垫层顶面算起，且不应小于 40mm。

一般环境中混凝土材料与钢筋的保护层最小厚度 c（mm）（《混凝土结构耐久性设计规范》表 4.3.1）
表 3-5-6

环境作用等级 设计使用年限		100 年			50 年		
		混凝土强度等级	最大水胶比	c	混凝土强度等级	最大水胶比	c
板、墙等面形结构	I-A	C30	0.55	20	C25	0.60	20
	I-B	C35	0.50	30	C30	0.55	25
		≥C40	0.45	25	≥C35	0.50	20
	I-C	C40	0.45	40	C35	0.50	35
		C45	0.40	35	C40	0.45	30
		≥C50	0.36	30	≥C45	0.40	25

5）综上所述，对于地下室外墙外侧的钢筋保护层厚度，优化公司建议取 30mm。

后来，甲方发现地下结构测算的含钢量数值偏高较多，在要求设计院想办法降低含钢量的同时，也向咨询公司寻求对策，并仔细询问了保护层厚度对高含钢量的影响。咨询公司解释道，设计院的实配钢筋本就比计算配筋超配较多，且在计算环节，不但裂缝宽度严格按 0.2mm 控制，而且保护层厚度还取 50mm，如果再考虑水平钢筋在竖向钢筋外侧的因素，则竖向受力钢筋的保护层厚度就达到了 60mm。这 60mm 的保护层极大削弱了挡土外墙的截面有效高度，从而使按承载力计算的配筋量增加，而且 60mm 厚的保护层会导致裂缝计算宽度更加难以控制，因此按裂缝宽度控制的计算配筋还会进一步增加。几方面因素合在一起，就使得竖向受力钢筋的配筋量大幅增加。地下室外墙超配仅仅是整个地下结构的一部分，如果再结合承台、底板及顶板等的超配现象，则整个地下结构含钢量多出 30～40kg/m² 是完全有可能的。

最终结果：设计院提出，可根据《混凝土结构耐久性设计规范》GB/T 50476—2008

第 3.5.4 条的规定："对裂缝宽度无特殊外观要求的，当保护层设计厚度超过 30mm 时，可将厚度取为 30mm 计算裂缝的最大宽度"，在施工图设计文件中对地下室外墙迎水面的保护层厚度仍取 50mm，但在计算裂缝宽度时，保护层厚度取 30mm。鉴于本项目地下室外墙的竖向钢筋最终配筋量是由保护层厚度取 30mm 的裂缝计算控制而不是由保护层厚度取 50mm 的承载力计算控制，咨询公司同意这一提议。

　　2）裂缝宽度控制值不当或算法不当

　　有关裂缝宽度的核心问题是混凝土环境类别的确定问题，可参考《混凝土结构设计规范》GB 50010—2010 第 3.4.5 条及第 3.5.2 条的有关规定：

3.4.5　结构构件应根据结构类型和本规范表 3.5.2（本书表 3-5-8）条规定的环境类别，按表 3.4.5（本书表 3-5-7）的规定选用不同的裂缝控制等级及最大裂缝宽度限值 w_{lim}。

结构构件的裂缝控制等级及最大裂缝宽度限值（《混凝土结构设计规范》表 3.4.5）

表 3-5-7

环境类别	钢筋混凝土结构		预应力混凝土结构	
	裂缝控制等级	w_{lim}（mm）	裂缝控制等级	w_{lim}（mm）
一	三级	0.3（0.4）	三级	0.2
二 a				0.1
二 b		0.2	二级	—
三 a、三 b			一级	—

注：1. 对处于年平均相对湿度小于 60% 地区一类环境下的受弯构件，其最大裂缝宽度限值可采用括号内的数值。
　　2. 在一类环境下，对钢筋混凝土屋架，托架及需作疲劳验算的吊车梁，其最大裂缝宽度限值应取为 0.2mm；对钢筋混凝土屋面梁和托梁，其最大裂缝宽度限值应取为 0.3mm；
　　3. 在一类环境下，对预应力混凝土屋架、托架及双向板体系，按二级裂缝控制等级进行验算；对一类环境下的预应力混凝土屋面梁、托梁、单向板，应按表中二 a 类环境的要求进行验算；在一类和二 a 类环境下需作疲劳验算的预应力混凝土吊车梁，应按裂缝控制等级不低于二级的构件进行验算；
　　4. 表中规定的预应力混凝土构件的裂缝控制等级和最大裂缝宽度限值仅适用于正截面的验算；预应力混凝土构件的斜截面裂缝控制验算应符合本规范第 7 章的有关规定；
　　5. 对于烟囱、筒仓和处于液体压力下的结构，其裂缝控制要求应符合专门标准的有关规定；
　　6. 对于处于四、五类环境下的结构构件，其裂缝控制要求应符合专门标准的有关规定；
　　7. 表中的最大裂缝宽度限值为用于验算荷载作用引起的最大裂缝宽度。

3.5.2　条混凝土结构暴露的环境类别应按表 3.5.2（本书表 3-5-8）的要求划分。

混凝土结构的环境类别

表 3-5-8

环境类别	条　　件
一	室内干燥环境；无侵蚀下静水浸没环境
二 a	室内潮湿环境；非严寒和非寒冷地区的露天环境；非严寒和非寒冷地区与无侵蚀性的水或土壤直接接触的环境；严寒和寒冷地区的冰冻线以下与无侵蚀性的水或土壤直接接触的环境
二 b	干湿交替环境；水位频繁变动环境；严寒和寒冷地区的露天环境；严寒和寒冷地区的冰冻线以上与无侵蚀性的水或土壤直接接触的环境
三 a	严寒和寒冷地区冬季水位变动区环境；受除冰盐影响环境；海风环境
三 b	盐渍土环境；受除冰盐作用环境；海岸环境
四	海水环境
五	受人为或自然的侵蚀性物质影响的环境

规范的规定是明确的，但对于"三北地区"（华北、东北、西北）的地下室外墙，当外侧有建筑防水层时，混凝土结构的环境类别应该如何确定，规范并没有明确。因此针对地下室外墙的混凝土环境类别及受其影响的裂缝宽度限值，一直是一个极具争议性的话题。

有些工程师倾向于定为二 b 甚至三 a，理由是地下室外墙的工作条件符合"干湿交替环境"、"水位频繁变动环境"、"严寒和寒冷地区的露天环境"的条件，东北地下水位较高的地区甚至符合"严寒和寒冷地区冬季水位变动区环境"的条件。

有些工程师则认为，建筑防水层的存在，已经阻隔了地下水与土壤对混凝土的不利作用，换句话说，混凝土自身并没有置身于"干湿交替"或"水位频繁变动"的环境中，埋在地下当然也不属于"露天环境"，因此其环境类别与"室内干燥环境"相似，故应视为一类环境。相应的裂缝宽度限值可放宽至 0.3mm，根据表 3.4.5 注 2，对于当地年平均相对湿度小于 60％地区一类环境下的受弯构件，其最大裂缝宽度限值还可放宽至 0.4mm。对此，《全国民用建筑工程设计技术措施》及北京市地方标准均明确最大裂缝宽度可按 0.4mm 控制。

《全国民用建筑工程设计技术措施》2012 版结构篇之混凝土结构分册第 2.6.5 条规定：

2.6.5 荷载作用下的受力裂缝控制

1. 按《混凝土结构设计规范》GB 50010—2010 公式计算得到的钢筋混凝土受拉、受弯和偏心受压构件的裂缝宽度，对于处于一类环境中的民用建筑钢筋混凝土构件，可以不作为控制工程安全的指标。

2. 厚度≥1m 的厚板基础，无需验算裂缝宽度。

3. 其他基础构件（包括地下室挡土墙）的允许裂缝宽度可放宽至 0.4mm。

当前许多工程，由于验算受弯裂缝宽度超过规范允许值，因而额外配许多钢筋，造成很大浪费。

我国对于混凝土构件的受力裂缝宽度的计算公式，有三本规范：住建部、交通部、水利部的混凝土结构设计规范，计算结果相差很大。交通、水利工程的混凝土构件所处的环境条件比我们建筑物构件要严酷得多，但是住建部《混凝土结构设计规范》GB 50010—2010 计算的结果却是最大的。

由此，我们应该明确《混凝土结构设计规范》GB 50010—2010 裂缝宽度计算公式的适用范围：

1. 只适用于单向简支受弯构件。双向受弯构件不适用，如双向板、双向密肋板。

……

不少审图单位要求设计单位提供双向板的裂缝计算宽度和挠度，实际上规范中并未提供计算方法，所以这种要求和计算是没有意义和依据的。

2. 对于连续梁计算裂缝宽度偏大。主要是因为连续梁受荷后，端部外推受阻产生拱效应，降低了钢筋应力。

3. 外墙挡土墙是压弯构件，不宜采用此式计算。

《北京地区建筑地基基础勘察设计规范》DBJ 11—501—2009（2016 年版）第 8.1.13 条规定：

8.1.13 当地下室外墙外侧设有建筑防水层时，外墙最大裂缝宽度限值可取 0.4mm。

笔者认为，裂缝宽度限值属于正常使用极限状态层面的设计要求，在规范框架之下可灵活把握，不必从严控制。当地下室外墙外侧设有建筑防水层时，可按一类环境对待，相应的最大裂缝宽度限值可取 0.3mm，符合表 3.4.5 注 2 的要求时，甚至可以按 0.4mm 控制。

一旦遇到保守且较真的审图单位，在设计时优先考虑采用细而密的配筋方式及较小的保护层厚度，如果仍然算不下来，可以考虑墙身轴力的有利作用，按压弯构件进行计算。

七、竖向钢筋的优化配置原则

如上文所述，地下室外墙的计算模型有多种，当无横墙相连也无扶壁柱时，地下室外墙可近似看作平面应变问题，可取单位宽度的竖向板带进行计算，多简化为单向受力的单向板或多跨连续单向板模型，只计算水平截面的内力及配筋，即竖向钢筋按计算配置，水平钢筋按构造配置。设计者对此大多没有疑问，但在竖向钢筋的配置上，尤其是外侧竖向钢筋的配置往往出现一些不合理的现象，既不科学、也不经济。如图 3-5-11 所示，WQ1 为窗井墙，按下端固结上端自由的单向板模型计算；WQ2、WQ3 为其他地下室外墙，墙顶有板与之相连，简化为下端固结、上端铰接的单向板模型。

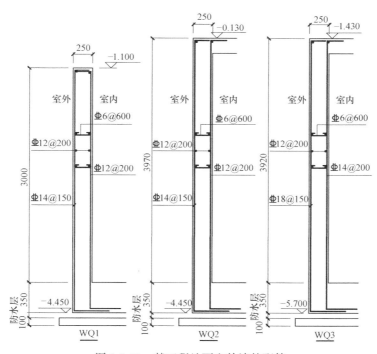

图 3-5-11　某工程地下室外墙的配筋

从图 3-5-11 中可看出，三者的外侧竖向钢筋，均采用将墙底最大负弯矩筋全部拉通的方式。这种配筋方式是不可取的，虽然配筋总量增大，但无论对承载力极限状态的强度计算还是对正常使用极限状态的裂缝宽度验算，多出的钢筋都未能使结构的可靠度得到有效提高，也即没有将多出的配筋用到最需要的部位。

而实际上，无论是悬臂模型还是下固上铰模型，墙身负弯矩在靠近墙底的范围内梯度很大，墙底负弯矩峰值沿高度向上迅速衰减。对于悬臂模型，矩形荷载在 $0.293l$ 处即衰减一半；三角形荷载衰减更快，在 $0.206l$ 处即衰减一半。而对于下固上铰模型，矩形荷载在 $0.11l$ 处衰减一半，在 $0.25l$ 处衰减为零；三角形荷载同样衰减更快，在 $0.094l$ 处即衰减一半，在 $0.184l$ 处衰减为零。见图 3-5-12、图 3-5-13。

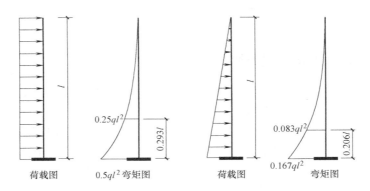

图 3-5-12　悬臂模型在均布荷载与三角形荷载作用下的弯矩与位置关系图

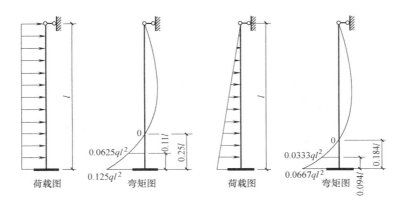

图 3-5-13　下固上铰模型在均布荷载与三角形荷载作用下的弯矩与位置关系图

对于悬臂结构，外侧竖向钢筋有一半的理论断点在不高于 $0.293l$ 处，当钢筋直径不大于 22mm 时，考虑锚固长度的实际断点一般也不会超过 $0.5l$，故悬臂结构可将半数的钢筋在 $0.5l$ 处截断。如可将图 3-5-11 中 WQ1 的外侧竖向钢筋由 $\phi14@150$（$A_s=1100\text{mm}^2/\text{m}$）改为 $\phi12@100$（$A_s=1131\text{mm}^2/\text{m}$），其中将一半的钢筋在半高处间隔截断，也即上半截配筋变为 $\phi12@200$。这样既可满足最大负弯矩处的强度要求，也满足构造要求。同时最大负弯矩处钢筋直径、间距减小后，对控制裂缝宽度验算也大有帮助，相应外侧竖向钢筋可较原设计节省 20％～25％，经济效益显著。

对于下固上铰结构，当钢筋直径不大于 22mm 时，可将半数的外侧竖向钢筋在 1/3 墙高处截断。如图 3-5-11 中 WQ2 的外侧竖向钢筋由 $\phi14@150$（$A_s=1100\text{mm}^2/\text{m}$）改为 $\phi12@100$（$A_s=1131\text{mm}^2/\text{m}$），其中将一半的钢筋在 1/3 墙高处间隔截断，也即上 2/3 墙高配筋变为 $\phi12@200$；WQ3 的外侧竖向钢筋由 $\phi18@150$（$A_s=1696\text{mm}^2/\text{m}$）改为 $\phi14@90$（$A_s=1710\text{mm}^2/\text{m}$），其中将一半的钢筋在 1/3 墙高处间隔截断，也即上 2/3 墙高配筋变为 $\phi14@180$。同样可使外侧竖向钢筋较原设计节省 20％～25％，对控制裂缝宽度也更有利，也能满足构造要求。

八、水平钢筋的优化配置原则

如上文所述，当地下车库外墙不设扶壁柱或忽略扶壁柱影响而按单向板设计时，水平钢筋仅仅起到分布钢筋的作用，理论上可按构造配置。

1）水平受力钢筋的配筋优化

无论是地下车库外墙还是剪力墙结构住宅的地下室外墙，无论水平钢筋是计算控制还是构造控制，绝大多数设计院的设计人员均倾向于采用水平钢筋贯通的配筋方式。当地下外墙在水平方向有多跨且各跨跨度存在较大差异时，如果该地下室外墙采用双向板模型进行设计，就意味着水平钢筋是按最大配筋量拉通。尤其是用于抵抗负弯矩的外侧水平钢筋，按最大负弯矩钢筋全部拉通的配筋方式浪费严重。当为临空墙或人防挡土外墙时，由于荷载水平较高、计算配筋较大，这种贯通配筋方式的浪费更严重。

【案例】 河北邯郸某项目人防墙优化

该项目地下人防部分配筋经甲方成本部门核算后，双层五级人防地下室含钢量为228kg/m²。地下二层为五级人防、地下一层为普通地下室的地下结构含钢量最高达187kg/m²。含钢量明显偏高。在甲方及设计院领导的压力下，设计院同意进行全面优化设计，其中最特别的就是对采用双向板模型计算的人防墙水平钢筋采用了贯通加附加的配筋方式。如图 3-5-14 的 LQ8 与 LQ10，原设计外侧水平钢筋分别为 Φ14@140 及 Φ18@150，不但配筋偏大，而且两段连续墙的跨中水平钢筋各配各的，直径与间距均不统一，支座处虽然钢筋直径相同，但间距不统一。优化后外侧水平钢筋变为通长 Φ14@150 并在支座处附加 Φ14@150 短筋，施工简单可行，优化前后对比见表 3-5-9、表 3-5-10 及图 3-5-14、图 3-5-15。

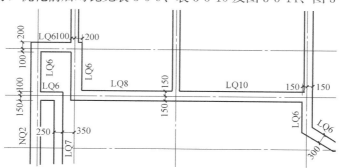

图 3-5-14 河北邯郸某项目局部临空墙平面布置图

地下室临空墙墙身截面及配筋表（优化前） 表 3-5-9

墙身编号	标高		墙厚	配 筋					
	标高 1	标高 2	墙厚 h_1	竖向筋		防护区外水平筋	防护区内水平筋	拉筋	
				钢筋①	钢筋②	钢筋③	钢筋⑤	钢筋⑥竖向间距	钢筋⑥水平间距
	（m）	（m）	（mm）						
LQ1	基础底板	−4.230	250	Φ12@150		Φ12@150	Φ12@150	Φ6@450	Φ6@450
LQ2	基础底板	−4.230	250	Φ12@150		Φ14@150	Φ12@150	Φ6@450	Φ6@450

墙身编号	标高		墙厚	配 筋					
	标高1	标高2	墙厚 h_1	竖向筋		防护区外水平筋	防护区内水平筋	拉筋	
	（m）	（m）	（mm）	钢筋①	钢筋②	钢筋③	钢筋⑤	钢筋⑥竖向间距	钢筋⑥水平间距
LQ3	基础底板	−4.230	250	Φ12@150	Φ12@200	Φ16@150	Φ12@150	Φ6@450	Φ6@450
LQ4	基础底板	−4.230	250	Φ12@150		Φ12@150	Φ12@150	Φ6@450	Φ6@450
LQ5	基础底板	−4.230	250	Φ16@120	Φ16@110	Φ20@120	Φ12@120	Φ6@480	Φ6@480
LQ6	基础底板	−4.230	300	Φ12@150		Φ12@150	Φ12@150	Φ6@450	Φ6@450
LQ7	基础底板	−4.230	300	Φ12@150		Φ14@150	Φ12@150	Φ6@450	Φ6@450
LQ8	基础底板	−4.230	300	Φ14@150		Φ14@140	Φ12@140	Φ6@450	Φ6@420
LQ9	基础底板	−4.230	300	Φ12@150	Φ12@200	Φ16@150	Φ12@150	Φ6@450	Φ6@450
LQ10	基础底板	−4.230	300	Φ12@150	Φ14@150	Φ18@150	Φ12@150	Φ6@480	Φ6@450

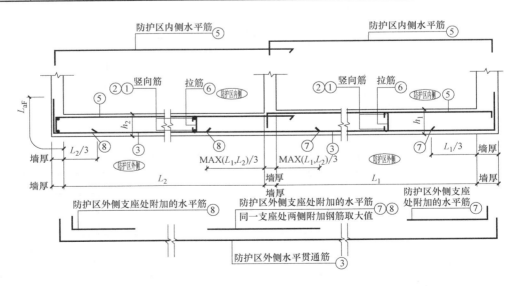

端支座处临空墙体水平配筋详图　　　中间支座处临空墙体水平配筋详图　　　端支座处临空墙体水平配筋详图

图 3-5-15　河北邯郸某项目临空墙配筋索引图（优化后）

270

地下室临空墙墙身截面及配筋表（优化后）　　　　表 3-5-10

墙身编号	标高		墙厚	配筋						
	标高1	标高2	墙厚 h_1	竖向筋		防护区外水平筋		防护区内水平筋	拉筋	
	(m)	(m)	(mm)	钢筋①	钢筋②	钢筋③	钢筋⑦⑧	钢筋⑤	钢筋⑥竖向间距	钢筋⑥水平间距
LQ1	基础底板	−4.230	250	Φ12@150		Φ14@150		Φ12@150	Φ6@450	Φ6@450
LQ2	基础底板	−4.230	250	Φ12@150		Φ14@150		Φ12@150	Φ6@450	Φ6@450
LQ3	基础底板	−4.230	250	Φ12@150	Φ12@150	Φ14@150	Φ10@150	Φ12@150	Φ6@450	Φ6@450
LQ4	基础底板	−4.230	250	Φ12@150	Φ12@150	Φ14@150	Φ10@150	Φ12@150	Φ6@450	Φ6@450
LQ5	基础底板	−4.230	250	Φ12@150		Φ12@150		Φ12@150	Φ6@450	Φ6@450
LQ6	基础底板	−4.230	300	Φ12@150		Φ12@150		Φ12@150	Φ6@450	Φ6@450
LQ7	基础底板	−4.230	300	Φ12@150		Φ14@150		Φ12@150	Φ6@450	Φ6@450
LQ8	基础底板	−4.230	300	Φ14@150		Φ14@150		Φ12@150	Φ6@450	Φ6@450
LQ9	基础底板	−4.230	300	Φ12@150	Φ12@150	Φ14@150	Φ10@150	Φ12@150	Φ6@450	Φ6@450
LQ10	基础底板	−4.230	300	Φ12@150	Φ12@150	Φ14@150	Φ12@150	Φ12@150	Φ6@450	Φ6@450
LQ11	基础底板	−4.230	250	Φ16@150	Φ16@110	Φ14@150	Φ18@150	Φ12@150	Φ6@440	Φ6@450

2）水平构造钢筋与裂缝

谈到水平分布钢筋的构造配置，不得不再次谈到裂缝问题。

钢筋混凝土受弯构件的受力过程分为三个阶段：整体工作阶段、带裂缝工作阶段、屈服阶段。由于混凝土抗拉强度很低，仅相当于其抗压强度的 1/10，当受拉区混凝土的拉应力达到其抗拉强度时，就会在构件最薄弱截面位置出现第一条（批）裂缝。因此第一阶段所能承载的弯矩（开裂弯矩）很小，仅相当于最小配筋率（0.2%）下极限弯矩的 1/5，故钢筋混凝土受弯构件大部分阶段处于带裂缝工作时期。只有受拉区混凝土开裂，受拉钢筋才有可能屈服，钢筋才能充分发挥其材料强度。

因此对于钢筋混凝土结构而言，关键是要判断裂缝是否趋于稳定及是否有害。宽度小于 0.05mm 的裂缝一般是无害的，并可视为无裂缝结构。

引起裂缝的因素很多，归结起来可分为两类：

第一类，由外荷载引起的裂缝，也称为结构性裂缝或受力裂缝，其裂缝与荷载有关。钢筋混凝土构件带裂工作的裂缝，都属于结构性裂缝。这类裂缝比较容易控制，裂缝宽度也比较容易计算。结构设计中所进行的裂缝宽度验算，大多属于这类结构性裂缝。

第二类，由变形引起的裂缝，也称非结构性裂缝，如温度变化、混凝土收缩、地基不均匀沉降等因素引起的变形。当该变形受到约束或限制时，在结构构件内部会产生自应力，当此自应力超过混凝土允许拉应力时，即会引起混凝土裂缝。非结构性裂缝的成因较多，也很复杂，涉及材料、设计、施工、养护及气象条件（温湿度）等多方面的原因。这类裂缝出现的概率较大，约占结构物总裂缝的 80%，且不容易控制。裂缝宽度计算也没有成熟、统一的计算方法。

在非结构性裂缝中，又以收缩裂缝最为常见，主要表现为塑性收缩、干燥收缩和化学自收缩。

塑性收缩发生在混凝土凝固阶段，尤其是初凝阶段，此时水泥水化反应较强烈，混凝土中水分蒸发很快，可塑性也同时失去，引起失水收缩。同时骨料与胶合料之间也产生不均匀的沉缩变形，沉缩变形与混凝土流态有关，量级很大，约为（60～200）×10⁻⁴，是普通干缩变形的数十倍。塑性收缩量级较大，可达1%左右，故在浇筑大体积混凝土后4～15h内，混凝土表面易出现既宽且密的无规则裂缝。水灰比大、水泥用量多、粗骨料少、振捣不良、环境气温高、表面失水大，都能导致塑性收缩裂缝。这些裂缝大多为表面裂缝，可采取二次压光和二次浇灌层进行整改。

干燥收缩发生在混凝土凝固后，如太早拆模混凝土表面的水分蒸发快，表面层混凝土体积缩小，而内部混凝土失水较慢，体积变化小，产生内外变形的差异，使混凝土产生拉应力，而此时混凝土强度较低，易产生干缩裂缝。

自收缩发生在混凝土的后期硬化过程中，由于水泥的水化反应，水化生成物体积缩小，尤其是硅酸盐水泥或普通硅酸盐水泥拌制的混凝土。

温度裂缝主要为有约束墙体的热胀冷缩及混凝土内部温度变化产生的收缩裂缝。

热胀冷缩：混凝土的线膨胀系数 $\alpha = 1.0 \times 10 - 5/℃$，假设30m未设变形缝的混凝土墙，从酷夏35℃至严冬−15℃，在无任何约束的情况下，其自由收缩量为15mm。若墙两端有约束限制其自由收缩，即会导致墙身竖向裂缝。当地下室未及时回填，裸露时间长且经历季节交替时，易出现此类裂缝。

混凝土内部温度变化产生收缩裂缝：混凝土从搅拌机出斗就有水化热产生，温度由低到高，到混凝土成型以后3～4d，水化热到达高峰，其温度较自然温度升高30～40℃，以后逐步下降，半个月以后接近自然界温度。当墙体较厚时，由于表面暴露在空气中，散热快，而内部混凝土热量散发不出来，导致内外温差大，若采取措施不当，表面混凝土就会产生裂缝。

限制裂缝宽度的理由有两个：其一是过宽的裂缝会引起混凝土中钢筋的锈蚀，降低结构的耐久性；二是过宽的裂缝会损伤结构外观，引起使用者的不安。对于地下结构的裂缝，当没有建筑防水层或防水层没有可靠保证时，还存在结构渗漏问题。

对于地下结构墙体，裂缝出现时间一般集中在地下室墙体混凝土浇捣后5天～3个月内，以竖向裂缝为主。此时荷载尚未施加或仅承受其自重荷载，故该阶段裂缝基本为非结构裂缝。混凝土墙结构越长，墙体越高，壁厚越厚，混凝土强度越高，出现竖向裂缝的情况越严重。后期也会产生一些裂缝，但数量相对较少，因此对混凝土早期裂缝的控制尤为重要。

对混凝土早期裂缝的控制，在设计方面可以要求采用低水化热收缩小的水泥、低强度混凝土，按规范规定的间距设变形缝或后浇带，增大构造配筋率或相同的配筋率下采用细而密的配筋方式，采用补偿收缩混凝土等措施。

施工方面的裂缝控制措施更为重要及有效，绝大多数的非结构裂缝是由于材料、施工及养护不当造成的。施工中可采取以下主要措施：

① 合理调整混凝土的配合比：尽量采用水化热低、收缩性小的早期高强水泥，降低水泥用量；降低水灰比，并采用对收缩变形有利的减水剂来保证泵送混凝土的流动性，冬

季和中低强度等级的混凝土可选用普通型减水剂，夏季宜选用缓凝型减水剂；调整骨料级配，砂石骨料的粒径应尽可能大一些且级配良好；在混凝土中掺入适量微膨胀剂，补偿混凝土的收缩；掺用粉煤灰代替一部分水泥（水泥重量的15%～20%），可增加混凝土的密实度，延缓水化热峰值的出现，降低温度峰值，减小收缩变形；严禁操作人员随意加水，注意搅拌的均匀性。

② 改善和减小约束：尽量缩短与墙下基础和混凝土地下室底板的施工间隔时间，宜控制在7～14d内，以减小底板对墙体的约束。

③ 在气温变化剧烈的季节以及冬季，不宜使用钢模板，使用木模板要充分湿润，以利保湿和散热；混凝土要分层分段浇筑，墙体浇捣每层不准超过500mm，捣平后再浇筑上层，注意振捣均匀到位；加强振捣确保混凝土的密实性，增强混凝土的连续性和整体性，以提高混凝土的强度，尤其提高混凝土的抗拉强度。

④ 加强养护，避免过早拆模，及早回填避免长时间晾晒。带模养护7d，其间对墙体两侧模板浇水养护，使内外模板始终处于湿润状态，减小混凝土的内外温差。拆模后在墙两侧覆挂麻袋浇水养护，连续浇水养护不少于14d。减少混凝土暴露时间，在混凝土养护结束且模板拆除后，立即着手外墙防水施工，并及时回填，混凝土外墙在空气中暴露的时间不得超过3个月。

在控制地下室外墙混凝土竖向裂缝的设计措施中，很多人倾向于采用增大水平构造钢筋构造配筋率的方法。但水平构造钢筋究竟应增大到何种程度，没有一个定量的标准，也缺乏令人信服的理论依据。而且从优化设计角度，增大水平钢筋构造配筋率是代价较高的一项措施，尤其在外墙比较厚时，用钢量会增加很多。以300mm厚的地下室外墙为例，如果按双侧合计0.25%的构造配筋率，每平方米墙面水平钢筋用量为5.87kg/m²，但若按受弯构件单侧0.2%的最小配筋率，则每平方米墙面水平钢筋用量为9.47kg/m²，钢筋用量增加了61%。

3）水平构造钢筋配置的规范要求

关于地下车库水平分布钢筋的构造配筋量如何取值，规范并没有明确，只有针对高层建筑筏形基础的地下室外墙的相关规定，但也是针对高层建筑地下室外墙的规定，并不适用于地下车库外墙的设计。《建筑地基基础设计规范》GB 50007—2011有针对高层建筑筏形基础地下室内外墙的构造要求，《高层建筑混凝土结构技术规程》JGJ 3—2010也有针对地下室外墙的相关规定。

（1）高层建筑地下室墙体配筋的有关规范要求

《建筑地基基础设计规范》GB 50007—2011

8.4.5 采用筏形基础的地下室，钢筋混凝土外墙厚度不应小于250mm，内墙厚度不宜小于200mm。墙的截面设计除满足承载力要求外，尚应考虑变形、抗裂及外墙防渗等要求。墙体内应设置双面钢筋，钢筋不宜采用光面圆钢筋，水平钢筋的直径不应小于12mm，竖向钢筋的直径不应小于10mm，间距不应大于200mm。

该条文既规定了最小墙厚，也同时规定了最小钢筋直径及最大钢筋间距，且用词都是比较严格的"应"，等于是对内外墙直接给出了设计结果，即外墙250mm厚，水平钢筋最小配筋为Φ12@200，内墙200mm厚，水平钢筋最小配筋也为Φ12@200。该条规定未能将高层建筑的结构高度与地下室层数纳入考虑，也没考虑地下结构是否超长及超长结构的其他技术措施，也未对不同强度等级的钢筋进行区分，只要采用了筏形基础，则地下室外墙的水平钢筋就至少是Φ12@200，竖向钢筋则至少是Φ10@200。笔者认为该条规定是偏严且粗糙的，与地上标准层墙身Φ8@200的构造钢筋相比，Φ12@200配筋量是Φ8@200配筋量的2.25倍。对于250mm厚的外墙，水平分布钢筋的配筋率为0.46%，而对于200mm厚的内墙，水平分布钢筋配筋率则为0.56%。

笔者分析规范如此要求的原因，可能有四个方面：1）地下室内外墙作为筏形基础的支座，其本身是一个深受弯构件，需要有相当大的刚度及承载力，水平分布筋作为深受弯构件的受力钢筋需要加强；2）根据众多基础筏板内钢筋的应力实测结果，钢筋应力普遍偏低，其中主要的原因是基础底板与上部结构的共同作用，使底板弯曲变形的中和轴上移。假如中和轴移到底板顶面以上，则中和轴以下的墙体就会在整体弯曲下承受拉力，因此需要加强水平钢筋以抵抗这部分拉力；3）控制上文所述超长地下结构可能产生的非结构裂缝；4）对于竖向钢筋最小直径的要求，可能是考虑钢筋绑扎时较大直径钢筋的刚度与自立性较好，钢筋骨架不易变形，以及钢筋在轴向压应力下不易压屈等因素，但水平钢筋最小直径的限制则不明所以。

如果是上文所述原因，则该规范条文尚有可推敲之处，比如地下室的长宽尺寸及具有多层地下室的情况。如果地下室不存在超长问题，就不必考虑塑性收缩裂缝与温度裂缝等钢筋加强措施；对于有多层地下室的情况，除最底层地下室外，其上各层地下室墙体深受弯作用已经很弱，共同作用整体弯曲的中和轴也不大可能上移到超过底层地下室的高度。比如点式高层住宅下的三层独立地下室（不与大底盘车库相连），其地下室平面长宽尺寸一般不会很大，若地下一层及地下二层墙体也同地下三层一样按该规范条文加强水平钢筋，在道理上就有些牵强。

比之下，《高层建筑混凝土结构技术规程》JGJ 3—2010的规定则更为理性、科学：

12.2.5　高层建筑地下室外墙设计应满足水土压力及地面荷载侧压作用下承载力要求，其竖向和水平分布钢筋应双层双向布置，间距不宜大于150mm，配筋率不宜小于0.3%。

虽然钢筋间距及最小配筋率要求都比地上结构的剪力墙严格，但还是可以理解和接受的。该条条文说明同样没给出要求从严的理论根据，仅仅说是根据工程经验。

《高层建筑混凝土结构技术规程》JGJ 3—2010条文说明

12.2.5　根据工程经验，提出外墙竖向、水平分布钢筋的设计要求。

（2）多层建筑地下墙体配筋及地下车库墙体配筋的规范要求

《建筑地基基础设计规范》GB 50007—2011第8.4.5条及《高层建筑混凝土结构技术规程》JGJ 3—2010第12.2.5条均针对高层建筑的地下室墙体，对地下车库外墙并不适用，对不适用于《高规》的其他建筑物地下室墙体也不适用。

当地下车库外墙亦非人防墙体时，有关人防的构造要求也不适用。

如果没有针对地下车库地下室外墙的特殊规定，就只能套用有关钢筋混凝土剪力墙的一般规定。比如非抗震的地下室外墙套用《混凝土结构设计规范》"9.4墙"的有关构造要求，抗震设计的地下室外墙套用《建筑抗震设计规范》中有关抗震墙的构造要求，或者《混凝土结构设计规范》"11.7剪力墙及连梁"中的构造要求。当然这是从规范依据角度出发的结论及设计方法。

《混凝土结构设计规范》GB 50010—2010

11.7.14　剪力墙的水平和竖向分布钢筋的配筋应符合下列规定：

1　一、二、三级抗震等级的剪力墙的水平和竖向分布钢筋配筋率均不应小于0.25％；四级抗震等级剪力墙不应小于0.2％；

2　部分框支剪力墙结构的剪力墙底部加强部位，水平和竖向分布钢筋配筋率不应小于0.3％。

注：对高度小于24m且剪压比很小的四级抗震等级剪力墙，其竖向分布钢筋最小配筋率应允许按0.15％采用。

11.7.15　剪力墙水平和竖向分布钢筋的间距不宜大于300mm，直径不宜大于墙厚的1/10，且不应小于8mm；竖向分布钢筋直径不宜小于10mm。

部分框支剪力墙结构的底部加强部位，剪力墙水平和竖向分布钢筋的间距不宜大于200mm。

《建筑抗震设计规范》的规定与之几乎完全相同，不再赘述。

对于地下车库外墙水平钢筋的构造配筋量，虽然有关规范没有给出明确的要求，但李国胜总工在其《混凝土结构设计禁忌及实例》及《多高层钢筋混凝土结构设计优化与合理构造》二书中均给出了具体的配筋建议值："地下室外墙的竖向和水平钢筋，除按计算确定外，每侧均不应小于受弯构件的最小配筋率。当外墙长度较长时，考虑到混凝土硬化过程及温度影响可能产生收缩裂缝，水平钢筋配筋率宜适当增大。外墙的竖向和水平钢筋宜采用变形钢筋，直径宜小间距宜密，最大间距不宜大于200mm。"

综上所述，当地下车库外墙当按单向板设计时，笔者认为还是应该坚持具体问题具体分析的原则。对于按规范要求设置了变形缝或后浇带的地下车库，水平分布钢筋可按按双侧合计0.3％的构造配筋率配置。既与《高层建筑混凝土结构技术规程》JGJ 3—2010的规定相符，也与《混凝土结构设计规范》GB 50010—2010对于单向板分布钢筋最小配筋率的要求相符。

《混凝土结构设计规范》GB 50010—2010

9.1.7　当按单向板设计时，应在垂直于受力的方向布置分布钢筋，单位宽度上的配筋不宜小于单位宽度上的受力钢筋的15％，且配筋率不宜小于0.15％；分布钢筋直径不宜小于6mm，间距不宜大于250mm；当集中荷载较大时，分布钢筋的配筋面积尚应增加，且间距不宜大于200mm。

4）超长不设缝结构的水平钢筋配置

超长不设缝的地下结构，对于设计和施工都是挑战，设计措施与施工措施并举，缺一不可。设计方面可以要求采用低收缩或微膨胀混凝土、设置后浇带或加强带、采用细而密的配筋方式，也可适当增加水平构造钢筋的配筋率，但不能过于随意，笔者认为可按受弯构件的最小配筋率配置，也即双侧合计0.4％左右。

对于细而密的配筋方式，比如Φ8@100（503mm²/m）、Φ10@150（524mm²/m）及Φ12@200（565mm²/m）三种配筋方式，配筋率依次增多但总体相差不多，可控制裂缝的效果则依次递减。可在实践中，很多设计院的结构工程师都会优先采用Φ12@200，也有采用Φ10@150的，而采用Φ8@100的则几乎没有。究其原因，可能还是《建筑地基基础设计规范》对最小钢筋直径的要求，从12mm降到10mm有些设计师还敢于突破，但若降到 8mm，则设计师就都不敢了。

与设计措施相比，更重要的是施工质量控制措施。从混凝土组成材料的选择、配合比设计，到浇筑与振捣工艺，再到拆模时间与养护，哪个环节的疏忽或不当都可能造成严重的裂缝问题，且不是增加配筋率等设计措施所能弥补的。施工的问题应该由施工来解决，不能总是通过保守的设计去弥补施工可能出现的缺陷，让设计为施工买单。

对于塑性收缩与温度裂缝，深究起来，还有许多疑问或遗留问题。比如其最大裂缝宽度限值是多少？或者说如何确定其为有害裂缝？如果设建筑防水层的结构裂缝最大允许宽度可放宽为 0.4mm，则大部分的竖向非结构裂缝是否也都属于可被允许的无害裂缝？水平钢筋配筋率与竖向的非结构裂缝究竟有怎样的必然联系或函数关系？如果无法建立一种必然联系或函数关系，提高水平钢筋配筋率可以控制竖向裂缝的说法也只能是一种假设。如果不能从理论上定量地解决这个问题，还是摆脱不掉"想当然"的嫌疑。

九、地下室外墙有关节点做法设计优化

有些工程师习惯在基础底板及各层顶板与地下室外墙连接部位设置与墙等厚的暗梁，甚至设置凸出墙面的明梁，其实是完全不必要的。地下室外墙的平面内刚度与梁的抗弯刚度相比非常大，属于刚性墙，所设的暗梁或明梁不可能发挥其抗弯作用，还费工费料。

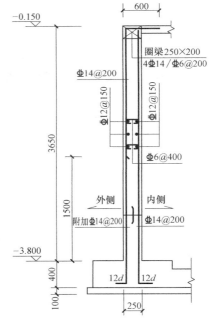

图 3-5-16 某别墅项目地下室外墙配筋构造

【案例】 某别墅项目地下室外墙优化

如图 3-5-16 所示，外墙根部内外侧竖向钢筋的锚固长度应有区别，内侧竖向钢筋为构造，进底板下皮水平弯折 200mm 即可，外侧竖向钢筋从底板上皮起算应不小于 $1.0l_a$ 的锚固长度，且水平段长度不小于 200mm；

取消墙顶圈梁及其纵筋、箍筋；

墙顶边界条件为铰接，故墙体纵筋到顶后仅做弯钩，无需锚入板内；

墙体拉结筋由 $\Phi6@400$ 改为 $\Phi6@600$。

【案例】 深圳某项目地下室外墙顶部节点构造优化

该项目原设计地下室外墙竖向钢筋在墙顶向板内锚入 l_a（见图 3-5-17）。但根据地下室外墙的配筋形式以及楼板与外墙的刚度比，地下车库外墙应按简支于地下车库顶板对待，因此地下室外墙深入板内的锚固长度并非图中的 l_a，优化建议参考图集《16G101-1》第 82 页节点 2 做法，满足 $12d$ 弯折长度即可（见图 3-5-18）。

但设计院认为顶板和外墙的连接属于弹性嵌固支承，非理想的简支支承，且部分无梁顶板跨度较大，并走重车，顶板也需要外墙提供一定的约束刚度，不建议降低此节点连接构造要求。

咨询公司反馈如下：

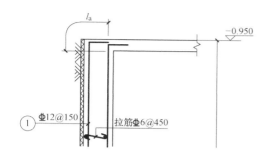

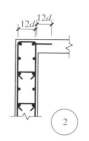

顶板作为外墙的简支支承

图 3-5-17　原设计地下室外墙顶部钢筋锚固图　　图 3-5-18　图集地下室外墙顶部钢筋锚固图

1）一般来说，顶板与外墙的连接虽属于弹性嵌固支承（很难有绝对的固接和铰接），但只要墙与顶板的截面刚度（EI）比大于一定数值（比如 2），均可假定板固接于墙而墙简支于板，只有二者截面刚度比较接近时才会考虑弹性嵌固支承，这也是偏于安全的简化模型假定；

2）对于本项目，设计院可以将墙与顶板之间的连接视为弹性嵌固支承，但如此一来，在计算地下室外墙时，墙顶的支承方式就不应是铰接，而是弹性嵌固支承。如此不但模型复杂、计算不便，而且墙底与跨中的计算配筋必然随之降低，应该相应修改竖向钢筋。

第四章　结构精细化设计

第一节　基础类构件相关的精细化设计

一、桩基础的精细化设计

1. 单桩承载力取值与平面布置设计优化

（1）单桩承载力取值

1）单桩承载力取值应以每个单体建筑为单位，各单体建筑的桩型（主要是桩长、桩径）可以不同。当地质剖面图显示场地内不同区域的地质情况存在差异、且单体建筑的桩数超过 100 根时，应优先在各单体建筑内采用不同桩型；即便各单体建筑采用了相同的桩型（相同桩长、桩径），单桩承载力也可以不同，不应按整个场地最不利勘探孔的取值；对于面积较大的地下车库，同一桩型也应分区给出单桩承载力，不应整个地下车库统一按最低值取值。

2）有条件的工程应通过试验桩确定单桩承载力。试验桩最大加载量不宜低于特征值的 3 倍（仅加载到 2 倍特征值没有优化设计的意义），必要时可做破坏性试验，通过试桩确定的单桩承载力特征值，重新优化设计布桩。

3）当仅通过计算确定单桩承载力并直接付诸工程实施时，若勘察报告所给岩土设计参数与《桩基规范》建议值相比较低，在计算每个单体建筑的单桩承载力，若按其所属各勘探孔计算的单桩承载力极差不超 30% 时，可按各勘探孔计算的单桩承载力的平均值来确定，不应再对单桩承载力进行打折或抹零处理。

4）桩身材料强度应尽量与桩土作用的承载力相匹配，既不能由于材料强度不足而限制了桩土作用承载力的充分发挥，也不应使材料强度过高而浪费。

5）除沉管灌注桩及人工挖孔桩外，所有灌注桩均应采用性价比较高的后注浆技术以提高单桩承载力，可以费用增加不足 10% 的代价将桩基承载力提高 30%～80%，经济效益显著。

6）桩基设计也应有至少两个方案的比较。因不同桩型的成本存在差异，优先选用承载力性价比较高的桩型提供相同的桩基承载力，并由业主、设计单位通过沟通论证后确定。

（2）桩的平面布置

1）无论是桩基还是刚性桩复合地基中的竖向增强体（也经常俗称为桩），都存在经济性与精细化的平面布桩方案。除了前文所述的变刚度调平设计外，从经济性角度，能局部布桩就不要全面布桩，能集中在墙下或柱下布桩就不要满堂布桩、均匀布桩。

2）当采用柱下布桩或墙下布桩方案时，有条件时应考虑承台下土的贡献按复合桩基设计；当不考虑承台下土的贡献时，桩间距及边距应取规范的下限值，尤其以端承为主的桩型更不要随意加大桩间距。

3）在设计人工挖孔灌注桩时，直径不应小于800mm，否则在孔下难于操作；当上部结构荷载及单桩承载力要求不需要直径大于等于800mm的桩时，可利用承台或筏板的跨越作用采用 m 柱 n 桩（$m>n$）的布桩方案，也可采用减短桩长或机械成孔小直径桩方案，并应进行技术经济比较。

4）当因两柱距离较近而采用椭圆桩时，若单桩承载力富余较多，应尽量采用小直径圆桩＋桩帽，以充分利用单桩承载力，提高单桩工作效率，节约桩基造价。

5）承载特性以摩擦为主的桩宜优先采用小桩径、大桩长；以端承为主的桩优先采用大直径扩底灌注桩，桩基承载力特征值由桩基端阻控制时，应尽量采用扩大头的方式，不应随意加大桩身直径。

6）布桩时应尽量提高桩基承载力利用率：桩基承载力利用率＝作用于承台或筏板下各桩顶的竖向力合力（$F+G$）标准值/承台或筏板下各单桩承载力特征值之和（$\sum R_a$），即 $\dfrac{F+G}{\sum R_a}$ 应控制在 $85\%\sim95\%$，个别承台桩的承载力利用率高于 95% 但不大于 100% 时，也不必因此而增加桩数。当存在偏心受力的情况时，受力较大基桩的承载力验算应按 $1.2R_a$ 控制；当上部荷载考虑地震作用效应组合时，桩基承载力特征值应考虑提高系数 1.25。以上系数可以连乘。

2. 纵向钢筋配筋数量

（1）预制桩的配筋

预制桩作为一种半成品，其钢筋配置由厂家依据相关国家、行业及地方标准并针对不同桩型、不同设计参数进行，一般不是岩土或结构设计者所考虑的问题。但具体桩型的选择则要由设计者来进行，故设计师也必须对桩型、配筋及有关力学性能指标有所了解，才能正确选型，并对预制桩在堆放、运输及起吊过程中的注意事项给出建议。尤其是采用预制桩作为抗拔桩或抗水平荷载桩时，设计师必须依照其截面及配筋对桩身的轴向抗拉承载力、水平抗弯承载力及水平抗剪承载力进行复核。

对于预制混凝土实心桩，桩身配筋应按吊运、打桩及桩在使用中的受力等条件计算确定。采用锤击法沉桩时，预制桩的最小配筋率不宜小于 0.8%。静压法沉桩时，最小配筋率不宜小于 0.6%，主筋直径不宜小于 $14mm$。

预应力混凝土空心桩主要有管桩及空心方桩两种桩型。在津沪江浙一带预应力管桩有非常广泛的应用，但空心方桩因其成本优势，应用也逐渐增多。

预应力管桩按承载性状可分为抗压桩、抗拔桩及抗水平荷载桩。按混凝土有效预压应力值可分为 A 型、AB 型、B 型及 C 型，混凝土有效预压应力分别对应 4MPa、6MPa、8MPa 及 10MPa，对应的配筋率及抗弯性能也逐渐增加。

有关预应力混凝土空心管桩的标准及图集较多，有国家标准《先张法预应力混凝土管桩》GB 13476—2009、建材行业标准《先张法预应力混凝土薄壁管桩》JC 888—2001，《建筑桩基技术规范》JGJ 94—2008 的附录 B 也给出了预应力混凝土空心桩的基本参数。一些应用较广的地区也往往有各自的地方标准，如天津市工程建设标准《预应力混凝土管桩技术规程》DB 29—110—2010、江苏省工程建设标准《预应力混凝土管桩基础技术规程》DGJ32/TJ 109—2010 等。各生产厂家也根据国标、地标的有关要求制定有企业自身的产品目录和图集。

预应力管桩的纵筋一般采用预应力混凝土用钢棒（中低松弛螺旋槽钢棒），抗拉强度不低于 1420MPa，配筋率一般不低于 0.4%，根据不同类型、不同直径、不同壁厚而定。前面列出的国家标准、行业标准及地方标准均附有直径、型号、壁厚、配筋量以及抗裂弯矩、极限弯矩、抗裂剪力等力学性能指标，甚至对起吊运输时的吊点数量及吊点位置都进行了指定，使用者只需从中根据具体工程的实际情况去选型即可。但设计者应重点关注管桩的连接性节点构造，如接桩的接头节点及桩与承台的连接节点等。

（2）钢筋混凝土受压灌注桩的配筋

对于受压钢筋混凝土灌注桩，《建筑桩基技术规范》JGJ 94—2008 规定，当桩身直径为 300~2000mm 时，正截面配筋率可取 0.65%~0.2%（小直径桩取高值）；对受荷载特别大的桩、抗拔桩和嵌岩端承桩应根据计算确定配筋率，并不应小于上述规定值。

需要注意的是，规范只是说小直径取高值，但没有说要采用内插法确定灌注桩的构造配筋率。从规范条文说明可看出，0.65% 的数值是基于 300mm 直径桩配 6φ10 的配筋率（0.67%），是基于根数与直径都不能再降低情况的配筋率，因此这个配筋率上限本身是偏高的。对于不计入受压钢筋作用的普通受压钢筋混凝土灌注桩，设计者完全可以根据岩土地质情况、轴压比的大小及钢筋级别等从概念设计角度确定纵筋构造配筋率的大小，只要在 0.65%~0.2% 的范围内即可。比如对于 600mm 直径普通受压钢筋混凝土灌注桩，当桩长范围的土层不存在淤泥、淤泥质土及可液化土层，且不考虑受压钢筋的作用时，采用 6Φ14（0.33%）甚至 6Φ12（0.24%）也都是可以的。

（3）钢筋混凝土抗拔桩的配筋

对于钢筋混凝土抗拔桩，截面配筋数量由计算确定，但对于普通钢筋混凝土抗拔桩而言，配筋量一般不是由抗拉承载力控制，而是由裂缝控制。因此抗拔桩的裂缝宽度限值如何取值，对纵向钢筋的用钢量影响极大。比如武汉某项目 800mm 直径抗拔桩，抗拔承载力特征值 2000kN，按桩身抗拔承载力计算的钢筋数量为 24Φ20（7540mm²），实配 24Φ28（14778mm²）将裂缝计算宽度控制在 0.241mm，但用钢量几乎翻倍；而若想将裂缝宽度控制在 0.2mm 以内，则实配钢筋需增加到 22Φ32（17693mm²），算得的裂缝宽度为 0.198mm，钢筋用量又增大了 19.7%。

为了减少抗拔桩的普通受拉钢筋用量，可根据岩土与地下水的腐蚀性及水位变动情况对抗拔桩的实际工作环境进行详细分析，在设计、图审与甲方取得共识的情况下适当降低裂缝控制标准。上述实配 24Φ28 抗拔钢筋就是三方一致将裂缝宽度限值降低到 0.25mm 后的结果。

其次是采用环氧树脂涂层钢筋或镀锌钢筋来代替普通钢筋，虽然环氧树脂涂层及镀锌处理的费用会有所上升，但与用钢量翻倍的效应相比仍具有经济优势。此时需进行经济性对比，择优选用。

抗拔桩均为摩擦桩，桩顶轴向拉力最大，桩端降为 0，桩身轴力从桩顶到桩端依次递减，故桩身配筋也应根据桩身轴力的变化采用分段配筋的方式。当桩长较短时可分两段配筋，到 1/2 桩长时可截断 1/3 或 2/5 的钢筋；当桩长较长时，可分三段配筋，1/3 桩长时截断 1/4 的钢筋，2/3 桩长时截断一半的钢筋。或者根据计算确定钢筋截断位置及截断数量。

降低抗拔桩钢筋用量效果最显著的是采用预应力现浇混凝土灌注桩。不但可充分发挥预应力钢筋的高强作用，还因预压应力的作用使裂缝宽度大大降低，可起到事半功倍的作用。

武汉泛海二期项目，总计有 954 根桩长 32m 直径 800mm 抗拔桩，原设计采用通长配筋 24Φ28（14778mm²），裂缝计算宽度为 0.262mm（我方计算值为 0.241mm），纵向主筋总用钢量 3360t；优化设计建议采用 10Φ15.2mm 预应力钢绞线另配 12Φ18（3054mm²，配筋率 0.608%）HRB400 普通钢筋，用钢量分别为预应力筋 339t、普通钢筋 748t。论用钢量减少了 2272t，论综合造价节省了 1228 万元。从技术层面，预应力抗拔桩的裂缝计算宽度大大降低，仅为 0.05mm，因而结构的耐久性大大增强。技术经济效果均非常显著。

（4）抗水平荷载桩的配筋

纵向钢筋配筋数量及配筋长度由计算确定。

当计算所需桩身配筋非常大时，可考虑非均匀配筋方式，将纵筋尽量集中配置在截面受拉一侧，能收到非常好的经济效果。

【案例】 贵阳某项目悬臂支护桩非对称配筋

该项目边坡支护采用大直径悬臂桩，但悬臂桩摒弃常规均匀对称配筋的做法，而采用了非均匀配筋方式，除了最外圈钢筋采用均匀布置外，内圈的附加钢筋均匀分布在 120° 受拉区的扇形区域内，见图 4-1-1。

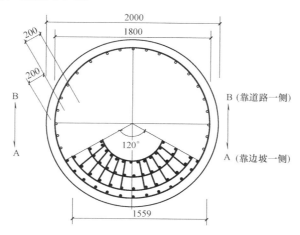

图 4-1-1　贵阳某项目悬臂式支护桩非均匀截面配筋

图 4-1-1 的配筋方式仅适用于悬臂桩的配筋，即截面受拉区始终在同一侧的桩身截面配筋，对于同时存在正负弯矩的水平受力桩，外圈钢筋同样可采用均匀配筋，而将附加钢筋集中配置在对应受拉区与受压区的两个对称的 120° 扇形区域内，也能收到比较理想的经济效果。但此种情况当受拉区与受压区采用非对称配筋且配筋数量相差不多时，在沉放钢筋笼时很容易混淆颠倒，因此设计时最好采用非均匀但对称的配筋方式（关于排桩连线对称）。

3. 纵向钢筋配筋长度

桩纵向钢筋配筋长度有三种形式：等截面通长配筋，即一种配筋数量一直到底的配筋模式；变截面通长配筋，即部分钢筋一直到底、部分钢筋到某一深度截断的配筋方式；部分桩长配筋，即靠近桩顶的部分配筋、靠近桩端的部分不配筋的配筋方式。

1）通长配筋的情况：《建筑地基基础设计规范》GB 50007—2011（以下简称《地基基础规范》）与《建筑桩基技术规范》JGJ 94—2008（以下简称《桩基规范》）的规定略有不同，二者均要求抗拔桩、嵌岩桩及位于坡地或岸边的桩需进行通长配筋，但都允许根据计算结果及施工工艺采用变截面通长配筋（《桩基规范》的表述方式）或沿桩身纵向不均匀配筋（《地基基础规范》的表述方式）；不同之处在于：《桩基规范》要求端承型桩均需通长配筋，而《地基基础规范》的表述为嵌岩端承桩需通长配筋，此外《地基基础规范》要求 8 度及 8 度以上地震区的桩需通长配筋，而《桩基规范》没有相应要求。

2）变截面通长配筋：如上文所述，该种配筋方式贯通整个桩长均配有纵向钢筋，但有部分钢筋并非一直到底，而是在中间某处截断。对于大多数要求通长配筋的桩基，采用变截面通长配筋方式能收到很好的经济效果，尤其是对大直径桩或配筋率较高的桩，经济效益更加显著。比如说抗拔桩，无论从规范要求还是从概念设计角度，通长配筋是肯定的，但抗拔桩绝大多数为摩擦型桩（无端阻或端阻不发挥作用），桩身轴力从上到下是逐渐递减的，到桩底截面轴力为零，桩顶截面轴力最大，因此计算受拉钢筋量及裂缝宽度的控制截面在桩顶截面，若仍然采用将桩顶截面配筋全数到底的配筋方式，必然导致极大的浪费。

4. 受压灌注桩的箍筋配置

对于直径不超过 1000mm 的灌注桩，箍筋直径可取 6mm，桩顶以下 $5d$ 范围内的加密区采用$\phi 6@100$，其下的非加密区采用$\phi 6@200$ 或$\phi 6@250$；当灌注桩直径大于 1000mm 时，箍筋直径可取 8mm，桩顶以下 $5d$ 范围内的加密区采用$\phi 8@100$，其下的非加密区采用$\phi 8@250$ 或$\phi 8@300$。

5. 灌注桩钢筋在承台的锚固

灌注桩在承台内的锚固可有直锚、弯折锚及弯锚三种方式，见图 4-1-2。当承台或筏板（防水板）厚度不满足桩顶钢筋直锚要求时，可采用"桩与承台连接构造（二）"的弯折锚固方式，其中直锚段长度不小于 $0.6l_{ab}$ 且不小于 $20d$，弯折后的垂直段长度不小于 $15d$。

二、承台设计的精细化

1. 单桩承台

对于一柱一桩的单桩承台，承台本身并不受力，只起到将荷载从柱传递到桩以及为桩顶甩筋与柱底插筋提供锚固作用，因此其厚度满足柱底及桩顶插筋的直线段锚固长度即可，平面尺寸也仅需满足《桩基规范》4.2.1 条的要求即可，无需刻意加大。而且对于桩径大于柱外接圆直径的大直径桩，规范允许桩和柱直接连接，而不需要承台（图 4-1-3），只要柱纵筋在桩身内的锚固长度满足要求即可。从这个角度，增加单桩承台的平面尺寸与配筋都没有实际意义。

如果设置了单桩承台，因单桩承台不受力，故所有钢筋均可按构造配置。但配筋方式如何？构造配筋量取多大？则规范没有规定，以致各设计院之间、各设计师之间可能不一样。

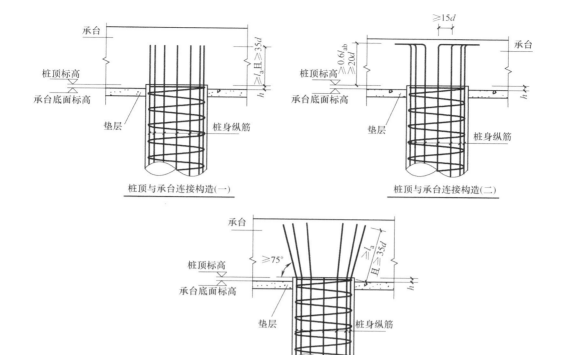

图 4-1-2 《16G101-3》中的桩顶钢筋在承台的锚固

注：1. d 为桩内纵筋直径。

2. h 为桩顶进入承台高度，桩径＜800 时取 50，桩径≥800 时取 100。

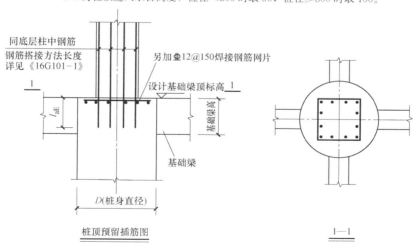

图 4-1-3 大直径桩免承台连接构造

图 4-1-4 为烟台某工程 400mm 直径的小直径桩单桩承台，承台平面尺寸问题不大，但三级钢ψ14@150 的构造配筋就太多了，相比参考手册中一级钢φ10@200 的构造钢筋，用钢量已是其 2.6 倍，如果再考虑钢筋级别的差异，则达到φ10@200 的 3.5 倍。而且与参考手册的配筋方式相比，还增加了三级钢φ14@150 的水平封闭箍筋。如果这样的单桩

承台数量很多的话，浪费还是比较惊人的。

　　其实单桩承台的配筋在理论上没有多大作用，如果说受力也只是局部受压。因柱与承台一般中心重合，只要承台混凝土与柱混凝土强度等级相差不是很多，局部受压基本都能满足要求，不必配局部受压间接钢筋网。因此其上下两面配筋可仅按抗裂构造配置。至于沿侧面布置的水平分布箍筋，除了防止承台侧面出现竖向裂缝外，也没有实际作用，考虑到多桩承台及独立基础的侧面均不配水平向钢筋，单桩承台更没必要配置。

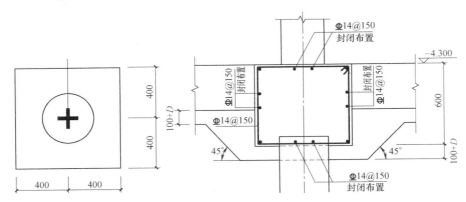

图 4-1-4　山东烟台某项目单桩承台平面与剖面图

　　如果说上述小直径的单桩承台已经感觉比较浪费的话，那么下面的大直径桩单桩承台就有点浪费惊人了。

　　图 4-1-5 为南昌某工程的桩基工程，其中裙房有一部分为一柱一桩的单桩承台，直径 800mm，承台厚度 1.2m，承台平面尺寸 3.0m×3.0m，见表 4-1-1 中 CT1a，笔者认为承台厚度及平面尺寸均偏大较多。

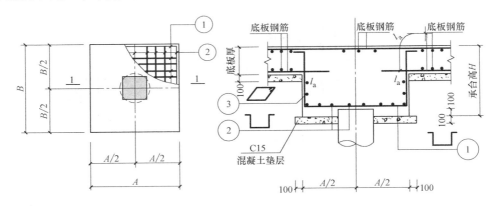

图 4-1-5　江西南昌某项目单桩承台 CT1a 平面图与剖面图

江西南昌某项目单桩承台配筋表　　　　　　　　　　　表 4-1-1

承台编号	承台厚度 H (m)	承台尺寸 (m)(长×宽)	配　筋		
			①	②	③
CT1	1.2	0.8×0.8	Φ20@150	Φ20@150	Φ10@200
CT1a	1.2	3.0×3.0	Φ20@150	Φ20@150	Φ10@200

284

对于承台厚度，笔者能想出的解释的就是：该桩为抗压抗拔两用桩，抗压承载力特征值为 4500kN，抗拔承载力特征值为 1500kN，因抗拔需要，纵筋直径较大、数量较多（26Φ25）。即便如此，按 35d 的受拉锚固长度也只有 35×25＝875mm；而且如果末端采用 15d 弯折的话，则直线段锚固长度 l_{ab} 可为 0.6×875＝525mm；如果柱钢筋直径也不超 25mm 的话，按一二级抗震的受拉锚固长度 l_{abE} 不超 40d，则柱受压锚固长度为受拉锚固长度的 0.7 倍，不超过 0.7×40×25＝700mm，当采用直线段加末端 15d 弯折的锚固方式时，直线段的长度为 0.6l_{abE}＝0.6×40×25＝600mm。因此从桩甩筋与柱插筋锚固要求角度来说，采用 700mm 高度的承台应该足够，1200mm 就太厚了。

对于直径 800mm 的单桩，承台尺寸取 3.0m×3.0m 也比较令人费解，不知是出于什么目的。笔者能想到的可能还是抗浮，但如果是靠加大承台的重量来平衡一部分水浮力的话，那效果未免太差、效率未免太低，还不如加大桩长或桩径。如果说加大承台尺寸是为了减少防水板的配筋，效果同样不佳、效率同样不高，与其将 1200mm 厚的承台加大，还不如直接加大防水板厚度，效果更加直接。

对于直径 800mm 的桩，如果桩边距取 1 倍桩径，则承台尺寸为 1.6m×1.6m，但如果按桩边与承台边净距不小于 150mm 控制，则承台尺寸仅需 1.1m×1.1m。相同承台厚度的混凝土与钢筋用量会大大减少，单个承台的混凝土用量可从 10.8m³ 降为 3.072m³ 及 1.452m³，仅相当于原设计混凝土用量的 28.4% 及 13.4%；如果承台厚度再变为 700mm，则混凝土用量进一步降低为原设计的 16.6% 及 7.8%。优化前后对比见表 4-1-2。

优化前后单桩承台的混凝土用量对比 表 4-1-2

承台长	承台宽	承台高	混凝土用量	比率
3.0	3.0	1.2	10.8	100.0%
1.6	1.6	1.2	3.072	28.4%
1.1	1.1	1.2	1.452	13.4%
1.6	1.6	0.7	1.792	16.6%
1.1	1.1	0.7	0.847	7.8%

前面谈的是承台尺寸与混凝土用量，下面再谈谈钢筋。前述 3.0m×3.0m×1.2m 的单桩承台配筋为表 4-1-1 的 CT1a，两个方向的主筋为三级钢Φ20@150，水平向封闭箍筋为Φ10@200。Φ20@150 的钢筋截面面积为 2094mm²/m，是Φ10@200（393mm²/m）的 5.3 倍。如果这样比还不够直观的话，可以将原设计与优化后 1.1m×1.1m×0.7m 单桩承台配Φ10@200 双向钢筋并取消水平箍筋单桩承台的用钢总量相比，前者单个承台钢筋总用量约为 590kg，而后者单个承台用钢总量仅为 22kg，相当于前者的 3.7%。

其实柱下单桩承台的平面尺寸及配筋构造并非没有可供参考的依据，一些比较权威的参考书中都有。

如《混凝土结构构造手册》(第三版)(P438) 建议：框架柱下的大直径灌注桩，当一柱一桩时可做成单桩承台（桩帽），其配筋示意见图 4-1-6。

《建筑结构构造规定及图例》(P675) 中的单桩承台配筋构造与之类似，见图 4-1-7。

对照上述参考书的建议，回头再看看时下一些设计院的单桩承台尺寸与配筋，差距还是很大的。

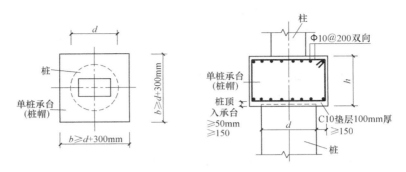

图 4-1-6 《混凝土结构构造手册》(第三版)中单桩承台配筋

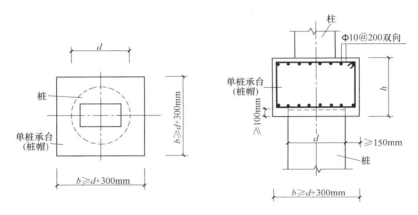

图 4-1-7 《建筑结构构造规定及图例》中的单桩承台配筋

单桩承台不必考虑冲切问题。

2. 双桩承台

双桩承台从其受力特点来看与梁非常相似,故有时也叫双桩承台梁。当墙柱荷载中心在两桩之间时,双桩承台相当于两端带悬臂自由端的简支梁,下部钢筋为受力钢筋,上部钢筋为构造或架立钢筋,横向设置封闭或 U 形箍筋。但当两桩外侧有竖向荷载作用时,相当于在悬臂跨作用有竖向荷载,此时上部钢筋也应该由计算确定。

双桩及多桩承台的计算有两种方式,即"正算法"和"反算法"。所谓"正算法"即将桩作为支座,将墙柱传下来的内力作为荷载的计算方法。该法与简支梁的算法相同,感觉上更直观一些,但该法最大的缺陷是只能将柱荷载作为集中荷载、将墙荷载作为线荷载去计算,而无法考虑墙柱截面尺寸与墙柱刚度的有利作用,因此计算所需的截面高度偏大,弯矩与配筋偏多。"反算法"即将墙柱作为支座,将桩反力作为荷载的计算方法。其模型更像倒置的单柱高架桥模型。这种方法不如正算法直观,但该法更实用,可充分考虑墙柱截面与墙柱刚度的有利影响,因此在进行截面设计时可取柱边或墙边弯矩进行配筋。

反算法在进行内力及配筋计算时,也有"粗算"与"精算"两种方式。"粗算"就是将单桩承载力特征值作为荷载标准值,再乘以荷载分项系数作为设计值进行内力计算及配筋。当双桩承台的偏心受力特征明显或墙柱底的弯矩较大时,可将单桩承载力特征值乘以荷载分项系数再乘以 1.2 作为偏心受力的荷载设计值去计算墙柱边的弯矩,然后再根据墙柱边弯矩去进行配筋计算。因此反算法只要确定了布桩方式及单桩承载力特征值,就可以进行承台的内力与配筋计算，非常适用于甲方或第三方在没有墙柱底部内力或上部结构模型时的审查校核之用。但正算法则必须知道墙柱底部的内力才能计算。粗算法的计算结果实际是承台内力与配筋的上限值，因此在很多情况下是不经济的。要想得到更加准确、更加经济的计算结果，应该采用"精算"法。

"精算"法就是以实际的桩顶反力设计值去计算墙柱边的弯矩继而进行配筋计算的设计方法。在平面布桩时，只要竖向荷载标准值达到或稍稍超过 $1.0R_a$（R_a 为单桩承载力特征值），一般就需要布置为双桩承台。因此对于轴心受力承台，其桩顶反力标准值的变化范围可能在 $(0.5\sim1.0)R_a$ 之间，偏心受力则在 $1.2\times(0.5\sim1.0)R_a$ 之间变化。由此可见，相同承台下桩的反力并不相同，有时差别甚至很大。精算法就可以体现出这种差别，可得到不同桩顶反力下不同的内力与配筋计算结果，从而起到节省钢筋的作用。但当双桩承台的数量较多时，逐个计算的计算与绘图工作量均较大，一般来说也需要归并。归并区间可按 $(0.05\sim0.1)R_a$ 来考虑。

因反算法是以桩顶反力作为荷载，桩的形心为荷载作用点，以墙柱作为支座，并以此模型去计算墙柱边的弯矩，然后再用墙柱边的弯矩去进行截面配筋，所以当墙柱截面尺寸较大时，计算弯矩会减小很多，当墙长达到或越过桩形心时，则计算弯矩为零，承台不再受局部弯矩作用，承台下部钢筋也变为由构造配筋控制。但这里的墙是指钢筋混凝土墙，对于砌体墙则不能如此考虑，而应将砌体墙作为线荷载按正算法计算承台内力及配筋。

图 4-1-8 为烟台某项目的双桩承台平面图，图 4-1-9 为剖面配筋图。采用 PHC400AB 型预应力管桩，单桩承载力特征值为 800kN。采用前述反算法计算，当承台为轴心受力时，图 4-1-8（a）的承台底部钢筋可满足受弯承载力要求，图 4-1-8（b）因墙长已越过桩形心，下部钢筋可按构造配置。区别如此之大的双桩承台也不加区分地归并在一起，就不应该了。

此外，图 4-1-9 中上部钢筋的 6Φ16 配筋也偏大，作为架立钢筋兼表面抗裂，采用 6Φ12 即可，刻意加大又起什么作用呢？箍筋的肢数、直径均偏大。根据单桩承载力特征值采用反算法，当为轴心受压时混凝土截面自身的抗剪能力即可满足要求，因此箍筋基本可按构造配置Φ10@200 即可，肢数也可改为 4 肢箍。腰筋的作用主要是防止梁侧面出现竖向裂缝，对于柱下独立基础、墙下条形基础及桩基承台，均不必考虑侧面抗裂问题，故均不在侧面配置纵向钢筋，故两侧各 2Φ16 的腰筋可取消，水平拉筋相应取消。

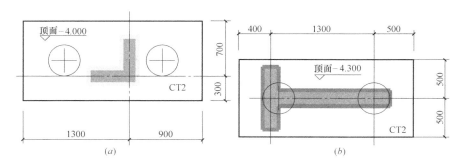

图 4-1-8　烟台某项目双桩承台墙与桩的平面关系

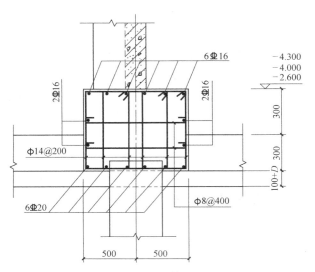

图 4-1-9 烟台某项目双桩承台配筋

双桩承台只需计算受弯、受剪承载力，不必计算受冲切承载力。

3. 钢筋混凝土墙下多桩承台梁

钢筋混凝土墙下的多桩承台梁实质为刚性墙下的构造地梁，其本身并不受力，仅仅是为桩顶钢筋提供锚固及满足墙身竖向插筋的锚固要求。故其截面高度可按钢筋锚固要求确定，截面宽度一般取桩径加 200mm 即可，配筋则可全部按构造确定。但当墙在承台梁上不连续，有个别墙的端部落在两桩之间时，或者墙身开大洞而不符合刚性墙的条件时，承台梁有可能承受局部弯矩，此时配筋应由计算确定。这种情况通过简化计算方法去准确计算不太容易实现，一般需采用有限元法才能获得比较满意的结果。故在布桩时应该综合考虑，通过调整桩的位置来避免这种情况出现，尽量让承台梁不出现局部弯矩而都采用构造配筋。

但现在有很多结构设计师，即便对于连续不开洞的钢筋混凝土地下室外墙，当采用墙下单排布桩方案时，不但设置了截面尺寸很大的地梁，而且地梁的计算完全无视钢筋混凝土墙体的存在，假定地梁为承担所有的竖向荷载的连续梁，并把桩作为连续梁的支座，导致地梁的配筋非常大。就这样，原本为构造设置甚至不需要的地梁，不但截面很大，配筋也很大，造成极大的浪费。

如图 4-1-10、图 4-1-11 的承台梁 CTL-2，截面尺寸为 800mm×900mm，上铁 9Φ25，下铁更是达到 12Φ25，其上钢筋混凝土墙体厚度为 600mm，三层地下室。

优化后，钢筋混凝土外墙厚度变为 500mm，承台梁改为与墙等厚的暗梁，梁高 1500mm，仍然按承台梁承担所有竖向荷载的多跨连续梁计算，纵向受力钢筋仅为 6Φ25（下铁）及 6Φ22（上铁），见图 4-1-12。虽然没能优化到位，但力度还是很大了。不但节省了钢筋与混凝土用量，因承台梁与墙等厚，施工也方便了。其实这种情况可完全不必设承台暗梁，设了暗梁也发挥不了暗梁应有的作用，在墙底设 4Φ25 通长钢筋即可，当然底层墙开大洞处除外。

对于墙下布桩的基础形式，如果墙是普通的砌体墙时，墙下应设地梁。地梁设计时，

288

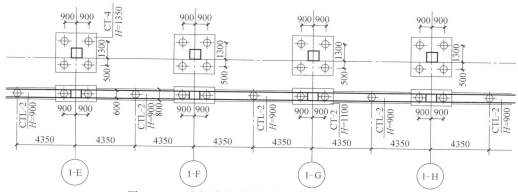

图 4-1-10 哈尔滨某项目条形承台梁 CTL-2 平面图

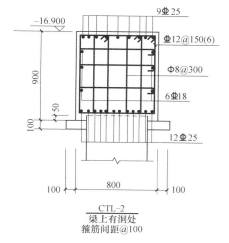

图 4-1-11 哈尔滨某项目条形承台梁
CTL-2 优化前截面及配筋图

（图 4-1-13）。……

如果按地梁承担砌体墙传来的全部荷载计算，则地梁截面与配筋过大，很不经济。此时宜将地梁与砌体墙结合起来，并结合构造柱与顶梁共同形成墙梁，按《砌体结构设计规范》GB 50003—2011 中的墙梁进行设计，此处的地梁就相当于墙梁中的托梁，可大幅降低托梁的配筋。

有关承台梁的配筋方式，《建筑地基基础设计规范》GB 50007—2011 及《建筑桩基技术规范》JGJ 94—2008 均有明确要求。

《建筑地基基础设计规范》GB 50007—2011 第 8.5.17 条规定：

8.5.17 ……承台梁的主筋除满足计算要求外，尚应符合现行《混凝土结构设计规范》GB 50010 关于最小配筋率的规定，主筋直径不宜小于 12mm，架立筋不宜小于 10mm，箍筋直径不宜小于 6mm

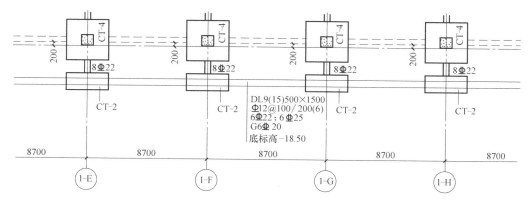

图 4-1-12 哈尔滨某项目条形承台梁 CTL-2 优化后截面及配筋

《建筑桩基技术规范》JGJ 94—2008 第 4.2.3 条规定：

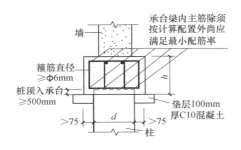

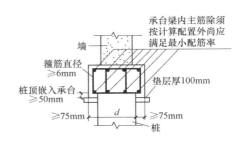

图 4-1-13 《建筑地基基础设计规范》
图 8.5.17 (c) 承台梁配筋

图 4-1-14 《建筑桩基技术规范》
图 4.2.3 (c) 承台梁配筋

4.2.3　条形承台梁的纵向主筋应符合现行国家标准《混凝土结构设计规范》GB 50010 关于最小配筋率的规定（图 4-1-14），主筋直径不应小于 12mm，架立筋直径不应小于 10mm，箍筋直径不应小于 6mm。承台梁端部纵向受力钢筋的锚固长度及构造应与柱下多桩承台的规定相同。

因此对于钢筋混凝土墙下多桩承台梁，当承台梁不承受局部弯矩而仅由构造配筋控制时，上下部纵向钢筋可按 0.15% 的最小配筋率配置，箍筋可采用 φ6@200 或 φ8@250，当承台梁宽度不超过 1000mm 时，可采用 4 肢箍。同所有其他基础类构件一样，承台梁侧面均不必配置纵向钢筋（腰筋）。

墙下多桩承台梁不必计算受冲切承载力。

4. 三桩承台

我国的三桩承台具有鲜明的中国特色。其一是承台形状的中国特色，其二是配筋方式的中国特色。从受力及配筋方面：我国是三向受力、三向配筋，而国外多是双向受力、双向配筋；从外形上来看：虽然都是正三角形切角，但我国的切角是三个小正三角形，切角后新增的三个短边的夹角仍互为 60°（图 4-1-15）；而国外顶角的切角为正三角形、两底角的切角为直角三角形，即两底角切角后新形成的两边与底边垂直（图 4-1-16）。

从两图的对比可看出，我国的三桩承台切角处的尺寸比较零碎，施工时放线定位有一定难度，但肯定难不倒聪明的中国工人，优点是受力明确，配筋方式符合传力路径与受力特征。

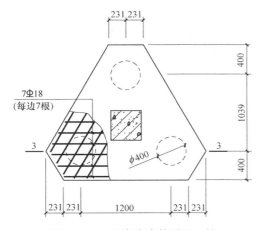

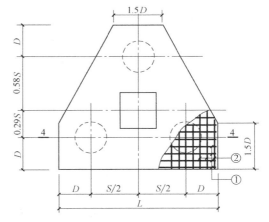

图 4-1-15　天津武清某项目三桩
承台平面尺寸及配筋方式

图 4-1-16　巴西里约热内卢焦化厂
三桩承台平面尺寸及配筋方式

上述巴西焦化厂的三桩承台，也有一个变迁过程。在初步设计阶段，中国的设计院也是按我国的特色方式进行设计。但在与德国的投资方及项目管理方进行初步设计会审时，外方的工程师对我国的三桩承台形状及配筋方式表示了强烈的不理解。几经解释与沟通都没有效果，最后只好按外方的意见进行了修改，就变成上述模样。笔者有过在新加坡的工作经历，那里汇集了全世界各国的设计师及承包商，桩基在新加坡也是一种非常普遍的基础形式，有关三桩承台的设计，基本是按上述第二种方式进行设计。

我国三桩承台三向配筋的方式受力明确直接，但是否有必要这样做则值得探讨。之所以所有板式构件都采用正交方式配筋，是因为在平面坐标系下任何大小、任何方向的力向量均可分解为相互正交的两个向量，其作用是等价的，这就是力的合成与分解。既然力可以沿两个正交方向分解且效果一样，则沿两个正交方向配筋并分别去抵抗两个正交方向的分力，在设计上是完全可行的。相互正交的有梁板是这样设计的，柱列规则排布的无梁楼盖是这样设计的，异形板是这样设计的，就连剪力墙布置相对无序、传力路径多向、受力比较复杂的平板式筏基的配筋也是按正交方式配置。具体到三桩承台，虽然其主要受力方向是从柱中心指向桩中心，并非在正交方向，但这三个方向的内力完全可以分解到两个正交方向，并据此在两个正交方向进行配筋。国外的三桩承台只在两个正交方向配筋，就是这个道理。

而且采用正交方式配筋后，计算方法也可得到简化，当柱形心与等边三角形布桩的桩群形心重合时，设计弯矩可取顶点桩反力对柱边之矩，然后根据三桩承台在柱边截面的实际宽度去计算配筋，得到以直径及间距表示的配筋（如 $\Phi 20@150$ 等），与其正交的方向可不必再算，直接取与之同直径、同间距的配筋即可。

三桩承台同四桩承台一样，都不存在负弯矩，因此无需在承台顶面配筋，也不必在承台侧面配筋，只需在承台底部配筋，钢筋数量由计算确定，钢筋的锚固长度应满足要求。锚固长度从边桩的内缘算起，对方桩可取 $35d$，对于圆桩则应取 $35d+0.1D$（d 为主筋直径，D 为桩径），当直段长度不满足上述要求时，可伸至承台端部后向上弯折 $10d$，其中水平段长度不宜小于 $25d$（方桩）或 $25d+0.1D$（圆桩），见图 4-1-17。

除了按抗弯计算纵向受力钢筋外，三桩承台需考虑抗剪及抗冲切问题。

5. 四桩承台

如果说单桩承台为不受力承台，双桩承台为单向受力承台，三桩承台为三向受力承台的话，则四桩承台为双向受力承台。四桩承台（图 4-1-18）同三桩承台一样，不会产生负弯矩，因此不必配置上部钢筋，同样也不必在侧面配置钢筋，只需在底部根据计算需要配置钢筋。计算配筋时同样以桩顶实际反力为荷载，以桩顶反力对墙柱边的力矩作为设计弯矩来计算墙柱边截面的配筋。承台底部受力钢筋的锚固要求同三桩承台。

除了按抗弯计算纵向受力钢筋外，四桩承台需考虑抗剪及抗冲切问题。

6. 四桩以上的多桩承台

五桩及五桩以上的多桩承台，当承台上作用有两个或两个以上的墙柱荷载时，承台有可能出现负弯矩，如图 4-1-19 的五桩承台、图 4-1-20 的六桩承台及图 4-1-21 的七桩承台，在中间桩的对应位置均会出现负弯矩，故除了计算承台下部的正弯矩钢筋外，还需计算承台上部的负弯矩钢筋。下部正弯矩钢筋的计算截面也相应会增加较多，以图 4-1-20 的六桩承台为例，绕 X 轴（横向）的弯矩只需计算三根桩桩顶轴力对两柱柱边截面的弯矩，

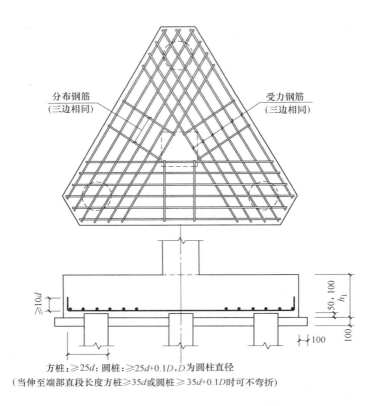

分布钢筋
(三边相同)

受力钢筋
(三边相同)

方桩：≥25d；圆桩：≥25d+0.1D，D为圆柱直径
（当伸至端部直段长度方桩≥35d或圆桩≥35d+0.1D时可不弯折）

图 4-1-17 《16G101-3》中的三桩承台配筋构造

只需计算一个截面即可；但绕 Y 轴（纵轴）的弯矩则需计算两柱左右两边所在截面的弯矩，共需计算四个截面的弯矩，当两柱位置关于桩群形心轴对称且柱底内力相同时，可只计算其中一根柱左右两边截面的弯矩，故计算截面减为两个，即便如此，也比四桩承台多计算一个截面。

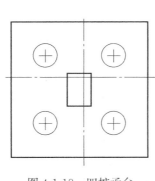

图 4-1-18 四桩承台

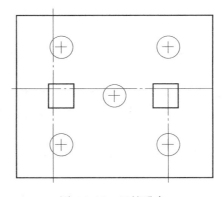

图 4-1-19 五桩承台

当然，如果承台上只有一个墙柱荷载且关于桩群形心轴对称时，多桩承台也不会出现负弯矩，正弯矩的计算也可像四桩承台那样只需计算互相正交的两个截面。

除了按抗弯计算纵向受力钢筋外，多桩承台需考虑抗剪及抗冲切问题。

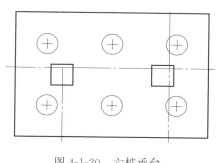

图 4-1-20　六桩承台

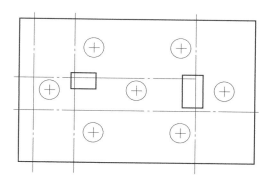

图 4-1-21　七桩承台

三、柱下独立基础与墙下条形基础的精细化设计

柱下独基与墙下条基是大多数结构工程师最熟悉的基础形式，有关规范及参考书讲的也最清楚明白，几十年沿袭下来基本没有变过，但也经常在一些结构工程师的作品中发现截面或配筋构造不合理的情况。尤其当与防水板结合时，有关设计就五花八门了。

1. 防水板与基础底平

图 4-1-22 为北京密云某别墅项目的独立柱基与防水板连接构造。采用的是防水板上下部钢筋在独立柱基内拉通，基础下部另外附加钢筋补足的方式。基础下部钢筋利用防水板的拉通钢筋并通过附加钢筋补足的设计理念非常好，可以减少锚固搭接长度，但附加钢筋到基础边缘就可以了，再往外延伸一个 l_a 长度就没必要了。因为附加钢筋的数量一定是根据柱边弯矩计算得到的，到基础边缘时，弯矩已基本衰减到零，所以规范才允许基础边长超过 2.5m 时，配筋长度可以取 0.9 倍基础边长并交错布置。此外，防水板上部钢筋在基础内贯通也欠妥，当基础尺寸较大时，浪费还是比较严重的。实际上，防水板上部钢筋深入基础一个 l_a 即可，超过 l_a 的部分一点用处都没有。

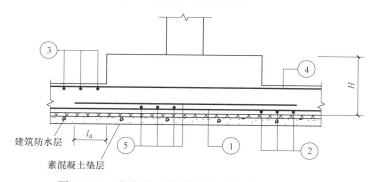

图 4-1-22　北京密云某项目独立基础与防水板底平

图 4-1-23 为河北邯郸某项目的独立基础与防水板连接构造，与上述密云项目比较相似，只不过一个是阶梯形基础，一个是锥形基础。其防水板上部钢筋贯通整个基础的做法同样欠妥，伸入基础一个 l_a 长度即可。与上述密云项目相比，改进之处是基础底部附加钢筋没有伸出基础之外一个 l_a 长度。

图 4-1-24 为河北邯郸某项目墙下条形基础与防水板连接构造。基础下部钢筋也是采

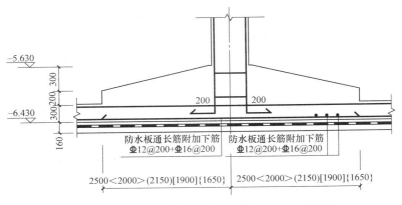

图 4-1-23　河北邯郸某项目独立基础与防水板底平

用防水板下部钢筋贯通并在基础范围内附加的配筋方式,防水板上部钢筋也没有贯通基础,而是进入基础一个长度后截断,但其却在基础顶面及侧面配置了Φ12@200的倒"U"形筋,并且沿条形基础纵向配置了Φ12@200的上部钢筋。

从力学角度分析,单柱下的独立基础与混凝土墙下的条形基础都是下部受拉、上部受压,而且基础类构件一般均按单筋设计,因此基础上部只有受压区混凝土参与截面的静力平衡,并与受拉钢筋组成一对力偶共同抵抗截面所受弯矩,因此从受力的角度不需要配置上部钢筋。而且由于基础上部混凝土受压,也不会产生混凝土在拉应力下的结构性裂缝。即便有可能在水化硬化期间发生塑性收缩裂缝,但因上表面没有受力钢筋,也不必担心受力钢筋的腐蚀问题。此外,基础属于隐蔽工程,即便有一些表面的塑性收缩裂缝,也会被遮蔽掩盖,不会影响正常使用。基于以上原因,无论是规范、标准图集,还是构造手册或其他参考书,对于柱下独立基础、墙下条形基础及三桩以上的承台,均只配下铁、不配上铁,也不配侧面钢筋,但双柱联合基础、柱下条形基础及双柱联合承台除外,因有可能产生反向的弯矩,需根据反向弯矩大小按计算配置上部钢筋。因此图 4-1-24 中Φ12@200的上部双向钢筋属于画蛇添足之举,没有实际意义,可取消。

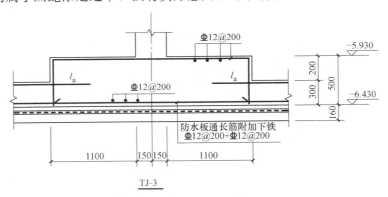

TJ-3

图 4-1-24　邯郸赵都新城 S17 墙下条形基础与防水板底平

图 4-1-25 为河北保定某项目的柱下独立基础与防水板的连接构造,如果读者认真看过前三个案例,应该可以猜到笔者会如何点评了。没错,该独立柱基配筋太多、太繁琐了!不但在两个台阶的上表面及侧面配置了双向倒"U"形筋,而且还在台阶侧面沿水平

294

方向配置了环向钢筋。设计者似乎秉承了"凡混凝土表面必配筋"的设计理念，而这种理念显然是欠妥的。试想没有防水板与之相连的独立阶形基础，是否有必要配置这么多的"U"形筋及环形筋呢？答案一定是否定的。规范、图集、参考书都没有配置这些表面钢筋，从理论上也不需要。那为何加上防水板后就变了呢？事实上，防水板的存在并没有改变独立基础的受力状态，只不过当防水板承受向上的净水浮力时，会将一部分净水浮力以反力的形式传给独立基础，但其影响的也只是阶梯形基础下部受力钢筋的大小及截面上部的混凝土受压区高度，对阶梯形基础上部受力性质没有本质的改变，因此阶梯形基础的这些表面钢筋和防水板扯不上关系。而且如上一个案例所分析的那样，阶梯形基础的这些表面钢筋没有什么实际作用，对于隐蔽工程也不需要配置表面抗裂钢筋去抵抗混凝土的塑性收缩裂缝，因此可完全取消独立柱基侧面构造钢筋、环向构造钢筋及上部双向构造钢筋。

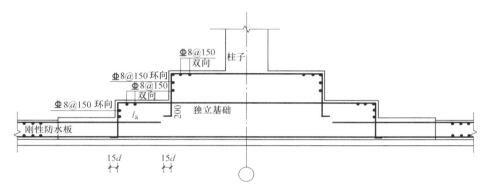

图 4-1-25　河北保定某项目原设计独立柱基与防水板构造及配筋图

2. 防水板与基础顶平

图 4-1-26 为河北唐山某项目的独立柱基与防水板构造配筋方式，基础与防水板交接处采用 45°斜面，并在斜面配置了双向钢筋。其中顺斜面方向的配筋采用了将基础底板钢筋延长的方式，斜面的水平筋没有交代，可以理解为和防水板相同配筋。在非人防区域，防水板厚度采用 250mm 厚、$\Phi12@150$ 双层双向配筋。基础顶面配置了钢筋并采用将防水板上部钢筋拉通的方式，对于顶面可不配筋的基础类构件来说配筋偏多。若基础顶面以上还有建筑面层，可不必配基础顶面钢筋，防水板进入基础一个锚固长度 l_a 即可截断。基

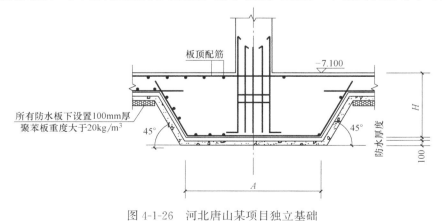

图 4-1-26　河北唐山某项目独立基础

础侧面也无需做成斜面，同正常独立基础一样直立上去即可。侧面也不必配筋，基础底部钢筋到基础底面边缘附近截断即可，也无需向上弯折。

图 4-1-27、图 4-1-28 为上述河北唐山同一项目的墙下条基与防水板构造配筋方式，基础与防水板交接处同样采用 45°斜面，斜面的配筋方式也类似，顶面钢筋也是利用防水板钢筋贯通的方式。底部钢筋 A_s(A) 为受力钢筋，由计算确定，A_s(B) 为分布钢筋，原设计采用 Φ12@150，作为分布钢筋明显偏大。针对这些情况，优化建议做如下修改：1）条形基础与防水板交接部位不做斜面，条形基础钢筋不向上弯折；2）防水板钢筋进入条形基础一个锚固长度后截断，条形基础不配上部钢筋；3）条形基础纵向钢筋为分布钢筋，可按 Φ10@200 统一配置。

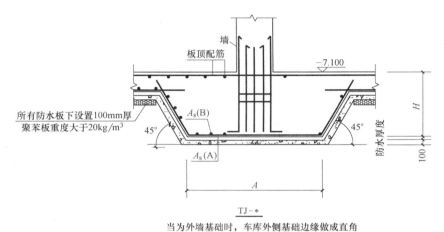

图 4-1-27 河北唐山某项目条形基础

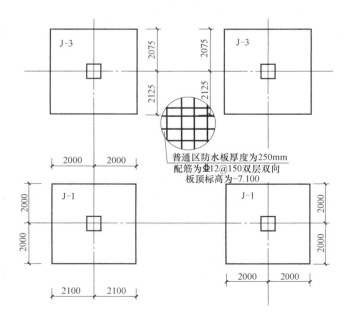

图 4-1-28 河北唐山某项目防水板配筋

图 4-1-29 为河北保定高碑店某项目独立柱基与防水板构造配筋，基础顶面配置了钢筋并采用将防水板上部钢筋拉通的方式。设计院的解释是为防止产生裂缝，故板上筋在基础内拉通设置，但同意将基础侧面改为竖直，聚苯板照常设置，防水板仍为 250mm 厚，即改为图 4-1-30 的方式。因为该项目地下水位低于基础埋深，防水板实为地下室的构造底板，因此在防水板下设置了聚苯板的情况下，防水板理论上已基本不再受力，故设计院将防水板配筋按 0.1% 的抗裂钢筋配置。这是笔者所见配筋量最小的防水板，但在基础尺寸较大的情况下，基础间防水板的净跨已经比较小，图 4-1-31 中最大净跨仅 3.9m，在均布荷载下防水板弯矩按 $0.1ql^2$ 计算，250mm 板厚 $\Phi8@200$ 的配筋可抵抗 $10.7kN/m^2$ 的均布荷载设计值。其抗弯能力还是很强的，有了聚苯板后就更不会有问题。

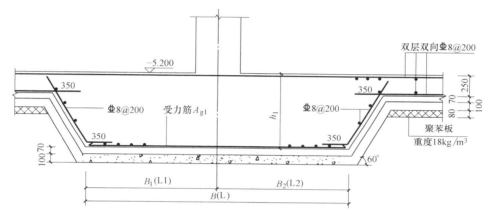

图 4-1-29　河北高碑店某项目独基防水板（优化前）

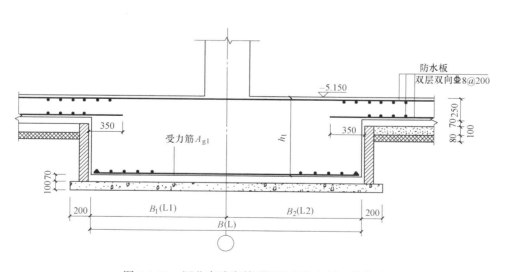

图 4-1-30　河北高碑店某项目独基防水板（优化后）

图 4-1-32 为河北沧州某项目及河北高碑店某项目的独立柱基与防水板构造配筋，基础侧面采用直立不配筋的构造方式，但防水板上、下铁均贯穿基础，成为该方案最具争议之处。如果说防水板上部钢筋在基础内拉通还能勉强接受的话，则防水板下部钢筋也在基

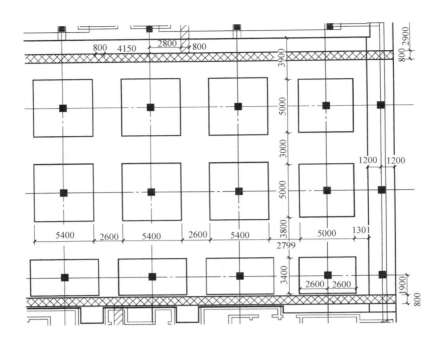

图 4-1-31　河北高碑店某项目独立柱基平面布置

础内拉通就很难解释了。优化设计改为图 4-1-33 的方式，与不带防水板的独立基础一样，基础上部未配钢筋。

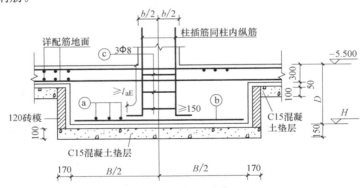

图 4-1-32　河北沧州某项目原设计

图 4-1-34 为河北保定高碑店另一项目的独立柱基与防水板构造配筋，防水板上下部钢筋均进入基础一个 l_a 长度后截断，基础顶面不再另配表面钢筋。基础侧面为直立式，也不配侧面钢筋。防水板厚度及钢筋都是比较经济的配置。采用这种配筋构造，当基础平面尺寸超过 2.5m 时，也可轻松实现基础底部钢筋按 0.9l 交错配置。

3. 墙下条形基础

图 4-1-35 为河北沧州某项目的墙下条形基础与防水板构造配筋，直观上即感觉配筋太多太复杂。优化建议修改如下：1）防水板上、下铁不贯穿基础，进入基础一个锚固长度后截断；2）外墙竖筋在基础内锚固长度满足 l_{aE} 即可，无需向防水板内弯折；3）取消

298

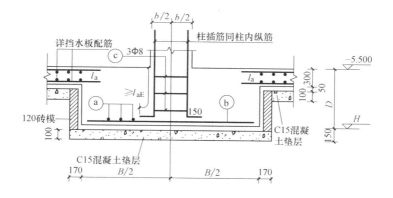

图 4-1-33　河北沧州某项目优化设计

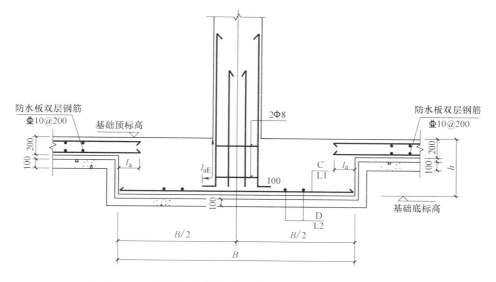

图 4-1-34　河北高碑店某项目独立柱基与防水板连接构造

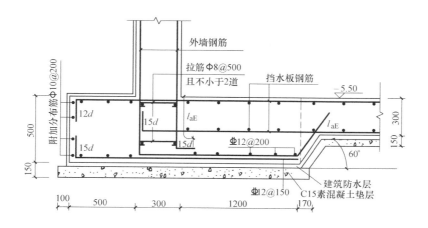

图 4-1-35　河北沧州某项目条形基础（原设计）

条基范围内上部纵向构造钢筋；4）取消条基自由端下部受力钢筋向上的 $15d$ 弯折，仅在与防水板连接处向防水板方向弯折，进入防水板长度为 l_a；5）取消基础侧面 Φ10@200 附加分布筋。即改为图 4-1-36 的形式。

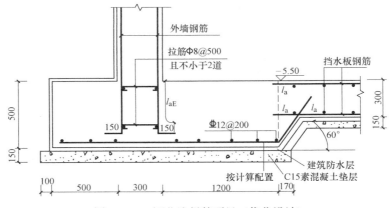

图 4-1-36　河北沧州某项目（优化设计）

　　图 4-1-37 为上述河北高碑店项目的条形基础与防水板构造配筋，与图 4-1-36 的优化设计有异曲同工之妙。但因为基础宽度较宽，尤其是外挑长度较长，基础厚度相对较薄，与墙的刚度相差不大，外挑部分很有可能会承受从墙底传来的弯矩，因此在外挑部分配置了上部受拉钢筋。防水板钢筋也是进入基础一个 l_a 长度后截断，且防水板厚度较薄、配筋较小。这是笔者所见受力最明确、概念最清晰的设计。

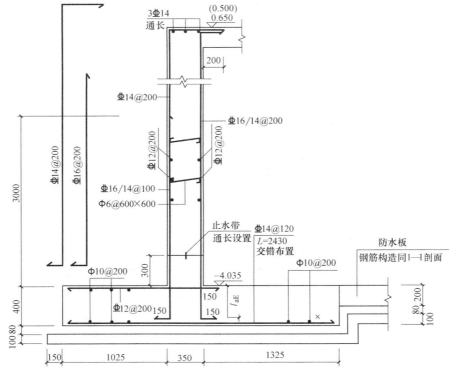

图 4-1-37　河北高碑店某项目墙下条形基础与防水板构造配筋

300

图 4-1-38 为河北高碑店另一项目的墙下条形基础与防水板构造配筋，没有配上铁及侧面构造钢筋，但在墙与基础相交部位配置了暗梁。如果墙体连续没有断开的话，因钢筋混凝土墙体可视为刚性墙，沿墙身纵向没有局部弯矩，因此基础下部的纵向钢筋仅是分布钢筋，不受力，原设计配了Φ8@250 的纵向分布钢筋，还是比较合理的。同样，纵向地梁也不受力，故没必要在钢筋混凝土墙下再设置地梁，可取消。此外，该条形基础高度为 500mm，没必要做成矩形，至少在外挑部位可改为锥形基础，锥形基础端部 200mm 高即可。

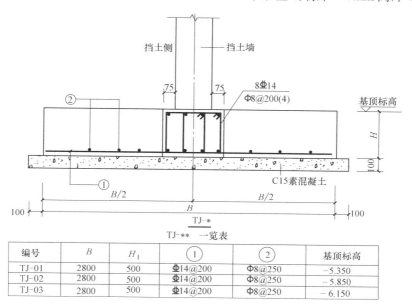

TJ-** 一览表

编号	B	H_1	①	②	基顶标高
TJ-01	2800	500	Φ14@200	Φ8@250	−5.350
TJ-02	2800	500	Φ14@200	Φ8@250	−5.850
TJ-03	2800	500	Φ14@200	Φ8@250	−6.150

图 4-1-38　河北高碑店某项目墙下条基截面尺寸与配筋

图 4-1-39 为山东青岛某项目砌体墙下的条形基础。基础本身除了可改为锥形基础，

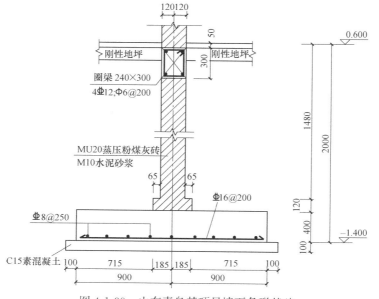

图 4-1-39　山东青岛某项目墙下条形基础

节省点混凝土用量外，没有其他争议之处。但在采用了刚性地坪的情况下，地圈梁的截面尺寸有点偏大。

4. 双柱联合基础

双柱联合基础与独立柱基及墙下条基最大的不同就是有跨中弯矩，需按计算配置上部钢筋。双柱联合基础的力学模型为两端悬挑的三跨连续板，在均布地基反力的作用下，当两柱之间的距离大于悬挑跨的 2 倍时，两柱之间的跨中就会出现正弯矩，见图 4-1-40 右图；而当两柱之间距离不大于悬挑跨的 2 倍时，则两柱之间的跨中弯矩不变号，与支座处的负弯矩同在一侧。

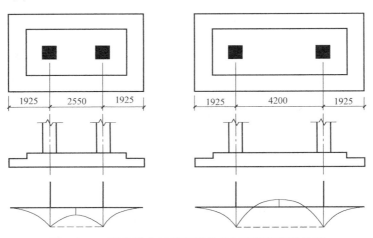

图 4-1-40　双柱联合基础弯矩分布与双柱间距的关系

图 4-1-41 为山东青岛某项目的双柱联合基础，原设计配置了上部钢筋本身没有问题，但因两柱间中心距不足悬挑跨的 2 倍，在均布地基反力作用下，两柱之间不会出现正弯矩，跨中弯矩与支座负弯矩同为负号，弯矩图均在一侧，如图 4-1-40 的左图所示。故上部钢筋在两个方向均为构造配置，由 $\Phi16@150$ 改为 $\Phi14@200$ 即可。而且根据原位标注，上部钢筋似乎是在基础内满布。但根据受力特点及标准图的配筋样本，双柱联合基础的上铁无需一直到边，可仅在两柱之间跨中弯矩影响范围内配置：受力钢筋（X 向）配筋长度从柱内侧边缘向外延伸 l_a 即可，配筋宽度从柱边向外加出两排即可；Y 向上铁为分布钢筋，其作用仅仅是与受力钢筋形成网片及受力钢筋范围内的混凝土表面抗裂，可由 $\Phi14$

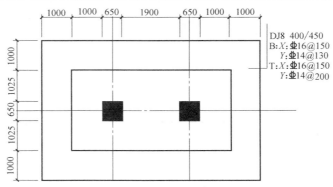

图 4-1-41　山东青岛某项目的双柱联合基础平法配筋图

302

@200 改为 ⊈10@200 即可。见图 4-1-42。

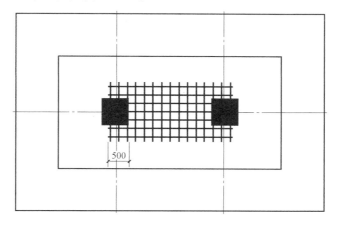

图 4-1-42 青岛某项目的双柱联合基础上部钢筋配筋示意

图 4-1-43、图 4-1-44 为《16G101-3》中双柱联合基础的配筋示意。

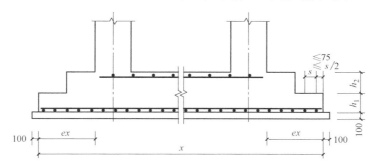

图 4-1-43 《16G101-3》双柱联合基础配筋剖面

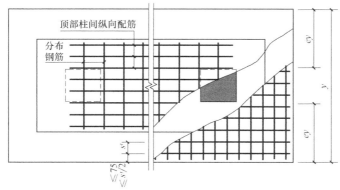

图 4-1-44 《16G101-3》双柱联合基础顶部配筋

5. 墙、柱纵向受力钢筋在基础中的锚固

关于墙柱钢筋在基础中的锚固，不只是墙、柱在基础中插筋如何预留的问题，很多时候也关系到基础的构造高度，也关系墙柱钢筋的算量问题。墙、柱纵向受力钢筋在基础内的总锚固长度，规范规定的比较清楚：

《建筑地基基础设计规范》GB 50007—2011

8.2.2 钢筋混凝土柱和剪力墙纵向受力钢筋在基础内的锚固长度应符合下列规定：

1 钢筋混凝土柱和剪力墙纵向受力钢筋在基础内的锚固长度（l_a）应根据现行国家标准《混凝土结构设计规范》GB 50010 有关规定确定；

2 抗震设防烈度为 6 度、7 度、8 度和 9 度地区的建筑工程，纵向受力钢筋的最小锚固长度（l_{aE}）应按下式计算：

1）一、二级抗震等级纵向受力钢筋的抗震锚固长度（l_{aE}）应按下式计算：

$$l_{aE} = 1.15 l_a \qquad\qquad （式 4-1-1）$$

2）三级抗震等级纵向受力钢筋的抗震锚固长度（l_{aE}）应按下式计算：

$$l_{aE} = 1.05 l_a \qquad\qquad （式 4-1-2）$$

3）四级抗震等级纵向受力钢筋的抗震锚固长度（l_{aE}）应按下式计算：

$$l_{aE} = l_a \qquad\qquad （式 4-1-3）$$

以上式中 l_a 为纵向受拉钢筋的锚固长度，$l_a = \xi_a l_{ab}$，$l_{ab} = \alpha \dfrac{f_y}{f_t} d$；$\xi_a$ 为锚固长度修正系数，《混凝土结构设计规范》中有 5 条修正，读者可去查阅，其中钢筋直径大于 25mm 时的锚固长度修正系数为 1.1；l_{ab} 为受拉钢筋的基本锚固长度；f_y 为普通钢筋、预应力钢筋的抗拉强度设计值；f_t 为混凝土轴心抗拉强度设计值，当混凝土强度等级高于 C60 时，按 C60 取值；d 为钢筋的公称直径；α 为钢筋的外形系数，按表 4-1-3 取用。

钢筋的外形系数（《混凝土结构设计规范》表 8.3.1）　　　　　　表 4-1-3

钢筋类型	光圆钢筋	带肋钢筋	螺旋肋钢丝	三股钢绞线	七股钢绞线
α	0.16	0.14	0.13	0.16	0.17

注：光圆钢筋末端应做 180° 弯钩，弯后平直段长度不应小于 3d，但作受压钢筋时可不做弯钩。

假设直径 25mm 的三级钢在 C30 混凝土中的锚固长度，当墙柱抗震等级为一、二级时，墙柱钢筋在混凝土中的锚固长度为 $l_{aE} = 1.15 l_a = 1.15\alpha \dfrac{f_y}{f_t} d = 1.15 \times 0.14 \times \dfrac{360}{1.43} = 1.15 \times 35.2 d = 40.5 d = 1013mm$。可见这个锚固长度还是非常可观的。但是不是基础就需要做一米多高呢？答案当然是否定的。其实《建筑地基基础设计规范》的上述规定，是《混凝土结构设计规范》中对纵向受拉钢筋的规定，对于纵向受压钢筋，《混凝土结构设计规范》也有相关规定：

8.3.4 混凝土结构中的纵向受压钢筋，当计算中充分利用其抗压强度时，锚固长度不应小于相应受拉锚固长度的 70%。受压钢筋不应采用末端弯钩和一侧贴焊锚筋的锚固措施。

对于剪力墙及框架柱来说，大多数情况是偏心受压构件，极个别的剪力墙会出现偏心受拉的情况，但也是尽量避免的。因此剪力墙与框架柱的纵向受力钢筋大多数均为受压钢筋，可在受拉锚固长度的基础上乘以 0.7 倍。但对于以承受侧向力为主的构件，如地下室外墙、挡土墙等，其外侧竖向钢筋在基础中的锚固为受拉锚固。

此外，标准图集《16G101-3》也给出了墙柱插筋弯折锚固的规定（图 4-1-45），当基础高度小于钢筋的锚固长度时，即可以采取这种锚固方式，其中直线段长度不小于

$0.6l_{abE}$ 或 $0.6l_{ab}$，弯折后的水平段长度不小于 $15d$。

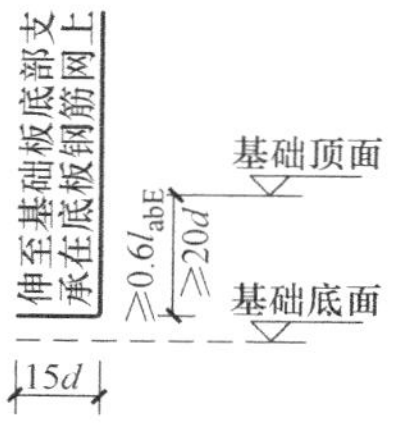

当基础高度较高且钢筋数量较多时，并非所有纵向受力钢筋都必须一直到底，当基础高度大于 1200mm（轴心受压或小偏心受压）或 1400mm（大偏心受压）时，可仅将四角的插筋伸至底板钢筋网上，其余插筋锚固在基础顶面下 l_a 或 l_{aE} 处。《建筑地基基础设计规范》GB 50007—2011 第 8.2.3 条：

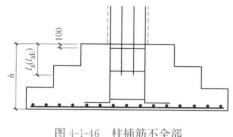

图 4-1-45　墙柱插筋在基础中的锚固

8.2.3　现浇柱的基础，其插筋的数量、直径以及钢筋种类应与柱内纵向受力钢筋相同。插筋的锚固长度应满足本规范第 8.2.2 条的规定，插筋与柱的纵向受力钢筋的连接方法，应符合现行国家标准《混凝土结构设计规范》GB 50010 的有关规定。插筋的下端宜作成直钩放在基础底板钢筋网上。当符合下列条件之一时，可仅将四角的插筋伸至底板钢筋网上，其余插筋锚固在基础顶面下 l_a 或 l_{aE} 处（图 4-1-46）。

1　柱为轴心受压或小偏心受压，基础高度大于或等于 1200mm；

2　柱为大偏心受压，基础高度大于或等于 1400mm。

图 4-1-46　柱插筋不全部到底示意（规范图 8.2.3）

四、筏形基础的精细化设计

1. 材料选用

筏形基础因厚度大，水化热高，容易在温度应力作用下产生裂缝，故应采取各种降低水化热的措施，如采用低水化热水泥，减小水泥用量等措施，而减小水泥用量的设计举措就是采用粉煤灰混凝土，并采用混凝土 60d 或 90d 的强度作为设计依据。

《高层建筑混凝土结构技术规程》第 12.1.11 条规定：

12.1.11　基础及地下室的外墙、底板，当采用粉煤灰混凝土时，可采用 60d 或 90d 龄期的强度指标作为其混凝土设计强度。

筏形基础的配筋量较大，尤其是梁板式筏基的地梁及平板式筏基的柱墩配筋极大，应优先采用性价比高的四级钢，既可有效降低钢筋用量，还可减少或避免 2 排钢筋甚至 3 排钢筋的情况，降低施工难度，提高混凝土浇捣质量。

2. 筏板的经济厚度

筏形基础分为梁板式筏基与平板式筏基两种，两种筏基的设计都首先要确定筏板厚度，而筏板厚度对于结构安全及造价都有很大影响。对于某一特定的结构，筏板并非越厚越好也非越薄越好，而是存在一个合理厚度。取值时注意以下几点：

1）满足各种情况下的受力要求；

2）满足构造要求；

3）满足经济性要求；

4）满足抵抗不均匀沉降的要求。

详细内容可见第三章第三节"基础底板的设计优化"的有关内容。

3. 筏板的配筋方式优化

也有工程师虽然没有任意加大板厚，但却将计算钢筋按最大值全部拉通，只有通长筋，没有附加筋。其实从内力分布的角度，这样的配筋也是不合常理的。以图 4-1-47 在均布地基反力作用下的五跨等跨连续梁（或板）为例，边跨跨中弯矩为 $0.078ql^2$，比第二跨跨中弯矩的 $0.033ql^2$ 大一倍还多，同理，第一内支座的弯矩 $0.105ql^2$ 比中间支座的 $0.079ql^2$ 弯矩也高出 33% 左右。

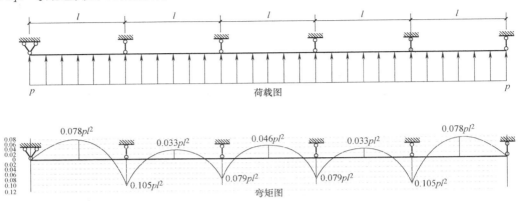

图 4-1-47　五跨等跨连续梁（或板）在均布荷载作用下的弯矩分布

除非柱距或剪力墙间距大致相等且边跨跨度小于中间跨时，才会出现各跨跨中弯矩大致相等或各跨支座弯矩也大致相等的情况。但跨中弯矩大致相等与支座弯矩也大致相等的情况几乎不可能同时出现，如果调整端跨跨度而使所有内支座的弯矩也大致相等，则第二跨跨中弯矩会比端跨跨中弯矩增大很多。反之亦然。以图 4-1-48 均布地基反力 p 作用下不等跨的五跨连续梁（或板）为例，端跨跨度为中间跨度的 0.8 倍时，各内支座的弯矩大致相等，但第二跨的跨中弯矩则增大至端跨的 2.57 倍，三个中间跨的跨中弯矩则比较接近。

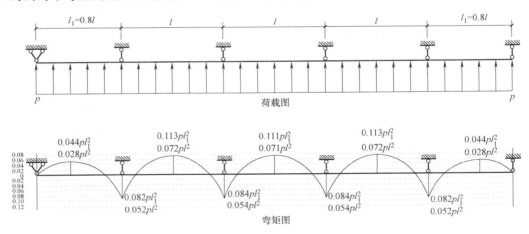

图 4-1-48　减小边跨后五跨连续梁（或板）在均布荷载作用下的弯矩分布

假使等跨连续梁（或板）的下部钢筋全部按第一内支座的最大负弯矩计算的配筋拉通配置，所有上部钢筋全部按端跨跨中的最大正弯矩计算的配筋拉通配置，则上部钢筋对于中间跨可能超配 $70\%\sim136\%$，下部中间支座钢筋则超配 33% 左右，下部跨中钢筋原本为构造配置，若也按第一内支座的最大负弯矩钢筋拉通配置，则超配幅度更是大得惊人。更有甚者，很多工程师经常是采用"Φ××@×××双层双向拉通配置"而没有附加钢筋的方式，意味着上部正弯矩钢筋也全部按第一内支座的最大负弯矩钢筋进行拉通配置，则对于上部钢筋则可能超配 35%～218%。

做的比较隐蔽的，是拉通钢筋与附加钢筋量值相近，但拉通钢筋比构造钢筋量增大较多的情况。对于这种情况，有经验的甲方会要求降低贯通钢筋的配筋量，相应增大附加钢筋的配筋量，从而实现优化设计、节省钢筋的目的。

对于住宅类型的剪力墙结构的平板式筏基，一般可根据上部钢筋的数量来判断，以大部分上部钢筋的计算配筋量在 0.15%～0.2% 之间的筏板厚度为佳。在具体配筋时以最小配筋率或略高于最小配筋率的钢筋作为贯通钢筋，不足处用附加钢筋补足，对于上下部钢筋都采用此原则进行配置，可获得比较经济的配筋结果。切忌随意加大贯通钢筋的用量。对于梁板式筏基来说，还存在一个经济梁高的问题。但梁板式筏基的梁高不能仅仅考虑结构方面的经济性，因梁高的加大还会导致埋深的加大，对上返梁还影响梁格内回填材料的用量，故梁高需结合配筋量综合确定。

对于平板式筏基，尤其是框架结构、框剪结构或框架-核心筒结构下的平板式筏基，筏板厚度主要由柱对筏板的冲切控制，如果为满足冲切而增大板厚，会导致受弯钢筋由构造控制而不经济，因此应设柱墩来解决冲切问题而不应单纯靠增加板厚来解决。柱墩可分上柱墩及下柱墩。在冲切截面总高度相同的情况下，棱台形上柱墩的尺寸及混凝土用量最小，棱台形下柱墩的尺寸及混凝土用量最大。而且上柱墩在柱墩底部可利用筏板的拉通钢筋，不足时再局部附加，无需将筏板钢筋截断，可省去搭接锚固长度。而下柱墩则无法利用筏板的拉通钢筋，故从经济角度只能进入柱墩一个锚固长度后截断，柱墩下铁同样需进入筏板一个锚固长度后截断。见图 4-1-49。

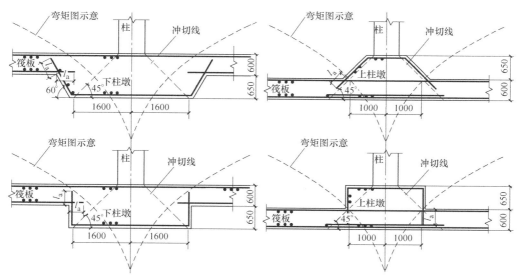

图 4-1-49　平板式筏基的各种柱墩形式

但这只是从构件本身微观层面进行的比较，若从整个地下室结构、建筑层高与工程做法等宏观层面考虑，下柱墩因筏板在上并且结构顶面是平齐的，可以不必在柱墩之间填充垫层材料，甚至连建筑面层都可以省去。而且因为其筏板在上，在相同建筑层高下可减小地下室内外墙体的高度，钢筋、混凝土、模板、外墙防水等工程量均可减少。同时外墙及人防墙高度的减少，使得其计算跨度及所受荷载也减小，故计算配筋量也会减少。这就像无梁楼盖的经济效益不能单纯通过结构构件之间进行比较，而应考虑到层高降低的综合经济效益一样。因此在进行结构方案结构体系的选择时，一定要进行综合的技术经济比较，而且这种比较一定要全面、客观，用全面、真实、完整的数据去说话，而不能用以偏概全的局部比较数据去比较、取舍，更不能凭借主观上的想当然去简单评价。

4. 墙与筏板交界处设基础明梁的必要性分析

在工程设计实践中，很多结构工程师习惯于有梁板的设计，对钢筋混凝土剪力墙住宅下的基础底板也习惯布上基础梁，用基础梁将筏板分割成一块块规则的板块去进行计算。因此在钢筋混凝土墙下也设置宽于墙体、高于筏板厚度的基础明梁，按梁板式筏基进行设计。其实这是完全不必要的，即便采用梁板式筏基，也不必在钢筋混凝土墙下布置基础梁，除非剪力墙有较大洞口处，采用梁板式筏基模型且暗梁截面尺寸或配筋难以满足要求时，可以考虑设置基础明梁，对于无洞口或仅有较小洞口的钢筋混凝土墙下，尤其是地下室外墙，则没有设置基础明梁的必要。对于剪力墙结构住宅下的基础底板，由于剪力墙分布一般比较均匀且开间均不会很大，剪力墙的竖向刚度很大，没必要增设基础梁而按梁板式筏基设计。完全可以采用平板式筏基用有限元法计算，更能真实反映基础底板的受力情况，且能考虑上部结构刚度的影响，实现上部结构-基础-地基的相互作用分析。

《高层建筑混凝土结构技术规程》JGJ 3—2010 条文说明

12.3.9 筏板基础，当周边或内部有钢筋混凝土墙时，墙下可不再设基础梁，墙一般按深梁进行截面设计。

李国胜老师在《混凝土结构设计禁忌及实例》一书中也认为："各类结构地下室所有内外墙下在基础底板部位均没有必要设置构造地梁。地下室外墙及柱间仅有较小洞口的内墙，墙下可不设置基础梁。当柱间内墙仅地下室底层有墙而上部无墙时，此墙可按深梁计算配筋。"

当必须要设基础梁时，宜优先采用与墙厚同宽的基础暗梁。当采用弹性地基梁板模型或梁板式筏基需将墙作为梁输入时，可考虑局部墙高的暗梁或全高的深梁。

不设基础明梁、采用暗梁或深梁，可使计算配筋大大减少、构造简单、施工方便、墙面整齐美观。

图 4-1-50 为某工程钢筋混凝土墙下基础明梁改为基础暗梁的实例，图中 DL6 原设计为 800mm×1200mm 与 500mm 厚钢筋混凝土墙居中设置的基础明梁。后经优化改为 500mm×

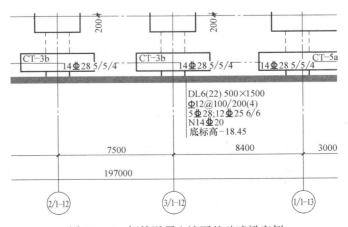

图 4-1-50 钢筋混凝土墙下基础暗梁实例

1500mm 与墙等厚的基础暗梁，极大地方便了施工，也有利于保证防水工程的质量。

5. 平板式筏基柱墩配筋优化

对于平板式筏基而言，无论是上柱墩还是下柱墩，在本质上都是局部加厚的筏板，筏板上下表面钢筋必有一面与柱墩的钢筋不能连续，因此就存在筏板钢筋贯穿柱墩或在柱墩内截断锚固的问题。如图 4-1-51 的上柱墩，筏板上部钢筋就采用贯通柱墩的方式，当柱墩平面尺寸 B_1、B_2 较大时，就会出现不必要的浪费。这与独立基础加防水板的情形非常相似，只不过是筏板厚度与配筋均比防水板要大，钢筋锚固长度因直径较大而同比增大，同时柱墩相比独立基础的尺寸又较小，故筏板钢筋在柱墩内贯通或截断锚固的区别不如独立基础防水板那样大。特别是对于平面尺寸较小的上柱墩，当筏板钢筋直径较大时，钢筋在柱墩内截断锚固与贯通柱墩相比所节省的长度很有限，经济效果甚微。但是当钢筋采用搭接连接而不是机械连接或焊接时，可用筏板钢筋在柱墩内的截断锚固代替钢筋的搭接接头，经济效益会显著提高。对于平面尺寸较大的下柱墩，筏板钢筋在柱墩内截断锚固也能收到很好的经济效果。

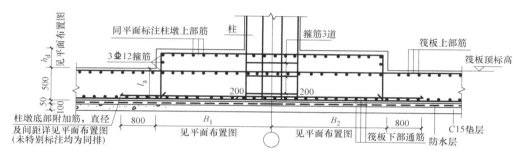

图 4-1-51　筏板上部钢筋贯穿上柱墩

柱墩配筋常见的另一个怪异现象是柱墩上铁的配筋。从构造角度，柱墩上铁配置一定数量的构造钢筋是无可厚非的，但如果柱墩上铁配筋很大，而且采用了贯通钢筋加附加钢筋的配筋方式，就很令人费解了。众所周知，筏形基础无论采用正算法还是反算法，也无论采用倒楼盖模型还是弹性地基梁板模型，以柱为中心的柱墩上铁都是受压的，仅需按构造配置即可；柱墩下铁才是受拉钢筋，如果说配筋较大需要附加钢筋，也应该是柱墩下铁才对。这就和连续梁支座下铁仅需按构造配置是一样的道理，都属于最基本的力学问题，弯矩图画出来就是那个样子，是不会因软件或其他原因而改变的，如果软件计算出来就是需要很大的计算配筋，那也只能说明软件有问题。对于任何软件，设计师都需要牢记一点：软件只是设计师手里的工具。用这个工具所生产或制造出来的产品是否合格，也是使用工具者如何操作工具的结果，要负责的是工具的使用者而不是工具本身。换句话说，软件可以有免责条款，真的因软件本身而出了工程问题，软件的生产与销售单位有可能免责，而软件的使用者是不会免责的。

从另一角度，专业软件肯定是给专业人士使用的，设计师一定要跳出软件之外，从工具使用者的高度去操作软件，而不能身陷于软件之中，对软件盲听盲信。有过编程经验的人都知道，任何软件都难以完全避免缺陷（专业术语叫 bug）。缺陷的产生有各种各样的原因，有些缺陷是显性的，有些缺陷是隐性的，需要在特定条件下触发才会暴露出来。无论哪种缺陷，都有可能导致输出结果的异常，这就需要软件的使用者根据自身的学识与经验去判断、去甄别。因此，对于软件的使用者来说，必备的专业理论知识与实践经验是永远都必要的。否则在结构设计软件高度集成、前后处理日臻完善、功能不断强大的现在及未来，也就不需要那么多的结构工程师了，相信有小学毕业水平的人，经过 3 个月的培训，也能完成从结构建模到出施工图的全部工作。但事实显然不是这样的。

图 4-1-52～图 4-1-55 为河北秦皇岛某项目高层区地下车库平板式筏基及下柱墩的典型部位配筋，下柱墩的上铁除了筏板的拉通钢筋外，另外配置了 $\Phi 14@200$ 的附加钢筋。甲方向设计院发出如下书面内审意见："柱墩上铁理论上为构造配筋，为何还要加设附加钢筋？请取消柱墩上铁附加钢筋"。但设计院的回复很简单，"答复：需要满足筏板计算书中配筋面积的要求"。可见对软件的依赖与迷信程度何等强烈，在甲方的要求与提醒之下都不愿去做专业方面的深层次思考，不愿去想软件的内力计算结果是否正确、配筋是否符合内力分布规律等基本的岩土结构专业问题，一切唯软件计算结果是从，错了也要坚持。

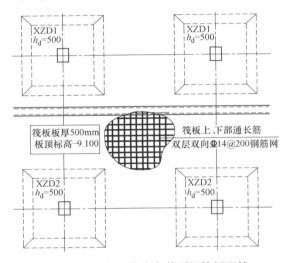

图 4-1-52　河北秦皇岛某项目筏板配筋

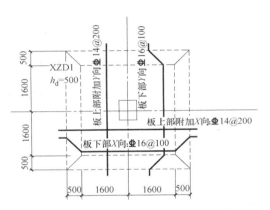

图 4-1-53　河北秦皇岛某项目柱墩配筋

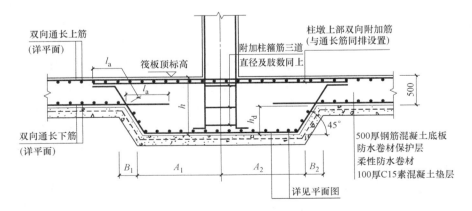

图 4-1-54　秦皇岛某项目下返柱墩构造

无独有偶，笔者在北京顺义某项目及河北另一城市的项目中也发现了上述情况，好在设计师知过必改，在甲方的提醒下及时做了修改。但其至少反映了两个问题，其一，软件

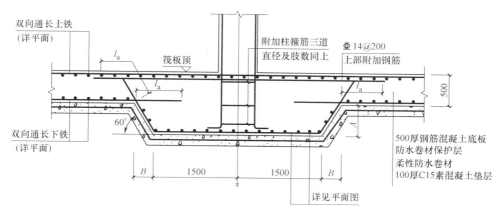

图 4-1-55 秦皇岛另一项目下柱墩构造

存在缺陷；其二，高度集成化的软件使设计师逐渐丧失了思考的能力。二者结合起来，对结构设计来说是相当危险的。

前面讲的是柱墩上铁，下面再谈谈柱墩下铁。

柱墩下铁配筋由计算控制，因柱墩处于峰值应力影响范围，故计算配筋一般均较大，往往需要较大直径、较密间距的配筋才能满足要求，有时甚至出现一排布不下而需双排配筋的情况。与梁、板等的钢筋不同，柱墩钢筋一般较短。尤其是下柱墩的下铁，其配筋为分离式配筋，与筏板下部钢筋互相锚固，当柱墩下铁钢筋直径很大时，若配筋量仍以直径及间距表示且采用 50mm 的模数，超配的情况还是比较严重的。尤其当柱墩又进行了归并的情况下，超配现象就更严重。当为上柱墩时，因柱墩下铁采用将筏板下部钢筋拉通再附加短筋的方式，间距一般应与筏板钢筋相同或其整数倍，但直径可以灵活调整，以避免粗糙的归并导致严重的超配。

图 4-1-56、图 4-1-57、表 4-1-4 为北京顺义某项目的柱墩编号平面图及各编号柱墩的配筋列表。原设计是先对所有柱墩分类并归并，图中的 XZD3c 等即为归并后的柱墩编号，然后再将每一类柱墩的配筋以下述表格的形式列出，表格中的配筋方式是以直径加间距的

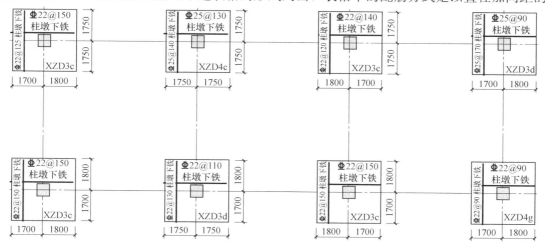

图 4-1-56 北京顺义某项目柱墩编号平面图

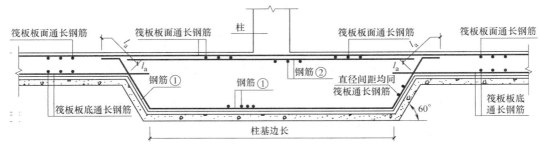

图 4-1-57　柱墩配筋示意图

方式表示，间距有 100mm、150mm 及 200mm 三种间距，即以 50mm 为模数。因此原图的表达方式是在平面图中查柱墩编号，然后到所谓的"柱下独立基础做法表"中去查对应的配筋（图中原位标注的配筋是优化设计根据实际计算结果进行的比较精确的配筋，钢筋间距以 10mm 为模数）。

柱墩配筋列表　　　　　　　　　　　　　　　　　　表 4-1-4

柱下独立基础做法表								
基础编号	基础类型	基础顶标高	基础底标高	基础边长 B	基础边长 L	H	钢筋①	钢筋②
XZD1	（柱一）	−12.550	−13.350	2000	2000	1000	Φ20@200	Φ12@200
XZD2	（柱一）	−12.550	−13.350	2500	2500	1000	Φ20@200	
XZD3	（柱一）	−12.550	−13.550	3500	3500	1000	Φ20@200	
XZD3a	（柱一）	−12.550	−13.550	3500	3500	1000	Φ22@200	
XZD3b	（柱一）	−12.550	−13.550	3500	3500	1000	Φ25@200	（Φ16@200 使用于人防区域）
XZD3c	（柱一）	−12.550	−13.550	3500	3500	1000	Φ28@200	
XZD3d	（柱一）	−12.550	−13.550	3500	3500	1000	Φ32@200	
XZD3e	（柱一）	−12.550	−13.550	3500	3500	1000	Φ32@150	
XZD3f	（柱一）	−12.550	−13.550	3500	3500	1000	Φ32@100	

概括起来，原设计存在四方面优化或改进空间：

1）柱墩分类归并环节的优化：柱墩是整个平板式筏基应力最集中的区域，因此作为受拉钢筋的柱墩下铁一般配筋均很大，但好在柱墩数量不多，与梁板式筏基的地梁相比，钢筋配置与绘图工作也均比较简单。因此对于柱墩来说，实在没有必要进行归并，直接在原位标注配筋即可。笔者推荐的做法是将筏板有限元的配筋输出结果转换成 CAD 格式，然后整体插入柱墩配筋的底图中并命名为一个新的图层，然后对照配筋结果在底图中逐一绘制钢筋并标注，如图 4-1-58 所示。

由于不必在配筋数据与底图中来回切换，钢筋配置与绘图效率还是非常高的。有分类归并的时间，原位标注配筋的绘图工作也基本完成了，而且不容易出错。有图文的直接对照，内部校审也更加方便。从读图审图角度，原位标注配筋的方式也更方便直接。

从优化设计的角度，原位直接标注配筋的方式可实现按需配筋，计算需要多少钢筋就配多少钢筋，可避免归并引起的材料浪费。

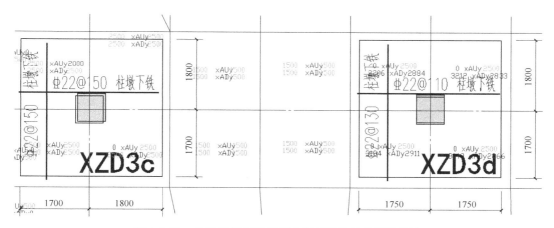

图 4-1-58　柱墩配筋根据筏板有限元计算结果原位标注

以图 4-1-57 的两个 XZD3d 为例，原设计将其归为一类，配筋采用 $\Phi 32@200$（4021mm²/m），但从原位标注的精确配筋可看出，虽然二者 Y 向配筋数值比较相近，但 X 向配筋就相差比较悬殊，一个为 $\Phi 25@90$（5454mm²/m）另一个为 $\Phi 22@110$（3456mm²/m）。而归并就意味着以低就高，不可能是以高就低，因此这样的归并必然导致某些柱墩会超配较多。针对此例右上方的 XZD3d，还存在实配钢筋 $\Phi 32@200$（4021mm²/m）不满足计算配筋（5339 mm²/m）要求的情况。

2）柱墩下铁纵横两方向配筋异同的优化：从柱墩配筋示意图及柱墩配筋列表可看出，原设计对柱墩上下铁在两个方向一律按相同配筋进行处理。但实际上，由于各柱墩所处位置的不同及剪力墙的存在，同一柱墩在两个方向的配筋并非总是相同，有时甚至差异较大。当两个方向配筋差异较大而采用相同的配筋时，必然导致浪费。图 4-1-59～图 4-1-62 为同一工程 B/7 与 B/12 处的 XZD4e，下铁计算配筋量虽较大，但单向性明星，原设计采用 $\Phi 32@100$（8040mm²/m）双向相同配筋，致使 Y 向实配超配较多。针对此种情况，应该两个方向分别按各自计算配筋量进行配置，且对于大直径钢筋，配筋间距以 10mm 模数递进也是合理的。如 B/7 在 X 向配置 $\Phi 32@120$（6702mm²）、在 Y 向配置 $\Phi 28@120$（5131mm²）；

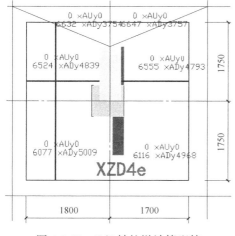

图 4-1-59　B/7 轴柱墩计算配筋

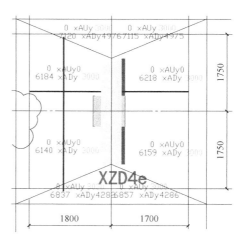

图 4-1-60　B/12 轴柱墩计算配筋

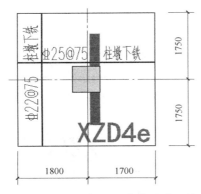

图 4-1-61　B/7 轴柱墩优化设计配筋

图 4-1-62　B/12 轴柱墩优化设计配筋

B/12 在 X 向配置 ⏀32@110（7311mm²）、在 Y 向配置 ⏀28@120（5131mm²）。其中 Y 向配筋与原设计 ⏀32@100（8040mm²）相比可降低 36.2%。

3）柱墩下铁间距的优化：其实前文已经提到，对于柱墩的配筋，因钢筋长度短、数量少、直径粗，钢筋间距不必像普通楼面板那样以 50mm 为模数，改为以 10mm 为模数是完全可行的；钢筋最小间距也可减小至 70mm，以尽量实现小直径、密间距的配筋。以 ⏀32 钢筋为例，当钢筋间距从 110mm 变为 100mm 时，每米宽度配筋量可增加 731mm²，接近 ⏀14@200（770 mm²）的钢筋量，而当钢筋间距从 150mm 变为 100mm 时，每米宽度配筋量可增加 2681mm²，比 ⏀25@200（2454 mm²）的钢筋量还要多出一些，因此对于大直径钢筋若钢筋间距仍以 50mm 为模数，对用钢量的影响是非常可观的。这样处理从设计角度是现实可行的，也不会增加设计工作量。用 Excel 做一个类似表 4-1-5 这样的表格，根据计算所需的钢筋面积及钢筋直径的大致范围，直接去表中找与计算配筋量比较接近的数值，其直径及间距也就有了。

可能有些人会以钢筋间距种类太多、太零碎而导致施工不便及施工易出错等理由来表达反对意见。事实上，对于这种局部均匀的配筋方式，施工人员并不是通过现场量测钢筋间距而摆放钢筋的。有经验的施工人员都是根据柱墩（或基础）的平面尺寸及钢筋间距计算出该柱墩（或基础）在某个方向的钢筋根数，然后将这些根数的钢筋在该方向均匀摆放即可，哪里会通过逐个量测钢筋间距来摆放钢筋。这是设计人员太低估施工人员的智商了。试问这样的钢筋摆放方式，钢筋间距是 110mm 而不是整好的 100mm 又能难到哪里？能出什么差错？只不过采用 100mm 间距时计算钢筋根数好算一些罢了。

柱墩下铁直径的优化：从前文原设计的柱墩列表可看出，原设计比较偏好 200mm 间距的配筋方式，既有稍小直径的 ⏀20@200，也有大直径的 ⏀28@200 及 ⏀32@200。如果是筏板、防水板等大面积、大范围的配筋，采用大直径及 200mm 间距因可方便附加钢筋的配置，还是很有道理的，但对于柱墩，尤其是分离式配筋的下柱墩下部钢筋，不存在贯通钢筋与附加钢筋的关系，就没必要采用这种大直径大间距的配筋方式。比如 ⏀32@200（4021mm²），从配筋量值上完全可以被 ⏀25@120（4091mm²）甚至 ⏀25@125（3927mm²）取代。

采用小直径密间距的配筋方式除了众所周知的对控制裂缝宽度有好处外，小直径钢筋

钢筋理论面积表

不同间距每延米面积(mm²)

直径(mm)	70	75	80	85	90	95	100	105	110	115	120	125	130	140	150	160	170	175	180	190	200	225	250	275	300
4	180	168	157	148	140	132	126	120	114	109	105	101	97	90	84	79	74	72	70	66	63	56	50	46	42
5	280	262	245	231	218	207	196	187	178	171	161	157	151	140	131	123	115	112	109	103	98	87	79	71	65
6	404	377	353	333	314	298	283	269	257	246	236	226	217	202	188	177	166	162	157	149	141	126	113	103	94
7	550	513	481	453	428	405	385	367	350	335	321	308	296	275	257	241	226	220	214	203	192	171	154	140	128
8	718	670	628	591	559	529	503	479	457	437	419	402	387	359	335	314	296	287	279	265	251	223	201	183	168
9	909	848	795	748	707	670	636	606	578	553	530	509	489	454	424	398	374	364	353	335	318	283	254	231	212
10	1122	1047	982	924	873	827	785	748	714	683	654	628	601	561	524	491	462	449	436	413	393	349	314	286	262
12	1616	1508	1414	1331	1257	1190	1131	1077	1028	983	942	905	870	808	754	707	665	646	628	595	565	503	452	411	377
13	1896	1770	1659	1562	1475	1397	1327	1264	1207	1154	1106	1062	1021	948	885	830	781	758	737	699	664	590	531	483	442
14	2199	2053	1924	1811	1710	1620	1539	1466	1399	1339	1283	1232	1184	1100	1026	962	906	880	855	810	770	684	616	560	513
16	2872	2681	2513	2365	2234	2116	2011	1915	1828	1748	1676	1608	1547	1436	1340	1257	1183	1149	1117	1058	1005	894	804	731	670
18	3635	3393	3181	2994	2827	2679	2545	2423	2313	2213	2121	2039	1957	1818	1696	1590	1497	1454	1414	1339	1272	1131	1018	925	848
20	4488	4189	3927	3696	3491	3307	3142	2992	2856	2732	2618	2513	2417	2244	2094	1963	1848	1795	1745	1653	1571	1396	1257	1142	1047
22	5430	5068	4752	4472	4221	4001	3801	3620	3456	3306	3168	3041	2924	2715	2534	2376	2236	2172	2112	2001	1901	1689	1521	1382	1267
25	7012	6545	6136	5775	5454	5167	4909	4675	4462	4268	4091	3927	3776	3506	3272	3068	2887	2805	2727	2584	2454	2182	1963	1785	1636
28	8796	8210	7697	7244	6842	6482	6158	5864	5598	5354	5131	4926	4737	4398	4105	3848	3622	3519	3421	3241	3079	2737	2463	2239	2053
30	10098	9425	8836	8316	7854	7441	7069	6732	6426	6147	5890	5655	5437	5049	4712	4418	4158	4039	3927	3720	3534	3142	2827	2570	2356
32	11489	10723	10053	9462	8936	8466	8042	7660	7311	6993	6702	6434	6187	5745	5362	5027	4731	4596	4468	4233	4021	3571	3217	2925	2681

的锚固与搭接长度也会更小。根据《混凝土结构设计规范》，纵向受拉钢筋的基本锚固长度可按 $l_{ab}=\alpha\dfrac{f_y}{f_t}d$ 计算，当采用三级钢且混凝土强度等级为 C30 时为 35.2d，图集中一般按 35d 取值，对于 Φ25 钢筋为 $l_{ab}=875$mm，而对于 Φ32 钢筋则为 $l_{ab}=1120$mm，多出 245mm，相比 Φ25 加长了 28%。然而这只是基本锚固长度，在实际设计与施工中采用的是锚固长度而不是基本锚固长度，受拉钢筋的锚固长度还要将基本锚固长度乘以一个锚固长度修正系数 ζ_a 而得到。对于直径大于 25mm 的带肋钢筋，规范要求应取 1.1，因此在相同条件下，上述 Φ25 钢筋的锚固长度同基本锚固长度一样为 $l_a=\zeta_a l_{ab}=1.0\times875=875$mm，但 Φ32 钢筋的锚固长度则为 $l_a=\zeta_a l_{ab}=1.1\times1120=1232$mm，加长了 357mm，相对加长量为 40.8%。这个数值还是比较可观的。

因此本人在做设计时，尽量不采用 Φ28 与 Φ32 的钢筋，尤其是筏板、柱墩等的配筋，宁可采用 Φ25@70（7012mm²）的配筋方式，也不愿采用 Φ32@115（6993mm²）这种配筋方式，尽管二者配筋量很接近。

此外，大直径钢筋因单位长度的重量较大，虽然运输环节为成捆的机械吊装，但钢筋加工及绑扎环节则需手工操作。笔者就曾目睹四个工人合力扛运一根 Φ32 钢筋的场面，很不容易。Φ32 钢筋每延米重量为 6.313kg，钢筋出厂长度一般为 12m，因此整根钢筋的重量为 75.8kg，当钢筋接长采用闪光对焊时，接长后单根钢筋的重量还要大，也需要从加工棚运到绑扎安装地点，搬运难度更大。而一根 12m 长 Φ25 的钢筋重量只有 46kg，相比之下要轻便很多，场内运输、加工、绑扎的难度均大大降低。

6. 筏板外挑及封边构造优化

1）筏板外挑的必要性分析

《高层建筑混凝土结构技术规程》JGJ 3—2010 条文说明对筏板外挑有如下说法：

12.3.9 筏形基础，当周边或内部有钢筋混凝土墙时，墙下可不再设基础梁，墙一般按深梁进行截面设计。周边有墙时，当基础底面已满足地基承载力要求，筏板可不外伸，有利减小盆式差异沉降，有利外包防水施工。当需要外伸扩大时，应满足其刚度和承载力要求。

因此对于住宅类以钢筋混凝土剪力墙结构为主的基础底板，当天然地基承载力满足要求或采用复合地基时，基础底板无论采用梁板式还是平板式，都不必外挑。筏板外挑不但不利于防水施工及所谓的盆式差异沉降，而且会增大基底开槽面积及开挖土方量，因此仅当天然地基承载力不满足要求且适当外挑后即可满足要求时才考虑外挑。但现在的设计师基本是不分何种情况一律进行外挑，即便在天然地基承载力比较富余的情况下也进行外挑，在客观上对设计本身并没有什么益处，但给甲方及施工单位则找了不少麻烦。

当然，筏形基础的平面尺寸应根据地基承载力、上部结构的布置以及荷载情况等因素综合确定。当上部结构为框架结构、框剪结构、框架-核心筒结构或筒中筒结构时，筏形基础的底板面积一般应比上部结构所覆盖的面积稍大些，以使底板的地基反力趋于均匀。当剪力墙结构的边开间较中间开间大出较多时，将边开间筏板适当外挑也可有效降低边开间筏板的跨中弯矩，从而降低边开间的钢筋用量，但与外挑部分的混凝土量、钢筋用量及外挑导致的土方开挖增量相比，很有可能是得不偿失的。因此当以此为由进行筏板外挑时，应进行全面的技术经济分析，确定有技术经济优势后再进行外挑，否则一律不宜外挑。

如图 4-1-63 的车库基础底板，采用 500mm 厚整体式筏形基础，天然地基承载力足可满足要求，也不存在抗浮稳定的问题，则筏板无须从墙边外挑，建议一律取消外挑。这不但可减少钢筋与混凝土材料用量，还可方便支模与防水施工，土方开挖量也可降低。

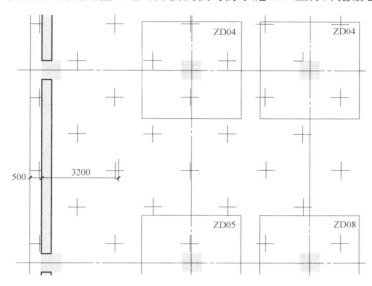

图 4-1-63　车库基础底板采用平板式筏基带 500mm 外挑

2）地下室外墙与基础底板的连接构造

因外墙与底板在彼此连接处的边界条件不同，节点区及附近的配筋构造做法也不同。

对于地下室外墙来说，基础底板一般均厚于地下室外墙且基础底板又受到地基土的约束，故认为基础底板不但可对外墙底端提供平动约束，还可以提供转动约束，因此假定外墙固接于基础底板是比较符合实际工作状态的，外墙底端在计算及构造上均应按固端考虑。外墙的纵向受力钢筋应在基础底板内有符合规范要求的锚固，此时外墙外侧受拉钢筋应延伸至底板底部后向底板内水平弯折，水平弯折段的长度取外墙外侧竖向钢筋的搭接长度。

对于基础底板来说，外墙厚度一般均小于底板厚度，外墙对基础底板端部的转动约束不足，一般认为地下室外墙只能对基础底板提供平动约束，而不能提供转动约束，因此一般均假定基础底板在其与外墙连接处为铰接。按铰接的构造规定，作为受拉钢筋的底板上部钢筋，伸入支座 $5d$ 即可；底板下部钢筋作为构造钢筋则没有相应要求，故底板上下筋均可伸至外墙外侧截断，在端部可不设弯钩。而且外墙外侧竖向钢筋在基础底板底部向水平方向弯折一个搭接长度后，也可保证底板端部具有不低于外墙底部的抗弯能力，完全可以抵抗外墙底部传来的不平衡弯矩。

但目前一些标准图集和手册中，基础底板与外墙连接的构造做法，无论基础底板多厚，一律将底板上下部纵向钢筋在筏板端部做成弯钩。这也是大多数设计院的习惯做法。而且直钩长度也不尽相同，有的做成 $12d$，有的则弯折后彼此搭接 150mm，更有甚者则一弯到底或一弯到顶。实际从受力与构造角度这么做是完全不必要的，不但会造成浪费，还会对钢筋加工、运输、堆放及绑扎带来不利影响。

国标图集《16G101-3》给出了建议做法（图 4-1-64～图 4-1-69），被很多设计师直接引用，但该做法值得推敲。

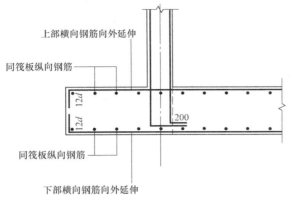

图 4-1-64　筏板外伸端部构造（一）

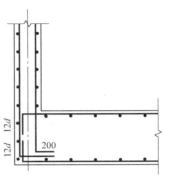

图 4-1-65　筏板不外伸端部构造（一）

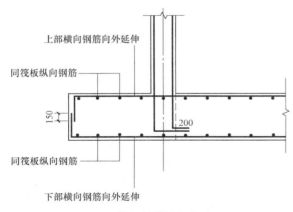

图 4-1-66　筏板外伸端部构造（二）

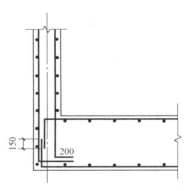

图 4-1-67　筏板不外伸端部构造（二）

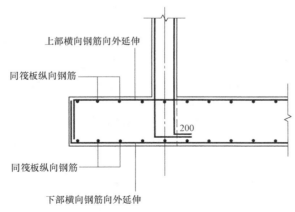

图 4-1-68　筏板外伸端部构造（三）

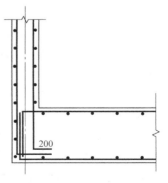

图 4-1-69　筏板不外伸端部构造（三）

3）悬挑筏板纵横向钢筋的配置

当筏板从外墙出挑后，出挑段筏板作为悬臂板是标准的单向板，从受力角度，横向下

318

部钢筋为受拉钢筋，采用将筏板横向钢筋向外延伸是没有问题的。当外伸悬挑长度较大时，还需验算在悬臂筏板根部弯矩作用下的延伸钢筋是否能满足抗弯承载力要求，不满足时还需配置附加短筋。但横向的上部钢筋则处于悬臂筏板截面的受压区，理论上应为构造配置。当筏板外伸悬挑长度不大时，直接将筏板上部钢筋外伸的浪费倒也不大，还可以接受；但当筏板外伸悬挑长度较大时，直接将筏板上部钢筋延伸出去作为悬臂筏板的上部钢筋就会造成不必要的浪费。因此建议在外伸悬臂筏板上部单独配置横向构造钢筋，并与筏板横向钢筋在外墙中线附近搭接，当确定采用筏板侧面封边构造时，可与封边钢筋合并设置，见后文图 4-1-75。

外伸筏板作为悬臂板，是最彻底的单向受力构件，故其纵向钢筋完全为分布钢筋，采用 $\Phi10@200$ 的构造配置是没有问题的，至多按 0.1% 配筋率的抗裂构造配置。但大多数设计院的结构工程师或因概念不清，或图绘图方便，对外伸筏板的纵向钢筋也一律按与筏板纵向钢筋相同的配置，即图 4-1-68 中的"同筏板纵向钢筋"。一般来说，筏板的纵横向受力钢筋均较大，若采用"同筏板纵向钢筋"的配置必然带来较大的浪费，因此外伸悬臂筏板的纵向钢筋改为构造配置还是有比较明显的经济效益的。

除了筏板上下表面纵横两个方向的钢筋外，很多设计者在筏板端头的侧面也配置了纵向钢筋，有的还不小。比如保定紫郡项目配置了 $\Phi14@200$ 的侧面纵向钢筋，其实外伸悬臂筏板的端部与独立柱基或墙下条基的端部没有什么两样，后者众所周知是不配侧面钢筋的，在理论上这个侧面纵向钢筋也没有实际用途，可有可无，建议取消。

4）筏板阴阳角构造钢筋

有的设计师在筏板阴阳角处也配置了附加钢筋，见图 4-1-70 及图 4-1-71。

其实这类附加筋在《建筑地基基础设计规范》GB 50007—2011 及《高层建筑混凝土结构技术规程》JGJ 3—2010 中均没有相关规定，国标图集中也没有类似做法。但从受力角度及配筋构造角度分析，阳角处外挑筏板属于双向悬挑构件，其纵横两个方向的钢筋又均处于悬挑区，确实难以发挥作用，因此阳角处外挑筏板的下部附加放射筋确实能发挥应有作用，可以保留。但阳角处外挑筏板的上部放射筋处于截面配筋的受压区，只要筏板配筋没有按双筋截面设计，附加上部放射筋就没有作用，应该取消。

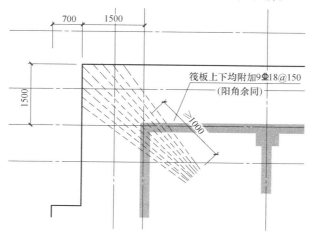

图 4-1-70 某项目阳角附加钢筋

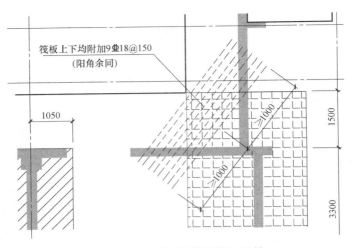

图 4-1-71　某项目阴角附加钢筋

筏板上下均附加9⾪18@150
（阳角余同）

至于阴角处的外挑筏板，因该处纵横两个方向的筏板钢筋均能充分发挥作用，阴角筏板外挑区接近于双向受力状态，因此从承载能力方面比一般筏板外挑区的单向受力状态还有所增强，也就没有必要再附加斜向钢筋。因此在筏板外挑区的阴角附加钢筋没有道理，应予取消。

5）筏板侧面的封边构造

对于筏板端部无外伸的情况，因外墙外侧竖向钢筋均会到底并向水平方向弯折，故不必考虑封边构造。因此筏板的封边构造主要是针对外伸悬臂筏板的端部。

理论上，外伸悬臂筏板的端部与独立柱基或条形基础的端部一样，是不需要配筋的，因此可不配侧面封边钢筋。《04G101-3》中即有筏板边缘侧面无封边的构造做法，但在《11G101-3》及《16G101-3》中，则将筏板边缘侧面无封边的构造做法去掉，保留了U形构造封边钢筋及上下纵筋交错150mm两种侧面封边构造，见图4-1-72。

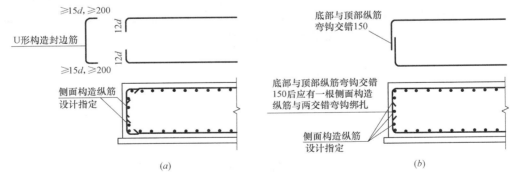

图 4-1-72　《16G101-3》中的筏板封边构造
（a）U形筋构造封边方式；（b）纵筋弯钩交错封边方式

但对于绝大多数的结构工程师来说，若筏板侧面不配封边钢筋总觉得缺了点什么，可能接受不了筏板侧面无封边的情况。对此，笔者建议采用附加"U"筋的方式，筏板主筋可在不需要处截断，不必均延伸到筏板尽端并向筏板中线方向弯折，筏板封边构造建议参照图4-1-73。

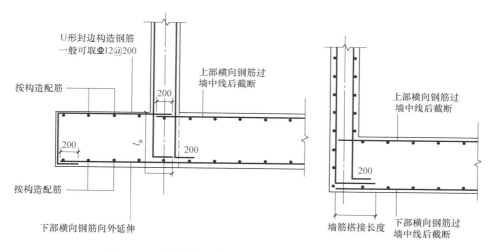

图 4-1-73　河北保定某项目筏板封边构造的优化做法

李国胜老师在其《混凝土结构设计禁忌及实例》中写道："底板计算时在外墙端常按铰支座考虑，外墙在底板端计算时按固端，因此底板上下钢筋可伸至外墙外侧，在端部可不设弯钩（底板上钢筋锚入支座按需要 $5d$ 就够）"。图 4-1-74 为《混凝土结构设计禁忌及实例》中筏板有无外伸的节点及端部构造。

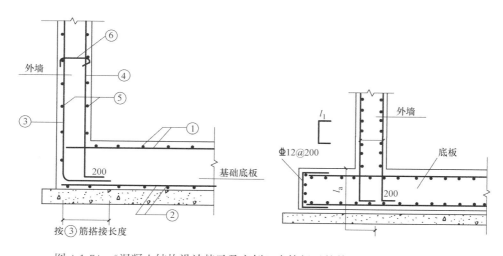

图 4-1-74　《混凝土结构设计禁忌及实例》中筏板无外伸及有外伸的构造做法

图 4-1-75 为河北保定某知名设计院在高碑店某住宅项目中采用的外伸筏板配筋构造。这样一个节点配筋构造，从专业角度是令人耳目一新的。该图看上去不但结构概念非常清晰，而且一看就知道是用心在做设计，真正做到不该省的不省，该省的一定要省。图 4-1-75中悬挑筏板的受力状态如图 4-1-76 及图 4-1-77 所示。

图 4-1-78 为上述项目中筏板无外伸的筏板封边构造。可参照前文保定项目或《混凝土结构设计禁忌及实例》中筏板无外伸的配筋构造，取消筏板上下部钢筋在端部的 $15d$ 弯钩，同时延长地下室外墙外侧竖向钢筋的水平弯折段，使其与筏板下部钢筋实现搭接并满足搭接长度的要求。

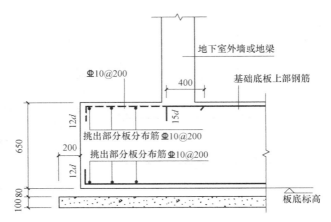

图 4-1-75 河北保定高碑店 81 号院筏板外挑封边构造

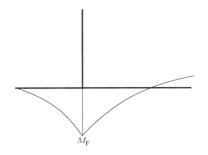

图 4-1-76 地基反力产生的弯矩

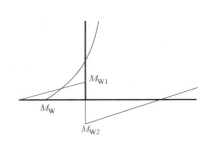

图 4-1-77 外墙土压力产生的弯矩及在节点的分配

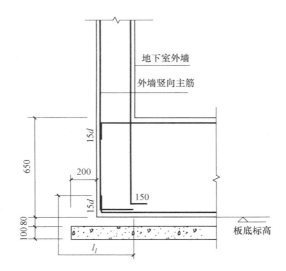

图 4-1-78 河北保定高碑店 81 号院筏板无外挑封边构造

7. 厚筏中部构造钢筋网

关于厚度大于 2m 筏板中部的构造钢筋网设置，是一个争议很大的课题。规范在这一问题上的规定也不一致，《混凝土结构设计规范》及《建筑地基基础设计规范》都有类似规定，但《高层建筑混凝土结构技术规程》及《北京地区建筑地基基础勘察设计规范》均没有相关规定，《北京市建筑设计技术细则》更是明确表示不必设类似构造钢筋网。各设计院执行情况也不一，一些大院名院主张不设，一些中小型设计院则选择从严的原则而设置，但甲方要求取消时也不会坚持。

《混凝土结构设计规范》GB 50010—2010 规定：

9.1.9 混凝土厚板及卧置于地基上的基础筏板，当板的厚度大于 2m 时，除应沿板的上、下表面布置的纵、横方向钢筋外，尚宜在板厚度不超过 1m 范围内设置与板面平行的构造钢筋网片，网片钢筋直径不宜小于 12mm，纵横方向的间距不宜大于 300mm。

条文说明 9.1.9 在混凝土厚板中沿厚度方向以一定间隔配置钢筋网片，不仅可以减少大体积混凝土中温度-收缩的影响，而且有利于提高构件的受剪承载力。

《建筑地基基础设计规范》GB 50007—2011 规定：

8.4.10 平板式筏基受剪承载力应按式（8.4.10）验算，当筏板的厚度大于 2000mm 时，宜在板厚中间部位设置直径不小于 12mm、间距不大于 300mm 的双向钢筋网。

条文说明 8.4.10 ……关于厚筏基础板厚中部设置双向钢筋网的规定，同国家标准《混凝土结构设计规范》GB 50010 的要求。……试验研究表明，构件中部的纵向钢筋对限制斜裂缝的发展，改善其抗剪性能是有效的。

不否认该构造钢筋网的有用性，从规范条文及其条文说明可以看出，设置中部构造钢筋网有两点考虑，其一为减小大体积混凝土温度-收缩的影响；其二是对抗剪性能有利。

对于前者，即便中部构造钢筋网确实有效，其限制的也是大体积混凝土内部靠近中性轴附近的裂缝，影响不到混凝土的表面。而中性轴附近的裂缝刚好是混凝土弯曲拉应力为零的区域，是应力最小的区域，因此裂缝的出现对结构安全没有影响。

其次，混凝土内部的裂缝也不是结构设计所关注对象，结构设计关注的是混凝土的表面裂缝。而之所以关注混凝土表面裂缝，也不是出于结构安全的考虑，而是出于混凝土耐久性的考虑，是因为裂缝的出现容易导致钢筋锈蚀，所以才要限制表面裂缝。

对于裸露在外的混凝土构件，还有外观方面的要求，裂缝的存在会引起人们的不适甚至不安，因此要限制裂缝宽度，但对于基础类构件，也不存在这样的问题。

因此设置中部构造钢筋网的第一条理由难以令人信服。

对于第二条理由，即对抗剪性能有利的说法，不可否认，增加一层构造钢筋网对构件抗剪肯定有利，但从上文的平板式筏基受剪承载力验算公式可看出，即便对于配筋量大得多的上下表面钢筋，公式中也没有考虑其有利影响。而 $\Phi 12@300$ 的配筋量只有 $377m^2/m$，对于 2000mm 厚的筏板，即便表面钢筋采用构造规定的最小配筋率 0.15%，也需要 $3000m^2/m$ 的配筋量，相当于 $\Phi 20@100$ 或 $\Phi 28@200$ 的配筋量，忽略大得多的表面钢筋的影响却考虑与表面钢筋配筋量相比微不足道的中间构造钢筋网的作用，同样令人难以信服。

对于板式受弯构件，很少有抗剪承载力控制的情况，而且对于平板式筏基来说，也很难出现一个受力明确的受剪截面，取单位宽度截面或板带宽度截面去进行截面抗剪承载力计算都是没有实际意义的，因为受剪破坏不像局部受弯破坏及局部冲切破坏那样会发生局部破坏，对于平板式筏基而言，是不大可能出现局部受剪破坏的。唯一需要关注的是《北京地区建筑地基基础勘察设计规范》DBJ 11—501—2009（2016 年版）第 8.6.10 条中出现的情况：

8.6.10　对上部为框架-核心筒结构的平板式筏形基础，当核心筒长宽比较大时，尚应按下式验算距核心筒长边边缘 h_0 处筏板的受剪承载力：

$$V_s \leqslant 0.7\beta_{hs}f_tbh_0 \qquad\qquad (式 4\text{-}1\text{-}4)$$

式中 b 为筏板受剪承载力验算单元的计算宽度，既不应过小也不应过大，可取核心筒两侧紧邻跨的中分线之间的范围。对于平板式筏基，基本上只有这种情况才会出现一个比较明确的受剪破坏截面，采用上述公式计算才有意义。

与《混凝土结构设计规范》及《建筑地基基础设计规范》的意见不同，《高层建筑混凝土结构技术规程》JGJ 3—2010 在其地下室和基础设计章节中没有上述规定，《北京地区建筑地基基础勘察设计规范》DBJ 11—501—2009（2016 年版）及《上海市地基基础设计规范》DGJ 08—11—2010 也均没有上述规定。

《北京市建筑设计技术细则》的规定更加明确直接，是直接针对筏板中部构造钢筋网而做出的规定：

3.4.10　不论筏板之板厚为多少，皆不需在板厚的中间增设水平钢筋。

五、防水板的精细化设计

前文"防水板的优化设计"中已经针对防水板在不同受力模式下的几何模型、荷载与边界条件进行了详细的论述，在此仅针对防水板的精细化设计进行阐述。

1. 防水板简化计算模型及配筋方式的优化

防水板属于模型比较复杂的板式受力构件，当净水浮力起控制作用或板上覆土较重时，配筋应通过计算确定。想得到比较准确的计算结果建议采用能将独立柱基同时模拟进去的有限元法，比较经济可靠的简化计算方法则是将防水板被独立柱基分隔成的区格按两种简化模型分别计算及配筋，见图 4-1-79。

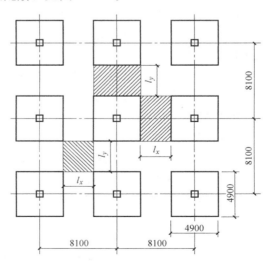

图 4-1-79　防水板简化计算模型中的板块

如图 4-1-79 所示，防水板被独立柱基分隔后，基本形成了两种类型的板块，一种是介于两个独立柱基之间的板块（图 4-1-79 的矩形阴影区域），当防水板厚度与基础高度差异较大时，可假定为两对边固结于独立柱基，另外的两对边为自由边的单向板，见图

324

4-1-80（a）；另一种是介于四个独立柱基之间的板块（图4-1-79的正方形阴影区域），可简化为四个角点支承于独立柱基的双向板，见图4-1-80（b）。两种简化模型均可通过查静力计算手册的弯矩系数求得内力并配筋。

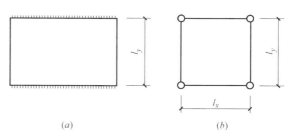

图4-1-80　防水板的简化计算模型

　　一般来说，角点支承的双向板模型的内力及配筋要大得多，绝大多数的设计者倾向于按最大配筋双层双向拉通的方式，这样做的好处当然是画图与施工都很简单，甚至不用画图，用文字说明都能表达清楚，如图4-1-81，但当计算配筋的量值较大时，也存在较明显的浪费现象。

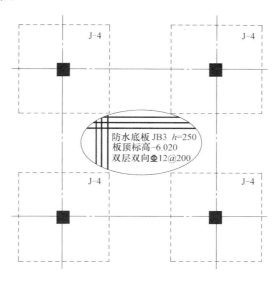

防水底板 JB3 h=250
板顶标高－6.020
双层双向Φ12@200

图4-1-81　防水板双层双向贯通配筋方式

　　在均布面荷载 q 作用下，图4-1-80（a）中两对边固结的单向板的支座弯矩为 $ql^2/12$，跨中弯矩为 $ql^2/24$；而根据结构静力计算手册，图4-1-80（b）中连续边负弯矩系数与跨中正弯矩系数分别为0.1505及0.1117（见表4-1-6），因此在均布荷载 q 作用下，图4-1-80（b）中四角点支承的正方形双向板，连续边的弯矩为 $0.1505ql^2$，跨中弯矩为 $0.1117ql^2$。此处的计算跨度为图4-1-79中的 l_x 或 l_y，且对于图4-1-79而言，$l=l_x=l_y=3200\text{mm}$，而非柱距8100mm。很显然，四角点支承正方形双向板模型的弯矩远大于两对边固结于基础的单向板的弯矩。

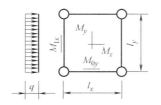

挠度＝表中系数$\times\dfrac{ql_y^4}{B_C}$；

弯矩＝表中系数$\times ql_y^2$。

l_x/l_y	μ	f	f_{0x}	f_{0y}	M_x	M_y	M_{0x}	M_{0y}
	0	0.02820	0.01743	0.01743	0.1058	0.1058	0.1595	0.1595
1.00	1/6	0.02620	0.01720	0.01720	0.1091	0.1091	0.1547	0.1547
	0.3	0.02551	0.01775	0.01775	0.1117	0.1117	0.1505	0.1505

因此从优化设计角度及节约成本出发，此种情况的防水板配筋应该避免采用按最大配筋双层双向拉通的方式，而应针对不同的区格采取区别化的配筋方式并在图中以原位方式进行标注，如图 4-1-82 所示。

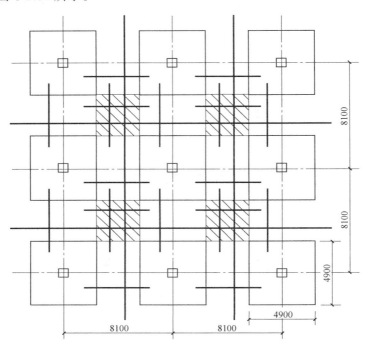

图 4-1-82   防水板合理化、精细化配筋方式

图 4-1-82 中通长钢筋仅在相邻基础边缘之间的板带沿板带长方向按构造配置，如取 0.15％或 0.1％等，在阴影区范围内不满足计算配筋的部分用附加短筋补足。两相邻基础边缘之间的单向板在受力方向按计算配置短筋，钢筋进入独立基础一个锚固长度即可，垂直受力方向则以上述通长的构造钢筋作为分布钢筋。采用这种精细化的配筋方式，可比图 4-1-81 这种双层双向贯通配筋的无差别配筋方式至少节省钢筋 50％以上。

但在现实设计中，没有一家设计院会对防水板采取差别化配筋，无一例外的采用双层双向贯通配筋的方式。因此，当防水板采用双层双向无差别的贯通配筋时，可忽略图 4-1-80（a）的模型，直接采用图 4-1-80（b）的模型去计算配筋。将实际跨度 3200mm 代入则得模型（b）连续边的弯矩为 1.5411q，跨中弯矩为 1.1438q。

更有甚者，有的设计师为图方便，采用以柱距为板跨的简化计算模型来计算防水板，结果就更离谱了。如果采用图 4-1-79 中 8100mm×8100mm 四边固支的正方形双向板，则支座弯矩为 $0.0513ql^2$，跨中弯矩为 $0.0176ql^2$，此处的 l 为柱距，其值为 8.1m，代入则

得支座弯矩为 $3.3658q$，跨中弯矩为 $1.1547q$。由此可见，这种简化模型对于支座弯矩增加了一倍以上，在实际设计中不应采用。

2. 构造防水板的厚度及配筋

当防水板没有净水浮力作用且防水板上没有覆土层时，防水板实质是防潮板，其厚度及配筋均可按构造取用。但构造厚度究竟应取多少，则没有统一规定，一般取 $200\sim300mm$，其中以 $250mm$ 厚的居多；构造配筋一般从 $\Phi 8@200$ 到 $\Phi 12@200$ 不等。

笔者认为，当地基持力层为较为密实的粗砂、圆砾、卵石或岩层时，由于持力层压缩模量非常大，绝对沉降量一般很小，基本不存在独立柱基沉降导致防水板承受地基反力的情况，此种情况下的防水板可取偏薄的厚度及偏小的配筋，而且此种情况也无设聚苯板的必要。反之当地基持力层为高压缩性土时，则建议采用偏厚的厚度及偏大的配筋。

3. 防水板钢筋在基础中的锚固

（1）基础钢筋不需锚入防水板

图 4-1-83 为河北沧州某项目筏板与防水板连接大样图，采用了筏板上铁与防水板钢筋互相锚固的方式，其实是不必要的。筏板与防水板是主从关系，筏板可以独立存在，但防水板则需以筏板为支座，因此只需防水板钢筋锚入筏板，筏板钢筋则不需锚入防水板，筏板上铁可同筏板下铁一样到筏板端部自然截断即可，即由图 4-1-83 改为图 4-1-84。

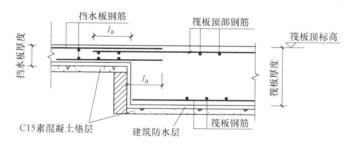

图 4-1-83　河北沧州某项目优化前防水板与筏板连接构造

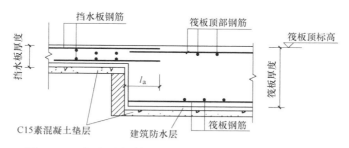

图 4-1-84　河北沧州某项目优化后防水板与筏板连接构造

（2）当防水板配筋由计算控制时

对于防水板与基础顶平的情况（即《16G101-3》中所说的高板位防水板），可将防水板上下部钢筋均锚入基础一个锚固长度 l_a 后截断；对于防水板与基础底平的情况（即《16G101-3》中所说的低板位防水板），防水板下部钢筋与基础下部钢筋可考虑按防水板钢筋贯通配置，基础下部钢筋不足时另配附加钢筋，但防水板上部钢筋可锚入基础一个锚固长度 l_a 后截断，见图 4-1-85。

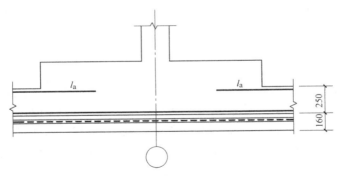

图 4-1-85　河北保定某项目防水板钢筋遇条基、筏板时处理方式

（3）防水板配筋由构造控制时

由于防水板不受力，其钢筋均为构造钢筋，理论上将防水板钢筋锚入基础 $5d$ 以上即可，具体锚入长度可根据地基土的实际情况评估防水板是否可能承受地基反力而定。

六、基础拉梁的精细化设计

1. 基础拉梁的功能

基础拉梁与防水板类似，虽然大多数时候为构造设置，但与其他结构构件相比，拉梁的结构功能更加多元、受力特征也更加复杂，根据拉梁设置的条件不同，拉梁有如下若干可能的功能：

1）增强独立柱基（桩基承台）之间的整体性；

2）调整柱基间的不均匀沉降；

3）减小首层柱的计算高度；

4）平衡上部结构传至柱底的弯矩；

5）减轻桩偏位产生的不利作用；

6）兼作基础梁时承担部分墙体荷载；

7）参与抵抗上部结构传至基础的水平力。

2. 基础拉梁的设置条件

对此，我国现行有关规范给出了如下设置条件：

《建筑抗震设计规范》GB 50011—2010 规定：

6.1.11　框架单独柱基有下列情况之一时，宜沿两个主轴方向设置基础系梁：

1　一级框架和Ⅳ类场地的二级框架；

2　各柱基础底面在重力荷载代表值作用下的压应力差别较大；

3　基础埋置较深，或各基础埋置深度差别较大；

4　地基主要受力层范围内存在软弱黏性土层、液化土层和严重不均匀土层；

5　桩基承台之间。

《建筑桩基技术规范》JGJ 94—2008 规定：

4.2.6　承台与承台之间的连接构造应符合下列规定：

1　一柱一桩时，应在桩顶两个主轴方向上设置连系梁。当桩与柱的截面直径之比大于 2 时，可不设连系梁。

328

2　两桩桩基的承台，应在其短向设置连系梁。

3　有抗震设防要求的柱下桩基承台，宜沿两个主轴方向设置连系梁。

4　连系梁顶面宜与承台顶面位于同一标高。连系梁宽度不宜小于250mm，其高度可取承台中心距的1/10～1/15，且不宜小于400mm。

5　连系梁配筋应按计算确定，梁上下部配筋不宜小于2根直径12mm钢筋；位于同一轴线上的相邻跨连系梁纵筋宜通长配置。

一柱一桩时，在桩顶两个相互垂直方向上设置连系梁，是为了保证桩基的整体刚度以及平衡因桩偏位而产生的附加弯矩。

两桩桩基承台短向抗弯刚度较小，因此应设置承台连系梁，同时也可平衡桩沿短向偏位引起的附加弯矩。

有抗震设防要求的柱下桩基承台，由于地震作用下，建筑物的各桩基承台所受的地震剪力和弯矩是不确定的，因此在纵横两方向设置连系梁，有利于桩基的受力性能。

连系梁顶面与承台顶面位于同一标高，有利于直接将柱底剪力、弯矩传递至承台。

连系梁配筋除按计算确定外，从施工和受力要求，其最小配筋量为上下配置不小于2φ12钢筋。

3. 设置基础拉梁的必要性

关于基础拉梁的设置，规范已经做出了明确的规定。作为设计师，严格按规范设置基础拉梁即可，既不要应设而未设，也不要过于随意的设置。当框架结构不具备上述两本规范需设置基础拉梁的条件时，除非所设基础拉梁有实际的功能，否则不要随意凭概念或感觉设置基础拉梁。

高碑店营销体验中心项目，原设计设置了密集的基础拉梁，不但有主梁，还有次梁。其实这个营销体验中心说白了就是一个售楼处，而且是钢结构的售楼处，结构高度小重量轻，不符合需设置基础拉梁的任何一条。因此理论上可完全不必设基础拉梁。

优化设计从设计院的可接受程度出发，提出仅在周圈保留基础拉梁，取消内部所有基础拉梁的做法。经成本部门核算，地梁混凝土节省131.28m³，钢筋节省27.4t，合计综合成本约降低20.32万元。

4. 基础拉梁内力配筋计算

拉梁因设置条件不同、功能各异，故结构计算方法也不尽相同，一定要具体情况具体分析，不可机械地照搬任何一种计算方法。

具体设计中根据拉梁的实际工作状态，从具体工程中抽象出符合实际的结构力学模型，确保几何模型、边界条件、荷载都最大程度地符合结构、构件的实际工作状态，只要模型正确，就可以采用解析法、数值法或其他简化方法求解，所差的仅是精度问题，不会产生原则错误。

也正因如此，分析拉梁各种可能的受力状态要比提供具体的计算方法更有意义，因为计算方法取决于力学模型和受力状态，而拉梁的受力状态很可能是各种可能功能的任意组合，组合方式不同，计算方法也不同。因此本书在此主要分析一下拉梁各种可能的功能及相应的受力状态。

1）名义荷载，也是拉梁承受的最小荷载，是由于拉梁受力的复杂性及不确定性，为避免拉梁在实际工作状态中因截面或配筋不足发生破坏而引入的一种概念力。但这种名义荷载又不能涵盖所有可能作用于拉梁上的荷载，当拉梁尚且承受其他较为明确的荷载时，尚应考虑与该种荷载效应的组合。

根据《建筑桩基技术规范》JGJ 94—2008 第 4.2.6 条的条文解释，桩基承台间的拉梁（独立柱基间拉梁类同）的截面尺寸及配筋一般按下述方法确定：以柱剪力作用于梁端，按轴心受压构件确定其截面尺寸，配筋则取与轴心受压相同的轴力（绝对值），按轴心受拉构件确定。在抗震设防区也可取柱轴力的 1/10 为梁端拉压力的粗略方法确定截面尺寸及配筋。连系梁最小宽度和高度尺寸的规定，是为了确保其平面外有足够的刚度。当拉梁上没有其他荷载或作用时，按此名义荷载确定截面及配筋；当拉梁上尚作用有其他荷载时，也应考虑与其他荷载效应的组合。

2）以拉梁减小底层柱的计算高度。无地下室的钢筋混凝土多层框架房屋，当独立基础埋置较深时，为了减小底层柱的计算长度和底层的位移，应在 ±0.000 以下适当位置设置基础拉梁，此时应将基础拉梁当作一层框架梁参与整体计算，故拉梁内力应包括整体分析的框架梁内力。此种情况需要注意的是：基础拉梁层无楼板，用 TAT 或 SATWE 等电算程序进行框架整体计算时，楼板厚度应取零，并定义弹性节点，用总刚分析方法进行分析计算。有时虽然楼板厚度取零，也定义弹性节点，但未采用总刚分析，程序分析时自动按刚性楼面假定进行计算，与实际情况不符。房屋平面不规则，要特别注意这一点。此时拉梁不宜按构造要求设置，宜按框架梁进行设计，并按规范规定设置箍筋加密区。（根据抗震规范，整体计算所得到的内力，对一、二、三级框架结构，底层柱底截面（即拉梁顶面）的弯矩设计值应乘以增大系数）。当拉梁还承受其他荷载或作用时，尚应考虑与名义荷载及其他荷载效应的叠加。

3）以拉梁平衡柱下端弯矩。当独立柱基按中心受压考虑或桩基独立承台不考虑桩及承台受弯时，整体计算结果的柱下端弯矩需由拉梁分配承受。由于柱底弯矩主要为水平荷载产生，而水平荷载具有方向性，所以分配的拉梁弯矩也具有方向性，有可能反号，所以拉梁的配筋应该正弯矩钢筋全部拉通，支座负弯矩钢筋应有 1/2 拉通，而且支座截面宜对称配筋。当拉梁上尚作用有其他荷载或作用时，也应考虑与名义荷载及其他荷载效应的组合。

4）承担隔墙或其他竖向荷载。此时的拉梁应按竖向受弯构件考虑，当拉梁还承受其他荷载或作用时，尚应考虑与名义荷载及其他荷载效应的叠加。

5）调整柱基间的不均匀沉降。拉梁也应按竖向受弯构件考虑，但拉梁所受的作用则为支座位移。支座位移值可取地基变形计算所得相邻基础的沉降差，当单独基础沉降量较小时，也可取规范允许沉降差的上限。一般认为，拉梁受力的不确定性主要来自独立柱基（或桩基承台）间的不均匀沉降，故当拉梁计算考虑不均匀沉降时，可不必考虑与名义荷载作用效应的组合，但当拉梁还承受其他荷载或作用时，应考虑与其他荷载效应的叠加。

6）对于一柱一桩正交方向的拉梁及双桩承台短向的拉梁，一方面是为加强桩基的整体性及刚度，另一方面也是为平衡因桩偏位而引起的附加弯矩。在实际工程中，桩偏位可以说是一种常态，而且相比上部结构构件而言，桩偏位的绝对数值比较大，有时甚至能高出两个数量级。既然桩偏位是一种常态而且数值较大，那么这种偏位就不应该被视为普通的结构构件的公差，而应该作为一种永久作用在设计阶段就考虑进去。英国规范 BS8004：1986〔7.4.2.5.4〕及欧洲规范 EN 1997-1：2004〔7.8（3）〕就是这样处理的（注：中括号内为相关内容所在的章节）。由于实际的桩偏位无法在设计阶段预知，但规范提供了桩基的允许偏位限值，故在设计时可取规范允许桩偏位的上限值，与柱轴力的乘积便是桩偏位产生的附加弯矩，当桩自身不考虑受弯时，该附加弯矩只能在拉梁与柱之间分配承受。具体后续计算方法同 3），但也不要忘记与同时作用的其他荷载效应的叠加。

7）在某些情况，当上部结构传至基础的水平力无法被有效抵抗时，靠拉梁本身的侧向抗弯能力及拉梁一侧的被动土压力也可以抵抗部分水平力。笔者在过去的结构设计生涯中曾遇到过这样一个工程，是由德国结构专家提出并主张实施的，因承台及桩都不足以抵抗水平力，最后便采用增设拉梁、并加宽加高的方法通过拉梁侧面的土压力及拉梁本身的侧向受弯来抵抗水平力。因为此种做法比较少见，笔者在此不再详述。需要注意的是：此时的拉梁应按侧向受弯构件考虑，当拉梁还承受其他荷载或作用时，尚应考虑与名义荷载及其他荷载效应的叠加。这种情况拉梁的受力比较复杂，是拉（压）与双向受弯的组合，当拉梁截面较高时，拉梁侧面土压力不均所产生的扭转效应也不可忽视，所以还需考虑与扭转效应的组合。（这种做法在民用建筑设计中几乎没有，在工业建筑设计中采用的也不多，但笔者还是遇到过这样一个工程，是建设单位聘请的德国专家主张实施的。该工程为德日合资在巴西兴建的焦化厂项目，该工程转运站及通廊栈桥的基础均采用预应力管桩。）

七、主楼与车库高低差处的节点构造

1. 主楼与车库埋深不同的原因及解决方案

在主楼与地下车库直接相连的整体设计中，主楼与车库的基础埋深很难统一在一个标高，大多数情况是车库的埋深大于主楼的埋深。尤其对于 18 层以下的住宅，按最小嵌固深度只需设一层地下室，基础埋深采用 3600mm 即可满足嵌固深度的要求，最大不超过 4000mm，但车库即便采用无梁楼盖时的最小层高也要 3300mm，而车库顶板一般均有覆土绿化及敷设市政管线的要求，现在的设计院，尤其是北方的设计院，随意加大覆土厚度，仅仅为覆土内综合布线的方便，动辄就要求 1500～2000mm 厚的覆土（某些城市的绿地率计算对覆土厚度有特殊要求的除外）。假设覆土厚度以 1500mm 计算，再加上基础自身的高度，一层普通地下车库的埋深一般要在 5500mm 以上，也就是说与具有单层地下室的主楼相比至少有 1500mm 的高差，而当车库顶板采用梁板式结构时，普通地下车库的埋深一般在 6000mm 左右，与主楼的高差一般在 2000mm 左右。当为小高层或多层洋房时理论基础埋深与车库埋深相差更多。

针对此种情况，从大的方面，解决方案有三种：

方案一：主楼与车库脱开的方案；

方案二：主楼与车库基础做平的方案，又分三种情况：

1）主楼地下室层高加大的方案；

2）主楼地下室回填至所需层高的方案；

3）主楼地下室做成两层的方案。

方案三：主楼与车库的埋深各取所需，通过结构手段解决高低差的问题。

方案一、二均属建筑解决方案，或者说建筑结构整体解决方案，在前文已有比较详细的论述，在此不再赘述。

方案三则为结构解决方案。

无论采用哪个方案，都需要在建筑方案阶段进行比选和决策。尤其是方案一，对总平面及竖向设计的影响都很大，因此其他专业的介入及方案比选工作必须前置，需要从建筑功能及营销需要、实施成本及施工便利等多个方面去进行综合的对比分析，从中选取既满足功能需要且综合造价又最低的方案。既要避免功能不足，比如方案一主楼车库脱开的方案会减少地下停车数量，能否满足地下停车配比要求，是需要重点考虑的内容；也要避免功能过剩，比如增加一层地下室变成储藏间的销售问题，若产品滞销或收不回成本，就属功能过剩；同时还要考虑施工的可实施性及便利性等问题。而方案一旦确定，就不宜再更改，更改的代价也会很大。这一议题在前文已有专门论述，在此不再赘述。本文在此主要讲述方案三的结构解决方案。

2. 主楼与车库不同埋深处的结构解决方案

采用结构手段处理主楼与车库间的高低差问题，有关规范及参考书没有对此做出规定或给出建议，因此如何在总体方案不变的情况下妥善解决高低差处的构造问题，能够将结构安全、经济合理、施工方便同时兼顾，考验着设计者的胆识与智慧。不同的设计院根据其价值取向不同，在安全与经济之间的倾向性也大不相同，因此其实施代价往往也差异极大。此外，当主楼与车库的埋深差异较大时，可能还存在施工期间放坡与支护等临时措施及临时措施是否能与永久措施合一以降低造价等问题。

对于施工期间的边坡稳定问题，可根据有无地下水、土质情况及开挖深度来决定是否放坡、坡度大小、是否需要护坡及护坡的方法。

当土质为天然湿度、构造均匀、水文地质条件良好，且无地下水时，开挖基坑可不必放坡，采取直立开挖不加支护，但挖方深度应按表4-1-7的规定执行。

基坑不加支撑时的容许深度　　　　表 4-1-7

项次	土的种类	容许深度（m）
1	密实、中密的砂子和碎石类土（充填物为砂土）	1.00
2	硬塑、可塑的粉质黏土及粉土	1.25
3	硬塑、可塑的黏土和碎石类土（充填物为黏性土）	1.50
4	坚硬的黏土	2.00

当超过表4-1-7规定的深度时，应根据土质及施工具体情况进行放坡，临时性挖方的边坡值可按表4-1-8采用，坑底宽度每边应比基础宽出150～300mm，以便施工操作。

临时性挖方边坡值　　　　表 4-1-8

土的类别		边坡值（高∶宽）
砂土（不包括细砂、粉砂）		1∶1.25～1∶1.50
一般黏性土	硬	1∶0.75～1∶1.00
	硬塑	1∶1～1∶1.25
	软	1∶1.5 或更缓
碎石类土	充填坚硬、硬塑黏性土	1∶0.5～1∶1.0
	充填砂土	1∶1～1∶1.5

1）结构解决方案一：结构斜坡过渡法

在解决主楼与车库间高低差的结构方案中，当高差不大于 1000mm 时，应用较多的是采用类似于基坑底面加混凝土斜坡的构造做法，也即在基础底板底面采用结构斜坡实现高低底板间的过渡。斜坡坡度可采用 45°或 60°，因 45°斜坡节点过于厚重，混凝土用量偏大，故大多采用 60°斜坡，见图 4-1-86。

这种构造做法是结构设计师普遍能接受的做法，采用这种构造措施基本不需要计算就能满足施工期间及正常使用期间的结构安全问题，对于结构安全最有保障。但这种构造做法的最大诟病之处就是材料用量较多，不但斜坡构造处的混凝土用量大大增加，钢筋用量也有所增加。因此开发商的成本与设计团队一般对此颇有异议。

如果说对于主楼车库间高差较小的情况，材料用量的增加还可以接受的话，那么如图 4-1-87，当主楼车库间高差较大时，这种构造措施所增加的混凝土量就太多了，从直观上给人的视觉冲击就比较强烈，总体感觉过于厚重，因此这种做法就不再可取。

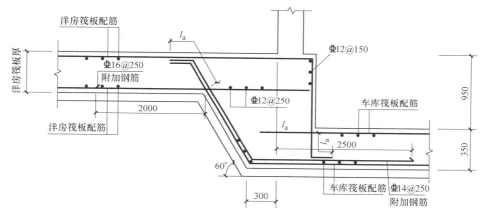

图 4-1-86　河北秦皇岛某项目洋房与车库连接构造

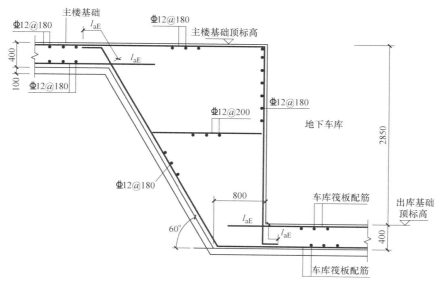

图 4-1-87　河北秦皇岛某项目主楼车库连接构造

当然上述二图也存在其他一些问题，比如图 4-1-86 的弯折状附加钢筋就没有必要加，图 4-1-87 斜坡中部的水平钢筋网也没有必要设，最主要的是节点核心区梯形截面的底边边长可不必取这么大，一般取不小于车库底板的厚度即可，如图 4-1-86 可取 350mm，图 4-1-87 可取 400mm，这样下来节点区也不至于显得那么厚重。

2）结构解决方案二：填充素混凝土法

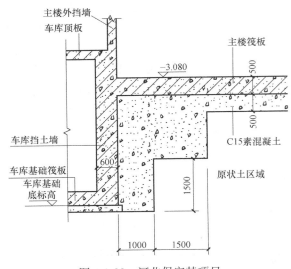

图 4-1-88　河北保定某项目

方案一的做法是斜坡混凝土与结构浑然一体的构造做法，一般来说当高差不大时比较适用，当高差大于 1000mm 时结构混凝土用量偏多，一般不宜采用。此时可以采用如图 4-1-88 与图 4-1-89 那样在车库挡土墙与土质边坡间填充素混凝土的做法。这种做法由于在车库挡土墙与地基土之间存在较为厚重的素混凝土填充物，形成了类似于重力式挡墙的一个楔形机构，能抵抗一部分侧压力，故车库挡土墙不会承受过多的侧向土压力，因此这种构造措施也可以不必计算，一般都能满足结构安全问题。该构造措施同前述结构斜坡构造类似，混凝土用量

较多，但好在是素混凝土，而且对强度等级的要求不高，采用 C15 甚至 C10 混凝土都可以。

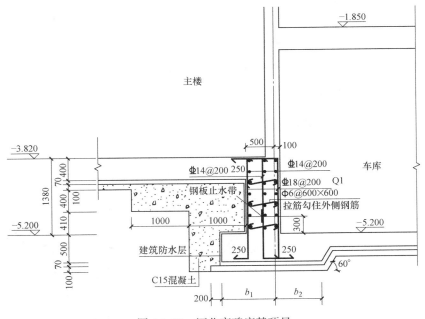

图 4-1-89　河北高碑店某项目

图 4-1-88 与图 4-1-89 的不同之处主要在车库的基础形式不同，图 4-1-88 为不外挑的筏板基础，而图 4-1-89 则为带外挑部分的条形基础。外挑长度的大小对填充混凝土用量影响很大，因此当确定采用该构造措施时，应尽量采用偏心布置的条形基础，减小条基在墙外的出挑。

图 4-1-88 的主要问题还是混凝土用量太多，比如主楼筏板下 500mm 厚的混凝土垫层，从理论上看不出有什么实际作用，但会导致混凝土用量大增，完全可改为正常的 100mm 厚混凝土垫层；还有基底 1000mm 宽的工作面也太宽，同样导致混凝土用量大增，改为 400mm 宽及 60°斜面是完全可以的。即图 4-1-90 斜线所示的坡线及混凝土垫层厚度。

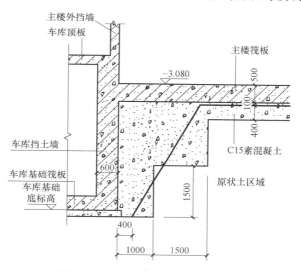

图 4-1-90　河北保定某项目优化后

该方案还可以继续优化，具体优化方案也有两种。

方案一：当土质情况及边坡高度符合上述表 4-1-7 中直立开挖的条件时，在开挖基坑侧壁时只需留够砖模（兼防水导墙）厚度及防水层构造做法（找平层、防水层及防水保护层）的厚度，不必再留工作面。做完车库基础垫层后即在垫层上砌筑砖模至主楼垫层底面，然后做底板下及砖模导墙侧面的防水层及其保护层。防水层贴在砖模侧壁上，在砖模顶端做好防水卷材甩头处的临时保护措施，之后即可绑扎底板及车库挡土墙钢筋并以砖模防水导墙做侧模配合内侧墙模浇筑车库挡土墙混凝土至主楼筏板底面高度，最后进行主楼的垫层、防水及筏板的施工。如图 4-1-91 所示。

该方案的最大优势是可实现车库挡土墙与基坑侧壁之间的无缝施工，只需沿直立边坡贴砌砖模，可省去大量的回填材料。采用该方案的前提条件是基坑侧壁必须直立开挖，因此必须保证直立边坡具有很强的自稳定性，且需将砖模与基坑侧壁贴紧，不但要防止砖模在墙后土压力作用下失稳倒塌，还要避免砖模在混凝土浇捣压力下发生破坏，因此对工艺的要求较高。砖模砌筑完毕应尽快进行下道工序，尽早浇筑车库挡土墙混凝土，且宜尽量避开雨期。

该方案的车库挡土墙不但承受侧向土压力，还要考虑主楼筏板基底压力的影响。可通过计算或加大墙厚配筋等构造措施来确定。

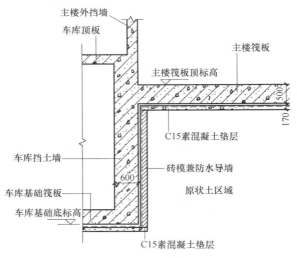

图 4-1-91　直立开挖

方案二：当土质情况及边坡高度不具备直立开挖条件或车库基础从墙边出挑（图 4-1-89）时，可以采用分阶直立开挖（图 4-1-92）或放坡开挖（图 4-1-93）的方式。这时因砖模侧面没有直立边坡的支撑，无法单独抵抗混凝土浇筑时的侧压力，故无法采用砌筑砖模做车库挡土墙外模并在其上内贴防水层的方式。因此总的施工顺序应是分阶或放坡开挖到基底设计标高，接着做车库垫层、防水层及防水保护层并做好防水层的甩头，然后进行车库底板及车库挡土墙的施工，至主楼筏板底高度，拆模后接着在车库挡土墙外侧做防水层及其保护层并在顶部做好防水层的甩头及保护措施，之后即可在车库挡土墙与土质边坡间采用素混凝土或其他材料回填，回填至主楼垫层底标高后做垫层混凝土、防水层及防水保护层，最后进行主楼筏板的施工。

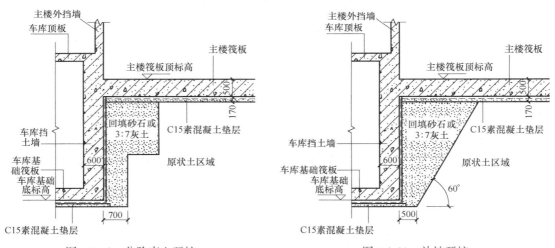

图 4-1-92　分阶直立开挖　　　　　　图 4-1-93　放坡开挖

对比方案一与方案二，方案一的车库挡土墙外模采用砖模，而方案二的车库挡土墙外模与其内模一样为普通钢模板或木模板；此外，方案二的防水层需两次接茬三次施工，但方案一只需一次接茬两次施工，方案二还多了一道肥槽回填的工艺。

方案二的分阶直立开挖与放坡开挖也有所不同，一般来说分阶直立开挖的挖填方量更小。但分阶直立开挖最下一阶的工作面宽度应比放坡开挖稍大一些，否则人在坑底的操作空间会显得局促。

当采用方案二时，车库挡土墙与土质边坡间的回填是必然的，但回填材料不一定要采用素混凝土，从地基土承载力与压缩模量的一致性角度，局部采用刚性极大的素混凝土回填也并不一定就是好事。反倒是选用与地基土承载力与压缩模量相接近的回填材料为佳。比如当主楼采用天然地基时，若持力层为黏性土，可以考虑灰土甚至素土回填，当持力层为砂质土层时，可采用中、粗砂或碎石等回填，只要回填工艺得当，回填质量控制得好，承载力与压缩模量一般都能满足要求。从承载力与变形控制两方面都不存在安全问题。尤其当采用灰土、碎石或矿渣回填时，根据《建筑地基处理技术规范》JGJ 97—2012，垫层的承载力特征值一般都能达到200kPa以上，压缩模量也能达到30MPa以上。见表4-1-9、表4-1-10。但采用散体材料回填，因回填材料本身没有粘结强度或粘结强度较低，因此地下车库挡土墙需考虑侧向土压力及主楼筏板基底压力的影响。

垫层的承载力   表 4-1-9

换填材料	承载力特征值 f_{ak}(kPa)
碎石、卵石	200～300
砂夹石(其中碎石、卵石占全重的30%～50%)	200～250
土夹石(其中碎石、卵石占全重的30%～50%)	150～200
中砂、粗砂、砾砂、圆砾、角砾	150～200
粉质黏土	130～180
石屑	120～150
灰土	200～250
粉煤灰	120～150
矿渣	200～300

垫层模量 （MPa）   表 4-1-10

垫层材料	压缩模量	变形模量
粉煤灰	8～20	
砂	20～30	
碎石、卵石	30～50	
矿渣		35～70

注：压实矿渣的 E_0/E_s 比值可按 1.5～3.0 取用。

图4-1-89除了填充混凝土用量偏多外，连接主楼与车库底板的外墙厚度600mm也偏厚，配筋构造也偏于复杂。可减薄连接墙厚度至450mm并取消中间层构造钢筋网，尚应示出主楼与车库间界墙竖向钢筋在底板和连接墙内的锚固做法，可采取如图4-1-94的优化措施。

3）结构解决方案三：加厚外墙计算确定法

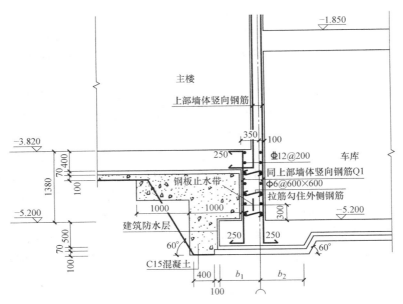

图 4-1-94　河北高碑店某项目优化后

上述填充素混凝土的方案同样针对主楼车库高低差不大时适用,当二者高低差加大,比如超过 2000mm 时,采用上述方案的混凝土用量就有难以承受之重。如图 4-1-95 中 4350mm 的高差,若仍采用结构斜坡或素混凝土填充的做法就太浪费了,估计设计师都很难过得了自己这一关。假设采用 60°坡角、槽底留 500mm 工作面,4350mm 高度的填充混凝土用量为 15.3m³ 每延米,数量是非常惊人的。

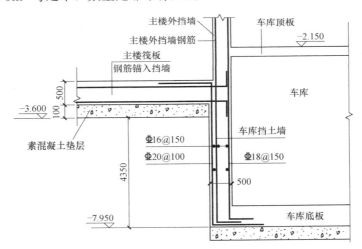

图 4-1-95　河北保定某项目

这种情况下,建议连接主楼筏板与车库底板的墙体采用直立的做法,其厚度及配筋可由计算确定,侧压力除了土压力外,还应考虑主楼的基底压力,可将主楼的基底压力作为地面超载对待。由于连接墙与主楼及车库底板厚度相近,故连接墙在主楼筏板与车库底板处的支承条件既不是固接也不是铰接,而是弹性转动约束。从计算方便及偏于安全考虑,

338

可按两端固接及两端铰接模型分别计算后按二者的弯矩包络图进行配筋，这样进行模型简化及计算应该是简单易行又万无一失的，构造措施也会更加经济合理。模型示意如图4-1-96，图中的荷载 p 为主楼的基底压力，乘以静止土压力系数 0.5 后转化为侧向压力，q 为墙侧土作用于车库挡土墙上的静止土压力，l 为计算跨度，取车库底板中线到主楼筏板中线之间的距离。

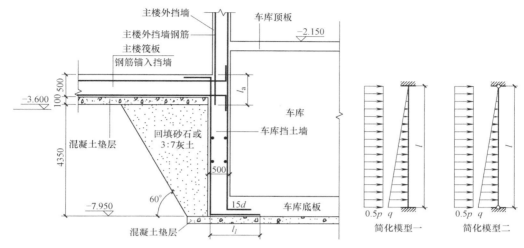

图 4-1-96　河北保定某项目及简化计算模型

图 4-1-96 同时对配筋构造进行了优化，变截面以上墙体左侧的竖向钢筋由一直到底弯折改为进入变截面以下墙体一个锚固长度后截断，同时取消中间排水平钢筋。

该方案由于边坡高度较大，施工期间应进行放坡开挖，必要时可挂网或做土钉墙防护，待连接墙浇筑完毕再用灰土或中粗砂回填坡面与连接墙之间的缝隙，当主楼对地基承载力要求较高或填充缝隙较小时也可采用低强度等级混凝土。

当主楼埋深比车库深且车库采用独立柱基加防水板体系时，车库防水板可直接通过竖向矮墙支承于主楼筏板上，见图4-1-97。但当二者埋深相差较大时，则需考虑临时边坡的稳定性问题。

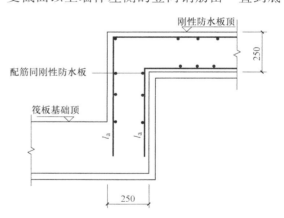

图 4-1-97　河北高碑店某项目车库防水板高于主楼筏板的构造做法

八、后浇带设置与构造

1. 后浇带的分类及设置

后浇带根据其用途可分为沉降后浇带与施工后浇带，施工后浇带有时又叫温度后浇带。

沉降后浇带顾名思义为解决沉降的后浇带，严格地说是解决主裙楼间差异沉降的后浇带。《建筑地基基础设计规范》GB 50007—2011 第 8.4.20 条讲的就是沉降后浇带。

《建筑地基基础设计规范》GB 50007—2011

8.4.20 带裙房的高层建筑筏形基础应符合下列要求：

2 当高层建筑与相连的裙房之间不设置沉降缝时，宜在裙房一侧设置用于控制沉降差的后浇带，当沉降实测值和计算确定的后期沉降差满足设计要求后，方可进行后浇带混凝土浇筑。当高层建筑基础面积满足地基承载力和变形要求时，后浇带宜设在与高层建筑相邻裙房的第一跨内。当需要满足高层建筑地基承载力、降低高层建筑沉降量、减小高层建筑与裙房间的沉降差而增大高层建筑基础面积时，后浇带可设在距主楼边柱的第二跨内，此时应满足以下条件：

1) 地基土质较均匀；

2) 裙房结构刚度较好且基础以上的地下室和裙房结构层数不少于两层；

3) 后浇带一侧与主楼连接的裙房基础底板厚度与高层建筑的基础底板厚度相同。

3 当高层建筑与相连的裙房之间不设沉降缝和后浇带时，高层建筑及与其紧邻一跨裙房的筏板应采用相同厚度，裙房筏板的厚度宜从第二跨裙房开始逐渐变化，应同时满足主、裙楼基础整体性和基础板的变形要求；应进行地基变形和基础内力的验算，验算时应分析地基与结构变形的相互影响，并采取有效措施防止产生有不利影响的差异沉降。

施工后浇带的作用是为释放和减少混凝土凝结硬化过程中的收缩应力，减少或控制混凝土的塑性收缩裂缝（初始裂缝）。

《高层建筑混凝土结构技术规程》JGJ 3—2010 第 12.2.3 条讲的就是施工后浇带：

12.2.3 高层建筑地下室不宜设置变形缝。当地下室长度超过伸缩缝最大间距时，可考虑利用混凝土后期强度，降低水泥用量；也可每隔 30～40m 设置贯通顶板、底部及墙板的施工后浇带。后浇带可设置在柱距三等分的中间范围内以及剪力墙附近，其方向宜与梁正交，沿竖向应在结构同跨内；底板及外墙的后浇带宜增设附加防水层；后浇带封闭时间宜滞后 45d 以上，其混凝土强度等级宜提高一级，并宜采用无收缩混凝土，低温入模。

纵观两部规范有关后浇带方面的全部内容，可以看出：《建筑地基基础设计规范》中没有关于施工后浇带的内容，而《高层建筑混凝土结构技术规程》则没有沉降后浇带的有关内容。这的确是一件比较微妙、耐人寻味的事情，从中也能体会到业界内对后浇带设置及其作用等问题的争议及倾向性。

根据大量按《建筑地基基础设计规范》设置沉降后浇带工程在后浇带两侧的实际沉降观测数据，后浇带两侧沉降点自始至终都没有沉降差。如果这一现象具有普遍意义的话，其一说明即便在设置了沉降后浇带的情况下，主裙楼的沉降曲线也是连续渐变的，没有因为沉降后浇带的设置而在沉降后浇带处发生突变；其二说明了沉降后浇带的设置并不能有效释放主裙楼之间的差异沉降，从这个角度讲，试图通过设置沉降后浇带而提前释放主裙楼之间差异沉降的做法是不现实的，说直白一点，主裙楼之间的沉降后浇带不能解决二者的差异沉降问题。即便设置了沉降后浇带，其作用也只是相当于施工后浇带，因此其封闭时间也不必等那么久，按施工后浇带的封闭时间即可。这或许是新高规不提沉降后浇带而只提施工后浇带的原因。

李国胜老师在其《多高层钢筋混凝土结构设计优化与合理构造》一书中也明言："沉降观测表明，由于高层主楼地基土（天然地基或复合地基）下沉的剪切传递，邻近裙房地基随着下沉而形成连续沉降曲线，因此，当高层主楼侧边裙房或地下车库基础距主楼基础边小于等于 20m 可不设沉降后浇带"。

从施工角度，后浇带的存在弊大于利，不但施工不方便，而且沉降后浇带的存在会使原本是一个结构整体变成为施工期间相互独立的两个结构单元，并且后浇带两侧往往均为临时的悬挑结构，甚至是长悬挑结构，对施工期间的结构安全非常不利，对此《北京地区建筑地基基础勘察设计规范》DBJ 11—501—2009（2016 年版）给出了明确的警示性条文：

8.7.3 后浇带两侧的构件应妥善支撑，并应防止由于设置后浇带可能引起的各部分结构承载能力不足和失稳。

因此对于梁板等水平构件，拆模时就需特别注意，必要时只能延长拆模时间，待后浇带封闭后再进行拆模，对工期及周转材料的周转率都有很大影响。

此外，后浇带在本质上就是两道施工缝之间的后浇混凝土条带，施工缝本就是混凝土的薄弱环节，所以从施工角度虽无法避免但应尽量减少施工缝，而且对施工缝的留设也有比较严格和明确的规定。而后浇带有两道施工缝，因此后浇带从构造上就存在先天不足。

另一方面，虽然后浇带在释放温度应力、减少塑性收缩裂缝方面有积极意义，但后浇带在封闭之前是一个极易藏污纳垢的场所，里面的异物都较难清理，更不要说混凝土界面的处理。虽然理论上后浇带是各种附加应力释放最充分因而附加应力最小的部位，但因后浇带自身及施工缝处的施工质量不易保证，后浇带反倒成为结构构造上的薄弱环节，尤其是地下室防水方面的薄弱环节，保定、邯郸及沧州等多个住宅小区地下车库漏水都与后浇带有关。

现在许多工程的设计，后浇带的设置过于随意，规范规定每隔 30～40m 设一道后浇带，哪怕是 41m、42m 的长度也要加设一道后浇带，这样就过于教条了。何况如前文所述，后浇带数量过多最终效果也并不一定好。对此《高规》中有一条建议值得考虑，即前文引述的 12.2.3 条中的"当地下室长度超过伸缩缝最大间距时，可考虑利用混凝土后期强度，降低水泥用量；也可每隔 30～40m 设置贯通顶板、底部及墙板的施工后浇带"。比如采用 60d 强度甚至 90d 强度，从而通过减少水泥用量来降低水化热及凝结硬化期间温度应力的影响，而且该措施是该条文中与后浇带并列的措施。

在实际设计中，还经常会出现不区分后浇带的性质，对后浇带的封闭时间约定不清等现象。对此应在图中明确示出沉降后浇带与施工后浇带，并分别给出封闭条件、封闭时间及封闭要求等。

混凝土凝结硬化收缩的大部分将在施工后的头 1～2 个月完成，故后浇带保留时间一般不少于 1 个月，在此期间，收缩变形可完成 30%～40%。

2. 后浇带的构造

《16G101-3》中有关于后浇带的构造做法，但各设计院的做法仍各不相同，有些差异还很大。

后浇带在构造做法上出现过两种极端情况，其一是早期在后浇带留设时将钢筋断开、封闭前再焊接或搭接的做法，目前这一做法已得到纠正；其二是后浇带附加钢筋的做法。如图 4-1-98 附加了 Φ14@200 的钢筋，图 4-1-99 则附加了 15% 的钢筋，图 4-1-100 则附加了一半的钢筋。

这些附加钢筋都可以取消，没有存在的必要。包括基础底板、地下室外墙、梁、板等处的后浇带均不必配置附加钢筋。

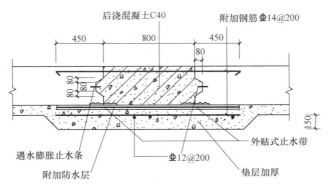

图 4-1-98　河北秦皇岛某项目后浇带做法

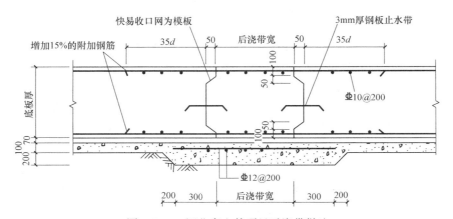

图 4-1-99　河北唐山某项目后浇带做法

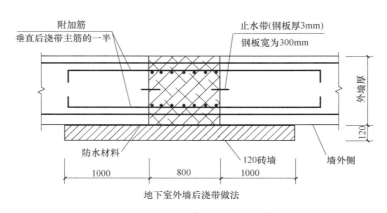

图 4-1-100　河北邯郸某项目后浇带做法

　　首先，后浇带一般选在结构受力较小的部位留设，其次，有关一切可能的不均匀沉降、温度应力及干缩变形等已经在后浇带封闭前基本得到释放，因此后浇带是整个结构体系中附加应力最小的部位，是最不应该、最没必要加强的部位。有关后浇带影响工程质量的核心问题是施工期间留设后浇带的工艺、后浇带封闭前内部的清理和混凝土结合面的处理，这些是造成地下室渗漏的主要原因。而附加钢筋的存在会使后浇带处钢筋变得很密，严重影响后浇带的清理及界面处理工作。

342

因此，正常情况应该是如图 4-1-101 所示的构造。

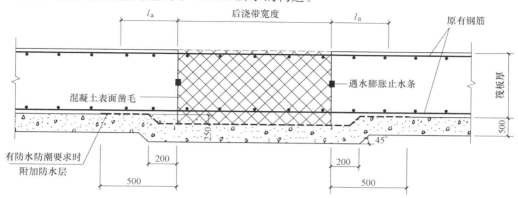

图 4-1-101   河北唐山某项目筏板基础后浇带做法（用于后浇带浇注前不停止降水）

由于沉降后浇带浇灌混凝土间隔时间较长，在水位较高时施工期间必须进行降水，如果等到后浇带封闭后再停止降水，势必大幅增加降水费用。对此可采用如图 4-1-102、图 4-1-103 所示的超前止水构造，只需结构重量能平衡地下水浮力时即可停止降水。

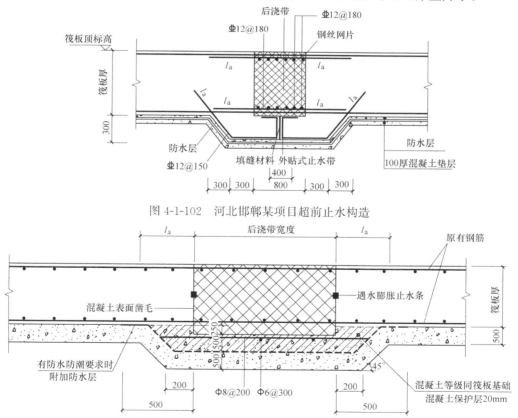

图 4-1-102   河北邯郸某项目超前止水构造

图 4-1-103   河北唐山某项目筏板基础后浇带超前止水做法（用于后浇带浇注前停止降水）

还有一些独出心裁的后浇带超前止水构造，根据筏板厚度而分为直茬及阶梯茬两种，如图 4-1-104 及图 4-1-105，笔者认为还是有一定道理的。但 U 形封边钢筋及侧面纵向钢筋就没有必要设置，永久性的自由边都不一定要设，何况只是临时的自由边，后浇带封闭浇灌前的凿毛、洗净及清理等工作都比设置 U 形封边钢筋及侧面纵向钢筋更重要。

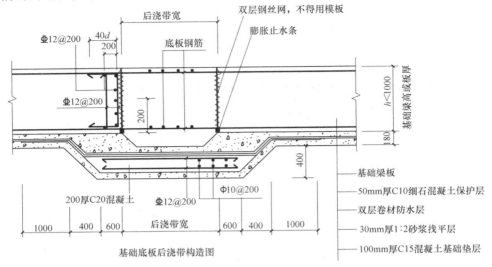

图 4-1-104　河北保定某项目后浇带超前止水构造（用于 400＜h＜1000 时）

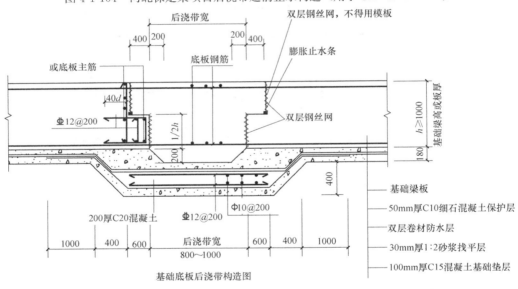

图 4-1-105　河北保定某项目后浇带超前止水构造（用于 h＞1000 时）

第二节　地下结构墙体的精细化设计

一、地下结构外墙的精细化设计

1. 普通挡土外墙

见第三章第六节地下结构外墙的设计优化。

2. 人防挡土外墙

人防挡土外墙是平时承受水土压力、战时承受土中压缩波（简化为垂直于外墙的等效静荷载）的地下室外墙，应区分平时与战时两种工况分别计算内力及配筋，平时配筋计算可考虑裂缝宽度验算，战时配筋计算应考虑材料强度调整。人防挡土外墙与人防楼盖不同，人防楼盖的配筋基本由人防荷载控制，但人防挡土外墙的配筋则不一定，既可能由平时荷载控制，也可能由人防荷载控制，因此最终配筋应该在平时配筋与战时配筋中取大者，即采用包络配筋。

人防挡土外墙本质上属于人防构件，故有关构造要求需满足人防构件的构造要求。

墙体厚度与普通墙体相比没有过高要求，见表 4-2-1，但构造配筋要求则相对较高，见表 4-2-2。

《人民防空地下室设计规范》GB 50038—2005

4.11.3　防空地下室结构构件最小厚度应符合表 4.11.3 规定。

结构构件最小厚度（mm）（规范表 4.11.3）　　　　表 4-2-1

构件类别	材料种类			
	钢筋混凝土	砖砌体	料石砌体	混凝土砌块
顶板、中间楼板	200	—	—	—
承重外墙	250	490（370）	300	250
承重内墙	200	370（240）	300	250
临空墙	250	—	—	—
防护密闭门门框墙	300	—	—	—
密闭门门框墙	250	—	—	—

4.11.7　承受动荷载的钢筋混凝土结构构件，纵向受力钢筋的配筋百分率不应小于表 4.11.7 规定的数值。

受力钢筋最小配筋百分率（%）（规范表 4.11.7）　　　　表 4-2-2

分类	混凝土强度等级		
	C25～C35	C40～C55	C60～C80
受压构件的全部纵向钢筋	0.60（0.40）	0.60（0.40）	0.70（0.40）
偏心受压及偏心受拉构件一侧的受压钢筋	0.20	0.20	0.20
受弯构件、偏心受压及偏心受拉构件一侧的受拉钢筋	0.25	0.30	0.35

注：1　受压构件的全部纵向钢筋最小配筋百分率，当采用 HRB400 级、RRB400 级钢筋时，应按表中规定减小 0.1；

　　2　当为墙体时，受压构件的全部纵向钢筋最小配筋百分率采用括号内数值；

　　3　受压构件的受压钢筋以及偏心受压、小偏心受拉构件的受拉钢筋的最小配筋百分率按构件的全截面面积计算，受弯构件、大偏心受拉构件的受拉钢筋的最小配筋百分率按全截面面积扣除位于受压边或受拉较小边翼缘面积后的截面面积计算；

　　4　受弯构件、偏心受压及偏心受拉构件一侧的受拉钢筋的最小配筋百分率不适用于 HPB235 级钢筋，当采用 HPB235 级钢筋时，应符合《混凝土结构设计规范》GB 50010 中有关规定；

　　5　对卧置于地基上的核 5 级、核 6 级和核 6B 级甲类防空地下室结构底板，当其内力系由平时设计荷载控制时，板中受拉钢筋最小配筋率可适当降低，但不应小于 0.15%。

从表 4-2-2 可以看出，人防构件的最小配筋率高于同类型的非人防构件，但在查看该表时，表下的几个附注不容忽视。尤其是对于受压的墙体，可采用表中括号内的数字，即受压墙体的全部纵向钢筋最小配筋率可为 0.40%。而当受压构件的纵向钢筋采用三级钢时，全部纵向钢筋最小配筋率可为表中数值减 0.10%。该条规定既适用于柱，也适用于墙，对于柱，意味着全部纵向钢筋的最小配筋率可为 0.50%（C55 及以下）或 0.60%（C60 及以上），对于墙，意味着全部纵向钢筋的最小配筋率可为 0.30%，已经接近于同类型非人防墙体的构造要求。

对于受弯构件，虽然受拉钢筋最小配筋率较同类型非人防构件的最小配筋率高出 0.05%~0.10%，但对卧置于地基上的核 5 级、核 6 级和核 6B 级甲类防空地下室结构底板，当其内力系由平时设计荷载控制时，板中受拉钢筋最小配筋率可适当降低，但不应小于 0.15%。本条对于基底反力较大因而厚度较大的筏形基础，以及抗浮水头较高因而防水板（筏板）较厚的情况，具有非常现实的经济意义。这两种情况的人防荷载对于筏板或防水板的计算配筋不起控制作用，若仍按 0.25% 或 0.30% 的构造要求配置双层双向的贯通钢筋，则贯通钢筋的用钢量就会比较大，但如果能够根据该条要求将贯通钢筋的配筋率降为 0.15%，不足处用附加短筋补足，则贯通钢筋的用量即可大大降低。设计者在设计人防基础底板时，一定要求证一下，看看计算配筋是否由平时设计荷载控制，从而决定是否采用本条的优化策略。

从该规范条文可以看出，对于受弯构件及偏小受压构件的受拉钢筋，构造配筋率随混凝土强度等级的提高而增加，C35 与 C40 之间是一界限，从 C35 变到 C40，构造配筋率从 0.25% 提高到 0.3%，故人防墙体尽量将混凝土强度等级控制在 C35 以内。

二、地下结构内墙的精细化设计

1. 普通结构内墙

地下空间的普通结构内墙可分为剪力墙与普通结构墙。剪力墙即为地上结构的剪力墙自然下延到地下的部分，普通结构墙则为仅在地下部分新增的结构墙体，比如为增加地下结构侧向刚度而在地下新增的结构墙、为减小基础底板跨度而在地下新增的结构墙，以及为新增楼电梯间而设的结构墙等。

对于地下部分的剪力墙，要注意抗震等级是否具备降低的条件。抗震等级一经确定，具体优化策略可参照《建筑结构优化设计方法及案例分析》第九章第二节（P385~P400）的优化原则进行，在此不再重述。所不同的是，书中有关剪力墙墙身配筋率的规范规定及优化设计原则均指地上结构的剪力墙。对于高层建筑的地下结构，由于有关规范对墙身分布钢筋有专门规定，故墙身分布钢筋的优化原则不能简单照搬。

如《建筑地基基础设计规范》GB 50007—2011 就有关于高层建筑采用筏形基础的地下室内外墙的配筋要求。

《建筑地基基础设计规范》GB 50007—2011 第 8.4.5 条：

8.4.5 采用筏形基础的地下室，钢筋混凝土外墙厚度不应小于 250mm，内墙厚度不宜小于 200mm。墙的截面设计除满足承载力要求外，尚应考虑变形、抗裂及外墙防渗等要求。墙体内应设置双面钢筋，钢筋不宜采用光面圆钢筋，水平钢筋的直径不应小于 12mm，竖向钢筋的直径不应小于 10mm，间距不应大于 200mm。

该条文既规定了最小墙厚，也同时规定了最小钢筋直径及最大钢筋间距，且用词都是比较严格的"应"。这相当于对内外墙直接给出了设计结果，即外墙250mm厚，水平钢筋最小配筋为$\Phi 12@200$，内墙200mm厚，水平钢筋最小配筋也为$\Phi 12@200$。该条规定未能将高层建筑的结构高度与地下室层数纳入考虑，也没考虑地下结构是否超长及超长结构的其他技术措施，也未对不同强度等级的钢筋进行区分。只要采用了筏形基础，则地下室外墙的水平钢筋就至少是$\Phi 12@200$，竖向钢筋则至少是$\Phi 10@200$。与地上标准层200mm厚墙身$\Phi 8@200$的构造钢筋相比，$\Phi 12@200$配筋量是$\Phi 8@200$配筋量的2.25倍。对于250mm厚的外墙，水平分布钢筋的配筋率为0.46%，而对于200mm厚的内墙，水平分布钢筋配筋率则为0.56%。

该规范条文存在可推敲之处，比如地下室的长宽尺寸及具有多层地下室的情况。如果地下室不存在超长问题，就不必考虑塑性收缩裂缝与温度裂缝等钢筋加强措施；对于有多层地下室的情况，除最底层地下室外，其上各层地下室墙体深受弯作用已经很弱，共同作用整体弯曲的中和轴也不大可能上移到超过底层地下室的高度。比如点式高层住宅下的三层独立地下室（不与大底盘车库相连），其地下室平面长宽尺寸一般不会很大，若地下一层及地下二层墙体也同地下三层一样按该规范条文加强水平钢筋，在道理上就有些牵强。该规范条文没有给出条文解释，该条文的准确用意不得而知。

对于仅在地下部分新增的普通结构墙体，除非作为框剪结构的剪力墙才需要设边缘构件，否则均可按非抗震考虑，即不必设置边缘构件，因此这类墙体的配筋主要是墙身水平与竖向钢筋，可参考四级抗震等级按0.20%的构造配筋率进行配筋。但当地下部分的新增结构墙体是为减小基础底板跨度而设置时，此时墙体作为基础底板的支座应根据其支座反力按深受弯构件进行计算并配筋。

2. 人防结构内墙

此处的人防结构内墙是指承受人防荷载的结构内墙，包括临空墙、人防隔墙、人防门框墙。这类墙既可以是上部结构延伸下来的剪力墙，也可以是仅在地下部分新增的结构墙。对人防内墙的精细化设计，首先要区分人防内墙的类别，临空墙与人防隔墙的等效静荷载取值不同，不同类别的人防隔墙的等效静荷载也不相同，只有将人防内墙准确归类，才能根据规范对号入座选用正确的人防等效静荷载。很多结构工程师把人防地下室与普通地下室之间的人防隔墙视为临空墙，并按临空墙进行等效静荷载的取值，就会导致人防等效静荷载增加。以六级人防为例，当顶板荷载不考虑上部建筑影响时，室内出入口处临空墙的等效静荷载为130kN/m²，而相同情况下六级人防与普通地下室间人防隔墙的等效静荷载则为110kN/m²，低了20kN/m²。同为人防隔墙，不同抗力级别间人防隔墙的等效静荷载也不相同，比如六级人防与六级人防间人防隔墙的等效静荷载为50kN/m²，但六级人防与五级人防间人防隔墙的等效静荷载却为100kN/m²（六级一侧）及50kN/m²（五级一侧），而六级人防与普通地下室间人防隔墙的等效静荷载则为110kN/m²（顶板荷载不考虑上部建筑影响），这个差距还是很大的。

承受人防水平等效静荷载的人防内墙，因其顶板按人防顶板的最小构造厚度也有200mm，底板的厚度更大，因此只要人防抗力级别不是很高或结构层高不是很大，一般尽量将人防内墙厚度限定在200mm。如此则人防内墙一般均可按上下固接、左右自由的单向板进行计算并配筋，但当人防内墙的厚度明显厚于顶板厚度时，应适当考虑顶板对墙顶的弹性约束效应，或将跨中受力钢筋适当放大。

鉴于人防内墙为竖向受力的单向受力构件，故水平方向为非受力方向，水平钢筋为非受力钢筋，可按分布钢筋进行构造配置，满足单面0.15%的配筋率即可，不必按人防构件纵向受力钢筋的最小配筋率或受压区的构造配筋率进行配置，后者的配筋率高达0.25%（C25～C35）及0.30%（C40～C55）。

人防门框墙是比较特殊的人防内墙，用于支承防护密闭门，并承受直接作用于门框墙上的等效静荷载及由门扇传来的等效静荷载，大多数情况表现为三边支承、一边自由的悬挑墙。当门洞边墙体悬挑长度大于1/2倍该边边长时，宜在门洞边设梁或柱以减小悬挑长度，因此一般均可忽略两个短边的支承作用而按纯悬臂墙进行设计，此时沿长边方向的钢筋即为非受力钢筋，可按构造配置。很多人防门框墙的设计均在此处存在较大优化空间，该加强的部位或配筋方向没有加强，而不该加强的部位或配筋方向却配筋奇大，设计者应引以为戒。

需要注意的是，当在门洞边加设梁或柱并用单向受力的悬臂墙模型进行门框墙的设计后，门框墙的荷载会以支座反力的形式传给所加设的梁或柱，因此必须根据该支座反力对所加设的梁或柱进行结构设计。

3. 人防区内的普通结构内墙

人防区内的普通结构内墙是指在人防区内但不承受人防水平等效静荷载的结构内墙。此类墙既非临空墙，也非人防隔墙，既可以是上部结构延伸下来的剪力墙，也可以是仅在地下部分新增的结构墙。此类墙体一般对人防顶板起支承作用，因此会承受人防顶板在人防荷载作用下传至墙顶的反力，该反力主要以轴力的形式作用于墙顶，也存在少量的不平衡弯矩，但不平衡弯矩一般可以忽略。因此当其配筋由构造控制时，只需满足受压人防构件的构造要求即可，而不必套用受弯构件或偏心受压构件的构造要求。对于墙体而言，纵向受力钢筋的最小配筋百分率可取全截面面积的0.40%，当纵向受力钢筋采用HRB400级、RRB400级时，纵向受力钢筋的最小配筋百分率还可降至0.30%，即竖向分布钢筋可按双面合计0.30%进行配置。当水平分布钢筋为构造控制时，因人防规范没有专门规定，因此水平钢筋可按非人防构件的构造要求进行配置，满足单面0.15%的配筋率即可。如果此类墙体属于上部结构延伸下来的剪力墙，则墙体配筋首先需满足计算要求，仅当计算结果由构造控制时，方可按上述方式进行处理。

三、窗井墙精细化设计

《高层建筑混凝土结构技术规程》JGJ 3—2002第12.1.11条规定：

12.1.11 有窗井的地下室，应在窗井内部设置分隔墙以减少窗井外墙的支撑长度，且窗井分隔墙宜与地下室内墙连通成整体。窗井内外墙体的混凝土强度等级应与主体结构相同。

但《高层建筑混凝土结构技术规程》JGJ 3—2010则对以上条文做出较大修改：

12.2.7 有窗井的地下室，应设外挡土墙，挡土墙与地下室外墙之间应有可靠连接。

从该条文可以看出，2010版《高规》已不允许窗井墙直接做挡土墙。

当地下室设连续窗井但无内隔墙时，整个窗井挑出部分（包括窗井底板及窗井外墙）实质为弹性力学意义上的平面应变问题，没有任何空间作用。窗井底板及外墙完全可以简化为平面模型，即窗井底板计算模型可视为从结构主体筏板挑出的悬臂板，悬臂板上作用的是窗井底板的基底反力；而窗井外墙则视为在窗井底板悬臂端向上挑出的悬臂墙，该悬臂墙同时承受着作用于窗井墙上的土、水压力。见图 4-2-1。

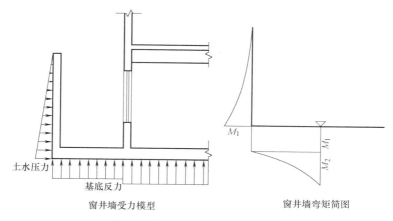

窗井墙受力模型   窗井墙弯矩简图

图 4-2-1 窗井墙模型及弯矩分布

由于窗井底板与窗井外墙的交接处为刚接、连续，故窗井外墙土、水压力在其悬臂墙根部产生的弯矩 M_1 又会传递到窗井底板的悬臂板根部并与窗井底板基底反力产生的根部弯矩 M_2 叠加。窗井模型的抗弯刚度较弱，而窗井悬臂底板根部又是薄弱部位，在手算窗井悬臂底板的强度和配筋时，很容易遗漏窗井侧墙土、水压力所产生并传递过来的弯矩。所以纯悬臂窗井墙无论从承载力还是变形角度都较为不利，应该尽量避免。

当在窗井内部按一定间隔设置内隔墙时，见图 4-2-2，窗井墙的边界条件发生了根本性改变，结构计算模型就发生了根本性的改变，使窗井墙从单向受力状态变为双向受力状态。此时窗井内隔墙不只是窗井外墙的侧向支撑、将下端固定上端自由的悬臂板模型转变为下端固定、上端自由、两侧连续的双向板模型，同时也能对窗井底板的竖向挠曲变形起到一定的约束作用。但若考虑内隔墙对窗井底板的支撑作用时要慎重，需按悬臂深梁验算内隔墙。

笔者的建议是：如果窗井挑出的宽度不是很宽（不大于 1500mm），可仅考虑内隔墙对窗井外墙的水平支承作用，不考虑内隔墙对窗井底板的竖向支承作用，窗井底板仍按挑出基础底板之外的悬臂板计算。因为窗井底板一般都与主体基础底板同厚，故自身具备较强的抗弯能力，当窗井出挑长度不是很大时，一般均能满足承载力要求。当窗井底板的抗弯抗剪承载力能满足要求时，可不必验算窗井隔墙的截面及配筋。

如果说单层地下室没有内隔墙而采用单向受力模型还可以算得过去的话，那么当有多层地下室，而窗井墙一直到底时，则窗井墙沿竖向的无支承长度将是多层地下室层高之和。此时若通长的窗井墙在水平方向也没有横隔墙提供侧向支承的话，则通长窗井墙沿墙长方向的无支承长度也会非常的巨大，则整个窗井墙会形成高度方向若干层、水平方向若干跨、下端固定、上端自由、左右两端为铰接或固接的巨大板块，在结构上几乎是不成立的，也很难算得下来。

因此《高层建筑混凝土结构技术规程》JGJ 3—2002 规

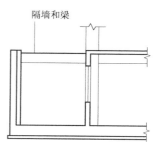

隔墙和梁

图 4-2-2 窗井内部有分隔墙

定："有窗井的地下室，应在窗井内部设置分隔墙以减少窗井外墙的支撑长度，且窗井分隔墙宜与地下室内墙连通成整体。窗井内外墙体的混凝土强度等级应与主体结构相同。"

图 4-2-3～图 4-2-5 为北京顺义某项目三层地下室连续窗井墙的平面布置。在地下一层、地下二层沿轴线设置了内隔墙，在地下三层又对内隔墙进行了加密。从结构受力的角度还是比较合理的。

但其内力计算及配筋方式则存在较大的缺陷。其配筋方式与窗井墙的实际受力状态相差较大，既浪费又不安全。而应采用分段计算、分段配筋的方式。

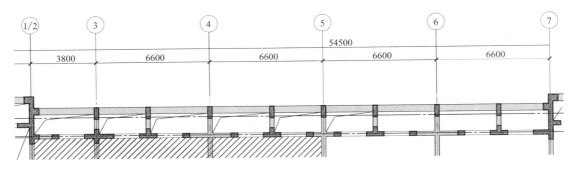

图 4-2-3　北京顺义某项目地下三层窗井墙平面图

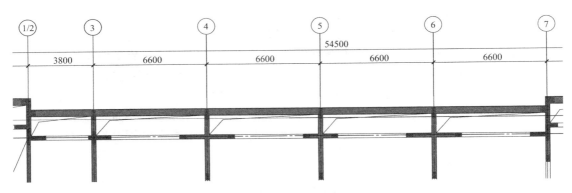

图 4-2-4　北京顺义某项目地下二层窗井墙平面图

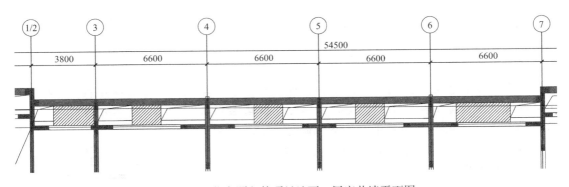

图 4-2-5　北京顺义某项目地下一层窗井墙平面图

9 号楼 1/2～7 轴窗井墙应按地下室自然层分三段进行计算和配筋，计算地下一层配筋时，可把地下一层窗井墙简化为上下均自由、左右均固接的板块（水平向板跨 6.6m）；计算地下二层配筋时，可把地下一、二两层合起来简化为上下均自由、左右均固接的板块（水平向板跨 6.6m）；计算地下三层配筋时，可把地下一、二、三层合起来简化为上端自由、下端固接、左右均固接的板块（水平向板跨取中间最大跨 3.6m）。按上述简化方法计算配筋量，实配钢筋如下：

地下一层：水平向内侧钢筋由 Φ16@100 改为 Φ16@200，水平向外侧钢筋可由 Φ16@200 通长改为 Φ16@200 通长并在支座处附加 Φ12@200 短筋的方式（原配筋略为不足）；竖向内侧钢筋维持 Φ16@200 不变，竖向外侧通长钢筋由 Φ18@200 改为 Φ16@200，无外侧附加钢筋；

地下二层：水平向内侧钢筋由 Φ16@100 改为 Φ16@150，水平向外侧钢筋可由 Φ16@200 通长改为 Φ16@200 通长并在支座处附加 Φ20@200 短筋的方式（原配筋严重不足）；竖向内侧钢筋维持 Φ16@200 不变，竖向外侧通长钢筋由 Φ18@200 改为 Φ16@200，无外侧附加钢筋；

地下三层：水平向内侧钢筋由 Φ16@100 改为 Φ16@200，水平向外侧钢筋可由 Φ16@200 通长改为 Φ16@200 通长并在支座处附加 Φ12@200 短筋的方式（原配筋略为不足）；竖向内侧钢筋维持 Φ16@200 不变，竖向外侧通长钢筋由 Φ18@200 改为 Φ16@200、附加钢筋由 Φ25@200 改为 Φ12@200。1/2～3 轴（边跨）可较上述水平钢筋适当增加。

四、坡道墙精细化设计

坡道墙数量不多，但在设计中常被忽略，这种忽略不是指漏画，而是指在设计中往往失于设计，成为一个拍脑门的试验品。坡道墙的墙身高度随坡道变化，且有内墙与外墙之分，对于外墙，一般均为挡土墙，因此挡土高度会跟随坡道变化。坡道墙在车库顶板覆盖的部分，具有结构板连接，因此其结构模型与普通地下室外墙类似。但坡道墙出地面的部分，由于净高关系，一般墙顶已不允许有结构板连接，一般会考虑在坡道顶搭设钢结构棚架或直接露天，此时坡道墙变为高度不断变化的纯悬臂挡土墙，模型类似于窗井墙。

【案例】 河北邢台某综合体项目地下车库坡道墙体

如图 4-2-6～图 4-2-10 的坡道墙，11～14 轴之间的坡道墙顶没有结构板，只有一个出地面的棚盖，因此这段墙就是纯悬臂墙，对应于结构图中的 DWQ13。但须注意，该DWQ13 的墙高及挡土高度是变化的，其中挡土高度从 0～4000mm 不等，均采用同一种截面及配筋也不合理，应该再次分段计算及配筋。7～11 轴之间的坡道墙顶有结构板相连，故其墙顶可视为铰支于坡道顶板，对应于结构图中的 DWQ12。同样，该 DWQ12 的墙高与挡土高度也是变化的，墙高从 3950～6800mm 不等，采用同一种截面及配筋同样不合理，应该再次分段计算及配筋。而 4～7 轴，因为在坡道上空增加了一个夹层板，故该段车库外墙不但有顶板与之相连，而且尚有一中间层板与之相连，故该段坡道墙等同于双层地下室外墙，对应于结构图中的 DWQ11。该段坡道墙在地下一层的高度是恒定的，但地下二层的高度则是变化的，从 3000～5550mm 不等，因此对于 DWQ11 也应该再次分段计算和配筋。

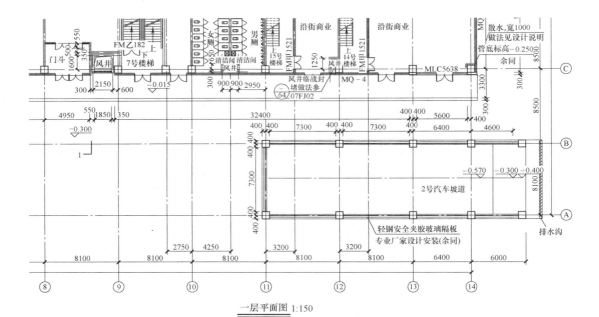

一层平面图 1:150

图 4-2-6　首层坡道入口

地下一层平面图 1:150

图 4-2-7　地下一层坡道平面

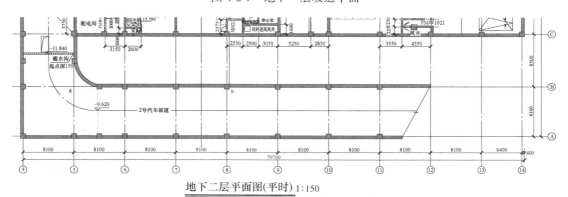

地下二层平面图(平时) 1:150

图 4-2-8　地下二层坡道平面

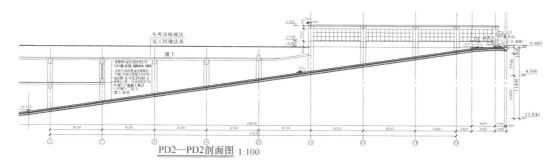

图 4-2-9 坡道建筑剖面图

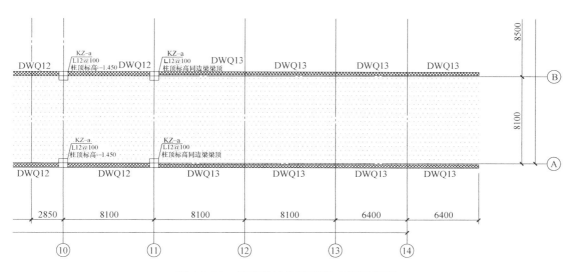

图 4-2-10 坡道墙结构平面图（有墙编号）

五、挡土矮墙精细化设计

本书所指挡土矮墙是指生根于地下车库顶板但具有挡土功能的钢筋混凝土墙。对于坡地建筑，车库顶板标高可能不同，车库顶板覆土表面高度也会有变化，因此这类挡土矮墙在所难免。即便在平坦场地，当车库顶板上有下沉广场、下沉庭院、游泳池等时，也会出现一些挡土矮墙，某些景观小品或景观设施有时也需要挡土矮墙，某些生根于地下车库顶板的附属用房，在其覆土面以下的外墙也需设计成挡土矮墙。

对于这些生根于地下车库顶板上的各类挡墙，墙厚应尽可能减薄，厚度够用即可，偏厚反而对其下的梁板不利，其一是增加车库顶梁板的竖向荷载，其二是可能造成这些悬臂墙的抗弯刚度比梁板的抗扭刚度还大，导致车库顶梁板抗扭先于挡土墙抗弯破坏，违背结构设计的最基本原则。

对于此类单跨悬臂式挡土墙，迎土面竖向钢筋由计算控制，而背土面竖向钢筋为构造钢筋。当挡土墙高度较大时，计算钢筋与构造钢筋的量差还是比较大的，但很多设计院会往往会选择对称配筋，虽然图了方便，但也最容易授人以柄。水平钢筋为分布钢筋，而且

353

这类挡墙一般不会很长，故一般不存在温度应力的影响，按最小构造配置即可。

【案例】 北京顺义某项目

该项目 A-A～G-G 剖面均为从地下车库顶板起的钢筋混凝土挡土墙图（图 4-2-11），其中 A-A 截面墙厚 300mm，挡土高度从 150mm 到 2900mm 不等（图 4-2-12），水平钢筋及受压侧竖向构造钢筋采用 $\Phi14@200$，受拉侧钢筋采用 $\Phi14@200$ 通长钢筋加 $\Phi16@200$ 附加短筋。虽然竖向钢筋没有采用对称配筋，但受压侧钢筋的配筋仍然较大，配筋率达到 0.26%，同样，水平分布钢筋的配筋率也为 0.26%。此外，竖向钢筋在车库顶板的锚固长度也很大，达到墙高的一半。

优化设计建议墙厚改为 250mm，水平分布钢筋及背土面竖向钢筋可由 $\Phi14@200$ 降为 $\Phi10@200$，由于该墙为地面坡道两侧的挡土墙，故挡土高度随坡道高度变化，故迎土面竖向钢筋在坡道低处有余，而在坡道高处略为不足，因此 A-A 截面应考虑分段计算并配筋；竖向钢筋在顶板的锚固长度，受压侧钢筋向板内弯折 200mm 即可，受拉侧钢筋锚固长度可取 $1.0l_a$，最大不超过 $1.5l_a$。

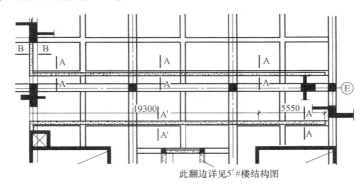

图 4-2-11 A-A 挡墙在结构平面图中位置

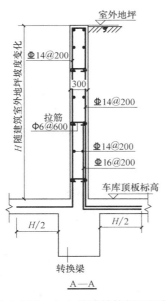

图 4-2-12 A-A 挡墙结构剖面配筋

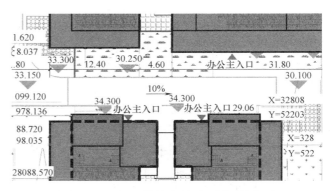

图 4-2-13 A-A 挡墙在总平面图上的位置

对于图 4-2-14、图 4-2-15 中挡土高度较高的 C-C 截面，优化建议将墙厚由 450mm 降为 400mm，并建议做成变截面，水平钢筋及背土面竖向钢筋可由 $\Phi 16@200$ 降为 $\Phi 12@200$，迎土面竖向钢筋通长筋维持 $\Phi 16@200$ 不变，附加筋由 $\Phi 22@200$ 降为 $\Phi 20@200$，高度取为 1/3 墙高即可（由 2400mm 改为 1600mm）。竖向钢筋在顶板的锚固长度，受压侧钢筋向板内弯折 200mm 即可，受拉侧钢筋锚固长度可取 $1.0 l_a$，最大不超过 $1.5 l_a$。

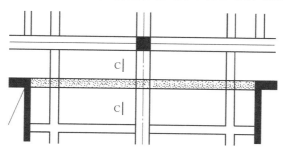

图 4-2-14　C-C 挡墙在结构平面图中位置

注：总图中位置见图 4-2-16。

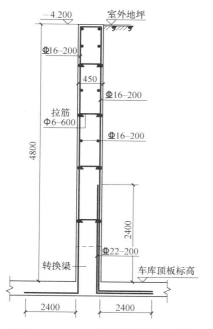

图 4-2-15　C-C 挡墙结构剖面配筋

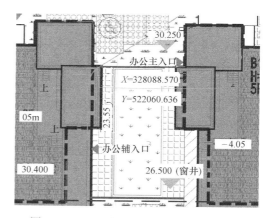

图 4-2-16　C-C 挡墙在总平面图上的位置

第三节　柱的精细化设计

柱是一种材料用量相对较小但重要性又非常高的构件，因此一般的优化设计都不将柱的优化作为重点，但这不能说明柱的设计就没有优化空间。

在材料选用方面，柱宜采用高强混凝土，钢筋宜采用三级钢。

一、柱截面形状尺寸的确定与优化

由于柱大多数情况是轴心受压构件或小偏心受压构件，从受力合理性角度，柱的截面形状以正方形为最佳，但从适用、美观等建筑功能出发，柱的截面形状也可从大局出发采用矩形或其他形状，只要这种结构上的代价值得付出就可以考虑。

如异形柱框架结构及异形柱框架-剪力墙结构中的异形柱就是顺应建筑平面布局而出现的柱截面形状，也有行业标准《混凝土异形柱结构技术规程》JGJ 149—2017 作为指导。但异形柱结构抗震性能差是共识，《规程》中也因异形柱的抗震性能不佳而降低了异形柱结构的最大适用高度（见表 4-3-1 及表 4-3-2），且对异形柱结构的结构布置、结构计算及构造措施都有更严格的要求，因此其结构成本比普通柱结构要高，在结构设计中还是要尽量少用或不用。即便采用了异形柱结构，除了一些必须采用异形柱的部位外，其他部位还是尽量多用方柱，如户内隔墙端部、门后位置、可与立面造型结合的位置、公共空间及其他不影响建筑功能与美观的位置皆可用方柱。

混凝土异形柱结构房屋适用的最大高度（m）（异形柱规程表 3.1.2） 表 4-3-1

结构体系	非抗震设计	抗震设计				
		6 度	7 度		8 度	
		0.05g	0.10g	0.15g	0.20g	0.30g
框架结构	28	24	21	18	12	不应采用
框架-剪力墙结构	58	55	18	40	28	21

注：房屋高度超过表内规定的数值时，结构设计应有可靠依据，并采取有效的加强措施。

普通现浇钢筋混凝土房屋适用的最大高度（m）（抗震规范表 6.1.1） 表 4-3-2

结构类型	烈度				
	6	7	8(0.2g)	8(0.3g)	9
框架	60	50	40	35	24
框架-抗震墙	130	120	100	80	50

框架柱设计的第一要务是柱截面尺寸的确定。柱截面尺寸的大小应合理，设计中应通过混凝土强度等级的合理确定来控制其截面尺寸和轴压比，使绝大部分柱段都是构造配筋而非内力控制配筋。一般情况下不要刻意缩小柱的截面尺寸，也即实际轴压比不宜过于接近规范限值（个别柱轴力较大的除外），此时柱主筋就可以按规定的最小配筋率或比其略高的配筋率选择主筋规格。此举不但可减少配筋，而且可更容易做到强柱弱梁。

但对于停车库框架柱，因为在停车位模数相对固定的情况下，正方形柱截面尺寸的大小直接影响到柱网尺寸的大小及停车效率的高低，而且房地产开发项目的停车库大多为地下停车库，对抗震的要求相对降低，故地下停车库的柱截面尺寸还是有必要控制，必要时可采用更高等级的混凝土以减小柱的截面尺寸或者采用扁长的矩形柱来缩小柱网尺寸。一般来说，缩小柱网尺寸、提高停车效率的经济意义要比改变柱截面形状、尺寸所付出的结构代价要大得多。有关内容可参见本书地下停车库设计优化的有关章节。

柱截面种类不宜太多是设计中的一个原则。在柱网疏密不均的建筑中，某根柱或为数不多的若干根柱由于轴力大而需要较大的截面，此时如将所有柱截面放大以求其统一，势必增加材料用量，且对建筑功能造成影响（如前述对车库柱网的影响）。合理经济的做法应是对个别柱位的配筋采用加芯柱，加大配箍率甚至加大主筋配筋率或配以劲性钢筋以提高其轴压比，从而达到控制其截面尺寸的目的。虽然个别柱因采取特殊措施而代价稍大，但总比大面积增加柱截面尺寸要更科学、更经济。

框架柱的截面尺寸也不宜随便放大。除了经济性因素外，随意加大柱截面尺寸必然导致剪跨比 $\lambda = M/(Vh_0)$ 的降低，很多结构计算软件则以简化方法 $\lambda = H_0/(2h_0)$ 来计算剪跨比 λ。这种剪跨比的降低来自两个方面，其一是柱截面的增加直接导致的增加，其二是个别柱截面的增加势必会导致该柱剪力分配的增加，而剪跨比同样是框架柱延性设计的重要因素。

剪跨比的降低不但会导致短柱与极短柱的出现及由此带来的延性较低与破坏形态的脆性化，而且会直接导致抗震构造措施的提高，同时也会使斜截面受剪承载力降低，使其经济性进一步降低。

剪跨比降低导致的抗震构造措施提高主要体现在以下几个方面：

1）轴压比限值的提高：剪跨比不大于 2 的柱，轴压比限值应降低 0.05；剪跨比小于 1.5 的柱，轴压比限值应专门研究并采取特殊构造措施。

2）箍筋加密范围：剪跨比不大于 2 的柱应全高加密。

3）箍筋最小直径及最大间距：四级框架柱剪跨比不大于 2 时，箍筋直径不应小于 8mm。剪跨比不大于 2 的框架柱，箍筋间距不应大于 100mm。

4）体积配箍率：剪跨比不大于 2 的柱宜采用复合螺旋箍或井字复合箍，其体积配箍率不应小于 1.2%，9 度一级时不应小于 1.5%。

斜截面受剪承载力降低主要是因为受剪承载力计算公式因剪跨比是否大于 2 而有所不同。

比较《建筑抗震设计规范》GB 50011—2010 式（6.2.9-1）及式（6.2.9-2），当剪跨比由大于 2 变为小于等于 2 时，公式右侧的抗剪承载力项的数字系数由 0.20 降为 0.15，意味着抗剪承载力降低 25%，见式（4-3-1）及式（4-3-2）。

$$V \leqslant \frac{1}{\gamma_{RE}}(0.20 f_c b h_0) \qquad \text{（式 4-3-1）}$$

$$V \leqslant \frac{1}{\gamma_{RE}}(0.15 f_c b h_0) \qquad \text{（式 4-3-2）}$$

框架柱根据剪跨比可分为长柱（$\lambda > 2$，当柱反弯点在柱高度 H_0 中部时，即 $H_0/h_0 > 4$）、短柱（$1.5 < \lambda \leqslant 2$）及极短柱（$\lambda \leqslant 1.5$）。长柱一般发生弯曲破坏，短柱多数发生剪切破坏，极短柱则发生剪切斜拉破坏。

抗震设计的框架柱，尤其是靠近结构底部的框架柱，截面尺寸及柱端剪力均较大，从而剪跨比 λ 较小，极易形成短柱或极短柱。柱的剪切破坏及剪切斜拉破坏均属于脆性破坏，是抗震设计中应特别避免的破坏形式。因此剪压比 λ 的控制就具有非常重要的意义。

二、柱纵筋与箍筋的配置与优化

柱钢筋的计算与配置最重要的是要区分抗震设计与非抗震设计，以及抗震等级的高低。非抗震设计不但结构计算部分完全不同，构造措施的要求也不同程度的降低，而抗震等级则是影响抗震设计中框架柱构造配筋最重要的因素，构造配筋量的多少直接与抗震等级挂钩。

对于一些不参与整体抗侧力分析或对整体结构抗侧力刚度没有贡献的柱，可以按非抗震设计，比如框架结构中支承楼梯间梯梁的柱。在具体设计中可大致按如下方法进行区别：凡是与框架主梁相连的柱都应该是框架柱，因而应进行抗震设计；凡是不与框架主梁相连的柱，原则上都可按非框架柱对待，因而可以采用非抗震设计。但当若干非框架柱与非框架梁形成了楼层内部的子框架时，则子框架仍应按抗震设计。

1. 柱纵筋配置与优化

柱纵筋的配置是有一定技巧的，配置得当，不仅在满足规范要求下减少用钢量，而且对柱的实际工作性能不但无害，反倒有利。

由于规范对柱纵向钢筋的最小总配筋率及每一侧的最小配筋率均有要求，作为柱子的角部钢筋，同时对两个侧边的钢筋用量及截面钢筋总量有贡献，因此柱的纵筋配置无论是计算控制还是构造控制，都存在角部钢筋与其他侧边钢筋的比例关系。

当柱纵筋按计算配置而不是按构造配置时，程序软件对采用对称配筋的柱会给出两侧边的钢筋面积及角部钢筋的面积。如何在满足两侧边及角部计算配筋量要求的前提下尽量减少总配筋量，是柱子配筋的技巧，也是柱纵筋配置优化设计的主要内容。此时应尽量加大角筋的直径，以达到满足计算要求的前提下减少总配筋量。

当柱子纵筋由构造控制时，由于柱每一侧边的最小配筋率不分抗震等级一律为 0.2%（对IV类场地上较高的高层建筑，最小配筋百分率应增加 0.1），因此对于三、四级抗震等级中柱及边柱，柱截面纵向钢筋的最小总配筋率数值相对较少，总配筋量可能会由侧边最小配筋率控制而不是由总配筋率控制，因此也存在上述边角钢筋的比例关系问题；但对于一、二级框架柱，因截面最小总配筋率的数值较大，配筋结果一般由总配筋率控制而不是侧边最小配筋率控制，因此一般不存在边角钢筋按何比例配置的问题。柱全部纵向钢筋最小配筋百分率见表 4-3-3。

柱全部纵向钢筋最小配筋百分率　　　　　　　　　　　　　　表 4-3-3

类别	抗震等级			
	一	二	三	四
中柱和边柱	0.9(1.0)	0.7(0.8)	0.6(0.7)	0.5(0.6)
角柱、框支柱	1.1	0.9	0.8	0.7

注：1. 表中括号内数值用于框架结构的柱；
　　2. 采用 335MPa 级、400MPa 级纵向受力钢筋时，应分别按表中数值增加 0.1 和 0.05；
　　3. 当混凝土强度等级为 C60 以上时，应按表中数值增加 0.1 采用。

图 4-3-1 为三级框架中柱的 SATWE 计算配筋，两柱侧边计算钢筋均为 12cm²，据此计算的单侧纵筋配筋率为 0.24%，因此该柱配筋为计算控制。角筋均为 2.6cm²，采用 HRB400 纵向受力钢筋，单侧纵筋最小配筋率为 0.2%，柱全部纵向受力钢筋最小配筋率为 0.75%。

图 4-3-2 左柱为程序自动配筋，右柱为优化配筋。左柱采用角筋与边筋无差别的配筋方式，角筋为 Φ18，单筋面积 254mm²，与程序输出的角筋面积 2.6cm² 相比略有不足，单侧侧边钢筋 5Φ18，则单侧纵筋面积为 254×5＝1270mm²，满足计算结果 12cm² 的要

求，全部纵筋采用 16⏀18，面积为 254×16＝4064mm²；右柱采用角筋与边筋差别化的配筋方式，角筋采用较大直径⏀20，单筋面积 314mm²，大于程序输出的角筋面积，单侧钢筋为 2⏀20＋3⏀16，单侧纵筋面积 314×2＋201×3＝1231mm²，也大于 12cm² 的计算要求，全部纵筋为 4⏀20＋12⏀16，面积为 314×4＋201×12＝3668mm²，配筋率为 0.75%，满足规范规定的最小构造要求，但与程序自动配筋结果相比用钢量降低了 10% 左右。

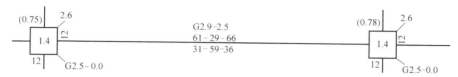

图 4-3-1　三级框架中柱 SATWE 计算配筋

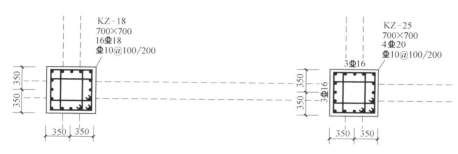

图 4-3-2　三级框架中柱实配钢筋

若全部纵筋的配筋方式变为无差别的 12⏀20，也可满足计算及构造要求，全部纵筋截面积为 314×12＝3768mm²，也能收到不错的经济效果。

因此在柱纵筋配置时应尽量加大角筋的直径，其他纵筋可根据计算要求配置，如此便可以在满足计算要求的前提下降低纵筋用量，或在纵筋总量不变的情况下增大柱单侧钢筋的实配面积，使单侧纵筋配置留有余量，从而提高柱的安全度。

柱配筋技巧中最经典的例子是如下 500mm×500mm 方柱的案例：该柱每侧计算配筋量为 12cm²，习惯的配筋方式为 12⏀20（总配筋面积为 37.7cm²）；优化配筋方式为：4⏀25＋4⏀20（总配筋面积为 32.1cm²），将 4⏀25 放在柱角。两种配筋方式均正好满足计算要求，但钢筋用量相差 17.5%！

2. 柱箍筋配置与优化

关于抗震结构框架柱的箍筋配置，对于柱箍筋加密区，规范既给出了柱箍筋加密区箍筋的最大间距、最小直径及最大肢距的要求，也给出了柱箍筋加密区体积配箍率的要求，对柱箍筋加密区体积配箍率又采用了双控，即最小体积配箍率与根据最小配箍特征值计算确定的体积配箍率，二者取其大者作为配箍依据。

柱箍筋加密区箍筋的体积配筋率，应符合下列规定：

$$\rho_{\mathrm{v}}=\lambda_{\mathrm{v}}\frac{f_{\mathrm{c}}}{f_{\mathrm{yv}}} \qquad\qquad (式\,4\text{-}3\text{-}3)$$

式中：ρ_{v}——柱箍筋加密区的体积配筋率，按 $\rho=\dfrac{n_1 A_{\mathrm{s1}} l_1+n_2 A_{\mathrm{s2}} l_2}{A_{\mathrm{cor}}s}$ 计算，且对一、二、三、四级抗震等级的柱，分别不应小于 0.8%、0.6%、0.4% 和 0.4%。计算中应扣除重叠部分的箍筋体积；

f_c——混凝土轴心抗压强度设计值；当强度等级低于 C35 时，按 C35 取值；

f_{yv}——箍筋及拉筋抗拉强度设计值；

λ_v——最小配箍特征值，按《混凝土结构设计规范》GB 50010—2010 表 11.4.17 或《建筑抗震设计规范》GB 50011—2010 表 6.3.9 采用。

框支柱宜采用复合螺旋箍或井字复合箍，其最小配箍特征值应按表中数值增加 0.02 取用，且体积配筋率不应小于 1.5%。

当剪跨比 $\lambda \leqslant 2$ 时，一、二、三级抗震等级的柱宜采用复合螺旋箍或井字复合箍，其箍筋体积配筋率不应小于 1.2%；9 度设防烈度时，不应小于 1.5%。

对于箍筋非加密区，则给出了箍筋间距要求及体积配箍率要求，即体积配箍率不宜小于加密区的 50%，箍筋间距对一、二级框架柱不大于 10 倍纵筋直径，三、四级框架柱不大于 15 倍纵筋直径。

对于框架节点核芯区，箍筋最大间距与最小直径的要求同箍筋加密区，体积配箍率也同箍筋加密区一样采用双控，且一、二、三级框架节点核芯区配箍特征值分别不宜小于 0.12、0.10 和 0.08，且体积配箍率分别不宜小于 0.6%、0.5% 和 0.4%。柱剪跨比不大于 2 的框架节点核芯区，体积配箍率不宜小于核芯区上、下柱端的较大体积配箍率。

从上述柱箍筋的体积配箍率公式可以看出，采用高强度钢筋比低强度钢筋更可节省用钢量。

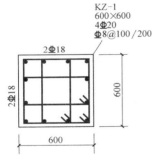

KZ-1
600×600
4Φ20
Φ8@100/200

2Φ18

2Φ18

600

600

图 4-3-3 框架柱配筋

如图 4-3-3 所示二级框架柱 KZ-1，混凝土强度等级为 C40，采用复合箍筋，箍筋直径 8mm，保护层厚度 20mm，轴压比为 0.6，查得 $\lambda_v = 0.13$。

当如图 4-3-3 所示采用 HPB300 级钢筋时，规范要求的体积配箍率为：

$$\rho_v = \lambda_v \frac{f_c}{f_{yv}} = 0.13 \times \frac{19.1}{270} = 0.92\%$$

体积配箍率很大，超过二级框架柱体积配箍率构造要求 0.6% 的 50%。

此时核心区面积 $A_{cor} = (600 - 2 \times 20 - 2 \times 8)^2 = 544^2 = 295936 mm^2$，$A_{s1} = A_{s2} = 50.3 mm^2$，$l_1 = l_2 = 600 - 2 \times 20 = 560 mm$，$n_1 = n_2 = 4$，$s = 100 mm$，则 KZ1 实配箍筋体积配箍率为：

$$\rho = \frac{n_1 A_{s1} l_1 + n_2 A_{s2} l_2}{A_{cor} s} = \frac{4 \times 50.3 \times 560 + 4 \times 50.3 \times 560}{295936 \times 100} = 0.76\%$$

小于规范要求的 0.92%，不满足要求。

当采用 HRB400 级钢筋时，规范要求的体积配箍率降为：

$$\rho_v = \lambda_v \frac{f_c}{f_{yv}} = 0.13 \times \frac{19.1}{360} = 0.69\%$$

小于实配箍筋体积配箍率 0.76%，可满足要求。因此对于框架柱的箍筋，即便抗剪计算采用 HPB300 级钢筋即可，但在配箍量可能由体积配箍率控制的情况下，也应采用 HRB400 级钢筋。

需要注意的是：规范公式中，柱的体积配箍率为混凝土单位长度范围内箍筋的体积除以该范围内混凝土核芯区内的体积 $A_{cor}s$。但在实际施工图设计中，设计人员往往将核芯区体积以柱的总体积来替换，以方便计算，并满足规范要求。如此设计对成本的影响很大。

仍以前述 KZ-1 为例，倘若设计师因概念不清或图一时方便而采用柱全截面面积 A 代替 A_{cor} 去计算，则实配体积配箍率减小为：

$$\rho = \frac{n_1 A_{s1} l_1 + n_2 A_{s2} l_2}{A_{cor}s} = \frac{4 \times 50.3 \times 560 + 4 \times 50.3 \times 560}{600 \times 600 \times 100} = 0.62\%$$

即便箍筋采用了 HRB400 级钢，仍无法满足规范要求的体积配箍率 0.69%，与按计算的体积配箍率相比减少了 18.4%，假若因此而将箍筋直径加大到 10mm 来进行简单处理（相信在实际设计中很多设计师都会这么做），则箍筋用量相当于增加了 (78.5−50.3)/50.3×100%=56.1%，影响还是很可观的。

箍筋在满足最小配箍率和计算要求前提下，当不同钢筋级别之间存在不可忽视的价差时，可采用高低级别箍筋混用的方式，比如最外圈封闭箍筋选用 HRB400、HRB500 级钢，内部箍筋采用 HRB300、HRB335 级钢。这样可利用强度较高的外围箍筋增加对内部混凝土的约束，而且容易实现配箍率要求。若全部采用低级别钢筋，为满足配箍率，有可能箍筋数量会太多或者直径过大。若全部采用高级别，又可能不经济。但目前市场情况是 HPB300、HRB335、HRB400 级钢筋价差越来越小，个别直径甚至出现价格倒挂的现象，而且 HPB300、HRB335 级钢筋在设计中的使用及市场份额越来越小，因此上述这种做法的经济意义可能会越来越小。但这的确是一种思路，当更高强度等级的钢筋比如 HRB500 钢筋的市场占有率越来越高时，因在短期内其与 HRB335、HRB400 级钢筋的价差将持续存在，井字复合箍筋采用 HRB400 级钢筋与 HRB500 级钢筋内外混搭的方式可能更有意义。

受此启发，当框架柱的抗震等级为一级时，构造要求箍筋的最小直径为 10mm，箍筋最大间距为 $6d$ 与 100mm 的较小值，当纵向受力钢筋直径为 14mm 时，箍筋间距为 84mm，此时箍筋配置数量很可能由直径与间距控制，而不是体积配箍率控制。此时柱纵筋配置除采用较大直径（增大最大箍筋间距的要求，当纵筋直径为 18mm 及以上时，箍筋最大间距即摆脱纵筋直径的影响）和较少根数（减少纵筋根数，加大柱纵筋间距，可减少箍筋肢数）外，箍筋的配置还可考虑大小直径混搭的方式，如最外圈封闭箍筋的直径采用 10mm 以满足规范对最小箍筋直径的要求，内圈箍筋则采用直径 8mm 钢筋以降低箍筋用量。只要甲方、设计单位与审图单位取得共识，在确保规范要求的体积配箍率的前提下，结构安全是能够保障的。

此外，柱复合箍筋的布置应避免大小圈层层套的方式（图 4-3-4）以尽量减少箍筋之间的搭接。当柱内圈有两个及以上的封闭箍筋时，彼此应该采取并列的方式（图 4-3-5）而不是嵌套的方式。

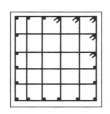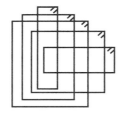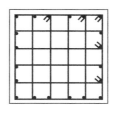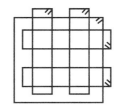

图 4-3-4　柱内圈箍筋嵌套的不合理配置　　　　　图 4-3-5　柱内圈箍筋并列的合理配置

三、框架柱的竖向收级

由于轴压比是抗震设计中框架柱延性高低的一个重要指标，因此规范对框架柱轴压比尤其是框架结构中的框架柱轴压比做出了比较严格的限制，以保证柱的塑性变形能力及框架的抗倒塌能力。对于框架柱，尤其是框架结构中的框架柱，大多数时候是由轴压比控制。随着楼层的提高，柱轴力不断降低，因此理论上柱截面尺寸具备以 50mm 为模数层层收级的条件。但从施工角度，层层收级必然导致柱截面变化过于频繁、柱截面种类过多，重要的是层层收级的经济意义不大，因此除底部若干柱截面较大的楼层可以考虑层层收级外，标准层以 5~8 层左右变化一次截面为宜。

对于多高层建筑框架柱的纵筋，当上下层配筋相同时，由于层高一般不大，钢筋的出厂长度一般为 12m，故可不必层层截断后再向上连接，可考虑每两层截断一次。这样做既减少了竖向钢筋的接头数量，又节约了钢筋或机械连接套筒的用量，而且少设接头，对钢筋的受力性能也有好处。虽然这是个施工问题，但只要设计做出规定，施工即要照设计规定进行。倘若设计没有规定，则施工必然按常规做法层层截断再向上续接。但当框架柱设计可沿竖向收级时，则不可为了钢筋连续的问题而否定竖向收级。

四、柱帽构造及配筋

当荷载或柱距较小时，一般采用如图 4-3-6、图 4-3-7 单阶或单坡柱帽即可满足抗弯及抗冲切要求，二者相比较，单阶柱帽施工方便，但单坡柱帽更节省材料，可以权衡采用。

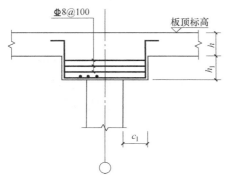 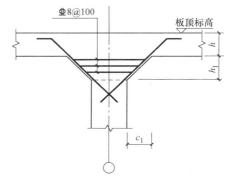

图 4-3-6　单阶柱帽　　　　　　　　图 4-3-7　单坡柱帽

当柱距及荷载较大时，上述单阶与单坡柱帽可能无法满足抗弯及抗冲切的要求，有的设计院采用如图 4-3-8 的双阶柱帽。很显然，这种阶形柱帽构造钢筋过多，混凝土用量也偏多，因此有的优化设计建议改为如图 4-3-9 的倒锥台形柱帽。但该方案仅是将阶梯边缘取直，虽然与前者相比能省一些构造钢筋量，但混凝土量并未减少。

经工程量核算，图 4-3-9 倒锥台形柱帽与图 4-3-10 的阶坡联合柱帽相比，倒锥台形柱帽每个柱帽混凝土量增加 $1.2m^3$，钢筋用量也有所增加，与图 4-3-11 的双坡柱帽相比，混凝土与钢筋用量增加得更多。

因此从节省材料的角度，当荷载或柱距小时优先采用单坡柱帽，当荷载与柱距均较大时，宜优先选用双坡柱帽。

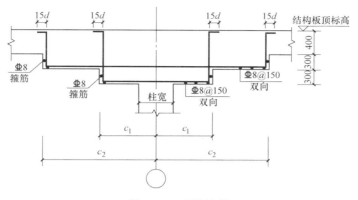

图 4-3-8　双阶柱帽

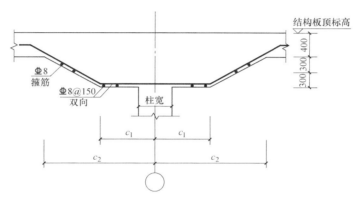

图 4-3-9　倒锥台形柱帽

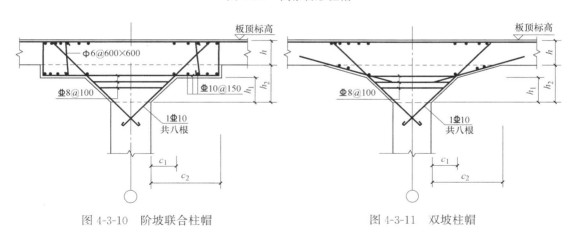

图 4-3-10　阶坡联合柱帽　　　　　　图 4-3-11　双坡柱帽

五、柱与梁板混凝土强度等级不同时的设计与施工措施

　　柱子混凝土强度等级高于梁板混凝土强度等级不超过一级时，或柱子混凝土强度等级高于梁板混凝土强度等级不超过二级，且节点四周均有框架梁时，节点区混凝土强度等级可取与梁板相同。否则梁柱节点核心区混凝土强度等级一律按柱子混凝土强度等级单独浇筑，并在混凝土初凝前浇捣梁板混凝土，同时加强混凝土的振捣和养护。见图 4-3-12。

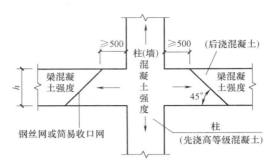

图 4-3-12　梁柱核芯区混凝土随柱浇筑的构造措施

第四节　梁的精细化设计

一、梁截面尺寸的确定与优化

单纯从结构本身的经济性出发，梁的经济跨度一般在 6.0～7.0m 左右，主梁的经济高度为其跨度的 1/10～1/12 左右，次梁梁高为其跨度的 1/12～1/15 左右。增加梁高可以降低梁顶及梁底纵筋的配筋量，但箍筋量也有所增加。而且结构本身的经济性只是其中的一方面，当降低层高的经济意义更大时，就没有必要追求结构自身的经济性，故在实际设计中从降低层高或加大净高的角度出发，一般框架主梁的高度取其跨度的 1/12～1/16 左右。必要时甚至可以做成宽扁梁，截面高度可取其跨度的 1/15～1/20。需要在确定建筑结构整体方案时综合考虑，有关内容可参阅本书有关章节。

对于地下车库顶板这种覆土较厚、荷载较大的楼面梁，应力求梁高均匀，尽量做到主梁高度一致。当个别梁高较大而影响地下室层高，且地下室顶板有覆土时，可考虑将该梁局部上返，但不推荐楼面梁大范围上返的做法。

对于荷载不是很大的梁，除非梁截面大小由内力控制，否则不要轻易取大于 600mm 梁高，如此可免去腰筋的配置。

《混凝土结构设计规范》GB 50010—2010 规定：

9.2.13　梁腹板高度 h_w 不小于 450mm 时，在梁的两个侧面应沿高度配置纵向构造钢筋。每侧纵向构造钢筋（不包括梁上、下部受力钢筋及架立钢筋）的间距不宜大于 200mm，截面面积不应小于腹板截面面积（bh_w）的 0.1%，但当梁宽较大时可以适当放松。此处，腹板高度 h_w 按本规范第 6.3.1 条的规定取用。

对于 h=600mm 高的梁，假设保护层厚度 c 及受弯钢筋直径 d 均取偏于下限的值，分别为 c=25mm 及 d=12mm，则 h_0=$h-c-d/2$=600−25−6=569mm。当板厚 h_f=120mm 时，h_w=h_0-h_f=569−120=449mm＜450mm，满足不设腰筋的条件。据此反推，110mm 板厚时不需配腰筋的梁高为 590mm，100mm 板厚对应的梁高为 580mm。

对于地下车库顶板的次梁，由于覆土较厚、荷载较大，板厚一般均较大，较常见的为 180～200mm，次梁受力钢筋直径一般也比较大（一般不小于 20mm），据此计算梁不需配腰筋的最大梁高为 665mm，因此将次梁梁高控制在 650mm 可免配腰筋。设计中可根据板厚、保护层厚度及钢筋直径确定不需配腰筋的最大梁高，并尽量控制在该梁高之内。

对截面宽度较小的梁，当配筋量较大时往往需要放 2～3 排钢筋，当梁截面高度不太大时，将减小梁的有效高度，因此当不影响使用或建筑空间观感时，梁宽宜略为放大，尽量布置成单排主筋，以达到节省钢筋的目的。但梁宽也不宜过大，尽量避免梁宽≥350mm，否则箍筋按构造须采用 4 肢箍，造成箍筋用量增加。

二、材料的选用与优化

梁应采用高强度钢筋（HRB400），对于地下车库顶板等荷载和配筋较大的梁可以考虑 HRB500 级钢筋，并合理选用混凝土强度。

梁配筋大多由内力控制，但仍有小部分由最小配筋（箍）率控制。从梁主筋最小配筋率 $45f_t/f_y$ 及梁箍筋配箍率 $0.24f_t/f_{yv}$ 中可以看出，要使梁的用钢量不太高，一是混凝土强度等级不宜过高，二是采用高强度钢筋，前者不仅可降低最小配筋（箍）率，更重要的是有利于增强作为受弯构件的梁的抗裂性能（混凝土凝结硬化期间的塑性收缩裂缝）。而当梁纵筋由计算控制时，采用 HRB400 级钢筋代替 HRB335 级钢筋可节约纵筋用量近 20％左右。

理论及设计实践表明，增加混凝土强度等级对提高梁板等受弯构件的承载力收效甚微，反倒会使构造配筋率提高，而且容易导致凝结硬化期间的塑性收缩裂缝。因此梁板类构件不宜采用高强混凝土，一般不超过 C35。对于普通的结构梁、板，混凝土强度等级一般可取 C30，受力较大的的结构梁、板，混凝土强度等级可采用 C35，如地下室的底板、顶板、屋顶花园的楼板等。对于结构转换层的梁板，对混凝土构件抗剪承载力要求较高，此时混凝土强度等级可采用 C40。

三、纵向钢筋的设计优化

1. 非框架梁的顶面钢筋

《混凝土结构设计规范》GB 50010—2010 第 9.2.6 条规定：

9.2.6　梁的上部纵向构造钢筋应符合下列要求：

2　对架立钢筋，当梁的跨度小于 4m 时，直径不宜小于 8mm；当梁的跨度为 4m～6m 时，直径不应小于 10mm；当梁的跨度大于 6m 时，直径不宜小于 12mm。

因此除了需按抗震设计的框架梁、连梁外，一般的非框架梁配筋均不设通长负筋（短梁除外），也即梁支座负筋不应在任何情况下都作为贯通负筋拉通，只有当梁支座负筋与架立钢筋直径差别较小时方可拉通。如支座负筋直径较大，对于短梁可将支座负筋改为小直径钢筋，并将部分支座负筋贯通作为架立钢筋、部分支座钢筋在实际断点处截断的方式；对于跨度较大的梁，可将支座负筋在实际断点处全部截断，并单独配置架立钢筋的方式，架立钢筋与支座负筋的搭接长度取 150mm 即可，见图 4-4-1。也可将支座负筋采用两种直径钢筋混合配置，并将较小直径钢筋拉通作为跨中梁段上部的架立钢筋。

井字梁的次梁也不设通长负筋，也应设置为"支座负筋＋架立筋"的形式。

2. 框架梁顶面钢筋

《混凝土结构设计规范》GB 50010—2010 第 11.3.7 条：

11.3.7　梁端纵向受拉钢筋的配筋率不宜大于 2.5％。沿梁全长顶面和底面至少应各配置两根通长的纵向钢筋，对一、二级抗震等级，钢筋直径不应小于14mm，且分别不应少于梁两端顶面和底面纵向受力钢筋中较大截面面积的1/4；对三、四级抗震等级，钢筋直径不应小于12mm。

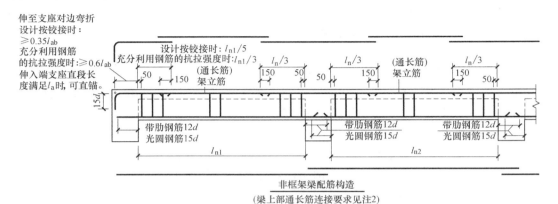

图 4-4-1 《16G101-1》中非框架梁配筋构造

因此对于按抗震设计的框架梁，跨中上部钢筋不再是架立钢筋的要求，而是一种防止框架梁反弯点移位而采取的抗震构造措施。即便如此，也不应采用直接将支座负筋拉通的做法。

很多人误以为此处的通长钢筋是从支座负筋延伸过来不能断开的钢筋，但这是错误的理解。规范的本意是要保证梁的各个部位都配置有这部分钢筋，以应对地震作用下反弯点位置可能的移动，但不意味着不允许这部分钢筋在适当部分设置接头，包括机械连接接头、焊接接头，也包括搭接接头。跨中上部通长筋与支座负筋搭接连接构造可见《16G101-1》第84、85页（见图4-4-2）。

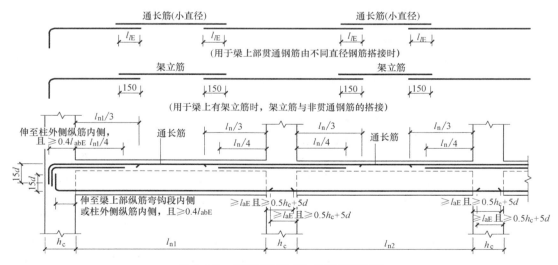

图 4-4-2 楼层框架梁 KL 纵向钢筋构造

但根据《混凝土结构设计规范》GB 50010—2010 第 8.4.6 条：

8.4.6 在梁、柱类构件的纵向受力钢筋搭接长度范围内的横向构造钢筋应符合本规范 8.3.1 条的要求。

8.3.1 当计算中充分利用钢筋的抗拉强度时，受拉钢筋的锚固应符合下列要求：

3 当锚固钢筋的保护层厚度不大于 $5d$ 时，锚固长度范围内应配置横向构造钢筋，其直径不应小于 $d/4$；对梁、柱、斜撑等构件间距不应大于 $5d$，对板、墙等平面构件间距不应大于 $10d$，且均不应大于 100mm，此处 d 为锚固钢筋的直径。

《16G101-1》也提供了与规范相应的构造要求，见图 4-4-3。

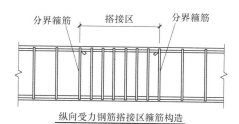

纵向受力钢筋搭接区箍筋构造

注：1. 本图用于梁、柱类构件搭接区箍筋设置。
 2. 搭接区内箍筋直径不小于 $d/4$（d 为搭接钢筋最大直径），间距不应大于100及 $5d$（d 为搭接钢筋最小直径）。
 3. 当受压钢筋直径大于25时，尚应在搭接接头两个端面外100的范围内各设置两道箍筋。

图 4-4-3 框架梁纵向受力钢筋搭接区箍筋构造
（不包括侧面 G 打头的构造筋及架立筋）

因此，当支座负筋直径较大时，不宜采用将支座处大直径钢筋直接拉通到跨中的方式，而建议采用如下配筋方式：

当框架梁的跨度比较大（≥8.0m）时：对于一、二级抗震等级的框架梁，建议采用 $n\pm14$（且不小于最大配筋截面配筋量的 1/4）与支座负筋搭接的方式，搭接长度取小直径钢筋的抗震搭接长度，搭接长度范围内需按 $5d$ 且不大于 100mm 的间距进行箍筋加密；或将两根小直径支座负筋在跨中拉通（且不小于最大配筋截面配筋量的 1/4），其余跨中架立钢筋（若有的话）采用 ±14 钢筋与支座负筋按 150mm 搭接，此种情况不必在搭接区进行箍筋加密。对于三、四级抗震等级的框架梁，建议采用 $n\pm12$ 与支座负筋搭接的方式，搭接长度取小直径钢筋的抗震搭接长度，搭接长度范围内需按 $5d$ 且不大于 100mm 的间距进行箍筋加密；或将两根小直径支座负筋在跨中拉通，其余跨中架立钢筋（若有的话）采用 ±12 钢筋与支座负筋按 150mm 搭接，此种情况不必在搭接区进行箍筋加密。

当框架梁的跨度比较小（<8.0m）时：对于一、二级抗震等级的框架梁，建议将两根小直径支座负筋在跨中拉通（且不小于最大配筋截面配筋量的 1/4），其余跨中架立钢筋（若有的话）采用 ±14 钢筋与支座负筋按 150mm 搭接，此种情况不必在搭接区进行箍筋加密；对于三、四级抗震等级的框架梁，建议采用两根小直径支座负筋在跨中拉通，其余跨中架立钢筋（若有的话）采用 ±12 钢筋与支座负筋按 150mm 搭接，此种情况不必在搭接区进行箍筋加密。

如图 4-4-4，若将支座负筋 6 ± 25 中的 4 根拉通作为跨中上部钢筋，与跨中上铁采用 4 ± 18（一、二级抗震等级）或 4 ± 14（三、四级抗震等级）并与支座负筋搭接相比，纵筋用钢量分别增加 19.7kg 及 31.6kg。但跨中上部钢筋与支座负筋搭接区域的加密箍筋用量也会相应增多。

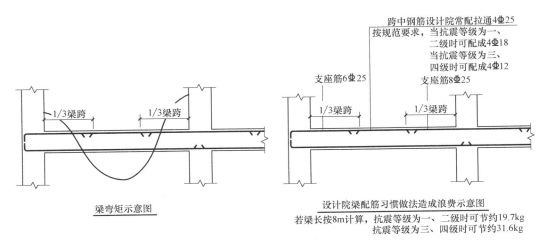

跨中钢筋设计院常配拉通4Φ25
按规范要求，当抗震等级为一、
二级时可配成4Φ18
当抗震等级为三、
四级时可配成4Φ12

支座筋6Φ25   支座筋8Φ25

1/3梁跨   1/3梁跨   1/3梁跨   1/3梁跨

梁弯矩示意图

设计院梁配筋习惯做法造成浪费示意图
若梁长按8m计算，抗震等级为一、二级时可节约19.7kg
抗震等级为三、四级时可节约31.6kg

图 4-4-4   梁配筋方式的经济性影响

此时若将角部的 2Φ25 拉通作为跨中上部钢筋，并将跨中上部的 2Φ18 或 2Φ14 与支座负筋按 150mm 搭接，则既可满足《混凝土结构设计规范》GB 50010—2010 第 11.3.7 条的要求，也可避免抗震搭接区箍筋用量的增加，还能达到降低钢筋用量的目的。

如果设计师还是觉得 2Φ25 拉通钢筋偏大，也可以将支座负筋按大小直径混搭的配筋方式，将其中的两根小直径钢筋拉通作为跨中上部钢筋，并满足《混凝土结构设计规范》GB 50010—2010 第 11.3.7 条的要求，需要时再另配小直径架立钢筋与支座负筋按 150mm 搭接，其他的支座负筋则在实际断点处截断，这样的经济效果更佳。

当框架梁的截面配筋较多时，有时采用Φ28、Φ32 等大直径钢筋才能在一排布下，但由于钢筋直径大于 25mm 时，钢筋锚固长度会增加 10%，故在设计时尽量少用Φ28、Φ32 等大直径钢筋。当采用较小直径钢筋在一排内布置较困难时，可考虑双排筋的配筋方式，对于第二排负弯矩钢筋可在 1/4 净跨处截断（第一排在 1/3 净跨处截断），见图 4-4-2。对于第二排正弯矩钢筋可在进入支座前截断，见图 4-6-2，一般来说第二排钢筋自身长度的缩短及锚固长度的缩短足可弥补截面有效高度降低所产生的钢筋增量。

对于剪力墙住宅，普通楼面梁的跨度一般较小，梁截面尺寸一般也较小，梁宽一般以 200mm 或 250mm 居多，此时梁支座负筋应尽量采用小直径钢筋，并将角筋兼做通长筋，减少搭接。支座负筋采用小直径钢筋还可减少端支座钢筋的锚固长度，进一步减少用钢量。

梁合理的配筋率一般在 1.0%～1.5%，应该尽量减少接近最大配筋率的梁。依据《建筑抗震设计规范》GB 50011—2011 第 6.3.3 条第 3 款规定："……当梁端纵向受拉钢筋配筋率大于 2% 时，表中箍筋最小直径数值应增大 2mm"。因此应尽量避免梁端纵向受拉钢筋配筋率＞2%，从而造成箍筋用量增加。

悬挑长度较大的悬臂梁，当上部受力钢筋较多时，除角筋需伸至梁端外，其余钢筋尤其是下排钢筋均可在跨中切断。跨度较大的悬臂梁，不论其承受的是均布荷载还是梁端集中荷载，其弯矩都是从根部向自由端逐步衰减的，到自由端处衰减到零。因此当上部受力钢筋较多时，除角筋需伸至梁端外，其余钢筋尤其是双排配筋的下排钢筋均可在跨中截断，既节省钢筋又方便施工，是一种切实可行的方法。

3. 梁侧面纵向构造钢筋

如前文所述，当梁腹板高度不小于 450mm 时，规范要求配置间距不宜大于 200mm，截面面积不小于腹板截面面积（bh_w）0.1‰的侧面纵向构造钢筋（即腰筋）。需特别注意的是，此处的腹板高度 h_w 对 T 形截面不是腹板的自然高度，而是截面的有效高度 h_0 减去翼缘高度 h_f（即板厚），即 $h_w = h_0 - h_f$。因此对于板厚分别为 100mm、110mm 及 120mm 的板，当梁高不大于 580mm、590mm 及 600mm 时，均可不配置腰筋，计算需要配置抗扭腰筋的除外。计算腰筋配筋率时应计入双侧腰筋合计的截面积。为避免施工人员和预算咨询公司对腹板高度概念有误解，绘图时应将构造腰筋在原位标注，或采取列表的方式，不允许在说明中以文字表达。

在实际的设计工作中，很多设计师无论梁宽多大，习惯一律采用 $n\phi12$ 的配筋方式，但其实对于梁宽小于 400mm 的梁，完全可以采用 $n\phi10$ 的配筋方式，腰筋用量可降低 30%。一个工程可能涉及数千乃至上万根梁，经济效益还是非常可观的。

梁侧纵向构造腰筋的作用仅仅是防止梁侧面出现竖向裂缝，因此只要满足规范构造要求即可，没必要超配！

4. 梁横向钢筋

箍筋除计算要求外，构造箍筋的直径不宜随意加大，箍筋间距不宜随意减小，箍筋肢数、肢距满足构造要求即可。按抗震设计的框架梁，应严格控制箍筋加密区长度，不要随意加大。

主次梁相交处以加密箍为优先，吊筋设置与否应根据计算结果文件中剪力包络图为依据，如不需要，不应随意设置，以减少施工麻烦。

第五节　板的精细化设计

一、现浇楼板厚度

在高层剪力墙住宅的标准层中，当现浇板板厚以 100～120mm 为主时，现浇板混凝土用量占标准层混凝土用量的 27%～33%，钢筋用量占标准层钢筋用量的 12%～16%。板厚的取值直接影响自重，直接导致竖向荷载及水平地震力的增加，从而影响梁、墙（柱）及基础的内力乃至截面尺寸与配筋结果。因此楼板厚度取值对整个结构有着牵一发而动全身的效果。此外，当荷载与跨度均较小时，楼板配筋往往由最小配筋率控制，此时增大板厚反而会增大配筋。因此从经济性角度出发，在满足楼板刚度及构造要求的前提下，尽量采用较薄的板厚。表 4-5-1 为板最小厚度的相对值与绝对值，可供设计者参考。

标准层楼板厚度对荷载的影响程度：20mm 厚的板厚占标准层总荷载约 3.3%！

标准层楼板厚度对板配筋的影响程度：仅考虑构造配筋因素，板的配筋量与板的厚度成正比！

标准层楼板厚度对地震力的影响程度：20mm 厚的板厚地震力增加约 3.3%！

标准层楼板厚度对梁、柱、墙配筋的间接影响：因荷载间接增加配筋等成本！

标准层楼板厚度对基础的间接影响：因荷载间接增加成本！

项次	板的种类		板厚跨度比	最小厚度(mm)	备注
1	单向板	简支	1/30	60	跨度大于 4m 时适当加厚
2		连续	1/40	60	
3	双向板	简支	1/40	80	
4		连续	1/50	80	
5	无梁楼盖	无柱帽	1/30～1/35	150	
6		有柱帽	1/32～1/40	150	
7	密肋板	单向	1/18～1/20	肋高 250,面板 50	
8		双向	1/20～1/30	肋高 250,面板 50	
9	井字梁楼板		1/35～1/45	70	小跨取大值,大跨取小值
10	现浇空心楼板	边支承单向板	1/30	200	预应力空心板适当减小
11		边支承双向板	1/40	200	
12		点支承无柱帽	1/30	200	
13		点支承有柱帽	1/35	200	
14	悬臂板	悬臂长度≤500mm	1/10～1/12	70	为根部厚度;跨度大于 1.5m 时宜做挑梁
15		悬臂长度>500mm	1/10	80	

对于房地产开发的主打产品——住宅建筑来说,板跨受房间分隔所限,可调整余地不大,且板跨一般不大,因此板厚一般可取表 4-5-1 中靠近下限的值。3m 跨度以内的矩形楼板厚度可取 80～100mm,3～4m 跨度的楼板厚度可取 100～110mm,客厅等处板跨较大或有异形的板块其楼板厚度可取 120～150mm,屋面板厚度可取 120mm,嵌固端地下室顶板可取 180mm,非嵌固端地下室顶板可取 150mm。

住宅或其他民用建筑的现浇楼板因要埋设电力、通信等管线,一般要求管外径不大于板厚的 1/3,故板厚一般不宜小于 100mm,当板内预埋管线存在交叉时,楼板厚度可能需要 110～120mm,故在强弱电施工图设计图纸中应明确"规定板内预埋管线应避免在板厚较小的板块内交叉"。

有些城市对楼板最小厚度有硬性规定的,应该按其规定执行,否则可能会在施工图审查环节甚至在质量监督环节出现麻烦。

二、材料的选用与优化

与梁的情况类似,板类构件也应采用高强度钢筋及低强度等级混凝土。而且相比梁来说,板类构件混凝土的水化热更加强烈集中,故为避免温度裂缝的产生,板类构件更应提倡低强混凝土的应用。

因此板类构件混凝土强度等级一般不超过 C35。对于普通的结构板,混凝土强度等级一般为 C30,也可以采用 C25,但因《混凝土结构设计规范》GB 50010—2010 对不大于 C25 的混凝土保护层厚度要求增加 5mm,对截面有效高度有削弱,故 C25 混凝土已较少在钢筋混凝土结构中应用;受力较大的的结构板,混凝土强度等级可采用 C35,如地下室的底板、顶板、屋顶花园的楼板等;对于结构转换层的梁板,对混凝土构件抗剪承载力要求较高，此时混凝土强度等级可考虑采用较高等级，如采用 C40。

对于板厚由冲切控制的无梁楼盖或平板式筏基等，加大混凝土强度等级可有效降低板厚，但不如增设柱帽或柱墩更直接有效，故这类构件的混凝土强度等级一般也不超 C35，最高可用至 C40。

板钢筋应采用高强度钢筋（HRB400 级钢筋），对于地下车库顶板等荷载和配筋较大的楼板可以考虑 HRB500 级钢筋。

三、现浇楼板配筋

当厚板、大跨板及屋面板等需要配板顶贯通钢筋时，贯通钢筋按构造最小值配置，支座配筋不足处用附加短筋补足。

首层、屋面层应配置通长面筋，但通长筋不宜大于 $\phi 8@150$ 或 $\phi 10@200$

屋面板板面应配双向贯通钢筋，贯通钢筋宜采用最小配筋率，但间距不大于 200，大板块支座处配筋不足者，额外配短筋补足。

对于大跨度双向板，由于板底不同位置的内力存在差异，设计中不宜以最大内力处的配筋贯通整跨和整宽。为了节省用钢量，一般应分板带配筋，且当板底钢筋间距为 100mm 或 150mm 时，不需将每根钢筋都伸入支座，其中约半数钢筋可在支座前切断。当板面需要采用贯通面筋时，贯通筋的配筋通常不需也不宜超过规定的最小配筋率，支座不足够时再配以短筋，这样既符合规范规定又可节省用钢量。

四、楼板的结构计算模型与计算方法

楼板的配筋与板跨、梁的平面布置形式、荷载及板的边界条件等因素密切相关，针对具体的需要，设计合理的梁平面布置，使得楼板厚度和配筋处于一个合理的范围是设计应做的。对于有次梁的楼盖结构，当板厚由于构造要求不能降低时，可通过调整次梁的布置合理控制现浇板的跨度，以使板的配筋由内力控制而非按构造配筋，由此可发挥高强钢筋的作用，达到节省钢筋用量的目的。

一般住宅类剪力墙结构，板块的划分多由房间布置决定，房间内一般不允许增设次梁，一些较短或轻质墙体下也不必设梁，故结构可调整的余地不大，但可以通过控制板厚使板配筋尽量由计算控制而不是构造控制。

从板的受力模式方面，现浇板宜做成双向板。双向板相对单向板要经济。按 PKPM 计算模型板边跨采用简支计算，配筋结果为 0，即构造配筋，按《混凝土结构设计规范》GB 50010—2010 第 9.1.6 条可以布置 $\phi 8@200$ 的构造钢筋，而不是采用最小配筋率得到的配筋。PKPM 成图也是如此，单向板非受力边亦需要配置 $\phi 8@200$ 的构造钢筋，造成浪费。

除有限元分析方法及弹性力学的解析法外，板的计算一般采用分板块法，根据荷载及结构静力计算手册中的弯矩系数去计算板连续边及跨中的弯矩，并据此弯矩配筋。因此必须根据墙梁（包括暗梁）划分出一系列矩形板块，然后确定板块边缘的边界条件，也即支承条件为固接、铰接、四角支承或者为自由边。对于板的连续边一般假定为固接，当连续边两侧板跨或荷载不同时，连续边两侧板块的板边弯矩并不相同（边跨支座负弯矩与中间跨支座负弯矩也不相同），此时应该采用类似弯矩分配法使节点平衡后的同一弯矩值去计算该连续边支座的负弯矩筋，而不应该采用连续边两侧弯矩的较大值进行配筋，而 PK-

PM 软件恰恰是这样做的；对于与边梁相连的板边则按简支考虑，支座配筋按最小配筋率控制；但边跨端部与剪力墙相连时，应根据外墙的厚度确定其合理边界条件，当墙厚大于板厚的 1.5 倍时，墙板截面刚度比已超过 3，此时板端支座可以考虑按固接在墙上来计算，当端跨板跨较大时可大幅降低板跨中截面的弯矩及配筋。

钢筋混凝土现浇板属于多次超静定结构，当采用弹性设计方法时内力配筋过大，安全储备过多，只有考虑钢筋混凝土的弹塑性性能时才能比较充分发挥钢筋混凝土板的承载能力，节约成本且接近实际受力状态。因此对于民用建筑的大多数楼层板，宜采用塑性理论计算板的配筋，既方便施工又可节约钢筋用量，但直接承受动力荷载及对裂缝控制严格的板除外。一般来说，双向板采用塑性设计得到的配筋结果较弹性设计的配筋结果节省 30％左右。

当板计算跨度大于 4m 时，应控制板底裂缝配筋，可不控制支座裂缝配筋。

楼梯梯板跨度超过 4m 时，采用梁式楼梯。

【案例】 河北邯郸某项目车道顶板配筋

图 4-5-1 为邯郸某项目的车道顶板模板配筋图，板厚 200mm，原设计可能是为图计算及画图简单方便，未经计算根据经验配的钢筋，配筋采用双层双向相同配筋的方式。这种做法对于有结构素养的人一看就知不合理。

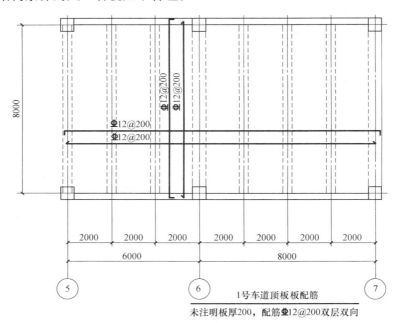

图 4-5-1 河北邯郸某项目车道顶板配筋

其一，从剖面图可看出，覆土厚度从 200mm 到 2100mm 不等，覆土厚度不同，受力钢筋采用相同配筋肯定不妥；

其二，板块属于典型的单向板，垂直于受力方向的分布钢筋可按 0.15％配置，而原设计却采用与受力钢筋相同的配筋，故可将 Φ12@200 改为 Φ10@250；

其三，板下部正弯矩筋相对于负弯矩筋偏大，连续板的支座弯矩一定大于跨中弯矩，即便采用塑性调幅也是如此，因此支座负筋的计算配筋量一定大于跨中钢筋计算配筋量，板正负弯矩钢筋采用相同的配置不合理；

其四，板负弯矩筋应采用"部分贯通＋部分附加短筋"的配筋方式，不应将所有负弯矩筋全部拉通，必要时可减小板厚。

【案例】 河北沧州某项目坡道顶板厚度与配筋

图 4-5-2 为沧州某项目坡道顶板模板配筋图，简单的单向连续板结构体系，板跨仅 2700mm。原设计采用 400mm 板厚及 $\Phi14@150$ 双层双向的配筋，问题类型同上述案例。经第三方计算复合，即便覆土厚度取 1200mm，活荷载按消防车道荷载来取，板厚从 400mm 降到 200mm 后，受力方向的配筋也不需要 $\Phi14@150$，总的配筋量也只有原设计的一半。

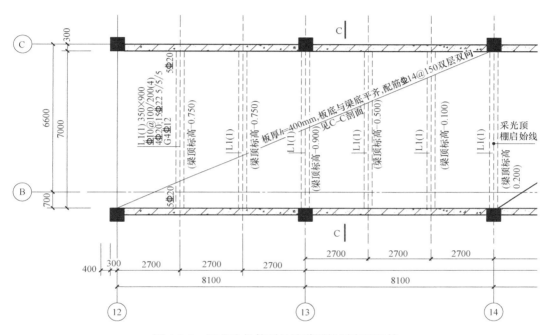

图 4-5-2 河北沧州某项目坡道顶板厚度及配筋

第六节 节点连接构造的优化设计

锚固与搭接虽然均属构造要求，但在钢筋混凝土结构设计与施工中，几乎每一个结构构件都涉及钢筋锚固与搭接的问题，因此锚固与搭接构造是否合理不但事关结构安全，对钢筋用量的影响也不容忽视。钢筋锚固与搭接长度与钢筋外形、混凝土强度等级、钢筋抗拉强度及直径有关，有关手册或标准图中常根据钢筋外形系数、混凝土轴心抗拉强度设计值及钢筋抗拉强度设计值绘制出以若干倍钢筋直径表示的锚固长度，以方便设计者直接查取，但其来源出处均为《混凝土结构设计规范》。

一、纵向受力钢筋的锚固

对于非抗震设计的受拉钢筋锚固长度，《混凝土结构设计规范》GB 50010—2010 有如下规定：

8.3.1 当计算中充分利用钢筋的抗拉强度时，受拉钢筋的锚固应符合下列要求：

1 基本锚固长度应按下列公式计算：

普通钢筋

$$l_{ab} = \alpha \frac{f_y}{f_t} d \qquad\qquad （式 4-6-1）$$

预应力筋

$$l_{ab} = \alpha \frac{f_{py}}{f_t} d \qquad\qquad （式 4-6-2）$$

式中：l_{ab}——受拉钢筋的基本锚固长度；

f_y、f_{py}——普通钢筋、预应力钢筋的抗拉强度设计值；

f_t——混凝土轴心抗拉强度设计值，当混凝土强度等级高于 C60 时，按 C60 取值；

d——锚固钢筋的直径；

α——锚固钢筋的外形系数，按表 8.3.1（本书表 4-6-1）取用。

锚固钢筋的外形系数 表 4-6-1

钢筋类型	光圆钢筋	带肋钢筋	螺旋肋钢丝	三股钢绞线	七股钢绞线
α	0.16	0.14	0.13	0.16	0.17

注：光圆钢筋末端应做 180°弯钩，弯后平直段长度不应小于 3d，但作受压钢筋时可不做弯钩。

但需注意的是，按上述公式计算得到的只是基本锚固长度 l_{ab}，在实际设计与施工中采用的是锚固长度 l_a 而不是基本锚固长度 l_{ab}，受拉钢筋的锚固长度 l_a 还要将基本锚固 l_{ab} 长度乘以一个锚固长度修正系数 ζ_a 而得到，即

《混凝土结构设计规范》GB 50010—2010 第 8.3.1 条第 2 款：

2 受拉钢筋的锚固长度应根据锚固条件按下列公式计算，且不应小于 200mm：

$$l_a = \zeta_a l_{ab} \qquad\qquad （式 4-6-3）$$

式中：l_a——受拉钢筋的锚固长度；

ζ_a——锚固长度修正系数，对普通钢筋按本规范第 8.3.2 条的规定取用，当多于一项时，可按连乘计算，但不应小于 0.6；对预应力筋，可取 1.0。

8.3.2 纵向受拉普通钢筋的锚固长度修正系数 ζ_a 应按下列规定取用：

1 当带肋钢筋的公称直径大于 25mm 时取 1.10；

2 环氧树脂涂层带肋钢筋取 1.25；

3 施工过程中易受扰动的钢筋取 1.10；

4 当纵向受力钢筋的实际配筋面积大于其设计计算面积时，修正系数取设计计算面积与实际配筋面积的比值，但对有抗震设防要求及直接承受动力荷载的结构构件，不应考虑此项修正；

5 锚固钢筋的保护层厚度为 3d 时修正系数可取 0.80，保护层厚度为 5d 时修正系数可取 0.7，中间按内插取值，此处 d 为锚固钢筋的直径。

从规范要求可看出，当钢筋直径大于 25mm 时，钢筋锚固长度会增加 10%，故在设计时尽量少用直径大于 25mm 的钢筋，当钢筋排布较困难时，可考虑较小直径双排筋的配筋方式，其中第二排钢筋对于负弯矩钢筋可在 1/4 净跨处截断（第一排在 1/3 净跨处截

断)(《16G101-1》P84~86），见图 4-6-1，对于正弯矩钢筋可在进入支座前截断（《16G101-1》P90），见图 4-6-2。一般来说可弥补截面有效高度降低所产生的钢筋增量，且比大直径单排钢筋要省。对于其他情况需要配置双排钢筋时，第二排钢筋也应采用提前截断的方式。

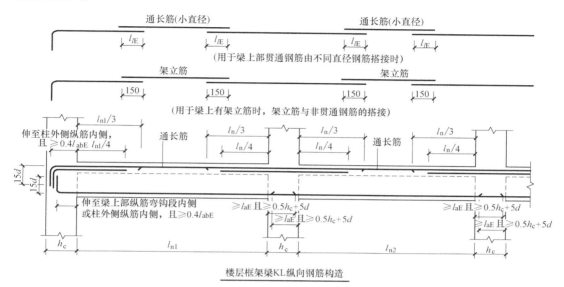

图 4-6-1 抗震楼层框架梁支座负弯矩钢筋截断与锚固方式

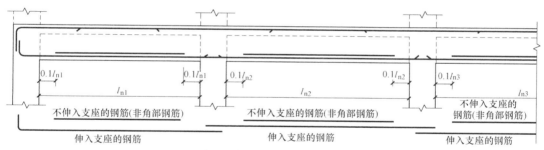

不伸入支座的梁下部纵向钢筋断点位置
（本构造详图不适用于框支梁、框架扁梁；伸入支座的梁下部纵向
钢筋锚固构造见本图集第84、85页）

图 4-6-2 抗震楼层框架梁第二排正弯矩钢筋截断方式

当按 8.3.1 条及 8.3.2 条计算得到的受拉钢筋的锚固长度较长，锚固体内无法满足锚固长度要求时，可采用末端加弯钩或机械锚固措施，此时包括弯钩或锚固端头在内的锚固长度可取为基本锚固长度的 60%。弯钩和机械锚固形式和技术要求参见《混凝土结构设计规范》GB 50010—2010 第 8.3.3 条。

前文所述均为非抗震设计的受拉钢筋锚固长度，对于非抗震的地下室、基础、非框架梁及楼屋面板等均适用。当结构构件需进行抗震设计时，钢筋的锚固长度应采用纵向受拉钢筋的抗震锚固长度，可按《混凝土结构设计规范》GB 50010—2010 第 11.1.7 条计算：

11.1.7 混凝土结构构件的纵向受拉钢筋的锚固和连接除应符合本规范第 8.3 节和第 8.4

节的有关规定外，尚应符合下列要求：

1 纵向受拉钢筋的抗震锚固长度 l_{aE} 应按下式计算：

$$l_{aE} = \zeta_{aE} l_a \qquad (式 4-6-4)$$

式中：ζ_{aE}——纵向受拉钢筋抗震锚固长度修正系数，对一、二级抗震等级取 1.15，对三级抗震等级取 1.05，对四级抗震等级取 1.00。

二、纵向受力钢筋的搭接

虽然钢筋机械连接的应用越来越广，但对于小直径钢筋的连接及不同直径钢筋间的连接，大都采用绑扎搭接，而搭接接头长度比锚固长度还要大，一般为锚固长度的 1.2～1.6 倍，因此对钢筋用量的影响更大，设计中应尽量减少钢筋的搭接接头，尤其要避免大直径钢筋间的搭接接头。搭接接头的有关规定见《混凝土结构设计规范》GB 50010—2010 第 8.4.4 条：

8.4.4 纵向受拉钢筋绑扎搭接接头的搭接长度，应根据位于同一连接区段内的钢筋搭接接头面积百分率按下列公式计算，且不应小于 300mm。

$$l_l = \zeta_l l_a \qquad (式 4-6-5)$$

式中：l_l——纵向受拉钢筋的搭接长度；

ζ_l——纵向受拉钢筋搭接长度修正系数，按表 8.4.4（本书表 4-6-2）取用。当纵向搭接钢筋接头面积百分率为表的中间值时，修正系数可按内插取值。

纵向受拉钢筋搭接长度修正系数 表 4-6-2

纵向搭接钢筋接头面积百分率(%)	≤25	50	100
ζ_l	1.2	1.4	1.6

当为抗震设计采用搭接连接时，纵向受拉钢筋的抗震搭接长度应按下列公式计算：

$$l_{lE} = \zeta_l l_{aE} \qquad (式 4-6-6)$$

三、纵向钢筋非受拉的锚固与搭接

对于受压钢筋的锚固，理论上应比受拉钢筋的锚固要求有所降低。《混凝土结构设计规范》GB 50010—2010 在 8.3.4 条中予以体现：

8.3.4 混凝土结构中的受压钢筋，当计算中充分利用其抗压强度时，锚固长度不应小于相应受拉锚固长度的 70%。

受压钢筋不应采用末端弯钩和一侧贴焊锚筋的锚固措施。

对于受拉钢筋，一般是根据边界条件及边界处钢筋的受力状态确定锚固关系，比如受拉钢筋在构件端部不利用其抗拉强度的锚固，就不需满足上述 l_a 或 l_{aE} 的要求。

对于非框架梁，跨中正弯矩钢筋到支座附近时已经不再受拉或拉应力很小，因此只需锚入支座 $12d$ 且过支座中线即可（图 4-6-3）。

对于板钢筋在支座的锚固，《混凝土结构设计规范》GB 50010—2010 的要求如下：

9.1.4 采用分离式配筋的多跨板，板底钢筋宜全部伸入支座；支座负弯矩钢筋向跨内延伸的长度应根据负弯矩图确定，并满足钢筋锚固的要求。

简支板或连续板下部纵向受力钢筋伸入支座的锚固长度不应小于钢筋直径的 5 倍，且宜伸过支座中心线。当连续板内温度、收缩应力较大时，伸入支座的锚固长度宜适当增加。

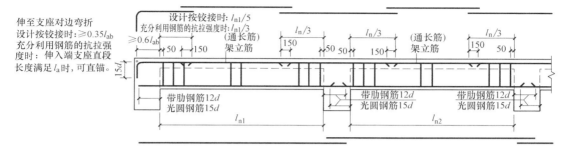

图 4-6-3 非框架梁配筋构造

【案例】 河北唐山某项目板钢筋在支座的锚固

图 4-6-4 为河北唐山某项目板钢筋在支座的锚固。其板边支座钢筋锚固要求欠妥，无论边支座是固支还是铰支，下铁均无 l_a 的要求，下铁可伸至支座中心线且不小于 $5d$ 处截断。

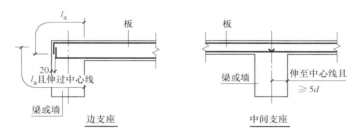

图 4-6-4 河北唐山某项目板钢筋锚固构造

尽量减少钢筋搭接，比如多层地下室竖向钢筋的钢筋直径与间距尽量一致或成整数倍关系，钢筋采用两层截断一次；住宅主楼地下室外墙水平钢筋当采用分板块配筋时，也应使相邻板块的水平钢筋直径与间距尽量匹配，以尽量减少钢筋的截断与搭接接头数量。

第七节 材料选用的精细化设计

一、混凝土强度等级的选择

混凝土强度等级升高，单价成本直接上升，混凝土强度等级每升高一级，单价提高5%左右。以 2015 年 3 月份北京普通商品混凝土市场的价格为例：C20 单价 300 元/m³，C25 单价 310 元/m³，C30 单价 320 元/m³，C35 单价 335 元/m³，C40 单价 350 元/m³，C45 单价 365 元/m³，C50 单价 385 元/m³，C55 单价 405 元/m³，C60 单价 425 元/m³。

柱、剪力墙等以受压为主的构件：提高混凝土强度等级可显著减小柱、墙的尺寸，增加建筑实际使用率；因此对于接近最大适用高度限值的框架结构柱、框剪结构及框架-核心筒结构的框架柱及筒中筒结构的外框筒柱，应优先采用高强混凝土。一般来说，商品混凝土搅拌站能随时供应 C60 及以下强度等级的商品混凝土，因此对轴力较大的柱采用 C55 是比较正常的，超过 C55 则需要慎重评估。尤其是严寒地区冬期施工时，超高强混凝土的实际强度能否达到设计要求是一个挑战。此外，高强混凝土具有明显的脆性，且脆性随强度等级提高而增加，而且侧向变形系数偏小而使箍筋对混凝土的约束效果降低，故高强混凝土对抗震不利，因此《混凝土结构设计规范》GB 50010—2010 及《建筑抗震设计规范》GB 50011—2010 均对 C60 以上高强混凝土的应用做出了限制："剪力墙不宜超过 C60；其他构件，9 度时不宜超过 C60，8 度时不宜超过 C70"。而且 C60 以上的混凝土供应也有局限，一般超过 C60 需要与搅拌站提前订制，因此一般情况下要慎用 C60 以上的超高强混凝土。

在剪力墙结构混凝土强度等级的竖向收级时，与剪力墙整体浇筑的梁（连梁）混凝土强度等级应与墙身相同，有的设计师对此提出质疑，认为连梁和其他梁施工时难以区分，同一层梁板（包括连梁）应采用同一强度等级。其实这是不对的，一般来说，连梁与剪力墙一起支模、一起浇筑混凝土，而普通梁则与板一起支模、一起浇筑混凝土，二者泾渭分明，不会混淆。故混凝土强度等级完全可以分开。当然若计算模型中的连梁就是与普通楼面梁板采用相同的抗震等级，则与同层梁板采用相同强度等级也没有问题。但连梁采用剪力墙开洞的模拟方式似乎很难在模型中将连梁与墙身的混凝土强度等级分开。

梁式受弯构件：正常情况下，混凝土强度等级对梁的承载力影响甚微，因此，混凝土强度等级对梁的截面及配筋影响很小，而且高强混凝土还会导致构造配筋率的提高，故一般情况下不宜采用高等级混凝土，但是对于如框支梁及截面由抗剪控制的情况宜采用高等级混凝土。对于普通的结构梁，混凝土强度等级可采用 C25，大多数情况下为 C30、C35，但对于框支梁、转换梁则不宜低于 C30，尤其当截面由受剪控制时宜采用更高等级的混凝土，如 C40 或 C45。

板式受弯构件：楼板是结构中的用钢大户，用钢量占比仅次于剪力墙。板混凝土强度等级的提高的正面影响甚微，但会导致板构造配筋率的提高及增加楼板开裂的概率。对于普通的结构板，混凝土强度等级可取 C25，受力较大的结构板，混凝土强度等级可采用 C30，如地下室的底板、顶板、屋顶花园的楼板等。对于结构转换层的梁板，对混凝土构件抗剪承载力要求较高，此时混凝土强度等级可考虑采用较高等级。但采用 C25 时，保护层厚度需增加 5mm。

目前在施工图设计市场中，对混凝土强度等级确定有一种错误认识：墙柱的混凝土强度等级与梁板不能相差两级以上。其实规范没有此项强制规定，这也不符合强柱弱梁的要求。为确保梁柱核芯区的混凝土强度等级不低于柱的强度等级，可通过施工措施先浇注柱墙混凝土及梁柱核芯区的高强度混凝土，并在梁柱交界处的梁端设置加钢丝网的施工缝等措施，然后在核芯区以外浇筑梁板混凝土，以此区分墙柱与楼板混凝土强度等级，保证核芯区混凝土强度等级与墙柱相同。

二、钢筋材料的选用

目前钢材市场的情况与以前有了很大的不同，HRB335 级钢筋正逐渐淡出钢材市场，市场上已经少有供应；HRB500 级钢筋蓄势待发，虽然已经编入《混凝土结构设计规范》

GB 50010—2010，但 8 年多来其市场拓展情况似乎较 18 年前 HRB400 级钢筋面世之初的拓展速度慢一些，到现在为止大多数项目的主打钢筋仍然是 HRB400 级钢筋。不是 HRB500 级钢筋在设计市场没有客观需求，也不是 HRB500 级钢筋没有性价比的优势，以本人粗浅调查看来，主要是甲方的认识不够，而设计院又担心材料供应不充分的缘故。对于梁板式筏基的地梁及地下车库顶板梁的配筋中，即便采用 HRB400 级钢筋，也经常出现大直径钢筋且需双排甚至三排布置的情况，见图 4-7-1、图 4-7-2。这种情况就特别适合采用更高强度等级的 HRB500 级钢筋，不但能充分发挥高强钢筋的优势，减少计算用钢量，而且还可通过降低钢筋直径等措施减少钢筋锚固、搭接等构造用钢量。减少钢筋排数后还可提高截面有效高度，对计算用钢量也会有所降低。

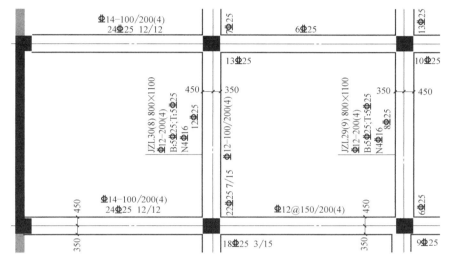

图 4-7-1　北京顺义某项目梁板式筏基地梁配筋

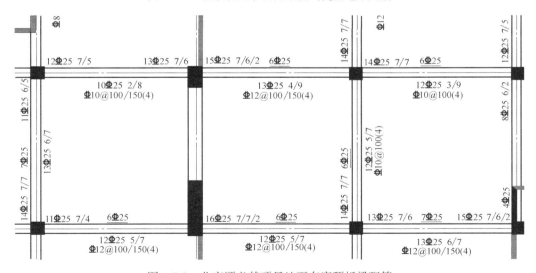

图 4-7-2　北京顺义某项目地下车库顶板梁配筋

从《混凝土结构设计规范》GB 50010—2002 开始，构件最小配筋率即与混凝土强度及钢筋强度直接相关。对于受弯构件、偏心受拉及轴心受拉构件一侧的受拉钢筋，纵向受力钢筋的最小配筋百分率取 0.2 和 $45f_t/f_y$ 中的较大值。当混凝土强度等级为 C35 时，采用 HRB335 级钢筋的最小配筋率由 $45f_t/f_y$ 控制为 0.236%，采用 HRB400 级钢筋的最小配筋率则不由 $45f_t/f_y$ 控制，因而为 0.2%。框架梁纵向受拉钢筋的最小配筋百分率也存在同样的关系，对于构造钢筋而言，选用 HRB400 级钢筋与 HRB335 相比可大大降低最小配筋率。

因此从构造配筋的规范规定方面，2002 版规范对当初 HRB400 级钢筋的推广应用给了很实质性的规范支持。对于梁、板等受弯构件的纵向受拉钢筋，选用高强钢筋代替 HPB300 及 HRB335 等较低强度的钢筋，可以充分利用其高强度，大大降低钢筋耗钢量，对钢筋加工、绑扎、施工周期都有很大的益处。

《混凝土结构设计规范》GB 50010—2010 的推出，虽然将 HRB500 级钢筋写入规范，但对构件最小配筋率的规定与 2002 版规范相比并没有改变，仍然是 0.2 和 $45f_t/f_y$ 中的较大值，因此对于混凝土强度等级为 C35 及以下时，采用 HRB400 级钢筋与 HRB500 级钢筋的最小配筋率都是 0.2%，仅当混凝土强度等级≥C40 时才能体现出 HRB500 级钢筋的优势。可对于梁板类构件而言，混凝土强度等级采用 C40 及以上的很少，因此从构造钢筋的规定方面，2010 版规范没能给予 HRB500 级钢筋实质性的规范支持。但在计算配筋方面，HRB500 级钢筋的受拉钢筋设计强度为 435MPa，比 HRB400 级钢筋的 360MPa 提高了 20.83%，意味着由计算控制的钢筋用量采用 HRB500 级钢筋可比 HRB400 级钢筋降低 20.83%。而在价格方面，目前 HRB500 级钢筋比 HRB400 级钢筋贵 200～300 元/t，但小直径盘条钢则贵得多，见表 4-7-1。

2015.3.17 北京现货螺纹钢价格表　　　　　　　　　表 4-7-1

品名	规格	材质	钢厂/产地	数量	价格
HPB300 高线	6	HPB300	承钢	大量现货供应	2340
HPB300 盘条	8	HPB300	承钢	大量现货供应	2310
HPB300 盘圆	10	HPB300	承钢	大量现货供应	2310
HPB300 盘圆	12	HPB300	承钢	大量现货供应	2390
HRB400 级螺纹钢	12	HRB400E	唐宣承	大量现货供应	2320
HRB400 级螺纹钢	16	HRB400E	唐宣承	大量现货供应	2250
HRB400 级螺纹钢	20	HRB400E	唐宣承	大量现货供应	2220
HRB400 级螺纹钢	25	HRB400E	唐宣承	大量现货供应	2220
HRB500 级抗震螺纹钢	12	HRB500	唐宣承	大量现货供应	2510
HRB500 级抗震螺纹钢	16	HRB500	唐宣承	大量现货供应	2500
HRB500 级抗震螺纹钢	20	HRB500	唐宣承	大量现货供应	2460
HRB500 级抗震螺纹钢	25	HRB500	唐宣承	大量现货供应	2460
HRB400 级盘螺	8	HRB400	唐宣承	大量现货供应	2340
HRB400 级盘螺	10	HRB400	唐宣承	大量现货供应	2340
HRB500 级盘螺	8	HRB500	唐宣承	大量现货供应	3260
HRB500 级盘螺	10	HRB500	唐宣承	大量现货供应	3260

以价差稍大的 16mm 直径钢筋为例，HRB400 级钢筋的市场价格为 2250 元/t，

HRB500 级钢筋的市场价格为 2500 元/t，相差 250 元，相当于增加 11.11％，因此当采用 HRB500 级钢筋作为受拉钢筋时，具有很高的性价比。须知目前钢材价格尚在低位运行，当钢材价格高时 HRB500 级钢筋的性价比会更优。

因此建议设计者在进行结构设计时，构造钢筋可以采用 HRB400 级钢筋，但计算控制的受拉钢筋则可采用 HRB500 级高强钢筋，尤其是基础底板梁板及地下车库顶板梁板等受力较大的构件，当纵向受力钢筋采用 HRB500 级钢筋时可大大降低结构的含钢量。对于高层剪力墙结构的楼面梁及连梁，由于梁高及梁宽均非常有限，虽然绝对配筋量不大，但相对于其截面而言，很多时候需要采用 φ18、φ20 甚至更大直径的钢筋，有时候其至要采用双排筋。如图 4-7-3 L9 的上铁即采用Φ20 双排钢筋。对于其与剪力墙面外连接的左端，钢筋锚固是根本无法满足要求的，但如果采用 HRB500 级钢筋，钢筋直径或根数便可降低一些，虽然有些时候无法根本改变钢筋排布方式及锚固问题，但至少能使情况有所改善，能节省 20％的钢筋也是不争的事实。

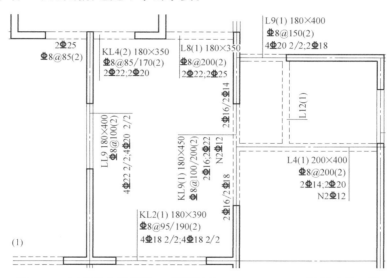

图 4-7-3　河北保定某项目 10 号楼标高 60.790～72.390 梁平法施工图

此外，从钢筋市场价格表可以看出，对于 6mm、8mm 及 10mm 等小直径钢筋，HRB400 级钢筋与 HPB300 级钢筋已无价差。因此除了对钢筋延性有特殊要求的构件（直接承受动力荷载，如吊钩等），对于民用建筑绝大多数的结构构件来说，都已无采用 HPB300 级钢筋的必要。但 8mm 及 10mm 等小直径钢筋，HRB500 级钢筋与 HRB400 级钢筋的价差较大，甚至超出抗拉强度的提高幅度，因此对于 8mm 及 10mm 等小直径钢筋应优先采用 HRB400 级钢筋，不宜采用 HRB5000 级钢筋。

【案例】　河北承德某项目混凝土强度等级沿竖向收级

河北承德某项目，墙、柱等竖向构件混凝土强度等级虽然沿竖向进行了收级，但采用了跳级的方式，即从 C50 直接收到 C40，又从 C40 直接收到 C30。优化设计建议，沿高度方向根据计算需要以一个强度等级向上递减，即在 C50 与 C40 中间增加 C45，在 C40 与 C30 之间增加 C35。

同样是该项目，结构梁板混凝土强度等级在同一层内随墙柱混凝土强度等级也采用

C40 及 C50。优化建议结构梁板混凝土强度等级不应随墙柱混凝土也用 C40、C50，且不宜超过 C30，建议底部楼层梁板混凝土采用 C30，顶部楼层采用 C25。

三、钢筋直径的选用

构造钢筋应遵循直径最小化原则，不随意放大一档钢筋。不同直径钢筋的单位长度重量比见表 4-7-2。

不同直径钢筋的单位长度重量比

表 4-7-2

8mm/6mm	10mm/8mm	12mm/10mm	14mm/12mm
$8^2/6^2=1.78$	$10^2/8^2=1.56$	$12^2/10^2=1.44$	$14^2/12^2=1.36$

第八节　设计结果归并的合理化与精细化

构件归并是施工图过程中控制成本的关键，是精细化设计的重要组成部分。

归并有楼层归并与构件归并两个层次。

楼层归并是指多高层建筑标准层层数较多时，对构件尺寸及配筋比较相近的若干楼层统一采用截面尺寸及配筋最大的楼层为代表楼层，其他被代表的楼层就可以不必再另行表示。这是一种宏观层次的归并。

构件归并则是构件层面的归并，一般来说是在同一层中或同一张图纸上对构件截面尺寸相同且配筋相近的构件统一采用配筋最大构件的配筋并以同一个构件编号来表示。因此构件归并相比楼层归并来说，是一种微观层面的归并。

可以看出，无论是楼层归并还是构件归并，都是同类楼层或同种构件中以大代小，而不可能是以小代大。以大代小带来的是浪费问题，但以小代大则会产生安全问题。虽然归并就意味着浪费，但若不归并，对于某些类型的构件来说，可能构件种类及配筋形式太多，对于材料采购、管理及施工都会造成不便。因此归并是必然的，但并不是说所有的构件都需要归并，有些构件需要归并，比如桩基础及地下车库的柱，无论几何尺寸及配筋都有必要归并，不可能每个柱子每根桩都各不相同；而有些构件则不需要归并，比如独立基础，几何尺寸需要多少就是多少，计算配筋需要多少就配多少，没必要进行归并，可在原位一一标注尺寸及配筋，对设计绘图工作量及施工的复杂程度都没有大的影响；还有些构件几何尺寸可以归并，但配筋则不需要归并，比如平板式筏基的柱墩，对其几何尺寸可以进行归并，但配筋因为一般较大且图面表达方式简单，完全可以在原位进行标注，需要多少就配多少，没有必要进行配筋归并。

因此在实际设计工作中要做到合理归并，当需要进行归并时，最主要的是确定归并系数或归并区间。归并区间越大，浪费越多，会导致含钢量增加，但设计绘图工作量小，便于施工管理；归并区间越小，浪费越少，但构件配筋种类越多，绘图工作量也越大。从结构设计的经济性出发，归并区间应尽量小一些。

1. 桩基的归并

桩基是必须归并的，而且原则上一个单体建筑不宜多于两种桩型，且应使各桩所承受的竖向荷载尽量接近（人工挖孔桩除外）。比如核心筒下一种桩型，核心筒外是另一种桩型，或主楼范围内是一种桩型，与主楼连体的裙房是另一种桩型等。上述要求对于满堂布桩或墙下布桩来说比较容易实现，一般可通过调整桩的间距来实现。但对于大直径桩嵌岩桩或人工挖孔桩，因单桩承载力高且材料用量大，很多时候是采用柱下布桩的方式，甚至是一柱一桩。当柱底轴力差别较大时，若都采用同一种桩型就存在比较严重的浪费现象，因此桩型相比满堂布桩或墙下布桩要多一些，但也不是越多越好，而应结合桩基检测费用综合考虑。根据《建筑基桩检测技术规范》JGJ 106—2014 第 3.3.1 条及第 3.3.4 条，"检测数量不应少于同一条件下桩基分项工程总桩数的 1%，且不应少于 3 根；当总桩数小于 50 根时，检测数量不应少于 2 根"。意味着每增加一种桩型就至少增加 2 根试桩，若每一桩型均不少于 100 根，对总的试桩数量还无影响，但若新增桩型的数量较少，就需评估新增桩型对造价的降低及试桩费用增加的关系，如果试桩费用较高，就没有必要新增桩型。

2. 独立基础的归并

独立基础的配筋构造非常简单，就是纵横两个方向的下部钢筋，而且不必关心钢筋末端的锚固问题，因此独立基础完全可以不归并，直接在原位一一标注也没有多少工作量。比如 1.5m×1.5m 的独立基础，若归并为 1.8m×1.8m 独立基础，在基础高度与配筋大小均不变的情况下，混凝土与钢筋用量就增加了 44%，而且一般来说，基础平面尺寸越大，则基础高度越大、基础每单位宽度的计算配筋量也要增大，因此对造价的增加远不止 44%。

3. 柱墩的归并

柱墩的平面尺寸较大且数量有限，故具备在原位标注平面尺寸与配筋的条件，标注方式也比较简单直观。因此可以对柱墩的几何尺寸进行归并，但配筋则无需归并，需要多少钢筋就配多少钢筋，直接在原位标注即可。而且柱墩的配筋一般较大，在配筋时应优先选用小直径、密间距的配筋方式，最小间距可取为 70mm，同时配筋间距摒弃以 50mm 为模数，改为以 10mm 为模数。以 $\phi32$ 钢筋为例，当钢筋间距从 100mm 变为 110mm 时，每米宽度配筋量可降低 731mm²，接近 $\phi14@200$ 的钢筋量，对用钢量影响非常可观。对于两个方向计算配筋量相差较大的柱墩，应该沿两个方向采用不同配筋。以上配筋措施在原位标注很容易实施，但若采用归并的方式就很难实施，光归并工作本身就很费时费力，有归并的时间早已在原位标注完毕，而且归并后的构件种类也会非常多。柱墩归并见前文有关章节。

4. 高层建筑的楼层归并

高层建筑竖向构件截面尺寸沿竖向的收级，对于框架柱一般 5~8 层变一次截面，对于剪力墙则可根据计算指标（层间位移角、轴压比等）对墙厚及混凝土强度等级进行 3~5 次收级，墙厚可从 250mm、220mm、200mm、180mm 变到最小 160mm。但对于构件配筋则应在截面尺寸收级的基础上再行细分，一般建议 3~5 层对配筋归并一次。水平风荷载、地震作用小的地区取高值；水平风荷载、地震作用大的地区取低值。

5. 墙柱的归并

沿竖向的归并同上述楼层归并，在同一配筋标准层内各构件之间的归并则尽量细一些。尽量将归并误差控制在 5% 以内。沿竖向归并不同配筋标准层之间上下对应的构件纵筋尽量采用直径相同但数量不同的方式，以方便大直径纵筋的机械连接，减少搭接接头的数量。有的框架结构施工图，其柱子编号没有考虑沿竖向层间的对应关系，只在各个平面内单独编号，因此在竖向为同一根柱子但各层的柱编号却不同，这样在进行柱子归并设计时就很难照顾到纵向钢筋的对应性，这种做法是不值得提倡的。

6. 梁的归并

沿竖向的归并同上述楼层归并。框架结构最多3层作为一个配筋标准层，框剪结构层最多5层作为一个配筋标准层。在同一配筋标准层内，梁的归并系数要取小，并严格按照计算配筋，配筋误差超筋值宜控制在5％以内。梁的归并一般会导致10～15％的钢筋超配，故在设计中要格外留意。

7. 板的归并

在结构标准层的楼层范围内，各楼层的板配筋无差别，即便对建筑标准层进行了竖向构件的收级，对楼板的配筋影响也不大。故楼板配筋沿竖向的归并一般问题不大，但在同一配筋标准层内，各板块之间是否进行归并、怎样归并则对用钢量会有影响。对于住宅类的楼板，板块大小不一、边界条件及荷载也往往各不相同，因此住宅类建筑的楼板一般不需要在层内进行归并，在原位一一标注配筋即可。但对于框架结构、框剪结构等具有较规则柱网的结构，具有相同板块、边界条件与荷载的板块会比较多，具备进行归并的条件。此时一般是根据板跨大小进行归并，因此归并区间的大小就很关键。有的设计院以1000mm为归并区间，意味着3000mm跨的板可能要与3900mm跨的板归并到一起，配筋会增加多少呢？69％！这样的归并是不能接受的。

笔者认为以300mm为归并区间就已经很大了，当把3000mm跨的板归并到3300mm跨时，计算配筋会增加21％，同样难以接受。针对此种情况，笔者建议最好是通过合理的次梁布置，尽量使大多数的板跨相同。无法做到相同时则需根据同等板跨的板的数量多少决定归并区间。比如上述3000mm跨的板与3300mm跨的板，若3000mm跨的板数量很多，就不应归并到3300mm板跨，但如果数量很少，只有1～2块板，则归并到3300mm板跨也无妨，但如果归并到3900mm就不应该了。

细致的归并貌似繁琐，但如果设计过程能将工作一步到位，工作量也不大。而如果过程中没做好，后期再想细化，工作量就会比较大。因此归并并不只是对结果的归并，过程控制也很重要。

第五章　模拟、分析及设计方法的合理性与设计优化

结构设计的全过程涉及模拟（Modeling）、分析（Analysis）、设计（Design）与绘图（Drafting）四个阶段，在国外，绘图员是一个独立的职业，工程师（设计师）一般不画图，因此真正意义的设计只有前三个阶段。在结构设计主要由计算机来完成且结构分析设计软件高度集成的时代背景下，这三者的界限已经相当模糊，很多工程师甚至已经淡忘了结构设计还有模拟与分析两个阶段。

结构模拟（Modeling）是从实物形态或类实物形态（建筑图、建筑模型）经抽象化与模型化而形成的、可供结构分析计算的结构模型的过程，无论是简单的结构计算简图，还是通过计算机建立的三维结构计算模型，都是结构模拟的过程和结果。很显然，结构模拟永远是一个无限接近真实状态但永远也不可能做到绝对的真实。结构模拟的好坏直接关系到其与实际建筑物真实受力状态的接近程度，当然也关系到最重要的安全与经济问题，是结构设计最为关键的一步。结构模拟错了，后面的结构分析与设计环节也不可能得到正确的结果，就可能会出现既不安全、又不经济的设计结果。结构模拟涉及几何模型、边界条件与荷载三方面内容。几何模型的确定，包括构件截面尺寸、计算跨度、构件间的连接特性等；边界条件的确定，主要是支座的数量、位置、性质等；荷载则主要是取值与倒算。结构模拟在集成设计软件中即是所谓的"前处理"。

结构分析（Analysis）是根据结构模拟的结果，通过手算、查表或借助计算机软件求解内力、位移的过程。结构分析的方法很多，有结构力学与弹性力学中可以得到精确解的解析法，也有通过静力计算手册查得近似解的查表法，但现在应用最多的则是可得到更精确近似解的数值分析法，因为数值分析法最容易通过计算机程序来实现。数值分析法也有很多，有差分法、有限元法、边界元法、离散元法及界面元法等。在结构分析设计软件中，应用最多的是有限元法。国内应用最多的 PKPM 系列结构分析设计软件的分析求解工具即是有限元，国际知名的大型结构分析软件 ANSYS、ALGOR、SAP2000 及 ETABS 等，也都是有限元分析软件。同为有限元软件，单元特性、本构关系及算法的不同，其模拟的真实性及解算精度也不同。国内结构分析软件与国际知名结构分析软件的最大差距即在于此。有关结构整体性能如周期、位移等，在这一阶段的后处理结果中就可以得到。对于结构分析来说，一旦几何模型、边界条件及荷载确定下来，任何人采用任何软件，分析的结果只存在精度方面的差异，而不应有本质上或较大的差别。因此说，结构分析的结果是不分国界、与规范无关的。

结构设计（Design）即是根据结构分析所得内力进行截面选择（金属结构）或截面配筋（钢筋混凝土结构）的过程，也包括节点设计及构造措施。在国产大型集成设计软件中，虽然也是分析与设计两个过程，但软件在计算时是连续进行的，二者的结果通常也都包含在同一个后处理程序之中。但国际通用结构分析设计软件则不同，虽然也是集成在一个软件里，但却是截然分开的先分析（Analysis）后设计（Design）两个阶段，并且各有

自己的后处理程序。ETABS、SAP2000、STAAD PRO 及国内熟知的 MIDAS 等软件，都是先用其国际通用的结构分析软件进行结构分析计算，得到周期、位移及内力等分析结果，用户可以查看并根据分析结果的合理性决定是否回到前处理程序进行修改重算；当分析结果无误后，再接力结构设计程序完成结构设计。在进行结构设计前，程序一般会提供一个结构设计的前处理界面，用户可在其中选择所适用的设计规范（如美国规范、欧洲规范等）及修改一些具体设计参数。对于钢结构而言，结构设计最基本的输出结果，是应力与应力比等信息；对于钢筋混凝土结构而言，最基本的输出结果则是配筋信息。随着软件功能的不断扩展及加强，一些结构设计软件的后处理部分也会给出构件设计超限方面的信息，方便阅读和提取设计结果的功能以及生成计算书与施工图绘制等扩展功能。

绘图（Drafting）即是将结构设计结果图纸化的过程，在国内是由工程师（设计师）自身完成，在国外则大多是由工程师（设计师）交给专业的绘图员来完成。随着国内结构分析设计软件施工图绘制功能的日益完善，只要结构计算模型的精度足够（尤其是构件标高与构件偏心等信息能够如实模拟进去），则直接以软件出图也逐渐成为可能。

第一节　荷载取值与倒算的控制与优化

一、上部结构荷载取值

1. 结构自重：重度及厚度

对于板的自重，大多数程序软件可选择由程序自动计算或由用户人工输入。在 PK-PM 软件中是在荷载输入菜单中通过勾选"自动计算现浇板自重"来实现的。对于墙柱梁的自重，则大多由程序自动计算。当由程序自动计算时，需输入截面尺寸及钢筋混凝土重度两个参数。截面尺寸由计算或构造控制，虽然从减轻结构自重角度应尽量减小，但并非越小越好，而是存在一个最优尺寸或经济尺寸，故应综合确定构件的截面尺寸；钢筋混凝土材料的重度，按《建筑结构荷载规范》GB 50009—2012 建议值为 $24 \sim 25 \mathrm{kN/m^3}$，但对于墙柱等竖向构件，因大多数程序软件没有输入墙柱表面附加恒载的功能，考虑到墙柱表面装修面层自重的影响，一般将钢筋混凝土材料重度适当放大。

在考虑墙柱表面装修面层荷载而将钢筋混凝土材料重度放大时，需结合现浇板自重是否由程序自动计算来分别考虑。当现浇板自重由人工计算并输入程序时，钢筋混凝土重度可适当放大，取 $26 \sim 27 \mathrm{kN/m^3}$；但当现浇板自重由程序自动计算时，则钢筋混凝土重度不宜放大太多，可取 $25 \sim 26 \mathrm{kN/m^3}$。

不加区分的将钢筋混凝土重度一律取为 $27 \mathrm{kN/m^3}$ 可能会使结构自重偏大较多。

2. 楼面活荷载：取值与折减

活荷载应根据建筑功能严格按《建筑结构荷载规范》GB 50009—2012 和《全国民用建筑工程设计技术措施》取值，不要擅自放大，对于一些特殊功能的建筑（规范未做规定的），应会同甲方共同测算活荷载的取值或按《建筑结构荷载规范》GB 50009—2012 条文说明 5.1.1 条酌情取值。对于《建筑结构荷载规范》GB 50009—2012 第 5.1.2 条可折减的项目，应严格按所列系数折减，尤其是消防车活载。

对工业建筑，原则上应按工艺设计中设备的位置确定活荷载取值，活荷载不折减。如果按 GB 50009—2012 附录 D 取值，活荷载也不折减，但应分别对板、次梁及主梁取不同值进行分步计算，取各自相应的计算结果对各构件配筋。对板及次梁，还应根据板跨及梁间距的不同而取用不同的荷载；设计墙柱、基础时，楼面荷载可取与主梁相同的荷载。动力荷载应乘以相应的动力放大系数。

首层楼面宜考虑施工荷载≥5kN/m²。构件承载力验算时，施工荷载的分项系数可取1.0。考虑施工荷载时可不再考虑使用活荷载。

3. 附加恒载：面层厚度与重度

先确定工程做法及预留面层厚度，再根据工程做法按不同材料重度及厚度分别计算后累加，砂浆找平层重度取 20kN/m³、细石混凝土垫层重度取 23kN/m³，聚苯板及挤塑板重度取 0.5kN/m³；面层部分因为是交房后由用户自理，具体的地面装修做法变异较大，采用复合地板、架空地板与铺地砖的差异较大，为安全考虑，对于住宅套内，可一律按铺地砖考虑，砂浆找平层与地砖的综合重度可采用 20kN/m³，厚度按预留面层厚度取值，但一般不大于 50mm。

以地板低温辐射采暖（俗称地暖）为例，初装做法厚度可控制在 70mm，预留面层厚度可取 40mm，具体做法如下：

（1）40mm 面层用户自理；

（2）50mm 厚 C15 细石混凝土垫层（含盘管）随打随抹平；

（3）盘地暖管（材质及规格详见施工图纸）；

（4）铺铝箔纸（材质及规格详见施工图纸）；

（5）20(50)mm 厚挤塑板保温层（括号内数值仅用于首层地面）重度不小于 30kg/m³；

（6）钢筋混凝土楼板。

面层按偏于保守的满铺地砖考虑，则地面附加恒载可如下计算及取值：

$$0.5×0.02＋23×0.05＋20×0.04＝0.01＋1.15＋0.8＝1.96kN/m²$$

当不采用地板低温辐射采暖时，地面附加恒载可仅取 0.8kN/m²。由于荷载取值出现了小数，很多结构工程师往往不拘小节取整，比如计算出来为 0.8kN/m²，就直接取 1.0kN/m²，其实 kN 这个重量单位较大，不少人对此缺乏直观感受，但换算成 kg 的话，可就是 10 倍的关系，所以不要随意进行四舍五入，尤其是小数点后第一位数字一定要保留。

4. 砌体结构承重墙荷载

应区分不同部位不同砌体材料的重度差异，区分计算，而不应简单取大值计算。如机制普通砖重度 19.0kN/m³、灰砂砖 18.0kN/m³、蒸压粉煤灰砖 14.0～16.0kN/m³、水泥空心砖 9.6～10.3kN/m³、加气混凝土砌块 5.5～7.5kN/m³、混凝土空心小砌块 11.8kN/m³。以上重度均为块体材料的重度，砌体重度当块体材料为普通砖及灰砂砖时可近似取块体材料重度，其他块体材料重度较轻的砌体可根据砂浆重度、灰缝厚度及块体材料体积及重度按加权平均计算，其中水泥砂浆重度可取 20kN/m³、水泥石灰混合砂浆重度取 17kN/m³。

当砌体重度需计入单面或双面抹灰的重量时，根据抹灰层厚度及重度按加权平均法计算砌体的综合重度，其中水泥砂浆重度可取 20kN/m³、水泥石灰混合砂浆重度取 17kN/m³。

重庆等地惯用页岩空心砖及多孔砖，外墙材料采用 200mm 厚的页岩空心砖，当外壁厚度大于 25mm，重度为 $10kN/m^3$；200mm 厚内墙采用页岩空心砖，重度为 $8kN/m^3$；100mm 厚内隔墙、卫生间周边墙体及管井周边墙体采用多孔砖，重度为 $14kN/m^3$。

砌体承重墙在进行地基承载力验算、地基变形验算及基础截面与配筋计算时，其荷载应扣除门窗洞口。

5. 内外填充墙、固定位置隔墙荷载

室内的填充墙及固定位置隔墙应尽量选择轻质材料，而且需提前确定，并要求设计院按指定的轻质材料进行建筑与结构设计，以防设计院荷载取值过大。

目前市场上出现的双面钢丝网珍珠岩隔墙板具有质轻、防火、耐水、隔声、保温、不变形、无裂缝、环保、价廉、施工速度快等优点，而且综合造价也比传统加气混凝土砌块或连锁空心砌块低。其双面 $\phi2@50mm$ 钢丝网与砂浆面层相结合，形成了高强度、高抗裂性能的配筋砂浆面层，基本可保证墙面 100% 不出现裂缝；而其耐水与憎水的特点，可应用于卫生间的隔墙及地下室等阴暗潮湿房间，是非常值得推广的优秀墙体材料。

当采用传统砌体填充墙或砌体隔墙时，除了应按上文精细化计算砌体综合重度及砌体荷载外，砌体线荷载应扣除梁高及门窗洞口的影响。

砌体高度应扣除结构梁高。以 3.0m 层高，梁高 500mm，板厚 100mm 为例，习惯算法：砌体高度取 3000－100＝2900mm；合理算法：砌体高度取 3000－500＝2500mm 两种算法相差 16%！

门窗洞口的荷载应区分输入：外墙砌体：2.0(200 厚空心砖)＋0.4(内抹灰)＋0.8(外抹灰等)＝$3.2kN/m^2$；铝合金门窗：$\leq 0.5kN/m^2$，砌体荷载是铝合金门窗荷载的 6 倍左右，不容忽视。

常用建筑墙体及屋面荷载按表 5-1-1 执行。

建筑墙体荷载（kN/m²）

表 5-1-1

砌块名称 墙厚	灰砂砖(黏土砖)	加气混凝土	混凝土空心砌块
120	3.1	—	2.36
180	4.1	—	—
240	5.4	—	—
100	—	1.65	—
150	—	2.10	—
200	—	2.50	3.4

注：1. 所有墙体均考虑每面 20 厚砂浆双面粉刷。贴普通面砖不用特别增加，若贴石材等较重材料时按实际情况增加。

2. 本表材料参考重度：灰砂砖、黏土砖：$19kN/m^3$，加气混凝土 $8.5kN/m^3$，混凝土空心砌块 $13kN/m^3$，砂浆 $20kN/m^3$。

3. 有飘窗台部分外墙按实墙段计算，不折减；无飘窗台的开窗段按实墙段的 0.8 系数折减。

4. 在单项工程设计之前结构专业可向甲方落实墙体材料。若有明确文字确认时，按实际材料计算。若无法确定则按灰砂砖荷载计算。

6. 活动隔断荷载

空间可灵活分隔的隔墙荷载可按隔墙的自重取每米墙重（kN/m）的 1/3，作为楼面

活荷载的附加值计入（kN/m²）。活动隔断的类型、厚度及做法在土建施工图设计阶段一般无法确定，但又不得不考虑，一般可按常用隔断类型估算荷载，并在建筑、结构施工图中对未来装修荷载提出要求，限制超过设计估算荷载的活动隔断的采用。

比如办公楼用户内部的活动隔断，一般采用 C 形轻钢龙骨石膏板隔墙，两层 12mm 纸面石膏板，中填 50mm 厚岩棉兼做隔声及防火隔离层，每单位墙面的自重为 0.32kN/m²，当隔断净高为 3.0m 时，每米墙重 0.96kN/m，取每米墙重的 1/3 即为 0.32kN/m²。建筑结构施工图设计时可以指定活动隔断采用上述轻钢龙骨石膏板隔断，或其他类型隔断但荷载不得超过指定隔断类型的荷载。

7. 板底荷载：吊顶及设备管线

住宅套内不考虑吊顶荷载，当卫生间的活荷载按 2.5kN/m² 取值时，也可不必再考虑吊顶及设备管线荷载；中高端住宅的大堂、电梯厅等公共区域的吊顶荷载可据实考虑，当装修标准及做法待定时，若有大型灯具可按 0.5kN/m² 考虑，没有大型灯具按 0.3kN/m² 考虑。

酒店、办公楼大多采用轻钢龙骨石膏板吊顶，设计时可根据荷载规范取 0.15～0.2kN/m²，设备管线荷载可取 0.05～0.10kN/m²，两项合计可取 0.20～0.30kN/m²。

8. 荷载估算

标准层单位面积荷载可根据结构类型按下列经验数值估算：

框架结构：12～15kN/m²；

框剪结构：13～16kN/m²；

框筒结构：14～16kN/m²；

剪力墙结构：15～18kN/m²；

地下室结构：20～25kN/m²；

可据此来大概评估荷载的取值是否存在人为放大。

二、地下结构荷载取值

1. 顶板覆土厚度与重度

顶板覆土厚度一般需考虑种植要求、敷设雨污管线的要求及绿地率的要求。

采用覆土种植，覆土厚度可如下考虑：种植大树处可局部覆土 1500mm，普通乔木 1000～1200mm，灌木 600mm，草坪 300～400mm。

覆土厚度应结合景观进行精细化设计，不同种植区域覆土厚度应有所不同。对于高大乔木，可采用树池类景观小品，或局部堆土等景观微地形来保证种植土深，并且高大乔木尽量对准结构柱位。平均覆土厚度以 1000～1200mm 为宜。

当顶板覆土厚度超过 1.5m 时，1.0m 以下的覆土应尽量考虑轻质营养土。

对于北京及北京以南地区，当单向排水的管线长度不超过 200m 时，一般来说 1200mm 的覆土厚度可满足塑料材质雨污管道起坡及管顶覆土厚度（冻土深度及车道下的覆土厚度）的要求。特殊情况下，可以适当降低管顶覆土深度、管线坡度及管道最大直径，以使覆土不因设备管线敷设原因太厚。当冻土深度较深或单坡排水的管线过长而必须增大覆土厚度时，也只需在管道起坡的最高点附近局部加厚覆土厚度，而不要普遍加大覆土厚度。

绿地率对覆土厚度的要求，对于有明确规定的城市而言是硬性要求，必须保证特定城市绿地率计算对覆土厚度的要求以满足规划设计条件的最小绿地率指标，但也是跨过门槛即可，比如上海、杭州等地要求1500mm覆土可以计入绿地率，就没必要取为1600mm。

计算覆土荷载时，土的重度取18kN/m³。

2. 消防车荷载取值与折减（板跨折减、土厚折减）

消防车道应在总平面图中明确标注，并在道边设置隔离设施，禁止消防车驶出消防车道。消防车荷载只能在消防车道范围内施加，消防车道以外的地面活荷载按5.0kN/m²取值，禁止顶板满布消防车荷载的情况。

对于车库最顶层有种植覆土的顶板，因一般均要考虑消防车荷载，根据《建筑结构荷载规范》GB 50009—2012第5.1.1条第8项及其条文解释，活荷载标准值不再是一个定值，而需根据板的受力条件及跨度大小综合确定。

对于单向板，板跨小于2m时，活荷载应取35kN/m²，大于4m时应取25kN/m²，介于2~4m之间时，活荷载可按跨度在（35~25）kN/m²范围内线性插值确定；

对于双向板，板跨小于3m时，活荷载应取35kN/m²，大于6m时应取20kN/m²，介于3~6m之间时，活荷载可按跨度在（35~20）kN/m²范围内线性插值确定。

因此不加区分的采用35、25或20的消防车活荷载标准值是不正确的。

除此之外，设计梁、墙、柱及基础时，楼面活荷载标准值还可按《建筑结构荷载规范》GB 50009—2012第5.1.2条进行折减，其中对双向板楼盖的主次梁及单向板楼盖的次梁折减系数为0.8，对单向板楼盖的主梁折减系数为0.6。

因此，荷载规范对经济性对比及结构优化提供了很大的空间及很多变量，不同楼盖体系、不同的板跨之间因荷载标准值的取值及各类折减因素就可能导致含钢量的较大差异，再结合结构体系本身的经济性差异，不同结构方案含钢量差异在10kg/m²以上是完全可能的。

3. 地面活荷载取值

在地下车库结构设计中，结构安全性与经济性的矛盾比较突出，焦点在设计荷载取值的确定性与施工（使用）期间超载的或然性方面。在绝对的超载面前，没有绝对的结构安全。无论何种楼盖体系，当超载量值超过结构构件的极限承载能力时都会发生破坏，只不过是结构破坏的形式不同罢了。

对于地下车库事故频发的问题，究其原因，基本为超载所致，超载的原因除了极个别为设计缺陷或设计考虑不周之外，绝大多数为施工及使用期间管理不到位所致。因此在预防类似事故发生方面，设计、施工与使用阶段的管理比结构设计本身更为重要。

因此如果想解决结构安全性与经济性这对矛盾，仅从结构设计方面不可能单方面解决。这就像攻防战，结构设计的"防守"再严密，也抗不住绝对超载的"攻击"。而且整个地下车库大面积的过度防御，也必然带来成本的大范围增加。

与其如此，倒不如从管理上下功夫，在施工组织管理环节与物业运营管理环节适当加大一些投入，坚决杜绝超设计荷载的情况发生，才是解决问题的核心所在。

对于有覆土的地下室顶板，消防车道处按前文所述原则取值；非消防车道处则统一取为5kN/m²，该值大于密集运动人群的活荷载（4.0kN/m²），可满足地面铺装绿化后人群聚集及活动健身的要求，也不小于绿化铺装过程的施工荷载，甚至可满足不大于5t货车的荷载水平。该值没有考虑施工堆载及重型车辆荷载，当车库顶板需考虑施工堆载及重型车辆荷载时，必须在车库结构施工图设计阶段予以考虑，并充分利用消防车道作为施工临时道路，用消防登高场地、回车场及实土区域作为施工堆载场地。详细内容见第三章第四节"无梁楼盖优化设计专篇"的有关内容。

4. 水、土压力倒算

1）地面超载取值

设计院的结构工程师在计算地下室外墙时，地面超载取值存在较大差别，有的设计院按 $5kN/m^2$ 取值，有的设计院则按 $10kN/m^2$ 甚至 $20kN/m^2$ 取值。对于地下室外墙的结构计算来说，地面超载取 $10kN/m^2$ 甚至 $20kN/m^2$ 就过大了。

首先，地下室外墙一般与地下室顶板平齐，故顶板以上的覆土厚度均作为地面超载施加到地下室外墙上，作用在覆土表面的地面超载，也是要经过板顶覆土的扩散作用再以地面超载的形式施加到地下室外墙上，地面超载传递到墙顶标高时已折减很多，无视覆土厚度仍然采用 $20kN/m^2$ 地面超载不合理。

其次，消防车荷载是通过轮压施加到覆土层表面的局部荷载，即便根据板的受力性能及跨度等效为均布荷载后，也只是有限范围内局部的均布荷载，而朗肯土压力公式中的地面超载是基于墙顶所在半无限平面内满布的均布荷载得出的，把有限范围的局部荷载当做半无限范围内满布的均布荷载来计算地下室外墙，必然导致保守的设计。

再次，消防车存在一个可达性的问题，消防车不一定就能驶进墙外侧靠近外墙的区域，消防车荷载作为局部超载随着荷载作用宽度及其距离外墙的距离对地下室外墙的影响也不同，这种局部荷载距离外墙过近或过远都会使作用于地下室外墙的荷载降低，甚至消失。从这个角度，地下室外墙不加区分的一律按 $20kN/m^2$ 的消防车活荷载计算也是不合理的；当然也可对消防车荷载按局部超载进行土压力计算，局部均布荷载下的土压力计算可参照《建筑边坡工程技术规范》GB 50330—2013 附录 B.0.1 及《建筑基坑支护技术规程》JGJ 120—2012 第 3.4.7 条计算。

基于以上原因及其他方面的考虑，《北京市建筑设计技术细则》2.1.6 条明确规定，"在计算地下室外墙时，一般民用建筑的室外地面活荷载可取 $5kN/m^2$（包括可能停放消防车的室外地面）。有特殊较重荷载时，按实际情况确定。"其中特别提到可能停放消防车的室外地面。

2）土压力系数

对于下固上铰的地下室外墙，因墙顶位移较小、不足以使墙后土体发生主动平衡状态，故理论上应取静止土压力；而对于窗井墙等悬臂墙，因墙体位移足以导致墙后土体发生主动极限状态，故理论上应取主动土压力。地下室外墙若采用主动土压力计算，将使配筋偏小，结构设计偏于不安全。

挡土墙直接浇筑在岩基上，墙的刚度很大，墙体位移很小，不足以使填土产生主动破坏，可以近似按照静止土压力计算。

国内有关规范并未对地下室外墙的设计做出明确规定，《建筑地基基础设计规范》GB 50007—2011 仅在第九章中做出如下规定：

9.3.2 主动土压力、被动土压力可采用库仑或朗肯土压力理论计算。当对支护结构水平位移有严格限制时，应采用静止土压力计算。

地下室外墙可视为对水平位移有严格限制的永久支护结构，故也应采用静止土压力计算。

《全国民用建筑工程设计技术措施》结构篇荷载章中，对地下室外墙所受土压力有如下规定：

2.6.2　地下室侧墙承受的土压力宜取静止土压力。

《建筑边坡工程技术规范》GB 50330—2013 规定：

6.2.2　静止土压力系数宜由试验确定。当无试验条件时，对砂土可取 0.34～0.45，对黏性土可取 0.5～0.7。

《北京市建筑设计技术细则》第 2.1.6 条中，对地下室外墙的设计有比较明确的规定：

计算地下室外墙土压力时，当地下室施工采用大开挖方式，无护坡桩或连续墙支护时，地下室外墙承受的土压力宜取静止土压力，静止土压力系数 K 对一般固结土可取 $K = 1 - \sin\varphi$（φ——土的有效内摩擦角），一般情况可取 0.5。

当地下室工程采用护坡桩时，地下室外墙土压力计算中可以考虑基坑支护与地下室外墙的共同作用或按静止土压力系数乘以 0.66 计算（$0.5 \times 0.66 = 0.33$）。

3）水、土压力标准值偏大

土压力系数一经确定，影响水、土压力标准值大小的主要因素有二，其一是模型墙顶以上覆土厚度及地面超载取值随意放大，其二是设计院在水土压力计算时采用了水土分算原则但土压力计算时没有采取浮重度。有关覆土厚度及地面超载前文均已阐述，故在此重点讨论水、土压力的具体算法问题。

以简单的单层土为例，当地下室外墙墙顶与地面平齐且地下水接近自然地面时，在不考虑地面超载的情况下，采用水土分算土压力按浮重度算得的墙底部最大点处水土压力合力标准值为：

$$\gamma_w h + (\gamma_s' h) K_0 = 10h + 11h \times 0.5 = 15.5h \qquad \text{（式 5-1-1）}$$

但若取天然重度代替浮重度计算时，所得结果为：

$$\gamma_w h + (\gamma_s h) K_0 = 10h + 18h \times 0.5 = 19.0h \qquad \text{（式 5-1-2）}$$

水土压力合力至少增加了 22.6%，其影响绝对不容忽视。

对此，北京地区的相关规定比较明确。

《北京市建筑设计技术细则》2.1.5 条：

2.1.5　地下水位以下的土重度，可近似取 11kN/m^3 计算。

《北京地区建筑地基基础勘察设计规范》DBJ 11—501—2009（2016 年版）第 8.1.5 条有同样规定：

8.1.5　地下室外墙及防水板荷载可按以下原则取值：

1　验算地下室外墙承载力时，如勘察报告已提供地下室外墙水压分布时，应按勘察报告计算。当验算范围内仅有一层地下水时，水压力取静水压力并按直线分布计算。计算土压力时，地下水位以下土的重度取浮重度。

4）荷载分项系数取值偏大

严格意义上，水、土压力应按恒荷载对待，分项系数取 1.2，地面超载则按活荷载对待，分项系数取 1.4。如果再严谨些，可视为永久荷载效应控制的组合，则土压力、水压力的分项系数取 1.35，地面超载的分项系数取 1.4，再乘以 0.7 的组合值系数即 0.98；

简化计算也可不区分恒荷载与活荷载，直接按综合分项系数 1.3 取值。但很多设计院的结构工程师习惯将水土压力按活荷载对待，与地面超载一并取 1.4 的分项系数，必然导致荷载组合设计值增大。

《全国民用建筑工程设计技术措施》2002 版规定：

2.5.3 水位不急剧变化的水压力按永久荷载考虑；水位急剧变化的水压力按可变荷载考虑。

2.6.1 计算钢筋混凝土或砌体结构的地下室侧墙受弯及受剪承载力时，土压力引起的效应为永久荷载效应，当考虑由可变荷载效应控制的组合时，土压力的荷载分项系数取 1.2；当考虑由永久荷载效应控制的组合时，其荷载分项系数取 1.35。

《建筑结构荷载规范》GB 50009—2012 明确将土压力与水压力列为永久荷载：

4.0.1 永久荷载应包括结构构件、围护构件、面层及装饰、固定设备、长期储物的自重、土压力、水压力，以及其他需要按永久荷载考虑的荷载。

5）有利因素的适当考虑

建筑物基坑即便没有支护，也有简单的护坡，护坡与外墙间的土量有限，故地下室外墙实际所受土压力与理论值相比会有所降低。

基坑肥槽回填前一般要求在墙外增设聚苯板保护层，其压缩性可卸除一部分土压力；有的设计要求外墙外 1.0m 范围用 3∶7 灰土或 2∶8 灰土回填，因灰土本身具有胶结强度，也可有效降低作用于地下室外墙的土压力。

基坑肥槽回填土会在自重作用下慢慢固结，也会对地下室外墙起到卸载作用。

因此只要规规矩矩取值、规规矩矩计算，地下室外墙的结构安全有足够的保障，不必在各个环节明里暗里或有意无意地人为增大安全储备，造成不必要的浪费。

5. 人防荷载取值

防空地下室分为甲乙两类，甲类防空地下室战时需要防核武器、防常规武器、防生化武器等；乙类防空地下室不考虑防核武器，只防常规武器和防生化武器。

防常规武器抗力级别分为 5 级和 6 级（以下分别简称为常 5 级和常 6 级）；

防核武器抗力级别分为 4 级、4B 级、5 级、6 级和 6B 级（以下分别简称为核 4 级、核 4B 级、核 5 级、核 6 级和核 6B 级）。

仅防常规武器及生化武器的乙类防空地下室或按防常规武器设计的甲类防空地下室，地下室底板不考虑常规武器地面爆炸作用，也即地下室底板的人防等效静荷载可取 0；当防空地下室设在地下二层及以下各层时，顶板也可不计入常规武器地面爆炸产生的等效静荷载，因此防空地下室尤其是乙类防空地下室应尽量设在地下二层及以下；当防空地下室设在地下一层时，对于常 5 级当顶板覆土厚度大于 2.5m，对于常 6 级大于 1.5m 时，顶板可不计入常规武器地面爆炸产生的等效静荷载；防空地下室外墙防常规武器的等效静荷载根据土的类别、饱和度（饱和土中又因含气量而有所不同）及顶板顶面埋置深度而有所不同，可按《人民防空地下室设计规范》GB 50038—2005 表 4.7.3-1 及表 4.7.3-2 取值。

甲类防空地下室需同时考虑防核武器、防常规武器及防生化武器的要求。其中防常规武器的等效静荷载可按上述原则及《人民防空地下室设计规范》确定；防核武器的等效静荷载对于顶板、底板及外墙均需考虑，没有可以免除的规定，但在符合一定条件下可以按规定减小。比如带桩基的防空地下室钢筋混凝土底板及条形基础或独立柱基加防水底板时，底板上的等效静荷载均比其他类型底板要减小很多。

4.8.15 当甲类防空地下室基础采用桩基且按单桩承载力特征值设计时，除桩本身应按计入上部墙、柱传来的核武器爆炸动荷载的荷载组合验算承载力外，底板上的等效静荷载标准值可按表 4.8.15 采用。

有桩基钢筋混凝土底板等效静荷载标准值（kN/m²）（规范表 4.8.15）　　表 5-1-2

底板下土的类型	防核武器抗力级别					
	6B		6		5	
	端承桩	非端承桩	端承桩	非端承桩	端承桩	非端承桩
非饱和土	—	7	—	12	—	25
饱和土	15	15	25	25	50	50

4.8.16 当甲类防空地下室基础采用条形基础或独立柱基加防水底板时，底板上的等效静荷载标准值，对核 6B 级可取 15kN/m²，对核 6 级可取 25kN/m²，对核 5 级可取 50kN/m²。

当不符合上述 4.8.15 条及 4.8.16 条的条件时，钢筋混凝土底板的等效静荷载标准值可根据防核武器抗力级别、顶板覆土厚度及顶板短边净跨按《人民防空地下室设计规范》GB 50038—2005 表 4.8.5 取值。

防空地下室顶板与底板类似，也是根据防核武器抗力级别、顶板覆土厚度及顶板短边净跨按《人民防空地下室设计规范》GB 50038—2005 表 4.8.2 取值。但当防空地下室未设在最下层时，防空地下室底板可不考虑核武器爆炸动荷载作用，按平时使用荷载计算，但防空地下室及其以下各层的内外墙、柱以及最下层底板均应考虑核武器爆炸动荷载作用。

防空地下室外墙防核武器的等效静荷载未根据顶板顶面埋置深度进行区分，这一点与防常规武器的外墙等效静荷载不同。相同的是二者的建议值均为范围值，且上下限间的范围还比较大，因此给予设计者一定的自由空间，设计理念不同的设计师可能会存在较大差异，有的可能倾向于取下限值，但相信更多的设计师会倾向于取上限值。但在上下限间的取值，也不是没有原则，一般来说，对于碎石土及砂类土，密实、颗粒粗的取小值；对于黏性土，液性指数低的取大值。

除了顶板、底板、外墙等承受土中压缩波的人防构件外，还有一类直接或间接承受空气压缩波的人防构件，如人防门框墙、临空墙、人防隔墙、无覆土的人防顶板及上下两个防护单元间的楼板等。其中人防隔墙又可分为相邻防护单元抗力级别相同的人防隔墙、相邻防护单元抗力级别不同的人防隔墙（包括人防区与普通地下室间的隔墙）及同一防护单元内部的普通隔墙。同为人防隔墙，根据隔墙两侧抗力级别的不同，人防等效静荷载取值也不同，如 6 级人防与普通地下室之间的人防隔墙则为 90，6 级人防与 6 级人防之间的人防隔墙为 50，而 6 级人防与 5 级人防之间的人防隔墙则对两侧取不同数值，其中 5 级一侧为 50，6 级一侧为 100。同一防护单元内部的隔墙不直接承受等效静荷载，不应按人防隔墙对待。因此在人防设计时应严格区分人防隔墙的类别，不能笼统地一律按最大值取用。

当上下楼层均为防空地下室时，如果上层防护单元抗力级别不大于下层的抗力级别，则上下两个防护单元之间楼板的等效静荷载标准值也可按上述防护单元隔墙上的等效静荷载标准值确定，但只需计入作用在楼板上表面的等效静荷载标准值。

有的设计师甚至不区分临空墙与人防隔墙，所有人防隔墙均按临空墙取值，甚至同一防护单元内部的普通隔墙也按人防隔墙甚至临空墙考虑，这就太粗犷、太不应该了。

临空墙与人防隔墙很容易区分。临空墙是直接承受空气冲击波的人防墙体，一般位于人防口部，一侧与室外空气直接连通，能直接承受空气冲击波作用，而另一侧则为防空地下室内部的人防墙体；而人防隔墙则是在低等级防护单元或普通地下室先遭受破坏后空气冲击波或其余波有可能作用于其上的人防墙体，这类墙体虽与室内空气直接连通但却不与室外空气直接连通，因此不应按临空墙对待。

三、风荷载

在基本风压较大或地震低烈度地区，大多数高层建筑的周期和位移指标均由风荷载控制。地面粗糙度类别对风荷载有很大影响，按影响程度从大到小共分四类：A 类为近海海面和海岛、海岸、湖岸及沙漠地区，B 类为田野、乡村、丛林、丘陵及房屋比较稀疏的乡镇，C 类为有密集建筑群的城市市区，D 类为有密集建筑群且房屋较高的城市市区。当位移指标由风荷载控制时，建筑结构相同的高层项目，主体结构成本因地面粗糙度类别不同而有较大差别，A、B 类相差约 24%，B、C 类相差约 54%，C、D 类相差约 45%。在计算时要用发展的眼光关注取值的合理性，城市郊区在以上四类中没有明确体现，但如果房屋比较密集且列入城市总体规划的发展区，就应该按 C 类对待，按 B 类对待是不合适的。同样道理，60m 以上高层建筑林立的郊区、开发区等，则应按 D 类对待，按 C 类对待也是不合适的。

垂直于建筑物表面的风荷载标准值是由基本风压乘以风荷载体型系数、风压高度变化系数及风振系数（或阵风系数）而得到。根据《建筑结构荷载规范》GB 50009—2012，基本风压应采用 50 年重现期的风压，但不得小于 $0.3kN/m^2$。

根据《高层建筑混凝土结构技术规程》JGJ 3—2010 的有关规定，对于高度大于 60m 的高层建筑，规范不再强调按 100 年重现期的风压值取用，而是直接按基本风压值增大10% 采用。

4.2.2 基本风压应按照现行国家标准《建筑结构荷载规范》GB 50009 的规定采用。对风荷载比较敏感的高层建筑，承载力设计时应按基本风压的 1.1 倍采用。

对风荷载是否敏感，主要与高层建筑的体型、结构体系和自振特性有关。一般情况下，对于房屋高度大于 60m 的高层建筑，承载力设计时风荷载计算可按基本风压的 1.1倍采用。

另需注意：此处的 1.1 倍，是指在承载力设计时对风荷载比较敏感的高层建筑需要乘以 1.1，"对于正常使用极限状态设计（如位移计算），其要求可比承载力设计适当降低，一般仍可采用基本风压值或由设计人员根据实际情况确定，不再作为强制性要求"，这是条文说明 4.2.2 中的原话。

对于临时性建筑，风荷载的取值可按 10 年重现期的风压值采用。比如临时样板间、临时售楼处等均可按 10 年重现期的风压值采用。

四、地震作用

地震作用，是对建筑结构影响非常大的一类作用。影响地震作用大小的最直接因素是建筑物的质量与地震加速度，即物理学公式 $F=ma$，此处的 a 为加速度。在抗震设计的具体计算中，建筑物的质量通常用重力荷载代表值 G 与重力加速度 g 的比值 G/g 来表示，而地震加速度则以地震影响系数 α 与重力加速度 g 的乘积 αg 来表示，因此地震力即可由地震影响系数 α 及重力荷载代表值 G 来表示，即 $F=\alpha G$。因此在抗震设计的具体计算中，地震力的计算就转化为对重力荷载代表值 G 的计算及对地震影响系数 α 的确定。因此从减小地震作用的角度就是要尽量减小 α 与 G 的量值。

减小 G 的量值就是常说的降低建筑结构自身的重量，如采用轻质墙体材料、尽量减薄楼板厚度等；而 α 的量值则与诸多因素有关，最重要的是与抗震设防烈度直接对应的水平地震影响系数最大值 α_{max} 及地震影响系数曲线。地震影响系数曲线就是确定地震影响系数 α 的曲线，是以结构自振周期为自变量的分段（一般四段）连续曲线，分段函数的区间一般以 0.1s、T_g、$5T_g$ 及 6.0s 为界。见图 5-1-1。

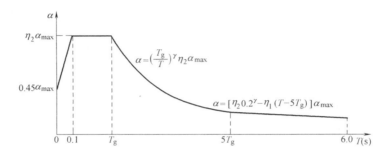

图 5-1-1　我国规范提供的地震影响系数曲线

从上述曲线可以看出，在水平地震影响系数最大值 α_{max} 已经确定的情况下，对地震影响系数 α 影响最大的因素是结构的自振周期 T，准确的说应该是结构自振周期 T 与特征周期 T_g 的关系，它决定着地震影响系数 α 应该用哪段曲线来计算。从上述曲线可以看出，当结构的自振周期超过特征周期后，曲线的下降速度很快，地震影响系数 α 迅速降低；当结构自振周期大于5倍特征周期后，曲线与峰值段相比已降低到很低的水平，地震影响系数 α 大大减小。这也正是结构越柔对抗震越有利的原因之一（地震作用降低）。结构自振周期与结构本身的刚度有关，一般由程序自动计算完成；特征周期则根据场地类别及设计地震分组来定。

此外，阻尼调整系数 η_2、曲线下降段的衰减指数 γ 及直线下降段的下降斜率调整指数 η_1 也均对地震影响系数 α 的取值有影响。而这三个系数都是阻尼比 ζ 的函数。

概括起来，从抗震设计具体计算的角度，除了重力荷载代表值及结构自振周期等由程序计算的因素外，影响地震力大小的最基本的抗震设计参数即为抗震设防烈度、设计地震分组、场地类别及结构的阻尼比。

五、荷载倒算方式的设计优化

有限元法伴随电子计算机的出现而得到极大的推广及应用，目前几乎所有的大型结构分析设计软件都是有限元软件，有限元的单元类型在不断增多、精度也在不断提高。

传统的结构整体分析软件，在处理可分层的民用建筑时，对于梁柱等杆式构件，一般采用具有6个自由度的梁单元。对于剪力墙及楼板等板式构件，由于早期电子计算机的计算速度及存储空间均有限，故对剪力墙一般简化为相对简单的膜单元，这种单元只有平面内的 3 个自由度，而平面外刚度为零。而对于楼板，在整体分析时要么忽略楼板的存在，板的存在仅仅是决定了荷载倒算与传递的方式，既没有考虑其平面内的刚度，也没有考虑其平面外的刚度；要么采用刚性楼面假定而将整个楼层板强制简化为只有 3 个平面内自由度的一块刚性板，但这块刚性板只是在平面内为无限刚性，在平面外仍假定为零刚度。因此板的存在除了倒荷作用外，还会考虑其平面内刚度的贡献，但这种贡献是将刚度绝对化为无限刚的方式。

因此早期的有限元软件在构件模拟的过程即存在较大的模型误差，整体计算精度也比较有限，但对于建筑结构而言还是满足要求的。这样处理的好处是，可使单元及节点数量大大减少，使方程组的元次大大降低，计算时间与存储容量都大幅降低，是与当时的计算机发展水平相匹配的。

但随着有限元技术的发展，能够更精确模拟墙、板等板式构件真实受力状态的单元类型得以出现，伴随计算机存储容量的不断加大及计算速度的不断提高，这些高精度单元得以最终应用于有限元软件之中。但受限于计算机存储容量及计算速度，最初只能用于主要抗侧力构件——剪力墙的模拟上，且单元划分的相对较粗，但现在，不但能以较小的单元划分来模拟剪力墙，而且可以模拟楼板。

有限元法模拟楼板一般是以弹性楼板假设取代传统的刚性楼板假设而进行有限元模拟分析的方法。弹性楼板单元又分为弹性膜单元、弹性板 3 单元与弹性板 6 单元。弹性膜单元能真实计算楼板平面内刚度，但不考虑楼板平面外刚度，也即平面外刚度为 0；弹性板 3 单元假定楼板平面内为无限刚性，但能真实计算楼板平面外的刚度；弹性板 6 单元能真实计算楼板平面内与平面外刚度。

传统设计软件限于解算方法、计算速度、计算机容量的影响以及商业方面的考虑，虽然以"特殊构件补充定义"的方式提供了"弹性楼板"的功能，但仅仅是从减小结构整体分析中模型化误差方面所做的改进，没有在整体分析程序中提供弹性楼板有限元法内力与配筋计算的功能。当需要采用弹性楼板法对不规则楼板、转换层楼板、较厚的楼板及无梁楼盖等一些特殊楼板进行内力与配筋计算时，需要采用单独模块如 PMSAP 等进行单独计算。但现在的盈建科软件已经可以在结构整体分析环节对全楼楼板也进行弹性楼板有限元法分析模拟，实现了板、梁、墙、柱的共同作用分析，不但能在整体分析时得到楼板的内力与配筋，而且可以通过有限元法实现楼面荷载向梁、墙的倒荷。

平面导荷方式就是传统导荷方式，作用在各房间楼板上的恒活面荷载被导算到房间周边的梁或者墙上，在上部结构考虑弹性板的整体分析中，不再考虑弹性板上的竖向荷载，仅考虑弹性板的面内刚度和面外刚度，这样的工作方式不符合楼板实际的工作状况，因此也得不出弹性楼板本身的配筋计算结果。

平面导荷方式传给周边梁墙的荷载只有竖向荷载，没有弯矩，而有限元计算方式传给梁墙的不仅有竖向荷载，还有墙的面外弯矩和梁的扭矩，对于边梁或边墙这种弯矩和扭矩通常是不应忽略的。

盈建科软件可对全楼楼板实现弹性楼板有限元法模拟，在其前处理菜单中，可选择楼板荷载不导荷到梁，而采用有限元计算传导，既可减少梁的受力（部分荷载直接传到柱上），又可直接给出弹性楼板配筋。

有限元导荷方式是在上部结构计算时，恒活面荷载直接作用在弹性楼板上，不被导算到周边的梁墙上，板上的荷载通过板的有限元计算才能导算到周边构件。弹性板既参与了恒活竖向荷载的计算，又参与了风、地震等水平作用的计算，还可考虑温度作用，计算结果可以直接得出弹性板本身的配筋。

现以无梁楼盖模型来分析板有限元导荷方式与平面倒荷方式计算结果的变化。

从变形计算方面，平面导荷方式基本是柱上板带的跨中部位变形最大，而板块跨中处的变形相对较小，与理论及实际变形状态存在明显不符，见图 5-1-2。

而有限元倒荷方式的计算结果则是板块跨中变形最大，柱上板带跨中部位的变形次之，与理论及实际变形状态相符，见图 5-1-3。

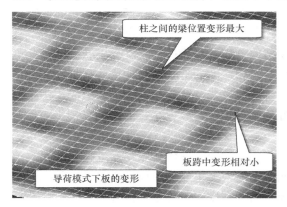

图 5-1-2　平面导荷方式计算结果　　　　图 5-1-3　有限元导荷方式计算结果

从内力计算方面，传统平面倒荷方式在恒载作用下板块跨中的弯矩居然是负值，明显有违事实，见图 5-1-4。

而有限元法倒荷的计算结果，不但板块跨中弯矩为正，数值也较大，与实际受力状态非常吻合，见图 5-1-5。

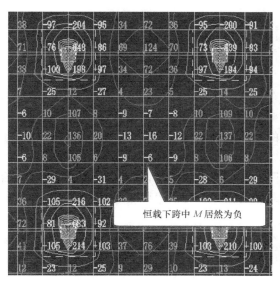
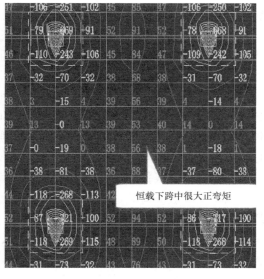

图 5-1-4　平面导荷方式计算结果　　　　图 5-1-5　有限元导荷方式计算结果

此外，有限元计算方式还能计算出楼板传给梁墙面外弯矩和梁的扭矩，在板较厚时这种面外弯矩不应忽略。而传统的导荷方式不能考虑这种面外弯矩，会使得墙肢面外弯矩比实际情况偏小，不利于结构安全 。见图5-1-6。

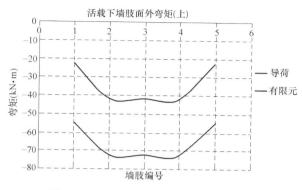

图 5-1-6　活荷载作用下的墙肢面外弯矩

第二节　几何模型与边界条件的确定与优化

结构计算模型的三要素为几何模型、边界条件与荷载。因此几何模型与边界条件的正确性、准确性，直接关系到内力分析结果与结构构件实际受力状态的吻合程度，也就关系到结构安全与经济性问题。但这两方面恰恰因为计算机辅助设计的大行其道而受到结构工程师的忽略，现在让一些年轻工程师去手绘一些简单结构构件的计算简图及其弯矩分布的大致形态，相信很多人都画不出来——是电脑把人脑给废了。

一、几何模型的影响

几何模型中对内力计算结果影响最大的是计算跨度，弯矩与跨度的 2 次方成正比，挠度（位移）与跨度的 3 次方成正比。因此计算跨度的取值必须准确，取值偏小会使结构偏于不安全，取值偏大则会造成浪费。

比如地下室外墙的计算高度，当基础底板较厚时（一般大于 1.5 倍墙厚），可从底板上皮算起，但当底板厚度与外墙厚度相当时，应从底板中线算起。有的工程基础底板上有较厚的覆土，这时最下层外墙的计算高度应视该层地面做法而定。如为混凝土面层较厚的刚性地面，且在基坑肥槽回填之前完成地面做法，则外墙计算高度可算至地下室地坪。但当刚性地面施工在地下室回填以后进行时，外墙计算高度仍应算至底板上皮。此时为了减小外墙计算高度，可在外墙根部与基础底板交接处覆土厚度范围内设八字角，并配构造钢筋，作为外墙根部的加腋，加腋坡度按 1:2。这时外墙计算高度仍可算至地下室地坪。对于底层以上的其他地下楼层，计算高度可取楼板中线之间的距离。

图 5-2-1（a）为梁板式筏基上返梁体系，筏板与基础梁底平，地下室外墙的计算跨度从地下室顶板中线算至筏板顶面为 4400mm。图 5-2-1（b）改为平板式筏基顶平方案并取消建筑面层后，地下室外墙计算跨度按相同算法为 3600mm，计算跨度减小 800mm，同时土压力

荷载 q_2 也按比例降至 $0.819q_1$，则最大弯矩降为图（a）最大弯矩的 $0.819 \times 3.6^2 / 4.4^2 = 0.548$ 倍，降幅达 45.2%。足见计算跨度对内力幅值的影响程度。如图 5-2-1（a）所示，若建筑地面采用混凝土刚性地面，且在基坑肥槽回填之前完成地面做法，则外墙计算跨度仍可算至刚性地面表面，则计算模型同图（b）中计算简图2。

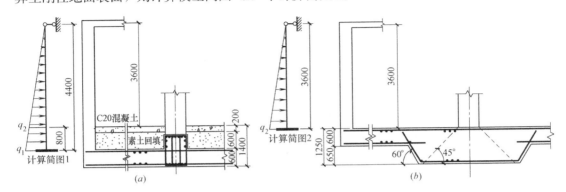

图 5-2-1　不同基础底板形式的地下室外墙计算高度

再比如宽扁梁结构。这种结构形式在国外应用较多，有时梁宽甚至做到柱距的 1/3，尤其在抽柱形成大跨而采用后张法预应力结构时，这种预应力宽扁梁既可以实现大跨又可有效降低梁高，是比较受欢迎的结构形式。但国内宽扁梁的应用还比较少见，究其原因，其一是设计习惯问题，国内往往拘泥于梁的经济高度而不愿意采用与传统设计理念相悖的宽扁梁结构；其二是虽然宽扁梁采用预应力后能改善其经济性不佳的先天不足，但板的计算当采用国内的传统软件进行设计时，并不能体现出宽扁梁对板设计的有利作用，因而配筋严重偏大。图 5-2-2 为新加坡最负盛名的休闲、娱乐、购物中心 Vivocity 地下一层的局部宽扁梁布置方案，梁高 600mm，梁宽 2800mm，板厚 250mm。

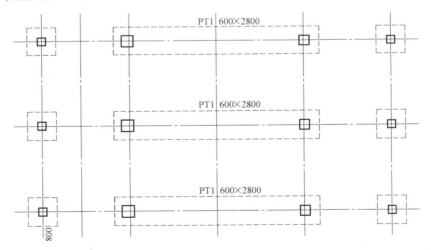

图 5-2-2　新加坡 VivoCity 无梁楼盖与宽扁梁相结合的楼盖形式

对于两根宽扁梁之间的板的计算，可有多种结构计算模型，也有多种内力计算与结构配筋设计方法。

1）连续板模型弹性弯矩配筋法：将宽扁梁间的楼板简化为简支于宽扁梁中心的连

续板（刚性链杆）支座，板计算跨度取梁中心的距离（见图 5-2-3），用软件或结构力学方法求出连续板的最大正负弹性弯矩，用支座最大弯矩进行支座负弯矩筋的配置，用跨中弯矩计算跨中下部钢筋。这是配筋最大、最保守的设计方法，很多传统设计软件就采用这种设计方法。

2）连续板模型塑性弯矩配筋法：仍采用上述模型计算弹性弯矩，但对支座负弯矩进行塑性调幅，用塑性调幅后的弯矩进行截面配筋。该法可有效降低支座负弯矩筋用量，但跨中正弯矩筋不但不能减小，而且会略有增加，但相比方法一有进步。

3）连续板模型梁边截面配筋法：仍采用 1)、2) 的连续板模型计算弹性弯矩，但板负弯矩筋计算取梁边截面的负弯矩进行计算。因负弯矩在支座附近向远离支座方向衰减较快，故板在梁边处的弯矩大大降低，对于正常梁宽的梁板结构有很高的经济意义，对于宽扁梁结构，其经济意义当然更大，但因为负弯矩衰减较快而且支座较宽，板的负弯矩到梁边截面已变得很小，甚至有可能变号而成为正弯矩。因此用梁边弯矩去配置板在支座处的负弯矩筋会使配筋结果偏小，使结构偏于不安全。跨中正弯矩则同 1)、2) 一样偏大，配筋结果偏于保守。

4）单块板固结模型查表法：摒弃连续板模型，因宽扁梁的截面尺寸很大，其抗扭转刚度远大于板的弯曲线刚度，故可假定宽扁梁在梁板共同受力时不会扭转，也不会发生横向弯曲（绕梁轴方向的弯曲），也即板端不会发生转动，因此将板两端简化为固结于宽扁梁上的单块板（见图 5-2-3），板的计算跨度也因此变为宽扁梁间的净距，由连续板法的 8.4m 跨度变为 5.6m 跨度，在满跨均布荷载作用下，最大负弯矩可降低 63%，最大跨中正弯矩可降低 77%，可见计算跨度对内力影响的巨大。单块板的弯矩系数可通过结构静力手册查取，然后再根据算得的弯矩手算配筋。也可借助理正等小软件进行一站式的内力计算与配筋。该法与其他三种方法相比，是最贴近板的实际受力状态与内力分布的，也是最经济的一种设计方法。但该法模型简化的前提是宽扁梁不发生扭转与横向弯曲，因此对于一些保守而教条的工程师来说可能不太容易接受，那么可以采用第 5 种方法——有限元法。

5）有限元法：即将梁板作为一个整体采用有限元法进行内力分析并配筋，此时的宽扁梁不能作为杆单元输入，而应该作为变厚度板输入，楼板则应采用具有面外弯曲刚度的弹性板 3（有面外刚度、无面内刚度）或弹性板 6（既有面外刚度，又有面内刚度，即壳单元）单元。有限元法可全面真实地模拟宽扁梁与板之间的相互影响，能够得到相对来说更加准确、真实的内力计算结果，因此其配筋结果可兼顾结构安全与经济问题。

框架结构刚域的作用也是减小框架梁的计算跨度。

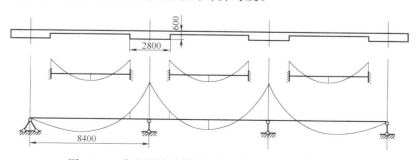

图 5-2-3 宽扁梁楼盖体系不同计算方法的模型化误差

构件的截面尺寸在静定结构中对内力分析没有影响，但在超静定结构中，某个构件截面尺寸的变化会导致该构件与其他构件的刚度比发生变化，对内力在各构件中的分配会产生影响，也即内力会有一个按刚度重分配的过程。因此在超静定结构中，调整任何一个构件的几何属性，都会产生牵一发而动全身的效果，在检查调整后的效果时，不能只看被调整的构件而忽略其他未做调整的构件，尤其要查看那些相对刚度较大的构件。

比如说钢筋混凝土框架-剪力墙结构，属于典型的超静定结构，内力会根据各组成构件的刚度进行分配。尤其是在主要抗侧力构件的剪力墙各墙肢之间及剪力墙与框架之间进行分配。当个别墙肢超长时，其相对刚度较大，会分配并承受更多的内力，形成"一枝独秀"或"鹤立鸡群"的局面。这种情况在结构受力中也是不利的，很容易遭遇"枪打出头鸟"而率先破坏并退出工作，则内力会迅速分配传递至其他较短墙肢及框架，导致其他墙肢及框架无力承受而发生整体破坏。因此结构设计的模型调整阶段，一般是将墙肢减短或在长墙的中间开大洞，此时墙肢的刚度会大大降低，会导致该墙肢与其他墙肢的刚度比发生变化，内力会重新按刚度分配，原本由超长墙肢所分配和承受的内力自然会加到其他墙肢上及框架上，故需对其他墙肢及框架梁柱的结果进行全面查验。

二、边界条件的影响

边界条件对结构内力的量值与分布关系影响巨大，甚至导致计算结果不可信。所谓边界条件，就是结构在某些位置位移或内力为已知的条件，又可分为力边界条件和位移边界条件。所谓力的边界条件就是结构在某些点内力为已知的条件，比如铰支座处的弯矩为零，自由端处的弯矩、剪力及轴力均为零等；位移边界条件就是在结构的某些点位移为已知的条件，比如固定铰支座在 X、Y、Z 三个方向的平动位移分量为零，而固定端支座则三个平动分量及三个转动分量均为零。施加荷载与约束，归根结底要遵循一个原则——尽量还原结构在实际中的真实约束和受力情况。

边界条件对内力影响最直观、最生动的例子是地下室外墙的结构计算模型。以单层地下室的外墙为例，因地下室的底板一般较厚，且有底板下地基土对底板变形的约束作用，故一般假定墙底为固定支承，这一点基本没有争议。但外墙顶端的边界条件，则视具体情况可有固接、铰接、自由及弹性嵌固四种可能的边界条件。

当外墙顶部没有楼板与之相连，又没有其他足够的平面外支承时，外墙顶部应按自由端考虑，如窗井墙或首层楼板开大洞的情况；当外墙顶部有楼板与之相连时，因一般地下室的顶板厚度较外墙薄，认为地下室顶板对外墙的转动约束可以忽略，顶板对外墙仅提供垂直于外墙的轴向支承即简支；当外墙顶部有楼板与之相连，且地下室外墙同时为主体结构的落地剪力墙时，此时首层墙体与地下一层外墙沿竖向连续，在加之首层楼板的转动约束，可以对地下室外墙顶部形成足够的转动约束，此时可将地下一层外墙顶端视为固定端，按固接考虑。但是，当主体结构的外墙开有较大的门窗洞口时，其对外墙的约束作用有限，此时仍应将地下一层外墙顶端视为铰支座。当与外墙相连的结构首层楼板厚度与外墙厚度不相上下时，此时首层楼板对外墙顶的约束情况既不是完全的固接，也不是完全的铰接，此时应按介于固接与铰接之间的弹性嵌固考虑。

图 5-2-4 为单层地下室外墙在土压力作用下外墙顶部不同边界条件下的计算模型及弯矩量值对比。从中可看出，上端铰接模型的底部最大弯矩仅为上端自由模型的 40%；而

上端固结模型的底部最大弯矩仅为上端自由模型的30%，为上端铰接模型的75%。可见边界条件类型对结构内力的分布及量值影响巨大。

当地下室超过一层时，则中间层的楼板可作为外墙连续板模型的中间支座，按刚性链杆考虑。

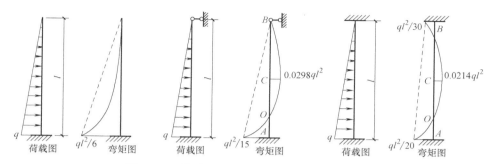

图 5-2-4　单层地下室外墙计算模型与弯矩分布

当板式构件支承于钢筋混凝土墙或梁上，而当墙厚或梁的截面尺寸很大时，简化为铰支座或刚性链杆支座是否合适？尤其是边支座的边界条件，如果不加区分的一律按铰接对待，可能与其真实受力状态存在很大差别。比如110mm厚的板支承于200mm厚的外墙上，在剪力墙结构住宅中应该是一种非常普遍的现象。但就这90mm厚度的差距，后者的弯曲刚度已是前者的6倍，指望板墙连接节点能发生转动而实现板端的铰接条件已不可能，因此其边界条件更接近于刚接。当板边跨较大时，边支座刚接比铰接能大幅降低边跨板的跨中弯矩，有着比较现实的经济意义。

另一类复杂的板式构件是防水板，防水板不但受力复杂，需要同时考虑以水浮力为主的向上工况，还需考虑以恒活荷载为主的向下工况，而且由于独立柱基的存在，防水板被分隔成一个个彼此连续的"十"字形板块，见图5-2-5（a）。其边界条件也比较特殊复杂，

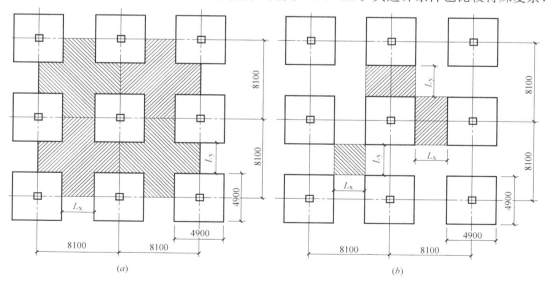

图 5-2-5　独立基础加防水板体系的防水板计算模型

难以直接简化为单块板模型而采用《建筑结构静力计算手册》中的弯矩系数法，而且由于独立柱基尺寸一般较大，当独立柱基边长超过柱距的一半时，采用无梁楼盖板带划分的方法也存在较大的模型误差，因此只有采用考虑了独立柱基作用的有限元法才能得到准确的计算结果。但即便采用有限元法，其向上工况与向下工况不但荷载不同，边界条件也不同。向上工况是以墙柱作为支座，独立基础作为加厚的防水板即柱帽来对待；而向下模型理论上则应以基础作为防水板的支座，当把独立基础同防水板一起模拟进去时，准确的模型应在基础下施加刚性面支承或弹性面支承。

防水板的简化计算模型可采用图 5-2-5（b）的板块划分方法，但简化模型必须区分水浮力工况与恒活荷载工况，仅当独立基础刚度明显大于防水板刚度时，水浮力工况才可采用图 5-2-6（a）与（b）的简化计算模型，否则应该采用无梁楼盖模型。恒活荷载工况也可采用图 5-2-6（a）与（b）的简化计算模型。

有的设计师为图省事，干脆忽略独立基础的存在而按有梁板模型取纵横柱列所围合的板块进行简化计算，对于图 5-2-5 中柱距 8100mm、基础尺寸为 4900mm×4900mm 之间的防水板，忽略基础的存在而用 8100mm×8100mm 的双向板去查静力计算手册，因板跨过大，所需的板厚及配筋就太大了。这样的简化方法是明显不合理的，但因为是安全的，很多设计师也就这么做了。当然造成的浪费也是惊人的。

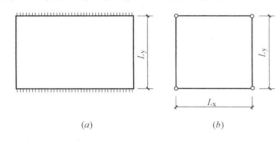

(a) (b)

图 5-2-6　防水板的简化计算模型

对于这种情况，也不是没有切实可行的简化模型及相应的计算方法，换一个角度和方式去划分板块，不难得到比较符合实际受力、偏于安全又不至于造成较大浪费的简化模型。如图 5-2-5（b）所示，防水板被独立柱基分隔后，基本形成了两种类型的板块，一种是介于两个独立柱基之间的板块，当防水板厚度与基础高度差异较大时，可假定为两对边固结于独立柱基，另外的两对边为自由边的单向板，见图 5-2-6（a）；另一种是介于四个独立柱基之间的板块，可简化为四个角点支承于独立柱基的双向板，见图 5-2-6（b）。

有一类边界条件对结构计算模型乃至构件内力与节点位移影响全面而深远，涉及每一个建构筑物的结构计算，争论了几乎半个世纪，至今也没有一个适用于各种复杂情况但又简单实用的法则供设计者参考，这就是建（构）筑物结构设计的嵌固端问题。结构计算的嵌固端无疑是结构计算模型中最重要的边界条件。但热议的焦点不在于嵌固端处是铰接、固接抑或弹性嵌固的问题，而是嵌固端的位置问题，尤其是有地下室时嵌固端的位置问题，成为困扰老中青三代结构设计师的全国性、世纪性热议话题。

但这个非常有温度的议题，被国内两大软件供应商完美地"解决"了，具体的解决方案就是：无论地下室有多少层，也无论设计者将嵌固端指定为地下室顶板还是基础顶（或地下室某中间层楼板），软件计算采用的结构计算模型均默认基础顶为结构计算的嵌固端，换句话说就是整个地下结构在基础顶以上的部分都在参与结构计算并由程序给出计算配筋。以 YJK"结构总体信息"界面为例，地下室层数一经确定，如图 5-2-7 中的三层地下室，则方框所示"嵌固端所在层号（层顶嵌固）"填 0～3 的任何数，对结构计算结果都没有影响。因此在结构计算软件中就出现两个嵌固端，一个是结构计算模型中实际采用的嵌固端，即基础顶，另一个是用户在"结构总体信息"界面所指定的嵌固端，这只是一个名义上的嵌固端，对结构计算及内力调整均没有影响，但会影响抗震构造措施（各层地下室抗震构造措施的抗震等级、底部加强部位的范围以及约束边缘构件的设置范围）。

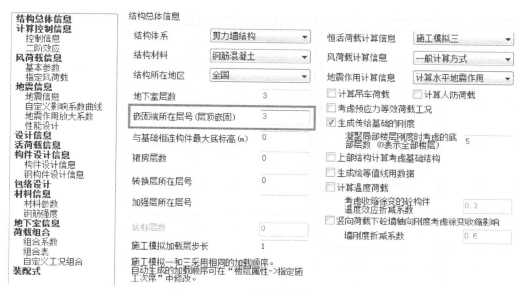

图 5-2-7　YJK 的结构总体信息界面

YJK 软件虽然在其"地震信息"界面给出了"地震计算时不考虑地下室的结构质量"的选项（图 5-2-8），该选项的意义在于，虽然结构计算嵌固端仍然为基础顶，但地下室本身已经没有地震力的输入，就像在地下室范围不考虑风荷载一样。理论上是一种进步，但经核实（截至 YJK1.8.3 版），是否勾选该选项对结构计算结果与内力调整也没有影响，也就是说该功能尚未启用。

鉴于本书的重点在于优化，而将嵌固端取在地下室顶板无疑是最趋于经济的，因此笔者倾向于全埋地下室以地下室顶板作为嵌固端。这样与目前的软件处理方式相结合，既可以确保地下结构完全参与结构计算并按计算要求进行配筋，从而没有结构计算方面的安全问题，还可以通过抗震构造措施的适当降低来考虑大底盘结构及地下室周围土体对地下结构有利的约束作用，是兼顾安全与经济的处理手法。但当地下室为非全埋地下室时，则需另当别论，要具体情况、具体分析。

第三节　分析与设计参数的取值与优化

分析与设计参数数量较多，对周期、位移等整体结构分析指标与结构配筋计算的影响不一。鉴于软件功能不断扩展以及更多的设计参数开放给用户，软件界面呈现给用户的参数会越来越多，书籍的出版周期难以跟上软件的升级换代，而且笔者在《建筑结构优化设

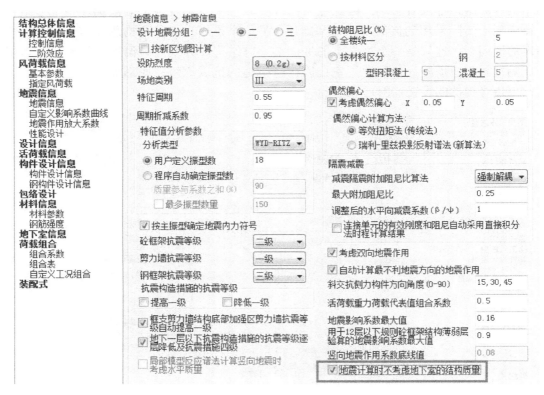

图 5-2-8 YJK 的地震信息界面

计方法及案例分析》一书中已经针对 SATWE 软件前处理部分中的 "分析与设计参数补充定义" 进行有选择的分析与介绍，故在此仅针对有较大优化价值的功能进行介绍。

一、总信息（图 5-3-1）

1. 嵌固端所在层号：对于无地下室的结构，嵌固端一定位于首层底部，此时嵌固端所在层号为 1；对于带地下室的结构，如果地下室顶板具有足够的刚度和承载力，并满足规范的相应要求时，可以作为上部结构的嵌固端，此时嵌固端所在楼层为地上一层，此时嵌固端所在层号应该输入（地下室层数＋1），比如有 2 层地下室，就应该输入 3，而不应像无地下室那样输入 1，否则就变成了嵌固在基础顶面。如果修改了地下室层数，一定要随之修改嵌固端所在层号，程序不会自动修改。

此处还需注意：SATWE 程序在确定剪力墙底部加强部位时，与规范相比下延了一层。《建筑抗震设计规范》GB 50011—2010 规定：

6.1.10 抗震墙底部加强部位的范围，应符合下列规定：

1 底部加强部位的高度，应从地下室顶板算起。

3 当结构计算嵌固端位于地下一层的底板或以下时，底部加强部位尚宜向下延伸到计算嵌固端。

但 SATWE 程序在确定剪力墙底部加强部位时，将起算层号取为嵌固端所在层号减 1，即**默认将底部加强部位延伸到嵌固端下一层，比规范保守**，设计者应该留意。

水平力与整体坐标夹角（度）⬜ 0

混凝土容重（kN/m3）⬜ 26

钢材容重（kN/m3）⬜ 78

裙房层数 ⬜ 0

转换层所在层号 ⬜ 0

嵌固端所在层号 ⬜ 1

地下室层数 ⬜ 2

墙元细分最大控制长度（m）⬜ 1

弹性板细分最大控制长度（m）⬜ 1

☑ 转换层指定为薄弱层

☑ 对所有楼层强制采用刚性楼板假定

☑ 地下室强制采用刚性楼板假定

☑ 墙梁跨中节点作为刚性楼板从节点

☐ 计算墙倾覆力矩时只考虑腹板和有效翼缘

☑ 弹性板与梁变形协调

☐ 采用自定义构件施工次序

结构材料信息
钢筋混凝土结构 ▼

结构体系
剪力墙结构 ▼

恒活荷载计算信息
模拟施工加载 3 ▼

风荷载计算信息
计算水平风荷载 ▼

地震作用计算信息
计算水平地震作用 ▼

结构所在地区
全国 ▼

特征值求解方式
水平振型和竖向振型整体求解方式 ▼

"规定水平力"的确定方式
楼层剪力差方法（规范方法）▼

墙元侧向节点信息
○ 内部节点   ⦿ 出口节点

施工次序

层号	次序号
1	1
2	2
3	3
4	4
5	5
6	6
7	7
8	8
9	9
10	10
11	11
12	12
13	13
14	14
15	15
16	16

图 5-3-1　SATWE 总信息菜单

2. 对所有楼层强制采用刚性楼板假定：勾选该参数，则程序不区分刚性板、弹性板或独立的弹性节点，只要位于该层楼面标高处的所有节点，一律强制从属于同一刚性板。强制刚性楼板假定可能会改变结构的真实模型，因此适用范围有限，仅在计算位移比、周期比、刚度比等指标时采用。在计算内力及配筋时，不应勾选此参数，仍应采用真实模型，才能获得正确的分析和设计结果。

新版 SATWE 程序会自动搜索全楼楼板，对于符合条件的楼板，自动判断为刚性楼板，并采用刚性楼板假定，无需用户干预。

当某些工程采用 SATWE 默认的刚性楼板假定会导致较大的计算误差时，可在"特殊构件补充定义"菜单将这部分楼板定义为弹性板 6、弹性板 3 或弹性膜。程序允许同一楼层内同时存在刚性板块与弹性板的情况。

二、风荷载信息（图 5-3-2）

1. 修正后的基本风压：注意此处修正后的基本风压仍然是未乘三个系数（风荷载体型系数、风压高度变化系数及风振系数（或阵风系数））的风压值，即《建筑结构荷载规范》GB 50009—2012 公式（8.1.1-1）右侧的 W_0。程序会根据用户输入的结构基本周期自动计算风振系数，并根据建筑物高度自动计算风压高度变化系数，连同用户输入的风荷载体型系数，自动计算出风荷载标准值。因此在此切忌以风荷载标准值输入。

此处输入修正后的基本风压，应该结合本菜单中"承载力设计时风荷载效应放大系数"一同考虑。对于《高层建筑混凝土结构技术规程》JGJ 3—2010 中对风荷载敏感的高层建筑，承载力设计时应按基本风压的 1.1 倍采用的情况，如果在此输入放大后的基本风压值，则承载力与位移计算结果都会随之放大。但如果仅考虑承载力计算提高而位移计算不提高，则不应在此输入放大后的风压值。仅在"承载力设计时风荷载效应放大系数"中输入 1.1 即可。

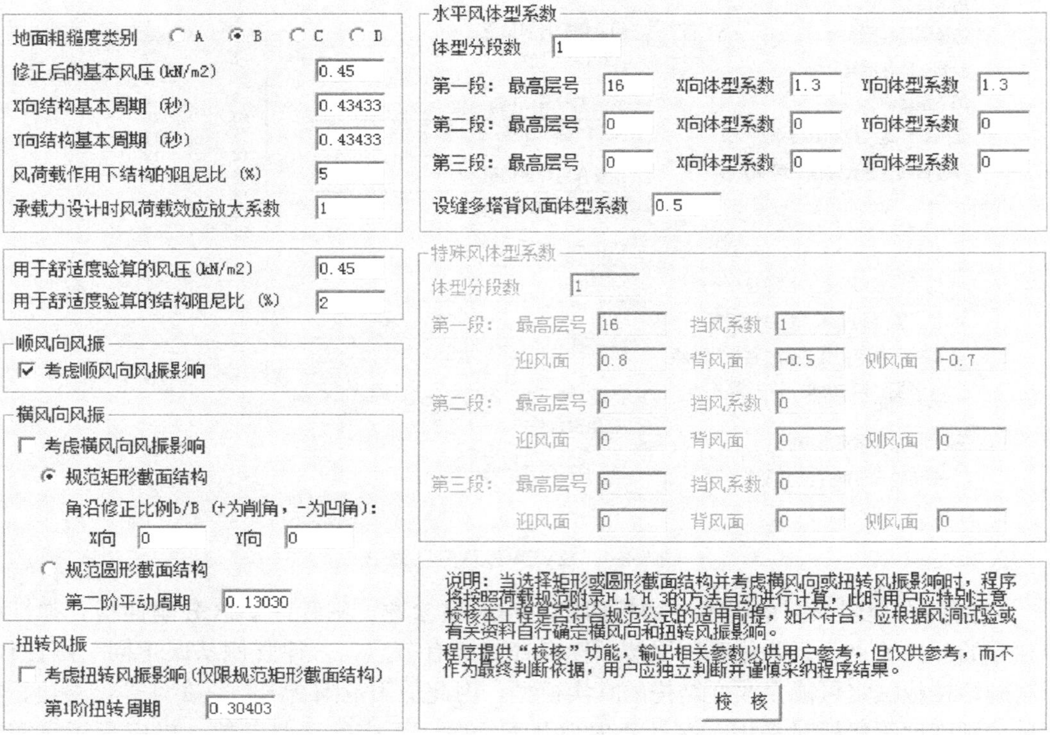

图 5-3-2　SATWE 风荷载信息菜单

尤其当风荷载控制的位移计算指标处于临界值附近且略有超出时，在计算位移指标时采用不经修正的基本风压值可获得不错的经济效果。

2. 承载力设计时风荷载效应放大系数：对风荷载比较敏感的高层建筑，当前述修正后基本风压参数没有乘 1.1 倍系数时，可在此处填入 1.1。这样程序在计算位移时会按未放大的基本风压进行计算，而在内力与配筋计算时会自动按此系数将风荷载效应进行放大，可在一层计算完成两种不同风荷载工况的计算。

但如果在"修正后的基本风压"中已经考虑了 1.1 倍的放大，意味着位移与配筋计算都进行了放大，则此处不应填入 1.1，否则会导致两次放大。

三、地震信息（图 5-3-3）

1. 混凝土框架抗震等级、剪力墙抗震等级、钢框架抗震等级：须知此处的抗震等级是全楼适用的，在此指定抗震等级后，SATWE 自动对全楼所有参与抗震构件的抗震等级赋初值。对于某些部位或构件的抗震等级需要在此基础上调整的情况，虽然 SATWE 可以完成一部分构件抗震等级的调整，但用户最好去"特殊构件补充定义"中查看并手动调整。

尤其是地下室嵌固层以下的抗震等级，SATWE 默认与上部结构的抗震等级相同，当地下室层数多于一层且嵌固端为首层地面时，会造成较大的浪费，此时必须人工手动修改地下二层及以下各层的抗震等级。

《建筑抗震设计规范》GB 50011—2010 规定：

6.1.3 钢筋混凝土房屋抗震等级的规定，尚应符合下列要求：

3 当地下室顶板作为上部结构的嵌固部位时，地下一层的抗震等级应与上部结构相同，地下一层以下抗震构造措施的抗震等级可逐层降低一级，但不应低于四级。地下室中无上部结构的部分，抗震构造措施的抗震等级可根据具体情况采用三级或四级。

条文说明 6.1.3 3 关于地下室的抗震等级。带地下室的多层和高层建筑，当地下室结构的刚度和受剪承载力比上部楼层相对较大时（参见本规范第 6.1.14 条），地下室顶板可视作嵌固部位，在地震作用下的屈服部位将发生在地上楼层，同时将影响到地下一层。地面以下地震响应逐渐减小，规定地下一层的抗震等级不能降低；而地下一层以下不要求计算地震作用，规定其抗震构造措施的抗震等级可逐层降低。

2. 抗震构造措施的抗震等级：该参数同样是全楼适用的，适用于全楼抗震构造措施等级可能与全楼抗震等级不同的情况。如《建筑抗震设计规范》GB 50011—2010 第 6.1.2 条表 6.1.2 注 1 的情况："建筑场地为Ⅰ类时，除 6 度外应允许按表内降低一度所对应的抗震等级采取抗震构造措施，但相应的计算要求不应降低"。

当部分构件的抗震构造措施的抗震等级需要调整时，可在"特殊构件补充定义"中具体指定，如嵌固端以下抗震构造措施的抗震等级，当勾选本菜单中"按抗规（6.1.3-3）降低嵌固端以下抗震构造措施的抗震等级"后，仍应去"特殊构件补充定义"中查看程序调整后的抗震构造措施的抗震等级是否满足要求。

3. 按抗规（6.1.3-3）降低嵌固端以下抗震构造措施的抗震等级：这是 SATWE 程序因受盈建科软件的挑战后，根据《抗规》6.1.3 条新增的选项。设计者可以尝试使用并去"特殊构件补充定义"中进行复核验证。

4. 考虑双向地震作用：质量和刚度分布明显不对称的结构，应计入双向水平地震作用下的扭转影响。对于存在两个对称轴的结构或近似对称的情况，则不需要考虑双向地震作用。程序允许同时考虑偶然偏心及双向地震作用，此时仅对无偏心地震作用效应进行双向地震作用，而左右偏心地震作用效应并不考虑双向地震作用。

在实际工程中，要求在刚性楼板假定及偶然偏心荷载作用下位移比不小于 1.2 时应考虑双向地震作用。考虑双向地震作用后结构配筋一般增加 5%～8%，单构件最大可能增加 1 倍左右，可见双向地震作用对结构用钢量影响较大。控制高层结构位移比不超标是是否考虑双向地震作用的关键，也是控制钢筋用量的关键环节。

5. 周期折减系数：该参数对抗震设计计算结果影响较大，等于直接将结构刚度放大，对地震作用与地震响应的影响均很显著。如果盲目折减，势必造成结构刚度过大，导致墙、柱、框架梁、连梁等抗侧力构件的配筋随之增大。

《高层建筑混凝土结构技术规程》JGJ 3—2010 规定：

4.3.17 当非承重墙体为砌体墙时，高层建筑结构的计算自振周期折减系数可按下列规定取值：

1 框架结构可取 0.6～0.7；

2 框架-剪力墙结构可取 0.7～0.8；

3 框架-核心筒结构可取 0.8～0.9；

4 剪力墙结构可取 0.8~1.0。

对于其他结构体系或采用其他非承重墙体时，可根据工程情况确定周期折减系数。

该条文说明明确规定此处的砌体墙"不包括采用柔性连接的填充墙或刚度很小的轻质砌体填充墙"，珍珠岩隔墙板及加气混凝土砌块填充墙应该属于柔性连接的填充墙或刚度很小的轻质砌体填充墙，当剪力墙结构采用上述两种材料作为填充墙时，可不考虑周期折减；但混凝土小型空心砌块及连锁空心砌块等恐难以列入刚度很小的轻质砌体填充墙之列，应考虑周期折减。

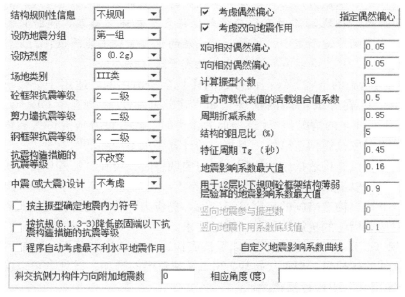

图 5-3-3　SATWE 地震信息菜单

四、活荷信息（图 5-3-4）

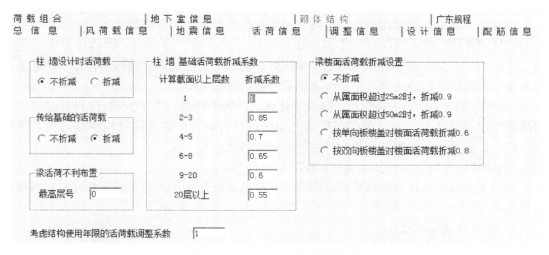

图 5-3-4　SATWE 活荷信息菜单

1. 柱墙设计时活荷载是否折减：根据《建筑结构荷载规范》GB 50009—2012 第 5.1.2 条规定：梁、墙、柱及基础设计时可对活荷载进行折减。SATWE 软件用户手册建议不要在 PMCAD 中进行活荷载折减，而是统一在 SATWE 中进行梁、柱、墙和基础设计时的活荷载折减。

2. 传给基础的活荷载是否折减：同上，也应该按规范要求折减，尤其基础设计更应折减。

另需注意：此处的折减仅用于 SATWE 设计结果的文本及图形输出，在接力 JCCAD 时，SATWE 传给 JCCAD 的内力为没有折减的内力，故用户需在 JCCAD 中另行指定折减信息。

五、调整信息（图 5-3-5）

1. 梁活荷载内力放大系数：当上文活荷载信息中已考虑梁活荷载不利布置时，此处不应再放大，应取默认值 1.0；在后期施工图设计时可针对薄弱的部分比如悬挑梁等进行适当的放大，提高其安全储备。梁弯矩放大系数是程序开发早期为没有活荷载最不利布置功能而设定的，目前国内常用的结构计算软件如 PKPM、盈建科等均有活荷载不利布置的功能，故该系数不再需要放大。且楼面本身荷载和梁荷载均已经乘以大于 1 的分项系数，梁计算中即使不放大也已经存在足够的安全储备，没有必要再对弯矩数及配筋进行放大。

2. 托墙梁刚度放大系数：对于转换梁托剪力墙的情况，当采用梁单元模拟转换梁而用壳单元模拟剪力墙时，SATWE 计算模型是以转换梁的中性轴与剪力墙的下边缘变形协调，而实际情况是转换梁的上表面与剪力墙的下边缘变形协调，因此模拟结果会使转换梁的上表面与剪力墙脱开，失去应有的变形协调性，使模拟工作失真。与实际情况相比，计算模型的刚度被降低了，造成转换梁容易抗剪抗弯超限。为解决刚度偏弱的问题，SAT-WE 的解决方案就是将托梁刚度放大。盈建科软件的解决方案是采用壳单元模拟转换梁并自动进行单元划分，使细分的单元与上部承托的剪力墙单元保持变形协调。这种模型与实际工作状态接近，可充分发挥转换梁的刚度作用，从而减少抗剪抗弯超限现象，使结构设计更经济合理。

3. 连梁刚度折减系数：抗震设计经常会出现剪力墙连梁超限的问题，尤其是抗震设防烈度较高的地区，连梁超限几乎无法避免。为了降低连梁超限的概率及程度，也为了体现"强墙肢、弱连梁"的抗震设计理念，一般在设计中允许连梁在地震作用下开裂。开裂后连梁刚度必然有所降低，体现在计算模型中就是将连梁刚度进行折减，即通过此处的连梁刚度折减系数来实现，但折减系数不能低于 0.5，一般可取 0.6~0.7。

SATWE 程序只对剪力墙开洞的连梁进行默认判断，只要两端均与剪力墙相连且至少在一端与剪力墙轴线的夹角不大于 30° 的开洞梁均默认定义为连梁；对于按梁输入的连梁，程序不会自动认定为连梁，需要用户手工指定。

此外还需注意的是，虽然在进行地震作用下的承载力计算时可以对连梁刚度进行折减，但在计算地震作用下的位移时可以不对连梁刚度进行折减，也即规范允许同一工程对承载力计算与位移计算分别采用连梁刚度折减和不折减两种模型。在 SATWE 里需要计算两次并分别取其对应的计算结果，但盈建科软件可以在一次计算中输出两种不同模型的

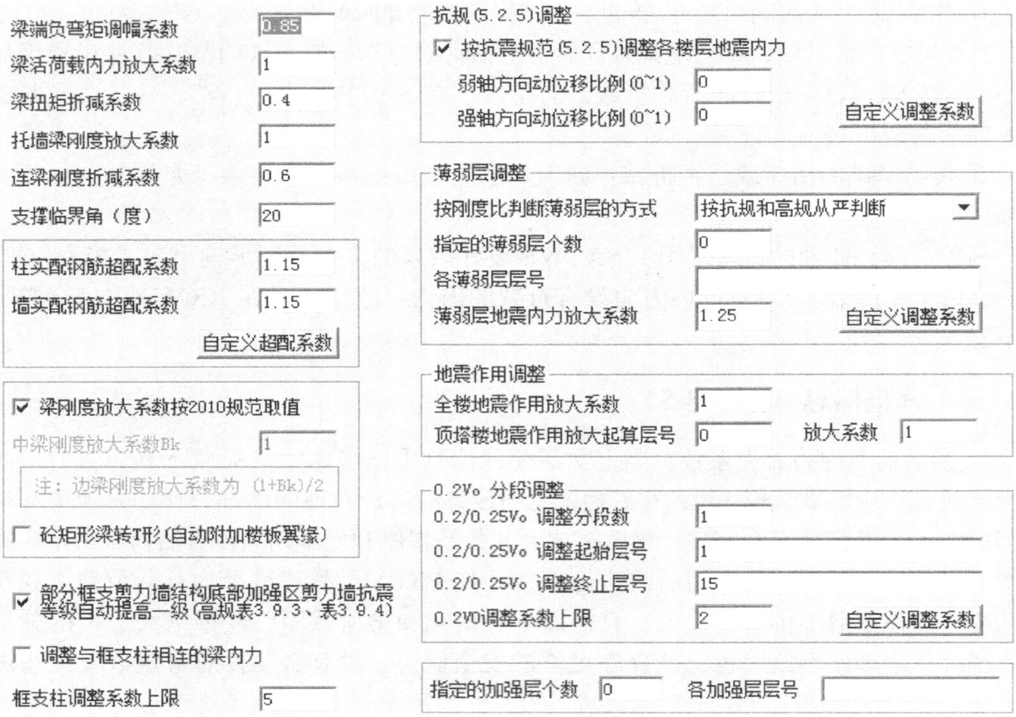

左侧：
梁端负弯矩调幅系数　　　`0.85`
梁活荷载内力放大系数　　`1`
梁扭矩折减系数　　　　　`0.4`
托墙梁刚度放大系数　　　`1`
连梁刚度折减系数　　　　`0.6`
支撑临界角（度）　　　　`20`

柱实配钢筋超配系数　　　`1.15`
墙实配钢筋超配系数　　　`1.15`
　　　　　　　自定义超配系数

☑ 梁刚度放大系数按2010规范取值
中梁刚度放大系数Bk　　`1`
注：边梁刚度放大系数为（1+Bk）/2

□ 砼矩形梁转T形（自动附加楼板翼缘）

☑ 部分框支剪力墙结构底部加强区剪力墙抗震等级自动提高一级（高规表3.9.3、表3.9.4）

□ 调整与框支柱相连的梁内力
框支柱调整系数上限　　`5`

右侧：
抗规（5.2.5）调整
☑ 按抗震规范（5.2.5）调整各楼层地震内力
弱轴方向动位移比例(0~1)　`0`
强轴方向动位移比例(0~1)　`0`　　自定义调整系数

薄弱层调整
按刚度比判断薄弱层的方式　　按抗规和高规从严判断 ▼
指定的薄弱层个数　　`0`
各薄弱层层号
薄弱层地震内力放大系数　`1.25`　　自定义调整系数

地震作用调整
全楼地震作用放大系数　　`1`
顶塔楼地震作用放大起算层号 `0`　　放大系数 `1`

0.2Vo 分段调整
0.2/0.25Vo 调整分段数　　`1`
0.2/0.25Vo 调整起始层号　`1`
0.2/0.25Vo 调整终止层号　`15`
0.2V0调整系数上限　　　`2`　　自定义调整系数

指定的加强层个数 `0`　　各加强层层号

图 5-3-5　SATWE 调整信息菜单

结果。位移计算时连梁刚度不折减的法理依据见《建筑抗震设计规范》GB 50011—2010
第 6.2.13 条文说明："2 计算地震内力时，抗震墙连梁刚度可折减；计算位移时，连梁刚度可不折减。"。

　　因为位移计算采用的是荷载的标准组合，在荷载的标准组合作用下，整个结构（包括连梁）尚处于弹性工作状态，连梁可能尚未开裂或仅仅是轻微开裂，刚度损失不大，因此计算位移时采用连梁刚度不折减模型在理论上是完全讲得通的。

　　4. 柱实配钢筋超配系数、墙实配钢筋超配系数：这是一个新开放给用户的设计参数，程序默认值是 1.15，如不自行修改，意味着墙柱计算配筋自动超配 15%，这个浪费还是很严重的。

　　笔者发现，虽然该参数已开放给用户并可由用户自行修改，但很多设计者根本就不会修改，仍然保留程序默认的 1.15，其结果就是墙柱配筋超配 15%。笔者不赞成软件自身的任何保守倾向，也不赞成用户无原则的保守设计，尤其是这种不加区分、适用于全楼的整体放大，不应该也没必要。

　　从抗震计算及概念设计角度，规范在内力调整环节已经对柱的剪力与弯矩进行了放大，框架结构中一级框架柱的弯矩增大系数甚至高达 1.7、剪力增大系数高达 1.5，对剪力墙底部加强部位的剪力设计值及一级剪力墙底部加强部位以上部位的弯矩与剪力设计值也都进行了放大，其中底部加强部位的剪力设计值对一级剪力墙剪力增大系数高达 1.6。因此不主张在此再进行放大，设计者应该自行修改为 1.0。只有当抗震设防烈度为 9 度时，才考虑采用大于 1.0 的超配系数。

　　5. 梁刚度放大系数按 2010 规范取值及中梁刚度放大系数：这是新版软件新增的功能

与参数，勾选此项，程序会根据《混凝土结构设计规范》GB 50010—2010 第 5.2.4 条的表格，自动计算每根梁的有效翼缘宽度，按照 T 形截面梁与矩形截面梁的刚度比例，确定每根梁的刚度放大系数。如果不勾选此项，则按中梁刚度放大系数后所输入的值对全楼指定统一的中梁刚度放大系数。梁刚度放大系数的计算结果可在"特殊构件补充定义"中进行查看或修改。

6. 混凝土矩形梁转 T 形（自动附加楼板翼缘）：与上述的梁刚度放大系数不同的是，上文的梁刚度放大系数只是在进行整体分析和位移计算时才起作用，配筋计算仍按矩形梁计算；但此处的矩形梁转 T 形梁，一旦勾选，程序会自动将所有混凝土矩形截面梁自动转换成 T 形截面梁，在整体分析与构件设计环节均按 T 形梁进行计算。这也是新版软件因盈建科的挑战而新增的一个设计参数；从优化设计角度鼓励这种做法，也有明确的规范依据。《混凝土结构设计规范》GB 50010—2010 规定：

5.2.4 对现浇楼盖及装配整体式楼盖，宜考虑楼板作为翼缘对梁刚度和承载力的影响。梁受压区有效翼缘计算宽度 b_f' 可按表 5.2.4 所列情况中的最小值取用。

7. 部分框支剪力墙结构底部加强区剪力墙抗震等级自动提高一级：根据《高层建筑混凝土结构技术规程》JGJ 3—2010 表 3.9.3 及表 3.9.4，部分框支剪力墙结构的底部加强部位与非底部加强部位的抗震等级可能不同。当在"地震信息"菜单中剪力墙的抗震等级按非底部加强部位的抗震等级定义时，如在此处勾选了该参数，则程序会自动将底部加强部位的剪力墙抗震等级提高一级，不必再去"特殊构件补充定义"中进行手工修改，是一项减少手工操作工作量的人性化改进。但如果在"地震信息"菜单中剪力墙的抗震等级已按底部加强部位的抗震等级定义，则此处不应再进行勾选，否则会导致全楼抗震等级普遍放大一级，浪费极大。

8. 弱/强轴方向动位移比例：应根据结构自振周期处于地震影响系数的哪一段来决定取值，当结构自振周期小于特征周期时，处于地震影响系数曲线的加速度控制段，此处应填 0；当结构自振周期大于 5 倍特征周期时，处于地震影响系数曲线的位移控制段，此处应填 1；介于二者之间时处于地震影响系数曲线的速度控制段，此处应填 0.5。注意结构自振周期沿强弱轴是不同的，因此对于强轴与弱轴输入的数值也有可能不同。另需注意，此处的弱轴对应结构长周期方向，强轴对应短周期方向。

9. 全楼地震作用放大系数：对全楼地震作用进行统一放大，不要轻易采用大于 1.0 的数值。

10. 0.2V_0 分段调整：根据《高层建筑混凝土结构技术规程》JGJ 3—2010 第 8.1.4 条规定：框架-剪力墙结构对应于地震作用标准值的各层框架总剪力应按 0.2V_0 与 $V_{f,max}$ 二者的较小值采用。对于 V_0 与 $V_{f,max}$，规范均允许沿竖向分段取值，因此 SATWE 程序在此提供了分段调整的选项，以避免全楼统一调整所造成的部分楼层框架剪力过大的情况。此外，由于程序计算的调整系数可能过大，用户可以设置调整系数的上限值，这样程序在进行相应调整时，采用的调整系数将不会超过这个上限值。调整系数上限的缺省值为 2。

11. 框支柱调整系数上限：《建筑抗震设计规范》GB 50011—2010 第 6.2.10 条也要求针对部分框支剪力墙结构框支柱的地震剪力进行调整："当框支柱的数量不少于 10 根时，柱承受地震剪力之和不应小于结构底部总地震剪力的 20%；当框支柱的数量少于 10

根时，每根柱承受的地震剪力不应小于结构底部总地震剪力的 2%。框支柱的地震弯矩相应调整。"由于程序计算的框支柱调整系数可能过大，用户可设置调整系数的上限值，这样程序进行相应调整时，采用的调整系数将不会超过这个上限值。程序自动设置的框支柱调整上限为 5.0，可以自行调整。

六、设计信息（图 5-3-6）

1. 结构重要性系数：一般设计使用年限为 50 年的民用建筑的安全等级大多为二级，根据《高层建筑混凝土结构技术规程》JGJ 3—2010 第 3.8.1 条，对安全等级为二级的结构构件，结构重要性系数不应小于 1.0。故大多数情况应取 1.0，不要随意增大。

2. 框架梁端配筋考虑受压钢筋：建议勾选此项，程序会自动按《混凝土结构设计规范》GB 50010—2010 第 11.3.6 条规定的梁端截面底部与顶部纵向受力钢筋面积的比值确定受压钢筋的面积比例，然后再用双筋梁计算梁端受拉钢筋的数量。

3. 结构中的框架部分轴压比限值按照纯框架结构的规定采用：勾选此项意味着将轴压比限值从严要求。严格按规范规定确定轴压比限值即可，不要勾选。

4. 剪力墙边缘构件的设计执行高规 7.2.16-4 条的较高配筋要求：适用于《高规》可勾选，不适用于《高规》则不要勾选。

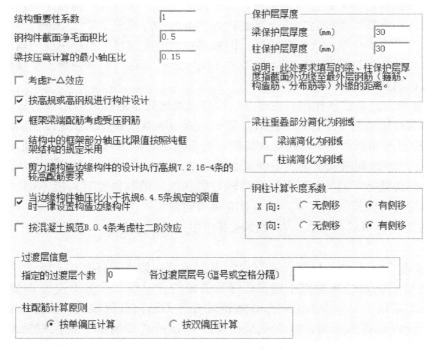

图 5-3-6　SATWE 设计信息菜单

5. 当边缘构件轴压比小于抗规 6.4.5 条规定的限值时一律设置构造边缘构件：应该勾选。勾选此项时，对于约束边缘构件楼层的墙肢，程序自动判断其墙肢底截面的轴压比，以确定采用约束边缘构件或构造边缘构件。如不勾选，则对于约束边缘构件楼层的墙肢，无论其轴压比多小，也一律设置约束边缘构件。

414

6. 按混凝土规范 B.0.4 条考虑柱二阶效应：框架柱一律不要勾选，程序会自动按《混凝土结构设计规范》GB 50010—2010 第 6.2.4 条的规定考虑柱轴压力二阶效应；若勾选则按排架柱计算二阶效应。

7. 保护层厚度：严格按环境类别及构件类别确定，不要随意放大。

8. 梁柱重叠部分简化为刚域：建议勾选。依据《高层建筑混凝土结构技术规程》JGJ 3—2010 第 5.3.4 条："在结构整体计算中，宜考虑框架或壁式框架梁、柱节点区的刚域影响，梁端截面弯矩可取刚域端截面的弯矩设计值"。计算时考虑梁柱节点刚域作用，可以降低梁的配筋 1‰～2‰。因刚域长度总是小于 1/2 柱宽，故刚域 7 端截面弯矩一般仍比不考虑刚域影响的柱边弯矩要大。

9. 钢柱计算长度系数：对钢结构设计的影响极大，应严格据实勾选。

10. 柱配筋计算原则：勾选"按单偏压计算"，但对用户指定的角柱，SATWE 强制采用双偏压进行配筋计算。

七、配筋信息

1. 箍筋强度：此处只能修改边缘构件的箍筋强度，梁柱箍筋强度及墙水平与竖向分布钢筋的强度不能在此修改，用户需在 PMCAD 中指定，梁柱主筋级别可在 PMCAD 中逐层指定。图 5-3-7 为 PMCAD 前处理程序中"设计参数"菜单下的"材料信息"菜单，梁柱箍筋强度及墙水平与竖向分布钢筋的强度均在此指定。图 5-3-8 为"本标准层信息"菜单。

图 5-3-7 PMCAD 程序中"设计参数"菜单下的"材料信息"菜单

2. 箍筋间距：梁柱箍筋间距固定取为 100mm，SATWE 软件计算输出结果是根据此处的箍筋强度与箍筋间距计算得到的，当实际采用的箍筋强度及间距与此不同时，必须进行换算，按换算后的箍筋量值进行配置；此处可指定墙水平分布筋间距，当墙身水平分布筋由抗剪计算控制时，SATWE 软件计算结果的水平分布筋量值也是以本菜单输入的钢筋强度与间距计算得到的，当实际采用的确定与间距与此不同时，也需进行换算；此处的墙竖向分布筋配筋率输入 0.25 即可。见图 5-3-9。

图 5-3-8　PMCAD 程序中"楼层定义"菜单下的"本标准层信息"菜单

3. 结构底部需要单独指定竖向分布筋配筋率的层数 NSW：输入 0 即可，规范已经通过内力调整等计算手段以及底部加强部位与约束边缘构件等构造手段对结构底部若干层进行了加强，不必再提高结构底部墙身竖向分布筋的配筋率，规范也没有这方面的要求。见图 5-3-9。

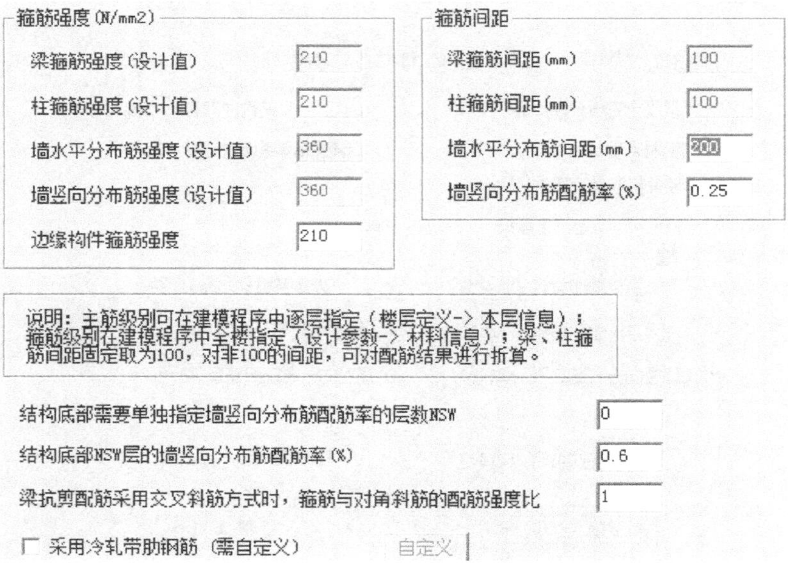

图 5-3-9　SATWE 配筋信息菜单

4. 结构底部 NSW 层的墙竖向分布筋配筋率（%）：上述 NSW 输入 0 后，此选项自动失效，但若 NSW 不为 0 时，需慎重填写此处数值，不要随意采用大于 0.25 的数值。见图 5-3-9。

八、地下室信息（图 5-3-10）

1. 土层水平抗力系数的比例系数（M 值）：按《建筑桩基技术规范》JGJ 94—2008 表

416

5.7.5 的灌注桩项来取值，m 值范围一般在 2.5～100 之间，对于中密、密实的砾砂、碎石土等，可达 100～300。

2. 地下室外墙侧土水压力参数：是用于计算地下室外墙配筋的系列参数，建议用户用其他专用程序计算，不要采用 SATWE 整体分析计算的配筋结果。

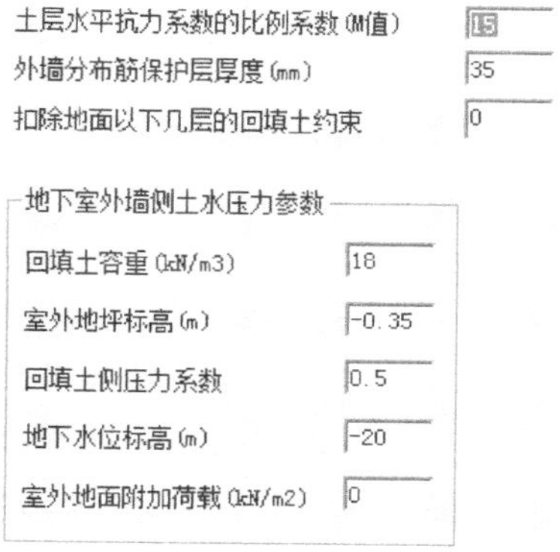

九、荷载组合（图 5-3-11）

采用程序默认值即可，无需修改。

土层水平抗力系数的比例系数（M值）　　15
外墙分布筋保护层厚度（mm）　　35
扣除地面以下几层的回填土约束　　0

地下室外墙侧土水压力参数
回填土容重（kN/m3）　　18
室外地坪标高（m）　　-0.35
回填土侧压力系数　　0.5
地下水位标高（m）　　-20
室外地面附加荷载（kN/m2）　　0

图 5-3-10　SATWE 地下室信息菜单

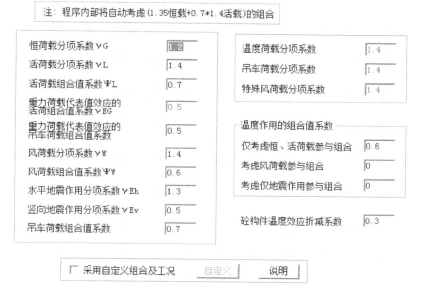

图 5-3-11　SATWE 配筋信息菜单

十、特殊构件补充定义

1. 特殊梁

1）连梁

指与剪力墙相连，允许开裂，可作刚度折减的梁。SATWE 程序对剪力墙开洞连梁进行缺省判断。对开洞连梁的判断原则是：两端均与剪力墙相连、且至少在一端与剪力墙轴线的夹角不大于 30°的梁隐含定义为连梁。对于符合上述条件但以普通梁定义的连梁，程序不做缺省判断，会默认为普通框架梁，如果想定义为连梁，需用户人工指定。

对于不与框架柱（或剪力墙）相连的梁或仅与剪力墙在剪力墙平面外相连的梁，应定义为次梁，可按非抗震要求进行设计。但在 PKPM 系列软件的当前及以前版本中，除非在 PMCAD 建模中预先定义次梁，否则一律按抗震要求设计。

盈建科软件提供了"与剪力墙垂直相连的梁可按框架梁设计"的勾选项，当不勾选此项时，程序会视为非框架梁，按非抗震进行设计。

《高层建筑混凝土结构技术规程》JGJ 3—2010

6.1.8 不与框架柱相连的次梁，可按非抗震要求进行设计。

条文说明 6.1.8 不与框架柱（包括框架-剪力墙结构中的柱）相连的次梁，可按非抗震要求进行设计。

图4（本书图5-3-12）为框架楼层平面中的一个区格。图中梁 L_1 两端不与框架柱相连，因而不参与抗震，所以梁 L_1 的构造可按非抗震要求。例如，梁端箍筋不需要按抗震要求加密，仅需满足抗剪强度的要求，其间距也可按非抗震构件的要求；箍筋无需弯 135° 钩，90° 钩即可；纵筋的锚固、搭接等都可按非抗震要求。图中梁 L_2 与 L_1 不同，其一端与框架柱相连，另一端与梁相连；与框架柱相连端应按抗震设计，其要求应与框架梁相同，与梁相连端构造可同 L_1 梁。

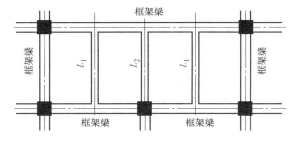

图 5-3-12　结构平面中次梁示意

2）转换梁

转换梁包括部分框支剪力墙结构的托墙转换梁（框支梁）及其他转换层结构类型中的转换梁（如筒体结构中的托柱转换梁等）。需要注意的是，SATWE程序对转换梁不作缺省判断，需要用户人工指定。

3）一端或两端铰接梁

铰接梁也没有隐含定义，需用户指定。在 SATWE 程序中，定义为铰接梁并不会改变梁本身的抗震等级，在构件配筋时仍采用有抗震要求的构造措施。

2. 弹性楼板

SATWE 程序中的弹性楼板是为了减小整体分析时的模型化误差而进行的改进，并不是为了计算楼板的内力与配筋而引入的精确算法。在 PKPM 系列软件中，如果想得到弹性板模型的板内力与配筋结果，需接力 PMSAP 模块进行单独计算。

在 SATWE 程序中，弹性楼板需要用户人工指定。但对于斜屋面，在没有人工指定的情况下，程序会默认为弹性板。当然用户也可以指定为弹性板 6，但不允许定义为弹性板 3 或刚性板。

十一、桩筏有限元模型参数

PKPM 系列软件之一 JCCAD 程序的设计参数（图 5-3-13、图 5-3-14）也较多，本文在此选择几个对计算结果影响较大的参数进行分析探讨。

1. 计算模型：新版软件 V2.2 仅保留了两种计算模型，即弹性地基梁板模型及倒楼盖模型。倒楼盖模型其实是一种近似或简化的计算模型，必须符合一系列比较严格的条件才能采用，否则模型误差会较大，计算结果也会偏于保守。

现行《建筑地基基础设计规范》GB 50007—2011 限定了倒楼盖模型的适用条件，当不符合条件时，则必须采用弹性地基梁板模型进行计算。规范要求如下：

8.4.14 当地基土比较均匀、地基压缩层范围内无软弱土层或可液化土层、上部结构刚度较好、柱网和荷载较均匀、相邻柱荷载及柱间距的变化不超过 20%，且梁板式筏基梁的

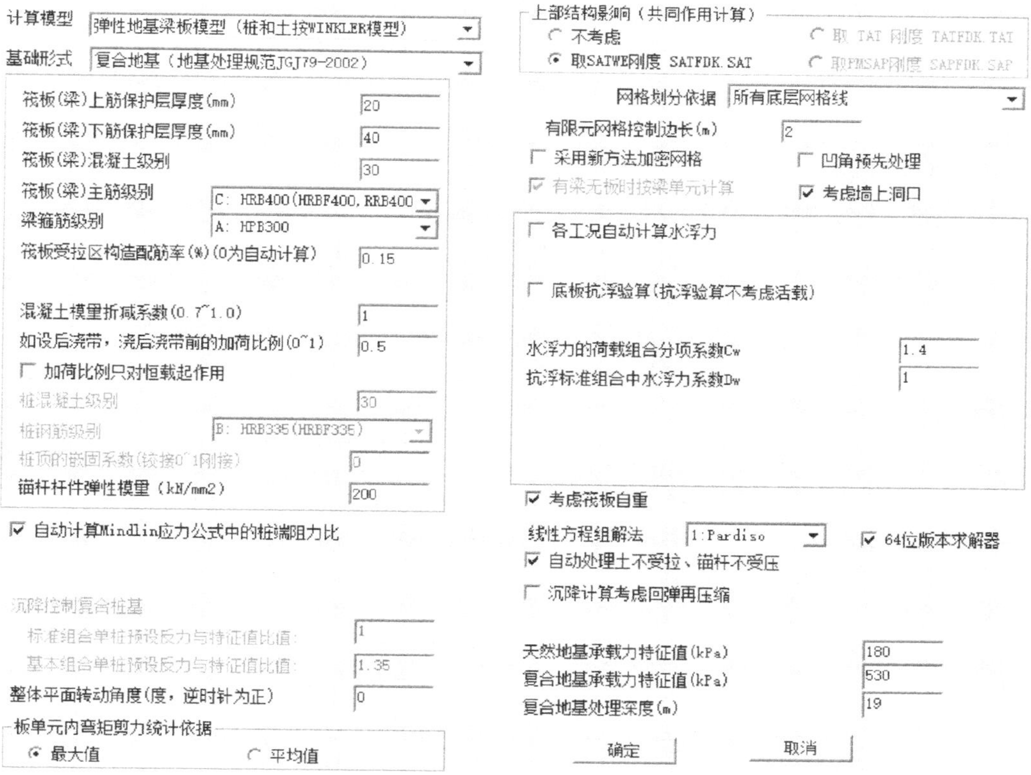

| 计算模型 | 弹性地基梁板模型（桩和土按WINKLER模型） ▼ |
| 基础形式 | 复合地基（地基处理规范JGJ79-2002） ▼ |

筏板(梁)上筋保护层厚度(mm)　　20
筏板(梁)下筋保护层厚度(mm)　　40
筏板(梁)混凝土级别　　30
筏板(梁)主筋级别　　C: HRB400(HRBF400,RRB400 ▼
梁箍筋级别　　A: HPB300 ▼
筏板受拉区构造配筋率(%)(0为自动计算)　　0.15

混凝土重量折减系数(0.7~1.0)　　1
如设后浇带，浇后浇带前的加荷比例(0~1)　　0.5
□ 加荷比例只对恒载起作用
桩混凝土级别　　30
桩钢筋级别　　B: HRB335(HRBF335)
桩顶的嵌固系数(铰接0~1刚接)　　0
锚杆杆件弹性模量（kN/mm2）　　200

☑ 自动计算Mindlin应力公式中的桩端阻力比

沉降控制复合桩基
　标准组合单桩预设反力与特征值比值：　　1
　基本组合单桩预设反力与特征值比值：　　1.35
整体平面转动角度(度，逆时针为正)　　0
板单元内弯矩剪力统计依据
　⊙ 最大值　　○ 平均值

上部结构影响（共同作用计算）
　○ 不考虑　　○ 取 TAT 刚度 TATFDK.TAT
　⊙ 取SATWE刚度 SATFDK.SAT　　○ 取PMSAP刚度 SAPFDK.SAP
　　网格划分依据 所有底层网格线 ▼
有限元网格控制边长(m)　　2
□ 采用新方法加密网格　　□ 凹角预先处理
☑ 有梁无板时按梁单元计算　　☑ 考虑墙上洞口

□ 各工况自动计算水浮力

□ 底板抗浮验算(抗浮验算不考虑活载)

水浮力的荷载组合分项系数Cw　　1.4
抗浮标准组合中水浮力系数Dw　　1

☑ 考虑筏板自重
线性方程组解法　1:Pardiso ▼　☑ 64位版本求解器
☑ 自动处理土不受拉、锚杆不受压
□ 沉降计算考虑回弹再压缩

天然地基承载力特征值(kPa)　　180
复合地基承载力特征值(kPa)　　530
复合地基处理深度(m)　　19

确定　　取消

图 5-3-13　JCCAD桩筏筏板有限元前处理界面

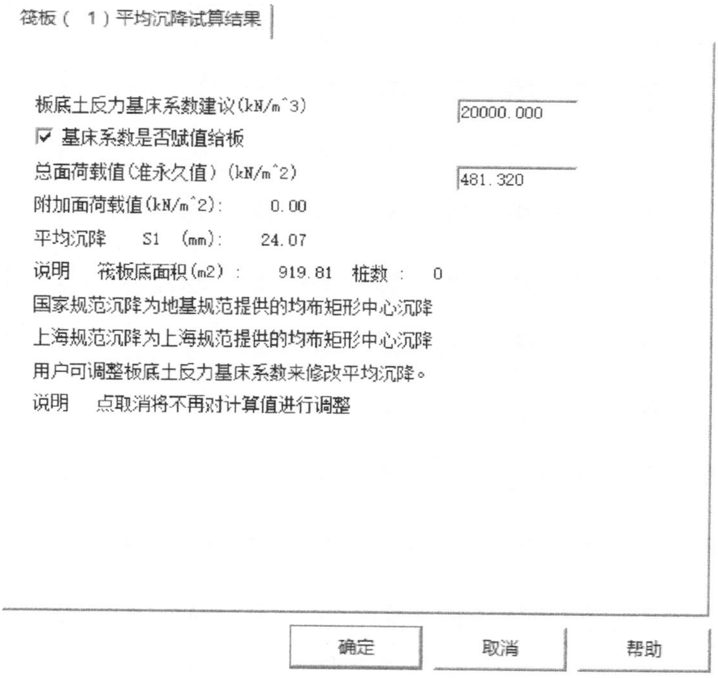

筏板（ 1 ）平均沉降试算结果

板底土反力基床系数建议(kN/m^3)　　20000.000
☑ 基床系数是否赋值给板
总面荷载值(准永久值)(kN/m^2)　　481.320
附加面荷载值(kN/m^2)：　　0.00
平均沉降　S1　(mm)：　24.07
说明　筏板底面积(m2)：　919.81　桩数：　0
国家规范沉降为地基规范提供的均布矩形中心沉降
上海规范沉降为上海规范提供的均布矩形中心沉降
用户可调整板底土反力基床系数来修改平均沉降。
说明　点取消将不再对计算值进行调整

确定　　取消　　帮助

图 5-3-14　JCCAD筏板有限元沉降试算弹出菜单

高跨比或平板式筏基板的厚跨比不小于 1/6 时，筏形基础可仅考虑局部弯曲作用。筏形基础的内力，可按基底反力直线分布进行计算，计算时基底反力应扣除底板自重及其上填土的自重。当不满足上述要求时，筏基内力应按弹性地基梁板方法进行分析计算。

因此在现有软件与计算机发展水平下，没必要采用倒楼盖模型，选用弹性地基梁板模型可得到更加准确、更符合实际受力状态的计算结果。

2. 上部结构影响（共同作用计算）：当采用弹性地基梁板模型并在此处点选"取 SATWE 刚度"后，程序即可进行基础与上部结构共同作用的分析计算，等于向结构更真实受力状态又近了一步，所得到筏板内力会更真实合理，计算配筋也会更加经济合理。

3. 筏板（梁）下筋保护层厚度：程序默认值为 50mm，用户要手动修改为 40mm。

4. 筏板受拉区构造配筋率（％）：应填入 0.15，否则程序会按 0.2 与 $45f_t/f_y$ 的较大值采用。

5. 沉降试算菜单中"板底土反力基床系数建议"：初次进入沉降试算菜单，程序会自动对"板底土反力基床系数建议"赋初值 20000kN/m³。该值是一个相对较小的数值，相当于软塑黏性土的上限值及可塑黏性土的下限值，除非采用天然地基且地基持力层为松软土（流动砂土、软化湿土、新填土、流塑性黏土、淤泥及淤泥质土、有机质土）、软塑黏性土及松散砂土外，对于大多数的可塑黏性土及中等密实的粉土、砂类土都是偏小的，尤其当采用 CFG 桩复合地基时，该值更是严重偏小。具体应该填入何种数值，可参考"岩土结构方案的确定与设计优化"章节中"基床反力系数 K 的推荐值"表。

十二、建筑工程抗震设防类别及工程结构的安全等级

除了上述软件中要求输入或有所体现的设计参数外，在进行结构设计之前还必须事先确定以下重要设计参数。

1. 抗震设防类别

按《建筑工程抗震设防分类标准》GB 50223—2008 确定：

3.0.2 建筑工程应分为以下四个抗震设防类别：

1 特殊设防类：指使用上有特殊设施，涉及国家公共安全的重大建筑工程和地震时可能发生严重次生灾害等特别重大灾害后果，需要进行特殊设防的建筑。简称甲类。

2 重点设防类：指地震时使用功能不能中断或需尽快恢复的生命线相关建筑，以及地震时可能导致大量人员伤亡等重大灾害后果，需要提高设防标准的建筑。简称乙类。

3 标准设防类：指大量的除 1、2、4 款以外按标准要求进行设防的建筑。简称丙类。

4 适度设防类：指使用上人员稀少且震损不致产生次生灾害，允许在一定条件下适度降低要求的建筑。简称丁类。

3.0.3 各抗震设防类别建筑的抗震设防标准，应符合下列要求：

1 标准设防类，应按本地区抗震设防烈度确定其抗震措施和地震作用，达到在遭遇高于当地抗震设防烈度的预估罕遇地震影响时不致倒塌或发生危及生命安全的严重破坏的抗震设防目标。

2 重点设防类，应按高于本地区抗震设防烈度一度的要求加强其抗震措施；但抗震设防烈度为 9 度时应按比 9 度更高的要求采取抗震措施；地基基础的抗震措施，应符合有关规定。同时，应按本地区抗震设防烈度确定其地震作用。

3 特殊设防类，应按高于本地区抗震设防烈度提高一度的要求加强其抗震措施；但抗震设防烈度为 9 度时应按比 9 度更高的要求采取抗震措施。同时，应按批准的地震安全性评价的结果且高于本地区抗震设防烈度的要求确定其地震作用。

4 适度设防类，允许比本地区抗震设防烈度的要求适当降低其抗震措施，但抗震设防烈度为 6 度时不应降低。一般情况下，仍应按本地区抗震设防烈度确定其地震作用。

注：对于划为重点设防类而规模很小的工业建筑，当改用抗震性能较好的材料且符合抗震设计规范对结构体系的要求时，允许按标准设防类设防。

2. 工程结构的安全等级

按《工程结构可靠性设计统一标准》GB 50153—2008 确定：

3.2.1 工程结构设计时，应根据结构破坏可能产生的后果（危及人的生命、造成经济损失、对社会或环境产生影响等）的严重性，采用不同的安全等级。工程结构安全等级的划分应符合表 3.2.1 的规定。

工程结构的安全等级（规范表 3.2.1）　　　　　　表 5-3-1

安全等级	破坏后果
一级	很严重
二级	严重
三级	不严重

注：对重要的结构，其安全等级应取为一级；对一般的结构，其安全等级宜取为二级；对次要的结构，其安全等级可取为三级。

3.2.2 工程结构中各类结构构件的安全等级，宜与结构的安全等级相同，对其中部分结构构件的安全等级可进行调整，但不得低于三级。

A.1.1 房屋建筑结构的安全等级，应根据结构破坏可能产生后果的严重性按表 A.1.1 划分。

房屋建筑结构的安全等级（规范表 A.1.1）　　　　　　表 5-3-2

安全等级	破坏后果	示例
一级	很严重：对人的生命、经济、社会或环境影响很大	大型的公共建筑等
二级	严重：对人的生命、经济、社会或环境影响较大	普通的住宅和办公楼等
三级	不严重：对人的生命、经济、社会或环境影响较小	小型的或临时性储存建筑等

注：房屋建筑结构抗震设计中的甲类建筑和乙类建筑，其安全等级宜规定为一级；丙类建筑，其安全等级宜规定为二级；丁类建筑，其安全等级宜规定为三级。

A.1.3 房屋建筑结构的设计使用年限，应按表 A.1.3 采用。

房屋建筑结构的设计使用年限（规范表 A.1.3）　　　　　　表 5-3-3

类别	设计使用年限（年）	示例
1	5	临时性建筑结构
2	25	易于替换的结构构件
3	50	普通房屋和构筑物
4	100	标志性建筑和特别重要的建筑结构

A.1.7 房屋建筑的结构重要性系数，不应小于表 A.1.7 的规定。

房屋建筑的结构重要性系数 γ_0（规范表 A.1.7） 表 5-3-4

结构重要性系数	对持久设计状况和短暂设计状况			对偶然设计状况和地震设计状况
	安全等级			
	一级	二级	三级	
γ_0	1.1	1.0	0.9	1.0

A.1.9 房屋建筑考虑结构设计使用年限的荷载调整系数，应按表 A.1.9 采用。

房屋建筑考虑结构设计使用年限的荷载调整系数 γ_L（规范表 A.1.9） 表 5-3-5

结构的设计使用年限（年）	γ_L
5	0.9
50	1.0
100	1.1

注：对设计使用年限为 25 年的结构构件，γ_L 应按各种材料结构设计规范的规定采用。

第四节 分析、设计方法及工具的选择与优化

如果说本章前三节内容所讨论的结构设计偏差是由于主观人为因素造成的话，那么本节所讨论的内容则为客观非人为因素所产生的结构设计偏差，我们这里称为"模型化误差"。

模型化误差一部分来自模型化的过程，也即从实际工程中抽象出来的结构计算模型与真实建筑结构的相似程度如何；另一部分来自软件功能的局限，也即结构分析设计软件能否实现对结构计算模型的精确分析与设计。这两方面是相辅相成的，在结构分析设计的理论与实践发展过程中也是相互促进与发展的。但有一点是确定的，随着结构分析设计理论的不断发展完善及伴随计算机技术不断突破所引发的数值技术与软件功能的不断强大，模型化误差会越来越小，结构分析与设计结果会越趋精确。因此本节内容也只能是基于目前的结构分析设计理论与软件发展水平所做出的分析与评价，是一个历史阶段的产物，或许在本书面世之日某些结论已不再成立，希望读者能够辩证地看待问题。

一、筏形基础模型及计算程序选用

筏形基础有两种计算模型，即弹性地基梁板模型及倒楼盖模型。倒楼盖模型其实是一种近似或简化的计算模型，是在结构设计手算时代应运而生的一种筏形基础的结构计算模型，是模型化误差较大且偏于保守的结构计算模型。在计算机、数值技术与软件水平高度发达的今天，倒楼盖模型并未退出历史舞台，因其相对简单易用而受到很多工程师的喜爱，因此在时下的筏形基础分析与设计中，倒楼盖模型还在大量使用。但倒楼盖模型毕竟是一种比较粗糙的结构计算模型，其最大的缺陷是没有考虑到地基土与筏板结构的相互作用，并假定地基反力按直线分布。因此倒楼盖模型必须符合一系列比较严格的条件才能采

用，也即真实的地基反力分布比较接近直线分布时才可应用，否则会导致较大的模型化误差，计算结果也会严重偏于保守。

倒楼盖模型可以采用查表法（静力计算手册的弯矩系数法）求取内力并计算配筋，也可采用有限元法。在模型本身的误差无法改变的情况下，有限元法可得到比弯矩系数法更准确、更经济的内力与配筋结果，可消除相邻板块同一支座两侧弯矩不平衡而取大值进行配筋的超配现象，还可消除弯矩系数法因活荷载最不利布置导致的弯矩放大现象，因为对于基础筏板所承受的地基反力而言，活荷载与恒荷载一样都是满布的，是不存在活荷载最不利布置的。

弹性地基梁板模型能考虑土与结构的相互作用，因此能比较真实地模拟出地基反力的分布状态。采用弹性地基梁板模型计算出来的地基反力将不再是直线分布，而是墙下、柱下（支座处）的地基反力较大，远离墙柱的跨中部位地基反力较小。在这种分布状态的地基反力作用下的筏板弯矩也比地基反力直线分布的弯矩要小，因此弹性地基梁板模型的筏板内力与配筋计算结果也更精确、更经济。

JCCAD 对弹性地基梁板模型提供了梁元法与板元法两种解算方法，二者在模型精度方面也存在差别。

梁元法的解算程序是对梁及筏板分别进行的，这和 PKPM 软件对普通梁板式楼盖的计算方法类似，在计算梁时只考虑筏板传给梁的荷载而不考虑筏板的作用，只不过在解算过程中考虑了土与结构的相互作用；而对筏板的计算则采用另一套方法，对于 PKPM 系列软件 JCCAD 而言，筏板的计算采用了三种方法：对于矩形板块采用《建筑结构静力计算手册》中的查表法计算，对外凸异形板块采用边界元法计算，而对内凹异形板块则采用有限元法计算。当然这三种方法也是由程序自动完成的，不需要用户人工干预。

板元法与梁元法的最大区别是板元法可将梁板结合起来进行整体计算，且对梁的布置没有要求，可不必像梁元法那样必须形成交叉梁系且只能对梁与板分别进行计算。因此板元法比梁元法的适用范围更广，且因梁板均采用有限元法进行计算，梁板之间以及相邻板块之间的内力、位移都是协调的，模型精度与解算精度也均比梁元法要高。但板元法的单元数量较多、计算参数也较多，因此对使用者的要求也更高，而且目前板元法计算软件的网格划分不尽如人意，容易出现狭长三角形等畸形单元，人为加辅助线等干预手段也很难奏效，造成有限元计算结果失真，其后处理程序也不够直观友好，既无法实现自动配筋，内力及配筋计算结果也比较凌乱，整理配筋数据的工作量很大，是很多结构工程师不愿采用板元法计算程序的主要原因。因此传统的板元法计算软件还存在较大的优化修改空间。

传统软件凡是计算配筋量大的地方，附近都有带尖角的单元。畸形网格造成应力集中，使得设计弯矩的取值失真。

YJK 软件采用和上部结构统一的先进有限元技术，自动划分单元质量高，求解快容量不再受限。柱墙作用在基础筏板上时考虑柱宽、墙宽的荷载作用范围和扩散面，将集中力分散作用在筏板上，可有效避免应力集中。因此，YJK 一般比传统软件筏板配筋结果小，其中，网格自动划分的效果是引起 YJK 配筋比传统软件小的主要原因。

此外，上部结构刚度对筏板内力与配筋的影响也很大，一般来说，考虑上部结构刚度后筏板钢筋可减少 10%～20%。

二、筏板、承台冲切计算的模型化误差

1. 内筒对筏板的冲切

对于框架-核心筒结构，核心筒处的刚度与荷载集度均较大，故核心筒下的基底平均压力也较大，与外框架下的基底平均压力差异较大，当有裙房时，基底平均压力的差异更加显著。基底压力不但不符合直线分布，而且核心筒下的基底平均压力要比外框架范围的平均压力大很多，如果与裙房下的基底平均压力相比，则可能是数倍的关系。

根据《建筑地基基础设计规范》GB 50007—2011，在计算平板式筏基内筒下的筏板冲切时，冲切力需扣除冲切锥体范围内的基底反力或桩反力。

8.4.8 平板式筏基内筒下的板厚应满足受冲切承载力的要求，并应符合下列规定：

1 受冲切承载力应按下式进行计算：

$$F_l/u_m h_0 \leqslant 0.7\beta_{hp}f_t/\eta \qquad\qquad （式 5\text{-}4\text{-}1）$$

式中：F_l——相应于作用的基本组合时，内筒所承受的轴力设计值减去内筒下筏板冲切破坏锥体内的基底净反力设计值（kN）；

u_m——距内筒外表面 $h_0/2$ 处冲切临界截面的周长（m）；

h_0——距内筒外表面 $h_0/2$ 处筏板的截面有效高度（m）；

η——内筒冲切临界截面周长影响系数，取 1.25。

2 当需要考虑内筒根部弯矩的影响时，距内筒外表面 $h_0/2$ 处冲切临界截面的最大剪应力可按公式（8.4.7-1）计算，此时 $\tau_{max} \leqslant 0.7\beta_{hp}f_t/\eta$。

对于框架-核心筒这种核心筒（处于核心筒冲切锥体范围之内）下基底平均压力明显大于整个计算模型基底平均压力的情况，如果计算冲切力时扣除的仅仅是整个模型的基底平均压力，则会使计算得到的冲切力大幅增加，人为导致冲切安全系数降低及筏板增厚等一系列不正常的计算结果，带来不必要的材料浪费。

对于此种情况，应该采用弹性地基梁模型并结合有限元解算方法分别计算出各主要竖向受力构件影响范围内相对真实的基底压力（或基底平均压力）。比如分别计算出核心筒冲切锥体范围内的基底压力（或基底平均压力）及外框架影响范围的基底压力（或基底平均压力），这样在计算内筒对筏板的冲切力时就能准确扣除冲切锥体范围内的基底反力，从而得到相对真实且较小的冲切力，使由冲切计算控制的筏板厚度大幅度减小。

【案例】 某项目内筒对筏板冲切计算结果的偏差

该项目上部为框筒结构（混凝土核心筒＋钢框架），地下 3 层，地上 54 层，总高 203m。下部为平筏基础，埋深为－15.0m，持力层为卵石，主筏板厚度 2.0m，主楼下 3.3m，核心筒下 3.95m。

传统软件在进行内筒冲剪计算时，采用的平均净反力＝总荷载÷总面积，因此对于核心筒下 3.95m 厚的筏板，冲切安全系数 0.6，以此推算，筏板厚度增大到 6.5m 才能满足要求，见图 5-4-1 的屏幕截图。

图 5-4-1 中的冲切力 F_l＝951396.9－447.1×793.482＝596601kN，其中的平均基底反力 447.1kPa 即为整个筏板底面积 5619.225m² 范围的基底平均反力。而 YJK 对内筒冲切锥体范围的基底反力是采用弹性地基梁模型并用有限元法求解的比较符合实际反力分布的基底反力，该值要比按整个筏板平均的基底反力大很多，这样在扣除冲切锥体范围内的基底反

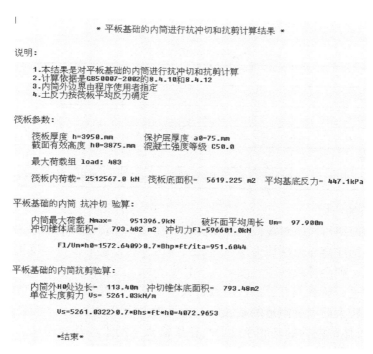

图 5-4-1　某软件内筒抗冲切计算结果

后，冲切力 F_l 要小很多，只有 150093.5kN，对于 3.95m 厚的筏板，冲切安全系数达 1.89。

图 5-4-2 为 YJK 内筒冲切计算结果：荷载－反力＝冲切力；冲切安全系数是 1.89。

图 5-4-2　YJK 的内筒抗冲切计算结果

表 5-4-1 为两者对比情况。

两种软件冲切计算对比　　　　　　　　　　　表 5-4-1

	某软件	YJK
内筒荷载(kN)	951396	936211
地基反力(kN)	354795	786117
冲切力(kN)	596601	150094
安全系数	0.6	1.89
计算结果不同的原因	采用平均基底压力	采用按弹性地基法计算的基底压力

2. 柱对筏板的冲切

柱对筏板的冲切与内筒对筏板的冲切类似，在计算冲切力时如果采用整个筏板下的平均基底净反力，同样会导致冲切力偏大，从而使由冲切控制的筏板厚度增大，当采用柱墩解决冲切问题时，则会导致柱墩厚度增大，柱墩平面尺寸也会相应增大。不同的是，内筒的数量少，不需进行荷载归并，但柱的数量较多，不同的柱轴力相差较大，有时甚至是数倍的关系，因此较大荷载柱附近的基底反力与筏板平均净反力相比差异更大，该柱对筏板（或柱墩）冲切锥体范围内的基底净反力与整块筏板下的平均基底净反力相差越大，所计算的冲切力越大，所需要的筏板（或柱墩）越厚，冲切计算结果越失真。

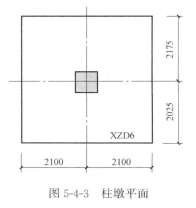

图 5-4-3　柱墩平面

表 5-4-2 中 XZD5、XZD5a 及 XZD6 的柱墩截面高度（1400mm 及 1600mm）偏大，柱墩平面如图 5-4-3 所示，因 JCCAD 冲切验算时直接用柱子轴力作为冲切力去计算柱的冲切，而没有扣除冲切锥体范围内基底净反力设计值。因此计算结果偏于保守，经顾问公司手算，柱墩高 1250mm 可满足最不利情况的冲切要求。但经过经济核算，柱墩尺寸调为 4200mm × 4200mm × 1600mm 后，仅单个柱墩的混凝土增量就达 13m³，钢筋根数、钢筋长度也均相应增多。因此调整到 3500mm × 3500mm × 1300mm 是比较合适的。

XZD5、XZD5a 及 XZD6 尺寸及配筋　　　　　　　　表 5-4-2

XZD5	(柱一)	−12.550	−13.950	4200	4200	1400	Φ32@200
XZD5a	(柱一)	−12.550	−13.950	4200	4200	1400	Φ32@150
XZD6	(柱一)	−12.550	−14.150	4200	4200	1600	Φ32@200

图 5-4-4 为北京顺义某项目 600mm 厚平板式筏基带总厚 1250mm 下柱墩最大柱荷载处（最不利荷载组合号为 1187，节点号 106）的柱对柱墩的冲切计算结果，R/S 为冲切安全系数，其中 R 表示筏板受冲切时最大抗力，S 表示各荷载组合作用下的最大效应，R/S 大于等于 1 表示冲切满足要求，R/S 小于 1.0 表示冲切不满足要求，软件显示以红色表示，图5-4-4中的 R/S：0.91 即表示原设计计算结果该柱对柱墩的冲切不满足要求。

表 5-4-3 为 JCCAD 中该柱对筏板冲切的计算书，非常简单，没有给出冲切力及柱墩厚度等关键信息，也没给出 R 与 S 的计算过程及结果。计算过程基本是个黑匣子，但从

426

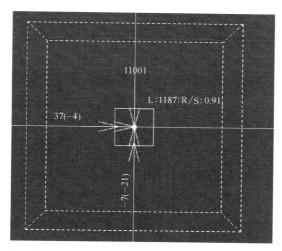

图 5-4-4 北京顺义某项目 600mm 厚平板式筏基采用某软件的计算结果

给定的基底压力 $p_0 = 116.63$ 来看，该值应该是整块筏板的基底平均反力。笔者试图以 116.63kPa 作为冲切锥体范围内的平均净反力进行计算，冲切力 $F_l = 9769.1$kN，得到的 R/S 为 1.0，不知道程序给出的 0.91 是怎么计算出来的。

某软件的冲切计算书 表 5-4-3

荷载	节点	N	M_x	M_y	P_0	B	H	R/S
1187	106	11000.8	36.7	−6.6	116.63	2.951	2.951	0.91

笔者根据规范公式及计算方法编写了一个柱对筏板（或柱墩）冲切的 Excel 计算程序，是将柱底轴力设计值减去该柱轴力影响范围内（取 8.4m×8.4m 一个标准柱网的面积）的基底平均净反力设计值而得到冲切力设计值。虽然该值仍比柱冲切锥体范围内的基底平均净反力要低，但相比取整个筏板下的平均净反力作为冲切力的计算依据已经是很大的进步，真实性也提高了很多。对于上述 600mm 厚筏板带 650mm 厚下柱墩，轴力最大柱的 R/S 为 1.05，冲切计算结果满足要求。图 5-4-5 为该 Excel 表格的冲切计算部分。其中柱轴力在一个标准柱距 8.4m×8.4m 范围内产生的基底净反力设计值为 155.9kPa，冲切力设计值为 9354.2kN。

柱底最大内力设计值	N=	11001	kN	M=	37	kN.m
柱距	$L_x=$	8.4	m	$L_y=$	8.4	m
柱轴力产生的基底净反力	$p_j=$	155.9	kN/m²			
冲切锥体投影面积	$A_l=$	10.56	m²			
冲切力设计值	$F_l=$	9354.2	kN			
冲切临界截面最大剪应力	$\tau_{max}=$	**1.010**	N/mm²	<=		
$0.7(0.4+1.2/\beta_s)\beta_{hp}f_t$	=	**1.058**	N/mm²	冲切满足	1.05	

图 5-4-5 自编 Excel 计算程序计算结果

3. 桩对承台的冲切

上部为剪力墙结构，地上 14 层，总高 34.8m。下部为桩承台基础，埋深为 −4.5m，持力层为碎石。见图 5-4-6、图 5-4-7。

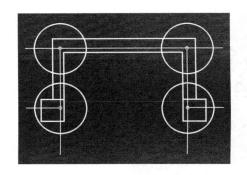

图 5-4-6　剪力墙下四桩承台墙柱示意

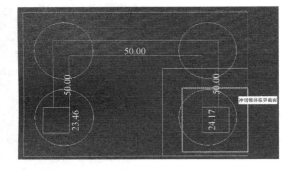

图 5-4-7　剪力墙下四桩承台墙柱内力图

传统软件的承台桩冲切结果：从 800mm 开始，每增加 50mm 试算一次，直到满足要求为止。最终，需要 1250mm，才能满足要求。

实际上桩都在柱、墙冲切锥内，不需要进行角桩冲切验算。

YJK 的承台冲切结果见图 5-4-8。

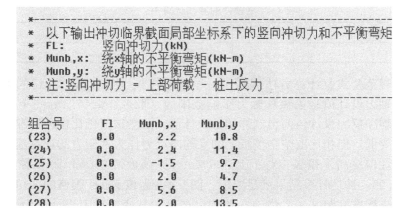

图 5-4-8　YJK 软件的计算结果

计算柱冲切力时，如果桩在冲切锥内，则扣除桩反力，现所有的桩都在柱墙冲切锥内，因此冲切力 F_l 为 0，不再进行角桩冲切验算。验算结果：800mm 厚的承台完全满足要求。

三、剪力墙组合截面配筋方式与程序选用

剪力墙大多是由多个墙肢相连组合在一起共同工作的，墙肢与墙肢之间、墙与其他构件之间变形协调，因此原则上应按组合截面计算内力及配筋，而不应按单肢墙去计算剪力墙的内力及配筋。对此《建筑抗震设计规范》GB 50011—2010 及《混凝土结构设计规范》GB 50010—2010 都有相关规定：

《建筑抗震设计规范》GB 50011—2010

6.2.13 钢筋混凝土结构抗震计算时，尚应符合下列要求：

3 抗震墙结构、部分框支抗震墙结构、框架-抗震墙结构、框架-核心筒结构、筒中筒结构、板柱-抗震墙结构计算内力和变形时，其抗震墙应计入端部翼墙的共同工作。

《混凝土结构设计规范》GB 50010—2010

9.4.3 在承载力计算中，剪力墙的翼缘计算宽度可取剪力墙的间距、门窗洞间翼墙的宽度、剪力墙墙厚度加两侧各6倍翼墙厚度、剪力墙墙肢总高度的1/10四者中的最小值。

从上述规范条文可以看出：第一，剪力墙的内力与配筋应考虑翼缘；第二，考虑的翼缘长度应有一定的限制，不应过长。

但是传统设计软件在计算剪力墙的配筋时是针对每个单肢墙按照一字墙分别计算，然后把相交各墙肢的配筋结果叠加作为边缘构件配筋，虽然这种配筋方式编程简单，但配筋结果时而偏大，时而偏小。导致这种配筋方式既不安全，又不经济。

特别对于带边框柱剪力墙，某软件是将柱配筋和与柱相连的墙肢配筋相加作为边缘构件配筋，常导致配筋大得排布不下，这完全是计算模型不合理导致的错误结果。

有的软件给出了手动方式的剪力墙组合截面配筋功能，是由人工指定相连的墙肢组成组合截面，再由软件对各墙肢的内力进行组合并进行配筋。此种做法的主要缺陷是：第一，软件对所选墙肢都按全截面考虑，因此由多个墙肢组成的组合截面可能过长过大，不再符合平截面假定，故计算结果不可信；第二，剪力墙组合截面多为不对称截面，但软件本身又不具备不对称配筋功能，仍按对称配筋方式计算，导致配筋结果常常偏大很多；第三，人工指定组合截面的工作效率较低。

针对以上问题，盈建科结构设计软件给出了剪力墙的自动组合截面配筋计算方法。

在计算参数的构件设计部分，设置了两个对剪力墙自动按照组合截面配筋的参数，一个是"墙柱配筋设计考虑端柱"，另一个是"墙柱配筋设计考虑翼缘墙"。见图5-4-9。

勾选"墙柱配筋设计考虑端柱"，则软件对带边框柱剪力墙按照柱和剪力墙组合在一起的方式配筋，即自动将边框柱作为剪力墙的翼缘，按照"工"字形截面或"T"形截面配筋。

勾选"墙柱配筋设计考虑翼缘墙"，则软件对剪力墙的每一个墙肢计算配筋时，考虑其两端节点相连的部分墙段作为翼缘，按照组合墙方式计算配筋。软件对翼缘的考虑不一定包含翼缘的全部长度，有时仅考虑翼缘的一部分参与组合计算，即考虑的翼缘长度不大于腹板长度的一半，且每一侧翼缘伸出部分不大于4倍翼缘厚度。对于短肢剪力墙，软件则自动考虑翼缘的全部长度。

组合墙的内力是将各段内力向组合截面形心换算得到的组合内力，如果端节点布置了边框柱，则组合内力包含该柱内力。

如果组合墙两端的翼缘都是完整的墙肢，则软件自动对整个组合墙按照双偏压配筋计算，一次得出整个组合墙配筋；如果组合墙某一端翼缘只是其所在墙肢的一部分，则软件对该组合墙按照不对称配筋计算。对于不对称的剪力墙组合截面，若按照对称配筋则总是取两端较大值，势必造成浪费，而按照不对称配筋方式才能得到经济合理的配筋结果。

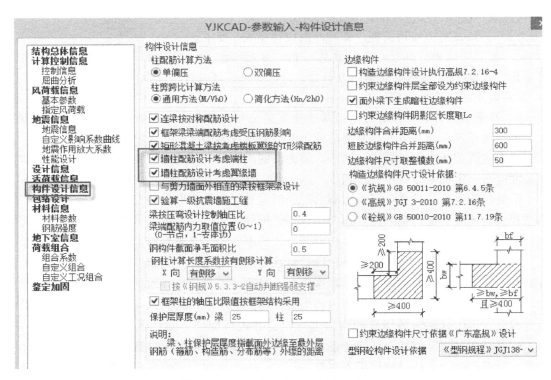

图 5-4-9　YJK 软件构件设计信息菜单

【案例】　天津港建-剪力墙钢筋的自动组合墙计算

对比按照组合墙和不按照组合墙的剪力墙配筋结果（图 5-4-10）。即其中一个勾选构件设计信息中的"墙柱配筋设计考虑端柱"、"墙柱配筋设计考虑翼缘墙"，而另一个不勾选，分别计算后，用计算结果中的"工程对比"菜单中的文本对比菜单，进行墙柱配筋、边缘构件配筋的配筋面积对比。

```
整个工程墙柱配筋面积(mm2)          YJK1              YJK2           相差(%)
        As                      1278193           112557           -91.2%
        Ash                      259386           268255             3.4%
配筋率超限数                           33               18
抗剪超限数                           11               10
超限墙柱数                           37               26

整个工程墙梁配筋面积(mm2)          YJK1              YJK2           相差(%)
        顶部                     808184           779721            -3.5%
        底部                     808184           779721            -3.5%
        箍筋                     124961           118424            -5.2%
超筋墙梁数                            1
抗剪超限数                          188              187
超限墙梁数                          188              187

整个工程边缘构件配筋              YJK1              YJK2           相差(%)
阴影区面积(cm2)                 7268340          7268310            -0.0%
    As(mm2)                 10469777          8646217           -17.4%
```

图 5-4-10　按单肢墙和组合墙的剪力墙配筋计算结果对比

图 5-4-11、图 5-4-12 为单肢墙和组合墙双偏压计算的墙肢计算结果对比（8.5 度，后者输出两个值）。

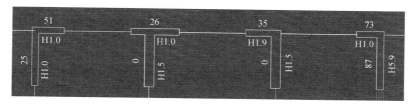

图 5-4-11　单肢墙计算的墙肢计算结果

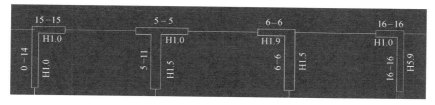

图 5-4-12　组合墙双偏压计算的墙肢计算结果

图 5-4-13、图 5-4-14 为单肢墙计算和组合墙双偏压计算的边缘构件结果对比。

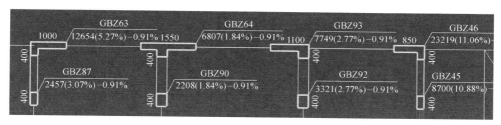

图 5-4-13　单肢墙计算的边缘构件计算结果

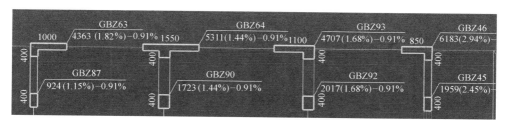

图 5-4-14　组合墙双偏压计算的边缘构件计算结果

傅学怡在《实用高层建筑结构设计》13 章提到：复杂截面剪力墙配筋采用分段设计，不安全、不经济。

四、短肢剪力墙减小模型化误差的软件处理方式

在传统软件中，如果墙元细分最大控制长度中所填入的数值（V2.0 以上版本默认为 1.0m）大于短肢墙的长度，该短肢墙将不会被细分，也即沿水平方向仅划分 1 个单元。对于较短墙肢，如果在有限元计算时在水平向对墙肢只划分了 1 个单元，则该墙肢的计算误差会很大。

盈建科软件可对短墙肢自动进行单元加密，对于水平向只划分了 1 个单元的较短墙肢，自动增加到 2 个单元，以避免短墙肢计算异常。

采用短墙加密后，单工况内力一般减小。

五、剪力墙连梁减小模型化误差的软件处理方式

连梁的建模方式有两种，即剪力墙开洞方式及普通梁输入方式，当跨高比较小时，计算结果差距较大；且很多工程师没有意识到的问题是，按普通梁方式输入有时并不合理。

如图 5-4-15，简图中连梁按普通梁输入，且普通梁按梁元法计算时，普通梁输入方式与洞口输入方式的计算结果对比见图 5-4-15 中表格。

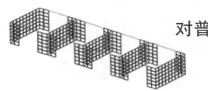

对普通梁方式输入的连梁按照梁元计算

普通梁按梁元计算模型，两种输入方式的计算结果对比

项目	周期(s)			顶层水平位移(10^{-3}m)			5 号梁弯矩(kN·m)			5 号梁剪力(kN)		
	L/H			L/H			L/H			L/H		
	1.5	2.5	3	1.5	2.5	3	1.5	2.5	3	1.5	2.5	3
洞口	0.1821	0.1909	0.1939	2.56052	2.93847	3.10810	30.5	25.2	20.7	−84.2	−50	−36.3
普通梁	0.1849	0.1934	0.1959	2.63529	3.01352	3.16988	52.2	50.2	44.5	−77.3	−44.7	32.9
差异率(%)	1.538	1.310	1.031	2.920	2.554	1.988	71.148	99.206	114.976	−8.195	−10.600	−9.366

图 5-4-15　对普通梁输入的连梁按照梁元计算

从对比结果及差异率来看，两种输入方式计算结果各项指标的模型化误差均较大。

而盈建科软件对"普通梁方式"输入的连梁的处理方式是，将跨高比较小的梁自动划分单元并按照"壳元"计算（图 5-4-16）。这大大降低了模型化误差，保证了两种输入方式计算结果的一致性。

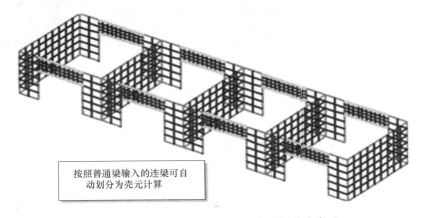

按照普通梁输入的连梁可自动划分为壳元计算

图 5-4-16　对普通梁输入的连梁自动划分为壳元

如图 5-4-17，简图中连梁仍按普通梁输入，但普通梁按壳元法计算且自动加密单元时，普通梁输入方式与洞口输入方式的计算结果对比见图 5-4-17 中表格。

 **对普通梁方式输入的连梁按照壳元计算**

普通梁按壳元计算模型，两种输入方式的计算结果对比

项目	周期（s）			顶层水平位移（10^{-3}m）			5 号梁弯矩（kN·m）			5 号梁剪力（kN）		
	L/H			L/H			L/H			L/H		
	1.5	2.5	3	1.5	2.5	3	1.5	2.5	3	1.5	2.5	3
洞口	0.1821	0.1909	0.1939	2.56052	2.93847	3.10810	30.5	25.2	20.7	−84.2	−50	−36.3
普通梁	0.1821	0.1909	0.1939	2.55931	2.93896	3.10813	30.5	24.7	20.4	−84.3	−49.9	−36.3
差异率	0.000	0.000	0.000	−0.047	0.017	0.001	0.000	−1.984	−1.449	0.119	−0.200	0.000

图 5-4-17　对普通梁输入的连梁按照壳元计算

从对比结果可看出，两种输入方式计算结果各项指标的差异率均在 2% 以内，基本消除了模型化误差，保证了两种输入方式计算结果的一致性。

六、柱剪跨比计算及短柱判断的模型化误差

柱的剪跨比是柱设计中的重要指标，规范对剪跨比小于 2 的柱定义为短柱，对剪跨比小于 1.5 的柱定义为极短柱，对短柱及极短柱的设计要求比普通柱要严格得多。

规范对柱剪跨比计算的通用算法是 $\lambda = M/(Vh_0)$，简化方法为 $\lambda = H_n/(2h_0)$，但规定简化计算方法只能用在框架结构中，且柱的反弯点在柱层高范围内时才可采用。从两种算法的公式可看出，同样的柱用简化算法的剪跨比总是比通用算法小。

传统软件只提供柱剪跨比的简化算法，首先这种应用超出了"框架结构"的范围，再者实际工程中柱反弯点在柱中的情况很少，因此大量按照通用算法并不属于短柱的结构，按照简化算法却属于短柱，常导致在高层建筑中出现大批超限的柱，结果只能通过加大柱截面尺寸来解决，造成不必要的浪费。

对钢筋混凝土柱提供剪跨比的通用计算方法 $M/(Vh_0)$，它的结果肯定比简化算法要大，可有效避免简化算法时大量柱超限的不正常现象。图 5-4-18 YJK 的构件设计信息界面，提供了通用算法与简化算法两种选择，且默认采用通用算法。

如图 5-4-19 为某 18 层框剪结构剪跨比按简化算法与通用算法柱超限数量与箍筋配筋量对比表，箍筋配筋量相差 5%～15%，还是非常可观的。

七、普通楼面梁优化设计的软件实现方式

1. 矩形混凝土梁考虑楼板翼缘作用按 T 形截面配筋

新版 SATWE 程序新增了"砼矩形梁转 T 形（自动附加楼板翼缘）"勾选项，勾选该参数则按 T 形截面梁计算，否则按矩形截面梁计算。盈建科软件也具有类似功能，见图 5-4-20。

梁按矩形截面与按 T 形截面计算配筋量对比见表 5-4-4。

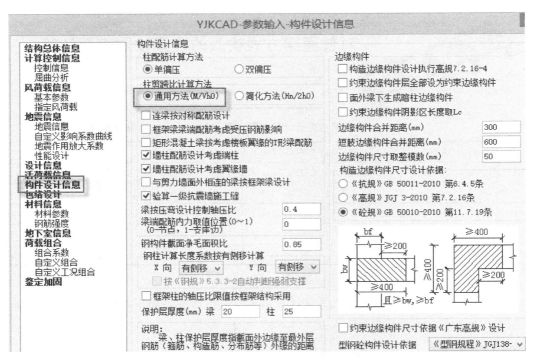

图 5-4-18　YJK 的构件设计信息-提供两种柱剪跨比计算方法

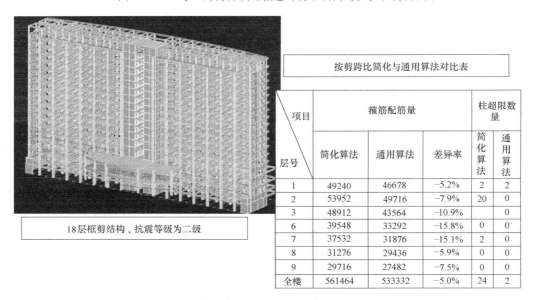

按剪跨比简化与通用算法对比表

项目 层号	箍筋配筋量			柱超限数量	
	简化算法	通用算法	差异率	简化算法	通用算法
1	49240	46678	−5.2%	2	2
2	53952	49716	−7.9%	20	0
3	48912	43564	−10.9%		0
6	39548	33292	−15.8%	0	0
7	37532	31876	−15.1%	2	0
8	31276	29436	−5.9%	0	0
9	29716	27482	−7.5%	0	0
全楼	561464	533332	−5.0%	24	2

18层框剪结构，抗震等级为二级

图 5-4-19　不同剪跨比计算方法的柱剪跨比超限数量对比

从表 5-4-4 可看出，考虑楼板作为梁的翼缘后，梁的跨中配筋量可有效降低。

2. 梁端配筋考虑柱宽

对梁柱重叠部分，SATWE 程序通过"梁柱重叠部分简化为刚域"参数来考虑，可有效降低梁端的配筋；而盈建科的处理方式则是提供了"梁端内力取值位置"输入项，见图 5-4-21。用户可以自主选择是采用柱中心弯矩或柱边弯矩进行梁端配筋，当梁端弯矩取柱

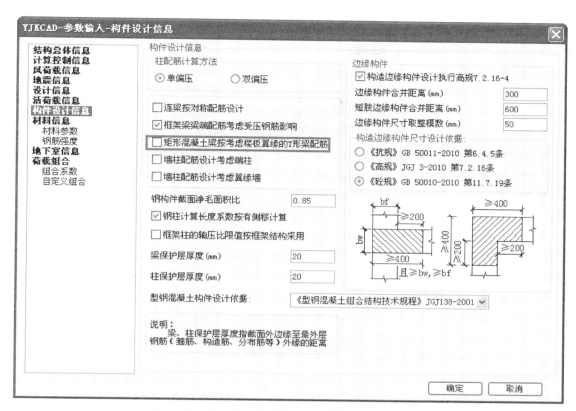

图 5-4-20　YJK 的构件设计信息-混凝土矩形梁转 T 形

边弯矩时，一般可减少梁上钢筋 15％以上，比设置梁刚域方式更有效。

梁按矩形截面与按 T 形截面计算配筋量对比　　　　表 5-4-4

构　　件	梁跨中配筋面积		
	矩形截面(mm²)	T 形截面(mm²)	配筋减少百分率(％)
中梁 1(300×600)	1114	1047	6.01
中梁 2(300×600)	1112	1046	5.93
中梁 3(200×450)	797	717	10.04
边梁 1(300×600)	1192	1133	5.0
边梁 2(300×500)	951	905	4.84
边梁 3(300×600)	1192	1132	5.03

3. 与剪力墙面外（垂直）相连的梁可按非框架梁设计

盈建科软件提供了"与剪力墙面外相连的梁按框架梁设计"的勾选项，当不勾选此项时，程序会视为非框架梁，按非抗震进行设计。见图 5-4-22。

按非抗震设计不但没有梁端箍筋加密的强制性要求，箍筋配置仅满足抗剪要求即可，而且对纵向钢筋在直径、根数、配筋面积及梁端截面底面和顶面纵向钢筋配筋量的比值等方面也没有强制性的构造要求，只需满足计算要求及非抗震的构造要求即可。因此按非抗震设计的构造配筋量会大为降低。

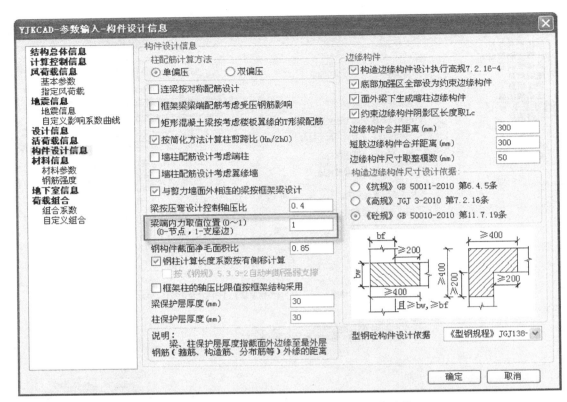

图 5-4-21   YJK 的构件设计信息-梁端内力取值

八、转换梁减小模型化误差的软件处理方式

传统软件采用梁单元计算转换梁，在计算模型中是以剪力墙的下边缘与转换大梁的中性轴变形协调，因此计算模型中的转换大梁的上表面在荷载作用下将会与剪力墙脱开，失去本应存在的变形协调性，不能真实反映转换梁的刚度，转换梁本身及转换梁上承托的剪力墙容易抗弯抗剪超限。

而实际情况是，剪力墙的下边缘与转换大梁的上表面变形协调。

盈建科软件对转换梁采用壳元模型计算，并自动进行单元划分，使细分的单元和上部承托的剪力墙单元保持协调，这种计算模型与实际模型接近，可充分发挥转换梁的刚度作用，从而减少抗弯抗剪超限现象。

图 5-4-23 为转换梁采用 YJK、ANSYS 及 SATWE 分别计算的转换梁弯矩对比曲线图。

从图 8-4-18 可看出，YJK 与 ANSYS 基本相同，SATWE 的跨中弯矩比 YJK 大将近一倍；YJK 支座弯矩比 SATWE 大，但可考虑支座宽度的影响，实配负筋并不大。

九、板类构件减小模型化误差的优化设计与软件实现方式

1. 单向板与双向板

当板块长宽比大于 2 但小于 3 时，规范的要求是"宜"按双向板计算；PKPM 梁板

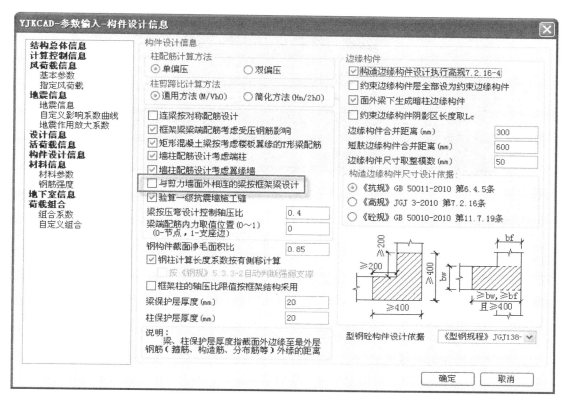

图 5-4-22　YJK 的构件设计信息-与剪力墙面外相连的梁的处理方式

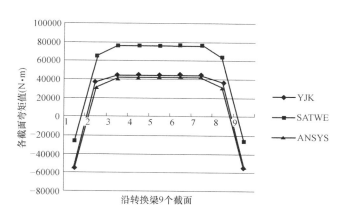

图 5-4-23　转换梁弯矩对比曲线图

配筋计算程序是以长宽比 3 为界,大于 3 则按单向板计算,沿长边的输出结果给出的是 0,意指单向板的分布钢筋,可按分布钢筋的最小配筋率 0.15% 且不小于受力钢筋的 15% 配置;小于 3 时程序一律按双向板处理,沿长边的输出结果会给出双向板计算配筋与 0.2% 构造配筋的较大值,因此当沿长边的配筋由构造控制时,构造配筋率会增加 0.05 个百分点。图 5-4-24 为长宽比大于 3 (右侧两个板块) 与小于 3 (左侧两个板块) 的板构造配筋输出结果。

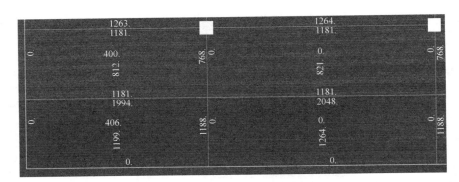

图 5-4-24 长宽比大于 3 与小于 3 的板构造配筋输出结果

2. 单块板与连续板

图 5-4-24 为按单块板采用弯矩系数法计算的配筋结果，可见连续单向板第一内支座两侧的弯矩极不平衡，一侧为 2048cm²，而另一侧为 1181cm²，软件配筋必然采用较大值 2048cm²。而实际情况是，板在支座处是连续的，弯矩也是连续的，两相邻板之间的板支座节点弯矩应该是平衡的，也即支座两边应该是协调工作、弯矩相同的结果。其值应该在 2048cm² 与 1181cm² 之间、并处于二者平均值 1615cm² 上下。但采用较大值 2048cm² 配筋的结果，相当于使该支座配筋超配 26％左右。

3. 弯矩系数法与有限元法

传统软件计算楼板时，对每个房间的楼板分别计算，如上文所述，对于相邻房间公共支座的弯矩和配筋，是取两房间各自计算出来的支座弯矩的较大值，因此支座弯矩常常偏大，支座配筋自然明显偏大。

盈建科提供对全层楼板采用有限元法计算的功能，软件可对全层楼板自动划分单元并求解计算，使房间之间的楼板保持协调，支座两边弯矩平衡，可以考虑到相邻房间跨度、板厚及荷载不同时的相互影响，计算精确合理，特别是可避免对支座弯矩人为取大造成的配筋浪费。

4. 弹、塑性设计

塑性设计允许支座发生塑性铰及开裂，支座弯矩不再增加，弯矩向跨中调幅。因此塑性设计的支座弯矩要小很多，跨中弯矩略有增加，总体配筋有较大幅度的降低。弹、塑性设计的理念为大多数结构工程师所熟悉，传统软件也均提供板塑性设计的功能，在此不再详述。

第五节　设计目标的合理设定与优化

一、建筑物总重量与桩（基础）总承载力的比值

1. 满堂布桩

当采用满堂布桩的桩筏基础时，若不考虑筏板下地基土的承载力贡献，则桩基所提供的承载力（特征值）之和应大于但尽量接近建筑物的总重量（标准值），也即令桩基础总

承载力与建筑物总重量的比值大于 1.0 且尽量接近 1.0。在整体或局部偏心荷载作用下，个别基桩的桩顶反力不超 1.2 倍单桩承载力特征值即可，而不应按 1.0 倍单桩承载力特征值来控制。当考虑筏板下地基土的承载力贡献时，也应令桩土承载力之和有不小于 95% 的利用率，在勘察报告岩土设计参数普遍偏于保守及上部结构荷载普遍比实际偏大的背景下，没必要令桩基的实际承载力富余太多。

2. 柱下或墙下局部布桩

柱下或墙下局部布桩的承载力利用率不容易控制，当桩型比较单一时，很容易出现某柱（或墙）下布 n 根桩承载力稍有不足，但布 n+1 根桩承载力却过剩较多的情况，或者某柱（或墙）下布 n 根桩承载力刚刚满足要求，但设计者出于谨慎心理或者信心不足而布 n+1 根桩的情况，此时承载力过剩得更多。

针对后一种情况，如果荷载施加与倒算环节没有纰漏，单桩承载力特征值的计算也没有高估，没有必要为了获得更多的安全储备而多增加一根桩；对于前一种情况，可选择承载力相对较小的桩型。但桩型较多且同种桩型数量不多时，可能会增加试桩的数量。一般来说，根据有关规范，只要新增桩型的桩数不足 100 根，则新增桩型后的总试桩数量必然增加。因此应针对新增桩型所产生的经济效益与试桩增加所增加的成本进行比较，当入不敷出时就没必要新增桩型。

3. 复合地基

复合地基的设计与桩基设计不同。复合地基属于岩土工程设计的范畴，一般不在主体工程的建筑结构设计服务范围之内，一般均单独委托具有岩土工程设计资质的专业设计单位进行设计，但主体工程的设计单位负责提出设计要求，即地基处理后所要达到的承载力水平及地基变形控制要求。因此在复合地基设计过程之中，会存在将安全储备层层放大的情况。

首先在设计院提资环节，绝大多数工程的地基处理或桩基工程设计都是在主体工程初步设计甚至方案设计阶段同步完成的，很少有在主体工程施工图设计完成之后再进行地基处理或桩基设计的情况，因此在建筑功能、布局未最终确定的情况下，荷载取值方面必然偏于保守，这是可以理解的。但这还不算，很多设计院的结构工程师，在提承载力要求时还会对荷载倒算结果再次放大。比如按保守荷载取值算出来的基底压力是 270kPa，则在提承载力要求时会不假思索，甚至是理所当然的按 300kPa 提设计要求。

其次在岩土工程设计环节，在地勘报告的桩间土承载力与桩基设计参数均相当保守的情况下，岩土工程师在计算单桩承载力与复合地基承载力环节也均会存在取整或打折行为。比如计算出来的单桩承载力特征值为 723kN，会按 700kN 取值，然后在计算复合地基承载力时，不是用 723kN 的单桩承载力特征值去计算复合地基承载力，而是用取整后的 700kN 的单桩承载力去计算复合地基承载力，在这种情况下，如果计算出来的复合地基承载力为 328kPa，也往往会取整为 300kPa。两项叠加，在岩土工程设计环节又会产生较大的安全储备。

其实这些做法都是很没必要的。作为主体结构提承载力要求的工程师，应该对自己的荷载取值与倒算结果有足够的自信，没必要人为放大；而作为岩土工程设计的工程师，首先要对地勘报告的岩土工程设计参数的保守程度有一个基本的评价，其次要对自己的计算有足够的自信。如果能够做到这两点，又有什么必要在自己的设计范围内继续保守呢？

而且主体工程设计院所提的承载力要求及岩土工程设计单位所提供的复合地基承载力都是深度修正前的承载力，而根据规范，地基处理后的复合地基承载力是可以进行深度修正的，这又是一项额外的安全储备。

作为评判指标，可令基底压力的平均值与按实际单桩承载力特征值及桩间距计算出来的复合地基承载力特征值之比大于90%，否则CFG桩复合地基设计偏于保守。

二、结构整体分析的侧向位移控制指标

在结构整体分析中，侧向位移控制指标也即层间位移角是一个强制性指标，是必须无条件满足的一项指标。《建筑抗震设计规范》GB 50011—2010 及《高层建筑混凝土结构技术规程》JGJ 3—2010 均规定了多遇地震下楼层内最大弹性层间位移角限值，见表5-5-1。

弹性层间位移角限值（《抗规》表5.5.1）　　　　　　　　　　表5-5-1

结构类型	$[\theta_e]$
钢筋混凝土框架	1/550
钢筋混凝土框架-抗震墙、板柱-抗震墙、框架-核心筒	1/800
钢筋混凝土抗震墙、筒中筒	1/1000
钢筋混凝土框支层	1/1000
多、高层钢结构	1/250

结构布置与试算环节需掌握的一个基本原则就是，弹性层间位移角既要满足规范要求，还不要富余太多。尤其是高烈度地区，应尽量将层间位移角控制在1/1000～1/1100之间，否则结构会过刚、过重，地震作用与地震反应都会加大，对抗震反而不利，造价还会增加。

此外还需注意的是，考虑偶然偏心的层间位移角一般会比不考虑偶然偏心的层间位移角要大。很多时候不考虑偶然偏心的层间位移角能满足规范要求，但考虑偶然偏心后的层间位移角则不满足要求。此时对考虑偶然偏心的层间位移角可以不予理会，以不考虑偶然偏心的层间位移角为准。见《高规》3.7.3 条的注。

《高层建筑混凝土结构技术规程》JGJ 3—2010

3.7.3　按弹性方法计算的风荷载或多遇地震标准值作用下的楼层层间最大水平位移与层高之比 $\Delta u/h$ 宜符合下列规定：

1　高度不大于150m的高层建筑，其楼层层间最大位移与层高之比 $\Delta u/h$ 不宜大于表3.7.3（本书表5-5-2）的限值。

楼层层间最大位移与层高之比的限值（《高规》表3.7.3）　　　　　表5-5-2

结构体系	$\Delta u/h$ 限值
框架	1/550
框架-剪力墙、框架-核心筒、板柱-剪力墙	1/800
筒中筒、剪力墙	1/1000
除框架结构外的转换层	1/1000

2　高度不小于250m的高层建筑，其楼层层间最大位移与层高之比 $\Delta u/h$ 不宜大于

1/500。

3　高度在 150m～250m 之间的高层建筑，其楼层层间最大位移与层高之比 $\Delta u/h$ 的限值按本条第 1 款和第 2 款的限值线性插入取用。

注：楼层层间最大位移 Δu 以楼层竖向构件最大的水平位移差计算，不扣除整体弯曲变形。抗震设计时，本条规定的楼层位移计算不考虑偶然偏心的影响。

此外，在层间位移角与规范限值相差不多时，在计算位移指标时连梁刚度可采用不折减模型。即内力配筋计算按正常情况对连梁刚度进行折减，但在计算地震位移指标时则不考虑连梁刚度折减。当采用 SATWE 程序计算时需分连梁刚度折减与不折减进行两次计算，但盈建科软件可通过勾选"增加计算连梁刚度不折减模型下的地震位移"自动计算出连梁刚度不折减模型下的位移及连梁刚度折减模型下的内力与配筋，一次计算解决了两个模型的不同计算结果，用户可以各取所需。

《建筑抗震设计规范》GB 50011—2010 第 6.2.13 条文说明指出："2　计算地震内力时，抗震墙连梁刚度可折减；计算位移时，连梁刚度可不折减。"

三、剪力墙连梁超限

剪力墙设计中连梁超限是一种常见现象，尤其是在高烈度地区，剪力墙连梁超限几乎无法完全避免。在 6 度地震区，剪力墙连梁超限的情况一般比较少见，但在 7 度地震区尤其是设计基本地震加速度为 0.15g 的地区，剪力墙连梁超限的情况就会时有发生，而在 8 度地震区，剪力墙连梁超限的情况就比较普遍。

许多未做过高烈度地区结构施工图设计的结构工程师，一开始做北京（8 度 0.2g）、天津（7 度 0.15g）时，对剪力墙连梁超限感到很不习惯，甚至有一种恐慌，怎么调模型都无法完全解决连梁超限问题。对此可通过如下措施予以解决：

1）减小连梁截面高度或设水平缝形成双连梁。很多结构工程师发现连梁超限，就想当然的增大连梁截面高度，结果只能是超限越来越严重。此时应反其道而行之，适当减小连梁截面高度或采用双连梁，可有效解决连梁超限问题；

2）可对该连梁刚度单独进行折减。比如若在 SATWE "调整信息"菜单中的"连梁刚度折减系数"已经输入为 0.7，意味着全楼连梁统一采用 0.7 的折减系数，此时可单独针对超限连梁采用 0.5 的折减系数，则该连梁分担的地震剪力也会显著降低，可有效解决超限问题或降低超限的程度。连梁刚度折减系数不应小于 0.5，且其截面与配筋应满足恒、活、风载下的承载力要求；

3）当前述两种方法仍不奏效时，可考虑该连梁在地震作用下不参与工作，按独立墙肢进行第二次结构内力分析（第二道防线），墙肢按两次计算所得的较大内力配筋。具体模型操作时可将该连梁按普通梁输入并与墙肢间连接按铰接处理，此时需关注层间位移角的变化，应使层间位移角仍满足规范要求，或相差不应太大。

此外，连梁应该按"强剪弱弯"的抗震设计原则配筋。对于剪力墙结构，连梁是主要耗能构件，其延性大小对整体结构的安全至关重要，限制其纵筋的最大配筋率，既能提高结构的安全度，又能获得一定的经济效益。对受剪截面不足的连梁，为确保其强剪弱弯并留有一定余量，可按 9 度一级抗震等级的连梁限制其抗弯能力。

四、裂缝控制指标

在基础底板、地下室外墙及有覆土的车库顶板的结构设计中，经常发现有很多的梁板配筋是由裂缝宽度控制的情况，导致构件配筋增多。从理论上来说，由正常使用极限状态来控制上述构件的配筋数量，本身就不具合理性，存在浪费现象。

构件裂缝宽度控制的目的是防止钢筋锈蚀，保证结构的耐久性，因此《混凝土结构设计规范》GB 50010—2010 规定了不同环境类别中裂缝宽度限值。从理论上，垂直于钢筋的横向裂缝的出现与开展只在开裂截面附近使钢筋发生局部锈点，而对钢筋的整体锈蚀并不构成重大危害。从实践方面，自 20 世纪 50 年代以来，国内外所做的多批带裂缝混凝土构件长期暴露试验以及工程的实际调查表明，裂缝宽度与钢筋锈蚀程度并无明显关系。因此近年来，各国规范对钢筋混凝土构件的横向裂缝宽度的控制都有放松的趋势。如欧洲规范的混凝土裂缝宽度限值就比我国规定的宽松。而保护层厚度的大小及混凝土的密实性对钢筋锈蚀与混凝土的耐久性更为关键，对这二者的要求比用公式计算来控制裂缝宽度更有意义。

《混凝土结构设计规范》GB 50010—2010 规定的裂缝宽度计算公式，是针对线形构件的，如梁及桁架等，单向板还可按线形构件做近似计算，但双向板则与线形构件相差较大，采用线形构件的裂缝宽度计算公式，其裂缝计算结果是不真实的。

双向板实为面式构件，其弯矩即便沿截面宽度方向的分布也是不均匀的，无论是支座截面还是跨中截面，都是截面宽度方向的中线处弯矩最大，向截面边缘处逐渐减小。但实际配筋则是在截面内不分弯矩大小一律按最大弯矩处均匀满跨配筋的，因此裂缝计算以截面宽度方向最大弯矩点的弯矩去计算整个板块或板带的裂缝宽度是偏大且不真实的。针对双向板目前还没有比较准确真实的裂缝宽度计算方法，借用杆式构件的裂缝宽度计算公式又缺乏足够的理论依据，且真实性不足，因此实际工程的双向板可以不验算裂缝，即便计算出的裂缝宽度较大，也不能简单地认为裂缝宽度超限而随意加大配筋甚至增大截面。

即便对于梁式构件，按计算机软件所算得的裂缝宽度多数也是不真实的。比如当梁端支座处的内力及配筋取柱中心的弹性弯矩时，内力与配筋水平会增大很多，而且大多是按单筋梁算法计算出来的钢筋面积，而实际上在抗震设计下框架梁支座下部的实配钢筋也很多，支座截面更接近双筋梁，忽略受压钢筋的作用而按单筋梁计算的结果，会导致计算所得钢筋应力与裂缝宽度比实际工作状态要增大许多；对于跨中截面，其一是梁受压翼缘的作用可能被忽略，其二是上部受压钢筋的作用也常常被忽略，而实际上在抗震设计时跨中上铁的配筋量也较大，忽略受压翼缘及受压钢筋的作用而按矩形截面单筋梁计算的结果，比实际工作状态下的 T 形截面双筋梁的钢筋应力与裂缝宽度也会增大许多，因此其裂缝宽度计算结果也是不真实的。因此对于电算结果的裂缝宽度超限情况，应针对上述所列情况进行全面客观的分析，必要时可手算复核裂缝宽度，不应简单按加大配筋来处理，尤其对于框架梁支座截面，若为了控制裂缝而加大配筋，很容易违反强柱弱梁的抗震设计原则。

有关双向板及框架梁裂缝宽度限值与计算的内容可参见李国胜老师的《多高层钢筋混凝土结构设计优化与合理构造》（第二版）第四章的有关内容。

《北京地区建筑地基基础勘察设计规范》DBJ 11—501—2009（2016 年版）第 8.6.5

条及其条文说明对塑性设计及其可能导致的裂缝宽度较大的问题也给出了比较详细的解释。

8.6.5 梁板式筏形基础底板可按塑性理论计算弯矩。

8.6.5 条文说明：当基础为梁板式筏形基础或平板式筏形基础时，其基础底板考虑以下因素一般可不进行裂缝宽度验算，但应注意支座弯矩调幅不要太大。

1 如8.6.3条条文说明所述筏形基础及箱形基础钢筋的实测应力都不大，一般只有20~50MPa，远低于钢筋计算应力；

2 设计人员计算基础底板时，一般采取地基反力均匀分布的计算模型，与实际地基反力分布不符，会使板裂缝宽度计算结果偏大；

3 目前设计人员一般采用现行国家标准《混凝土结构设计规范》GB 50010中裂缝计算公式进行裂缝宽度验算，而该公式只适用于单向简支受弯构件，不适用于双向板及连续梁，因此采用该公式计算的裂缝宽度不准确；

4 目前北京地区习惯的地下室防水做法是基础板下面均有防水层，因此对底板有较好的保护作用，这时对其裂缝宽度的要求可以比暴露在土中的混凝土构件放松。一般来说，只要设计时注意支座弯矩调幅不太大，混凝土裂缝宽度不致过大，而且数十年来大量工程有关筏形基础及箱形基础的钢筋应力实测表明，其钢筋应力都不大，混凝土实际上很少因受力而开裂，所以不会影响钢筋耐久性。

梁板式的筏板可按塑性双向板或单向板计算。筏板的裂缝可不必计算，因双向板的裂缝实际上是无法计算的，规范中裂缝宽度计算公式只适用于杆式构件，如梁和桁架等，对于基础梁，鉴于实测钢筋应力比设计应力小很多的事实，也没有必要计算裂缝。而且如果在设计时梁支座负弯矩筋是按柱中截面的弹性弯矩计算的话，配筋本身就会超配很多，此时如果仍按柱中弯矩去计算裂缝，将不只是计算失真，而是计算错误。

虽然《北京地区建筑地基基础勘察设计规范》DBJ 11—501—2009（2016年版）第8.6.5条及其条文说明具体针对的是梁板式筏基，但对于地下室外墙及地下车库顶板等与土、水直接或间接接触的构件，在很多方面是同样适用的。尤其是建筑防水层的存在，是不应该被忽视的有利因素。

其实我国规范对于混凝土结构裂缝宽度限值的规定与国外相比是偏于严格的，表5-5-3为欧洲混凝土规范EN1992-1-1：2004对于普通钢筋混凝土及预应力混凝土结构的裂缝宽度限值。

欧洲混凝土规范裂缝宽度限值　　　　　　　　　　　　　表 5-5-3

环境类别	钢筋混凝土构件及无黏结预应力混凝土构件	有黏结预应力混凝土构件
	准永久荷载组合	荷载长期组合
X0，XC1	0.4	0.2
XC2，XC3，XC4	0.3	0.2
XD1，XD2，XS1，XS2，XS3	0.3	不出现拉应力

表5-5-3中，X0为无腐蚀风险的构件、干燥环境下的钢筋混凝土构件；XC1、XC2、XC3、XC4为碳化腐蚀类别，其中XC1为干燥或永久水下环境、XC2为潮湿、偶尔干燥的环境（如混凝土表面长期与水接触及多数基础）、XC3为中等潮湿环境（如中等湿度及

高湿度室内环境及不受雨淋的室外环境)、XC4 为干湿交替的环境；XD1、XD2 为氯盐腐蚀类别，其中 XD1 为中等湿度环境（混凝土表面受空气中氯离子腐蚀）、XD2 为潮湿、偶尔干燥的环境（如游泳池、与含氯离子的工业废水接触的环境）；XS1、XS2、XS3 为海水氯离子腐蚀类别，其中 XS1 为暴露于海风盐但不与海水直接接触的环境（如位于或靠近海岸的结构）、XS2 为持久浸没在海水中的结构、XS3 为受海水潮汐、浪溅的结构。

从以上欧洲规范相关规定可以看出：欧洲规范的环境类别分得要更细，对裂缝控制宽度也比我们宽松。对于钢筋混凝土构件及无黏结预应力混凝土构件即便在潮汐浪溅等极端恶劣环境类别下也只是 0.3mm，相比之下，我国规范对室内潮湿环境及室外环境下的限值也要求 0.2mm，确实过于严格了。

现在很多有识之士及一些负责任的设计院已经认识到这一点，因此在设计院内部对裂缝宽度的限值都做了放松，对于二 a、二 b 类环境类别，有的放松到 0.25mm，有的放松到 0.3mm，也有的将二 a 类放松到 0.3mm、二 b 类放松到 0.25mm 等。

一些省市的地方规范也对裂缝宽度限值做出了放松的规定，如《北京地区建筑地基基础勘察设计规范》DBJ 11—501—2009（2016 年版）第 8.1.13 条：

8.1.13 当地下室外墙外侧设有建筑防水层时，外墙最大裂缝宽度限值可取 0.4mm。

对于受力较大的一些构件，确实能收到很好的经济效果。

由于裂缝宽度与保护层厚度有关，保护层越厚裂缝宽度越宽，而规范规定基础类构件下表面的保护层厚度不小于 40mm（有垫层）及 70mm（无垫层），因此保护层厚度均较大，有可能会因为保护层过厚的原因导致裂缝宽度过大。此时，可参照《混凝土结构耐久性设计规范》的相关规定，当保护层设计厚度超过 30mm 时，可将厚度取为 30mm 计算裂缝的最大宽度。

对于《地下工程防水技术规范》GB 50108—2008 中迎水面钢筋保护层厚度≥50mm 的规定，现在绝大多数的设计院选择忽视，《北京地区建筑地基基础勘察设计规范》DBJ 11—501—2009（2016 年版）更是明确规定了基础及地下墙体与土接触一侧的钢筋保护层厚度：

8.1.10 钢筋的混凝土保护层厚度：对基础底部与土接触一侧钢筋，有垫层时不小于 40mm，无垫层时不小于 70mm；对地下墙体与土接触一侧钢筋，无建筑防水做法时不小于 40mm，有建筑防水做法时不小于 25mm，且不小于钢筋直径。

综上所述，在具体设计时注意以下几方面问题：

1）正确确定混凝土构件的环境类别

根据《混凝土结构设计规范》，基础筏板混凝土可能属于下列环境类别之一：室内正常环境（一类环境）；室内潮湿环境（二 a 类环境）；与无侵蚀性的水或土壤直接接触的环境（二 a 类环境）；严寒和寒冷地区与无侵蚀性的水或土壤直接接触的环境（二 b 类环境）；严寒和寒冷地区冬季水位变动的环境（三类环境）。每个环境类别有对应的裂缝宽度限值，比如一类环境下普通钢筋混凝土结构的最大裂缝宽度限值为 0.3mm，在某些条件下也可放宽到 0.4mm；二、三类环境下普通钢筋混凝土结构的最大裂缝宽度限值为 0.2mm。因此，科学合理地选择环境类别，分析出现裂缝可能的危害非常重要。

2）掌握影响裂缝宽度的主要因素

裂缝宽度与混凝土保护层厚度、配筋率、钢筋间距有关。保护层厚度越厚、配筋率越低、钢筋间距越大，裂缝越大。实际设计中，在配筋总量不变的情况下，用更小直径、更密间距的配筋方式可减小裂缝宽度。

3）具体结构设计时对裂缝宽度限值应灵活掌握

如上所述，规范的裂缝宽度限值是偏严的，软件计算的裂缝宽度是偏大的，且对于双向板还存在规范公式并不适用的问题，还有就是有建筑防水层的混凝土构件的环境类别应该如何界定，也对裂缝宽度限值有影响。

因此对裂缝宽度限值应该区别对待并全面客观地看待裂缝宽度超限问题。建议对双向板不进行裂缝宽度验算，对单向板及梁可以按规范公式验算裂缝宽度，但必须谨慎对待裂缝宽度超限问题，一定要客观评价计算结果的真实性及准确性，不要轻易采用增大配筋甚至增大截面的做法。

五、配筋富余度

毫不客气地说，随着软件功能越来越强大、越来越集成，结构设计不是越来越精细，而是越来越粗糙。在结构设计的手算时代，荷载倒算精确到千克（1kg＝0.01kN），配筋精确到 mm²，而现在软件输出的结果则为 cm²，假设软件内部计算结果为 $8.01cm^2$，在程序输出时也会以 $9cm^2$ 输出，原本配 $4\phi16$（$8.04cm^2$）可满足要求，因软件输出精度的原因可能就需要多配一根钢筋，导致超配 25% 之多。

还有一种倾向，对于软件计算出来的结果，如果让结构工程师来自己决定配筋时，如果不超配一些，就会感觉不够安全。因此对于程序输出 $8cm^2$ 的情况，也不敢配 $4\phi16$（$8.04cm^2$），虽然有些时候不至于直接增加一根钢筋，按 $5\phi16$（$10.05cm^2$），但相信采用 $6\phi14$（$9.23cm^2$）的工程师还是很多的，也会导致超配 15%。

其实在手算时代，实配钢筋是可以比计算所需配筋略少的，一般是按 5% 控制，只要差值在 5% 以内，设计师一般不会为此而增加钢筋类型或根数。但现在的工程师，不要说少配，就是配筋刚刚好都会觉得不安全，完全失去了自信。

对于结构的安全度，规范已通过荷载分项系数、材料分项系数以及构造措施予以保证，设计师没必要人为加大结构的安全储备。对于配筋的富余度，宜控制在计算结果和构造要求较大值的 5% 以内，不应超过 10%，但结构转换层及结构超限加强措施区域可适当放松。

六、钢结构的稳定应力比

对钢结构设计的经济性审查相对容易，其一是审查荷载有无人为放大现象，其二是审查计算结果的稳定应力比。对于钢结构而言，除非构件本身有截面削弱现象，否则一律由稳定控制而不由强度控制，因此应重点核查绕截面两个主轴的稳定应力比。有个别结构工程师为了掩饰自己设计的保守，竟然恶意篡改计算书的数据，但又没能篡改明白，只改了强度一列的应力比，没有相应修改绕两个主轴的稳定应力比，见表5-5-4。

这种篡改数据的行为，不但暴露了自身在专业上的无知，而且也有违职业道德，甚至违法，绝对应该禁止。

单元号	强度	绕2轴整体稳定	绕3轴整体稳定	沿2轴抗剪应力比	沿3轴抗剪应力比	绕2轴长细比	绕3轴长细比	沿2轴 w/l	沿3轴 w/l	结果
1	0.77	0.23	0.20	0.02	0.02	45	43	—	1/7926	满足
2	0.77	0.26	0.22	0.02	0.02	45	45	—	1/8566	满足
3	0.87	0.25	0.22	0.02	0.02	45	45	—	1/9122	满足
4	0.86	0.25	0.21	0.02	0.02	45	45	—	—	满足
5	0.86	0.24	0.21	0.02	0.02	45	45	—	—	满足
6	0.65	0.24	0.20	0.02	0.02	45	45	—	—	满足
7	0.75	0.24	0.20	0.02	0.02	45	45	—	—	满足
8	0.75	0.23	0.20	0.02	0.02	45	45	—	—	满足
9	0.76	0.24	0.20	0.02	0.02	45	45	—	—	满足
10	0.87	0.25	0.21	0.02	0.02	45	45	—	—	满足

被设计师篡改的计算书　　　　表 5-5-4

对于同种类型截面而言，受力最大构件稳定应力比应尽量接近 1.0，受力最小构件的稳定应力比也应该在 0.8 以上，否则应该增加截面类型。对于表 5-5-4 中稳定应力比不大于 0.3 的情况，只能说结构设计太保守，应该普遍减小截面尺寸。

第六节　计算结果异常的甄别与优化

在这里主要强调设计师的主观能动性，对设计师而言，软件只是自己手中的一个工具，用这个工具所生产或制造出来的产品是否合格，也是使用工具者如何操作工具的结果，要负责的是工具的使用者而不是工具本身。换句话说，软件可以有免责条款，真的因软件本身而出了工程问题，软件的生产与销售单位有可能免责，而软件的使用者是不会免责的。设计的好与坏、对与错，虽然与软件有关，但把关的是设计师，问题要靠设计师去发现、甄别、改正。设计师永远不能迷信软件，软件可以有问题，而且没有哪一款软件能绝对保证没有问题（BUG），即便是操作系统软件，也存在各式各样的程序漏洞，也必须定期或不定期发布系统更新或各类补丁。软件使用者一定要具备基本的专业素养，用自己的专业学识与经验去发现、去甄别软件计算结果的异常。从另一角度，专业软件肯定是给专业人士使用的，设计师一定要跳出软件之外、从工具使用者的高度去操作软件，而不能身陷于软件之中对软件盲听盲信。

本书在此仅举一例，或许现在这个问题已不复存在，但还是具有一定的代表性。

图 5-6-1 为河北秦皇某项目高层区地下车库平板式筏基及下柱墩的典型部位配筋。下柱墩的上铁除了筏板的拉通钢筋外，另外配置了 $\phi14@200$ 的附加钢筋。甲方向设计院发出如下书面内审意见："柱墩上铁理论上为构造配筋，为何还要加设附加钢筋？请取消柱墩上铁附加钢筋"，但设计院的回复很简单，"答复：需要满足筏板计算书中配筋面积的要求"。可见对软件的依赖与迷信程度何等强烈，在甲方的要求与提醒之下都不愿去做专业

方面的深层次思考，不愿去想软件的内力计算结果是否正确、配筋是否符合内力分布规律等基本的岩土结构专业问题，一切唯软件计算结果是从，错了也要坚持。

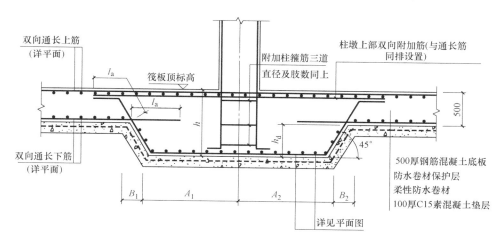

图 5-6-1　河北秦皇岛某项目下返柱墩构造

问题其实很简单，平板式筏基在向上的地基反力作用下，以柱为中心的柱墩处于支座负弯矩的影响范围之内，故柱墩截面下部受拉而上部受压，当柱墩抗弯按单筋设计时，是柱墩下铁钢筋拉力与柱墩上部混凝土受压区合力平衡并组成一对力偶共同抵抗截面所受弯矩。因此柱墩上铁处于截面受压区并可按构造配置，如果软件输出的柱墩上铁面积较大，只能说明软件有问题。作为结构工程师应该具备这种甄别与判断能力，不应该对软件输出结果盲听盲信。

第六章　外部设计条件对岩土结构成本的影响及优化策略

第一节　对勘察报告中岩土设计参数的评价与优化

地质勘察费用所占比例很小，但地质勘察对岩土、结构成本的影响却非常大，特别是对基坑边坡、基础以及地下室等与岩土有关部分的成本造价起到决定性的作用。作为甲方或优化咨询单位，对于勘察报告提供的岩土设计参数及抗浮设计水位等参数，因为对结构成本影响比较大，一定要客观评估，对于不合理的设计参数一定要质疑、评估，必要时可动用第三方力量或组织专家论证，不要拿过来就用，盲目接受。

现在常见一些勘察单位以低价中标，却往往原位测试与室内试验数量不足，只好向甲方提交偏于安全，甚至过于安全的勘察成果，对于甲方是因小失大。

也有很多三四线城市的本土勘察单位，按理说应该对本区域岩土地质积累了大量的工程经验，但遗憾的是这些本土勘察单位的勘察成果更加保守，置国家标准、地方标准、室内试验结果及原位测试结果于不顾，硬是在上述规范建议值及勘察评价结果的基础上再打一个很大的折扣，以结构安全为名，行保守勘察之实。反正甲方也不懂，保守的勘察成果既没有风险也不会被甲方发现，所以就可以任性而为之，久而久之就成为一种习惯、一种惯例，甚至上升为地区经验而理直气壮、心安理得了。

这是没有自信且不负责任的表现。

目前的房地产开发市场对上部结构的成本控制似乎都很关注，对主体结构设计单位提出了钢筋与混凝土含量的限值指标，对于保守的设计单位也往往是口诛笔伐甚至处以罚则。但须知上部结构的浪费与岩土地基基础方面的浪费相比则如冰山一角、九牛一毛。岩土设计参数取值合理与否，是否保守，很多时候不仅仅是基础尺寸小点、桩长短点或桩数少点那么简单，有的时候甚至可以彻底改变地基基础方案，从桩基变为复合地基或由复合地基变为天然地基，甚至直接从桩基变为天然地基，影响的可能是数百上千万的造价。说直白点，勘察报告的一个数，就可能让业主多花数百上千万元，于心何安啊。尤其在房地产市场处于低潮时期，成本控制就是开发商的生命线，勘察人员仅仅是由于自己无底线的保守，就让开发商背负沉重的成本压力，承受难以承受之重。作为为甲方提供专业服务的岩土勘察单位，是有违契约精神的。

一份优秀的勘察成果，不但能提供所有岩土结构设计所需的工程地质与水文地质参数，而且这些参数要尽量做到合理，而合理的参数不但要满足安全性的要求，而且要满足经济性的要求，即在满足安全的情况下尽可能经济。正如保守设计没有技术含量，体现不出设计者的设计水平一样，保守勘察同样没有任何技术含量，也同样不是高水平勘察的表现。因此对于岩土设计参数的确定，可以有高有低，但一定要有根据，而且是经得起质疑和推敲的根据，不能以习以为常的地方保守习惯作为根据。

从这个角度，选取一个经验丰富、负责任、有担当、服务配合意识好的地质勘察单位，并给予合理的勘察费用是做好岩土工程勘察、取得既安全又经济的岩土设计参数的关键因素，是真正能够大幅降低造价、以小博大的明智之举，是岩土工程设计优化的第一道屏障。而甲方自身或第三方咨询单位对勘察工作的过程控制及成果审核把关则是确保勘察成果既安全又经济的第二道屏障。一旦第一道屏障失控，如果存在第二道屏障且及时发挥作用，也可发挥防微杜渐或亡羊补牢的作用。

一、天然地基承载力取值与评价

《建筑地基基础设计规范》GB 50007—2011 中对地基承载力特征值作了如下定义：指由荷载试验测定的地基土压力变形曲线（p-s 曲线）线性变形段内规定的变形所对应的压力值，其最大值为比例界限值。

当 p-s 曲线有比较明显的起始直线段和陡降段（陡降型），可得到比例界限荷载 p_0 及极限荷载 p_u，如图 6-1-1（a）所示。当 $p_0 < p_u/2$ 时，取 p_0 作为承载力特征值 f_{ak}。当 $p_0 > p_u/2$ 时，取 $p_u/2$ 作为承载力特征值 f_{ak}。当曲线的斜率随荷载的增加而逐渐增大，p-s 曲线无明显转折点时（缓变型），如图 6-1-1（b）所示，对于黏性土，取 p-s 曲线上 $s = 0.02b$（b 为载荷板的宽度）所对应的压力作为承载力特征值 f_{ak}，对于砂土，可采用 p-s 曲线上 $s = (0.010 \sim 0.015)b$ 所对应的压力作为承载力特征值 f_{ak}。

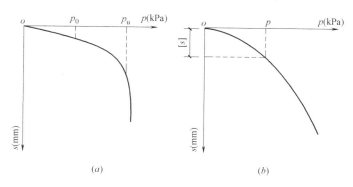

图 6-1-1　按静载荷试验曲线 p-s 确定地基承载力

（a）有明显的比例界限值；（b）比例界限值不明确

应该说，通过载荷试验所得到的天然地基承载力特征值相比其他手段所得到的天然地基承载力特征值是最直观、最可靠的，然而，鉴于岩土工程的复杂性及诸多不确定性，用于具体工程设计的地基承载力特征值不能仅靠载荷试验的结果，还需结合理论计算公式、其他原位测试手段及工程实践经验进行综合评价。

对此，《高层建筑岩土工程勘察标准》JGJ/T 72—2017 给出如下建议：

8.2.4　地基承载力应根据岩土工程条件选择适宜的原位测试和室内试验方法，结合理论计算、设计需要和工程经验进行综合评价。特殊土的地基承载力评价应根据特殊土的相关规范和地区经验进行。当需验证地基承载力特征值和变形模量时，宜在大面积开挖卸载后的基础底面处进行载荷试验。

《建筑地基基础设计规范》GB 50007—2011 第 5.2.3 条规定：

5.2.3 地基承载力特征值可由载荷试验或其他原位测试、公式计算，并结合工程实践等方法综合确定。

因此从规范的精神可以领悟到"综合评价"或"综合确定"对地基承载力评价的重要性。这里的综合评价或综合确定是指通过各种方法分别对地基土进行评价，对不同的结果进行甄别、判断，并结合设计需要所做出最终评价的过程，是依据但不依赖任何一种方法的评价方式，既不是简单的取平均值或最小值，也不是在评价结果的基础上打折的做法。

表 6-1-1 为某实际工程勘察报告提供的承载力综合评价结果，没有最重要的载荷试验评价结果，但相比一般的勘察报告而言，也算是比较全面的评价了。

各地基土层承载力分析表（单位：kPa）   表 6-1-1

土层编号	土层名称	按土工试验成果值查表	c、ϕ 计算 f_{ak}	静探估算 f_{ak}	标贯计算 f_{ak}	建议值 f_{ak}
②₁	粉质黏土	238	205	210	195	200
②₂	黏土	239	225	215	195	220
③	粉质黏土夹粉土	168	95	153	162	150
④₁	粉质黏土夹粉土	85	82	120	124	100
④₂	粉土	118		165	185	160
⑤₁	粉质黏土	253	233	245		240
⑤₂	黏土	258	265	250	262	260
⑤₃	粉质黏土夹粉土	203	185	220	210	200
⑤₄	粉质黏土	202	224	235	220	220
⑥₁	粉质黏土	139	80	145	165	130
⑥₂	粉土	116		175	189	160
⑥₃	淤泥质粉质黏土	95	85	121	101	90
⑦₁	粉质黏土	258	237	265	245	240
⑦₂	粉质黏土夹粉土	225	185	235	250	220
⑦₃	粉质黏土	266	245	256	265	250

从表 6-1-1 可以看出，该地勘报告的综合评价结果也即最右侧一栏的建议值就没有取各评价方法所得结果的最小值，而是加入了工程判断的成分。

地基土随成因、应力历史、颗粒组成、化学成分等不同，即使原位测试指标相同，其力学性质也可能有很大差异；即使在同一场地条件下，土的力学指标离散性一般也较大，因此强调因地制宜原则。自 2002 版《建筑地基基础设计规范》开始取消了原 89 规范的地基承载力表，也是这一原则的具体体现。但因地制宜不是保守勘察的借口，因地制宜所得的地基承载力也必须要有根据。而且本着因地制宜的原则，各省市一般制定比较符合本辖区内地质情况的地基承载力评价标准，比如《北京地区建筑地基基础勘察设计规范》DBJ 11—501—2009（2016 年版）及《河北省建筑地基承载力技术规程》DB13（J）/T 48—2005 等都有地基承载力评价标准。在这种有针对性地方标准可供直接参考情况下，勘察人员更没有必要畏首畏尾，按地方标准的评价方法去评价取值即可，没必要再进行打折处理。

【案例】 河北邢台某项目

根据建筑物埋深及岩土层分布状况，本工程大部分建筑物基底标高在第③层中砂层厚度范围内，个别较深或较浅的基础可能会落在第④层粉质黏土层或第②层粉质黏土层内。图 6-1-2 为典型地质剖面图。

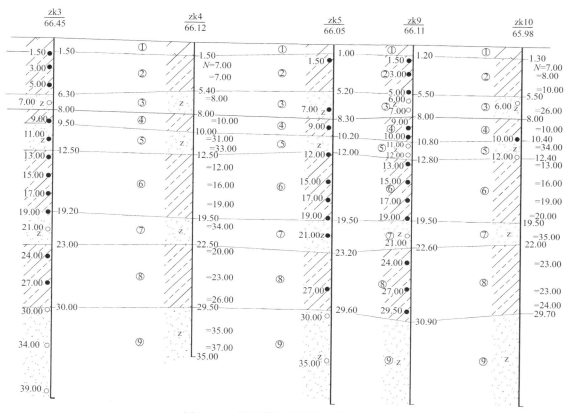

图 6-1-2　河北邢台某项目地质剖面图

1）根据室内试验物理力学指标确定地基土承载力特征值

根据《河北省建筑地基承载力技术规程》DB13（J）/T 48—2005，邢台地区属于山前平原区（Ⅱ区），可按表 6-1-2 确定第②层粉质黏土及第④层粉质黏土的承载力特征值。经查勘察报告提供的"物理力学指标统计表"，第②层粉质黏土的液性指数 $I_L=0.47$、天然孔隙比 $e=0.605$；第④层粉质黏土的液性指数 $I_L=0.64$、天然孔隙比 $e=0.717$，经查表 6-1-2，第②层粉质黏土的承载力特征值为 287kPa、第④层粉质黏土的承载力特征值为213.7kPa。但勘察报告所给承载力特征值则分别为 110kPa 及 140kPa，严重偏低。

Ⅰ、Ⅱ区黏性土承载力特征值（河北省规程表 6.0.2-1）　　　　表 6-1-2

孔隙比 e ＼ 液性指数	0.00	0.25	0.50	0.75	1.00
0.5	470	410	360	(320)	
0.6	375	325	285	250	(225)

孔隙比 e \ 液性指数	0.00	0.25	0.50	0.75	1.00
0.7	305	270	230	210	190
0.8	260	225	200	180	160
0.9	220	195	170	150	135
1.0	195	170	150	135	120
1.1		150	135	120	110

注：有括号者仅供内插用。

2）根据原位测试指标确定地基承载力特征值

根据标准贯入试验锤击数对第②层粉质黏土及第④层粉质黏土的承载力特征值进行评价，第②层粉质黏土经杆长修正后标准贯入试验锤击数分别为 7.9 击（平均值）及 7.5 击（标准值），查表 6-1-3 得承载力特征值分别为 195.7kPa 及 188.75kPa；第④层粉质黏土经杆长修正后标准贯入试验锤击数分别为 9.5 击（平均值）及 6.8 击（标准值），查表 6-1-3 得承载力特征值分别为 223.75kPa 及 177kPa；均远大于勘察报告所给承载力特征值 110kPa 及 140kPa。

Ⅰ、Ⅱ区黏性土承载力特征值（河北省规程表 6.0.3-8）　　　表 6-1-3

N	3	5	7	9	11	13	15
(kPa)	115	150	180	215	250	285	320

对于第③层中砂可按表 6-1-4 确定承载力特征值，根据勘察报告，第③层中粗砂经杆长修正后标准贯入试验锤击数平均值为 N=20.3 击、标准值为 17 击。查表 6-1-4 并内插，则按平均值及标准值查得的承载力特征值分别为 262.4kPa 及 236kPa。勘察报告所给承载力特征值则为 140kPa，严重偏低，甚至低于中砂垫层的承载力。

中、粗砂承载力特征值（河北省规程表 6.0.3-14）　　　表 6-1-4

N	10	15	20	25	30	35	40	45	50
(kPa)	180	220	260	300	340	380	420	460	500

经综合评定并参考其他项目经验，对第②③④层的天然地基承载力特征值可分别取 180kPa、230kPa 及 170kPa。

经甲方顾问公司与勘察单位多轮沟通和交涉，最后将第②③④层的天然地基承载力特征值分别由原来的 110kPa、140kPa 及 140kPa 提高到 120kPa、180kPa 与 150kPa。虽然没能达到预期承载力数值，但因大部分基础埋深在第③层，从 140kPa 到 180kPa 近 29% 的提升幅度还是不错的，尤其对于一些多层或小高层住宅，经深宽修正后天然地基承载力即可满足要求，省去了地基处理的工期及费用。

二、压缩性指标（变形计算参数）的取值与评价

1. 变形计算参数取值偏低

当地基基础设计由变形控制或者采用变刚度调平设计方法调整主裙楼间的差异沉降

时，作为变形计算的重要依据——变形计算参数取值的准确性与合理性就尤为重要，如果变形计算参数本身就不准或过于保守，计算出来的结果也没有太大意义。当设计由变形控制而需要改变地基基础形式时，更会造成很大的浪费。因此甲方及其顾问咨询单位不但要重点关注承载力的取值，也不要遗忘对地基变形计算参数的审核与评估。

同样以上述邢台项目为例，原勘察报告对第③层中密状态的中砂层，压缩模量取值仅为12MPa，这个数值就低得有点离谱了。即便是中砂垫层，根据《建筑地基处理技术规范》JGJ 79—2012，第4.2.7条文说明表7中给出的压缩模量也高达20～30MPa。

根据《北京地区建筑地基基础勘察设计规范》DBJ 11—501—2009（2016年版）第7.4.10条，对第四纪沉积土可根据标准贯入试验锤击数 N 和深度 z 按下式计算压缩模量

$$E_s=0.712z+0.25N+\eta_s=0.712\times6+0.25\times17+18.1=26.62\text{MPa}$$

因此勘察报告中对第③层中密状态中砂的压缩模量仅为12MPa是不恰当的，建议提高到20MPa以上。第⑤⑦⑨层中砂的压缩模量相应提高。

经多轮交涉，最后勘察单位将该中密中砂层的压缩模量提高到17MPa，可见其保守勘察的惯性有多大。

2. 勘察报告未提供各压力区间的压缩模量

《建筑地基基础设计规范》GB 50007—2011 的重要原则是按变形控制设计，故准确确定土的变形指标（压缩性指标）是变形控制设计的前提。土的压缩模量不是常数，随压力的增大而增大，但增长率逐渐减小。由于地基变形具有非线性性质，故采用固定压力段下的 E_s 值必然会引起沉降计算的误差，故在计算地基变形时，某一土层的压缩模量应按实际工作状态时的应力状态取值，即取对应于该层土自重压力与附加压力之和的压力段的压缩模量。

对工程设计人员而言，岩土工程勘察报告是地基基础设计的重要依据，一系列物理力学指标都应以勘察报告中提供的值为准，包括土的压缩性指标。但各勘察单位在其成果报告中对压缩性指标的整理结果却不尽相同，理想的勘察报告应该是提供各层土在其最大可能压力值范围内各压力区间的压缩模量，以列表的形式给出，如表6-1-5所示。

西安某工程勘察报告提供的压缩模量列表　　　　表6-1-5

地层	地基土各压力段下的压缩模量 E_s（MPa）						
	0.1～0.2	0.2～0.3	0.3～0.4	0.4～0.5	0.5～0.6	0.6～0.7	砂类土
②黄土状粉质黏土	8.7						
③圆砾							40.0
④粉质黏土	7.2						
⑤圆砾							40.0
⑥粉质黏土	8.5	8.7					
⑦中粗砂							30.0
⑧粉质黏土	8.3	8.5	13.2	15.0			
⑨粗砂							40.0
⑩粉质黏土	9.9	10.0	13.0	19.0	20.0		
⑪圆砾							45.0
⑫粉质黏土	8.6	9.0	13.1	14.2	15.5	18.0	
⑬砾砂							40.0

能提供这样的成果固然好，但在笔者实际所遇的工程中，能够在勘察报告中将各压力段下的压缩模量整理成文字表格形式的并不多，大多是仅在物理力学性质统计表中提供 $0.1 \sim 0.2$MPa 压力区间的压缩模量（$E_{s0.1-0.2}$）及综合固结试验（压缩试验）成果 $e-p$ 曲线，有的勘察报告甚至连 $e-p$ 曲线都不提供，这时设计者应该理直气壮地索要相应压力段的压缩模量或索要各层土的 $e-p$ 曲线，再从中查取各压力段的压缩模量，不可一概采用 $E_{s0.1-0.2}$ 去进行地基变形计算。虽然物理力学性质统计表中也提供了压缩模量值，但该值仅是 $0.1 \sim 0.2$MPa 压力区间的压缩模量 $E_{s0.1-0.2}$，在工程实践中，$E_{s0.1-0.2}$ 仅作为土的一项物理力学指标用来判断土的压缩性类别。若直接将 $E_{s0.1-0.2}$ 用于地基变形验算，将使计算结果严重偏大。

地基土的压缩性按 p_1 为 100kPa，p_2 为 200kPa 时相对应的压缩系数值 a_{1-2} 划分为低、中、高压缩性，并按以下规定进行评价：1）当 $a_{1-2} < 0.1$MPa^{-1} 时（$E_s > 15$MPa），为低压缩性土；2）当 0.1MPa$^{-1} \leqslant a_{1-2} < 0.5$MPa^{-1} 时（$4$MPa $< E_s \leqslant 15$MPa），为中压缩性土；3）当 $a_{1-2} \geqslant 0.5$MPa^{-1} 时（$E_s \leqslant 4$MPa），为高压缩性土。

图 6-1-3、图 6-1-4 来自无锡某工程的勘察报告，对照图中的地质剖面，可见⑥₁ 层顶

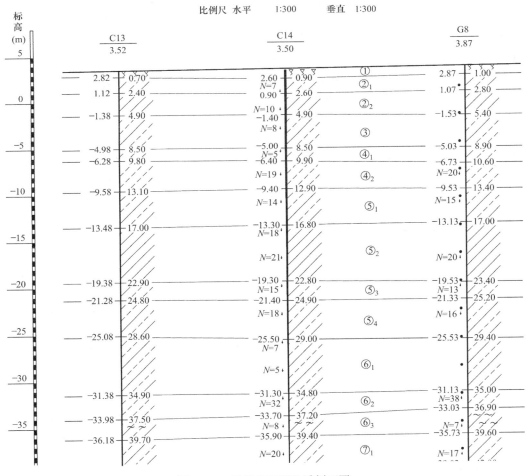

图 6-1-3　无锡某工程地质剖面图

454

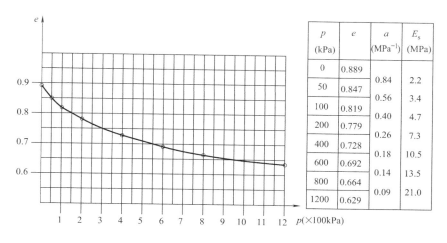

p (kPa)	e	a (MPa^{-1})	E_s (MPa)
0	0.889		
50	0.847	0.84	2.2
100	0.819	0.56	3.4
200	0.779	0.40	4.7
400	0.728	0.26	7.3
600	0.692	0.18	10.5
800	0.664	0.14	13.5
1200	0.629	0.09	21.0

图 6-1-4　无锡某工程第⑥₁层土 e-p 曲线

的自重应力约为 570kPa，⑥₁层底的自重应力约为 700kPa，故⑥₁层的平均自重应力超过 600kPa。假如建筑物采用桩基，桩端持力层为⑥₁层，则验算桩基沉降时第⑥₁层土应采用 600～800kPa 压力段的压缩模量。从图中 e-p 曲线查得，⑥₁层土 $E_{s0.6-0.8}=13.5$MPa，该值约为 $E_{s0.1-0.2}=4.7$MPa 的三倍，若此时仍然采用 $E_{s0.1-0.2}$ 值去计算桩基沉降，将使计算结果产生严重偏差。

故变形计算必须采用合适压力区间的压缩模量，若勘察报告没有提供所需压力段的压缩模量，则应向勘察单位索要，不可一概采用 $E_{s0.1-0.2}$，也不宜主观臆测，应以勘察单位提供的数据为准。若勘察报告提供了 e-p 曲线，则可从 e-p 曲线中查得。

【案例】　哈尔滨某酒店

该项目主楼高度 168m，桩长 32m，桩端持力层为粗砂层，下卧层为强风化泥岩，层顶埋深约为 55m。勘察报告仅给出强风化泥岩在 0.1～0.2MPa 区间的压缩模量（6MPa），据此算得的主楼沉降达 150mm。后向勘察单位索要强风化泥岩层对应于其所受压力区间的压缩模量（31MPa），据此算得的主楼沉降约 70mm，差异明显，设计者不可不慎。

三、桩基设计参数的取值与评价

此处的桩基包括常规桩基，也包括刚性桩复合地基中的竖向增强体，但不包括柔性桩复合地基中的竖向增强体。目前桩基设计参数也有越来越保守的趋势，因此有必要审核把关并进行必要的优化。

桩基的分类方式有多种，但从成桩工艺对承载力影响程度的角度，可分为混凝土预制桩、泥浆护壁钻（冲）孔灌注桩及干作业钻孔灌注桩三类。这也是《建筑桩基技术规范》JGJ 94—2008 第 5.3.5 条估算单桩承载力时提供桩侧阻、桩端阻建议值的分类方式。桩侧阻、桩端阻会因上述三种成桩工艺的不同而不同，大概的规律是：混凝土预制桩的侧阻略大于灌注桩的侧阻，其端阻与干作业钻孔灌注桩的端阻接近，但远大于泥浆护壁钻（冲）孔灌注桩的端阻；干作业钻孔灌注桩的侧阻与泥浆护壁钻（冲）孔灌注桩的侧阻相近，但其端阻远大于泥浆护壁钻（冲）孔灌注桩的端阻。

因此，理想而完善的岩土工程勘察报告应该按上述三种不同工艺分别给出桩侧阻与桩端阻的建议值，由甲方及设计单位根据最终采用的成桩工艺酌情采用。

但现在的很多勘察单位，不仅仅是参数取值保守的问题，而且所提供的桩基设计参数大都不标明成桩工艺，甚至连预制桩与灌注桩都不加区分。这是非常不科学、不严谨的。还有的勘察单位或岩土工程师甚至不能正确区分泥浆护壁成孔灌注桩与水下浇筑混凝土工艺之间的区别，对于长螺旋钻机成孔这类干作业成孔的灌注桩，只要在桩长范围存在地下水，就一律按泥浆护壁钻孔灌注桩对待，这都是不对的。

【案例】 河北高碑店某项目

该项目采用 CFG 桩复合地基，桩端持力层为第⑧中砂层，桩长不小于 15m，桩径 400mm。

甲方优化意见：

1）第⑧中砂层，标准贯入试验 N 值范围为 21～27，属中密偏密实的状态，当桩长不小于 15m 且采用长螺旋钻孔压灌桩工艺（典型的干作业钻孔桩工艺）时，桩基规范给定的极限端阻力标准值为 3600～4400kPa，而勘察报告中给出的值仅为 1200kPa。严重偏低，请根据规范并结合地区经验进行调整。

2）上述中砂层极限侧阻力标准值取值 55kPa 也偏低，请相应调整。

勘察单位回复：第⑧层中砂层，极限端阻调整为 2500kPa，极限侧阻力调整为 60kPa。

【案例】 河北保定某项目

与前述案例情况类似，表 6-1-6 为原勘察报告的桩基设计参数，未根据成桩工艺进行区分。

桩的极限侧阻力及极限端阻力标准值一览表

表 6-1-6

土层编号	岩土名称	极限侧阻力标准值 q_{si}(kPa)	极限端阻力标准值 q_p(kPa)	备　注
⑤	粉质黏土	45		
⑤₁	粉土	45		
⑤₂	细砂	45		
⑥₁	粉土	55		
⑥₂	中砂	55	1200	
⑦₁	粉土	60	700	
⑦₂	细砂	55	1100	
⑦₃	粉质黏土	55	700	
⑦₄	细砂	55	1200	
⑧₁	粉质黏土	55	1000	
⑧₂	中砂	60	1400	

注：以上数据仅用于初步设计估算单桩承载力时使用，施工图设计应以静载试验为准。

表 6-1-7 为根据甲方优化意见修改的桩基设计参数，明确了干作业钻孔灌注桩的桩基设计参数。

灌注桩（干作业）的极限侧阻力及极限端阻力标准值一览表 表 6-1-7

土层编号	岩土名称	极限侧阻力标准值 q_{si}(kPa)	极限端阻力标准值 q_p(kPa)	备注
⑤	粉质黏土	55		
⑤₁	粉土	50		
⑤₂	细砂	45		
⑥₁	粉土	60		
⑥₂	中砂	55	1800	
⑦₁	粉土	60	1000	
⑦₂	细砂	55	1200	
⑦₃	粉质黏土	60	800	
⑦₄	细砂	55	2000	
⑧₁	粉质黏土	60	1000	
⑧₂	中砂	60	2500	

注：以上数据仅用于初步设计估算单桩承载力时使用，施工图设计应以静载试验为准。

【案例】 河北邢台某项目

该项目采用 CFG 桩复合地基，住宅区桩端持力层为第⑦层中砂层，商业区桩端持力层可选择第⑨层中砂层，原勘察报告不但桩基设计参数取值偏低，而且未提供第⑨层中砂层的桩基设计参数。经甲方顾问公司优化后，勘察单位提供修改后的桩基设计参数如表6-1-8 所示，其中第⑦层中砂层的桩端阻由 1800kPa 提高到 2000kPa，虽然不够理想，但新增第⑨层中砂层的端阻则为 3300kPa，还是比较合理的。

长螺旋钻孔泵压混凝土桩（CFG 桩）极限侧阻力与极限端阻力标准值 表 6-1-8

土层编号	土层名称	桩极限侧阻力标准值 q_{sik}(kPa)	桩极限端阻力标准值 q_{pk}(kPa)
③	中砂	45	—
④	粉质黏土	50	—
⑤	中砂	55	—
⑥	粉质黏土	55	900
⑦	中砂	60	2000
⑧	粉质黏土	58	1100
⑨	中砂	65	3300

四、基坑支护设计参数的取值与评价

对于边坡与基坑支护工程，影响最大的是岩土的抗剪强度指标 c 与 ϕ，一般需要通过野外取样并经室内试验得到。对于 c 与 ϕ 的取值，不仅仅是保守与否的问题，还和试验方法及试验条件密切相关。试验方法分为三轴剪切试验与直接剪切试验两种。三轴剪切试验又叫三轴压缩试验，根据固结与排水条件分为不固结不排水剪试验（UU）、固结不排水剪试验（CU）及固结排水剪试验（CD）；直接剪切试验又根据试验加载速度与排水条件分为慢剪试验、固结快剪试验及快剪试验。因此勘察工作都需要做何种类型的剪切试验、对试验结果如何评价并给出建议值、在进行岩土工程设计时又将采用何种抗剪强度指标，都是困扰岩土结构工程师的常见主要问题。一般来说，可按如下原则选用：

1）对于淤泥及淤泥质土，应采用三轴不固结不排水抗剪强度指标；

2）对正常固结的饱和黏性土应采用在土的有效自重压力下预固结的三轴不固结不排水抗剪强度指标；当施工挖土速度较慢，排水条件好，土体有条件固结时，可采用三轴固结不排水抗剪强度指标；

3）对砂类土，采用有效应力强度指标；

4）验算软黏土隆起稳定性时，可采用十字板剪切强度或三轴不固结不排水抗剪强度指标；

5）作用于支护结构的土压力和水压力，对砂性土宜按水土分算的原则计算；对黏性土宜按水土合算的原则计算；也可按地区经验确定；

6）主动土压力、被动土压力可采用库仑或朗肯土压力理论计算；当对支护结构水平位移有严格限制时，应采用静止土压力计算。

很多时候，勘察报告正文所给基坑支护设计参数并未按不同试验方法分别给出，而是给出一组比较笼统的值，此时可查勘察报告所附"物理力学指标统计表"，当内容缺失时可向勘察单位索要。

ϕ 值对主动土压力系数 K_a 的影响很大，其值的变化对 K_a 的影响也比较敏感，因此在 ϕ 值的取值方面尤其要慎重。表 6-1-9 为内摩擦角 ϕ 与主动土压力系数 K_a 之间的对应关系。

ϕ 与 K_a 的对应关系   表 6-1-9

ϕ	11	12	13	14	15	16	17	18	19	20
K_a	0.680	0.656	0.633	0.610	0.589	0.568	0.548	0.528	0.509	0.490
ϕ	21	22	23	24	25	26	27	28	29	30
K_a	0.472	0.455	0.438	0.422	0.406	0.390	0.376	0.361	0.347	0.333
ϕ	31	32	33	34	35	36	37	38	39	40
K_a	0.320	0.307	0.295	0.283	0.271	0.260	0.249	0.238	0.228	0.217

五、场地较大或地质条件变化较大时的岩土工程设计参数取值

当场地较大且地质条件在场地内呈渐变状态，或场地虽不大但地质条件的变化较大时，若按整个场地统一给出有关岩土工程特性参数必然导致地质条件好的区域的岩土工程特性参数取值偏低，导致在岩土工程设计上偏于保守，可能会给岩土工程造成较大浪费。

针对这种情况，可以分片区甚至分楼栋提供岩土工程特性参数，尤其是天然地基承载力、压缩模量及桩基设计参数等指标，完全可以分片区、分楼栋单独评价并根据评价结果给出不同的建议值。这其实也是一个归并的问题，将整个场地一次性归并改为分片区、分楼栋各自分别归并。

六、勘探孔深度、间距及勘察工程量的有余与不足

勘探孔深度、间距可根据《岩土工程勘察规范》GB 50021—2001（2009 版）确定，

不必人为放大。

总平面图未最终敲定时可仅做初勘、暂不做详勘，避免建筑物移位后大量勘探孔被废；初勘布孔时应结合详勘的布孔要求进行布设，使初勘的勘探孔在详勘阶段仍可利用，尽量减少勘察工程总量。

需进行场地地震安全性评价工作的，在进行地质勘察时，应同时考虑场地地震安全性评价的要求，并将地质勘察孔作为场地地震安全性评价所需的工程钻孔，重复利用。

至于原位测试的种类与数量、室内试验的种类与数量，主要是掌握适度原则，原则上是满足需要即可，避免有余与不足两种极端情况。室内试验因成本相对低廉，且受试样扰动情况的影响较大，可适当多取一些，以使试验及评价结果更接近真实，一般来说会得到更高更可靠的岩土工程特性指标，相比其勘察费用的增加是值得的。尤其对于基坑支护所需要的抗剪强度指标，因扰动只能导致试验结果的抗剪强度指标降低，适当增加试验数量可降低个别受扰动的试样对总体评价结果的不利影响，使试验结果更真实、更可靠。

关于平板载荷试验，因其费用高、工期长，现在很多工程的岩土工程勘察都不做平板载荷试验。不可否认的是，虽然载荷试验结果受载荷板尺寸的影响而会有所偏差，但载荷试验成果在所有原位测试与室内试验中仍然是最真实可靠的成果。在勘察成果越来越保守的情况下，当场地内各建筑物的持力层土层相对比较唯一时，可以对持力层岩土做有针对性的浅层平板载荷试验，当建设规模较大时是非常值得的。以前述邢台项目为例，中密中砂层的天然地基承载力只敢给到 140kPa，经甲方顾问公司多次沟通后也只敢提高到 180kPa，假设载荷试验结果能够提高到按河北地方标准确定的地基承载力的下限值 236kPa，相比省去的地基处理费用，载荷试验的费用就不值一提了。一般来说，载荷试验的评价结果比勘察报告中的建议值至少提高 50% 以上。同时载荷试验成果也是甲方及勘察单位非常宝贵的第一手资料，对于积累区域勘察经验，建立地质资料数据库可起到举足轻重的支撑作用。

地勘报告关于基础选型、地基处理的建议应具有灵活度，应多推荐几种可行方案，以便进行多方案的技术经济综合比较。

地基承载力取值与实际的符合度，可作为考核地勘单位指标之一。如果地基承载力取值与实际偏离太大，说明地勘单位的技术力量、成本意识及服务意识较弱，这样的勘察单位要慎用，不要贪图便宜，因小失大。

基础施工过程中及时纠偏，一旦发现地基承载力取值与实际偏离度较大，应通知地勘单位勘验现场，适时调整地基承载力取值，并要求设计院对基础设计进行变更。必要时可做载荷试验以进一步验证及提高地基承载力。

第二节　对勘察报告中抗浮设计水位的评价与优化策略

抗浮设计水位的高低，直接影响地下室底板、外墙的截面与配筋计算以及是否需设抗浮锚杆/抗浮桩等，对成本的影响非常直接、敏感。

【案例】　河北秦皇岛某项目抗浮设防水位及第三方咨询

该项目总建设用地约 130203.7m²，地上总建筑面积为 309863m²。项目主要为住宅及配套公建。1～14 号高层区位于小区中北部，场区北高南低，西高东低，呈斜坡状，地面高程变化在 12.09～22.29m 之间，相对高差 10.2m。场地地貌属汤河冲积平原。

由于拟建项目高层建筑之间均为 2 层地下车库，纯地下室部分上部结构荷载较小，而基础埋深较大，根据现行的有关国家及地方标准规范的要求，需要进行抗浮验算。抗浮设防水位的合理与否，涉及底板、地下室外墙以及抗拔桩的设计及成本，直接关系工程的总造价、施工工期及建筑物的安全。

抗浮设防水位根据场区地下水分布情况，总体趋势为北高南低、西高东低。场区东部、东北部、南部的水位标高变化不大，标高约 10.0m，但场区西侧 10 号楼周围区域内地下水位较高，水位标高约 15m，明显高于场区其他区域的稳定水位。根据上述情况，勘察单位在场区西侧补充了 4 个钻孔，174～177 号，水位标高 14.27～15.39m。进一步印证了场区西侧水位较高的特点。

原勘察报告中场地抗浮设计水位建议：场地内无强透水层，基坑开挖后形成积水池。工程竣工后雨季降水极易沿地下室（地库）四周灌（渗）入基坑内无法排除，形成较大浮力，且消散缓慢，抗浮水位宜按设计室外地坪设防，建议基坑回填时地库四周回填黏性土或地表采取防渗措施。

而根据报规总图，车库范围的室外地坪设计标高从 16.2m 到 19.7m 不等，而基底标高则从 6.3m 到 9.3m 不等，基底水头高度达到了 10m，不但要采取抗拔桩或抗拔锚杆等抗浮稳定措施，底板及地下室外墙的厚度及配筋也会大大增加，高抗浮设计水位的代价非常大。

为此，甲方聘请了第三方专业咨询单位，专门针对场地内的抗浮设计水位展开了咨询，给出了抗浮设防水位的建议，并出具了完整的咨询报告。

咨询报告根据场区的地层分布、现状地下水条件、场区地下水位的年变幅及可能的极端情况、基础埋深等，综合考虑上述各种有利和不利因素，建立场区一定深度地基土层的渗流模型，进行渗流计算分析，得到场区不同区域的抗浮设防水位建议值，见表 6-2-1 及图 6-2-1。

场区不同区域抗浮设防水位标高建议值 表 6-2-1

分区	抗浮设防水位标高建议值 (m)	基底标高 (m)	备注
1 段	13.0	9.3、8.8、8.3	
2 段	13.0	9.3、8.8、8.3	
3 段	13.0	9.3、8.8、8.3	
4 段	12.0	9.3、8.8、8.3	
5 段	16.0	7.8、7.3、6.8、6.3	
6 段	15.0	7.8、7.3、6.8、6.3	
7 段	12.0	7.8、7.3、6.8、6.3	
8 段	12.0	6.8、6.3	

经过此项咨询，在原勘察报告建议的抗浮设防水位基础上，将实际采用的抗浮设防水位大幅降低，平均降幅达 4.0m 左右，仅此一项，根据甲方项目公司设计部的估算就可节

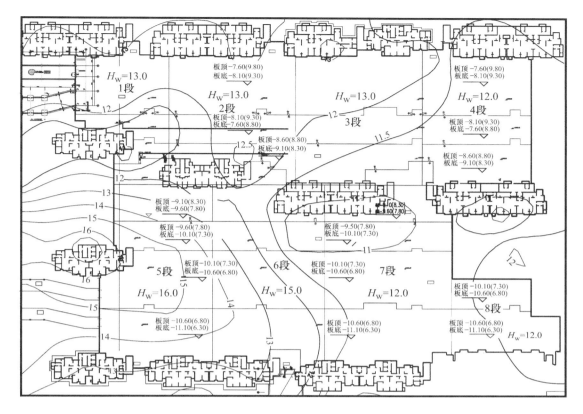

图 6-2-1　抗浮设防水位分区及标高图

省造价在千万元左右。

第三节　对"地震安全性评价"结果的评价与应对策略

影响结构成本的客观因素很多，诸如抗震设防烈度、工程地质与水文地质等，对具体的项目来说，选址一经确定便已成为常量，一般很难改变。但也有特例，比如地震安全性评价所带来的变数。

根据自 2002 年 1 月 1 日起施行的《地震安全性评价管理条例》，符合一定条件的工程需进行地震安全性评价：

第十一条　下列建设工程必须进行地震安全性评价：

（一）国家重大建设工程；

（二）受地震破坏后可能引发水灾、火灾、爆炸、剧毒或者强腐蚀性物质大量泄露或者其他严重次生灾害的建设工程，包括水库大坝、堤防和贮油、贮气、贮存易燃易爆、剧毒或者强腐蚀性物质的设施以及其他可能发生严重次生灾害的建设工程；

（三）受地震破坏后可能引发放射性污染的核电站和核设施建设工程；

（四）省、自治区、直辖市认为对本行政区域有重大价值或者有重大影响的其他建设工程。

对于房地产开发项目，前三条基本上不沾边。但第四条则具有很大弹性，换句话说是赋予了地方政府很大的自由裁量权，只要地方政府行政管理部门（地震局）认为有必要，就可以定性为"对本行政区域有重大价值或者有重大影响的其他建设工程"。这样房地产开发商就必须要花这笔钱，如果地震安评结果再弄出点花样，开发商还得大费周折去积极争取，否则损失更大。

【案例】 河北某地级市地震安全性评价

河北省某地级市项目，位于该市开发区内，老城区边缘，东临某在建住宅小区，南临城市主干道××大街，西临××路，北临××公司。项目周围 2km 内分布着某学院、某中学及多个已建成房地产开发项目，以及多个在建楼盘。总建设用地约 130203.7m²，地上总建筑面积为 309863m²。项目主要为住宅及配套公建，属于一般的房地产开发项目。整个建筑场地抗震地段划分属对建筑抗震一般地段，理论上没有做地震安评的必要。抗震设防烈度为 7 度，设计地震分组为第三组，二类场地土，特征周期为 0.45s。

该地块不但进行了地震安全性评价，而且地震安评所给参数还大大高于规范所列数值。其中多遇地震的水平地震影响系数最大值高达 0.096，较规范值高 20%，意味着地震力高 20%，所有参与抗侧力体系构件的计算配筋全部提高 20%。后经甲方前期部门反复沟通，当地地震局做出了修正，将地震安评的地震设计参数修改到基本与规范一致。

表 6-3-1 为现行《建筑抗震设计规范》GB 50011—2010 规定的水平地震影响系数最大值。

水平地震影响系数最大值　　　　　　　　　　　　　　　表 6-3-1

地震影响	6 度	7 度	8 度	9 度
多遇地震	0.04	0.08(0.12)	0.16(0.24)	0.32
罕遇地震	0.28	0.50(0.72)	0.90(1.20)	1.40

注：括号中数值分别用于设计基本地震加速度为 0.15g 和 0.30g 的地区。

表 6-3-2 为第一次审批意见。

第一次审批建筑工程抗震设计参数　　　　　　　　　　　表 6-3-2

50 年超越概率	A_m(gal)	β_m	α_{max}	T_1(s)	T_2(s)	r
63%	36	2.6	0.096	0.10	0.30	0.9
10%	104	2.6	0.276	0.10	0.40	0.9
2%	196	2.6	0.52	0.10	0.45	0.9

表 6-3-3 为第二次审批意见。

第二次审批建筑工程抗震设计参数　　　　　　　　　　　表 6-3-3

50 年超越概率	A_m(gal)	β_m	α_{max}	T_1(s)	T_2(s)	r
63%	32	2.5	0.08	0.10	0.35	0.9
10%	104	2.6	0.275	0.10	0.40	0.9
2%	196	2.6	0.52	0.10	0.45	0.9

第四节　对"人防设计要点"中人防配建指标与抗力级别
的评价及应对策略

人防工程不是中国特色，新加坡自 2001 年以后，也在住建局主导下的保障性住房及市场主导的商品房开发中加入了 Civil Defence Shelter（人防掩体简称 CD Shelter）。不过与我国的人防地下室不同，他们的这个 CD Shelter 不是建在地下，而是建在楼中套内，其四壁、底板及顶板均为加强的钢筋混凝土结构，设计时要求 CD Shelter 能单独作为最后一道防线抵御常规武器的袭击。平时可作为储藏间，战时用作人防掩体。

一、人防工程配建面积标准

2003 年 2 月 21 日由国家国防动员委员会、国家发展计划委员会、建设部、财政部四部委联合颁发的《人民防空工程建设管理规定》，前文有述，不再重复。

除了以上国家层面的法律法规外，各省市自治区一般也有自己的地方规定，见"总平面与竖向设计优化"中的有关章节，本书在此不再赘述。

二、人防地下室的特点及成本控制原则

人防工程不同于普通地下室。普通地下室是为稳定地上建筑物或实现某种用途而建的，没有防护等级要求。防空地下室是根据人防工程防护要求专门设计的。其区别有：

（1）人防地下室顶板、侧墙、地板都比普通地下室更厚实、坚固，除承重外还有一定抗冲击波和常规炸弹爆轰波的能力。

（2）人防地下室结构密闭，有滤毒通风设备，有防化学、生物战剂的设备和能力，而普通地下室没有。

（3）人防地下室有室外安全进出口，普通地下室没有。

（4）人防地下室的防震能力要比普通地下室好。战时对普通地下室进行必要的加固、改造，也可使其具有一定的防护效能。

因此人防地下室的造价要比普通地下室高出很多，一般要高出 25% 左右，而且人防地下室的产权一般归人防办，开发商只拥有平时的使用权与管理权。对于开发商来说是一项支出较大但收益不多的成本支出。

对于人防配建面积，主要是要熟悉国家及地方法律法规的有关规定，在方案阶段就要考虑人防面积最小化的方案，如限制多层及小高层住宅的地下室埋深等。在人防报批阶段，则要重点核查人防主管部门核发的《防空地下室设计要点》，看其上开列的人防工程建筑面积是否超出估算面积等。

对于配建人防的抗力等级，因为没有明确规定，就具备积极争取的空间。尽量争取 6 级人防，尽量不建 5 级及 5 级以上的人防。当必须建一部分 5 级人防时，也应坚持最小化原则，降低高等级人防的比例。

由于现代空袭主要是精确打击重要军事、政治、经济目标，除了流氓国家及恐怖分子外，针对平民的空袭很容易引起世界公愤，是国家间战争所尽量避免的。所以现代空袭条

件下城市相对安全的地方可能是：

（1）纯粹的寺庙、教堂、医院、幼儿园、学校、农场、公园、普通居民区等；

（2）重要目标 100～200m 以外的地方；郊区、乡村、山区；次生灾害有能危及到的上风、上水方向；煤气站、贮油罐及危险品仓库 1000m 以外的地方；

（3）人防工程内及疏散地域。

因此在现代战争中，普通居民区防空地下室的主要功能，已从保护人民生命财产的安全下降到作为城市防卫作战工程保障的重要补充。更多的可能是为地面战争做准备，为坚守城市的部队、民兵机动和前运后送，打地道战、街垒战、巷战提供工程依托。

参 考 文 献

[1] 李文平. 建筑结构优化设计方法及案例分析 [M]. 北京：中国建筑工业出版社，2016.

[2] 刘金波，李文平，刘民易，赵兵. 建筑地基基础设计禁忌及实例 [M]. 北京：中国建筑工业出版社，2013.

[3] 刘金波，黄强. 建筑桩基技术规范理解与应用 [M]. 北京：中国建筑工业出版社，2008.

[4] 朱春明，刘金波，刘金砺，等. 威海海悦大厦地基变刚度调平设计 [C] //第二十届全国高层建筑结构学术交流会论文集. 中国建筑科学研究院，2008：977-982.

[5] 傅学怡. 实用高层建筑结构设计 [M]. 北京：中国建筑工业出版社，1999.

[6] 龚晓南，潘秋元，闫明礼，等. 地基处理技术发展与展望 [M]. 北京：中国水利水电出版社，知识产权出版社，2004.

[7] 闫明礼，张东刚. CFG桩复合地基技术及工程实践 [M]. 北京：中国水利水电出版社，2001.

[8] 闫明礼，王明山，闫雪峰，等. 多桩型复合地基设计计算方法探讨 [J]. 岩土工程学报，2003，25（3）：352-355.

[9] 李国胜. 混凝土结构设计禁忌及实例 [M]. 北京：中国建筑工业出版社，2007.

[10] 李国胜. 多高层钢筋混凝土结构设计优化与合理构造（第二版）[M]. 北京：中国建筑工业出版社，2012.

[11] 李国胜. 建筑结构裂缝及加层加固疑难问题的处理（附实例）[M]. 北京：中国建筑工业出版社，2006.

[12] 孙芳垂，汪祖培，冯康曾. 建筑结构设计优化案例分析 [M]. 北京：中国建筑工业出版社，2011.

[13] 徐传亮，光军. 建筑结构设计优化及实例 [M]. 北京：中国建筑工业出版社，2012.

[14] 朱炳寅. 高层建筑混凝土结构技术规程应用与分析 JGJ 3—2010 [M]. 北京：中国建筑工业出版社，2013.

[15] 陈岱林等. 结构软件难点热点问题应对和设计优化 [M]. 北京：中国建筑工业出版社，2014.

[16] 王卫东，沈健，翁其平，等. 基坑工程对邻近地铁隧道影响的分析与对策 [C] //岩土工程学报. 华东建筑设计研究院，2006：1340-1345.

[17] 夏国星，黄玉忠，肖炯，徐亮. 特殊条件下超大型基坑施工及环境保护技术研究 [J]. 建筑施工，2007（09）：661-663.

[18] 刘国彬，王卫东，沈健，翁其平，吴江斌. 基坑工程手册（第二版）[M]. 北京：中国建筑工业出版社，2009.

[19] 王伟. 刚性桩复合地基空间变刚度调平设计 [D]. 保定：河北农业大学，2008.

[20] 陈磊，闫明礼. 组合桩复合地基在工程中的应用 [J]. 工程勘察，1999（01）：26-28.

[21] 马骥，张东刚，张震，阎明礼. 长短桩复合地基设计计算 [J]. 岩土工程技术，2001（02）：86-91.

[22] 任连伟，赵文成，顿志林. 多桩型复合地基在湿陷性黄土中的应用 [J]. 河海大学学报（自然科学版），2013，41（02）：140-144.

[23] 温江红，邵平，赖忠毅，等. 静压预制桩复合地基在湿陷性黄土地区的运用 [C] //第九届全国桩基工程学术会议论文集. 山西省建筑设计研究院，2009：76-84.

[24] 李靖. 自重湿陷性黄土场地上高层建筑地基处理与桩基方案 [C] //第九届全国桩基工程学术会议论文集. 上海建筑设计研究院，2009：54-58.

[25] 王凤龙，王洪家. 冲击反循环钻机与冲击钻机成孔对比分析 [J]. 北方交通，2012（06）：172-174.

[26] 方文松，刘荣花，朱自玺，马志红. 农田降水渗透深度的影响因素 [J]. 干旱地区农业研究，2011，29（04）：185-188＋207.

[27] 赵成刚，白冰，王运霞. 土力学原理 [M]. 北京：北京交通大学出版社，2004.

[28] 朱聘儒. 双向板无梁楼盖 [M]. 北京：中国建筑工业出版社，1999.

[29] 闫雪峰. 复合地基设计若干问题和沉降计算 [D]. 天津：天津大学，1999.

[30] 闫雪峰，闫明礼. 复合地基沉降计算的复合模量探讨 [C] //第六届地基处理学术讨论会暨第二届基坑工程学术讨论会论文集. 西安：中冶集团建筑研究总院 & 中国建筑科学研究院，2000：3-8.

[31] 陈兆倩. 浅谈地下机械停车库的建筑设计 [J]. 城市建设, 2010, (16)：249-250.

[32] 张元坤. 建筑结构设计实用指南. 未正式出版, 2001.

[33] 孙海林, 李易等. 深度思考地下室无梁楼盖抗倒塌设计, 避免悲剧重演 [OL]. 微信公众号：建筑结构 (ID：Building Structure), 2017 (09).

[34] 本书编写组. 建筑结构静力计算手册 (第二版) [M]. 北京：中国建筑工业出版社, 1998.

[35] 《工程地质手册》编委会. 工程地质手册 (第四版) [M]. 北京：中国建筑工业出版社, 2007.

[36] 中国有色工程有限公司. 混凝土结构构造手册 (第五版) [M]. 北京：中国建筑工业出版社, 2016.

[37] 国振喜, 徐建. 建筑结构构造规定及图例 [M]. 北京：中国建筑工业出版社, 2003.

[38] GB 50352—2005 民用建筑设计通则 [S]. 北京：中国建筑工业出版社, 2005.

[39] JGJ 100—2015 车库建筑设计规范 [S]. 北京：中国建筑工业出版社, 2015.

[40] GB 50067—2014 汽车库、修车库、停车场设计防火规范 [S]. 北京：中国建筑工业出版社, 2014.

[41] JGJ 155—2013 种植屋面工程技术规程 [S]. 北京：中国建筑工业出版社, 2013.

[42] GB 50014—2006 室外排水设计规范 [S]. 北京：中国建筑工业出版社, 2006.

[43] GB 50180—93 城市居住区规划设计规范 (2002 年版) [S]. 北京：中国建筑工业出版社, 2002.

[44] GB 50016—2014 建筑设计防火规范 [S]. 北京：中国建筑工业出版社, 2014.

[45] GB 50368—2005 住宅建筑规范 [S]. 北京：中国建筑工业出版社, 2005.

[46] DB29—110—2010 预应力混凝土管桩技术规程 [S]. 北京：中国建筑工业出版社, 2010.

[47] JGJ 79—2012 建筑地基处理技术规范 [S]. 北京：中国建筑工业出版社, 2012.

[48] JGJ 94—2008 建筑桩基技术规范 [S]. 北京：中国建筑工业出版社, 2008.

[49] GB 50025—2004 湿陷性黄土地区建筑规范 [S]. 北京：中国建筑工业出版社, 2004.

[50] GB 50021—2001 岩土工程勘察规范 (2009 年版) [S]. 北京：中国建筑工业出版社, 2009.

[51] GB 50007—2011 建筑地基基础设计规范 [S]. 北京：中国建筑工业出版社, 2011.

[52] JGJ 106—2014 建筑基桩检测技术规范 [S]. 北京：中国建筑工业出版社, 2014.

[53] GB 50009—2012 建筑结构荷载规范 [S]. 北京：中国建筑工业出版社, 2012.

[54] GB 50038—2005 人民防空地下室设计规范 [S]. 限内部发行, 2005.

[55] TJ 7—74 工业与民用建筑地基基础设计规范 (试行) [S]. 北京：中国建筑工业出版社, 1974.

[56] JTG D63—2007 公路桥涵地基与基础设计规范 [S]. 北京：人民交通出版社, 2007.

[57] TB 10093—2017 铁路桥涵地基和基础设计规范 [S]. 北京：中国铁道出版社, 2017.

[58] GB 50010—2010 混凝土结构设计规范 (2015 年版) [S]. 北京：中国建筑工业出版社, 2016.

[59] GB 50108—2001 地下工程防水技术规范 [S]. 北京：中国建筑工业出版社, 2001.

[60] GB 50011—2010 建筑抗震设计规范 (2016 年版) [S]. 北京：中国建筑工业出版社, 2016.

[61] JGJ 3—2010 高层建筑混凝土结构技术规程 [S]. 北京：中国建筑工业出版社, 2010.

[62] GB 50330—2013 建筑边坡工程技术规范 [S]. 北京：中国建筑工业出版社, 2014.

[63] JGJ 120—2012 建筑基坑支护技术规程 [S]. 北京：中国建筑工业出版社, 2012.

[64] GB/T 50476—2008 混凝土结构耐久性设计规范 [S]. 北京：中国建筑工业出版社, 2009.

[65] GB 13476—2009 先张法预应力混凝土管桩 [S]. 北京：中国建筑工业出版社, 2014.

[66] JC 888—2001 先张法预应力混凝土薄壁管桩 [S]. 北京：中国建材工业出版社, 2002.

[67] GB 50003—2011 砌体结构设计规范 [S]. 北京：中国建筑工业出版社, 2012.

[68] JGJ 149—2017 混凝土异形柱结构技术规程 [S]. 北京：中国建筑工业出版社, 2017.

[69] GB 50223—2008 建筑工程抗震设防分类标准 [S]. 北京：中国建筑工业出版社, 2008.

[70] GB 50153—2008 工程结构可靠性设计统一标准 [S]. 北京：中国建筑工业出版社, 2009.

[71] JGJ 72—2004 高层建筑岩土工程勘察规程 [S]. 北京：中国建筑工业出版社, 2004.

[72] DBJ 11—501—2009 (2016 年版) 北京地区建筑地基基础勘察设计规范 [S]. 北京：北京市规划委员会, 2017.

[73] DB 29—110—2010 预应力混凝土管桩技术规程 [S]. 天津：天津市城乡建设和交通委员会, 2010.

[74] DGJ32/TJ 109—2010 预应力混凝土管桩基础技术规程 [S]. 江苏：江苏省住房和城乡建设厅, 2010.

[75] DB13J/T 48—2005 河北省建筑地基承载力技术规程 [S]. 河北：河北省建设厅, 2005.

[76] SJG 19—2010 深圳市建筑防水工程技术规范 [S]. 深圳：深圳市住房和建设局, 2010.

［77］　2003 全国民用建筑工程设计技术措施结构［S］．北京：中国建筑标准设计研究院，2003．

［78］　住房和城乡建设部工程质量安全监管司．房屋建筑和市政基础设施工程勘察文件编制深度规定（2010 版）［S］．北京：中国建筑工业出版社，2011．

［79］　北京市建筑设计技术细则［S］．北京：北京市建筑设计标准化办公室，2005．

［80］　08J927-2 机械式汽车库建筑构造［S］．北京：中国建筑标准设计研究院，2008．

［81］　10G409 预应力混凝土管桩［S］．北京：中国计划出版社，2010．

［82］　16G101-1 混凝土结构施工图平面整体表示方法制图规则和构造详图（现浇混凝土框架、剪力墙、梁、板）［S］．北京：中国计划出版社，2016．

［83］　16G101-3 混凝土结构施工图平面整体表示方法制图规则和构造详图（独立基础、条形基础、筏形基础、桩基础）［S］．北京：中国计划出版社，2016．

［84］　12BJ1-1 建筑构造通用图集工程做法［S］．北京：中国建筑工业出版社，2012．

［85］　08BJ6-1 建筑构造通用图集地下工程防水［S］．北京：中国建筑工业出版社，2009．

［86］　傅浪波．地坪创新工艺技术与成本小结——地下室结构底板随捣随抹光施工技术［OL］．微信公众号：地产圈杂货铺（ID：dichanquan365），2017（11）．

［87］　作者不详．一个多桩型复合地基设计计算实例［OL］．百度文库 https://wenku.baidu.com/view/50bf89896529647d272852b2.html．

［88］　R. PARK & W. L. GAMBLE. Reinforced Concrete Slabs［M］．台湾：合兴彩色印刷有限公司，1980．

［89］　R. Park & T. Paulay. REINFORCED CONCRETE STRUCTURE［M］．JOHN WILEY & SONS，Inc.，1975．

［90］　BS EN 1991 Eurocode 1：Actions on Structures［S］．Brussels：European Committee for Standardization，2002．

［91］　BS EN 1992 Eurocode 2：Design of Concrete Structures［S］．Brussels：European Committee for Standardization，2005．

［92］　BS EN 1997 Eurocode 7：Geotechnical Design：［S］．Brussels：European Committee for Standardization，2004．

［93］　IBC-2018：International Building Code［S］．International Code Council，Inc. Printed in U. S. A.，2018．

［94］　ACI 318-14：Building Code Requirements for Structural Concrete［S］．ACI Committee 318，2014．

［95］　ASCE 7-10：Minimum Design Loads for buildings and other Structures［S］．American Society of Civil Engineers，2010．

［96］　ASCE-SEI 37-14：Design Loads on Structures during Construction［S］．American Society of Civil Engineers，2015．

［97］　ACI 543R-12：Guide to Design，Manufacture，and Installation of Concrete Piles［S］．ACI Committee 543，2012．

［98］　李文平．基坑开挖对桩基承载力的影响及 β 法的工程应用［J］．岩土工程学报，2010，S2．

［99］　李文平，刘金波，梁立东，胡世雄．通过地面试桩确定工程桩的承载力［J］．建筑结构，2011，S1．

［100］　胡世雄，李文平，汪文龙．精密仪器试桩的原理及应用［J］．岩土工程学报，2011，S2．